现代生物农业·农学

吉林玉米高产理论与实践

王立春 等 著

科 学 出 版 社

北 京

内 容 简 介

玉米是我国种植面积和总产量最大的作物,且兼具食用、饲用、工业和能源原料等多种用途,在保障国家粮食安全方面具有重要作用。吉林省作为我国玉米生产大省,其玉米单产水平、商品量、出口量和外调量居全国首位。但吉林省平均单产不足同期高产纪录的二分之一,因此,缩小二者产量差距,实现大面积均衡增产意义重大。本书在系统总结吉林高产玉米形态建成、光合作用机制、衰老机理、养分与水分需求规律等理论基础上,从品种遗传潜力挖掘、播种技术优化、群体质量调控、养分与水分管理、栽培与耕作措施及病虫害综合防控等方面进行高产关键技术突破与集成创新,构建了适于吉林省三大生态类型区特点的玉米高产栽培技术模式。本书内容同时吸收了国内外同行专家的研究成果与理念,兼顾理论创新性与技术集成实用性。

本书是对玉米高产理论与技术的丰富和发展,可供农业科研、推广及生产管理部门的工作者及大专院校相关专业的教师和学生参阅使用。

图书在版编目(CIP)数据

吉林玉米高产理论与实践/王立春等著. —北京:科学出版社,2014.6
(现代生物农业·农学)
ISBN 978-7-03-040946-1

Ⅰ.①吉… Ⅱ.①王… Ⅲ.①玉米-高产栽培-吉林省 Ⅳ.①S513

中国版本图书馆 CIP 数据核字(2014)第 120972 号

责任编辑:王海光 付 聪 田明霞 / 责任校对:刘小梅
责任印制:赵德静 / 封面设计:耕者设计工作室

科 学 出 版 社 出版
北京东黄城根北街 16 号
邮政编码:100717
http://www.sciencep.com

新科印刷有限公司 印刷
科学出版社发行 各地新华书店经销

*

2014 年 6 月第 一 版 开本:787×1092 1/16
2014 年 6 月第一次印刷 印张:29
字数:685 000
定价:145.00 元
(如有印装质量问题,我社负责调换)

《吉林玉米高产理论与实践》著者名单

（按姓氏笔画排序）

马兴林	王立春	王永军	方向前	边少锋
朱 平	任 军	刘志全	刘武仁	刘慧涛
关义新	许翠华	孙云云	苏义臣	吴春胜
何 萍	谷 岩	沙洪林	岳玉兰	金明华
郑金玉	赵化春	赵兰坡	晋齐鸣	高玉山
曹国军	鲁 新	谢佳贵	路立平	谭国波

序

　　玉米在全球及我国都是种植面积和总产量最大的作物,全世界有 100 多个国家种植。在人类粮食作物中,玉米拥有最大的生物量。作为 C4 植物,玉米不仅产量潜力大,经济效益高,而且兼具食用、饲用和工业原料等多种用途。吉林省作为我国的玉米生产大省,在全国占有重要地位。吉林省土壤肥沃,气候适宜,种植玉米不仅高产稳产而且品质上乘,是发展玉米生产的黄金地带。玉米作为吉林省优势作物,单位面积产量、商品量、出口量、人均占有量多年居全国首位。

　　随着全球经济的强劲增长,加上近年生物质能源需求大幅增加。玉米生产在全球范围内迅猛发展,在保证粮食安全方面扮演着愈加重要的角色。世界玉米消费呈刚性增长,供需矛盾日益突出,我国玉米整体供应也将面临长期供不应求的局面。在耕地日益减少的情况下,依靠现代科学技术提高玉米单产水平已成为保障我国粮食安全的主要途径。

　　“九五”以来,以吉林省农业科学院为主体的科技人员相继承担了“玉米大面积高产技术研究开发与示范”、“玉米优质高效生产技术研究与示范”、“吉林玉米丰产高效技术集成研究与示范”、“东北平原中部(吉林)春玉米丰产高效技术集成研究与示范”等多个国家级和省部级项目。通过这些项目的攻关研究,王立春带领他的团队探索了玉米的高产理论和技术实践,从超高产玉米形态建成、光合作用机制、衰老机理、养分与水分需求规律等方面阐释了玉米高产的理论基础,研发了相关技术。与国内已有相关著述相比,该书在耐密品种筛选技术、单粒精播技术、高密度群体质量调控技术、高产群体水肥一体化技术、新型耕法、超高产全程机械化技术等方面均有所创新;并基于吉林省三大生态类型区特点,突出关键技术攻关与集成创新,着眼土壤-作物系统,兼顾高产、优质、高效、生态、安全,构建了吉林省不同生态类型区玉米高产栽培技术模式。

　　《吉林玉米高产理论与实践》将以上这些新理论及新技术进行系统梳理,阐明了吉林省玉米生产的生理生态特征及技术原理,对从事玉米生产的科技人员及广大农民具有科学的指导作用;为吉林省玉米生产实现规范化、专业化、区域化和标准化提供技术指导;为保障国家对玉米的需求及粮食安全提供科技支撑。

　　该书对玉米生产的传统经典理论与技术进一步传承与凝练,并在内容上进行了大幅度的更新和扩充,在编排上更加注重学科体系的系统性和完整性。在撰写风格上重点突出,文字精简,图文并茂,深入浅出。

　　该书可作为从事农业科学研究的大专院校和科研院所的教师、科研人员的业务参考书,各级农业管理、教育和培训人员拓宽知识领域的农业科技参考用书,各高校及科研单位涉农专业的本科生、研究生学习的良师益友,还可作为从事农业技术推广和服务的科技工作者的实用技术参考用书。

李维岳

2014 年 2 月于吉林长春

前　言

　　玉米是我国种植面积和总产量最大的作物,作为 C_4 植物,其产量潜力大、比较效益高,且兼具食用、饲用、工业和能源原料等多种用途,在保障国家粮食安全和改善人民生活方面扮演愈来愈重要的角色。吉林省作为我国玉米生产大省,总产量在全国名列前茅;吉林省地处世界三大玉米带——中国玉米带的重要位置,土壤肥沃、气候适宜,种植的玉米产量高、品质优,其单产水平、商品量、出口量和调出量多年居全国首位。近年来,随着国民经济的快速发展,玉米需求呈刚性增长态势,供需矛盾日趋突出,而依靠扩大种植面积实现玉米总产量增长的潜力有限,保障未来玉米有效供给的根本出路在于提高单产。2006~2009 年,我们连续 4 年创造雨养条件,使我国春玉米亩产超吨粮纪录,最高达 17 754kg/hm²,2009 年,我们在吉林省东部湿润冷凉区实现了百亩全程机械化超高产,产量达 16 344kg/hm²;2013 年,我们运用覆膜水肥一体化技术在吉林省西部半干旱区突破了亩产吨粮,最高达 16 281kg/hm²。这些探索实现了产量与效益协同提高,为吉林省玉米产业发展提供了新的技术途径。而同期全省玉米平均单产仅 7500kg/hm² 左右,不足纪录产量的 50%。如何缩小产量差距,大面积提高农户层次的平均产量,是我们长期以来一直思考并探索解决途径的问题。

　　本书共分为 14 章,是对玉米高产理论与技术实践的进一步传承与再次创新总结,由多位长期从事玉米科技的人员合作完成。全书系统描述了吉林玉米的发展历史及生产现状、生态构成及品种演替历程,结合高产创建与生产实际从玉米形态建成、光合作用机制、衰老机理、养分与水分需求规律等方面阐释了玉米高产的生理生态基础;在多年科技攻关的基础上,从品种筛选、遗传潜力挖掘、播种技术优化、群体质量调控、养分管理、水分运筹、栽培与耕作措施及病虫害综合防控等方面对玉米高产关键技术进行研究探索与集成创新;基于吉林省三大生态类型区特点,从土壤—作物系统,兼顾高产、优质、高效、生态、安全,构建了吉林省不同类型区玉米高产栽培技术模式。全书内容涵盖了栽培学、耕作学、土壤学、植物营养学、植物保护学、农业机械学及生态学等领域,并吸收了国内外同行专家的研究成果与理念,突出理论创新性与技术集成实用性。藉本书出版,以期对吉林省乃至全国玉米生产发挥促进作用,为保障国家粮食安全提供科技支撑。

　　各章撰写人员如下:第 1 章,赵化春、王立春、王永军、岳玉兰;第 2 章,路立平、刘志全、王立春;第 3 章,金明华、苏义臣;第 4 章,边少锋、方向前;第 5 章,吴春胜、谷岩;第 6 章,王立春、谢佳贵、何萍、曹国军;第 7 章,任军、赵兰坡、朱平、王立春;第 8 章,谭国波、许翠华;第 9 章,刘武仁、郑金玉;第 10 章,沙洪林、鲁新、晋齐鸣;第 11 章,刘慧涛、孙云云、高玉山;第 12 章,王立春、任军、赵兰坡、金明华、曹国军、马兴林、边少锋、吴春胜;第 13 章,马兴林、关义新;第 14 章,朱平。

　　全书由王立春统稿。本书撰写过程中,得到了李维岳先生、尹枝瑞先生的指导与帮助,对此深表谢意。对先后参加本著作涉及课题的全体研究人员和给予出版支持的领导专家,表示衷心感谢。

我们的工作得到了"十一五"和"十二五"国家科技支撑计划"粮食丰产科技工程"项目(2006BAD02A10、2011BAD16B10、2012BAD04B02、2013BAD07B02)、国家玉米产业技术体系东北北部区域栽培岗位专家(CARS-02-17)、国家自然科学基金项目(30900878、31071370、31201159)和吉林省科技发展计划重大项目(20076022、20086025、20096024、20106027、20116032)的支持,本书就是在这些课题研究成果基础上完成的,在此一并表示感谢。

由于玉米生产及科学技术的不断发展,玉米高产理论与技术又是一个涉及多学科的系统工程,本书虽经多次修改和反复讨论,但由于作者水平所限,书中难免有错漏和不妥之处,敬请广大读者批评、指正。

著 者

2014 年 1 月于吉林长春

目　　录

第一章 玉米生产历史、现状及前景

第一节 国内外玉米生产概况

一、世界玉米生产概况

玉米是世界上种植最广泛的谷类作物,在全球100多个国家均有种植。玉米不仅产量潜力大,经济效益高,而且具有食用、饲用和多种工业用途。为此,玉米生产在全球范围内发展迅猛。20世纪,全球玉米的种植面积和总产量仅次于水稻、小麦,居第3位。联合国粮食及农业组织(FAO)统计数据显示,进入21世纪以来,就总产量而言,玉米已超过水稻和小麦,成为了全球第一大作物。

(一)世界玉米种植面积

过去50多年,由于世界人口的急剧增加,畜牧业和玉米加工业的快速发展,世界对玉米的需求量大增,刺激了玉米生产的大发展(周霞和蒲德伦,1997)。随着高产优质杂交种的推广应用、化肥的广泛使用、各项先进栽培技术的应用,玉米单产水平逐年提高,这也推动了玉米种植面积的日趋扩大。20世纪70年代,世界玉米平均种植面积为11 440万 hm^2,80年代种植面积为12 954万 hm^2,比70年代增长了13.2%;90年代种植面积为13 618万 hm^2,比80年代增长了5.1%。21世纪初,世界玉米种植面积达13 953万 hm^2;到2010年,已达16 177万 hm^2,且呈现进一步增长的趋势。先进生产技术及日益增长的玉米需求刺激了世界玉米种植面积逐年增加。

(二)玉米年均总产量

20世纪70年代,世界玉米年均总产量为32 365万 t,80年代为43 946万 t,比70年代增加了35.8%;90年代年均总产量为55 171万 t,比80年代增加了25.5%。2000~2006年,年均总产量达到65 557万 t,玉米的年均总产量已经超过水稻和小麦,成为世界第一大作物,截至2010年,世界玉米年均总产量高达84 031万 t。

(三)玉米年均单产

随着高产优质杂交种的不断更新换代,先进耕作栽培技术的大力推广,世界玉米年均单产水平迅速提高。20世纪70年代,世界玉米单产年均为2823kg/ hm^2,80年代为3386kg/ hm^2,比70年代提高了20.0%;90年代单产4044kg/ hm^2,比80年代提高了19.4%。

进入21世纪以来,随着更多高新技术在玉米生产中的应用,世界玉米生产潜力得到进一步挖掘。21 世纪初,世界年均单产为 4477kg/hm²,到 2010 年,年均单产水平达 5195kg/hm²,10 年间单产增幅达到 16.04%,比 20 世纪的增幅略有放缓。

预计今后 10 年,世界玉米生产总的发展趋势是玉米种植面积基本稳定或略有增加。采用先进的科学技术和完善的管理手段,大力提高玉米的年均单产水平,是今后的主攻方向。世界玉米的总产量将会有大幅度的增加,可以满足世界人口增长、畜牧业大发展和玉米加工业兴起之需要。世界玉米产业发展前景十分广阔。

二、我国玉米生产概况

玉米于 16 世纪传入中国,到清朝的乾隆、嘉庆年间,已在全国各地种植。嘉庆十七年(1812 年),全国玉米种植面积约 47.3 万 hm²,总产量 63.9 万 t。到 20 世纪初,玉米已从丘陵山地种植发展到广大平原地区。下面将在“三、美中玉米生产概况”中对中国的玉米生产情况进行具体介绍。

(一)玉米种植面积

20 世纪 30 年代,我国玉米种植面积为 574.1 万 hm²,40 年代为 730.0 万 hm²,50 年代达 1441.6 万 hm²,70 年代为 1833.2 万 hm²,80 年代为 1924.9 万 hm²,90 年代达 2280.5 万 hm²。新中国成立 60 多年来,玉米种植面积增长了 60.1%(佟屏亚,1997);到 2011 年,全国玉米种植面积达 3343 万 hm²,超过小麦和水稻的种植面积,成为第一大作物。

(二)玉米年均总产量

因种植面积扩大和年均单产水平提高,我国玉米年均总产量逐年增加。20 世纪 30 年代,玉米年均总产量为 810.4 万 t,40 年代年均总产量为 927.0 万 t。新中国成立后玉米生产快速发展,50 年代年均总产量为 1924.8 万 t,与 40 年代相比年均总产量翻了一番。60 年代,自然灾害频发,造成玉米减产,年均总产量只有 1875.1 万 t。70 年代是我国玉米生产大发展、大转折时期,种植面积比 60 年代增加了 28.7%。其中,玉米杂交种大面积普及推广,施用化肥数量增加,科学种田水平大大提高,促使玉米单产水平大幅度提高,玉米总产量大幅度增加。70 年代,全国玉米年均总产量达到 4558.1 万 t,80 年代年均总产量为 6977.1 万 t,90 年代年均总产量为 11 046.0 万 t。21 世纪初(2001～2010 年),玉米年均总产量由 11 425 万 t 增加到 17 754 万 t,玉米的年均总产量已占全国粮食产量的近 1/3,超过了小麦,位居第二。

(三)玉米年均单产

新中国成立前,长期战乱、天灾导致玉米生产水平停滞不前。1914～1918 年年均玉米单产为 1032.5kg/hm²,1931～1939 年为 1308.6kg/hm²,1940～1949 年为 1291.0kg/hm²。新中国成立后一段时期内,由于科学技术水平不高,自然灾害频发,玉米的年均单产水平几乎没有提高。20 世纪 50 年代,年均单产为 1300.4kg/hm²,60 年代为 1305.0kg/hm²。由此可见,从 30 年代到 60 年代我国玉米年均单产水平基本没有提高。70 年代是我国玉米生产发展的黄金时代。随着科学技术的进步,生产条件的改善,生产管理水平的提高,玉米年均单产水平迈上了新台阶。70 年代达到 2468.3kg/hm²,比 60 年代提高了 89.1%。80 年代为 3621.7kg/hm²,比 70 年代提高了 46.8%。进入 90 年代,玉米品种更新换代加快,一大批高产稳产品种大面积推广应用,特别是在一些高产地区种植了紧凑型品种,种植密度大幅度增加;施肥量大增,推广了营养诊断和配方施肥技术;兴修水利增加了灌溉面积;推广应用秸秆还田培肥地力技术、种子包衣技术、病虫草害综合治理技术等一系列先进的农业科学技术,推动了玉米年均单产水平的提高。90 年代玉米年均单产达到 4834.0kg/hm²,超过了世界年均单产水平。21 世纪初(2001~2010 年),玉米年均单产由 4699kg/hm² 增加到 5460kg/hm²,增幅达 16.20%,略高于同期世界增幅水平。

三、美中玉米生产概况

玉米遍及世界各地,除南极洲之外,各大洲均有种植。随着全球气候变暖和科学技术的进步,玉米的种植区域将不断地向北、向南延伸。种植玉米的北界已经达到北纬 48°,青贮玉米北界可达到北纬 60°,南界达到南纬 40°。世界上 60% 的玉米种植面积在亚洲和北美洲。世界玉米种植呈现出区域性集中种植的特点。世界上有三大玉米产区即美国中部玉米带,中国的东华北平原、黄淮海平原、西北和南方玉米区,欧洲南部平原玉米带。21 世纪以来,世界五大玉米生产国依次是美国、中国、巴西、墨西哥和阿根廷,2010 年数据显示,这 5 个国家玉米年均总产量分别占世界玉米年均总产量的 37.62%、21.13%、6.59%、2.77%、2.70%,其中美国和中国所占比例高达 58.75%。因此,下面重点介绍美国和中国的玉米生产概况。

(一) 美国

美国是世界上第一大玉米生产国,其玉米种植面积、年均总产量和出口量均居世界之首。20 世纪 90 年代,美国玉米种植面积为 2821 万 hm²,占世界玉米种植总面积的 20.8%;年均总产量为 21 930 万 t,占世界玉米年均总产量的 36.7%(李建生,1994)。21 世纪初,美国玉米种植面积为 2861 万 hm²,占世界玉米种植总面积的 20.5%;玉米年均总产量为 24 597 万 t,占世界玉米年均总产量的 40.4%。截至 2010 年,美国玉米种植面积为 3296 万 hm²,年均总产量为 31 617 万 t,占世界玉米年均总产量的 37.62%。

美国的玉米生产主要集中在世界著名的玉米带上。早在 20 世纪 40 年代,美国就形成了包括艾奥瓦州、伊利诺伊州、印第安纳州、俄亥俄州和密苏里州 5 个州的玉米带。当时玉米带上的玉米种植面积占美国玉米种植总面积的 50%,年均总产量占 57%。50 年代,玉米带种植面积扩大到占美国玉米种植面积的 60%,年均总产量占美国年均总产量 73%;从 70 年代起,玉米带扩展到西起内布拉斯加州,东至俄亥俄州,北起威斯康星州,南至密苏里州十几个州。

近年来,由于经济利益驱动,加之耐寒玉米杂交种的应用,以及合理利用光热等自然资源,美国玉米带逐渐向北和向西推进,包括威斯康星州、密歇根州、内布拉斯加州等地的玉米种植面积上升较快。其中,玉米带上的玉米种植面积占美国玉米种植面积的 80%,而玉米年均总产量占美国玉米年均总产量的 82%。21 世纪初,美国玉米带上的玉米种植面积达到 2288 万 hm²，占世界玉米种植面积的 16.4%；玉米带上的玉米年均总产量为 20 169 万 t，占世界玉米年均总产量的 30.8%（杨引福和张淑君，2002）。

美国的玉米生产表现出典型的"4R"[适合的地点（right place）、适合的时间（right time）、适合的品种（right hybrid）、适合的管理方式（right management）]特点。其玉米带位于 38°N～45°N，82°W～102°W 区域内，海拔不到 500m，地势平坦，土层深厚，全是肥沃的草原黑钙土，土壤有机质含量高达 3%～5%。无霜期 160～180d，6 月平均气温 20～22℃，7 月、8 月平均气温 22～27℃。玉米全生育期中＞10℃的活动积温达 3300～4600℃·d。玉米生育季节（4～9 月）降水量可达 530～650mm，而且每个月都有 80～90mm 的均匀降水。这些得天独厚的自然条件非常适合玉米的生长发育，并可保证玉米的高产稳产。人们在认识和按照自然规律发展玉米生产的过程中，使这一地区玉米种植面积逐渐集中和不断扩大，玉米生产达到较高水平，使得美国成为世界第一大玉米生产国。

（二）中国

由于玉米高产稳产且适应性强，多年来种植面积不断扩大。我国的玉米种植分布是从黑龙江起，经吉林、辽宁、河北、山东、河南、山西、陕西，转向四川、贵州、云南，直至广西，形成一个弧形玉米带（岳德荣和赵化春，2004）。追溯历史可见，我国的玉米带形成的要比美国的玉米带更早。1914～1918 年的统计资料表明，当时全国的玉米种植面积为 383 万 hm²，而包括 12 个省的弧形玉米带的种植面积为 312 万 hm²，玉米带上的种植面积占全国玉米种植总面积的 81.46%，到 1931～1937 年，全国玉米种植总面积 574 万 hm²，玉米带上的种植面积为 482 万 hm²，占全国的 83.97%。1914～1918 年，全国玉米年均总产量 396 万 t，玉米带上年均总产量 331 万 t，占全国的 83.59%。1931～1937 年，全国玉米年均总产量 810 万 t，玉米带上年均总产量 695 万 t，占全国年均总产量的 85.8%。上述数据说明，我国的玉米带早在 20 世纪 20 年代就已经形成。

新中国成立后 60 多年的统计资料表明，我国玉米带上的种植面积始终占全国种植总面积的 80% 以上（表 1-1）。20 世纪 50 年代（1952～1959 年），玉米带上的玉米种植面积为 1167.6 万 hm²，占全国玉米种植总面积（1441.6 万 hm²）的 80.98%。

表 1-1　1952～2009 年中国玉米带玉米种植面积　　　（单位：万 hm²）

	1952～1959 年	1960～1964 年	1970～1979 年	1980～1989 年	1990～1999 年	2000～2009 年
黑龙江	134.6	149.9	196.9	173.6	230.6	266.2
吉林	87.9	110.3	181.8	181.7	229.5	272.3
辽宁	85.9	99.2	128.3	127.2	149.8	169.9
河北	155.6	103.3	197.0	200.9	228.0	267.1
山西	43.7	48.9	69.6	60.4	74.7	110.7
山东	121.7	96.7	182.3	221.4	257.4	264.4
河南	106.6	84.0	147.5	176.2	204.6	251.1
陕西	77.4	81.9	95.7	98.2	101.7	107.5
四川	147.9	118.8	141.0	167.1	176.5	123.6
贵州	68.1	64.4	68.4	64.0	64.4	72.2

续表

	1952~1959 年	1960~1964 年	1970~1979 年	1980~1989 年	1990~1999 年	2000~2009 年
广西	52.3	53.7	60.7	51.9	55.1	54.1
云南	85.9	92.2	96.7	99.7	100.7	119.0
玉米带合计	1167.6	1130.3	1565.9	1622.3	1873.0	2078.1
全国	1441.6	1424.9	1833.2	1924.6	2280.5	2653.4
玉米带玉米种植面积占全国玉米种植总面积的比例/%	80.99	79.32	85.42	84.29	82.13	78.32

进入 21 世纪以来,我国玉米带玉米种植面积占到全国玉米种植总面积的 78% 以上。

20 世纪 70 年代,玉米带上玉米种植面积 1565.9 万 hm²,占全国玉米种植总面积 (1833.2 万 hm²) 的 85.42%。到 90 年代,玉米带上玉米种植面积占全国的 82.13%。50 年代玉米带上的玉米年均总产量为 1578.8 万 t,占全国玉米年均总产量 (1924.8 万 t) 的 82.02%;70 年代玉米带的玉米年均总产量占全国玉米年均总产量的 86.17%;到 90 年代,玉米带上的玉米年均总产量达到 9062.5 万 t,占全国玉米年均总产量 (11 046 万 t) 的 82.04% (表 1-2)。由此可见,20 世纪 50~90 年代,玉米带上的玉米年均总产量始终占全国玉米年均总产量的 80% 以上。

表 1-2　1952~2009 年中国玉米带玉米年均总产量　(单位:万 t)

	1952~1959 年	1960~1964 年	1970~1979 年	1980~1989 年	1990~1999 年	2000~2009 年
黑龙江	215.5	200.0	503.9	538.4	1165.1	1190.1
吉林	129.3	146.9	469.8	893.9	1539.8	1676.5
辽宁	163.3	167.7	457.6	616.1	866.6	980.9
河北	200.6	145.0	446.6	691.8	1023.6	1212.4
山西	73.4	96.5	221.3	235.5	353.8	545.0
山东	154.4	113.9	494.6	968.0	1379.2	1634.8
河南	117.0	84.2	344.4	569.8	937.4	1280.7
陕西	82.9	94.7	217.9	286.1	367.8	432.8
四川	183.0	140.2	327.0	582.9	697.6	557.4
贵州	85.5	95.9	153.5	190.7	246.2	349.5
广西	53.8	49.1	93.7	103.7	143.6	189.6
云南	120.1	123.3	196.7	265.3	341.8	471.0
玉米带合计	1578.8	1457.4	3927.0	5942.2	9062.5	10 520.7
全国	1924.8	1875.1	4558.1	6977.1	11 046.0	13 545.5
玉米带年均总产量占全国玉米年均总产量的比例/%	82.02	77.72	86.15	85.17	82.04	77.67

进入 21 世纪以来,我国玉米带玉米年均总产量已占全国玉米年均总产量的 77%以上。

显然,中国的玉米带与美国玉米带相比,有其自身的特点。其一是中国玉米带跨度范围大(100°E~130°E,22°N~52°N),包括了亚热带、温带和寒温带。从南到北跨越 30 个纬度,种植有冬玉米、秋玉米、夏玉米和春玉米。其二是玉米带的地形地势各异,美国玉米带都是大平原,而中国的玉米带地处东北平原、华北平原、关中平原、黄土高原、四川盆地和云贵高原。玉米带中有 65%的玉米分布在丘陵坡地上。玉米种植区域绝大部分没有灌溉条件,只能依靠自然降水,属雨养农业类型。其三是中国玉米带采取间、混、套、复种植方式,这是我国劳动人民在长期实践中总结和创造的耕种制度。在玉米生产中采用间、混、套、复种植能够充分利用时间、空间,最大限度地利用地力、光热和水分资源,发挥其边际效应,达到一季多熟、一季多收。在世界玉米生产中,我国的间、混、套、复种植方式可谓一大特色。

第二节　吉林玉米生产历史

一、玉米传入吉林与垦荒种植

清朝建立后,在东北地区实行封禁政策,把吉林境内的耕地划为旗地、官庄地、军屯地和驿站地等,归旗人和入旗的官兵使用;又将伊通河、拉林河及第二松花江之间地域划为围场,其余全属官荒。1762 年,颁布了《宁古塔等处禁止流民例》,1776 年,又重申"边外永行禁止流民,不许入内"。清朝的封禁政策致使百余年间吉林境内的农业生产基本处于停滞状态。从嘉庆年间(1796 年)开始,封禁政策开始松弛。1876 年,清朝崇实将军倡导开发东北地区,清皇室废除了禁入东北的条令。山东、河北等地移民开始流入,吉林境内开始垦荒种植。玉米适应性强,在荒山、丘陵到处可种。种植玉米省工省时,在食用方面,玉米可以"乘青半熟,先采而食",这样可以解决青黄不接的问题。由于清政府的大力提倡推广,到第一次鸦片战争前玉米已在全国普遍种植。据《吉林志略》记载:"吉林每岁进贡物品 82 种,其中有高粱米粉面、玉蜀黍粉面、小黄米……"。《吉林通志》记载:"玉蜀黍又名玉米,苗高五六尺,苗心别出一苞,苞上出须如红绒垂垂,子藏包中有黄白二色,磨粉可食"。《安图县志》记载:"玉蜀黍俗名苞米,有黄白二种,嫩青可煮食,成熟后可磨粉,煮粥又可用于酿酒……"。

我国各地志书中可查到种植玉米记载的有广西(1531 年)、河南(1544 年)、江苏(1559 年)、辽宁(1682 年)等 20 多个省区,但没有查到有关吉林境内种植玉米的记载。但有关资料表明,东北地区种植玉米多为关内移民开始种植。清朝中期至后期,统治者对人民的压迫和剥削日益加重,致使"衣不蔽体,食不果腹",山东、河北等地农民背井离乡偷偷进入东北开荒种地。辽宁省有记载种植玉米的是 1682 年。吉林省境内垦荒较早的是榆树县(1690 年)和扶余县(1693 年),据此,估计吉林省开始种植玉米的时间当与辽宁省相近。清朝时玉米在吉林境内只是零星种植,产量水平无从可考,多为山东、河北、河南"闯关东"的农民带来一些农家品种在山区、半山区种植。当时种玉米都是在新垦荒地上,土壤很肥沃,只是刨坑点籽,基本不施肥,成熟即收。

二、民国时期玉米生产

吉林放荒以后至民国初期,全省境内的好地基本开垦完成。民国初期(1914 年),吉林省玉米种植面积为 27.8 万 hm²,1918 年种植面积为 24.9 万 hm²,1924～1929 年平均种植面积为 21.9 万 hm²,民国时期(1914～1929 年)平均玉米种植面积为 23.3 万 hm²(表 1-3)。

表 1-3 民国时期(1914～1929 年)玉米生产情况

年份	种植面积/万 hm²	单产/(kg/hm²)	总产量/万 t
1914	27.8	496	13.8
1915	25.9	359	9.3
1916	15.9	497	7.9
1918	24.9	538	13.4
1924～1929	21.9	1050	23.0
平均	23.3	588	13.7

由此可见,到民国时期吉林玉米种植面积呈略有减少的趋势。民国末年(1929 年)的资料表明,吉林省几种主要粮食作物种植面积占粮食作物种植总面积的比例分别为:大豆占 33.89%,高粱占 24.91%,谷子占 26.34%,玉米占 6.95%,小麦占 6.93%,水稻占 0.98%。这表明,到民国末期大豆、高粱、谷子是大宗作物,而玉米在吉林省仍为次要作物。民国末期,吉林玉米种植面积 22.8 万 hm²,玉米年均总产量 24.5 万 t,而同时期高粱种植面积 56.7 万 hm²,年均总产量 49.4 万 t。可见,这时期玉米的生产规模只达到高粱的一半。这时期的玉米面积不大,主要原因是玉米单产不高,种玉米的经济效益不如种大豆、高粱、谷子。通化县(1929 年)资料表明,当时种高粱每公顷收入为 76.4 元(奉天票),种谷子收入 72.0 元(奉天票),种玉米只收入 56.0 元(奉天票)。另外,当时农民的食用习惯是以高粱米和小米为主食,对玉米的需求量不大,限制了玉米的生产规模。

民国初期,玉米的单产水平很低,如 1914 年玉米单产只有 495kg/hm²。到民国末期,单产达到 1050kg/hm²。民国时期玉米年均单产水平低的主要原因是地多人少,耕种粗放,广种薄收。1923 年和 1925 年,吉林、黑龙江两省为解决财政困难,分别做出土地抢垦的决定,即规定荒地谁开垦就归谁耕种。这样,荒地大量开垦,却没有力量精耕细种,完全是粗放的管理方式,甚至是春天下籽秋天收获。产量水平低的另外一个原因是土壤的自然肥力下降。据当时对 16 个县 41 个村屯的调查,高粱、谷子、玉米等作物的单产较垦荒初期均有所下降。伊通县的玉米产量较垦荒初期下降了 17%,磐石县下降了 22%,洮南县下降了 24%。在当时的生产水平条件下,产量下降的主要原因是农肥不足,地多畜少,施用农家肥数量少甚至不施肥,加上土壤自然肥力下降,导致产量不高。固有的耕作方法耕层过浅,不能充分利用土壤肥力。暴雨大风后造成表层肥土大量流失。就整个民国时期而言,玉米的生产处于较低水平状态。玉米年均单产只有 588kg/hm²,年均总产量只有 13.7 万 t。从各主要作物生产规模来看,民国末期(1929 年)吉林主要粮食作物的总产量占粮食作物总产量的比例分别为：大豆占 27.03%，高粱占 31.25%，谷子占 26.67%，玉米占 9.97%，小麦占 4.11%，水稻占 0.97%。

综上，在民国时期玉米的生产规模不大，总产量不多，在吉林玉米被视为次要作物。

三、日伪时期的玉米生产

1931 年，吉林省的玉米种植面积为 27.94 万 hm²，总产量为 31.57 万 t。日伪统治初期（1931~1939 年）玉米种植面积平均为 43.10 万 hm²，到日伪末期（1940~1944 年）吉林的玉米种植面积平均达到 90.42 万 hm²，种植面积翻了一番。

1931~1939 年，玉米年均总产量为 58.34 万 t，而 1940~1944 年，年均达到 112.5 万 t，玉米年均总产量翻一番（表 1-4）。到抗日战争胜利前的 1944 年，吉林玉米种植面积已达 106.3 万 hm²，玉米年均总产量达 134.4 万 t。日伪统治初期（1932 年），吉林省主要粮食作物种植面积占粮食作物种植总面积的比例分别为：大豆占 33.67%，高粱占 27.36%，谷子占 25.21%，玉米占 7.73%，小麦占 5.26%，水稻占 0.77%。

表 1-4　日伪时期吉林省玉米的生产情况

年份	种植面积/万 hm²	单产/(kg/hm²)	总产量/万 t
1931	27.94	1130.0	31.57
1932	31.17	1333.7	41.57
1934	32.37	1112.8	36.02
1935	40.44	1451.5	58.70
1936	43.94	1499.5	65.89
1937	48.95	1458.4	71.39
1938	57.71	1439.1	83.05
1939	62.30	1260.0	78.50
1940	68.89	1229.9	84.73
1941	81.74	1229.9	100.53
1942	89.09	1228.4	109.44
1943	106.06	1257.0	133.32
1944	106.30	1264.3	134.4

由此可见，此时玉米仍为次要作物。此后，大豆、高粱、谷子的生产规模呈现缩小的趋势，而玉米生产有所发展。这是因为日伪政权为向日本提供饲料，掠夺吉林的玉米资源，标榜"以农为本"，比较重视玉米的品种改良和耕种方法的改进，促使玉米的年均单产水平有所提高。到日伪统治末期（1943 年），各种粮食作物种植面积占粮食作物种植总面积的比例有了很大变化：大豆占 22.09%，高粱占 26.07%，谷子占 24.03%，玉米占 24.18%，水稻占 2.67%，小麦占 1.50%。大豆、高粱、谷子、小麦所占面积比例不断下降，而玉米则大幅度提升（表 1-5）。1940 年以后，日本大量向我国东北移民，霸占农民土地，强行征收农产品，太平洋战争爆发后实行"决战搜荷方策"，出荷粮已占总产量的 40% 以上。日伪的强征暴敛严重破坏了农业生产力。1944 年与 1934 年相比，大豆单产下降了 5.5%，高

粱单产下降了 4.2%,谷子下降了 6.5%,玉米单产下降了 13.4%。日伪为了扩大战争之
需,为增加粮食尤其是饲料生产,着力扩大玉米的生产规模。1932 年时,几种粮食作物的
总产量占粮食总产量的比例分别为:大豆占 31.57%,高粱占 31.23%,谷子占 25.35%,
玉米占 7.82%,小麦占 3.19%,水稻占 1.04%。到日伪末期的 1943 年,各种作物占总产
量的比例分别为:大豆占 19.59%,高粱占 31.49%,谷子占 19.70%,玉米占 23.64%,水
稻占 1.24%,小麦占 4.34%(表 1-5)。至此,吉林省的玉米年均总产量已经超过了谷子和
大豆,仅次于高粱。

表 1-5　1931～1943 年主要粮食作物种植面积和产量分别占总面积和总产量的比例(单位: %)

| 年份 | 面积比例/产量比例 | | | | | |
	大豆	高粱	谷子	玉米	水稻	小麦
1931	33.02/28.03	26.70/30.25	25.87/27.67	7.01/8.97	1.05/4.00	6.35/1.08
1932	33.67/31.57	27.36/31.23	25.21/25.35	7.73/7.82	0.77/3.19	5.26/1.04
1934	32.08/30.34	30.10/32.67	25.24/19.12	7.78/11.86	1.05/3.02	3.75/2.99
1935	29.61/27.97	28.93/31.25	27.16/25.08	10.67/11.49	1.04/2.17	2.59/2.05
1938	29.94/27.69	27.40/30.95	25.11/21.21	13.36/14.01	1.96/2.43	2.23/3.71
1939	29.62/25.39	26.47/30.18	24.52/21.50	14.84/15.73	2.35/2.03	2.20/5.17
1940	26.23/24.30	26.49/30.30	24.16/21.28	16.64/18.41	3.51/1.70	2.97/4.01
1941	24.31/23.78	26.07/31.27	24.53/20.16	19.49/19.16	3.59/1.63	2.01/3.86
1942	23.28/20.19	26.07/31.21	25.70/20.96	20.91/22.61	2.11/1.67	1.93/3.36
1943	22.09/19.59	26.07/31.49	24.03/19.70	24.18/23.64	2.67/1.24	1.50/4.34

综上可见,日伪时期的玉米种植面积和年均总产量都大大超过了民国时期,玉米已开
始成为吉林的重要粮食作物。

四、新中国成立后(1949～1979 年)的玉米生产

新中国成立时,吉林玉米种植面积 96.52 万 hm²。1950～1959 年(20 世纪 50 年代)
玉米种植面积 89.6 万 hm²,1960～1969 年(20 世纪 60 年代)平均为 110.6 万 hm²,
1970～1979(20 世纪 70 年代)为 144.0 万 hm²(表 1-6)。可见,新中国成立后吉林省的玉
米种植面积在逐渐增加。新中国成立初期(20 世纪 50 年代),人口的压力不大,粮食供求
矛盾不突出,加之玉米的年均单产水平(1428.5kg/hm²)与高粱、大豆比较并不高,种玉米
的经济效益不高,畜牧业规模很小,对玉米饲料的需求量很少,种种原因导致玉米的生产
规模不大。50 年代,平均几种粮食作物的种植面积占粮食种植总面积的比例分别为:大
豆占 21.61%,高粱占 23.23%,谷子占 23.78%,玉米占 24.20%,水稻占 4.07%,小麦占
3.11%。这时期的玉米、高粱、谷子 3 种作物种植面积相近。从 60 年代开始,人口增长失
控,自然灾害频繁,人为因素干扰了农业生产。粮食产量有下降趋势,致使粮食供求矛盾
突出,导致生产面积有所增加。60 年代,玉米的种植面积已占全省粮食种植面积的
33.92%,开始超过了高粱(18.06%)、谷子(19.49%)和大豆(18.86%)(表 1-7)。1969
年、1972 年和 1976 年,全省范围内发生严重的低温冷害。全省平均粮食作物减产 20%,

而玉米只减产 10.7%。进入 70 年代,吉林省的畜牧业有了较大发展,作为饲料用的玉米数量增加。外调其他省区和出口玉米的数量也有增加,以玉米为原料的玉米工业体系开始形成。这些对玉米需求量增加的形势刺激了玉米生产的大发展。特别是党的十一届三中全会后,落实了家庭联产承包责任制,农民的种田积极性空前高涨。国家在价格上对玉米生产采取一系列鼓励政策,农民种玉米的经济效益明显增加。全省调查统计表明,20世纪 50 年代种植玉米每公顷纯收益 83.6 元,60 年代每公顷纯收益 269 元,与其他旱田作物效益相当。而 70 年代种玉米纯收益 336 元,比种其他旱田作物多收益 108 元。进入70 年代,普及推广了高产稳产的玉米单交种,化肥、农药等农用物资投入量增加,科学种田水平和生产管理水平普遍提高,这些因素促进玉米的年均单产水平大幅度提高。60 年代玉米年均单产 1395.1kg/hm²,到 70 年代提高到 2742.6kg/hm²,年均单产水平翻了一番。

表 1-6　新中国成立后(1949~1979 年)玉米的生产情况

年份	播种面积/万 hm²	年均总产量/万 t	年均单产/(kg/hm²)	年份	播种面积/万 hm²	年均总产量/万 t	年均单产/(kg/hm²)
1949	96.52	119.59	1239.0	1965	102.11	162.95	1595.8
1950	91.28	129.00	1413.2	1966	117.57	182.30	1550.6
1951	75.36	102.62	1361.7	1967	112.79	189.90	1683.7
1952	80.03	144.15	1801.2	1968	108.42	174.50	1609.5
1953	82.67	132.15	1598.5	1969	104.54	143.15	1369.3
1954	84.37	127.70	1513.6	1970	108.49	250.45	2308.5
1955	98.73	147.10	1489.9	1971	123.61	286.10	2314.5
1956	106.05	121.00	1141.0	1972	125.15	262.10	2094.3
1957	90.78	107.15	1180.3	1973	141.39	354.70	2508.7
1958	98.33	137.60	1399.4	1974	161.83	458.95	2836.0
1959	88.69	131.85	1486.6	1975	161.83	496.80	2850.2
1960	100.41	106.45	1060.2	1976	154.57	440.55	2850.2
1961	105.46	122.90	1165.4	1977	151.83	380.20	2504.1
1962	122.19	153.15	1253.1	1978	152.01	486.50	3200.4
1963	121.59	155.50	1278.9	1979	159.56	533.75	3345.1
1964	110.49	151.60	1372.1				

综上所述,20 世纪 70 年代市场对玉米的需求增加,国家出台了一系列优惠政策,科学技术的进步,物资投入量增加,农民种玉米的积极性大增,这些综合因素促成 70 年代成为玉米生产大发展、大转折的时期。70 年代,各种粮食作物面积占全省粮食种植总面积的比例分别为:大豆占 17.07%,谷子占 15.68%,高粱占 11.63%,水稻占 7.84%,而玉米占 43.32%。70 年代,各种粮食作物的年均总产量占全省粮食作物年均总产量的比例分别为:水稻占 12.52%,高粱占 10.44%,谷子占 10.23%,大豆占 10.66%,小麦占 2.48%,玉米占 53.67%(表 1-7)。至此,玉米的年均总产量已占全省粮食年均总产量的一半以

表 1-7　吉林省各种粮食作物种植面积和产量分别占总面积和总产量的比例　（单位：%）

作物	面积比例/产量比例		
	1950~1959 年	1960~1969 年	1970~1979 年
玉米	24.20/27.32	33.92/35.15	43.32/53.67
水稻	4.07/9.83	5.54/11.48	7.84/12.52
高粱	23.23/23.67	18.06/19.88	11.63/10.44
谷子	23.78/20.18	19.49/15.76	15.68/10.23
小麦	3.11/1.15	4.13/1.94	4.46/2.48
大豆	21.61/17.85	18.86/15.79	17.07/10.66

上，玉米真正成为吉林省的优势作物。

纵观新中国成立后 30 多年的玉米生产情况，30 多年来吉林省的玉米生产规模不断扩大，种植面积增加，年均总产量从 129 万 t 增加到 533.75 万 t。1949~1964 年，玉米年均单产为 1060.2~1801.2kg/hm²。期间，由于自然灾害影响出现过 2 次低谷。1956~1957 年（1141kg/hm²、1180.3kg/hm²）和 1960~1961 年（1060.2kg/hm²、1165.4kg/hm²）。这一阶段的玉米年均单产水平处于 1500kg/hm² 以下。这时期玉米年均单产不高的原因主要是种植低产的农家品种，化肥用量甚少，病虫草害防治不力，耕作栽培管理粗放。这一阶段玉米的年均总产量为 102.62 万~155.50 万 t。1965~1977 年，玉米年均单产为 1369.3~3069.7kg/hm²。这时期由于杂交种应用面积扩大，化肥用量渐增，科学种田水平有所提高，玉米面积扩大，玉米年均总产量增加迅速。30 多年中，60 年代的玉米年均总产量比 50 年代只增加了 26.2 万 t。这是因为 60 年代的天灾及人为因素致使玉米年均单产水平从 50 年代的 1428.5kg/hm² 下降到 1395.1kg/hm²。

新中国成立后的 30 多年玉米的年均单产和年均总产量变化呈现 3 个阶段：从 1965 年开始，除 1969 年外，其他年份玉米年均单产水平稳定超过 1500kg/hm²，年均总产量稳定达到 150 万 t 水平；第 2 个阶段从 1970 年开始，年均单产稳定超过 2000kg/hm²，年均总产量超过 250 万 t；1979 年开始，年均单产水平超过 3000kg/hm²，年均总产量超过 500 万 t。

第三节　近 30 多年吉林玉米生产现状

20 世纪 80 年代（1980~1989 年），吉林省的玉米平均种植面积达到 181.7 万 hm²，相当于 50 年代种植面积（89.6 万 hm²）的 2 倍；玉米年均总产量为 893.8 万 t，相当于 50 年代（128.00 万 t）的 7 倍之多。玉米的年均单产水平达到 4919.1kg/hm²，为 50 年代（1428.5kg/hm²）的 3 倍（表 1-8）。80 年代，吉林省各粮食作物种植面积占粮食种植总面积的比例分别为：水稻占 9.85%，高粱占 6.49%，谷子占 8.39%，大豆占 14.89%，小麦占 2.22%，玉米占 58.16%（表 1-9）。与 50~60 年代相比，吉林省的高粱、谷子种植面积已锐减，水稻种植面积有所增加，玉米种植面积则大幅度增加。80 年代各粮食作物的总产量占全省粮食的总产量比例表明，大豆占总产量的 7.19%，高粱占 5.80%，谷子占

3.80%,水稻占 12.77%,小麦占 0.87%,玉米已占 69.57%。从 1984 年起,玉米的年均单产水平稳定超过 5000kg/hm²,年均总产量已稳定超过 1000 万 t(谭向勇,1995)。80 年代,广大科技人员在党的工作重点转移到经济建设上来的精神鼓舞下,育种工作出现新的突破,为玉米生产提供了一大批新的杂交种。在生产中应用的主要有'四单 8 号'、'吉单 108'、'白单 9 号'等。80 年代后,吉林省的品种应用出现一个新的趋势。玉米越区种植日益普遍,大量种植了外来引入的较晚熟的高产品种。这时期引进的主要品种有:'丹玉 13'、'中单 2 号'、'铁单 4 号'、'丹玉 15'等。一批新选育和引进品种的推广,使吉林省的玉米品种实现了第 2 次更新换代,全省杂交种应用面积达到 95%～98%。80 年代的玉米种植密度虽与 70 年代无大差别,但在总体上保苗密度更趋合理。1983 年后,推广了"玉米四定栽培法",使全省的玉米种植密度进一步趋向群体密度合理,个体发育整齐一致。由 70 年代兴起的化学除草技术与 80 年代的少耕法相配合,在玉米生产上起到了消灭杂草、减少铲地和中耕次数的作用。这样,不仅节省了人力、畜力和能源,而且减少了环境污染,有利于保持水土。80 年代,玉米的施肥水平达到新的高度,表现为化肥用量大增,肥料品种更加齐全,施肥技术优化。这时期全省氮肥年用量平均为 104.7 万 t,磷肥用量 46.4 万 t,钾肥在玉米生产中开始显效。80 年代,玉米生产水平较高的县、市其化肥施用量已接近世界先进水平,每公顷施用化肥达 1275～1350kg。这时期已开始推广测土施肥、营养诊断施肥及配方施肥技术。总之,80 年代后,玉米品种实现了更新换代,化肥数

表 1-8　吉林玉米生产现状(1980～2010 年)

年份	播种面积/万 hm²	总产量/万 t	单产/(kg/hm²)	年份	播种面积/万 hm²	总产量/万 t	单产/(kg/hm²)
1980	168.19	506.90	3013.9	1996	248.10	1753.40	7067.3
1981	155.13	527.30	3399.1	1997	245.40	1260.00	5134.5
1982	160.55	589.25	3670.2	1998	242.12	1924.70	7949.4
1983	171.49	941.00	5487.2	1999	237.61	1692.60	7123.4
1984	185.48	1103.75	5950.8	2000	219.73	993.20	4520.1
1985	167.96	793.13	4722.1	2001	260.95	1328.40	5090.6
1986	198.99	1016.42	5107.9	2002	257.95	1540.00	5970.1
1987	212.20	1231.60	5804.0	2003	262.72	1615.30	6148.4
1988	198.70	1221.00	6144.9	2004	290.15	1810.00	6238.2
1989	198.30	1007.55	5080.1	2005	277.52	1800.70	6448.5
1990	221.91	1529.55	6892.7	2006	280.60	1984.00	7070.6
1991	228.01	1400.13	6140.7	2007	285.40	1800.00	6306.9
1992	223.40	1326.20	5936.4	2008	292.25	2083.00	7127.5
1993	203.90	1290.56	6329.4	2009	286.93	1881.28	6556.6
1994	210.01	1239.40	5901.6	2010	304.67	2004.00	6577.6
1995	234.40	1639.40	6994.0				

表 1-9　吉林省各种粮食作物种植面积和产量分别占总面积和总产量的比例 （单位：%）

	面积比例/产量比例		
	1980～1989 年	1990～1999 年	2000～2009 年
玉米	58.16/69.57	69.27/73.24	64.57/70.94
水稻	9.58/12.77	11.81/16.31	15.14/18.71
高粱	6.49/5.80	3.79/4.0	—
谷子	8.39/3.80	1.25/0.6	—
小麦	2.22/0.87	2.37/0.9	0.52/0.23
大豆	14.89/7.19	11.51/4.95	14.66/5.94

量及品种增多，施肥技术更加科学化，种植密度更趋合理，这些环节科学技术的进步大大提高了玉米的单产水平，降低了生产成本，提高了种植玉米的经济效益，从而推动了玉米生产大发展（陈保良，2004）。

进入 90 年代（1990～1999 年），吉林省的玉米生产规模进一步扩大，种植面积达到 229.5 万 hm²。这阶段各种粮食作物的种植面积占总面积的比例分别为：大豆占 11.51%，高粱占 3.79%，谷子占 1.25%，水稻占 11.81%，而玉米已占总面积的 69.27%。可见，这时的高粱、谷子已萎缩至最低点，玉米已处于绝对优势的地位。各种作物的年均总产量占粮食年均总产量的比例则分别为：大豆占 4.95%，高粱占 4.0%，谷子占 0.6%，水稻占 16.31%，玉米则占 73.24%。随着种植面积的减少，大豆、高粱、谷子已退化成次要作物，年均总产量在粮食年均总产量中已处于无足轻重的地位。90 年代，玉米年均总产量已达 1505.6 万 t，玉米已完全成为吉林省的支柱产业。玉米年均单产水平达到 6560.7kg/hm²，大大超过了高粱、谷子和大豆的年均单产水平。90 年代的玉米年均单产比 80 年代提高了 1642kg/hm²，这主要是依赖于科学技术的进步。从农家品种到杂交种的应用是品种演变的第 1 次飞跃，从平展型杂交种到紧凑型杂交种是第 2 次飞跃。进入 90 年代，随着玉米生产水平的不断提高，平展型玉米已基本达到了本品种的生产能力，想要依靠这些品种使产量再上新台阶已是相当困难。吉林省种植面积较大的平展型品种：'丹玉 13'、'吉单 131'、'吉单 159'、'中单 2 号'等品种，种植密度一般为每公顷 4.0 万～4.5 万株。这些品种超过上述密度就有果穗变小、空秆、倒伏等现象发生。在吉林省中部平原地区的高产田块其光能利用率成为限制产量因素。为更有效地提高光能利用率就要采用紧凑型品种。90 年代初引进了'掖单 4 号'、'掖单 6 号'、'掖单 10 号'、'掖单 11 号'、'掖单 12 号'、'掖单 13 号'、'掖单 14 号'等多个紧凑型夏玉米品种。种植示范表明，紧凑型品种是玉米高产再高产的重要途径。90 年代，玉米生产上又推广应用了一大批新选育品种，如'吉单 133'、'吉单 141'、'吉单 180'、'吉单 159'等。又选育出耐密的新品种'吉单 209'、'吉单 204'、'四密 21'、'四密 25'等。大批新品种的推广应用是玉米单产提高的重要保证。进入 90 年代，玉米的种植密度普遍增大，一般平展型品种密度为 4.3 万～4.5 万株/hm²，紧凑型品种密度为 5.8 万～6.0 万株/hm²。生产中推广了玉米化学除草综合配套技术，主要采用乙草胺与阿特拉津合剂、乙草胺与赛克津合剂于播后苗前除草，除草效果稳定在 90% 以上，采用化学除草增产玉米 5%～10%。90 年代的玉米施肥水平达到新的高度,全省年平均施用化肥 164.1 万 t,每公顷平均施肥 715kg。这阶段主要开展配方施肥,根据玉米的需肥规律、土壤供肥能力、肥料的利用率、预计的产量水平等因素,提出氮、磷、钾和微量元素肥料的适宜用量和比例,以及相应的施肥技术。到了 90 年代,玉米施肥已不仅只追求施肥量的增加,而且更重视科学合理、经济有效施肥。90 年代平均全省玉米配方施肥面积为 131.7 万 hm^2,配方施肥面积占玉米种植总面积的 53.7%。全省玉米的氮肥利用率为 30%~45%,磷肥利用率 20%~25%,钾肥利用率 25%~35%。90 年代玉米的病虫害防治技术有了突出的进步。先后研制成功种衣剂 1~7 号,在生产中大面积应用,对人畜安全,有效地防治了丝黑穗病、茎腐病及苗期的地下害虫。实现了赤眼蜂的工厂化生产,利用放蜂和白僵菌生物技术有效地控制了玉米螟的危害。

　　总之,科学技术的进步,保证了玉米的年均单产水平迅速提高,生产成本降低,经济效益提高刺激了农民种植玉米的积极性,使得玉米生产规模逐年扩大,玉米年均总产量 (1505.6 万 t)比 80 年代增加了 611.8 万 t。

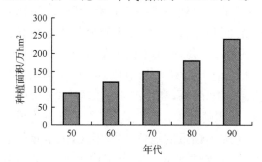

图 1-1　吉林 20 世纪各年代玉米种植面积

　　纵观 50 多年来(1949~1999 年)吉林省的玉米生产发展历程,科学技术的不断进步,玉米新品种几次更新换代,施肥量大增及施肥技术科学化,病虫草害得以有效控制,这些因素使玉米产量水平迅速提高,刺激了玉米生产规模逐年扩大。从 20 世纪 50 年代的 89.6 万 hm^2 增加到 90 年代的 229.5 万 hm^2(图 1-1)。从占全省粮食总面积的 24.20%,增加到占 69.27%。全省玉米的年均单产水平从 50 年代的 1428.5kg/hm^2,提高到 90 年代的 6707.1kg/hm^2 (图 1-2)。由于玉米种植面积的逐年扩大和年均单产水平的迅速提高,吉林玉米的年均总产量猛增,从 50 年代的 128.0 万 t 增加到 90 年代的 1505.6 万 t(图 1-3)。全省玉米年均总产量从 50 年代占全省粮食年均总产量的 27.32%,到 90 年代占粮食年均总产量的 73.24%。玉米已发展成为吉林省的优势作物,至此,吉林省的玉米年均总产量、商品量、出口量、人均占有量均居全国首位,吉林真正成为我国的玉米生产大省。

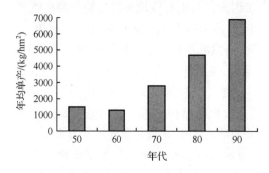

图 1-2　吉林 20 世纪各年代玉米年均单产

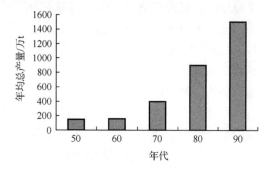

图 1-3　吉林 20 世纪各年代玉米年均总产量

　　进入 21 世纪,国内外市场对玉米的需求量大增,尤其是吉林省畜牧业迅速发展更需要大量的玉米作饲料;吉林的玉米工业规模空前扩大,年加工玉米量达到 650 万 t 以上,创汇农业的发展需求有更多的玉米供出口贸易;国家的粮食安全要有更多玉米做保障;特别是玉米价格的上扬刺激了农民种植玉米的积极性。这些因素促使吉林玉米生产规模进一步扩大,在全省粮食作物中比例也越来越大。

　　2000～2010 年统计,全省玉米种植面积达到 274.4 万 hm²,比 90 年代平均增加了 45.0 万 hm²,玉米年均总产量达到 1712.7 万 t,比 90 年代增加了 207.1 万 t。

　　新中国成立 60 多年来,吉林省的玉米生产水平呈现出 6 个阶梯式的变化趋势。第 1 阶梯从 1965 年开始,玉米年均单产稳定超过 1500kg/hm²,年均总产量稳定超过 150 万 t;第 2 阶梯从 1970 年开始,年均单产超过 2000kg/hm²,年均总产量超过 250 万 t;第 3 阶梯从 1979 年开始,年均单产超过 3000kg/hm²,年均总产量超过 500 万 t;第 4 阶梯从 1984 年开始,年均单产超过 5000kg/hm²,年均总产量超过 1000 万 t;第 5 个阶梯从 1990 年起,玉米年均单产达到 6000kg/hm²,年均总产量达到 1400 万 t,吉林省真正成为全国玉米年均单产水平最高、年均总产量最多的玉米生产大省;第 6 阶梯为进入 21 世纪以来,截至 2010 年,吉林省玉米年均总产量达 2000 万 t,稳居全国前列,年均单产达 6577.6kg/hm²,为全国较高水平。

一、吉林玉米的产区分布

　　清朝末年及民国初期,平原地区主要种植大豆、高粱、谷子,而在丘陵山区多种植玉米。民国后期玉米种植区域开始向平原地区发展。日伪统治时期(1934～1944 年)中部平原区玉米种植面积为 24.04 万 hm²,年均总产量 32.61 万 t;东部山区半山区种植面积为 21.37 万 hm²,年均总产量 30.37 万 t;西部地区种植面积 18.74 万 hm²,年均总产量 18.94 万 t。这时期玉米年均单产水平较高的是东部山区、半山区的吉林地区(1560.9kg/hm²)和通化地区(1507.9kg/hm²);其次是中部平原的四平地区(1388.8kg/hm²)和长春地区(1327.6kg/hm²);年均单产最低的是西部白城地区(1067.0kg/hm²)。这时期种植的玉米品种都是较早熟的农家品种。当时中部平原区农肥不足,施肥量甚少,主要依靠土壤的自然肥力,种植早熟品种其水、热、光资源不能充分被利用。而东部山区半山区雨量充沛,加上土壤腐殖质含量高,因此玉米年均单产水平比中部平原区高。1949～1979 年统计,中部平原地区玉米种植面积 47.08 万 hm²,西部地区 40.02 万 hm²,东部山区半山区 21.54 万 hm²。进入 80 年代,玉米产区分布更向中部平原区集中。中部长春及四平地区玉米种植面积已占全省种植面积的 53.07%,西部地区占 25.01%,东部山区半山区占 21.92%。

　　1949～1969 年,各地区的玉米年均单产水平依次为通化地区(2021.3kg/hm²)、吉林地区(1998.8kg/hm²)、延边地区(1541.3kg/hm²)、长春地区(1511.3kg/hm²)、四平地区(1402.5kg/hm²)、白城地区(1031.3kg/hm²)。由此可见,直到 60 年代末期,吉林省各地的玉米年均单产水平仍是东部山区、半山区(通化、吉林、延边)为高。1949～1968 年,中部平原地区玉米年均总产量为 55.4 万 t,东部山区半山区 45.9 万 t,西部地区 38.8 万 t。各地年均总产量占全省年均总产量的比例分别为:中部平原区占 39.7%,东部山区半山区占 32.6%,西部地区占 27.7%。1969～1989 年,各地区玉米年均总产量分布为:中部平原区 558 万 t,西部地区为 232.4 万 t,东部山区半山区 132 万 t。从这时期开始西部地区的玉米年均总产量超过了东部山区半山区。进入 90 年代,中部平原地区(长春、四平)玉米种植面积 115.9 万 hm²,占全省总面积的 52.7%;东部山区半山区(通化、白山、吉林、延边)玉米种植面积 28.1 万 hm²,占全省的 12.8%;西部地区(白城、松原)种植面积 75.9 万 hm²,占全省的 34.5%。同期,中部平原区的玉米年均总产量达到 937 万 t,占全省玉米年均总产量的 60.88%;西部地区年均总产量 436 万 t,占全省年均总产量的 28.33%;东部山区半山区年均总产量 166 万 t,占全省年均总产量的 10.79%(齐晓宁等,2002)。

到 2009 年,吉林省中部长春、四平、松原等地已发展为吉林的黄金玉米带。中部地区不仅种植面积最大、年均总产量最多,而且玉米的年均单产水平也最高。其中,长春、四平两地的玉米年均单产达到 7060kg/hm²。

二、吉林省玉米生产在全国的地位

由近百年来我国的玉米生产统计资料可见,吉林省始终是玉米的主产省之一。1914～1918 年,全国玉米种植面积 313.6 万 hm²,吉林省种植面积 26.6 万 hm²,占全国玉米种植面积的 8.48%,居全国第 4 位。当时种植面积最大的是河北省,为 56.4 万 hm²。当时全国玉米年均总产量 323.6 万 t,吉林省的年均总产量为 12.6 万 t,占全国年均总产量的 3.89%,吉林省的年均总产量居全国第 7 位。全国年均玉米单产 1032.5kg/hm²,吉林省年均单产只有 472.5kg/hm²,居玉米主产省区的最末位。1931～1937 年,全国玉米种植面积 574.1 万 hm²,吉林省为 39.4 万 hm²,占全国玉米种植面积的 6.86%,居全国第 5 位;全国玉米年均总产量 750.9 万 t,吉林省年均总产量 53.7 万 t,占全国年均总产量的 7.15%,居全国第 5 位。当时年均总产量最多的是四川省,年均总产量为 137.8 万 t。1931～1937 年,全国年均玉米单产 1308.6kg/hm²,吉林省的玉米年均单产为 1362.5kg/hm²,居全国第 3 位,当时玉米年均单产最高的是四川省,达到 2023.8kg/hm²(表 1-10)。

表 1-10　1914～1918 年、1931～1937 年玉米主产地区生产情况

地区	种植面积/万 hm²		年均总产量/万 t		年均单产/(kg/hm²)	
	1914～1918 年	1931～1937 年	1914～1918 年	1931～1937 年	1914～1918 年	1931～1937 年
全国	313.6	574.1	323.6	750.9	1032.5	1308.6
河北省	56.4	95.1	40.1	118.1	712.2	1242.9
山东省	14.1	58.3	12.7	79.8	903.5	1368.1
四川省	54.9	68.1	51.1	137.8	930.0	2023.8
云南省	12.7	32.6	15.5	35.1	1222.0	1081.9
陕西省	9.4	16.6	7.4	20.2	785.3	1213.9
新疆维吾尔自治区	18.1	—	37.5	—	2070.0	—
河南省	39.5	64.8	27.8	64.7	705.0	997.1
吉林省	26.6	39.4	12.6	53.7	472.5	1362.5
辽宁省	—	—	—	—	—	—
黑龙江省	—	—	—	—	—	—

新中国成立后,吉林省的玉米种植面积逐年增加,20 世纪 50 年代为 89.6 万 hm²,占全国玉米种植总面积(1407.2 万 hm²)的 6.37%,居全国第 5 位。60 年代种植面积占全国的 7.56%,居第 5 位。70 年代,吉林省的玉米种植面积列全国第 4 位,占全国的 8.14%。80 年代玉米种植面积为 181.7 万 hm²,占全国的 9.44%,列全国第 3 位,这时期玉米种植面积最大的是山东省,种植面积为 221.4 万 hm²,其次是河北省,种植面积为 200.5 万 hm²。到 90 年代,吉林省玉米种植面积达 229.5 万 hm²,占全国总面积的 10.06%,少于山东省(257.5 万 hm²)和黑龙江省(230.7 万 hm²),列第 3 位。由此可见,1914~2009 年,吉林省的玉米种植面积始终位居全国的前 5 位(表 1-11)。

表 1-11　玉米主产地区种植面积　　　　　(单位:万 hm²)

地区	50 年代	60 年代	70 年代	80 年代	90 年代	2000~2010 年
全国	1407.2	1471.8	1808.6	1924.5	2280.6	2707.6
河北省	146.9	154.9	195.7	200.5	228.0	270.2
辽宁省	81.5	95.8	125.6	127.2	149.9	173.5
吉林省	89.6	110.6	144.0	181.7	229.5	274.4
黑龙江省	134.2	160.7	193.9	173.6	230.7	281.7
山东省	116.5	115.7	177.2	221.4	257.5	267.2
河南省	105.1	88.8	144.0	176.2	226.7	255.1
四川省	146.3	121.9	139.4	167.1	160.9	124.7
云南省	85.5	92.2	96.6	99.7	100.7	121.1
陕西省	76.6	87.5	94.2	98.2	101.7	108.5
新疆维吾尔自治区	32.9	53.3	60.0	46.0	43.0	51.8

20 世纪 50~60 年代,吉林省的年均单产水平较低,尤其是 60 年代吉林省年均单产水平(1395.1kg/hm²)低于全国的平均水平(1489.1kg/hm²),在全国 10 个玉米主产省区中名列第 8 位。从 70 年代开始,吉林省的玉米年均单产水平有了大幅度提高,达到 2742.6kg/hm²,与 60 年代相比翻了一番,这时年均单产已超过全国平均水平(2430.2kg/hm²),仅次于辽宁省(3426.4kg/hm²),位居全国第 2 位。80 年代吉林省玉米年均单产(4919.1kg/hm²)仍是略低于辽宁省(4848.6kg/hm²),位居全国第 2 位。进入 90 年代,吉林省的玉米年均单产水平进一步提高,达到 6560.7kg/hm²,比全国年均单产(4834.2kg/hm²)高 1726.5kg/hm²,超过了辽宁省(5785.0kg/hm²)775.72kg/hm²,位居第 1 位。进入 21 世纪以来,吉林省玉米年均单产 6240.7kg/hm²,低于新疆维吾尔自治区,略低于山东省,明显高于其他玉米主产省(表 1-12)。

20 世纪 50~60 年代,吉林省的玉米年均总产量 128.0 万~154.2 万 t,位居全国第 5 位,占全国玉米年均总产量的 7.01%~7.04%。70 年代,年均总产量 395.2 万 t,仍位居全国第 5 位,占全国玉米年均总产量的 8.99%。80 年代,吉林玉米年均总产量 879.4 万 t,与 70 年代相比产量翻了一番,占全国年均总产量的 12.61%,列全国第 2 位,仅次于山东省(1066.9 万 t)。进入 90 年代,吉林省玉米生产大发展,种植面积扩大,年均单产迅速提高,吉林省玉米年均总产量达到 1540.2 万 t,占全国玉米年均总产量(11 046 万 t)的

13.94%,位居全国第 1 位(表 1-13)。

表 1-12　玉米主产地区玉米单产　　　　　(单位：kg/hm²)

地区	50 年代	60 年代	70 年代	80 年代	90 年代	2000～2010 年
全国	1290.3	1489.1	2430.2	3621.7	4834.2	5143.0
河北省	1071.4	1401.4	2251.6	3472.5	4490.9	4587.4
辽宁省	2013.5	1912.0	3426.4	4848.6	5785.0	5741.5
吉林省	1428.5	1395.1	2742.6	4919.1	6560.7	6240.7
黑龙江省	1574.6	1693.2	2534.5	3122.1	5079.3	4591.0
山东省	1213.7	1464.1	2609.6	4819.4	5348.4	6218.6
河南省	1042.2	1237.7	2248.6	3222.6	4567.0	5147.5
四川省	1169.7	1393.5	2250.9	3490.4	3935.9	4552.9
云南省	1334.4	1474.0	2005.7	2666.9	3424.8	3996.0
陕西省	1103.5	1267.3	2189.0	2920.3	3747.1	4072.4
新疆维吾尔自治区	1726.9	1572.9	1941.8	3317.8	6035.5	6972.6

表 1-13　玉米主产地区玉米年均总产量　　　　　(单位：万 t)

地区	50 年代	60 年代	70 年代	80 年代	90 年代	2000～2010 年
全国	1 829.6	2 191.5	4 394.8	6 976.5	11 046.0	13 925.4
河北省	157.3	209.9	440.8	696.2	1 023.6	1 239.3
辽宁省	167.5	183.3	430.3	616.8	867.2	996.3
吉林省	128.0	154.2	395.0	893.8	1 505.6	1 712.7
黑龙江省	211.7	272.1	494.5	541.9	1 171.7	1 293.3
山东省	141.4	169.4	462.3	1 066.9	1 379.2	1 661.8
河南省	109.6	110.7	323.7	567.9	1 035.3	1 312.9
四川省	171.6	171.5	313.8	583.3	633.3	567.6
云南省	115.1	135.8	194.0	264.9	344.8	483.9
陕西省	85.5	111.7	209.3	285.7	381.0	441.8
新疆维吾尔自治区	57.5	85.2	116.7	152.5	260.0	361.0

1914～2010 年统计资料表明,吉林的玉米种植面积和年均总产量始终属于全国 10 个玉米主产省之一。

1914 年至 20 世纪 70 年代,吉林省玉米种植面积和年均总产量分别居于全国第 3 位和第 5 位。从 20 世纪 80 年代开始吉林玉米在全国的地位更显突出,种植面积占第 3 位,而年均单产水平和年均总产量均居第 2 位。到 90 年代,吉林玉米年均单产水平全国最高,玉米年均总产量全国最多,至此,确立了吉林省作为玉米生产第一大省的地位。

吉林省的玉米大省地位不仅体现在玉米年均单产水平高、年均总产量多,而且体现在吉林玉米品质好,商品量大,外贸出口和国内贸易量都大。吉林省土壤肥沃,雨热同步,日照充足,玉米灌浆期间昼夜温差大,这些得天独厚的自然条件,造就了吉林玉米品质上乘。

我国吉林的玉米品质比美国的略好,胚芽中油脂含量高,粗蛋白质含量比美国的高0.2%,玉米都是自然干燥,成色金黄,破粒很少,比美国用机械风干、表面有裂纹的玉米更受欢迎,我国吉林玉米在国际市场上有一定的竞争力。为此,从20世纪80年代中期开始,吉林省已经成为国家玉米出口基地。90年代吉林省平均出口玉米325.6万t,占同期全国玉米出口量的53%,占全省玉米总产量的22.3%。

吉林省不仅是全国最大的玉米出口省,而且是全国玉米调出量最多的省份。吉林省每年都有大量玉米外调其他省区,主要作为救灾粮和加工饲料用粮。20世纪80年代,吉林省平均外调其他省区玉米190万～220万t,占全省玉米年均总产量的21.27%～24.63%。90年代平均外调玉米220万～250万t,占全省玉米年均总产量的13.69%～17.12%。"十五"期间,吉林省玉米外销数量为4555.7万t,其中,销往外省1800.5万t,出口量2755.2万t。吉林省不仅是玉米生产大省,而且已成为玉米加工大省。"九五"以来,吉林省玉米深加工产业得到超常规发展。目前,全省玉米加工企业已达500多家,其中,长春大成实业集团有限公司、吉林德大有限公司等一批实力较强的加工龙头企业陆续建成并投产。特别是长春大成实业集团有限公司已研制出一套世界领先的玉米深加工技术,生产出多元醇、聚酯纤维等化工产品,加工品种已达200多种。到2005年,吉林省玉米加工能力已达800万t,实际加工量为650万t,占全省玉米年均总产量的35.8%。可以说吉林省的玉米加工数量和工艺水平已居全国首位(路立平等,2006)。

综上所述,吉林省的玉米年均单产水平最高,年均总产量、商品量、出口量、外调量、加工量均居全国前列。吉林省作为我国的玉米生产大省,在全国占有重要地位,为保障国家对玉米的需求,保障国家的粮食安全做出了重要贡献。

第四节　吉林玉米生产发展前景

一、世界玉米消费形势

随着世界人口的增长,口粮需求增加,畜牧业的大发展对饲料的需求量增加,加上玉米工业大发展,这些因素造成世界玉米的消费量逐年增加。20世纪70年代世界玉米总消费量为33 293.1万t,80年代消费量43 894.5万t,80年代比70年代增长了31.8%;90年代玉米消费量为51 758.5万t,比80年代增长了17.9%。21世纪初世界玉米消费量达到72 300万t。玉米的贸易量占粮食贸易总量的30%。70年代世界玉米贸易量5914万t,80年代7037万t,90年代为7345万t,21世纪初达到9000万t(郝大军等,1995)。随着各国畜牧业的大发展,饲料用玉米逐年增长。20世纪70年代全世界用作饲料的玉米19 419万t,80年代饲料用玉米26 367万t,90年代饲用玉米达35 158万t,21世纪初饲用玉米为46 418万t。随着人们生活水平的提高,玉米用作口粮的数量和比例逐年减少。20世纪80年代全世界用作口粮玉米6591万t,90年代5859万t,20世纪末为5500万t。随着各国玉米加工业的兴起,用作工业原料的玉米迅速增加。20世纪80年代全世界用作工业原料玉米4394万t,90年代为5567万t,90年代比80年代增长了26.7%。1991～2001年,全球工业用玉米年均增长率为2.86%,高于饲用玉米的增长。

2001～2002 年,世界工业消费玉米 7680 万 t,与 1991 年相比增幅 36.9%(刘治先,1997)。

美国是全球最大的玉米生产国和消费国,美国玉米贸易量占全球的 65%～68%。美国的玉米生产和消费动态在很大程度上影响着全球玉米的供需状况(远海鹰,1993)。20世纪 80 年代美国作为饲料消费的玉米占玉米年均总产量的 66%,为 7933.6 万 t;作为工业原料玉米占 10%,为 1821.3 万 t;出口玉米占 25.2%,为 4589.7 万 t。到 90 年代,饲用玉米 14 254.5 万 t(占年均总产量的 65%);用作工业原料的玉米 3285.9 万 t(占 15%);出口玉米 6272 万 t(占 28.6%)。近年统计表明,美国的饲料用玉米将稳定在 14 000 万～15 000 万 t。预计,随着石油价格上涨,美国燃料乙醇的需求和产量迅速增加,生产乙醇的玉米用量近年来迅猛大增。2005 年美国生产乙醇用玉米达 3700 万 t,2007 年生产乙醇用玉米 7620 万 t。与此相应,美国玉米消费结构发生深刻变化,生产燃料乙醇的玉米消耗迅速增加,由 2001～2002 年的 6.2% 增加到 2003～2004 年的 10.2%,再增加到 2005～2006年的 14.7%。同期玉米出口下降了 2.4 个百分点。1995 年以来,美国对玉米的总需求已经是连续 8 年创出新高。1992 年美国对玉米的总需求是 1.73 亿 t,而到 2004 年总需求达到 2.1 亿 t,总涨幅已达到 21%。2007～2008 年,美国国内玉米消费为 2.67 亿 t。今后5～10 年,美国的玉米出口量将大幅度下降,这将严重影响世界玉米的供应情况。

20 世纪 90 年代以来,世界玉米消费呈刚性增长趋势。2003～2004 年,世界玉米消费量为 6.46 亿 t,比上一年增加了 1700 万 t,增幅为 2.7%。2000 年以来,全球玉米库存连续 5 年下降,2003～2004 年世界玉米库存 6779 万 t,达到 21 世纪的最低点,比上一年下降了 34.1%。分析近 10 年世界玉米供需趋势可见,自 1996～1997 年世界玉米年均总产量达到 5.91 亿 t 之后,世界玉米年均总产量一直在 6 亿 t 左右,没有大的增长,而同期对玉米的需求则平均每年增加 1100 万 t。

据美国农业部最新估计,2011～2012 年,全球玉米年均总产量为 8.68 亿 t,高于上一年的 8.28 亿 t。2011～2012 年全球玉米供需基本平衡,期末玉米库存为 1.27 亿 t,略低于上一年的 1.28 亿 t。然而,全球玉米需求增长迅速。估计 2011～2012 年全球玉米库存消费比为 14.7%,为近 38 年(1974～1975 年)来最低。全球玉米的需求量大增,造成库存量减少,全球的玉米供需矛盾突出,将进一步刺激玉米生产的大发展(戴景瑞,1998)。

二、我国玉米消费形势

我国玉米总的消费形势是贸易量和口粮消费玉米正在减少,而饲料消费玉米,尤其是玉米工业消费大幅度增加(吴景锋,1996;史振声,2004)。贸易消费,20 世纪 80 年代进口玉米 331 万 t,出口玉米 216.6 万 t;90 年代进口 611.7 万 t,出口玉米 572.5 万 t,出口玉米占玉米年均总产量的 5.9%。口粮消费,20 世纪 80 年代作为口粮消费的玉米 2600万 t,占玉米年均总产量的 38%;90 年代口粮消费 1800 万 t,占玉米年均总产量的 19%。饲料消费,20 世纪 80 年代饲料用玉米 3269 万 t,占玉米年均总产量的 48%;90 年代,饲料消费玉米 6613 万 t,占玉米年均总产量的 61.1%。玉米工业消费,20 世纪 80 年代用作玉米工业消费的玉米 350 万 t,占玉米年均总产量的 5%;90 年代玉米工业消费用玉米760 万 t,占玉米年均总产量的 7%。近 5 年,我国玉米的需求形势发生了巨大变化,饲料消费玉米呈稳步增长趋势。2003～2007 年,国内饲料用玉米消费量从 9100 万 t 增加到

9600 万 t,按饲料玉米消费结构预测,2015 年将需要饲料玉米 1.77 亿 t,到 2020 年需要饲料玉米 1.99 亿 t。玉米工业对玉米的需求量高速增长(张晓阳,2003)。从 2004 年开始随着燃料乙醇新增长点的涌现,乙醇生产消费玉米量增长速度达到 20%。2003～2007 年,我国玉米工业消费量从 1650 万 t 增加到 3750 万 t,年均增长达 22.8%。近年来,我国玉米主产区的"内耗"增加,全国玉米供应趋紧。东北春玉米区和黄淮海夏玉米区,玉米年均总产量占全国年均总产量的 68%。20 世纪 90 年代,黄淮海区玉米自给有余,近年已发展成自给不足。以山东为例,山东省年产玉米 1500 万 t 左右,而玉米消费量为 1750 万 t,已连年出现供应缺口。总之,今后一段时间,我国的畜牧业以每年 5% 的速度持续发展,要求玉米供给能力每年增长 4%。玉米加工业以每年 15%～20% 的速度增长,到 2010 年,我国的玉米消费量将提高 26%,玉米的产需缺口将达到 2300 万 t。由此可见,我国玉米整体供应将面临长期供不应求的局面。

三、吉林省玉米消费形势

20 世纪 50～70 年代,吉林玉米有 60% 作为口粮消费,年消费玉米为 90 万～110 万 t,这时期作为饲料和加工用的玉米数量很少。80 年代年均口粮消费玉米 150 万～160 万 t,饲料消费玉米 260 万 t 左右。90 年代,作为饲料消费的玉米为 340 万～350 万 t。"九五"以来,吉林省先后实施了增粮兴牧、"奔马工程",推动了畜牧业的大发展。2001～2004 年,吉林省饲料消耗玉米稳定在 450 万 t 左右。2005 年,用于畜禽配合饲料消耗的玉米为 60 万 t,饲养户(场)直接喂饲玉米 440 万 t,合计达 500 万 t,占当年玉米产量的 26.3%。70 年代末期,以玉米为原料的加工业开始兴起。80 年代吉林省平均用于加工的玉米为 51.0 万 t,占全省玉米年均总产量的 5.71%。90 年代平均用于加工的玉米在 150 万 t 左右。吉林省的玉米出口发展迅速,1983 年全省出口玉米仅 5.4 万 t,1986 年达到 283 万 t,20 世纪 80 年代平均出口玉米 130.5 万 t,占吉林省玉米年均总产量的 14.6%。从 80 年代中期开始,吉林省已经成为国家玉米出口基地。90 年代全省平均出口玉米 325.6 万 t,占全省玉米年均总产量的 22.3%。吉林省每年都有大量玉米外调南方省区,主要用作救灾粮和饲料用粮。80 年代平均外调玉米 190 万～220 万 t,占玉米年均总产量的 21.27%～24.63%。90 年代平均外调 220 万～250 万 t,占玉米年均总产量的 13.69%～17.12%。

综观 20 世纪 80～90 年代的吉林省玉米产销形势可见,从 80 年代中期以后连续多年出现了玉米大量积压的局面。这主要是因为玉米年均总产量大增,达到 800 万 t 以上水平,但吉林省的畜牧业不够发达,饲料消费量不够大,玉米加工业薄弱,加工用玉米量不大。玉米大量积压造成大量玉米卖不出、储不下、运不出的被动局面。造成农民收益下降,粮库储存爆满,储粮资金猛增,财政压力巨大。90 年代初期,由于玉米的出口量和外调数量增加,玉米积压现象略有缓解。1996 年以后,由于外调和出口数量明显减少,吉林玉米又大量积压。迈进 21 世纪,吉林省的玉米总产量(2000～2007 年平均)达到 1608.9 万 t。这期间吉林省的玉米加工业有了飞速发展。一批引起世界同行业瞩目的玉米深加工企业在吉林兴起,形成了长春大成实业集团有限公司、黄龙食品工业有限公司、吉林天河实业有限公司(现名吉林沱牌农产品开发有限公司)、华润赛力事达玉米工业有限公司等一批玉米加工业集群,共有玉米加工企业 500 余家。2005 年,吉林省玉米加工能力突破了 800 万 t,实际加工量达到 650 万 t,占玉米年均总产量的 40.4%。

近年来,吉林省玉米加工业的大发展大大改善了玉米的消费趋势,使吉林玉米由供大于求走向供需平衡的良性循环。

四、吉林玉米生产发展前景

未来玉米的生产发展前景主要决定于两方面因素,一是国内外市场对玉米的需求数量,二是扩大生产规模和提高生产水平所具备的条件。

(一)国外对玉米的需求量将大幅增长

分析近 10 年国际市场对玉米的需求形势可见,世界对玉米的需求量已经从 1992~1993 年的 5.09 亿 t 稳步提高到 6.41 亿 t,总增幅达到 26%,平均每年增加 1100 万 t,而且这种增长趋势会持续下去。这是缘于世界玉米工业的迅速发展。2001~2002 年世界工业消费玉米 7680 万 t,与 1991 年相比,增幅 36.9%。近年来,美国、巴西等推行燃料乙醇,带来了巨大的综合效益,如维护粮价、完善能源体系、减少对石油依赖、节约外汇、改善燃油品质及大气环境质量等,均为世界所公认,为此,许多国家政府均已制定规划,积极发展燃料乙醇工业,这将需要大量玉米作原料。美国燃料乙醇生产对世界粮食生产和贸易产生了重大影响,未来美国玉米出口会进一步减少,这将导致世界玉米供应趋紧。

(二)为发展创汇农业吉林省要保持玉米出口优势

为提高玉米产业的经济效益,必须大力发展创汇农业。吉林省的玉米品质上乘,在国际市场具有一定的竞争力。世界上几个主要玉米进口国家(日本、韩国、东南亚国家)距离我国吉林省都比美国近,运输成本低于从美国进口。20 世纪 90 年代,日本年均进口玉米 1629.2 万 t,占世界玉米年均进口总量的 22.3%;韩国年均进口 671.0 万 t,占世界年均进口总量的 9.2%。继续发展我国吉林玉米,对日本、韩国的出口贸易是今后吉林玉米的消费途径之一。吉林省应保持年均出口玉米 200 万~300 万 t。

(三)发展玉米生产保证国内需求

我国玉米的产销形势可分为 3 种类型,北方春玉米区玉米基本上是产销平衡,还略有剩余;黄淮海夏玉米区现在是供不应求的趋势,而华东区和中南区则是玉米严重供不应求。这两个地区是非玉米主产区,但饲料工业规模较大,玉米供需缺口很大。20 世纪 90 年代,仅四川、湖南、湖北就平均调入玉米 450 万~480 万 t。广东省是我国第一饲料生产大省,年产配合饲料 500 万 t,生产这些饲料需要 300 万 t 玉米,而广东省年产玉米只有 32 万 t,每年需要大量进口或外调玉米。为调节国内玉米供求矛盾,吉林省应考虑每年有 200 万 t 左右的玉米外调其他省区。

发展玉米生产是保障国家粮食安全的需要。2001 年我国政府发表的《中国粮食问题》白皮书,明确表示我国能够依靠自己的力量实现粮食基本自给。因此,建立稳定的商品粮生产基地,建立符合我国国情和社会主义市场经济要求的粮食安全体系是我们的基本方针。吉林省是国家重要的商品粮基地,吉林省的粮食储备占全国的 1/10。为保障国家粮食安全,吉林省应保证每年有 200 万~250 万 t 的玉米作储备粮。

(四) 发展玉米生产保证本省需求

玉米过腹转化是玉米产业经济的重要组成部分,而畜牧业是过腹转化的重要载体。近年来,全省畜牧业消费饲料玉米已达 500 万 t,预计今后 5~10 年,随着全省畜牧业的大发展,作为饲料消费的玉米将达到 600 万~700 万 t。玉米加工业因具高附加值而成为"朝阳"产业和"黄金"产业,发展潜力巨大。近年来,吉林省的玉米加工业已初具规模,很多新上项目和扩建项目正在兴建,5~10 年后,全省玉米加工能力可达到年加工玉米 1000 万~1200 万 t。吉林省的玉米生产规模必须满足本省畜牧业和玉米工业大发展的需求。

(五) 玉米生产的优势与潜力

吉林省的玉米生产具有得天独厚的环境条件。吉林省位于东北平原腹地,是世界三大典型黑土带之一。土地肥沃,雨热同步,光照充足,昼夜温差较大,环境污染较轻,十分有利于玉米高产,有利于生产优质玉米。玉米主产区地势平坦,耕地大面积集中连片,有利于实施全程机械化生产。优越的生态环境、良好的自然条件成为吉林省发展玉米生产的最大优势(齐晓宁等,2002)。

吉林科研基础雄厚,全省有国家玉米工程中心等 9 家实力较强的玉米科研单位。民营企业的科研力量不断壮大。"十五"以来,全省选育出各种类型的玉米新品种 232 个,玉米新品种的研发能力和生产水平处于世界先进水平。研究出一大批先进实用的高产栽培技术,构建了玉米大面积高产高效技术平台。通过紧凑型、专用型优质品种的培育和引进,经济合理施肥技术、节水灌溉技术、病虫害生物防治技术、大垄双行种植、机械深松和根茬还田等一系列高新技术的应用推广,使吉林的玉米生产水平处于全国前列。

吉林玉米尚有很大的增产潜力。一是可以通过推广配套的新技术继续提高单产水平。通过建设 300 万 hm² 玉米标准良田,改善生产条件,可以有效提高单位耕地产出水平;通过创新方法,引进生物技术可培育出一批高产、优质、多抗的突破性新品种,为进一步提高玉米的单产水平提供科技支撑;通过加快综合技术组装,推进玉米生产全程机械化,提高科技贡献率。预测在今后的 5~10 年,可将吉林省的玉米单产水平由现在的 5979kg/hm²(2000~2007 年平均),提高到 7500~8000kg/hm²。二是调整结构,增加种植面积,在今后 5~10 年,使全省玉米种植面积稳定在 310 万 hm²。增加种植面积的目的在于增加总产量,同时为了增加有效营养成分的产出量,适应精品畜牧业发展和玉米深加工的需要,要在 310 万 hm² 中种植 100 万 hm² 的高油、高淀粉、高赖氨酸和粮饲兼用型玉米(宋同明,2001;石德权和张世煌,1994)。年均单产水平达到 7500~8000kg/hm²,种植积达到 310 万 hm²,吉林省的玉米年均总产量有望达到 2300 万~2480 万 t(崔德珍等,2006)。届时基本可以满足吉林玉米出口 200 万 t,外调其他省区 200 万 t,畜牧业饲料 600 万 t,加工原料 1000 万 t 和粮食储备 300 万 t 的需要,达到产需平衡。

第五节　发展玉米生产的对策

一、加速建设绿色优质玉米生产基地

近年来,国内外玉米市场竞争十分激烈,若想在市场中占有一席之地,关键要提高玉米产品的质量,生产优质绿色玉米(薛吉全和任建宏,1999)。因此,应充分利用吉林省优越的农业资源,配合科技、经济及社会各方面力量,加速绿色优质玉米生产基地建设。实践证明,没有基地建设就不可能有优质农业的发展。基地建设应该统筹考虑交通、储运、科技、加工、出口及内销等一系列因素,贯彻合理布局、竞争择优的原则,全面考虑玉米的种植、管理、收购、加工及储藏过程中的质量问题。在基地上对玉米实施规范化、专业化、区域化和标准化生产,严格按照国际标准组织玉米生产。注意提高玉米产品的营养成分,保证籽粒均匀整齐,色泽纯正,充分干燥去杂。基地上土地可大面积连片,便于实现机械化作业,提高玉米田间管理水平,提高劳动生产率。在基地上可以对广大农业生产者和管理者进行培训,有利于大面积推广应用农业新技术、新经验,迅速提高科学种田水平(董树亭,2004)。21世纪是一个绿色文明的世纪,绿色技术、绿色生产、绿色消费等绿色浪潮将席卷全球。加入世界贸易组织(WTO)则意味着降低关税,开放市场,但绿色贸易壁垒却加强了,不符合环境标准和卫生健康标准的产品将失去市场。严格限制玉米产品的化学物质含量将成为突出的问题。因此,吉林的玉米生产要开拓国内外市场,重要的是以生态绿色形成比较经济优势,尽量少用化肥,少用高残留的农药和除草剂,生产优质安全玉米产品。建设优质安全玉米生产基地实现大面积连片集约生产,采用统一的、先进的、标准化的生产技术,提高产量,提高品质。在今后的 5～10 年,吉林省可规划建设150 万 hm^2 的优质安全玉米生产基地。

二、依靠科技进步迅速提高单产

在今后的 5～10 年,为达到产需平衡,吉林省的玉米年均总产量要达到 2300 万～2400 万 t,而 21 世纪初全省玉米年均总产量为 1700 万 t 左右(2001～2009 年平均)。要在未来 5～10 年增产 600 万～700 万 t 玉米,可以扩大种植面积约 40 万 hm^2,靠增加种植面积增产的潜力较小且不具持续性,未来必须依靠提高单产来增加总产(周洪生,1996)。迈进 21 世纪,依靠科学技术的进步与创新,努力提高单产水平是吉林玉米生产的主攻方向(孙本喆等,2003)。为提高单产,首要任务是培育出一大批突破性的玉米新品种,为此,要采取积极措施迅速扩大玉米品种资源,解决遗传基础狭窄的瓶颈问题,要采取常规育种与生物工程技术育种及航天育种等高新科技手段相结合的创新育种手段,培育出高产、优质、高抗逆性、广适应性的高层次杂交种,要达到 5 年更换一次新品种。在生产中确保种植高纯度、高净度种子,做到精选种子和播前种子处理,确保苗齐、苗全、苗壮。分析吨粮田典型田块的资料可见,创造玉米高产田其土壤条件均为土层深厚、土壤物理性状良好,保水保肥能力强,土壤有机质含量在 1.5% 以上,土壤中的速效氮、磷、钾含量处于中上等水平。而近 30 年来,吉林省的土壤肥力呈现逐年下降的趋势,为提高玉米的单产水平,必须采取措施培肥土壤(冯巍,2001)。因此,应该借鉴美国玉米带的培肥地力经验,实现玉米与豆科作物或牧草的合理轮作,以恢复地力,增加玉米秸秆还田,增加有机肥料施用数量。做到科学合理施肥以保持和培肥地力,保证玉米高产、稳产。迅速扩大复合肥料、高浓度肥料、专用肥料及微量元素肥料的推广面积。大力推广营养诊断施肥和测土配方施肥技术。在玉米低产区重点是增加施肥数量并实现合理的肥料配比;在高产区重点是提高肥料的利用率,实现经济、合理施肥。扩大玉米生产经营规模实现连片种植,提高生产集约化和机械化水平,尤其是要尽快实行机械化播种技术,这样可以保证苗齐、苗全,提高玉米群体的整齐度,提高单产水平。依据品种特点、土壤肥力水平、生产管理水平,确定适宜的种植密度,建立高光效的合理群体。在条件适宜地区大力推广应用紧凑型品种,增大种植密度,实现依靠群体增产的目的。建立起包括农业防治、化学防治、物理防治和生物防治在内的玉米病虫害综合防治体系。有效地控制危害吉林玉米生产的丝黑穗病、茎腐病、粗缩病等病害。推广白僵菌、赤眼蜂等生物防治技术,有效控制玉米螟危害。采用少耕、免耕法与除草剂相配合,有效控制玉米田杂草危害。随着玉米生产水平的提高,玉米对水分的需求量增加,更要求供水的时间与玉米的需水规律相吻合,因此,要求发展农田灌溉事业,尤其要积极发展节水灌溉技术,达到省水、省工、增产的目的。推广秸秆覆盖、留高茬、深松、少耕、原垄播、种植抗旱品种及深播等旱农耕种技术,以确保吉林西部干旱半干旱地区的玉米高产。总之,科学技术的进步与创新是提高吉林省玉米单产水平的根本保障。依靠科技进步创造一个适宜的物质投入和智力投入环境,充分发挥各项技术措施的效益。把先进的实用新技术与传统精细农艺相结合,达到良田、良种、良法配套,集成新型的模式化的耕作栽培模式,提高吉林玉米的单产水平。

三、大力发展饲料工业促进玉米转化增值

发展饲料生产增加对玉米的需求,以市场扩大进一步拉动玉米生产发展,同时,通过转化增值,促进玉米经济发展。国内外的经验证明,大量采用玉米作饲料是发展畜牧业的基础,也是玉米转化增值的重要途径(李德发等,2003)。美国、日本、加拿大及西欧各国的配合饲料工业已发展成独立的工业体系。近年来,巴西、泰国等一些发展中国家也相继建立起配合饲料工业体系。

2005年以来,吉林省的玉米年均总产量已稳定在1800万t以上,人均玉米695kg,达到了发达国家水平。吉林省委、省政府提出了建设畜牧业大省的宏伟目标,利用丰富的玉米资源发展饲料工业是大势所趋。目前,吉林省的饲料工业虽然初具规模,但是饲料生产存在布局不妥、品种不全、质量不高、费用大、价格高等一系列问题。因此,今后要立足于玉米资源优势与市场需求,贯彻就地取材、就地加工、就地销售的原则。加快调整饲料工业布局,以市场为导向,以技术进步为支撑,突出重点。通过兼并、联合、重组等形式,构建一批竞争力强、技术水平高的大公司和企业集团,提高产业集中度和产品开发潜力。发展饲料工业要同玉米产业化相结合,推广以饲料企业为龙头,饲养、饲料、加工一体化的模式。采取集中与分散相结合,大中小相配套的饲料工业模式。在大中城市建立饲料添加剂工厂,生产赖氨酸、甲硫氨酸、微量元素、维生素及其他一些非营养性添加剂等。生产这些产品建厂投资大,生产技术要求高,但用量少,应由省里统一布局考虑建厂生产。各县

则主要抓蛋白质添加剂浓缩饲料厂,可以从预混饲料厂购入添加剂预混饲料,集中当地蛋白质饲料进行二次加工。乡镇一级则将蛋白质添加剂浓缩饲料和玉米等能量饲料混合进行第三次加工,生产各种配合饲料直接供应用户。借鉴外省经验,可由大型饲料企业主要生产浓缩的精饲料,供应鱼粉、骨粉、氨基酸等配合饲料的原料和添加剂,并为养殖户提供切实可行的饲料配方,可由养殖户自己去配合饲料。针对饲料生产中存在的质量与技术问题,应该建立权威性的饲料监测机构,主要是监督饲料生产质量,对配合饲料及其原料的安全性、营养性和等级标准进行监测。制定饲料管理条例和各种饲料的分级标准。逐步实现饲料生产的标准化、系列化和优质化。根据吉林省的畜牧业发展目标,考虑玉米生产优势,建立适应省情的饲料工业体系,是促进玉米生产发展,实现玉米转化增值的必由之路。考虑今后5～10年全省的畜牧业发展规模和速度,吉林省的饲料工业规模可考虑年用玉米600万～700万t。

四、建立强大的玉米工业体系实现转化增值

20世纪70年代以来,发达国家相继建立起玉米工业体系,以玉米为原料经多次加工增值。近年来,发达国家普遍关注生物质的开发与利用,用生物可再生资源替代石化资源的战略大转移渐露端倪。玉米加工产品向有机化学产品和高分子材料领域推进,一个全球性的产业革命正在朝着以碳水化合物为基础的方向发展。玉米深加工产品市场空间不断拓展,技术创新推动玉米加工不断向精深发展(佟屏亚,2001)。

吉林省的玉米加工业起步于"七五",发展于"八五",壮大于"九五",崛起于"十五"。特别是"九五"以来,吉林省省委、省政府启动了"百万吨玉米深加工工程",使吉林省玉米深加工产业得到超常规发展(戴昀弟,1997)。目前,吉林省玉米加工企业已达500多家,加工产品逐步由淀粉、乙醇等初级加工产品向发酵、精细化工产品过渡,品种达200多种。全省玉米加工能力已突破800万t,加工量达到650万t。吉林的玉米工业已经历了玉米初加工到玉米深加工、玉米精深加工3个阶段。20世纪90年代后从国外引进了离心分离技术、闭环生产技术、节能降耗技术等先进技术,利用这些先进技术生产的产品在收率、产品品质、能耗等方面处于国内领先水平。特别是长春大成实业集团有限公司研制生产出含量为65%的饲料级赖氨酸,其赖氨酸生产技术达到世界领先水平,成功开发出了以玉米为原料生产多元化工醇产品,在国内外均属首创。由此可见,吉林省的玉米加工业已初具规模,在加工能力和加工技术上均已居国内领先水平。为充分发挥吉林省的玉米生产优势,提高玉米生产的经济效益,加大玉米工业的发展力度是我们的长期战略目标。因此,要确立以市场为导向,以优质玉米资源为依托,扩大玉米工业深加工产品总量,优化淀粉工业产品结构,做强淀粉下游产品,提高产业集中度,拉长产业链条,提升经济效益水平的发展思路。

未来的5～10年,吉林省的玉米加工业要以精深加工为主体,为此,需着重做好4方面工作。一是研发力度,应用高科技成果增大产品的科技含量。要研制出一批具有自主知识产权、处于国际领先水平、发展潜力大的技术和产品。二是要加强高科技人才的培养和引进工作,建设一支高水平的玉米加工研发队伍。三是要加大资金投入力度,加速建设一批玉米精深加工企业,使玉米加工产品逐步走上梯次开发、系列加工的发展之路。应不惜重金加大科研投入。要使科研经费开支达到企业年利润的5%～8%。要在全省建立

生物工程、多元化乙醇、变性淀粉、葡萄糖和淀粉聚酯等方面的专业技术研究中心,要以高新技术作为玉米加工业发展的技术支撑。四是要进一步加强与国内外大学和科研机构的技术合作,共同研究开发与生产发展密切关联的技术、设备和产品。今后的 5～10 年,吉林的玉米加工业要注重市场定位,抢时间、赶速度、快上新项目、大项目。

迈进 21 世纪,吉林的玉米加工业要根据国内外市场需求,实施战略调整,制定有利于精深加工企业发展的政策,促进初加工企业向精深加工企业转变(贾乃新等,2003)。要遵循"向经济规模要效益,靠精深加工求发展"的战略方针,使吉林省实现从传统的玉米加工工业跨入发展玉米生物化学工业的历史时期(胡新宇,2000)。

吉林省在发展玉米深加工工业的同时还应该充分利用吉林的玉米资源,大力发展玉米食品工业。实践证明,发达国家的工业化绝大多数是从农产品加工起步的。英国的工业化是靠羊毛纺织业发展起来的;美国的工业化靠食品工业起家。近年来,发达国家的谷物直接消耗减少,人们餐桌上 70%～80% 的食品是经过多层次加工的产品。因此,我们要抓住这个契机,大力发展玉米食品工业就会获得高额利润。在今后的 5～10 年,吉林省应该大力引进资金、人才、技术与设备,优先发展以玉米为原料的食品工业,主要加工玉米膨化食品、玉米片、玉米油、精制玉米粉、玉米饲料等产品,打入国内外市场,可使玉米增值 3～5 倍。总之,依托吉林的玉米优势大力发展玉米精深加工产业和玉米食品工业,实现玉米转化增值,促进玉米消费,以市场需求的增加拉动玉米生产的大发展。

五、降低玉米生产成本开拓市场

市场需求的扩增是刺激玉米生产发展的重要机制。降低生产成本,开拓国内外市场是吉林玉米产业发展的重要对策。在世界贸易组织(WTO)框架下,关税被削减,我国吉林玉米产品与国外竞争只能依靠自身的比较优势。农业比较优势格局是在 WTO 框架下设计吉林玉米生产策略的重要依据。农业比较优势主要体现为价格优势,支持价格优势的是成本优势和效率优势。生产效率越高,生产成本越低,则价格优势越明显(杨兴龙等,2007)。为降低生产成本,国家应调整相关政策,降低种子、化肥、农药、农膜、农用燃油、农电、农水、农业机具等农业生产资料的价格。积极发展集约化生产,扩大机械化作业面积,以大面积机械化作业和集约化种植降低玉米生产成本。采用经济合理施肥技术,提高肥料利用率,减少施肥量,降低施肥成本。推广节水灌溉技术,节省水费用。采用精量播种技术,减少种子用量,节省种子费用。采取综合措施和应用抗病虫品种,减少农药费用。推广应用少耕、原垄播种和深松技术,减少机械作业次数,节省机耕费用。总之,在玉米生产中依靠科学技术进步降低生产成本。今后,政府支持目标要由短期转向长期化,国家支持方式要由投入补贴转向产出补贴。要充分利用 WTO 规则内的"绿箱"政策,把增加的资金通过"绿箱"政策注入玉米生产之中。总之,要通过调整政策、增加科技投入、改革生产经营方式等一系列措施降低玉米的生产成本,以较低廉的价格开拓国内外市场,以市场需求的扩大刺激玉米生产大发展(路立平等,2008)。

规划吉林玉米的生产发展规模和速度应主要考虑两方面因素:一方面是国内外市场对玉米的需求情况;另一方面是发展玉米生产的条件和可能性。综观 21 世纪初国内外玉米市场形势可见,随着世界人口的增加、畜牧业和玉米工业的大发展,全球对玉米的需求量正在逐年增加。美国是世界上最大的玉米供应国,近年来,由于美国的乙醇燃料加工迅猛发展,美国国内对玉米的需求猛增,出口量大减,造成世界玉米供求关系趋紧。我国畜牧业的大发展和玉米加工业的兴起,致使玉米主产区的"内耗"猛增,外调量逐年减少,全国玉米供应缺口逐年加大。这些国内外市场对玉米需求量的增大必定会拉动吉林玉米生产的大发展。

　　综合分析,吉林省土壤肥沃,气候适宜,种植玉米不仅高产稳产而且品质上乘,吉林省是发展玉米生产的黄金地带。吉林省有关玉米科学研究和技术推广人才力量雄厚;已经研发并储备了一大批先进科研成果、实用技术,可在今后玉米生产中推广应用;广大农民有丰富的种植玉米经验。吉林省的玉米生产发展既有市场需求的拉动,又有优越的条件作为保障,展望未来,吉林的玉米生产发展前景必将十分广阔。

主要参考文献

陈保良.2004.浅谈新时期的玉米发展思路与对策.玉米科学,12(增刊):123～126

崔德珍,吕金岭,朱秀娟,等.2006.粮饲兼用型玉米的研究利用及推广前景.玉米科学,14(增刊):138～190,142

戴景瑞.1998.我国玉米生产发展的前景及对策.作物杂志,(5):6～11

戴昀弟.1997.略论吉林省玉米加工转化现状及对策.吉林农业大学学报,(1):88～91

董树亭.2004.无公害优质专用玉米生产技术保障体系及产业化.玉米科学,12(专刊1):125～127

冯巍.2001.面向21世纪发展我国玉米产业.中国农业科技导报,3(4):32～37

郝大军,刘雪莲,李卫.1995.世界玉米生产、消费与贸易动态浅析.中国饲料,(21):43

胡新宇.2000.玉米的综合加工与利用.玉米科学,8(3):83～89

贾乃新,张玉芬,刘海凤,等.2003.关于粮食主产区(吉林省)玉米转化与利用探讨.玉米科学,11(4):94～99

李德发,宋国隆,赵丽丹.2003.饲料工业对玉米的数量需求和质量要求.玉米科学,(专刊2):83～88

李建生.1994.美国玉米生产和利用概况.世界农业,(12):17～19

刘治先.1997.世界玉米经济展望.世界农业,(11):3～4

路立平,杨双,刘志全,等.2008.建设东北黄金玉米带的思考.玉米科学,16(3):134～136

路立平,赵化春,赵娜,等.2006.世界玉米产业现状及发展前景.玉米科学,14(5):149～151

齐晓宁,王洋,王其存,等.2002.吉林玉米带的地位与发展前景.地理科学,22(3):379～384

石德权,张世煌.1994.优质蛋白玉米杂交种选育和开发利用.作物杂志,(2):5～7

史振声.2004.对我国专用特用玉米科研与产业开发问题的思考.玉米科学,12(3):111～112,115

宋同明.2001.我国高油玉米育种及其发展趋势.中国农业科技导报,(3):40～43

孙本喆,郭新平,曾苏明,等.2003.我国玉米生产现状及发展对策.玉米科学,(专刊1):32～33

谭向勇.1995.我国玉米消费结构分析.中国农村经济,(11):19～24

佟屏亚.1997.我国玉米生产现状和发展策略.科技导报,(11):22～25

佟屏亚.2001.中国大玉米开发战略.作物杂志,1(3):1～3

吴景锋.1996.我国玉米生产现状与科技对策.作物杂志,(5):26～29

薛吉全,任建宏.1999.发展优质专用玉米提高玉米经济优势.陕西农业科学,(5):3～5

杨兴龙,王凯,刘爱军.2007.入世前后我国玉米的国际竞争力分析.玉米科学,15(6):118～121

杨引福,张淑君.2002.美国玉米加工业最新发展.玉米科学,10(4):95～97

远海鹰.1993.美国对玉米综合利用的现状和发展方向.世界农业,(7):24～26

岳德荣,赵化春.2004.中国玉米品质区划及产业布局.北京:中国农业出版社:1～3

张晓阳.2003.国际燃料乙醇工业发展概况.玉米科学,(专刊1):88～91

周洪生.1996.21世纪初我国玉米遗传育种及玉米生产的发展战略.玉米科学,(4):1～5

周霞,蒲德伦.1997.全国饲料市场调查与预测.中国饲料,(3):9～11

第二章　吉林玉米的生态条件

农业生产是通过植物光合作用,把气候、土壤等基础资源转化为农产品的过程。在这个转化过程中,生态条件作为基础资源,发挥着重要作用。生态条件主要包括温度、水分、光照、土壤等。一个地区的生态条件,决定了当地作物的品种、布局。吉林省的生态条件,决定了玉米是吉林省的第一大作物。作为全国最主要的玉米生产省,吉林省有其特殊的玉米生态条件。

第一节　吉林农业自然资源概况

一、地理位置

中国吉林省位于 40°52′N～46°18′N,121°38′E～131°19′E,地处俄罗斯、朝鲜、韩国、蒙古、日本与中国(东北部)组成的东北亚地区腹地,面积 18.74 万 km^2,人口 2730 万人。吉林省南部与辽宁省相连,西部接内蒙古自治区,北部邻黑龙江省,东部与俄罗斯接壤,东南部与朝鲜隔江相望。吉林省属一年一作的粮食作物产区,按自然环境条件全省可分为东部大森林、中部大粮仓、西部大草原 3 种自然类型。

二、气候特征

吉林省处于北半球的中纬地带,欧亚大陆的东部,相当于我国温带的最北部,接近亚寒带。东部距黄海、日本海较近,气候湿润多雨;西部远离海洋而接近干燥的蒙古高原,气候干燥。全省具有显著的温带大陆性季风气候特点,四季分明,雨热同季,有明显的四季更替。春季干燥风大,夏季高温多雨,秋季天高气爽,冬季寒冷漫长。

吉林省全年无霜期一般为 110～160d,相比较而言,东部山区初霜早些,西部平原初霜晚些。长白山天池一带初霜出现在 8 月末至 9 月初,平原地区出现在 9 月下旬,西部平原终霜在 4 月下旬,中部和东部在 5 月上、中旬。

全省大部分地区年平均气温为 2～6℃,多年平均日照时数为 2259～3016h,夏季最多,冬季最少,西部较多,东部较少。吉林省各地年降水量一般为 400～1300mm,东南部降水多,中部平原降水中等,西部平原降水少。长白山天池的年降水量最多,为 1349mm,镇赉年降水量最少,为 389mm。这种空间分布使吉林省中西部地区干旱频繁发生,东南部地区经常出现水涝灾害。受季风气候影响,吉林省四季降水量以夏季最多,占全年降水量的 60% 以上,对作物生长十分有利。4～5 月降水量仅占全年的 13% 左右,因此,吉林省春旱发生频率很高,尤其西部地区有"十年九春旱"之说。

吉林省中部位于松辽平原上,平均海拔为 110～200m,土质肥沃,地势平坦,土地连片,地块面积大,气候条件优越,是吉林省的粮食主产区。这一区域平均年降水量为500～

600mm,日照 2200～3000h,无霜期 120～160d,有效积温 2750～3100℃·d,具有雨热同季的特点(吉林省气象研究所,1980)。秋季昼夜温差大,光照充足,对各种农作物生长十分有利,适宜种植粮食、油料、甜菜、烟、麻、薯类、人参、药材、水果等各种作物,尤其满足玉米生长发育对环境条件的要求,灌浆速度快,成熟度好,是优质玉米的主要产区,玉米种植面积占粮食作物播种面积的 80％以上。

吉林省自然灾害以低温干旱、冷害、洪涝、霜冻为主,其次有冰雹和风灾。由于全球性气候变暖和西部草原的破坏,西部地区土地盐碱化和沙化逐年加重;由于森林被过度砍伐而没有栽植,森林采育失调,东部地区的生态部分失去平衡,河流水域遭受污染(马树庆,1988)。这些导致吉林省自然灾害频率增加。

三、光能资源

太阳光是植物进行光合作用的唯一能源,农业生产就是人类利用绿色植物的光合作用功能,在土壤、温度、水分等条件配合下,把太阳能转化为干物质的过程。玉米干物质95％左右来自光合作用,只有 5％左右来自土壤吸收(吴绍骙,1980)。光能资源的有效利用程度是衡量农业生产水平的主要指标,提高农业生产水平的有利途径就是提高光能利用率。

(一) 日照时间

日照时间分为可照时间和实照时间。可照时间是在晴空条件下一日内可能受到的日照时间,它与地理纬度和季节变化有关,与天气气候无关。吉林省全年可照时间为 4500h左右,农作物生长季可照时间为 2400h 左右。实照时间是在自然气候条件下地面在一定时期内实际得到的日照时间,其主要决定因素是云。吉林省多年平均日照时间为 2200～3000h,中部地区为 2400～2800h,东部山区多为 2200～2500h(潘铁夫,1989)。

玉米生长季节 5～9 月的日照时间,西部地区为 1300h,中部地区为 1200～1300h,半山区多为 1100～1200h,东部山区多为 900～1100h(图 2-1)。日照时间变化比较明显,夏季可照时间长,但云雨天较多,因此日照时间并不是最长的。在吉林省,春季日照时间最

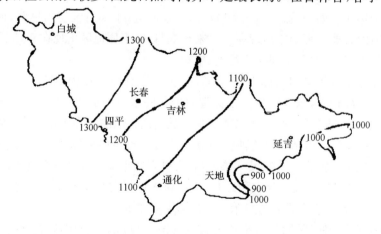

图 2-1　5～9 月日照时间(单位：h)(吉林省气象研究所,1985)

长,其中 5 月达 260~290h,平均每天 9h 左右;其次为夏秋季,每月日照时间 240h 左右;冬季可照时间短,日照时间少,每月日照时间 180h 左右(马树庆,1996)。

（二）日照百分率

日照百分率指一地区实照时数与同期可照时数相比的百分率。日照百分率与地理位置和天气条件有关,因此更能准确客观地反映不同地区的日照条件(郭庆法,2004)。

我省全年日照百分率,西部地区为 65%~70%,中部地区约为 60%,吉林、辽源半山区多为 55% 左右,其他地区为 50%~55%(表 2-1)。5~9 月日照百分率,西部地区为 60%~63%,中部地区为 55%~60%,半山区为 50%~55%,山区为 43%~50%(马树庆,1999)。

表 2-1　各地区各月日照百分率(吉林省气象研究所,1985)　　　　　　(单位：%)

地区	1 月	2 月	3 月	4 月	5 月	6 月	7 月	8 月	9 月	10 月	11 月	12 月
白城	74	75	73	66	63	59	56	62	69	72	72	70
松原	67	69	69	62	60	58	53	59	67	67	65	62
长春	67	66	66	60	58	55	47	54	64	63	61	60
四平	71	71	70	63	60	57	50	56	67	67	64	57
辽源	60	63	63	58	57	53	46	51	60	62	58	56
吉林	58	61	62	55	54	52	45	50	58	58	53	50
通化	50	58	59	55	53	48	40	44	51	57	51	44
延吉	60	63	63	54	52	44	39	43	53	60	56	52

（三）光能利用与玉米生产

光能利用率的高低是农业生产水平的最终体现。作物光能利用率是单位面积产出的干物质能量与作物生长季单位土地面积上接受光合有效辐射能的比例。目前我省主要产粮区虽然粮食产量已超过 7500kg/hm²,但光能利用率也只有 2%~3%,因此光能利用的潜力还是很大的。我省目前的玉米高产地块,亩[①]产已超过"吨粮",光能利用率也仅为 6% 左右,说明进一步提高光能利用率是很有希望的。如果将≥10℃期间的光能利用率提高到 5%,则全省各地玉米产量将有大幅度提高,各地单产都可将目前单产提高 1 倍以上(马树庆,1985)。

提高光能利用率的途径是多方面的,如培育良种、改善种植制度、改良土壤、科学施肥、改善农田水热条件、防治病虫害等,其中建立良好的植株、群体结构,改善群体受光条件是一个有效的措施。

（四）玉米光合生产潜力

光合生产潜力也称光合产量,是指在温度、水分、品种、土壤及其他农业技术条件都适

---

① 　1 亩≈666.7m²。

宜的条件下,仅由自然辐射条件决定的单产水平。吉林省玉米光合生产潜力主要取决于光合有效辐射,因而其地理分布差异并不是很大。玉米光合生产潜力,中西部为 27 000～29 200kg/hm²,半山区多为 25 500～27 000kg/hm²,其他山区多数市县为 24 000～25 500kg/hm²(图 2-2)。

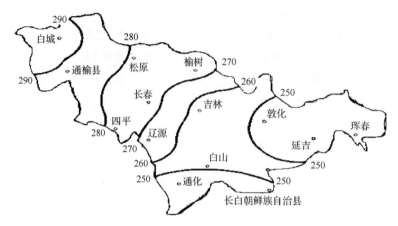

图 2-2　吉林省各地玉米光合生产潜力(单位:100kg/hm²)(吉林省气象研究所,1985)

四、热量资源

热量条件是农作物生长发育和产量形成所必需的环境条件,具有数量、质量上的时空分布差异,并具有开发利用的潜力及价值,因而称为热量资源。农业气候带分布、农业生产特征、农作物结构、耕作制度、品种布局、栽培措施、冷害及霜冻害程度及产量高低等,都在很大程度上取决于作物生长发育期间热量资源的数量、稳定程度和时空分布特征(程红,1991)。因此充分认识某一地区热量资源状况,是合理利用气候资源,防御气象灾害,保证农业生产高产稳产的重要条件。

(一)温度与玉米生长发育

在不同的热量条件下,玉米完成生长发育所需的时间是不同的,即温度条件对玉米生长发育速度有一定影响。对于吉林省气候条件而言,适当高温条件会促进玉米生长,减免低温危害。但温度过高,生长发育速度过快,会缩短玉米干物质积累时间而减产。

通常用主要农作物生长发育期间的积温,或者 5～9 月平均气温之和来表示一个地方供作物生长发育的热量条件。吉林省一般都是积温越高,生育期越长,作物产量越高,品质越好。吉林省玉米产量与积温的相关系数约为 0.71,呈显著正相关。在东部山区,玉米产量与热量条件的关系更为密切,热量条件决定了玉米产量的高低。

(二)积温与玉米生产

玉米品种的熟期,是根据该品种从播种至成熟所需要的稳定≥10℃积温及其间隔天数来确定的。由于播种至出苗时间因气候条件的不同而长短不一,因此通常由出苗至成熟所需要的稳定≥10℃积温及其间隔天数来确定(潘铁夫,1983)。栽培上一般依当地的气候条件将玉米品种笼统地分为 3 个熟期,即中熟、中晚熟和晚熟。每个熟期一般相差 150℃·d,有效生育期相差 6d 左右。晚熟品种要求有较高的积温和较长的生育期,因此在热量较高的地方,晚熟玉米品种光合作用时间长,干物质积累多,产量要比中晚熟品种和中熟品种高。晚熟品种虽然产量较高,但在气候条件较差的年份种植风险较大,往往因为积温不足、晚熟品种成熟度差而造成减产。例如,遇早霜,减产更严重。根据当地的热量条件合理安排品种熟期,是充分合理利用气候资源、尊重热量资源和玉米生产规律的有效措施。另外,玉米播种期、生长发育速度、田间管理措施及收获等,都与热量条件有关。热量条件影响玉米生长发育和产量,其主要原因是温度影响玉米群体的光合作用及呼吸作用。玉米光合产物积累和呼吸消耗都随着温度的升高而增加,但不同温度条件下其增加的速率不同。在 20～35℃时,养分净积累最多、最快。低于 20℃时光合作用不旺盛,高于 35℃时呼吸消耗量大,这些都导致整个群体光合产物净积累速率下降。

（三）玉米生长发育的三基点温度

当热量条件不能满足玉米生长发育要求时,就会抑制玉米生长发育,会发生低温冷害、冻害、霜害等,导致玉米减产或绝收。外界气温过高时,导致高温危害而减产。因而,玉米每一时期都存在一个最低温度、最高温度和最适温度,即玉米生长三基点温度(吴绍骙,1980)(表 2-2)。

表 2-2　吉林省玉米生长发育的三基点温度　　　　　　　(单位:℃)

月份 （发育时期）	5 月 （苗期）	6 月 （营养生长期）	7 月 （营养生长、生殖生长并进期）	8 月 （开花灌浆期）	9 月 （灌浆成熟期）
最适温度	20.0	24.5	27.0	25.5	19.0
最低温度	8.0	11.5	14.0	14.0	10.0
最高温度	27.0	30.0	33.0	32.0	30.0

玉米生长发育过程中的三基点温度,是两端低,中间高,即营养生长和生殖生长并进期需要温度最高,而在这之前和之后各时期需要的温度均低于此期温度。苗期的最适温度是 20.0℃,仅高于灌浆成熟期的最适温度 19.0℃,能适应的最低温度是 8.0℃,是全生育期的最低温度,能适应的最高温度是 27.0℃,也是全生育期中能适应的最高温度的最低值。营养生长期的最适温度是 24.5℃,与开花灌浆期的最适温度 25.5℃接近,营养生长期所能适应的最低温度为 11.5℃,低于这一温度将严重影响玉米的生长。营养生长和生殖生长并进期要求的温度是整个生育期最高的,最适温度要求 27.0℃,最低温度不能低于 14.0℃,最高温度可达到 33.0℃。开花灌浆期要求的温度也较高,最适温度是 25.5℃,最低温度也不能低于 14.0℃,最高温度可达 32.0℃。灌浆成熟期要求温度较低,最适温度是 19.0℃,最低温度是 10.0℃,最高温度是 30.0℃,这一时期,温度超过 19.0℃,将会过多消耗光合产物,影响干物质积累,降低玉米产量和品质(刘淑云,2005)。

（四）吉林省生长季热量对玉米生长发育的满足程度

在吉林省,春季 5～6 月是玉米的出苗、营养生长期。这一时期对温度的要求不高,但这一时期吉林省的环境温度更低,特别是东部山区的温度,仅能满足玉米生理要求的70%(0.70)左右。7月、8月是吉林省温度最高的月份,这一时期是吉林省的雨季,温度高、降水多,雨热同步。对玉米生长发育而言,这一时期是玉米营养生长、生殖生长并进期。这一时期玉米生长发育对温度要求较高,与外界环境温度的最高峰相遇。虽然吉林省的7月、8月是温度最高的月份,但也只能满足玉米生长发育对温度要求的85%(0.85)。可见,玉米对温度的要求是比较高的。进入9月,玉米对外界环境温度要求降低,但吉林省的9月气温也变得凉爽,外界温度也降低,特别是东部山区的温度降低得更多、更快,只能满足玉米生长发育对温度要求的60%左右(令继央,1996)。因此对玉米而言,吉林省5~9月各月的平均温度都在玉米高产适宜温度以下,不存在高温危害。吉林省各地最热月平均温度也不过24℃左右,最高日平均温度在27℃左右,与适宜温度指标相当。因此,在吉林省无论什么时间、什么地区,增温措施都是有利于玉米生长发育和高产稳产的(表2-3)。

表2-3　5~9月吉林省各地区温度对玉米生长发育的满足程度

地区	5月	6月	7月	8月	9月
白城	0.83	0.89	0.89	0.87	0.80
松原	0.81	0.90	0.89	0.87	0.83
长春	0.80	0.85	0.86	0.86	0.79
四平	0.85	0.88	0.89	0.89	0.86
辽源	0.77	0.81	0.85	0.84	0.74
吉林	0.74	0.79	0.84	0.82	0.71
通化	0.66	0.70	0.79	0.78	0.68
延吉	0.65	0.65	0.70	0.75	0.64

五、降水资源

降水资源主要是大气降水,是较为活跃的环境因素,是农业气候资源的重要组成部分。在目前吉林省以雨养农业为主的情况下,玉米生长发育主要依靠大气降水。降水资源的数量、质量决定了一个地区农业生产特点,决定了玉米产量高低。

大气降水量指一定时期降水量的总和。大气降水与大气环流条件和地形、地势有关。吉林省西部以平原为主,东部以山区为主,且东南部山区位于来自西南的水汽通道之上,又可受到北上台风的影响,因而我省降水量总的分布趋势为西部少、东南多。

(一)年降水量的分布

吉林省多年平均降水量的地理差异很大。西南部通化、白山地区达800mm以上,其中集安950mm左右,最多的是天池,为1300mm;其他山区和半山区多为600~800mm;中部地区多为500~600mm;西部年降水量最少,大部分县市为400~500mm,个别市县少于400mm。

（二）4～9月降水量

吉林省玉米生长季节是5～9月，4月中、下旬为玉米大田播种时期，因此4月的降水对玉米播种和出苗很重要，因此4～9月降水量对玉米生产最有用。4～9月降水量，西南部为700～800mm，半山区和山区多为600mm左右，中部及东部延边地区为500mm左右，西部为350～400mm。

（三）玉米生长季内降水量分布

吉林省年降水量在各时期分布很不均衡，在5～9月生长季内降水一般占全年降水的80％左右，大部分降水集中在夏季的7月、8月。这两个月份受西南气旋及北上台风的影响，雨水非常充足，大约占全年降水总量的50％（孙玉亭，1983）。此期是玉米生长发育需水最多的时期，对水分的需要基本与大气降水同步，促进了吉林省玉米生产的发展。吉林省冬季降水量很少，12月至翌年3月这4个月的降水量仅占全年降水总量的5％左右；春季4～5月播种期及苗期降水量也较少，一般为30～100mm，约占全年降水总量的10％，西南多，中、西部少，因而易发生春旱（图2-3）。

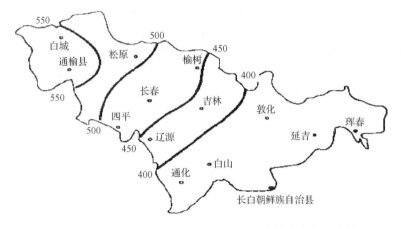

图2-3　玉米生长季降水量地理分布（单位：mm）（吉林省气象研究所，1985）

（四）降水量保证率

年际间降水量差异要较其他气候要素差异大，有时不同年份降水量要相差3～4倍。因而平均降水量只代表几年来理论上可能的降水量，并不代表某一年的降水量，某一特定年份，降水量可能多，也可能少。因此，只知道平均降水量是不够的，要根据玉米生产的要求，分析某一地区一定时期内达到或超过某一降水量的可能程度，也就是降水保证率（陶毓汾，1993）。

在100％的保证率下，吉林省各地降水量仅为200mm左右。在80％保证率下，中、西部各地年降水量为300～500mm，西南部为700mm左右，东部延边地区为400～500mm，其他山区、半山区为500～600mm。吉林省各地的降水量保证率在80％左右。

（五）降水量变率

降水量变率是评价某一地区降水量稳定程度的常用方法。某一地区降水量变率越大，说明降水量越不稳定，年际间变化幅度大。反之，说明降水量年际间变化较小，较稳定，降水资源质量较高。

吉林省各地年降水量变率，中、西部地区为20%～25%，吉林、辽源地区为15%，其他地区多为20%左右；4～9月的降水量变率，中、西部地区及延边地区较大，多为25%～30%，其他地区多为20%左右；春季4～5月降水是很不稳定的，中、西部地区的降水量变率是30%～40%，其他地区多为30%左右。

（六）玉米不同时期需水量

玉米需水量因时期不同而变化较大，7月需水最多，其次是6月和8月，5月和9月需水最少。这种需水规律是由玉米的生理及环境所决定的（杨镇，2006）。玉米生长发育中期为营养生长和生殖生长并进期，生长旺盛，光合作用强烈，且外界温度高，叶面积较大，蒸腾较快，因而需水较多。苗期营养体小，秋季成熟期以干物质转化为主，生长和光合作用处于次要地位，因而需水较少。这种需水规律与北方大气供水规律基本吻合，这也是玉米长期作为吉林省主要作物的原因之一，是植物与环境相互适应的结果（赵可夫，1982）。玉米需水多少还存在明显的地理差异，这是由气候条件决定的，不同地区需要不同的水量供应。玉米5～9月的需水量，西部地区为550mm左右，中部为450～550mm，半山区为400～450mm，东部山区为370～400mm。不同地区玉米需水量见表2-4。

表 2-4　5～9月吉林省各地玉米需水量　　　　　　（单位：mm）

地区	5月	6月	7月	8月	9月
白城	72	126	178	120	60
松原	63	103	165	107	55
长春	61	108	140	63	50
四平	59	107	137	97	51
辽源	51	93	130	89	45
吉林	53	95	135	91	45
通化	48	86	121	83	44
延吉	46	81	120	87	41

与温度对玉米生长发育的满足程度略有不同（表2-5），有些地区水分可以完全满足玉米生长发育的要求，特别是东部山区的和龙、汪清、龙井等地的降水对玉米生长发育的满足程度，要远远高于西部地区的白城、通榆、大安、洮南等地。吉林省东部和西部在温度和水分供应上正好相反，东部水分供应较好而温度供应较差，西部则是温度供应较好而水分供应较差。中部则在水分供应和温度供应上基本适应，这也是中部一直是玉米主产区的一个环境原因。

表 2-5　5~9 月吉林省各地水分对玉米生长发育的满足程度

地区	5 月	6 月	7 月	8 月	9 月
白城	0.4	0.6	0.8	0.8	0.7
松原	0.6	0.7	0.9	0.9	0.8
长春	0.7	0.9	0.9	0.9	0.9
四平	0.8	0.8	0.9	0.9	0.8
辽源	0.9	0.9	0.9	0.7	0.8
吉林	0.9	0.9	0.8	0.7	0.7
通化	0.7	0.7	0.7	0.6	0.6
延吉	0.9	0.9	0.9	0.7	0.7

六、土壤资源

(一) 黑土

1. 分布与面积

黑土主要分布于纵贯吉林省中部的京哈铁路东西两侧,北部隔第二松花江、拉林河与黑龙江省的双城市和五常市黑土接壤,南部沿京哈铁路继续延伸至四平市的南部边界,西至松花江支流伊通河及东辽河支流小辽河、兴开河,东至大黑山西侧山前台地。黑土在大黑山东侧山前台地及延边盆谷地带还有零星分布,区域范围包括榆树、农安、德惠、九台、双阳、长春市郊区及市区、公主岭、梨树、伊通、四平郊区与市区、扶余、长岭、永吉、舒兰、东辽和辽源市区、龙井、和龙、汪清及延吉市,全省黑土总面积为 110 万 hm^2,占全省土壤总面积的 6%。其中耕地面积为 80 万 hm^2,占全省耕地总面积的 16%(吉林省土壤肥料总站,1998)。黑土垦种指数高,耕地比例大,特别是长春市、四平市,黑土面积占全省黑土总面积的 88%,耕地占全省黑土耕地总面积的 88%,是吉林省重要的粮食生产基地。

2. 理化性状

黑土的机械组成比较黏重,且土体上下均匀一致,表层多属黏壤土和壤质黏土。黑土土粒组成中以细砂粒(直径 0.02~0.2mm)比例较大,占 35%~45%,粉砂粒(直径 0.002~0.02mm)及黏粒(直径<0.002mm)含量各占 25%~30%,粗砂粒(直径 0.2~2mm)含量最少,平均不到 5%。

黑土有机质含量一般为 2%~3%,高的可达 4%以上,有机质多集中于表层和亚表层。耕垦较久的土壤,特别是在施肥管理不当的条件下,表层与亚表层有机质含量差别不大,甚至出现表层有机质含量略低于亚表层的现象,反映出吉林省黑土经长期耕垦出现肥力下降的趋势。吉林省黑土全量氮磷含量为 0.05%~0.15%,与腐殖质含量呈明显正相关。C/N 值多在 10 左右,随着土层的加深,比值有逐渐降低趋势。黑土全钾含量较丰富,剖面和层次之间均在 2%左右。黑土速效氮、磷、钾养分含量也较丰富,速效磷为 15~30mg/kg,速效钾一般为 150~200mg/kg,缓效钾含量多为 1000mg/kg 左右。

（二）黑钙土

1. 分布与面积

吉林省黑钙土比较集中地分布于西部以长岭、乾安台地为分水岭的松辽平原西侧。黑钙土分布区域包括白城市及松原市全部 9 个县市,四平市的公主岭、梨树、双辽 3 个县市,长春地区的榆树、农安、德惠、郊区及市区共 5 个县市,全省黑钙土总面积250 万 hm²,约占全省土壤总面积的 13%,其中耕地 150 万 hm²,占全省耕地总面积的 27%,占黑钙土总面积的 60%。

2. 理化性状

吉林省发育于黄土沉积物母质上的黑钙土,机械组成一般比较黏重,且土体上下质地均匀一致。黑钙土土粒组成中的细砂粒(直径 0.02～0.2mm)含量较多,占 40%～60%,其次是黏粒(直径<0.002mm)占 20%～30%,粉砂粒和粗砂粒含量最少。

黑钙土有机质含量表层一般为 1.5%～2.5%,淡黑钙土和盐化黑钙土偏低,黑钙土、淋溶黑钙土、石灰性黑钙土和草甸黑钙土偏高。有机质含量随剖面加深明显减少,母质层有机质含量一般为 0.4%～0.5%。黑钙土腐殖质层厚度有较明显的地理规律性。黑钙土区的东部腐殖质层较厚,一般为 30～50cm,颜色较深暗,有机质含量较高,过渡较缓。而西部的黑钙土(主要是淡黑钙土和盐化黑钙土)则腐殖质层较薄,一般为 20～40cm,颜色较浅,有机质含量较低,过渡较明显。不同亚类之间黑钙土全量及速效氮、磷、钾含量差别较大,其中胡敏酸普遍低于富里酸。

（三）新积土

1. 分布与面积

新积土属于非地带性土壤,呈条带状,广泛分布于全省东、中、西各地,大小江河两岸,主要江河如松花江、图们江、鸭绿江、嫩江、东辽河、辉发河、饮马河、伊通河、拉林河、洮儿河、霍林河等河流两岸,泛滥平原的河没滩及低阶地。其次,东部山区的山间谷地,中、西部地区广阔的波状起伏台地、坡角的平缓地带,受坡面径流的搬运作用,常有新积土的分布,其中以吉林、延边、长春分布最多。全省新积土总面积有 90 万 hm² 左右,占全省总土地面积的 5%,其中耕地面积 37 万 hm²,占全省总耕地面积的 7%。

2. 理化性状

表层黏粒(直径<0.002mm)含量为 2.87%～21.91%;粉砂(直径 0.002～0.02mm)为 16.17%～33.88%;砂粒(直径 0.2～2.0mm)为 3.39%～78.43%。土壤质地由砂质壤土至砂质黏壤土。事实上,新积土的实际质地状况还要复杂得多,质地类型几乎无所不包。新积土具有良好的通气透水性,土性热,易耕作,便于管理。新积土土壤发育程度虽然较弱,但养分仍有表聚现象。表层有机质含量多为 1% 左右,全氮多为 0.05%～0.1%,全磷 0.05% 左右,全钾一般为 2% 左右,碱解氮与速效钾多为 30～100mg/kg;速效磷一般为 5～10mg/kg。石灰性冲积土速效磷含量很低,新积土随剖面加深,养分含量逐渐减少。

（四）棕壤

1. 分布与面积

吉林省棕壤零星分布于北起大黑山、哈达岭、龙岗,南到老爷岭四山系的局部低山丘陵山麓台地和黄土台地,主要在四平市的梨树县和郊区,通化市的集安市与通化县,全省棕壤总面积 1.5 万 hm^2,其中耕地面积 1.0 万 hm^2。

2. 理化性状

棕壤机械组成变幅较大,由黏壤土到粉砂质黏土,发育在黄土状沉积物上的棕壤黏粒(直径<0.002mm)含量比发育在酸性岩风化物母质上的高。麻砂质棕壤化学风化作用强,枯化层较厚。棕壤虽有明显的淋溶作用,但表层和黏化层盐基仍较丰富,矿质营养充足,保肥作用强,土壤肥力状况较好,适于耕种或发展林业和果园。

棕壤腐殖质组成中以胡敏酸含量最高,约占有机碳量的 65%,腐殖酸约占 35%,其中以富里酸略高于胡敏酸,胡/富(胡敏酸/富里酸,下同)的值为 0.8～1.0。棕壤表层有机质含量一般为 2%左右。其中黄土质棕壤有机质含量较高,黑土层也较厚。棕壤全磷含量一般为 0.1%左右,但下层明显减少,全钾含量约 2%。全量磷钾含量均以黄土质棕壤偏高。棕壤表层碱解氮含量为 100mg/kg 左右,下层明显减少。速效磷不同土质差别较大,黄土质棕壤表层速效磷可达 20mg/kg 以上。

（五）棕色针叶林土

1. 分布与面积

棕色针叶林土零星分布于吉林省东部长白山地土壤垂直带海拔 1100～1800m 的针叶林下,其中以长白山主峰白头山天池外围海拔 1600～1800m 的暗针叶林下自然保护区内分布比较集中连片。此外在张广才岭南端大秃顶子山(海拔 1690m)、哈尔巴岭的牛心顶子山(海拔 1318m)和老爷岭的老爷岭山(1477m)一带山地均有零星分布,主要为棕色针叶林土亚类。全省棕色针叶林土总面积为 11 万 hm^2,其中敦化、和龙、汪清和安图县分布较多。

2. 理化性状

棕色针叶林土土层薄,质地粗,多砾石,属粗骨性土壤,砾石及粗砂(直径 0.2～2.0mm)含量高,并随深度增加而增加,粉砂(直径 0.002～0.02mm)及黏粒(直径<0.002mm)含量较少,并随深度增加逐渐减少。棕色针叶林土有机质及全氮大量富集于表层,腐殖质层含量最高可接近 30%,一般也可达 5%～7%;全氮最高可达 0.86%,一般也可达 0.80%左右。全磷含量也表现由上往下逐渐减少的趋势,但变幅较小;全钾含量则表现随剖面加深而增加趋势。碱解氮与速效磷含量也较丰富,微量元素含量比较丰富。

（六）暗棕壤

1. 分布与面积

暗棕壤是吉林省东部山区、半山区分布最广、面积最大的土类,是具有较高经济价值的森林土壤资源之一。其自然区域范围包括吉林省东部及东南部长白山脉、龙岗山脉、张广才岭和哈达岭等山群，多分布于海拔 500～1200m 的山地，主要分布在白山、通化、延边、吉林和辽源 5 个市。全省暗棕壤总面积 11 万 hm^2，其中耕地面积为 6 万 hm^2。

2. 理化性状

暗棕壤机械组成的特点是通体含砾石较多，属粗骨性土壤，且砾石含量一般随深度的增加而递增。土壤细土部分总的来说质地较轻，土体中粗、细砂粒（直径 0.02～2.0mm）及粉砂粒（直径 0.002～0.02mm）含量较高，黏粒（直径<0.002mm）含量较少，土壤质地多砂壤土、黏壤土或粉砂黏壤土。暗棕壤由于有机质含量不同，剖面间差异很大，腐殖酸含量差异也大，为 0.26%～3.62%，腐殖酸碳占有机碳量的 30%～60%。腐殖酸中胡敏酸明显低于富里酸，胡/富值比普遍低，均<1。

暗棕壤是吉林省养分含量丰富的土类之一，其原因一是多未开垦，目前仍生长繁茂的自然植被；二是虽然已垦耕地，但耕种年限较短，仍保留较高的养分含量。林地暗棕壤各亚类，有机质含量均很高，全氮含量与有机质含量的趋势一致。表层 C/N 值多为 10～15，随剖面的加深，比值降低至 5～10。暗棕壤速效养分含量大体与全量养分含量有同一趋势，碱解氮土类平均 215mg/kg，各亚类多数平均为 150～200mg/kg；速效磷土类平均 33mg/kg；速效钾土类平均值为 166mg/kg。

（七）白浆土

1. 分布与面积

白浆土分布于吉林省中南部南北走向的大黑山脉东部，纵贯吉林省中北部的卡岔河东部及大黑山脉北端石头口门水库与卡岔河南端亮甲山水库连线以东的广阔山区和半山区的山地缓坡台地和河谷阶地。其中分布于舒兰市、永吉县、磐石市、辉南县，以及梅河口等地的白浆土，地形多为海拔 300～600m 的丘陵岗地和山麓台地。全省白浆土总面积 200 万 hm^2，占全省总土壤面积的 11%。其中，耕地面积为 50 万 hm^2，占全省总耕地面积的 9%。

2. 理化性状

白浆土的质地比较黏重，机械组成以粉砂（直径 0.002～0.02mm）和黏粒（直径<0.002mm）为最多。白浆土既怕旱又怕涝，春季融冻期，蒸发作用弱，同时受冻层的影响，水分难以下渗，使表层土壤处于过湿状态，往往会影响春季播种；6 月夏初季节，气温升高，植物生长繁茂，蒸腾和蒸发作用增强，水分消耗较多，土壤含水量下降，造成干旱，影响作物生长；7 月、8 月雨水集中，土壤湿度加大，每次降水后易于造成土壤表层过湿。如几天后无雨则因气温高、蒸发强，又会重新出现旱象。秋季气温较低，蒸发相对减弱，作物临近成熟期，耗水量较少；冬季严寒，土壤冻结，水分变为固态，故变动不大。但由于土层上下温差的影响，底土层土壤水分向表层凝聚，致使白浆土表层的水分有所增加。

白浆土的主要营养元素均集中于表层，但由于其厚度薄，各种营养元素的总储量不高，垦为耕地后，必须连年培肥。白浆土有机质平均含量为 3.83%，全氮为 0.20%，速效磷为 20.00mg/kg，速效钾为 124.00mg/kg。

（八）栗钙土

1. 分布与面积

吉林省栗钙土仅在境内西北角大兴安岭南端东坡向平原过渡地带山前丘陵或阶地有小面积分布,东部与南部和吉林省境内松辽平原西侧黑钙土接壤,西部及北部与内蒙古自治区乌兰浩特、突泉等地栗钙土相连。吉林省栗钙土集中分布于洮南、镇赉及白城市郊,总面积 23 万 hm²,占全省总土壤面积的 1% 左右,其中耕地 6 万 hm²,以洮南市面积最大,镇赉次之,白城市郊最少。

2. 理化性状

栗钙土一般质地较轻,砂粒含量可占 80% 左右,粉砂粒和黏粒占 20% 左右。栗钙土全氮及碱解氮含量均以表层为高,向下急剧减少,通层 C/N 值多为 10 左右,个别层次偏高。栗钙土磷、钾含量偏低,特别是速效磷、速效钾和缓效钾比较缺乏。全钾含量为 1%~2%。缓效钾只有 200mg/kg 左右,与黑钙土比较明显偏低,全钾含量与碳酸钙含量呈明显负相关。

（九）盐碱土

1. 分布与面积

吉林省盐碱土集中分布于松嫩平原西南部、西辽河下游冲积平原和松辽分水岭的内流区,位于京哈铁路沈哈段以西,其地理位置为 43°34′N~46°8′N,121°38′E~125°45′E。主要分布范围是白城市与松原市及中部的四平市与长春市境内,共计 12 个市县。吉林省盐碱土总面积 44 万 hm²,其中盐土面积约为 24 万 hm²,碱土面积为 20 万 hm²。

2. 理化性状

吉林省境内的盐碱土主要是草甸盐碱土,质地以壤质为主。在与砂丘、砂带相间分布的盐碱土区,土壤表层质地往往较轻,多变化于壤土到砂壤之间。

吉林省草甸盐土属低肥力土壤,有机质、全氮及有效态氮含量均较低。盐土表层土壤有机质含量平均值为 0.69%,全氮为 0.05%,土壤全磷 0.03%,全钾为 2.29%。微量元素有效态含量均低于临界值,成为该类土壤生产中营养障碍之一,在生产应用中应适当补给;草甸碱土有机质含量平均为 1.50%,全氮平均 0.11%,全磷平均 0.03%,全钾平均 2.47%,有效态氮、磷、钾平均值分别为 73.8mg/kg、4.3mg/kg 和 141.6mg/kg。微量元素均未达到临界值,处于极缺状态,在生产中应及时补给。

（十）草甸土

1. 分布与面积

吉林省草甸土分布的自然区域范围包括全省的东、中、西部各地区的山间川地、岗间洼地、河谷甸地等地势低平的部位,是一种地带性不明显的隐域性土壤。从行政区域看,草甸土广泛分布于全省各地的所有县、市、区,全省草甸土总面积 180 万 hm²,占全省土壤总面积的 10% 左右。其中,耕地 77 万 hm²,占全省土地总面积的 15%,占本土类总面积的 43%。

2. 理化性状

草甸土土壤质地一般多为黏壤土至壤质黏土之间,通层黏粒(直径<0.002mm)含量平均为 23%～28%,粉砂为 15%～20%,细砂为 42%～48%。吉林省草甸土的腐殖质和多种养分含量较高,是全省最富含营养元素的土类之一。表层腐殖质平均含量 2.42%,全氮平均 0.08%,全磷平均 0.07%,全钾平均 2.54%。碱解氮平均为 101mg/kg,速效磷平均 10mg/kg,速效钾平均 147mg/kg。草甸土类的铜、锌、硼微量元素含量为 25～119mg/kg,锰 400～470mg/kg,钼的含量最低,只有 1.7mg/kg,有效性微量元素含量多数以非石灰性草甸土含量较高,石灰性草甸土明显偏低。草甸土腐殖质组成中,腐殖酸碳占有机碳量的 33.0%～44.7%(表层),胡敏酸碳占有机碳量的 55.0%～66.0%(表层)。腐殖酸中胡敏酸与富里酸含量各亚类及层次有明显差异,草甸土亚类的表层胡敏酸大于富里酸含量,胡/富值为 1.3～1.6,石灰性草甸土剖面通层富里酸大于胡敏酸含量,胡/富值为 0.6～0.7,且腐殖酸总量明显低于非石灰性草甸土亚类。

（十一）泥炭土

1. 分布与面积

吉林省泥炭土分布面积比较广泛,在东部山区和中、西部平原区均有泥炭的分布,特别是东部长白山、张广才岭、龙岗山等山脉构成的以中山、低山为主的山区中的一些盆地,泥炭土分布比较广泛。全省泥炭土总面积为 6 万 hm²,其中耕地 2 万 hm²。延边朝鲜族自治州分布面积最大,其次为吉林市。

2. 理化性状

在自然状态下,泥炭土泥炭层的自然含水量一般为 40%～70%,高者可达 90%,其高低与其中有机质含量呈正相关,与有机质的分解程度呈负相关。泥炭层由于有机质含量高、结构松弛,因此孔隙度大,容重很低。吉林省东部地区泥炭土泥炭层有机质含量高,最高含量层为 60%～80%;西部地区泥炭土由于含泥砂较多,有机质含量一般为 20%～40%;中部地区有机质含量介于东、西部之间,一般为 40%～60%。不同类型泥炭土有机质含量有明显差别。低值泥炭土泥炭层全氮含量为 0.118%～1.624%,全磷含量为 0.034%～0.307%,全钾含量为 0.27%～2.05%,碱解氮为 96.6～138.8mg/kg,速效磷为 0.4～46.9mg/kg,速效钾为 235.0～325.4mg/kg。泥炭土有效态铁、锰、铜、锌、铂、硼等微量元素含量较高。

（十二）风沙土

1. 分布与面积

吉林省风沙土分布比较广泛,但较零星,全省东、中、西部地区均有分布,较集中的主要分布在中西部地区嫩江、第二松花江及其支流两岸的河湖漫滩和低平阶地,区域范围包括长春市的榆树、农安、德惠、九台,吉林市的舒兰、磐石,四平市的公主岭、梨树、双辽,白城市的洮南、大安、镇赉、通榆;松原市的扶余、前郭、长岭和延边朝鲜族自治州的龙井、珲春等市县。全省风沙土总面积 105 万 hm²,占全省土壤总面积的 6%左右。

2. 理化性状

流动风沙土通体粗,细沙粒含量多在 90% 以上,黏粒含量很少,随着风沙土固定程度的增加,粉砂(直径 0.002~0.02mm)及黏粒(直径<0.002mm)含量逐渐增高。土表层有机质含量多为 1.0%~1.5%,全氮 0.05%~0.1%,C/N 值为 10~15,个别层次高达 20 以上,反映出氮的缺乏。风沙土全磷含量相对较高,速效氮、磷、钾含量普遍较少。风沙土微量元素含量也低,主要微量元素铜、锌、硼、锰、钼、铁含量大都低于临界值,特别是锌、硼、钼更低。

(十三) 沼泽土

1. 分布与面积

沼泽土是一种非地带性土壤,广泛分布于全省各地,其中以大黑山以东的东部山区、半山区,图们江、牡丹江、第二松花江、辉发河流域河流两侧河漫滩、低阶地及一些熔岩台地的低洼处分布面积较大,主要为泥炭沼泽土、草甸沼泽土和腐泥沼泽土。吉林省沼泽土总面积为 22 万 hm^2,占全省总土壤面积的 1% 左右,其中耕地面积为 2 万 hm^2。

2. 理化性状

沼泽土因地形低洼,母质多黏质湖积物或淤积物。黏粒(直径<0.002mm)含量多为 20%~40%,质地多为粉砂质黏壤土至壤质黏土,加之长期渍水,土体过湿,通层均较黏重。沼泽土的有机质含量高,全量氮、磷含量比较丰富,平均值全氮最高达 0.81%,全磷最高达 0.12%,全钾含量多为 2.0% 左右。碱解氮含量一般较高,特别是泥炭沼泽土和腐泥沼泽土,平均含量为 258.9~716.3mg/kg。沼泽土的速效磷、钾含量多属中等水平。

(十四) 火山灰土

1. 分布与面积

吉林省火山灰土主要分布于长白山主峰海拔 2000m 以上的白头山天池外围火山锥体。其中火山灰土多分布于 2500m 以上的火山锥体上部,暗火山灰土大体分布于海拔 2200~2500m 火山锥体中、下部,在火山灰土外围呈环带状分布。此外,在吉林省东部山区 1600m 以上的高山顶部也有零星小面积分布。分布区域主要包括白山的抚松、长白、安图、和龙 4 个县市,其中绝大部分分布于抚松、长白和安图三县接壤地带的长白山自然保护区内。

2. 理化性状

吉林省火山灰土砾石含量多,火山灰土通体砾石(直径>2.0mm)为 45.5%~78.3%,暗火山灰土为 3.7%~39.1%。后者砾石含量明显减少;土体中细土部分(直径< 2.0mm)的粗砂粒、细砂粒、粉砂粒及黏粒含量,除个别层次外,大体呈依次减少的趋势,土壤风化程度弱;土壤发育程度以暗火山灰土较高,通层黏粒(直径<0.002mm)及粉砂粒(直径 0.002~0.02mm)含量较高;火山灰土及暗火山灰土均以腐殖质层黏粒含量最高。火山灰土活性腐殖质(胡敏酸+富里酸)含量占总碳量的比值,火山灰土为45.59%~47.47%,暗火山灰土为 27.77%~46.53%,胡敏酸含量略占优势。

（十五）山地草甸土

1. 分布与面积

吉林省山地草甸土的分布仅限于长白山自然保护区内森林线以上海拔 1900～2200m 的山地灌丛带，主要分布在抚松、长白和安图县，全省山地草甸土总面积约 2 万 hm^2。其中抚松县分布面积占总面积的 71％，长白县占 14％，安图县占 15％。

2. 理化性状

山地草甸土机械组成特点是粗骨性，土体多含砾石，直径＞2.0mm 的砾石含量除表层外，心底土层高达 90％。黏粒含量少，质地轻，细土中粗砂、细砂和粉砂均有较高的含量。吉林省山地草甸土上体虽薄，但有机质含量很高，心底土层含量明显减少，但绝对量仍较高。与有机质含量密切相关的全氮含量通层都很高。全磷及全钾含量多属一般水平。微量元素硼、铂、锰、锌、铜、铁的全量测定值表明，以铁含量最高，通层为 2.87％～4.12％，其余几种微量元素之间含量差别很大，依次为锰＞锌＞硼＞铜＞铂。相应的有效态微量元素含量差别也较大，其中铁、锰、锌、铜除个别底层外，均明显高于缺省临界值。山地草甸土活性腐殖酸约占总碳量的 40％，其中富里酸含量明显高于胡敏酸。

（十六）石质土与粗骨土

1. 分布与面积

吉林省石质土与粗骨土均零星分布于东部山区中部低山丘陵区的石质山地，包括以长白山山脉、张广才岭、龙岗山山脉、吉林哈达岭为主体形成的广大长白山山岳地带及丘陵地区。全省石质土与粗骨土总面积约 3 万 hm^2，全部为荒山荒坡，难以农业开发利用。从行政区域看，以四平市面积最多，占全省该土类面积的 40％，其次为通化及吉林市区。

2. 理化性状

石质土与粗骨土通体均含有大量砾石，细土部分很少，特别是黏粒及粉砂粒更少，因而土壤均有很高的通气透水性。积存于岩石缝隙中细土的腐殖质含量有时可达 2％以上。全氮 0.3％左右，全磷 0.02％～0.04％，全钾含量一般可达 2％左右，表层碱解氮含量可达 100～200mg/kg，速效磷 10mg/kg 左右，速效钾 100～150mg/kg。这类土壤目前多为荒山荒地。

（十七）水稻土

1. 分布与面积

吉林省水稻土在全省 8 个地区均有分布，但主要分布在吉林、通化和延边朝鲜族自治州，多分布于江河沿岸的河漫滩及一、二级阶地。吉林省中部和西部地区已在波状起伏台地上通过引水或井灌方式种植水稻。吉林省水稻土面积 37 万 hm^2，占全省土壤总面积的 2％。

2. 理化性状

吉林省水稻土起源于多种土壤，种稻年限及其发育程度也不相同，土壤机械组成变化复杂,共有以下特点:土壤质地差异大,表土黏粒含量为5%~35%,甚至35%以上,土壤质地从壤砂土、黏壤土、壤黏土到粉砂质黏土;水稻土多数发育于草甸土,很少含砾石,土壤质地较黏,黏粒(直径<0.002mm)含量多为20%~30%,粉砂粒(直径0.002~0.02mm)含量多为30%~40%。土壤质地多为壤黏土或黏壤土,具有较强的保水保肥性,漏水漏肥的水稻土很少见。吉林省东部地区水稻土的腐殖质组成中富里酸含量略高于胡敏酸,胡/富值均小于1。水稻土的有机质和全效氮、磷、钾及速效氮、磷、钾的含量都较高,微量元素也较丰富,表层和亚表层微量元素含量基本能满足需要。

第二节 主要气象因子与玉米生产的关系

一、播种至出苗

水分使干种子的原生质从凝胶态转变为溶胶态,这是细胞进行生命活动的前提。此外,水分还参加细胞内的各种生理生化过程。温度对种子的影响是:温度高低直接影响酶活性、物质转化速度和细胞的生长分裂。吉林省春播期间的土壤温度和水分是决定玉米能否及时播种和出苗状况的主要气象因子,是决定玉米产量高低的前提条件,这一时期的光照对出苗影响不大。

玉米种子发芽所需水分较低,土壤绝对含水量为14%以上时就可以正常发芽。随着土壤绝对含水量的增加而出苗率增加,17%~19%时出苗快且齐,超过19%时出苗率开始下降。玉米种子萌发时所需的温度,一般可在5cm地温9℃时开始大量播种,在比较干旱的地块,由于温度上升快,可在地温7℃时开始播种。在6~7℃的较低温度下也可播种,但种子发芽慢,容易受到有害微生物的感染而发霉腐烂。玉米种子发芽的最适温度为25~35℃,最高温度为44~50℃。播种至出苗的天数与5cm地温为指数曲线关系,呈高度相关。5cm平均地温20℃时需要7d出苗,15℃时需要13d出苗,10℃时则需要20d出苗,25℃时需要4d出苗,而35℃时则只用82h就能出苗,当温度高于35℃时,出苗时间延长。由此可见,玉米最适出苗温度为35℃(世界气象组织,1983)。

吉林省4月中、下旬0.5~1.0cm土壤相对湿度,西部地区多为1.0%~10.8%,中部多为1.1%~22.0%,半山区及延边地区多为20.0%~20.5%,西南部山区多为20.5%~33.0%。玉米播种期土壤含水量以20.5%左右为宜,可见中、西部播种期偏旱,东南部偏内涝,半山区较适宜;吉林省农业科学院研究结果,在11~23.8℃,出苗时间随着温度的升高而减少。在11℃时需要239h,在23.8℃时只需要58h(表2-6)。

二、出苗至拔节

在吉林省,这一阶段在5月中下旬至6月上旬,属玉米营养生长阶段,对水分的要求较低,温度基本能够满足玉米对生长发育的要求。

玉米喜温暖气候,较高温度有利于促进玉米生长发育,温度过低则影响或延缓玉米的生长发育。研究表明,在20~24℃时玉米生长最健壮,在30~32℃时玉米苗的生长最快,低于4℃和高于48℃玉米就停止生长。玉米出苗至拔节期天数与平均气温呈负相关,平

表 2-6　玉米种子萌发时间与温度关系

温度/℃	时间/h
11.0	239
12.6	194
14.7	133
17.6	106
19.7	91
21.8	82
23.8	58

均气温越高,所需要的天数越短。温度每升高1℃,出苗至拔节期需要的天数约缩短3d。

吉林省的5月中、下旬,玉米苗还小,对水分的需要量不大。这个阶段虽然有时温度偏低,但并不影响玉米苗的生长发育。进入6月,玉米苗逐渐长大,对水分的要求增加。而进入6月,温度升高,雨量渐多,雨热同步,促进了玉米的生长和发育。拔节前这段时间是玉米营养生长阶段,雨热同步可促进玉米生长加快,为生殖生长打基础。个别年份,这一时期热量较好,但降水偏少,田间出现旱相,延缓了植株高度增加和光合叶面积形态建成。研究表明,这一时期偏旱,可促进玉米幼苗根系生长,缩短下部节间长度,有效降低植株高度,增强植株的抗倒伏性。特别对于高密度田块,群体压力大,单位植株占有空间小,植株茎秆较细,容易倒伏。发达的根系和较短的节间,增强了整个植株的抗倒伏性能,对高产、稳产尤为关键。

三、拔节至吐丝

在吉林省,6月下旬至7月,温度增高,阳光充足,降水增多,适宜玉米生长发育。

进入拔节期,营养生长和生殖生长同时进行,对温度、水分和光照的要求较高。玉米是需水较多的作物,拔节至抽丝期叶面积增大,蒸腾作用加强,需水量大。抽雄的前10d是玉米一生对水分最敏感的时期,一株玉米一昼夜可消耗4kg的水。如果这一阶段水分供应不足,不仅植株营养体小,且雄穗不易抽出,小花行数和总小花数减少,影响授粉,影响行粒数,影响穗粒数(李玉中,2003)。这就是农民所说的"卡脖旱"。

这段时期,玉米所需的适宜温度为24～27℃。这一温度既有利于植株生长,又有利于幼穗分化,并且拔节至抽雄持续时间随温度升高而缩短。控制土壤温度,将出苗至吐丝期作为一个整体研究,发现出苗至吐丝所需天数与土壤温度之间呈负相关,关系函数为 $y = 17 - 5x$ (图2-4)。此期间平均温度每下降1℃,出苗至吐丝的天数将延长5d(丁士厩,1981)。通过控制土壤温度,温度17℃处理比22℃处理的抽雄期延迟27d,吐丝延迟31d。

这段时期要求充足的光照条件,以利于干物质积累和营养体内碳、氮的平衡。研究表明,丰产年份,这一阶段需要的日照要超过200h,低于200h的日照,影响干物质积累,也影响穗的分化发育。个别年份,降水多,温度高,光照不足,玉米植株营养体增长很快,茎秆质量差,易引起倒伏。

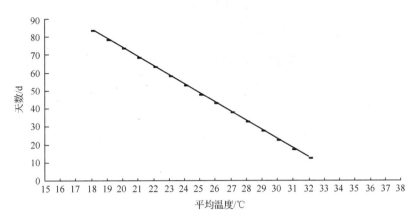

图 2-4　玉米出苗至吐丝天数与温度的关系

四、吐丝至灌浆、成熟

在吉林省,这一阶段是对玉米产量影响最主要的阶段。

玉米吐丝期的适宜温度为 25～26℃,如果温度高于 32℃,再伴随干旱,花粉就失去发芽能力,花丝枯萎,影响授粉受精。温度低于 18℃,则不能正常授粉受精。灌浆期适宜温度为 20～24℃,温度高于 25℃或低于 16℃,籽粒中淀粉酶的活性将受影响,养分的运输和积累也不能正常进行(北京农业大学,1984)。气象资料表明,这一阶段平均温度为21～22℃的年份,籽粒灌浆速度快,产量高,质量好。平均温度低于 20℃的年份,籽粒灌浆速度慢,成熟晚,水分含量大,产量低,且质量差。这一阶段温度主要影响籽粒千粒重。

这一阶段是玉米的水分敏感期。水分不足,抽雄开花时间短,花粉量少而不孕,雌穗花丝寿命短,授粉效果不好,影响结实。授粉后 20d 左右是玉米对水分反应最敏感的时期,是需水临界期。水分不足,既影响籽粒体积迅速膨大,又限制干物质向籽粒运输积累,导致早期败育粒多,减少穗粒数,降低千粒重。

这一阶段只有水分和温度适宜还远远不够。生产实践表明,这一时期的光照对玉米产量影响很大,主要影响穗粒数和千粒重。如果这一阶段寡照,阴云天多,会严重影响玉米的光合作用,合成减少,消耗增多,营养供应不足,直接影响籽粒的发育,造成败育粒增多,还影响籽粒的灌浆速度,籽粒增重速度明显减慢,并且达不到应有的粒重,最终降低产量。

五、提高资源利用率的途径

（一）培育、推广玉米优良品种

这是提高粮食产量、提高资源利用率的最有效措施。培育并全面推广一个优质高产品种,可增产 10％左右。今后优良品种增产潜力仍然很大,应培育并及时引种、推广适应气候变化和不同土壤条件的良种,提高资源转化率。

（二）研究推广先进的玉米栽培技术

良种要与良法相配合，才能发挥其增产潜力。采用先进的栽培技术，根据气候土壤条件安排玉米布局，可明显提高资源利用率。

（三）增加对玉米生产的投入

有投入才有产出。应增加有机肥、化肥、农药、农膜、农机等的投入，提倡精耕细作。同时应加强科技投入，提高农民素质，提高科学种田水平。

（四）培肥地力，改良土壤，改善农田生态环境

这是一项艰巨的农业工程，是最终提高气候利用率最重要的措施。目前，较肥沃的田块玉米产量超过 15 000kg/hm²，是一般田块产量的 2 倍以上，中部黑土地的产量是西部风沙地块玉米产量的 2 倍以上，证明改良土壤有重要意义。这些措施包括增施农肥、秸秆还田、增加土壤有机质、营造防护林网、加速对盐碱风沙化耕地的改造等。

（五）加强农田水利建设，增加玉米灌溉面积

这是一项重大工程措施。修建水利灌溉工程，扩大水浇地面积，按作物需水规律进行水分供应，这是最终彻底解决农田水分问题的唯一措施，是农业发展的方向，也是农业现代化发展的必然结果。实现这一目标后，仅这一项措施，西部半干旱区和东南部易涝区玉米产量就可增产 4 成以上，可大大提高光温利用率。目前吉林省可水浇的玉米面积只有 5% 左右，且水分供应质量不高，无现代化水利工程。今后应加强农田水利建设投入，加快灌溉农业发展速度。

（六）改善热量条件

目前不可能大范围改善玉米生产热量条件，但可在部分田块及冷凉山区进行，这是提高光能资源利用率的措施之一，其主要方式为地膜覆盖，可增加积温 200℃·d 左右，延长生育期 10 多天，产量提高 20% 以上。

第三节　土壤条件与玉米生产

一、适合玉米生产与不适合玉米生产的土壤

适合玉米生产的土壤有新积土、黑土、黑钙土、草甸土、暗棕壤、白浆土等，不适合玉米生产的土壤有火山灰土、山地草甸土、棕色针叶林土、棕壤、栗钙土、盐碱土、沼泽土、泥炭土、风沙土、石质土与粗骨土、水稻土等（陈焕伟，1997）。适合玉米生产的这些土壤主要具有以下特点。

（一）土层深厚

玉米植株高大，根系发达，需要深厚的土层才能发育良好。黑土、黑钙土和草甸土的

黑土层厚度一般在 30cm 以上,可满足玉米对土壤的要求。新积土和淡黑钙土土质较轻,土层更加深厚,一般超过 50cm,有些河滩地,新积土的厚度超过 1m,非常适合种植玉米。暗棕壤和白浆土的土体厚度一般也都超过 50cm,适合玉米生产。

自包产到户的土地责任制以来,大型农业机械被小型机械及畜力所代替。没有大型机械,农田翻耙次数越来越少,耕层越来越浅,犁底层越来越厚。虽有深厚的土层,但浅浅的耕层无法保存更多的水分和养分,坚硬的犁底层阻止了根系下扎,无法吸收深层的水分和养分,严重影响了玉米生产。总结玉米生产的高产田块,发现耕层越深的地块,产量越高。

(二) 土壤结构良好

土层深厚只是玉米能够良好生长发育的部分条件,深厚的土层还要结构良好,玉米才能生长发育良好。结构良好的土壤,具有孔隙度大、容重低、保水保肥能力强、通透性好等特点,这样的土壤有利于根系生长,并保持旺盛的活力。结构良好的土壤,能够保持并延长根系的寿命和活力,特别是生长发育后期根系能从土壤中吸收大量的营养元素供应籽粒(山东省农业科学院玉米研究所,1987)。土壤结构不好,则根系发育不良,根量少,寿命短,活力弱,不利于玉米生产。

结构良好的土壤,土粒组成中细砂粒(直径 0.02~0.2mm)比例较大,粉砂粒(直径 0.002~0.02mm)及黏粒(直径<0.002mm)含量较少,粗砂粒(直径 0.2~2mm)含量最少。细砂粒和粉砂粒含量多,土壤质地较轻;黏粒含量多,土壤质地较重;粗砂粒含量多,土壤质地粗,不利于保水保肥,不利于耕作。几种结构良好的土壤,黑土土粒组成中细砂粒占 35%~45%,粉砂粒及黏粒含量各占 25%~30%,粗砂粒含量平均不到 5%;黑钙土土粒组成中细砂粒含量占 40%~60%,其次是黏粒占 20%~30%,粉砂粒和粗砂粒含量很少;新积土表层黏粒(直径<0.002mm)含量为 2.87%~21.91%,粉砂粒为 16.17%~33.88%,粗砂粒为 3.39%~78.43%。

(三) 养分含量高

玉米良好生长发育需要的土壤有机质含量要在 1.5% 以上,有机质含量越高,玉米产量越高。对于个别地块,虽然有机质含量只有 1.0% 左右,但土壤结构良好,化肥投入量大,水分供应较充足,玉米产量也较高。适合玉米生长的地块,土壤养分含量一般是:全氮含量为 0.05%~0.25%,全磷含量为 0.05%~0.10%,全钾含量为 1.50% 左右,碱解氮与速效氮多为 20~100mg/kg,速效磷多为 15~30mg/kg,速效钾一般为 150~200mg/kg,缓效钾含量多为 1000mg/kg。

二、土壤培肥

土壤培肥的目的就是要保持并持续提高土壤的生产力,这主要包括两个方面,一个是增加土壤中的植物养分;另一个是改善土壤的植物生育环境,即改善土壤的物理的、化学的及生物学的性状。

（一）不断增施有机肥料

我国土地已有几千年的耕种史，至今地力总趋势仍在不断提高，应该肯定这和我国长期以来施用有机肥料的施肥制度是分不开的。有机肥料以农肥为主，再辅以牧草绿肥和秸秆等。多粪肥田，地力常新，有机肥料起了明显的不可替代作用。有机肥料对于土壤肥力的影响是多方面的，它不仅为作物提供了有机的、无机的养分，而且间接地通过土壤微生物对有机物质进行分解，促进了土壤中腐殖质的合成，改善了土壤的物理性状和结构，提高了土壤的胶体活性，从而产生了协调和控制土壤内部水热动态平衡的能力，为土壤与作物的生理协调奠定了物质基础。

黑土的氮素大部分在腐殖质中，磷素约 60％ 以上为有机磷，而腐殖质的多少又直接影响土壤的物理、化学、生物学特性。黑土开垦后水稳性团粒含量随着有机质含量的下降而下降（表 2-7）。

表 2-7　黑土开垦后有机质和团粒结构相对含量（以荒地为 100）（吉林省土壤肥料总站，1998）

开垦年数/年	5	10	15	20	25	30	35
有机质	83	77	71	69	67	66	65
团粒*	70	61	56	52	50	48	47

* 直径＞0.25mm 的团聚体

有机肥能够改善土壤物理结构。施用有机肥料，土壤的水稳性团粒（直径＞0.25mm）有增加趋势，这主要是由于有机肥料经过土壤微生物的分解，合成了腐殖质，腐殖质中的胡敏酸与土壤二价阳离子结合，把单粒的土壤胶结成团粒，由于土壤结构状况的改善，紧实度变小了，土壤疏松，容重变小。容重的变化，带来了孔隙度的增大和通气状况的改善，协调了土壤水分与空气的矛盾。研究资料证明，每公顷施 75t 有机肥，容重为 $1.25g/cm^3$，而未施有机肥的则为 $1.35g/cm^3$（表 2-8）。

表 2-8　施用有机质对土壤的影响（中国科学院林业土壤研究所，1980）

	施用量/(kg/hm²)		
	4500	6750	9000
土壤容重减少/(g/cm³)	0.018	0.033	0.044
土壤有机质增加/%	0.0052	0.0087	0.0110
有机质体积/L	1180	1760	2320
土壤孔隙度/%	43.3	47.7	57.2

随着农肥施用数量的增加，土壤腐殖质和氮、磷营养元素含量相应提高，玉米产量持续上升。连续种三年生紫花苜蓿地块的腐殖质含量明显比耕地腐殖质含量高（表 2-9）。

表 2-9　耕地和三年生紫花苜蓿地腐殖质含量比较(吉林省土壤肥料总站,1998)　(单位：%)

土层深度/cm	耕地(大豆茬)	紫花苜蓿地	紫花苜蓿地比耕地增加量
0～10	4.98	5.86	0.88
11～20	5.18	5.42	0.24
21～30	4.41	5.48	1.07
平均	4.85	5.58	0.73

(二) 合理施用有机肥料

随着化肥工业的发展,化肥品种日益增多,化肥施用量大大增加,对提高玉米产量起了明显的作用。但是肥料多了,必须讲究施用技术,做到经济施肥,才能实现高产、稳产、低成本。在施用有机肥的基础上,还必须配合适量的化肥,才能获得良好的增产效果。

吉林省施化肥以氮、磷、钾配合施用为好。磷肥单施也有较好的效果,特别是在新垦荒地和不经常施用有机肥料或土壤肥力比较低的地块,效果比较明显。但由于磷肥有较强的后效作用,因此在连续施用二铵多年的地块,可以隔年施磷肥,以降低生产成本。目前吉林省的玉米生产田,钾肥的缺乏程度要较磷肥严重,因此增加钾肥的施用量,对提高玉米产量作用较大。特别是在密度较高田块,多施钾肥可以起到抗倒伏、促早熟作用。吉林省玉米生产田氮肥缺乏,施氮肥的效果一般都很好,但在干旱年份,氮肥的增产效果不好。

(三) 中低产田土壤改良

1. 低产田改良

吉林省根据第二次土壤普查结果,确立了现阶段应进行消除或改善的土壤障碍因素及相应的先进适用技术,作为中低产田改良培肥的目标。全省有障碍因素低产田占耕地面积 35% 左右,7 种土壤障碍因素及其改良利用途径如下。

1) 酸性土壤

这种土壤占全省低产田面积近 1/3,广泛分布于东部山区和丘陵区的市、县。土壤为白浆土,整个土体呈酸性并含活性铝,黑土层薄,淀积层不透水,白浆水层理化性状不良。改良目标是改良并加厚耕作层,措施是施用石灰和泥炭(或农作物秸秆)并逐步加深耕层。石灰用量为 $3000\sim6000kg/hm^2$,中和水解酸度后停止使用,泥炭用量为 $75\sim150m^3/hm^2$。改良后玉米每公顷产量可达 $4500\sim6000kg$。

2) 薄层和石质土壤

全省有薄层土壤 60 万 hm^2,石质土壤 2 万 hm^2。薄层土壤中属于黑土薄层的有 27 万 hm^2,土体厚度不足 50cm 的有 36 万 hm^2。石质土壤土层厚度不足 10cm。这些农田由于处于易被侵蚀的部位而土壤本身抗侵蚀能力极弱,是吉林省土壤资源保护的一个重大问题。改良利用目标应是逐步退耕还林和种植多年生经济植物。保护森林生态,开发山间平地、沼泽地和提高平地、缓坡地的单位面积产量,逐步实行"树上山、田下川",使山区经济在以林业为主、多种经营的情况下富裕起来。具体实施应以县、乡为单位进行合理规划。步骤可分两步进行,首先退耕土体薄和石质的 37 万 hm² 农田,其次逐步退耕剩余薄层土壤。这是保护吉林省东部青山常在、林业兴旺的一大措施。

3) 盐碱化土壤

吉林省西部属内陆盐碱区域,其特点是以苏打盐化和碱化为主。当地土壤已碱化,并部分失去脱盐层而露出碱化层,寸草不生,形成耕地和草原中的明碱斑块。鉴于西部盐碱化问题是一个区域盐碱化问题,耕地仅 43 万 hm²,其余都是草原,因此治理措施是抓两头,一是配备区域性的排水工程,治理无尾河川,使盐碱有出路而不反复移动并逐步减少。可统一规划分期实行,达到对区域盐碱化的根本治理。二是治碱。突出的需治理明碱斑,使之能够生长羊草或生长农作物。关于以稻治碱,其适于在水稻灌区应用,也需搞好排水排碱。

4) 风沙土壤

吉林省的风沙土主要是历史上遗留的固定沙丘,目前年降水量仍有 350mm,部分已发育为黑土型风沙土、黑钙土型风沙土、淡黑钙土型风沙土,仅西部垄状沙丘土壤发育不明显。当前的问题是沙丘上有 23 万 hm² 耕地,而且大部在垄状沙丘上,并由于土壤肥力低和风蚀而实行轮种轮荒,沙丘植被被破坏,风沙再度蔓延。治理方法是逐步将约 20 万 hm² 的低产沙土退耕还林,提高平地产量加以补偿。这类沙碱地区造林的实践证明,林带在沙地生长良好,如实现沙丘都是森林,平地都是草原,对控制风沙蔓延和促进经济发展是极为有利的。

5) 聚钙土壤

聚钙土壤集中分布于吉林省西北部的大兴安岭山前台地,面积很小,耕地仅 300hm²。土壤为暗栗钙土,但亚表层为聚钙层。由于聚钙层的阻碍造成表土严重缺水,草原以羊草为主或以针茅为主。其改良利用应首先解决灌溉问题,吉林省白城畜牧场等单位已有部分旱田水浇工程,对该土壤改良效果很好。

由上述情况可见,吉林省解决低产田土壤障碍方案的重点,一是酸性冷浆土壤施石灰,二是西部排碱治碱,三是山区和沙丘区的合理开发利用。

2. 中产田土壤改良

中产田土壤肥力低,迫切需要进行培肥,这也是保持农业持续稳定增长的一个重要方面。吉林省中产田面积 15 万 hm²,占耕地总面积的 31.8%,仅稍小于低产田。中产田已经有了培肥的条件,同时,培肥中产田还可以为培肥高产田开辟路子。因此,中产土壤培肥应视为吉林省中低产田改造的一个主要内容。

当前中产土壤培肥的主要障碍,一是土壤学理论上的众说纷纭,二是培肥条件的问题。关于土壤肥力下降问题,吉林省从土壤普查开始就进行了研究。第一,查找出 1959 年第一次土壤普查的准确剖面点,进行点空位。结果证明,近 20 年来土壤有机质含量下降了 0.2%,即平均每年减少 0.01%。第二,对包括黑土、黑钙土和暗色草甸土等黑土层较厚又不易发生侵蚀的土壤,进行耕层土壤与耕层下原黑土层土壤的分析比较,结果是耕层土壤明显浅色化,有机质含量下降 0.27%,辅助证明了 0.01% 的数值是可用的。第三,对耕层土壤有机质含量下降原因进行了调查研究,证明主要是耕层土壤有机质自然分解,而施肥和根茬残留能补充的有机物料数量过小,抵不上耕地土壤有机质分解速率。

进入 20 世纪 80 年代以来,由于吉林省玉米等粮食产量的迅速提高和节柴灶的推行,出现了农村农作物秸秆在满足燃料、饲草需求的基础上已有剩余的现象。据调查,即使在没有山柴和野草作烧柴用的玉米带,玉米秸秆也有 20%～30% 的剩余量。同时,吉林省土壤肥料总站增加有机物料直接投入的田间多年试验取得了培肥土壤的效果,吉林农业大学提出非腐解有机物施入土壤对土壤培肥有更好的效应的科研结论。这些现象和试验研究结果使我们认为在吉林省进行中产土壤培肥的时机已经到来,大面积推行玉米秸秆直接还田的条件已经成熟。

实行玉米秸秆直接还田在吉林省主要结合玉米秋收进行。通过机械脱穗,同时将玉米秸秆粉碎并散布于地面,结合秋翻地扣入土壤。如果今后逐步实行少耕、免耕等措施,前景将更好。以吉林省玉米带为例,玉米秸秆可至少 3 年还田一次,投入每公顷土壤的干有机物量为 750～1500kg,较之种植一季绿肥的效果更为实用,也比先把玉米秸秆运回粉碎制成堆肥再运回田间要节省许多人力和运力。另外,秸秆还田还有缓解化肥特别是钾肥和微量元素肥料供应的作用。因此,它是一种经济有效、一举多得的措施。在吉林省,秸秆还田已经纳入了中低产田改造规划,实现上述对中低产田的改造,将对吉林省农业生产的发展、对吉林省粮食增产百亿斤[①]有积极的促进作用。

第四节　玉米气象灾害及其防御措施

玉米生产是在多变的自然气候条件下进行的,当某一地区某一年份的某一时期出现很不适合玉米生长发育的气候条件时,会严重影响玉米产量形成,最终导致大幅度的减产,这就发生了玉米生产气象灾害(张养才,1991)。吉林省玉米生产的主要气象灾害有干旱(水分)、低温冷害(温度)、寡照(光照),其他的还有冷害、涝、霜、冰雹等。

一、干旱

(一) 干旱对玉米生产的危害

在雨养农业条件下,大气降水是农田水分的主要来源。长期持续干燥少雨,则农田水分亏缺,降水量越少,水分亏缺额越大,干旱越严重。干旱是吉林省的主要气象灾害,特别是对吉林省中西部玉米产区而言,每 3～4 年就会发生一次比较严重的春旱,造成出苗晚,出苗差,对当年的玉米产量有很大影响。吉林省夏季雨热同步,但个别年份有热无雨,造成伏旱,伏旱影响玉米拔节、抽雄,影响散粉,造成玉米植株高度降低,雄穗刚抽出苞叶即散粉,而此时雌穗花丝还没有抽出或抽出很少,授粉效果不好,穗粒数减少。灌浆期干旱,水分供应不足,则造成籽粒败育粒增加,果穗秃尖加大,穗粒数减少。晚秋季节出现的干旱,俗称"卡脖旱"。这一时期,穗粒数已经确定,干旱主要影响粒重增加。

(二) 旱灾指标

结合多年的降水和干旱之间的相互关系,分析确定了我省作物的旱灾指标:4 月下旬

---

① 1 斤＝0.5kg。

至6月上旬有连续两旬降水量都少于5mm的年份为春旱,7月下旬至9月上旬有连续两旬雨量都少于10mm的年份为夏秋旱。这一指标看似简单,但其中考虑了农田水分盈亏、降水量及时间的变化,考虑了降水的后效应及地域差异,是一个简便而科学的指标。

(三)旱灾发生频率

我省旱灾地理分布明显。春旱,以白城地区发生次数最多,各县发生频率都在60%以上,干旱程度也较重。中部长春、四平地区春旱也比较频繁,发生频率为20%～50%。东部延边地区春旱频率为25%左右。通化、吉林地区春旱次数较少,个别县市发生频率为10%左右。夏秋旱,夏秋之季正是玉米开花、授粉、灌浆成熟期,是生长发育的关键时期,此期干旱会造成严重减产。夏秋旱在白城地区比较频率,各县发生频率为15%～40%;四平地区的双辽县夏秋旱发生频率较高,为27%左右;中部长春、四平地区夏秋旱通常为10%左右;其他地区很少发生夏秋旱(马树庆,1990)。

(四)旱灾防御措施

吉林省气候地理较复杂,农业气候资源不稳定,易发生旱害。从理论及实践综合来看,旱灾防御的主要措施有以下几方面。

(1)加大农业投入,加强农田水利建设。西部易旱区兴建引水灌溉工程,扩大水浇地面积,利用该区丰富的地下水资源,多打一些抗旱井,解决近期抗旱问题。有条件的地方利用合适条件修一些小型、中型水库,储水防旱。

(2)充分认识旱灾的区域变化和时间变化规律,合理安排农业结构。改良土壤,改造中低产田,提高土壤储水能力。

(3)广泛采用抗旱栽培技术。采用抗旱玉米品种,应用抗旱播种措施。西部地区还应掌握春季土壤水分变化规律,抢墒播种。还可播种期采用抗旱剂进行种子及土壤处理,提高出苗率。玉米田干旱时实施铲趟,改善农田水热条件。多施农家肥,提高土壤有机质含量,还可采用覆盖保墒等多种措施。最近几年来针对西部干旱区研究的玉米膜下滴灌技术是非常有效的抗旱增产措施。

(4)加强旱害天气预报研究,提高预报准确率和时效。建立现代化预警系统,及时对灾情进行科学评估,以利于协调各方,统一部署。多方面向农业管理者及农民群体提供防灾、减灾服务,把灾害损失降到最低限度。

二、低温冷害

(一)低温冷害对玉米生长发育的影响

吉林省玉米低温冷害主要是夏季(6～8月)低温天气引起的。玉米种子发芽下限温度为6～7℃,很缓慢,且易感染病害发生霉烂。营养生长期间低温,生长量变小。玉米拔节到开花期要求温度较高,日平均气温低于18℃不利于开花。灌浆期仍要求较高的温度,20℃以下灌浆速度缓慢,16℃以下则影响淀粉酶活性而抑制营养物质的运输与积累,导致减产。

（二）低温冷害的防御

20 世纪 90 年代以前,吉林省的低温冷害是比较频繁的,防御低温冷害是夺取作物高产的重要手段。虽然近十多年来气候变暖,冷害发生次数不多,但仍要提高警惕,特别是玉米大面积越区种植现象还比较普遍,一旦遇到低温年份,就会发生严重的低温冷害,造成大幅度减产。因而,防御低温冷害应该是一项长期的任务。防御低温冷害有以下几种方法。

1. 根据玉米品种熟期和当地热量资源合理安排品种布局

这是防御低温冷害的主要措施。低温冷害有自然气候的因素,也有人为的因素。东部山区低温冷害,除了热量资源不足外,另一个原因就是越区种植了晚熟品种。种植晚熟品种,在积温较高的年份可以获得高产,但多数年份因成熟度不好而导致减产(朱其文,1998)。只有根据各地 80%保证率下的积温及有效生长期安排相应的玉米品种,才能有效地避免低温冷害的威胁,保证玉米品种在秋霜前正常成熟。

2. 开展玉米生长季内气候的长期预测研究

农民可以根据中长期预测预报,安排当年的玉米品种布局。高温年可多安排些晚熟品种,而低温年可适当安排些早熟品种。这样既可以充分利用有利的气候资源,又可以减少和避免低温冷害减产。

3. 加强田间管理,促进玉米苗早生快发

春季,根据气象条件适时早播,尽可能多地争取春季有效积温。在玉米营养生长期,遇到低温可多铲趟,改善玉米田水热气候条件,促进玉米苗生长发育。在玉米生殖生长期,遇到低温,可通过调整水、肥管理时间和数量,调节玉米生长发育(王春乙,1998)。调整田间通风、透光,防御贪青晚熟。

4. 建立预测预警系统

及早发现低温冷害,及时向有关部门传送信息,做到及时防御,把低温冷害的损失降到最低限度。

三、大风灾害

（一）大风的危害

大风对农业生产的危害:春季大风可刮走表土,露出或吹走种子,折断或埋没小苗,加速土壤水分蒸发,加快土壤干旱。吉林省中、西部的干旱通常与大风有关。夏季的大风常造成植株倒伏。秋季的大风不仅可以造成植株倒伏,而且常常使植株折断。

吉林省一年四季都有大风,特别是 6～8 月的大风,对玉米生产危害较大。春季多西南风,夏季时常发生台风和龙卷风,近几年的风灾面积每年都有 25 万 hm^2 左右。一般而言,6 级大风(瞬时风速 10.8m/s)就会给玉米特别是生育后期的玉米造成很大伤害,而 8 级以上的大风(瞬时风速 17.2m/s)会对玉米造成严重性伤害,春季可以刮走土壤,刮出种子,夏秋季节可以折断玉米植株。因此,对于玉米生产而言,6 级以上的大风就可以称为风灾。

（二）大风灾害的地理分布

吉林省大风造成的灾害因地理分布而不同，各季节≥6级风所占比例见表2-10。大风出现机会最多的地区是中部的长春、四平、双辽等市县，其次是东部近海的珲春市和延吉市等，西部的白城、松原地区也时常有大风天气，吉林半山区和东南部山区很少出现大风天气。一年内，春季大风发生最频繁，其次是冬季、秋季和夏季。吉林省中、西部地区是松辽大风区的中心地带，该区处在气旋出境的通道上，东部的长白山和西部大兴安岭位于两边，中、西部地区构成了一狭窄的通道。当3～6月的东北低压活动频繁时，就常形成春季西南或西北大风天气。

表2-10　各地一年中≥6级的风所占比例（吉林省气象研究所，1985）（单位：%）

地区＼季节	春	夏	秋	冬	全年
白城市	27	6	11	6	13
通榆县	30	11	10	7	14
大安市	27	5	9	5	12
长岭县	23	4	6	5	10
双辽市	41	13	15	14	21
长春	47	18	21	20	27
集安市	7	2	1	1	3
桦甸市	12	3	3	2	5
延吉市	29	4	14	24	18

全省各地春季大风天气明显多于其他季节，中、西部地区大风明显多于东部山区和半山区。

6～9月为玉米营养生长和生殖生长期，此期植株叶片繁茂，茎秆较脆，极易倒伏或折断。9月玉米趋于成熟，果穗较重，"头重脚轻"，抗风力弱，易倒伏。这期间的大风常造成玉米直接的机械性伤害而减产，甚至绝收。长春、四平、双辽一带是每年6～9月出现风灾较多地区，而其中又以双辽为最多（魏春秀，1992）。

（三）风灾的防御

1. 营造防风林网

防风林网既可减少风对玉米植株的直接伤害，又可改善局部生态小环境，防止农田生态环境恶化，是大面积防风害最有效的措施。林网虽然占有一定的土地面积，但有林网保护，农田免受风灾，水、热环境改善，其增产效应略高于林网所占面积的损失。且林网可防风固沙，改善农田生态环境（毕伯钧，1991）。几年后，林网的树木成材，可增加可观的经济效益。大规模建设防风林网，一是要根据多年的气候记录确定大风盛行的方向，使主林带与之垂直。二是要确定合适的抗风树种和宽度。主林带的树种要长势快，抗风力强，林带要适当宽些；副林带一般树种就行，可适当窄些。三是确定每一网格的面积，一般10hm²

左右比较合适。

　　2. 栽培措施

　　选用抗倒伏的玉米品种是防御风灾的较好措施。减少氮肥的施用量,多施钾肥,也可增强玉米的抗倒伏能力。玉米行向与大风盛行的方向一致,可减少植株的阻力,减轻大风对玉米的危害。

四、其他气象灾害

　　影响吉林省玉米生产的其他气象灾害还有冰雹、霜冻等,但危害程度均较弱。

(一) 冰雹

　　冰雹是由强烈发展的积雨云所形成的以冰粒形式降落到地面的固体降水。冰雹粒多为分层的不透明的冰粒,直径5mm以上,大的如鸡蛋大。冰雹是局地天气现象,发生时间短,通常10多分钟,多在暴风雨中发生。虽然发生范围小,但破坏性大。在玉米生长早期,常破坏玉米生长点而造成绝收。吉林省是冰雹多发区,每年都有部分县市或乡镇受到冰雹危害。冰雹活动路线有一定的规律性,往年发生冰雹的地区再发生的概率较大,但并不是其他地区就不可能发生。目前防御冰雹的最有效方法是利用火箭弹。在冰雹云层来临之际,用火箭弹射击云层,通过火箭弹的热力及动力,改变雹云的性质,变雹为雨。这个方法效果较好。

(二) 霜冻

　　霜冻是指一年中的春季或秋季,由于北方冷空气的侵袭或地面强烈的辐射作用,使土壤表面或作物表面的温度下降到作物可抵抗的最低温度以下,使植株受到冷冻伤害的现象。霜冻发生与天气条件、土壤条件、地形条件等有关。晴朗无风的低温天气、干燥疏松的土壤、低洼地及坡地等都易发生霜害。防御霜冻的方法有选择熟期合适的玉米品种,保证品种霜前正常成熟;加强田间管理,促进生长发育,少施氮肥,多施磷、钾肥,站秆扒皮晾晒等;调节农田小气候,在霜冻来临前采用烟雾、加热等方法防霜冻。

主要参考文献

北京农业大学. 1984. 农业气象学. 北京:科学出版社

毕伯钧. 1991. 气候变化可能对东北三省农业生态环境的影响及对策应用. 生态学报,(4):334~238

陈焕伟. 1997. 土壤资源调查. 北京:中国农业大学出版社

程红. 1991. 东北气候与农业. 北京:中国农业科技出版社

丁士晟. 1981. 多元分析及其应用. 长春:吉林人民出版社

郭庆法. 2004. 中国玉米栽培学. 上海:上海科学技术出版社

吉林省气象研究所. 1980. 吉林省农业气象手册. 吉林:吉林省气象台

吉林省气象研究所. 1985. 吉林省农业气象手册. 吉林:吉林省气象台

吉林省土壤肥料总站. 1998. 吉林土壤. 北京:中国农业出版社

李玉中. 2003. 北方地区干旱规律及抗旱综合技术. 北京:中国农业科学技术出版社

令继央. 1996. 东北气候. 北京:气象出版社

刘淑云. 2005. 玉米产量和品质与生态环境的关系. 作物学报,31(5):571~576

马树庆. 1985. 用线性规划方法分新农作物品种布局. 气象，(7)：28～33

马树庆. 1988. 农田水分资源农业气候鉴定方法研究. 自然资源，(3)：80～86

马树庆. 1990. 论吉林省中部玉米带的气候生态适应性. 生态学，(2)：40～45

马树庆. 1996. 吉林省农业气候研究. 北京：气象出版社

马树庆. 1999. 吉林省农业气候资源及农业科技开发潜力研究. 农业系统科学与综合研究，(3)：161～166

潘铁夫. 1983. 农作物低温冷害及其防御. 北京：农业出版社

潘铁夫. 1989. 大豆与气象. 北京：农业出版社

山东省农业科学院玉米研究所. 1987. 玉米生理. 北京：农业出版社

世界气象组织. 1983. 玉米农业气象学. 北京：气象出版社

孙玉亭. 1983. 东北地区作物冷害的研究. 气象学报，(3)：313～321

陶毓汾. 1993. 中国北方旱农地区水分生产潜力及开发. 北京：气象出版社

王春乙. 1998. 农业气象技术研究. 北京：气象出版社

魏春秀. 1992. 吉林省四十年气候资源变化. 长春：吉林气象出版社

吴绍骙. 1980. 玉米栽培生理. 上海：上海科学技术出版社

杨镇. 2006. 东北玉米. 北京：中国农业出版社

张养才. 1991. 中国农业气象灾害概论. 北京：气象出版社

赵可夫. 1982. 玉米生理. 济南：山东科学技术出版社

中国科学院林业土壤研究所. 1980. 中国东北土壤. 北京：科学出版社

朱其文. 1998. 吉林省近十年月季温度气候变化趋势分析. 长春：吉林科学技术出版社

第三章　玉米品种演变与应用

民以食为天,农以种为先。我国用占不到世界 7％的资源,养活了占世界 22％的人口,品种遗传改良和应用起到了不可替代的作用。优良品种是玉米增产的内因,是最容易被种植者接受和掌握的增产要素,在玉米增产中的科技贡献率占 30％～40％。由于品种的表现是基因型与环境共同作用的结果,品种本身具有时空性,品种的更新利用也就成为必然。翻开吉林省玉米生产的历史画卷,每一次品种的更新换代,都推动玉米生产水平跃上了一个新台阶,遗传改良对玉米生产发展功不可没。

第一节　吉林省玉米品种演变历程

我国农学遗产研究表明,至少在 16 世纪初玉米就传入了我国,至今已有近 500 年的种植历史。吉林省最初零星种植玉米是在清代放垦以后,所种植的玉米是由华北一带流民迁入东北时带进来的农家品种(赵化春,2000)。经过漫长的自然选择和人工选择,形成了丰富而又各具特色的玉米地方品种和优良杂交种,经历了地方品种、品种间杂交种、双交种和单交种 4 次大的品种演变。而每次的品种演变都与当时的生产、经济、环境和技术发展水平息息相关。

一、地方品种时期

(一)全部种植地方品种阶段

20 世纪 50 年代中期前,吉林省种植的玉米全部为地方品种。最初在清朝只零星地种植玉米,而且一般是在新开垦的冷凉瘠薄的荒地上种植,基本上种植的都是适合于当时农业生态和生产条件的耐低温、耐瘠薄的早熟硬粒型地方品种。随着玉米种植年代的延长,种植经验的积累,耕作栽培水平的提高,20 世纪 20 年代开始引入丰产潜力大的马齿型品种。马齿型品种经各地种植者的栽培与选择,并与当地硬粒型地方品种渐渗杂交,产生新的中间型地方品种,相对地兼备了高产和优质的优良特性。20 世纪 30 年代至 40 年代中期开始,吉林省玉米生产上有马齿型、中间型、硬粒型 3 种栽培类型,并逐渐形成了冷凉的山区、半山区以硬粒型为主,中熟区以中间型为主,温度较高的晚熟区以马齿型为主的基本格局。

在吉林特定的生态条件下,玉米经过漫长的种植选择,分化成了一大批具有较强生态适应型特征特性的地方品种。新中国成立后,1956～1957 年经农业部统一组织对地方品种全面征集及 1979 年补充征集、整理和归并,吉林省现存下来的地方品种有 663 份,占全国地方品种总数的 5.6％(张兰荣,1988)。从总体评价看,吉林省玉米地方品种区域适应性强,营养品质优良,抗病性中等,丰产性欠佳,抗螟性较差。具备以下重要特点。

（1）品种类型：以普通型品种为主，占 90.0％。糯质型占 4.5％，甜质型占 2.4％，爆裂型占 2.3％，粉质型占 0.8％。

（2）生育期：以中熟（116～130d）为主，占 61.6％；其次是早熟和极早熟，占 24.8％（李凤任，2000）。

（3）产量性状：以短穗、少行、低粒重为主。穗长 18cm 以下的占 83.0％；穗行数 8～12 行的占 67.7％；百粒重 30g 以下的占 87.9％。丰产性较差。

（4）抗病虫性：人工接种鉴定，近 1/4 品种有抗病虫性，高抗和抗丝黑穗病、大斑病品种，分别占 24.2％、24.0％，中抗和抗丝黑穗病、大斑病品种则分别占 27.6％、25.9％；高抗和抗螟虫品种占 8.7％，中抗和抗螟虫品种占 8.5％。

（5）籽粒营养品质：蛋白质含量普遍较高，超过 12％的品种占 41.0％，最高蛋白质含量达 16.4％；脂肪含量超过 5％的品种占 2.7 ％，最高脂肪含量达 6.9％；粗淀粉含量普遍偏低，淀粉含量超过 68％的品种仅占 13.6％，最高淀粉含量仅达 70.0％；赖氨酸含量超过 0.38％的品种占 2.3％，最高赖氨酸含量达 0.42％。

（6）籽粒类型：硬粒型、中间型和马齿型比例差别不大，分别占 29.9％、33.5％和 36.6％（李凤任，2000）。

（二）以地方品种为主、品种间杂交种为辅阶段

1955～1958 年，吉林省玉米生产曾处于以地方品种为主、品种间杂交种为辅的短暂阶段。

新中国成立初期，根据吉林省政府提出的积极开展优良品种推广工作的要求，在 20 世纪 50 年代中期进行了玉米地方品种的调查、搜集和整理，在玉米生产上形成了一批较好的地方品种。1950 年 2 月，农业部召开玉米工作会议，讨论和制订了"全国玉米改良计划"，在这个计划中提出了 4 种玉米改良方法，当时认为品种间杂交种简便易行，增产也较明显（佟屏亚，2001）。1955 年品种间杂交种开始同生产见面，至 1958 年的 4 年间，共有 6 个品种陆续应用于生产，并扩展在省内中、东、西部区域种植（赵化春，2000）。但是，受当时繁育制种技术、体系和配套推广条件的限制，品种间杂交种始终未能得以普及，1963 年以前地方品种一直占据着吉林玉米生产的主导地位。

二、双交种时期

1963 年，吉林省第一个标志性双交种'吉双 2 号'首次投产使用，翌年又育成'吉双 4 号'投入生产，比当时广泛种植的地方品种'英粒子'、'红骨子'增产 20％～40％（方清，1988）。从此，标志着吉林省玉米杂种优势的研究利用进入了一个崭新的时期——双交种时期，成为玉米品种演变史上的第一个里程碑。

继 1958 年"大跃进"后的 3 年经济困难时期，吉林省农业厅召开农业科技座谈会，研究尽快恢复粮食正常生产的办法，专家建议抓紧推广国际上行之有效的玉米双交种，此建议受到省里有关领导的重视和支持。

20 世纪 50 年代，吉林省农业科学院等单位从当地众多的地方品种中，筛选出'铁岭黄马牙'、'英粒子'、'桦甸红骨子'等品种，用作选育自交系的基础材料，选育了'一环系铁

84'、'铁133'、'英55'、'英64'、'桦94'等自交系（谢道红，1988），成为60～70年代的骨干自交系，并与美国玉米带自交系'W20'、'Oh3'、'M14'等杂交，相继育成'吉双号'、'四双号'、'白双号'、'桦双号'等一批双交种，并推向生产，成功地实现了玉米生产从地方品种到杂交种的历史性跨越。

1963～1972年，吉林省玉米基本上是以双交种形式来利用杂种优势。应用于生产的双交种可以归纳成3批，分别在20世纪60年代初期、60年代中期、70年代初期。但在1963～1967年，玉米地方品种仍占生产主导地位。1968年玉米双交种种植面积首次超过了全省玉米总面积的60%，上升为当时的主导品种类型（方清，1988）。

三、单交种时期

1973年，以'吉单101'为代表的吉林省第一批玉米单交种开始投产应用（谢道红，1988），标志着吉林省玉米生产从此进入了大幅度地提升杂种优势利用水平的新时期，即单交种时期，实现了从应用双交种到单交种的历史性跨越，成为吉林省玉米品种演变史上的第二个里程碑。至今，在单交种利用的41年中，随着玉米科技的不断进步和生产综合能力的逐步提高，玉米品种实现了几次大的更新换代，对吉林省粮食生产不断跃上新台阶起到了关键的推动作用。

（一）从双交种向单交种过渡阶段

20世纪70年代初至80年代初期，吉林省玉米品种处于双交种向单交种过渡的转折期。随着双交种的普及，杂交玉米的优越性逐渐被广大农民所认识。科研单位发现了单交种的优越性（金明华和苏义臣，2006），不但产量潜力大、抗性强，而且制种程序简化。特别是伴随着优良自交系'吉63'的成功选育，带动了优良单交种的诞生。至70年代末，全省杂交玉米普及率已达到玉米总面积的80%以上（赵化春，2000），但主导类型仍为双交种，其次是单交种。1982年，三交种首次推向生产，但因其增产效果及制种方面的限制，应用范围并不大。

（二）全面利用单交种阶段

20世纪80年代中期，全省玉米杂交种的推广面积达到玉米总面积的90%以上。其中本省自育单交种占到92%以上，双交种和三交种只占8%左右（许明学，2000）。至此，吉林省玉米生产进入了全面普及应用单交种的新阶段。优良单交种显著地提高了玉米的产量潜力和抗逆性，一般可比同熟期的双交种增产10%以上（方清，1988）。

20世纪80年代，落实了农村联产承包责任制，极大地促进了农民种玉米的积极性，农民对新品种的关注度加大，但由于受玉米市场需求增大、市场经济不完善等因素的影响，吉林省玉米品种应用出现了越区种植的新趋势。大量外省较为晚熟的品种及省内自育新品种迅速应用于生产。80年代末期至90年代末期，玉米单交种进行了第2次和第3次更新。

20世纪90年代初期，伴随着生产管理及投入水平的进一步提高，以科学增施化肥和防治病虫害等为核心的栽培技术的进步和普及，平展型品种的遗传产量与现实产量已基本同步,依靠这类品种继续提高玉米单产的空间十分有限。如何更有效地提高玉米对资源的利用效率,实现群体更大的增产效果,该时期紧凑型'掖单号'系列品种的引进与利用,带给育种者和种植者新的启发和希望。但是,由于引进品种的抗病性、生态适应性还不理想,最终未能广泛推广开来。之后,吉林省也相继育成了'四密25'、'吉单209'等优良耐密单交种,90年代末期开始种植面积迅速上升,曾一度成为推广面积居前5位的主推品种。尽管如此,因受种植习惯、生产条件、配套技术研究与推广,以及耐密品种自身一些缺欠的限制,2004年以前,吉林省玉米品种主导类型仍为单秆大穗平展型。

21世纪初,随着玉米产业化的快速发展,粮食供求关系的变化,玉米经济地位日益凸显,吉林省玉米品种出现了多元化发展的局面,生产上应用的品种数量不断增加,超过了200个。2005年开始,由于'郑单958'、'先玉335'等优良耐密新品种的迅猛扩增,吉林省迎来了利用耐密品种的新时代,成为吉林省玉米品种演变的第三个里程碑。

（三）特用玉米品种的利用

特用玉米品种是指那些用途不同于普通玉米的品种类型,与普通玉米相比,具有特殊的营养价值或具有特殊的生物学特征特性,经济价值更高。主要包括糯玉米、甜玉米、爆裂玉米、高淀粉玉米、高油玉米、高赖氨酸玉米、笋玉米、青贮玉米等。由于长期以来我国粮食供求矛盾和玉米产业发展滞后等因素,特用玉米一直没有受到应有的重视,特用玉米品种的选育和应用也远远落后于普通品种。进入20世纪90年代,随着人民生活水平的不断提高,畜牧业和玉米加工业的迅猛发展,玉米已改变了原来单纯的粮食型生产,呈现出畜禽饲料、工业加工、餐桌副食、能源作物"四位一体"的消费格局,成为不可替代的战略资源。因此,从90年代中期开始,吉林省的特用玉米品种也相继问世使用,主要有高淀粉玉米、甜玉米、糯玉米、高油玉米、爆裂玉米、青贮玉米、笋玉米等,为满足市场多元化需求和玉米产业的不断发展发挥了积极作用(李晓亮和王常芸,2004)。

第二节　吉林省玉米品种应用情况

一、地方品种的应用

（一）全面应用地方品种阶段

吉林省最初零星种植的玉米地方品种都是华北一带农民闯关东时带进的。民国初期(1914年),由于人多地少,粮食短缺,耕作粗放,广种薄收,吉林省玉米单产水平很低,只有495kg/hm²,一般种植耐瘠薄、熟期早、品质好的硬粒型品种。主要有'小粒红'、'红骨子'、'金顶子'等,应用了30~40年(赵化春,2000)。

1932年,随着玉米种植年代的延长,耕种水平和生产条件有所改善,开始种植兼备适应性较广和丰产性较好的半马齿型品种,玉米单产提高到1333.7kg/hm²(赵化春,2000)。主要种植的农家品种有:'小粒红'、'金顶子'、'黄苞米'、'白苞米'、'白头霜'、'马牙子'、'火苞米'、'大八趟'、'美捻黄'等。从生态区域分布看,中部和西部平原主要种植'金顶子'、'红骨子'、'英粒子'、'白头霜'、'美捻黄'、'红瓢细'、'白马牙'、'小金黄'、'火苞米'、

'二马牙'、'大八趟'等品种；山区、半山区主要种植'白头霜'、'红骨子'、'英粒子'、'小粒红'、'小金黄'、'大青棵'、'金顶子'、'火苞米'等品种。

新中国成立后，1949～1954年和1959～1962年，吉林省玉米生产应用品种仍为地方品种单一类型，主栽品种有'英粒子'、'白头霜'、'红骨子'、'金顶子'、'美捻黄'和'红瓤细'等。

（二）以地方品种为主、品种间杂交种为辅阶段

1955～1958年，推广了6个品种间杂交种。但是，由于受品种间杂交种增产优势及种子繁育技术、设备条件等方面的制约，推广面积并不大，地方品种仍是生产应用的主导类型。品种间杂交种应用4年后，就在生产上销声匿迹。

当时在中部和南部地区，主要推广晚熟的品种间杂交种'公主岭82'、'公主岭83'，一般比当地主要地方品种'红骨子'和'金顶子'增产15％～20％，累计推广面积4.0万hm²；在东部山区、半山区，主要推广早熟的品种间杂交种'公主岭27'、'公主岭28'，比当地主要地方品种'白头霜'、'红骨子'增产12％～15％，累计推广面积1.0万hm²。在西部地区，主要推广的品种间杂交种是'小捻黄'×'加拿大645'、'火苞米'×'加拿大645'。

二、双交种的应用

（一）双交种的兴起

1963年，吉林省第一个商用玉米双交种首次投产使用，表明吉林省玉米生产开始进入利用杂种优势的新阶段。1963～1967年，双交种逐步兴起，玉米品种应用处于从地方品种到双交种的转折阶段。

第一个投产的双交种'吉双2号'，属中晚熟种，主要分布在吉林省中部平原区，1964～1970年累积推广面积35万hm²以上。翌年同熟期的'吉双4号'投放生产，主要在中部和南部平原区应用，成为省内第一个推广面积大、种植范围广的双交种，在辽宁及内蒙古赤峰等地也曾作为主推品种广泛应用，一般每公顷产量5000～6000kg，良好栽培条件下可达8000kg，比优良主栽地方品种'英粒子'增产30％以上，1966～1976年累积推广面积70万hm²以上，1972年省内种植面积曾达到8万hm²（方清，1988）。

（二）双交种的普及

由于双交种比地方品种具有显著的增产效果，加快了双交种的推广普及速度。1968～1972年，吉林省玉米生产处于以双交种为主、地方品种为辅的阶段。在双交种阶段，'吉双号'品种面积始终占据主导地位，达到全省玉米杂交种面积的80％以上。

在1963～1964年首批双交种被种植者广泛认可后，20世纪60年代中后期，吉林省第二批双交种开始推广应用，主要有'吉双107'、'四双1号'、'吉双15'、'吉双522'、'四双4号'等。相对于第一批双交种，这批双交种熟期类型更丰富，适应性更广泛，基本满足了当时不同区域和不同条件的生产需求，其中，'吉双107'和'四双1号'推广面积相对较大。'吉双107'属中熟偏早种，主要在中北部平原应用，一般每公顷产量4000～4500kg，

在良好的栽培条件下可达 6000kg 以上,比同熟期地方品种增产 20％～30％,抗丝黑穗病、中抗大斑病,抗倒伏,1968～1975 年累积推广面积 80 万 hm² 左右。'四双 1 号'属中晚熟种,主要在中西部平原及东部河谷平川地带应用,一般每公顷产量 6000kg 左右,在良好的栽培条件下可达 7500kg 以上,比'英粒子'增产 30％左右,抗丝黑穗病、抗倒伏,轻感大斑病,喜肥水,累积推广面积约 70 万 hm²,1968 年省内种植面积曾达 25 万 hm²(方清,1988)。

20 世纪 70 年代初,吉林省推广应用了第三批双交种,其表现出更加广泛的适应性。主要有'吉双 83'、'吉双 147'、'吉双 110'、'白双 67'、'四双 5'、'桦双 2'等。其中,吉林省农业科学院(以下简称:吉林省农科院)培育的'吉双 83',是吉林省双交种推广历史上种植面积最大、时间最长的双交种,遍布省内中熟区,一般每公顷产量 5000～6000kg,良好栽培条件下可达 7500kg 以上,比'英粒子'增产 25％以上,抗丝黑穗病和黑粉病、中抗大斑病,抗倒伏,耐低温。1970 年开始推广,1973～1978 年年种植面积都占全省玉米种植面积的 20％～25％,1970～1985 年累计推广面积 390 万 hm² 以上。中晚熟品种'吉双 147'和中早熟品种'吉双 110'推广面积也较大。'吉双 147'主要应用于中西部地区,一般每公顷产量 4500～6000kg,良好栽培条件下可达 7500kg 以上,抗病性强,1972 年开始推广,1975 年前后种植面积约占全省玉米种植面积的 10％,1972～1983 年累计推广面积 70 万 hm² 以上。'吉双 110'后熟快,主要在省内东部半山区及北部平原区应用,一般每公顷产量 4000～5000kg,比当时主要地方品种'红骨子'增产 30％以上,抗病性中等,1970 年开始推广,1970～1978 年累计推广面积 40 万 hm² 左右(方清,1988)。

三、单交种的应用

(一)单交种的兴起

1973 年左右,吉林省第一批玉米单交种陆续推广应用。从此,吉林省玉米生产开始进入利用单交种这种更高层次杂种优势的新阶段。

从 1973 年到 20 世纪 70 年代末期,吉林省玉米品种应用处于双交种向单交种的更替当中,形成了吉林省玉米品种演变史中的第二次飞跃,杂交玉米基本得以普及,地方品种仅在部分高寒山区有所种植。70 年代末期,全省玉米双交种仍占优势地位。

在此期间,吉林省玉米生产上应用了第一批优良单交种。这批单交种,无论产量水平还是抗病、抗倒性均明显优于双交种,一般比同熟期双交种增产 10％以上。主要有:中晚熟品种'吉单 101'、'四单 3 号',中熟品种'吉单 104'、'吉单 102'、'吉单 103',中早熟品种'白单 8 号'、'白单 2 号'、'九单 1 号',早熟品种'吉单 1 号'、'桦单 32'、'通单 3 号'等。

吉林省第一个投产的标志性玉米单交种'吉单 101',由吉林省农科院育成。主要分布于省内中、西部平原及东部地区的河谷平川地带。每公顷产量可达 7000～9000kg。由于其高抗当时流行的主要病害,抗倒伏,对温度和密度不敏感,对肥水要求略高,增肥密植条件下高产稳产,品质良好,深受农民欢迎。1979～1982 年年种植面积一直位居全省第一位,1980 年曾占全省杂交玉米种植面积的 36.8％,成为吉林省 20 世纪 70 年代中期至80 年代中期的玉米主推品种,1979～1986 年年种植面积一直保持在 20 万 hm² 以上。

1973～1987 年的 15 年间,在吉林、辽宁、黑龙江、河北、内蒙古等地累计推广面积 475.4 万 hm²(方清,1988),对当时玉米育种、杂交种的应用及生产水平的大幅提升起到了至关重要的作用。1978 年获吉林省科学大会重大科技成果奖、全国科学大会奖,1984 年再次获得吉林省人民政府颁发的重大贡献奖。

(二)单交种普及和更新

吉林省第一批玉米单交种推广后,由于其生长整齐一致,增产优势明显,加上有了推广双交种的经验及种子繁育技术体系的逐步完善,20 世纪 80 年代初期单交种的种植面积迅速扩增,80 年代中期基本普及,生产上 90%以上的杂交种中,单交种占 92%,双交种和三交种仅占 8%。之后,随着遗传改良研究的不断发展,育种技术方法的不断进步(徐艳霞和李旭业,2009),吉林省又有几批单交种陆续投产使用,形成了各个不同时期的优良品种群。

1. "六五"期间优良品种群

1981～1985 年,吉林省第二批 11 个玉米单交种相继育成,主要有:'四单 8 号'、'四单 10'、'四单 12'、'通单 12'、'九单 8 号'、'白单 9 号'等。

1982 年随着联产承包责任制的落实,促进了农民适时早播、缩短播期、改进耕法、精细管理,加上增施优质肥料,注意科学施肥等,使玉米生育期一般可提早 3～5d。同时,当时的气候条件呈霜期后延的趋势,1983 年和 1984 年是历史上少有的好年头。因此,与第一批单交种相比,第二批骨干单交种熟期有所后延,丰产潜力增大,耐肥性增强,对环境资源利用效率提高。与此同时,辽宁等外省更为晚熟的品种开始北上,进入吉林市场,主要有'沈单 4 号'、'丹玉 13'等,导致吉林省玉米品种应用出现了越区种植的新动向。

以四平地区为例。1978～1981 年的 4 年间,玉米种植面积最大的品种为'吉单 101',占该区玉米总面积的 64%。从 1982 年开始,比'吉单 101'晚 2～3d 的品种'四单 8 号'种植面积最大,'吉单 101'面积退居第 2 位。从 1985 年开始,'中单 2 号'、'黄莫'等更为晚熟的品种种植面积开始增加。期间,玉米施肥量也明显增加,1982～1986 年施纯氮(N)和纯磷(P_2O_5)量比 1979～1981 年平均分别增加 46%、21%。玉米单产也由 1978～1981 年平均每公顷产 4217kg 提高到 1982～1986 年的 6582kg,增幅达到 56%(表 3-1)。

表 3-1　1978～1985 年四平地区品种更新情况

年份	种植面积最大品种	种植面积第 2 位品种	种植面积第 3 位品种
1978	吉单 101	吉单 104	吉双 83
1979	吉单 101	吉单 104	吉双 147
1980	吉单 101	吉双 147	吉单 104
1981	吉单 101	吉单 104	四单 8 号
1982	四单 8 号	吉单 101	四单 10
1983	四单 8 号	四单 10	吉单 101
1984	四单 8 号	四单 10	吉单 101
1985	四单 8 号	中单 2 号	黄莫

该时期吉林省玉米主要优良品种群为以下几种。

(1) 中晚熟品种:'吉单 101'、'四单 8 号'、'四单 10'等。

四单 8 号:由原四平市农业科学研究所(以下简称:四平市农科所)育成。主要在省内中西部平原及东部沿河平坦肥沃地带应用。1985 年省内种植面积曾占全省玉米种植面积的 51.6%,累计推广面积 1220 万 hm²。1995 年获国家发明奖二等奖。该品种熟期比'吉单 101'后延 3d 左右。丰产潜力较大,每公顷产量可达 7000~9000kg。抗大斑病,高抗丝黑穗病,但易感茎腐病。

四单 10:主要分布在中西部平原及东部河谷平川地带。1983 年省内推广面积曾占全省玉米种植面积的 10%。1981~1983 年累计推广面积 50 万 hm² 以上。抗病性较强,对温度要求不严格,较喜肥水。

(2) 中熟品种:主要有'吉单 104'、'吉单 102'、'吉单 103'等。

吉单 104:主要在中、西部平原及东部半山丘陵地带种植。1973~1985 年累计推广面积 160 万 hm² 左右。对温度要求不严格,适应性强,抗病性中等。一般每公顷产量 4500~6000kg,良好栽培条件下可达 7500kg 以上。

吉单 102:主要在北部平原种植。1973~1983 年累计推广面积 100 万 hm² 以上。中抗大斑病,抗丝黑穗病,抗倒伏。

吉单 103:主要在中、西部种植。抗病及抗倒伏能力较强。1971~1983 年累计推广面积约 70 万 hm²。

(3) 中早熟品种:'白单 8 号'、'通单 12'、'九单 8 号'等。

白单 8 号:主要分布在西部白城地区。耐旱、耐瘠,抗病性较好。一般每公顷产量 4500kg,良好栽培条件下可达 7000kg 以上。最大推广面积曾达到 3 万 hm²。

通单 12:主要分布在通化和白山地区。抗病性强,对肥水要求不严,品质中等。每公顷产量 4000~6000kg。1982~1983 年每年种植 2000hm²。

九单 8 号:主要分布在东部地区,1983 年种植面积约 2700hm²。

(4) 早熟品种:主要有'桦单 32'等。'桦单 32'主要在东南部山区、半山区应用。每公顷产量 3500~4500kg,良好栽培条件下可达 6000kg。推广面积约 1 万 hm²。

(5) 晚熟品种:主要有'丹玉 6 号',由辽宁省丹东市农业科学研究所(以下简称:丹东市农科所)育成。其早在 1975 年就引入集安。主要在集安、通化、浑江沿江一带种植。一般每公顷产量 6000kg 左右,良好栽培条件下可达 7500kg。抗叶斑病,抗倒伏,对肥水要求较高。至 1982 年累计推广面积约 2.3 万 hm²(方清,1988)。

2. "七五"期间优良品种群

1986~1990 年,吉林省自育的第 3 批 18 个玉米单交种相继育成。主要有'吉单 131'、'吉单 118'、'黄莫'、'四单 16'等。与第二批单交种相比,这批单交种熟期又有所后延,丰产潜力进一步提高,抗病性得到改进。其中包括继续大举北上的外省品种。

该时期玉米主要优良品种群是:'四单 8 号'、'丹玉 13'、'铁单 4 号'、'吉单 131'、'中单 2 号'、'黄莫'、'白单 9 号'等。

(1) 四单 8 号:应用面积一直居全省玉米品种的前 3 位。

(2) 丹玉 13:由辽宁省丹东市农科所育成。1982 年引入我省,1987 年普及,1989~

1990年成为全省推广面积最大的品种。属晚熟种,主要在四平地区、东辽等地种植。抗病、抗倒伏,综合性状好,喜肥水。丰产潜力大,良好栽培条件下可达9000kg以上,比'四单8号'增产10%以上。

(3)铁单4号:由辽宁省铁岭市农业科学研究所(以下简称:铁岭市农科所)育成。1981年引入我省,主要在省内中部地区种植。1987~1990年曾为全省种植面积最大的前5位品种。属中晚熟种,抗病性较强,抗倒伏性中等。

(4)吉单131:由吉林省农科院育成。在1987年审定当年全省种植面积就达到6万hm²。1988~1990年成为省内种植面积第1、2位的品种,在辽宁省北部和黑龙江省一、二积温带等地适应区累计推广面积42.7万hm²,逐渐取代了亲本不抗圆斑病的'铁单4号'。该品种累计推广面积160万hm²。1989年获吉林省科学技术进步奖二等奖。

(5)中单2号:由中国农业科学研究院作物栽培研究所育成。1981年引入我省。中晚熟种。因其高产,适应性广,抗当时流行的主要病害,1989年一跃成为全省种植面积最大的品种。

(6)黄莫:由原四平市农科所育成。1986年种植面积位居省内第3位。属中晚熟种。适应性广,高产稳产。

(7)白单9号:由白城市农业科学研究所(以下简称:白城市农科所)育成。1990年种植面积位居全省第6位,是该熟期主推品种之一。累计推广面积273万hm²。1989年获吉林省科学技术进步奖二等奖。属中熟偏早种。耐旱,抗倒伏,轻感青枯病。

3."八五"期间优良品种群

进入20世纪90年代,随着生产水平的提高,进一步提高玉米单产的品种新类型——紧凑型掖单号品种陆续引进我省,并开始让农民有所认识。之后,我省也相继育成了'四密21'、'四密25'、'吉单209'等紧凑型单交种(吴永常和马忠玉,1998)。但由于受种植习惯、生产条件及品种自身一些抗性缺欠的限制,紧凑类型品种所占的总面积并不大,玉米生产的主导品种类型仍为平展型。

1991~1995年,吉林省自育的第四批36个玉米单交种相继育成。主要有'吉单156'、'吉单159'、'吉单180'、'四单72'、'四单19'、'四密21'、'吉单141'、'白单11'等。

"八五"期间玉米品种应用的突出特点:一是外省引入品种占据生产主导地位,每年种植面积均占全省玉米种植总面积的一半以上。紧凑型掖单号系列品种在生产上也有一定的应用,其中'掖单13'在1992年种植面积位居全省第9位,'掖单11'和'掖单51'在1993~1997年间也有一些种植。二是吉林省玉米品种应用呈现出明显的多元化趋势。多个品种在生产中发挥作用,审定的玉米品种数量也比"七五"期间增加了1倍。省内第一个特用玉米品种'吉甜3'也通过审定。

该时期玉米主要优良品种群是:'中单2号'、'本玉9号'、'丹玉13'、'锦单6号'、'吉单131'、'吉单159'、'四单19'、'吉引704'等。

(1)中单2号:是当时全省种植面积第1、2位的品种。最多年份超过百公顷,创造了吉林省单品种单年份种植面积之最。

(2)本玉9号:也是当时全省种植面积第1、2位的品种。由辽宁省本溪县农业科学研究所(以下简称:本溪县农科所)育成。1986年引入吉林省。属中晚熟种,丰产性好,耐瘠薄,抗大斑病,高抗丝黑穗病,但抗茎腐病中等。

(3)丹玉 13:在 20 世纪 80 年代末成为省内种植面积最大的品种之后,该时期面积仍保持在前 4 位。

(4)锦单 6 号:由辽宁省锦州市农业科学研究所(以下简称:锦州市农科所)育成。1986 年引入吉林省。年种植面积一般超过 6.6 万 hm²,成为全省种植面积最大的几个品种之一。属中晚熟种。抗当时流行的玉米主要病害。

(5)吉单 159:由吉林省农科院育成。1994～1995 年年种植面积超过 6.6 万 hm²,成为当时吉林省玉米主推品种之一。晚熟种。高产、耐瘠,商品品质优良。

(6)四单 19:由原四平市农科所育成。该品种累计推广面积 333.3 万 hm²。1997 年获农业部科学技术进步奖三等奖。中熟种。耐旱、耐瘠薄,稳产性好,高产。属高淀粉品种,淀粉含量 74.58%。

(7)吉引 704:由吉林省农科院引入。晚熟种。株型紧凑,较耐密植。1995 年获吉林省农业厅科学技术进步奖二等奖。

4.“九五”期间优良品种群

1996～2000 年,吉林省自育的第五批 61 个玉米单交种相继育成。主要有‘四密 25’、‘吉单 209’、‘通单 24’、‘吉单 321’、‘白单 31’、‘长单 374’、‘四单 158’、‘吉单 522’等。其中包括一批外省引入的品种‘掖单 11’、‘铁单 8’、‘西单 2’、‘掖单 19’、‘新铁单 10’等。

该时期玉米品种应用的主要特点:一是吉林省自育品种面积上升,基本可与外引品种平分天下。1998 年吉林省推广百万亩以上的品种中,本省自育品种占 45.6%。二是紧凑型品种增加。我省首次出现了应用面积最大的品种为紧凑型的情况(孙世贤,2000),而且后续紧凑新品种也有所增多,表明吉林省玉米科研和生产正在改变着传统的应用平展型、晚熟型、高秆型、大穗型品种的习惯。三是新育成的审定品种数量继续明显增加,比“八五”期间增加了近 70%。

该时期玉米主要优良品种群是:‘本玉 9 号’、‘吉单 159’、‘中单 2 号’、‘丹玉 13’、‘吉单 156’、‘丹玉 15’、‘四单 19’、‘吉单 180’、‘四密 21’、‘西单 2 号’等。

(1)本玉 9 号:1996～1999 年年种植面积稳定保持全省第一。2000 年位居第 3 位。

(2)吉单 159:1996～1998 年是全省第 2 大品种,每年年种植面积均超过 27 万 hm²。到 2000 年应用明显减少。该品种累计推广面积 133.3 万 hm²,1998 年获吉林省科学技术进步奖一等奖,1999 年获国家科学技术进步奖二等奖。

(3)中单 2 号:1996～1998 年是全省第 3 大品种,1999 年位居第 5 位,2000 年减少到 3 万多公顷。

(4)丹玉 13:1996～1998 年年种植面积均居全省前 5 位,1999 年位居第 7 位,2000 年减少到 3 万多公顷。

(5)吉单 156:由吉林省农科院育成。中晚熟种。1996～1998 年年种植面积均居全省 4～6 位。之后开始明显减少。

(6)丹玉 15:由辽宁省丹东市农科所育成。晚熟种。该时期每年种植面积居全省 7～9 位。

（7）四单 19：该时期每年种植面积居全省 4～8 位。

（8）吉单 180：由吉林省农科院育成。1996 年种植面积超过 7 万 hm² 。2000 年增加到 19 万 hm² 以上，位居全省第 2 位。中晚熟种。适应性广，稳产性好，商品品质优良，籽粒后期脱水快，秆强抗倒，抗丝黑穗病，综合性状好。

（9）四密 21：由原四平市农科所育成。晚熟种。较耐密植，填补了吉林省紧凑杂交种选育的空白。1998 年开始种植面积明显增加，当年接近 10 万 hm² 。1999 年成为全省第 2 大品种，2000 年继续盘升至第 1 位。该品种累计推广面积 66.7 万 hm² ，1998 年获吉林省农业技术推广奖一等奖。

（10）西单 2：由陕西省户县农业技术中心育成。1991 年引入我省。1997 年开始种植面积基本居全省前 10 位。1999 年面积达到最高峰，位居全省第 2 位，超过 20 万 hm² 。晚熟种。株型较紧凑，较耐密植。综合性状好，较喜肥水。

5.“十五”期间优良品种群

2001～2005 年，吉林省自育的第六批 170 个玉米单交种相继育成。主要有‘吉新 203’、‘吉单 342’、‘四单 136’、‘吉单 257’、‘吉单 27’、‘吉单 505’、‘银河 101’、‘吉单 28’、‘吉单 29’、‘吉单 137’、‘吉单 198’、‘通吉 100’、‘平安 18’、‘吉单 261’、‘吉单 517’、‘吉东 4 号’、‘军单 8 号’、‘吉单 35’、‘郑单 958’等。其中，一批外省玉米品种通过吉林省品种审定并推广应用，主要有‘豫玉 22’、‘丹玉 29’、‘丹玉 39’、‘农大 364’、‘三北 6 号’、‘长城 799’等。

该时期玉米新品种的突出特点有两个。一是外国公司审定的新品种增多。之前，吉林省只有一个外国的品种‘吉引 704’通过审定和应用。而“十五”期间就审定了 9 个外国的玉米品种，主要有美国先锋公司的‘33B75’、‘32D22’等 6 个，迪卡布公司的‘DK656’，诺华公司的‘NX4528’（‘吉引 2 号’），KWS 公司的‘KWS9574’。但当时这批新品种基本上都没有进行商业化销售。二是审定的玉米新品种的增速呈历史之最，比“九五”期间猛增了近 2 倍。

该时期玉米主要优良品种群是：‘吉单 180’、‘吉单 209’、‘四单 19’、‘登海 9 号’、‘豫玉 22’、‘四密 21’、‘四密 25’、‘新铁单 10’、‘通吉 100’、‘郑单 958’等。

（1）吉单 180：2001～2004 年年种植面积位居全省第 2～4 位。2005 年面积明显减少，退居第 10 位。该品种累计推广面积 66.7 万 hm² ，1998 年获农业部科学技术进步奖三等奖。

（2）吉单 209：由吉林省农科院育成。“十五”期间是‘吉单 209’应用最广泛的时期。2002 年成为全省第 1 大品种。2003～2005 年位居全省第 3～5 位。中熟偏晚种。耐密植，结实性强，品质优良，抗倒伏，但感丝黑穗病。

（3）四单 19：在该时期一直是中熟的主推品种（于彦明和岳尧海，2007）。推广面积始终居全省前 10 位。

（4）登海 9 号：由山东省莱州市农业科学院育成。晚熟区主推品种，应用面积一直居全省前 10 位。吉林省种子总站引入。晚熟种。较耐密植，综合性状较好。

（5）豫玉 22：由河南大学育成。吉林省种子总站、中种集团承德长城种子有限公司引入。晚熟种。单株丰产潜力大，但抗倒性差。2003～2004 年推广面积迅猛增加，一跃成为全省第一大品种。2005 年位居第 6 位。因自身倒伏问题,"十一五"期间已很少应用。

(6) 四密 21:2001～2004 年应用比"九五"末期有所减少,但仍为省内主推品种之一,应用面积位居 4～7 位。2006 年以后应用很少。

(7) 四密 25:由原四平市农科所育成。中晚熟种。吉林省推广品种中耐密性最好的品种。在密植下,丰产潜力大,在吉林曾创造出了亩产"吨粮",达到每公顷 15 120kg。成为该时期主推品种,应用面积基本在全省的前 10 位。2002 年获吉林省科学技术进步奖一等奖。

(8) 新铁单 10:由辽宁省农科院育成。吉林省种子总站引入。属晚熟种。高秆大穗型品种。2001～2004 年应用面积大,居全省 4～8 位。2005 年以后很少应用。

(9) 通吉 100:由通化市农业科学院和吉林省农科院育成。属中晚熟种。2005 年应用面积迅猛增加,居全省第 5 位。2006 年获吉林省科学技术进步奖二等奖。

(10) 郑单 958:由河南省农业科学院育成。北京德农种业四平分公司引入。中晚熟耐密品种。丰产潜力大,在吉林省密植下曾达到亩产"吨粮"。2005 年应用面积猛增到全省第一位。

6. 进入"十一五"以来的优良品种群

从"十五"末期开始,特别是进入"十一五"后,吉林省玉米生产进入了紧凑型品种广为农民接受的新阶段。2005～2008 年全省面积最大的品种均为紧凑型品种'郑单 958'。在 2007～2008 年每年种植面积超过百万亩的 4 个品种中,紧凑型品种均占 2 个。

从 2007 年开始,美国紧凑型品种(张志国,2006)在吉林市场开始大量商业销售,'先玉 335'迅速成为省内第 4 大品种。2008 年继续增加,面积升至全省第 2 位,成为非常"抢手"的品种。

2006 年以来的 4 年间,吉林省育成审定的玉米新品种 201 个,年均审定 50 个,与"十五"同比增加了 48%,增加速度比"十五"期间有所放缓。

目前生产上的主要优良品种有:'先玉 335'、'郑单 958'、'吉单 198'、'吉单 27'、'长城 799'、'吉单 35'、'农大 364'、'益丰 29'等。

7. 特用玉米品种的利用

1995 年吉林省第一个特用玉米品种'吉甜 3 号'通过审定。1993～1995 年首次有淀粉含量≥73%的品种通过审定,分别是'丹玉 15'、'四密 21'、'四单 19'、'长单 26'。其中'长单 26'的淀粉含量高达 76.8%。至今共有 105 个淀粉含量≥73%的品种先后通过审定,46 个甜玉米、爆裂玉米、高油玉米、笋玉米、糯玉米、青贮玉米品种通过审定(表 3-2)(陈学军,2003)。

在吉林省审定的特用玉米品种中,高淀粉品种利用最多(于彦明和代秀云,2005),但基本都是以普通玉米的方式进行生产和销售。因受多种因素限制,其他特用玉米品种应用面积都不大。

表 3-2　吉林省审定的特用玉米品种情况

特用品种类型	吉林省审定的第一个(批)品种	审定年份	品种数合计
甜玉米	吉甜 3 号	1995	10
爆裂玉米	吉爆 902 号	1998	4
高油玉米	春油 1 号、吉油 1 号、四油 3 号	1998	10
笋玉米	吉笋 2 号	1998	1
糯玉米	春糯 1	1998	18
青贮玉米	吉单 185	2004	3
高淀粉玉米	丹玉 15、四密 21、四单 19、长单 26	1993~1995	105

第三节　吉林省玉米品种应用前景

一、优良紧凑型品种的应用

从农家品种到双交种的应用实现了玉米栽培史上品种演变的第一次飞跃,从双交种到单交种又实现了第二次飞跃,而从平展型单交种到紧凑型单交种又实现了第三次飞跃。

回顾吉林省玉米生产的发展历程,在高产区,我们曾经走过了充分挖掘个体遗传产量潜力的品种改良路程,今后继续走单秆大穗平展型品种的技术路线来提高产量的空间十分有限。

处于世界玉米研发和生产领先地位的美国的一些研究表明,在过去 70 年里,美国玉米杂交种的单株生产能力没有显著提高,而提高产量的主要原因是增强了品种的耐密性和抗逆性。我国一些学者对于我国玉米的相关研究也得到了相似的结论。

玉米生产过程的本质是光合作用。科研及实践表明,在较高的生产水平条件下,进一步提高玉米单产的关键,在于提高单位面积上群体的光能利用率,并通过协调个体与群体的关系,源、库、流的关系来实现。而紧凑型品种,拥有合理的外在株型和内在代谢过程,可以通过增加单位面积的种植密度,增加叶面积系数和光合势,来达到提高群体光能利用率的目的,实现群体增产之路。

然而,紧凑型品种的应用是有条件的,它是生产发展到较高水平的产物。在吉林省中西部平原半湿润区,由于光热水条件好,土壤肥沃,栽培管理水平高,应用优良的紧凑型品种(金明华和苏义臣,2007),并配套相应的栽培技术,是今后玉米生产的必然选择。

二、生态适应型品种的应用

20 世纪 70 年代以来,玉米生态育种引起国内外高度重视。玉米的抗病、抗虫、抗旱、耐低温、抗倒等抗性育种,都是针对不同农业气候、病虫、风霜及土壤等农业生态危害和威胁玉米生产的主要生态因素进行的。近几年,随着玉米产区栽培环境的恶化,土壤板结和盐渍化的日趋严重,干旱、低温和风雨灾害的频发,病虫害加重的趋势,生态育种更加备受关注。玉米生产迫切需要对不同生态区域的生物和非生物逆境具有较强抗性的品种以保证生产安全。

吉林省主要有中部半湿润区、西部半干旱区、东部湿润冷凉区等3个农业生态区。每个生态区的逆境、自然条件和生产水平各有不同,对品种的要求也有所不同。只有深入研究不同生态区域的各自问题,选用能够扬长避短的生态适应型品种,才能最大限度地全面实现吉林玉米生产的高产、优质、高效。

吉林省中部半湿润区土壤肥沃,光、温、水充沛,且与玉米生长同步,适宜玉米生长,是玉米增产潜力较大的优势区。今后应更加注重应用高光效耐密的高产优质品种(苏桂华和金明华,2006;刘文国和王绍平,2006)。

旱灾是吉林省主要的气候灾害之一。在吉林省西部半干旱地区,一般春旱10年9次,夏秋旱平均3年出现1次,对吉林省玉米生产危害严重。另外,土壤盐碱渍化严重。因此,今后西部半干旱区应更加注重应用耐旱、耐瘠、抗病强的优良品种。

东部湿润区应更加注重应用耐湿、耐寒、耐瘠、灌浆快的品种。

三、优异特色品种的应用

随着玉米经济的发展,玉米的商品属性日益显现出来。只有符合市场多样化需求,物美价廉的特色玉米,才有市场竞争力。

当前,玉米已发展成为世界最重要的粮食资源和能源物资。随着人民生活水平的不断提高,畜牧业和加工业的进一步发展,应该使用高营养品质、高能源产能的优良特色品种,提供满足市场不同要求的优质原料,提高玉米的附加值和经济效益。

进入21世纪,我国面临的人口、资源、环境三大问题更加突出。保护环境,实现可持续发展是今后发展的根本方向。因此,营养高效利用、水资源高效利用等资源高效利用型品种,提高饲料营养和效益,减少磷污染的低植酸磷品种,减少白色污染,提高企业效益的高直链淀粉品种,都将是今后追求的热点品种。同时,随着我国城镇化建设的发展,农村剩余劳动力的大量转移,玉米生产组织方式及种植技术的进步,适应机械化尤其是机械收获的品种,将是今后我国建立现代农业及推动玉米产业向更高水平发展的方向。

主要参考文献

陈学军. 2003. 吉林省农作物品种志. 北京:科学出版社

吉林省农业科学院,吉林省种子公司. 1988. 吉林省农作物品种志. 吉林:吉林科学技术出版社

金明华,苏义臣. 2006. 吉林省玉米品种阶段性演变研究. 玉米科学,14(5):155~159

金明华,苏义臣. 2007. 吉林省玉米超高产品种探讨. 吉林农业科学,32(3):3~8

李凤任. 2000. 玉米新品种四早154的选育与推广. 玉米科学,8(4):28~29

李晓亮,王常芸. 2004. 我国专用玉米的研究利用现状及发展前景. 玉米科学,12(4):106~110

刘文国,王绍平. 2006. 吉林省玉米育种概况及发展趋势. 玉米科学,14(1):26~30

马兴林. 2009. 吉林省紧凑型玉米发展概况与前景. 农业科技通讯,3:81~86

苏桂华,金明华. 2006. 吉林省玉米杂交种商品品质概述. 玉米科学,14(5):170~173

孙世贤. 2000. "九五"期间我国玉米品种已基本实现一次更换. 种子科技,(6):338~340

佟屏亚. 2001. 20世纪中国玉米品种改良的历程和成就. 中国科技史料,2:113~127

吴永常,马忠玉. 1998. 我国玉米品种改良在增产中的贡献分析. 作物学报,24(5):595~599

徐艳霞,李旭业. 2009. 建国以来我国玉米育种技术发展与成就. 黑龙江农业科学,(6):165~169

许明学. 2000. 玉米杂交育种的历史回顾与展望. 玉米科学, 8(1): 28~30

于明彦, 代秀云. 2005. 吉林省专用型玉米品种现状及育种对策. 玉米科学, 13(3): 32~35

于明彦, 岳尧海. 2007. 吉林省中熟玉米新品种分析评价与展望. 玉米科学, 15(5): 52~56

张志国. 2006. 杂交玉米推广与种业发展. 玉米科学, 14(5): 157~159

赵化春. 2000. 国内外玉米消费趋势及其对我国玉米生产的影响. 农业技术经济, (4): 54~56

第四章　玉米播种技术

玉米的播种技术直接关系到玉米的出苗状况。玉米属于独秆、单穗作物，不像很多作物那样通过分蘖来调节穗数，出苗后缺株就意味着产量的缺失。玉米容易出现小苗、弱苗，其生产能力只有13％～30％，对小苗、弱苗进行的偏管基本没有什么作用，即使缺苗后的补苗作用也不明显。一般作物要"三分种、七分管"，但玉米却要"五分种、五分管"，李登海先生甚至提出玉米要"七分种、三分管"。可见，玉米的播种质量对于玉米生产是多么的重要。

玉米的播种技术主要有播种期的选择、种子的准备、播种方法等几个关键环节，每个环节对于保证玉米的"苗全、苗齐、苗壮"都至关重要。

第一节　播种期的选择

一、适时播种的重要性

播种期是指在适宜温度、水分、空气的变化范围内，能满足种子萌动的需要而进行播种的时期。适时播种，相对地延长了玉米的生育期，使籽粒灌浆期处于相对较高的温度条件下，能够避免和减轻生育后期低温和早霜的危害，为生育期较长品种安全成熟争取了时间；在春季易旱地区适时播种有利于充分利用土壤水分，并使幼苗生长处于相对较低的温度条件下，根系发育良好，幼苗健壮，有利于蹲苗，增强抗倒伏的能力；还能躲避和减轻黏虫的危害。吉林省中部地区，6月20日前后正是黏虫为害时期，早播幼苗已长大，抗虫能力强，受害程度轻。但是，如果播种过早，气温低，种子发芽时间长，易受土壤中有害病菌侵袭，还会造成苗弱、烂种等现象。

二、确定适宜播种期的依据

各种植区域的适宜播种期，应依据当地自然条件和品种特性而异。影响种子发芽出土的主要因素是温度、水分、氧气、地势土质、种子生活力特征等。

（一）温度

玉米种子发芽要求的最低温度为6～7℃，但在这个温度条件下，种子发芽缓慢，种子在土中时间长，对各种病菌抵抗能力差，易受病菌侵害而感病，容易发生霉烂，出现病株与缺苗。发芽最适宜温度为10～12℃，发芽最快温度为25～30℃，发芽最高温度为44～50℃。在最适宜温度范围内，发芽迅速而整齐。随温度升高发芽出苗速度加快，但在高温下发芽容易受阻。为抢墒播种和延长生育期，可在5～10cm耕层地温稳定通过8～9℃时开始播种，稳定通过10℃时作为适宜播种期。播下的种子经过短期的吸水膨胀，发芽时种床温度基本达到 10～12℃,处于适宜的温度条件下,有利于达到苗全、苗齐、苗匀和苗壮的目的(郭庆法等,2004)。

(二) 水分

水分是种子发芽的首要条件,对种子萌发有一定的影响(邢妍妍等,2008)。因为干种子的原生质几乎为凝胶状态,所以吸水后才能变为溶胶状态,这是细胞进行各种生命活动的必需条件。此外,水直接参加种子内的某些生理生化过程。再次,种子吸水后种皮软化,胚根、胚芽才容易冲破束缚而露出。因此,水分对发芽十分重要,只有种子吸水量达到一定程度后,种子才能正常发芽。和其他作物相比,玉米种子发芽时吸水百分率最低,玉米种子吸水量达到风干重的 35%～37%(绝对干重 48%～50%)时,就能正常发芽。通常种床的土壤必须达到田间最大持水量的 65%～70%(壤土,用手一捏成团,一松就散)才能满足种子发芽时对水分的需求。土壤绝对含水量低于 13% 时不能出苗,14% 以上时开始出苗,在一定范围内出苗率随含水量增加而增加,含水量超过 19% 时,出苗率开始下降。土壤绝对含水量为 17%～19% 时,出苗快,出苗率高。

(三) 氧气

氧气是种子发芽的重要条件。因为在种子发芽过程中,呼吸作用旺盛。玉米的胚大,脂肪含量较多,发芽时需要氧气量较大。一般情况下,土壤空气含氧量完全可以满足发芽的需要。但若播种过深,或土壤水分过多,或播种后遇雨,土壤板结,就会引起氧气不足,使无氧呼吸增强而影响发芽。在缺氧条件下,转化效率降低,使苗瘦弱,叶片枯黄,甚至乙醇积累过多,使幼芽枯黄死亡,经常造成缺苗断条的现象。

(四) 地势土质

壤土、沙壤土、向阳坡地、岗地及岗平地,应该根据其土壤升温快、土壤容易失墒的特点,适时早播;而洼地、二洼地、山间平地、盐碱地及土质黏重的地块,其土壤水分充足、土壤升温缓慢,不宜早播。

(五) 种子生活力特征

种子的生活力是种子能够发芽形成幼苗的潜力。具有生活力的种子才能发芽。玉米籽粒形成末期,胚基本发育完全,已具有发芽能力。一般随着种子成熟度的提高,营养物质丰富,发芽势和发芽率都较高。种子的生活力与种子饱满程度有关。秕粒保存 3 年,发芽率降低 50% 以上;饱满籽粒保存 8～10 年,发芽率仍达 50%～80%。正常成熟的种子所能保持正常发芽的年限,主要决定于储藏条件。室内储藏时间太长,不仅出苗率降低,而且单株生产力也降低。在一般储藏条件下,玉米种子的寿命为 2～3 年。但在气温低、空气干燥的地区则可大大延长。

玉米生育期长的品种,它的种苗表现为耐低温、早发性好、拱土能力强,可以适当早播。播种尽量不使用陈种子,如果播种使用陈种子,应增加播种量 50% 以上。

三、吉林省各生态类型区的适宜播种期

一般把吉林省分为3个生态类型区：中部半湿润区、西部半干旱区、东部湿润冷凉区，各区适宜播种期各不相同。

中部半湿润区常年一般条件下的适宜播种期为4月20～25日；如果春季气温回升快，岗地可在4月17日开始播种，洼地后播种；气温低年份可推迟到4月27～28日；4月底播完洼地，最迟不超过5月7日播完种。

东部湿润冷凉区常年一般条件下的适宜播种期为4月23日～5月15日；如果春季气温回升快，岗地可在4月18日开始播种，山间平地可后播种（方向前等，2006a，2006b）；气温低的年份可推迟到5月10～20日；5月15日播完岗地，山间平地最迟不超过5月20日播完种。在低温年份，大面积播种期不宜晚于5月5日，集安岭南可提前到4月23日前后。

西部半干旱区常年一般条件下的适宜播种期为4月20～30日；如果春季气温回升快，土壤墒情适宜播种，可在4月18日开始播种；要特别注意抢墒、抗旱播种，有坐水条件的地块，争取早播种；覆膜栽培和膜下滴灌栽培的播期与正常播种期相同，品种的生育期可比当地主推品种生育期晚5～7d。该区域最迟不超过5月5日播完种。

梁秀兰和张振宏（1991）开展分期播种期试验研究，结果表明全生育期产量、株高和穗位高受播种期的影响较大，变化差异明显，而植株总叶片数和穗位高/株高值的变化较小。吉林省农业科学院在公主岭（半湿润区）、乾安（半干旱区）、桦甸（湿润冷凉）开展了播种时期的研究，明确了吉林省正常年份玉米的适宜播种期应为：吉林省湿润冷凉区在5月2日前后，吉林省半湿润区为4月25日左右，吉林省半干旱区在5月初以前。

在玉米播种期上应避免发生的问题：在中、东部产区有的地方过分地强调早播种，忽视了低温对出苗带来的危害，在春季低温年份，对发芽势弱的种子，易产生坏种、缺苗断条的现象（方向前等，2008）。而西部产区，无灌溉条件的，有等雨播种的现象，结果大量的热量资源白白浪费掉了。一般常在5～10cm耕层地温稳定通过8℃时开始播种，稳定通过10℃时作为适宜播种期。山区玉米播种期应比平原推迟，盐碱地地温达到13～14℃时为适宜播种期。吉林省东部山区水分充足，春季气温偏低，水分不是限制播种期的主要因素，而是温度起主导作用。而中部、西部产区，春季温度回升较快，通常水分不足，水分是限制播种期的主要因素，要特别注意抗旱抢墒播种。吉林省玉米产区适宜播种期大体为4月20～30日。适时早播种直接影响玉米生长发育状况，关系到玉米稳产高产，因此，必须掌握好适时早播种的原则（郭银巧等，2006）。

第二节　种子的准备

一、种子质量检测

种子质量检测的最终目的是保证生产中采用符合质量标准的种子，为农业丰收奠定基础。李瑾等（2009）种子质量检测问题研究指出，种子是农业生产中最基本、最重要的生

产资料,种子质量直接关系到农业生产的安全和农民利益。在种子使用过程中,首先,通过种子质量检测,防止假劣种子下地,选择使用符合质量标准的种子,避免质量低劣的种子对农业生产的危害;其次,通过检验,测定种子的发芽率,确定播种量,保证播种出全苗(杜清福等,2007)。

种子检验中种子质量是指对种子的播种适合性、生产性能和增产潜力等全面特性进行综合的考虑,可概括为7个字的种子质量指标:真(品种真实性)、纯(品种纯度)、净(种子净度)、饱(百粒重)、壮(发芽力、活力)、健(病虫感染率)、干(种子水分)。种子质量检测一般包括种子发芽试验、种子活力测定、品种纯度检验等几种方法。

二、种子处理

玉米播种前,可通过精选种子、晒种、浸种和药剂拌种等方法,提高种子生活力,提高种子发芽势和发芽率,减轻病虫危害,以达到出苗早和苗齐、苗壮的目的。

(一) 精选种子

所用的种子要净度高,籽粒饱满,发芽势强,发芽率不低于85%,最好选用种子部门经过分级的种穗中部的籽粒作种子用。因为这部分种子受精早、成熟早、长出的幼苗健壮。选出的种子在播种期前10~20d再做一次发芽试验,检查发芽势、发芽率是否符合质量要求。

(二) 晒种

晒种能促进种子中酶的活性,提高发芽势和发芽率。使种子早发芽,可提高出苗率,而且有促进次生根早发的作用。具体做法是:在播种前7~8d,选择晴天将种子摊在干燥向阳的土场或晒台上,连续曝晒2~3d,并注意翻动,使种子晒均匀。

(三) 等离子体处理种子

边少锋等(2005)进行等离子体处理次数、时期对玉米性状及产量的影响研究,确定玉米播种时期后,在玉米播种前5~12d,使用等离子体种子处理机进行种子处理,播种前7d处理种子为最佳处理时期。方向前等(2004)开展等离子体处理玉米种子对生物学性状及产量影响的研究,明确处理玉米种子的最佳处理剂量和最佳处理次数。等离子处理后的种子,明显提早出苗期和抽丝期,并增加植株根系的数量,增产增收显著。在操作等离子体种子处理机处理种子时,首先准确调试磁波电流,使其稳定达到1.0A后,再预热5~10min方可开始进行种子处理。处理种子次数为2次,从入口倒入种子时,做到种子分散均匀,种子流速均匀,切忌忽大忽小,忽快忽慢。收集出口种子时,保持出口种子流畅,切忌造成出口种子堵塞,使种子受高温危害,降低出苗率。对药剂拌的种子、催芽的种子及种衣剂包衣的种子不能进行等离子体种子处理,否则会影响种子的发芽率和发芽势,降低玉米的出苗率及整齐度,同时产生大量的有害气体(方向前等,2006a,2006b)。

（四）浸种

在播种前用冷水浸种 12h,或用温汤(水温 55～57℃)浸种 6～10h,还可用 0.15%～0.20%的磷酸二氢钾浸种 12h。用微量元素浸种,可用锌、铜、锰、硼、钼的化合物,配成水溶液浸种。浸种常用的硫酸锌浓度为 0.1%～0.2%,硫酸铜浓度为 0.01%～0.05%,硫酸锰或钼酸铵浓度为 0.1%左右,硼酸浓度为 0.05%左右,浸种时间为 12h 左右。在缺锌地块,可施用锌肥 15kg/hm² 作底肥或口肥。如果没有施用锌肥作底肥或口肥时,可以进行硫酸锌拌种,常用量为 50kg 种子,用硫酸锌 200g,拌均匀为止,防治效果显著。

（五）种子催芽

选用能充分利用由于早播种而延长生育期的中晚熟优良品种,通常采用种子催芽方法。把种子倒入 55～60℃的温水中,随倒入随搅拌,至水温下降到 40℃以下时,浸泡 12～24h,捞出的种子堆放闷种于保温保暖的地方,保持堆放种子的温度为 25～30℃,盖上湿麻袋或湿棉被,使其充分催芽。待有 70%以上的种子顶皮露白时,再用 0.2%的硫酸锌溶液进行浸种,即可播种。如遇阴雨天不能立即播种时,可以把种子放置阴凉处阴干,缓期播种。

（六）药剂拌种

为了减轻和防止玉米苗期地下病虫的危害,需要进行药剂防治等。玉米黑粉病是一种真菌病害,在玉米产区均有发生,山区发生更为普遍。常用种衣剂包衣处理或用种子量 0.5%的硫酸铜拌种,皆可减轻玉米黑粉病的发生。玉米丝黑穗病是系统侵染性病害,是玉米产区的重要病害,并呈扩展趋势,病株果穗全部变黑,造成绝收。防治玉米丝黑穗病可用 25%的粉锈宁可湿性粉剂或 20%粉锈宁乳油,用药量分别按种子质量的 0.5%和 0.3%拌种,效果也很理想。可用 50%多菌灵按种子质量的 0.7%拌种。

玉米苗期地下害虫主要有蛴螬、地老虎、金针虫、蝼蛄等。防治的药剂种类很多,有辛硫磷、呋喃丹等。应用较多的是 50%辛硫磷乳油,按药、水、种子比例为 1:(40～50):(500～600)进行种子处理,闷种 4h。可用 50%辛硫磷乳油 15～22.5kg,拌细土 300～375kg,拌匀,也可用 50%辛硫磷颗粒剂,每公顷 1.0～1.5kg,拌细土 20～25kg,拌均匀撒施全田,立即耙入土中。种子拌药注意事项是:闷种及风干过程中,切忌阳光直射和碱性物质接触,以免药物分解,降低药效;种子晾干后装袋,尽量在短期内播完,不宜久放,以防降低发芽率,如遇雨天不能播种时,应将种子摊开,以防坏种。

三、种子包衣剂

种子包衣剂是由杀虫剂、杀菌剂、微量元素、植物生长调节剂、缓释剂和成膜剂等加工制成的药肥复合型产品。种衣剂按其作用分为防病杀菌种衣剂、杀虫种衣剂、抗旱种衣剂和调节植物生长种衣剂。用种衣剂包衣,既能防治病虫,又可促进玉米生长发育,具有提高产量和改进品质的功效,在生产上普遍应用。

种子包衣技术的作用主要有:第一,提高种子质量,使播种的质量明显提高,有利于保苗,使玉米苗期生长达到苗全、苗齐、苗匀和苗壮;第二,包衣可综合防治苗期病虫鼠害,省药、省工、省时、省钱,有利于保护环境;第三,包衣后促进作物生长,抗逆性增强,保产、增产,经济效益、社会效益显著。

种衣剂作为种子包衣的专用化产品,一般应具有如下 5 个特性。①成膜性。经包衣的种子不需要晾晒和烘干,包衣后可立即装袋备用。②缓释性。包衣种子在土壤中就像一个"小药库",缓慢释放,持效期一般 40~60d,比一般药剂浸种和药剂拌种药效长 2~4 倍。③内吸传导性。种衣剂成分中的杀虫剂、杀菌剂、激素等一般都具有高效、内吸、传导的作用。④稳定性。种衣剂冬季不结冰,夏季不分解,具有较好的稳定性,一般可储藏 3 年。⑤专一性。主要指每种种衣剂只能对一种或一类作物有效,而不是对所有作物有效。当前生产上应用的 20% 种衣剂 19 号是玉米专用种衣剂,可以防治玉米蚜虫、蓟马、地下害虫、线虫,以及由镰刀菌和腐霉菌引起的茎基腐病,防止微量元素的缺乏,促进生长发育,实现增产增收(臧广信,1995)。

(一)人工包衣的方法及用量

1. 人工包衣的方法
1)圆底大锅包衣法

固定大锅,加入适量种子,再按比例称取种衣剂加入锅内,快速搅拌至种子均匀粘上种衣剂为宜。

2)塑料包衣法

用结实且不漏水的塑料袋装入适量的种子,根据种子和药剂的类型按比例加入种衣剂,扎紧袋后,上下摇动,使药剂均匀分布即完成包衣过程。

3)大瓶或小桶包衣法

称取少量种子装入准备好的大瓶或小桶内,按药种比例称取种衣剂,然后边倒边快速搅拌,搅拌均匀为止,倒出荫干。

4)塑料薄膜包衣法

选一块背阴通风地,挖一个圆坑,在坑内铺放塑料薄膜,把种子和种衣剂按比例倒入坑里,进行搅拌,使种子表面粘药均匀,然后取出摊放在薄膜上,4d 左右形成包衣。

2. 人工包衣的用量

包衣用量 1kg 种子需有效成分 4g,1kg 种衣剂可包种子 50kg,药量为种子量的 2%。种衣剂要直接用于包衣,不能再加水或其他物质。包衣时间不能太晚,最迟在播种前两周包衣备用,以便于种衣膜固化而不至于脱落。人工包衣时要注意安全,避免中毒。

(二)机械包衣方法

机械包衣就是利用种子包衣机进行包衣,效果较人工包衣好。目前种子包衣机主要有 5 种:①螺旋搅拌式包衣机;②滚筒式包衣机;③气体雾化式包衣机;④高压雾化式包衣机;⑤甩盘雾化式包衣机。

第三节 玉米的播种方法

一、玉米传统播种方法

（一）传统人工、畜力播种

在新中国成立前，吉林省始终沿用祖先留下的玉米播种方法，即畜力和人工，犁杖加镐头。在山坡地是用镐头背垄后刨坑点种。在平地则用大犁扣种，土壤水分不足且为沙壤土的地方多采用挤种，在风沙干旱且有盐碱的地方多采用糠种。这些传统的播种方法都是以开沟、点籽、覆土、镇压同时进行。山区和半山区一般在5月上旬（立夏前后）播种，平原地区在4月下旬（谷雨前后）播种。播种量一般为35～45kg/hm²。在较黏重的土壤上播深3～4cm，沙质土或壤土上播深5～6cm，垄宽一般为60～65cm。

新中国成立后，20世纪50～60年代玉米种植中早熟农家品种，一般是4月末开始播种延至5月中旬结束。秋天，农民在田间选择籽粒饱满的果穗留作种子，单存单放。春天，脱粒后晾晒3～4d，用炕洞土、雪水泡拌种或用温水、尿水、酸菜水浸种。人民公社化后，玉米用种由各生产队种子田中选留。春天统一晒种、拌种、进行发芽试验等。70年代后，玉米生产中大面积采用杂交种，中晚熟品种普及推广。种子来源于各级种子公司或良种繁殖场，种子发芽率、发芽势都基本符合要求，农民不再进行自留种子处理。玉米播种期有所提前，土地承包前劳动效率不高，播种期拖长，一般是在4月中旬开始播种延至5月中旬结束。人民公社化时期，种田有长官意识，存在行政命令指挥过早播种现象，常造成坏种和毁种后果。

党的十一届三中全会以后，农民种田的自主权得以保障，劳动效率大大提高。玉米播种一般是在4月20日～5月5日完成。西部和南部地区早一些，东部山区半山区及平原区北部晚一些。农民种玉米是先种山地、岗地、向阳地和墒情好的地块，后种洼地、背阴地、冷浆地和墒情差的地块。

新中国成立后直至20世纪60年代中期，吉林省的玉米播种方法仍沿用传统的扣种、挤种、搅种、糠种等方法。

扣种：木犁上装犁碗子向一边翻土。播种时先撒粪再破茬、踩格子、点籽，然后掏墒盖种并构成新垄台，两犁成一垄，用木磙子或石磙子镇压。一付犁杖一天可扣种0.5～0.6hm²。播种深度一般为3～6cm，不抗旱，容易出现芽干或出苗不整齐的现象（何奇镜和佟培生，1984）。这种方法在中部平原区春天土壤墒情好的地方和东部山区半山区雨水较多的地方采用。

搅种：犁上装犁碗子向一边翻土。播种时先抓把粪，点籽于旧垄沟里，再翻转旧垄台盖在种子上并构成新垄台，一犁成一垄。搅种的特点是：当种床土壤闷透，种子才开始萌动。它是干旱地区利用自然条件保籽保苗的播种方法，是广大农民长期与干旱做斗争而创造的播种方法。搅种主要在白城地区的甸川地及中部地区的岗地和沙坨地上采用。

挤种：在犁上安装分土板向两边分土。挤种有两种方法：其一是先破垄，将种子点在新垄沟里，施肥，踩格子，用大犁趟原垄沟覆土；其二是先将种子、肥料点在原垄沟里，然后破旧垄起新垄,一犁一垄。一付犁 4 个人一天可挤种 $1hm^2$ 左右。挤种是把干、湿土混合挤向垄心,在两犁的情况下种子点在湿土上,形成一个宽平的大垄。挤种易于抓苗,是固有耕种方法中动土换垄保苗的有效方法。在地多人少畜力弱的地方,为抢墒而采取挤种。吉林省中部平原区,在春季干旱的年份或在土壤墒情较差的地块采用挤种。西部风沙干旱,返浆快、煞浆早,采用搅种和挤种省工、省力、效率高,可以加快播种进度抢农时。搅种和挤种是适应干旱、地多人少条件的播种方法。

糠种:是用小耢子在垄上耢沟播种。垄台耢沟叫原垄原,垄沟耢沟叫趟老沟。糠种是在原垄干土层下掏墒,垄台上的干土分于垄沟,种子点在湿土里,拉子回湿土,加重镇压。这是干旱地区深层借墒保苗的播种方法。

点播:1962 年以后,吉林省陆续推广了划印刨埯种玉米。早春打垄后压磙子,播种时先拉着划印器横垄划印,照印刨坑、点籽、点肥、覆土、踩实。有的地方采取先在边垄用绳子顺垄划出等距的标准埯,然后横排对准埯刨坑点籽。还有一种方法是跟犁划印种,破茬后随犁拉绳等距定埯,点籽点肥,掏墒覆土。划印种克服了"悠荡步"稀密不匀的现象,是玉米播种方法的一项改进。但这种播种方法费工费时,4 个人一天只能种 $0.3hm^2$。这种方法未能大面积推广应用。

坑种:20 世纪 60 年代中期,群众创造了"丰产坑"的播种方法。其做法是:上冻之前挖好坑并填满新土和粪肥,坑距 80～100cm,直径 28～33cm,坑深 28～33cm。群众总结坑种的经验是"挖大坑,籽点当中,踩一脚,抓把粪,培湿土,踩实沉"。当时,四平地区和长春地区推行"挖一个坑,抓一把粪,放一勺化肥,人工摆籽踩一脚"的"四个一"玉米锹挖坑种方法。丰产坑播种方法,当时在东部山区、半山区瘠薄的山坡地,西部干旱沙坨地、盐碱地和中部黄岗地上推广应用,收到了一定的增产效果。由于大面积采用太费工费时,到 70 年代初即废止。

抗旱播种法:在吉林省干旱地区或干旱季节,土壤含水量基本满足玉米萌动出苗。为争取玉米适时播种,保证出全苗的措施,有以下几种方法:一是深播浅盖法,在底土有墒表土干燥的情况下,先用犁开一较深的沟,将种子种在沟底的湿土上层中,然后薄盖一层湿土,这种方法可使种子种得深,能吸收土壤下层的水分,保证出苗全;二是耢干耩湿法,也叫套耧播种,在干旱不太严重地区,如表土 6～10cm 或以下仍是湿土,播种时用两个耧,一个耧铧上面横绑一束草把,在前破开干土层,另一个耧在后边把种子播在湿土内。此外,还有开沟等雨播种法等。

采用蓄力旧式农具播种、木磙镇压,一般不能保全苗。当 10cm 土层含水量低于 20% 时,播种时动土一次,在 10d 内 5～10cm 土层失墒 7%～9%。即使在 4 月中旬播种,保苗率也仅为 50%～73%(表 4-1)。墒情好,播后有透雨的 1988 年 4 月 15 日二犁合作木磙压一次的保苗率为 81%,压二次的保苗率为 92%。说明了二犁合作播法,一般只能在播后有透雨条件下采用,并要及时进行镇压。

(二) 传统机械播种

1955 年吉林省农科院在怀德县平顶山合作社,用苏制的方形穴播播种机种了一小块玉米,这是吉林省用机械播种玉米之开端。1960 年在怀德县凤响公社尖山子大队第二生

表 4-1　　原垄二犁合作土壤墒情变化及保苗效果

播种方法	5~10cm 土壤含水率/%				保苗率/%	试验年份	备注
	播前	播后5d	播后10d	播后10d失墒量			
原垄二犁合木碡压	19.50	17.70	19.30	0.20	50.00	1984	4月22日播种,4月26日、5月7日下雨
原垄二犁合木碡压一次	21.96	28.15	33.77	+11.81	81	1988	播后有透雨
原垄二犁合木碡压一次	21.96	28.89	33.55	+11.59	92	1988	
原垄二犁合木碡压一次	17.33	—	7.64	-9.69	54.55	1989	播后无雨
原垄二犁合木碡压一次	17.33	—	9.57	-7.26	72.33	1989	

注:"—"表示无数据,"+"表示增加,"—"表示减少

产队使用苏制 24 行播种机改装的六行播种机种了 3.7hm² 玉米。1964 年吉林省自己研制成功了 BT-6 型和 BT-4 型机引播种机,并在怀德县张家街农场播种了玉米,这是吉林省大面积机播玉米的开始(何奇镜和佟培生,1984)。机播的地块都是秋天用五铧犁翻地,之后进行秋耙或春耙(圆盘耙、钉齿耙),春天用机引 BZ-6 型悬挂式播种机播种。机播玉米可同时完成开沟、下种、施肥、覆土、镇压和起垄 6 项作业。一台播种机每天可种 8.0~10.0hm² 玉米。继 BZ-6 型之后又研制出了 2DZ-6 型,每天可播种 8.0~12.0hm²。机播玉米采取平播后起垄,具有播种深浅一致,覆土均匀,进度快易抢墒,苗齐苗壮等优点。机播玉米的出现是吉林省玉米播种方法的一次革命。它比大犁种玉米增产 15%~18%。从 1966 年开始,随着 BT-6 型播种机的大批量生产,机播面积逐年扩大。特别是第一次全国农业学大寨会议后,玉米机播面积发展迅速。至 20 世纪 70 年代中期达到高峰。1976 年统计,长春地区玉米机播面积占 25%,四平地区占 21%,白城占 15%,吉林、通化、延边地区占 3%~5%。

　　1981 年出现了 2BC 型单体播种机,用畜力牵引播种。用单体播种机是在春天打垄或在原垄上开沟、点籽、施肥、覆土、镇压,一次完成穴播玉米。一台单体播种机每天可播种 1.0hm² 玉米。1985 年又研制出了 2BF 单体播种机,可用畜力或小型四轮拖拉机牵引。用拖拉机牵引两台单体播种机,日作业量可达 3.0hm² 左右。20 世纪 80 年代至 2010 年,吉林省的玉米播种方法主要有机播、打垄刨埯、原垄单体播种机播种等。播种方法要根据土壤墒情确定。不同播种方法保墒、保苗效果不同(表 4-2),幼苗整齐度也不同(表 4-3)。播种到出苗期间土温较低,直接影响幼苗的出土与生育,土壤温度与水分又是相矛盾的,播种浅温度高,水分差,播种深水分较好但温度低,必须通过选择播种技术调节好土壤水分与土壤温度的关系,做到春播期间不降透雨一次播种也能保全苗。

　　秋翻地和有秋翻基础的原垄地,采用机平播或原垄机播,采用 IYM 型苗眼镇压器进行苗眼重镇压是全苗、壮苗的最佳播种方法。因为机播施肥、下种、覆土均匀,各项作业一次完成,动土少,失墒小,土壤含水量为 18%~19% 时,播后 10d 仅失墒 0.94%,在没有接墒雨条件下一次播种可保全苗。

表 4-2 不同播种和镇压方法保墒保苗效果

| 播种与镇压方法 | 5~10cm 土层含水率/% | | | 播后 10d 失墒量 | 0~5cm 土层容重 /(g/cm³) | 保苗率 /% |
| | 播前 4月15日 | 播后 | | | | |
		4月15日	4月26日			
秋翻机播重镇压	18.90	—	17.96	−0.94	1.2100	100.00
秋翻划印单体踩格子	18.06	—	19.99	+1.93	1.1750	100.00
原垄单体播踩格子	17.33	21.52	18.79	+1.46	1.8750	100.00
原垄二犁合木磙压一次	17.33	11.65	7.64	−9.09	0.9550	54.55
原垄二犁合木磙压两次	17.33	14.85	9.57	−7.76	1.0825	72.73
打垄单体播重镇压	—	20.57	20.71	—	1.1500	88.80

注:"—"表示无数据,"+"表示增加,"−"表示减少

表 4-3 不同播种方法幼苗整齐度

项目	名称	秋翻机播 重镇压	原垄 单体播	打垄 单体播	原垄二犁合木 磙压一次	原垄二犁合木 磙压两次
株高	Xon-1	3.11	2.69	2.84	3.48	2.94
	CV	13.11	17.7	19.93	28.32	22.15
叶片数	Xon-1	0.53	0.55	0.52	0.65	0.67
	CV	10.27	14.49	14.24	20.01	19.03

吉林省农科院在多年严重春旱的自然条件下,进行的不同耕种方法试验表明,在黑土平岗地上5~10cm土壤含水量为18.06%~18.9%时,4月下半月采用机械播种,干土层厚时采取深开沟(见湿土)浅覆土(压后4cm),苗眼重镇压方法,在春季没有接墒雨情况下,一次播种保全苗的水分下限指标为18%。

没有深翻基础的原垄地,在4月5日以前打垄,做好镇压,采用单体播种机播种,若干土层厚可采用深开沟、浅覆土、苗眼重镇压办法,在不降透雨条件下保苗率达88.8%,好于二犁合作播种方法。

洼地秋打垄,有利于散墒,岗平地秋打垄,播前基本不失墒(表4-4),从表4-4可以看出,秋打垄的岗平地4月10日,5~10cm土层含水量仅比原垄地低0.4个百分点。当旱

表 4-4 秋打垄和原垄 5~10cm 土壤水分差异表　　　　(单位:%)

处理	3月19日	3月31日	4月10日	4月21日	备注
洼地秋打垄	23.2	21.8	21.2	23.0	
洼地原垄	23.1	22.2	22.2	26.1	
打垄与原垄比较	+0.1	−0.4	−1.0	−3.1	4月13~18日
岗平地秋打垄	24.8	23.2	22.8	25.7	合计降水 34mm
岗平地原垄	23.8	20.8	23.2	22.7	
打垄与原垄比较	+1.0	+0.4	−0.4	+3.0	

注:"+"表示增加,"−"表示减少

春有降水时,有利于蓄墒,提高上层土壤含水量(见 4 月 21 日调查结果)。因此,没有秋翻基础的原垄地最好是采取秋打垄单体播方法。

控制适宜的播种深度和覆土厚度,是齐苗、壮苗措施。适宜播种深度以压后 4cm 为宜(表 4-5)。

表 4-5　播种深度与保苗效果的关系

播深 /cm	保苗率 /%	出苗期	延迟出苗 天数/d	平均地温 /℃	地温减增 /℃	地上干物重 /g	相对干物重 /g
2	27.9	5 月 12 日	−5	17.0	+17	16	58.6
4	100	5 月 7 日	0	15.3	0	25.32	100
6	97.4	5 月 11 日	−4	14.0	−1.3	19.67	72.9
8	97	5 月 19 日	−11	12.7	−2.6	17.27	63.3
10	90	5 月 19 日	−11	11.8	−4.5	11.14	40.8

注:与 0 相比,"+"表示增加,"−"表示减少

播深从 4cm 增至 6cm,日平均地温下降 1.3℃,延迟出苗 4d,苗期干物重减少27.1%,并随播种深度加深而加剧。

但在生产上,特别是春旱年,干土层厚,适当加深开沟深度,可视为一项保全苗的保险措施。做法是:深开沟(见湿土)、浅覆土、重镇压。'吉单 131'、'吉引 704'、'中单 2'等拱土能力强的品种压后最深不能超过 5cm,'丹玉 13'、'黄莫'等芽子较弱、拱土能力差的品种压后最深不能超过 4cm。覆土过深会延迟出苗时间,也容易坏种;覆土过浅会出现芽干或炕种;覆土深浅不一致,就会出苗不齐(表 4-6),出现弱苗导致减产。

表 4-6　覆土深浅与齐苗、壮苗的关系

项目	播法	重复						平均	最大与 最小差
		1	2	3	4	5	6		
秋翻机播 重镇压	播深/cm	4	4	4	4	4	4	4	0
	株高/cm	19.5	20	21	18	19	21	19.75	3
	可见叶/片	4	4	5	4	4	5	4.1	1
二犁合扣种木 磙镇压一次	播深/cm	4	6	8.5	7	10	10.5	7.67	6.5
	株高/cm	17	14	7	9.5	7	5	9.9	12
	可见叶/片	4	3	2	4	3	2	3	2
	根茎长/cm	2	3	4	1.5	4	4.5	3.2	2.5

播后要及时进行苗眼重镇压,提高土壤紧实度,起到保墒引墒作用(表 4-7)。

表 4-7　苗眼重镇压与全面镇压效果比较表

处理	5~10cm 含水率/%		0~5cm 土壤 容重/(g/cm³)	保苗率 /%	出苗期
	播后 5d	播后 10d			
V 型镇压器全面镇压	18.22	17.28	1.07	90.3	5 月 7 日
IYM 镇压器苗眼重镇压	18.65	17.96	1.195	95.3	5 月 5 日

从表 4-7 可以看出，采用 IYM 型镇压器进行苗眼重镇压，比用 V 型镇压器全面镇压保苗效果好，0～5cm 土壤容重增加 0.125 个百分点，5～10cm 土层少失墒 0.5 个百分点左右，可提早出苗 2d，提高保苗率 5％左右，是较为理想的镇压方式。

试验结果表明，镇压强度以 650g/cm² 为宜，0～5cm 土层适宜紧密度以土壤容重表示，1.15～1.2g/cm³ 为宜。直观感觉以成年人踩到种带上不留明显脚印为宜。

（三）人工刨埯坐水种

吉林省西部半干旱区，易发生风沙、干旱现象，土壤瘠薄，多为盐碱土，年平均降水量为 430mm，且分布不均，70％集中在 7～8 月。春季"十年九旱"，降水量仅占 8％，且多零星小雨，大于 10mm 降水概率不到 10％，蒸发量高达 1800mm 以上，大于降水 12～20 倍，是个严重的春旱地区。该地区处于 46°18′N～43°59′N，气候较寒冷，全年平均温度只有 4.6℃。由于冬季气温下降，在温差梯度和水汽压差的作用下，把深层水分提升到 1m 土层内，形成较大的"土壤水库"。而到春季，气温上升，逐渐化冻过程中，进一步提升到耕层和土表，土壤返浆水则成了西部春播保苗所依靠的水分。但春季 0～10cm 表层是个水分不稳定层，可以降至凋萎湿度附近。一般年土壤表层水分在返浆高潮时只有 13％～14％（田间持水量的 66％～75％），最高年也可达到田间持水量水平，但保持时间很短。因此对春播保苗威胁很大，春旱是西部农业的主要限制因素。1955 年前后，吉林省西部春旱区开始推广刨埯坐水种，至 1963 年时，采用这种方法播种的玉米占该区域玉米总面积的 36.1％，直至 20 世纪 80 年代仍在生产中应用。裴泽莲等（2005）研究，结果表明每公顷用水 45m³ 出苗率、长势及产量最好，节水效果显著。

"坐水种"是一种节水型的灌溉技术，这是吉林省西部半干旱瘠薄区解决自然条件不利，实现作物高产的一种经济有效的创举，也是群众在严重春旱年的救灾措施，科研单位将其完善和发展，并上升到有理论依据的科技含量高的增产措施。它是将以"返浆水"为基础的传统技术体系改革为以补墒坐水苗眼灌为基础的新耕作技术体系。这项技术具有投资少、见效快和群众易于接受的实用性很强的特点，已经发展成为具有群众性的机械化与水利化相结合特色的坐水垄作新技术体系。

二、玉米播种新技术

（一）机械化精量播种技术

1. 玉米精密播种技术概述

玉米精密播种是玉米生产中现代化播种技术之一。目前在发达国家中，玉米精密播种技术已经形成相当完善的体系，是玉米生产中的常规技术，普遍应用。在国内，玉米精密播种技术的试验研究已有 30 多年的历史，但由于各种原因的影响和各种条件的限制，目前还处于试验示范阶段，在生产上还没有普遍应用。玉米的精密播种技术在国内虽然还没有普遍应用，从发展趋势来看，无论是精密播种技术条件进步，还是机械设备的研究和生产，都朝着精密播种这个方向发展。姚杰（2004）研究，指出随着玉米精密播种技术的逐步完善、农村经济条件的改善和农民科技意识的提高，玉米精播种技术在全国的应用推广将会出现高潮。相信不久的将来精密播种技术会在玉米生产中推广应用。

精密播种就是将预定数量的种子播到土壤预定的部位。它包括种子三维空间坐标和数量即行距、粒距、播种深度和每穴粒数。任何一个参数的偏差或不精确,都将影响种子在田间的均匀分布,影响出苗率和幼苗生长的均匀度,甚至影响以后的田间管理。史智兴和高焕文(2003)开展了玉米精播机排种监测报警装置的研究,结果表明其可取代农机手实现可靠监测报警作用。对于玉米的精密播种而言,当前最佳的做法是每穴一粒,株距均匀,行距和播深要符合农业技术要求。由此可见,玉米的精密播种与精量播种含义是不同的,前者要求播种的技术参数精确,每穴1粒;而后者只是在播种数量上要比传统播种方法播种量少,每穴不一定必须是1粒。

在玉米生产田进行精量播种,是指在确定种植密度的前提下,对每穴进行"单粒播种"或"半距单粒播种"的种植方式。精量播种在作物群体固定的前提下,能充分发挥个体优势,增强综合抗性,达到优质、增产、增效的目的。近几年,玉米精量播种已逐渐被广大农民朋友所认识,并有较快发展趋势。

2. 精量播种方式

(1) 单粒播种是指每穴只播1粒种子、出苗后不需再进行间苗作业的种植方式。单粒播种与每穴播多粒种子相比,除省种、省工外,如果每穴播3粒种出3棵苗,苗与苗之间就会相互争夺养分和水分,影响生长;定苗时只能留1株,去掉2株,这2株苗的养分白白浪费掉了,同时在定苗的过程中难免对留下的一株苗的根部有损伤,影响到该苗的正常生长,因伤根程度的不同,又可产生大小不同的3类;而单粒播种,则不用间苗,使植株健壮,个体发育好,整个生育期综合抗性增强,达到优质、增产的目的。

(2) 半距单粒播种是指确定株距后除以2、进行等距单粒播种,出苗后隔1株间掉1棵苗的种植方式。半距单粒播种是用2粒种子保1棵苗,定苗时采用隔一间一的留苗方式。从几年来的实践看,单粒播种保苗率,最多能达到95%;但在半距单粒播种间苗时,隔一除一留苗的同时,对缺苗埯通过"借苗",就能达到一次播种保全苗,这样做符合中国传统精耕细作、保全苗的种植习惯,能够最大限度地提高土地利用率,减少土壤养分消耗,促进作物前期的早生、快发,提高了整个生育期的综合抗性,达到苗齐、苗壮,提高作物品质和产量的作用。

3. 精量播种技术要点

1) 耕翻整地

耕翻整地质量是精量播种的基础。多年的试验表明,耕深应保证深度一致,不重耕,不漏耕,地面平整,土壤细碎,覆盖严密,不漏残茬杂草,土壤深耕后及时进行整地作业。

2) 种子要求

选用审定手续完备、种性优、适合当地自然条件的高产、优质品种;种子纯度达96%以上,发芽势强、发芽率在95%以上,种子净度在99%以上;物理性状好,籽粒饱满、整齐一致、富有光泽、无破损。用多功能种衣剂包衣,能起到抑制玉米丝黑穗病、黑粉病、粗缩病发生的作用;同时可以防粉种,防治地下、苗期害虫及鼠害等危害。种子在播前10d进行发芽试验并进行种子晾晒(李维岳等,2000)。

3）适时播种

根据当地气候条件、品种、地势高低和水分状况确定播种期，要使作物生长时期与当地光、水、热期相适应。

4）精量播种技术

（1）发芽试验。种子应做发芽率测定，使用发芽率≥95%以上的种子。

（2）播种量。一般需 $15\sim30kg/hm^2$，单粒播种、半距单粒播种的单粒率≥90%。

（3）播种深度。玉米适宜播种深度 $2.5\sim4.5cm$，沙土地和干旱地应适当深播，播深一致，覆土均匀，播种深度合格率＞75%。

（4）在水浇地播种时，在最适宜的宜耕期播种，对土壤质地好、宜出苗、宜耕期长的地块可进行单粒播种，否则进行半距单粒播种。

（5）坐水播种时，一定要待埯内水渗下后再播种，可防止种衣剂被浸泡，从而避免种衣剂各种有效成分的分解、流失而降低功效。

5）注意种肥、除草剂施用

基肥量大时，一定要注意种、肥隔离问题，以免产生"烧种"、"烧苗"现象，最大限度地提高成苗率。使用除草剂时，一定要做到科学用药，严格按照药剂说明操作，防止产生药害。

6）调试播种机

一定要对机器进行检查、调试，防止卡种、断条、嗑籽，或下种量过多、过少等问题的出现。

7）播后镇压

播种后及时镇压，能给玉米生长创造适宜的土壤紧实度，增加土壤保墒能力，有利于种子发芽，是确保苗全、苗齐、苗壮的重要措施之一（赵化春，1998）。

4. 精量播种优点

精量播种是一种先进的现代化的农作物种植方法，是农业现代化的必经之路，也是农业增产丰收和降低粮食生产成本的重要措施之一。精量播种具有如下优点。

1）可节省大量优良种子

精量播种可以节省大量种子，如目前穴播玉米每公顷播种量为 $40\sim50kg$，采用精量播种每公顷播种量仅为 $15\sim30kg$，可节省种子一半以上。既节省种子，又利于优良品种的推广使用。

2）可节省田间间苗、定苗用工

精量播种苗齐、苗壮、不拥挤，可提高田间间苗、定苗工效，甚至可以取消间苗定苗作业。如穴播玉米时，每工间苗 $0.07hm^2$ 左右，在加密一倍精播时，每工间苗 $0.33hm^2$ 左右，可提高工效 $4\sim5$ 倍。而非精播时，由于幼苗拥挤，间苗时容易松动邻近幼苗，影响其生长发育。

3）可增加产量

精量播种幼苗分布均匀，通风透光性好，水、肥分布均匀，能充分利用土壤中的营养和水分，肥料利用率提高（李焕春等，2006），苗期发育好，苗齐、苗壮、增产效果显著。据统计一般可增产 10%～30%。

5. 玉米精量播种在生产中的应用

曹雨(1998)进行了玉米精量播种的试验与示范。实践证明只要具备玉米精量播种的条件,在生产中应用完全是可行的,效果令人满意,为今后的应用打下了实践基础,开创良好的开端。在生产实践中,选用的玉米品种是'四密 25',成熟期为 125d,种子发芽率在95%以上。赵丽萍和刘庆福(2005)研究,明确了垄上镇压式玉米精密播种机进行播种作业具有减弱水气对流损失,抵御干旱、提墒、保湿的作用。

精量播种机组是当时国产的精量播种机,机组播种的前进速度为 6km/h。在播种作业中,发现以下几个问题:一是有漏播现象。原因是气力系统不严密,排种室产生的真空负压不足,排种盘的吸种孔不能吸住种子,造成漏播。将气力系统密封好,即可解决这个问题。二是覆土深度不匀。播种是在去年秋天翻地基础上进行的,虽然整地条件较好,土壤表面平整细碎,没有大土块、没有残根杂草等杂物,但由于土壤较松软、播种覆土深度难以控制。有的种子播深最大达到 8cm 以上,虽能出苗,但都是弱苗,对产量有影响。按玉米的精量播种要求,最佳播种深度为 3~5cm,然而这种国产播种机,由于仿型轮距开沟器较远,致使开沟器仿型效果不好,也会造成开沟深度不一致(马成林,1999)。因此,对这种形式的开沟器仿型机构应予以改进。另外,如果土壤耕层太松软,在播种前应适当镇压。根据品种特点、施肥水平和土壤肥力,将保苗密度定在 5.5 万株/hm²,采用 12 孔排种盘,播种密度 6.1 万株/hm²,比保苗密度多 10%左右,这是达到保苗率必须增加的播种量。曹雨(1998)研究,提出测定保苗率是采用在秋收后,随机统计整垄根茬数量的办法,第 2、第 4、第 7 垄中漏播现象较为严重,平均为 445 株/垄,按保苗要求,平均 527 株/垄,保苗率为 84%。如果去掉苗数最多的第 12 垄,平均为 503 株/垄,则保苗率为 95.6%。第 12垄根茬过多的原因可能是排双粒较多。

总之,虽然使用国产的机具设备,在排种过程中出现漏播,覆土深度不一致等现象,但保苗率仍能达到 95.6%,这完全能达到保苗率的要求,以现行的机播的保苗率看,这个保苗率也是较高的,如果将第 12 垄计算在内,保苗率则达到 99%。

对于玉米的精量播种,由于每穴 1 粒,人们最担心的就是保苗率达不到要求,这也是至今玉米的精量播种没有普遍应用到生产中的最关键问题。生产实践证明,采用国产的机械设备,完全可以达到玉米精量播种的要求。1999 年继续进行玉米精量播种试验,玉米精量播种所获得的产量与同样条件的穴播相比增产 8.6%(表 4-8)。现在很多地方都具备了玉米精量播种的条件,应用于生产中是可行的。

表 4-8　玉米精量播种与穴播产量对比

播种方式	产量/(kg/hm²)				增产/%
	袁家村 1 社	袁家村 4 社	腰屯村	平均	
精量播种	10 612.5	10 417.5	9 652.5	10 215.0	8.6
穴播	9 360.0	9 120.0	9 495.0	9 405.0	0

(二)机械化一条龙坐水播种技术

吉林省春旱区,播种时期正值干旱少雨季节,春旱严重,播种期间土壤墒情差,严重延误农时。机械化一条龙坐水种技术是使用坐水播种机,同时完成施水、播种、施肥作业。该项技术是吉林省广大农业科技人员和农民群众在人工刨埯坐水种的基础上认真总结经验,通过试验与示范,研究开发出来的一种新型实用技术。适用于年降水量 400mm 以下、春旱严重、播种期间土壤墒情差、易失墒地区,如吉林省西部的白城、松原、四平(双辽市)等地区的抗旱播种。坐水播种机人为创造适合种子发芽、出苗的水、肥的生长环境,它能对种床、苗侧实施限量补充供水,可有效缓解或解除玉米在需水关键期(芽期或苗期)的人工补水的需要,达到保证不误农时、抗旱保苗之目的。同时实现一次播种保全苗,达到苗全、苗齐和苗壮,效果十分显著,实现稳产增收。一般每公顷施水量为 60～90t,与人工刨埯坐水种相比,节水量可达 30％以上,比漫灌省水 90％以上,并具有省种、省工、省肥、节水,提高保苗与收获株数、作业效率高,增产、增收效果显著,投资少、操作简便等优点。

1. 机械化一条龙坐水播种技术的节水机制

玉米种子萌发、出苗期或定植期需水量很少,但对缺水的反应非常敏感。任文涛等(2005)进行了玉米精量施水播种机的研制,结果表明该播种机可以根据土壤墒情和农业技术要求,调节每穴施水量、施肥量和播种量,种子和肥料分开,避免了肥料烧苗,开沟器开出的种沟具有鼠道特征,实现了自动覆土,防止了土壤水分的蒸发。(秦海生 2006)的研究结果表明,坐水播种机可人为地创造适合种子发芽、出苗和水、肥的小环境,达到保证农时、抗旱保苗目的,实现玉米高产高效生产。坐水机械播种或定植施水技术,将水一次性注入播种穴(定植位)、行中,形成湿土团,种子恰好被湿土团包容,供应种子充足的水分和养料,使之顺利萌发、出苗,实现一播全苗,苗齐苗壮之效果,为丰产打下基础。抗旱坐水播种以充分的灌溉理论为指导,限量、定位施水。坐水机械播种后适当覆土,地表基本无裸露的湿土层,从而大大减少蒸发损失。由于是局部限量灌溉,不会出现深层渗漏损失,同时也能防止因渗漏把化肥、农药带入地下,污染地下水。可以使灌溉水利用率提高到 80％以上(大水漫灌水利用率为 40％左右)。将全年水分变化分为 4 个时期,即夏季蓄墒期、秋季稳墒期、冬季冻结增墒期和春季失墒返浆期。认为传统耕法是以返浆水为基础的春旱束缚下的产物。在生产上所形成的各种矛盾,不利于按照生物学特性要求进行栽培,应加以改革,认为坐水种在高产耕作技术中应视为埯灌、苗眼灌技术。坐水机械播种的节水效果非常明显。一般地区渠道引水,大水漫灌需水 600～900m³/hm²,喷灌需水 270～375m³/hm²,微灌需水 180～225m³/hm²,而坐水机械播种只需水 60～90m³/hm²。坐水机械播种可以使有限的水灌溉更多的土地,达到增产增收的目的。对吉林省春旱区的坐水机械播种技术,从自然水分规律、传统耕作技术在农业生产中存在的根本矛盾和坐水机械播种应有的地位等方面进行阐述和解析。可视为深耕、深施肥,从而在适温、苗眼水分充足条件下,浸种催芽,适时浅播,而获壮苗。可以按照作物对营养的要求进行等距、埯种、密植从而获得高产。

2. 机械化一条龙坐水种技术体系

行走式节水灌溉机械播种技术包括机械整地及引墒作业、施水施肥播种作业、机械重镇压作业。用小四轮带车斗或马车装上水箱,将播种机挂在车斗或马车后部牵引。将水箱上引出的水管插到播种机施水装置上,可一次实现开沟、施水、播种、施肥、覆土 5 项作业。如果土壤干旱严重,墒情不好,土壤含水量低于 10％,还可以利用播前引墒灌溉机实施播前种床灌水,人造底墒。它能对种(苗)床实施有限补充供水,可有效缓解或解除作物在需水关键期(芽期或苗期)的需要,能实现一次播种保全苗,且苗齐、苗壮。与人工坐水种相比,每公顷节水达 30t,省工 10.5 个,省种 15kg,节省支出 450 元/hm²,增产幅度达 15％以上。节本增效明显,对玉米产量的效应具有重要的现实意义(孙文涛等,2006)。

1) 机械精细整地起垄

前茬作物收获后或春季播种前期,及时采用整地机具完成翻地、旋耕、施农肥灭茬、深松、底肥深施或施农肥灭茬、化肥深施、起垄作业。灭茬要做到根茬全部粉碎,粉碎后的根茬长度小于 3cm,并均匀混埋于土壤耕层中。整后地表面无明显土块;做到垄要直,垄距一致,垄面要平,达到待播状态。化肥(底肥)深施于垄下大于 15cm;起垄根据当地农艺要求,起成垄宽 60～65cm,垄高 10～20cm,垄面宽 30cm 左右。

2) 机械引墒施底肥

在春旱严重,土壤墒情很差的地块(一般土壤含水率小于 10％),播种前需引墒作业。作业过程用"播前引墒灌溉机"来实现,即利用连在拖车后轴上的,具有施水、施肥功能的引墒施水灌溉机,在种床下施水、深施底肥,实现人工增墒、引墒、造墒。施水深度 25～30cm,施水量可根据土壤干旱程度确定,一般控制在 30～50m³/hm²,化肥施在 15cm 耕层处,作业后应及时镇压保墒,等待播种作业。

3) 种子处理

(1) 晒种。播种前 3～5d,选择晴朗微风的好天气,将种子摊开在阳光下翻晒 2～3d,以打破种子休眠,提高发芽势和发芽率。

(2) 种子包衣。选用适宜的多功能种子包衣剂进行包衣,预防种子系统性侵染病害、地下害虫及鼠害。要选用经审定部门正式审定通过、"三证"俱全的多功能种衣剂,按照药与种 1∶50 的比例湿拌均匀,摊开阴干后即可播种。

4) 施水方式

一种是种床开沟施水,用施水开沟器在垄上开沟、施水。开沟深度一般为 6～10cm,宽度为 5～10cm;另一种是种床下开沟施水,施水在种床表土下面,铧尖调整到比开沟器铧尖低 3～5cm 处。

5) 施水量

根据土壤墒情来确定施水量,使土壤含水量满足种子出苗条件。旱情较重或沙质土壤施水量每公顷 60～90m³,旱情较轻施水量每公顷 30～60m³。

6) 机械播种与深施种肥

(1) 播种时间:5～10cm 耕层温度稳定通过 8℃,即可播种。

(2) 机械播种:玉米采用精(少)量播种,包括半株距精量播种、全株距精量播种和半精量穴播,每穴播 1～3 粒种子。播种做到不重播、不漏播。

(3) 播种量:具体播量视品种、百粒重而定。实际播量与理论播量误差小于 5％。玉米使用精(少)量播种每公顷 20～45kg。

(4) 播种深度:玉米播种深度 2.5～3.5cm,播种做到播深一致。

(5) 行距:播行要直,行距一致。播行 50m 长度范围内,其直线度偏差要小于 5cm;实际行距与规定行距偏差小于 2cm;播幅间的邻界行距小于 4cm。

（6）漂移率：施水播种的漂移率小于5％。

（7）种子破损率：种子破损率小于1％。

7）镇压技术

（1）播后采用苗带重镇压器镇压，可根据土壤墒情确定，镇压强度一般为300～700g/cm²。播种后墒情较好时，可用小的强度镇压；播种后墒情差时，用大强度镇压。

（2）镇压器中心线与种床中心线重合，其偏差不得大于4cm。

（3）镇压时间选在播种后，间隔3～5h后再进行镇压，能达到好的效果。镇压要求土壤不形成硬盖或不板结，对出苗非常有利。

8）药剂除草技术

（1）用机载大中型喷药机具，喷洒化学除草药剂，确保施水足量。

（2）玉米地化学除草，应在播种后一周内进行封闭土壤，选用莠去津类胶悬剂和乙草胺乳油（或异丙甲草胺）混合，对土壤进行喷雾处理。玉米地苗后除草，在杂草2～4叶期，用莠去津类乳油对水进行茎叶喷雾。在玉米10～12叶期，可用百草枯安装防护罩，掏沟喷施。土壤有机质含量高的地块在较干旱时使用高剂量；反之，使用低剂量。喷药要均匀，做到不重喷、不漏喷。

3. 机械化一条龙坐水播种作业的要求

（1）为保证播种拿全苗，种子应浸泡吸水，或用保水剂、抗旱剂拌种，或将种子包衣处理。

（2）精细整地，做到土地平整，地面无直径为3cm以上的土块及根茬。

（3）对于水源较远的地块，应选择适宜的运水工具与方式，以提高作业效率。

（4）作业前，应调整好机具。悬挂精播机作业时，要边走边放，以免开沟器下部堵塞。

（5）作业时要匀速前进，如发现黏土、挂草、壅土等现象，应及时清理。

（6）可根据垄作、沟播、平作、覆膜、免耕播种等不同农艺特点，选择相适应的坐水播种机。

（7）播种作业时，严禁机组倒退。到地头转弯时，应先升起工作部件，以免损坏机械。

（三）手提式点播器播种技术

吉林省东部湿润冷凉区桦甸市，耕地多以丘陵坡耕地和山谷间冲积平地为主，丘陵坡耕地占总耕地面积70％以上，丘陵坡耕地海拔400～700m，坡度为15°～25°，山谷间冲积平地海拔260～400m。耕地土壤多以灰棕壤、白浆土、冲积土和草甸土为主，土壤耕层疏松，有机质含量一般在2.0％左右。长期以来，播种玉米采用三犁穿起垄或扣半留茬起垄，人工刨埯、施肥、点种、覆土或用扎眼板扎眼、点种、覆土的播种方法，容易造成土壤严重失墒，经常出现缺苗断条、出苗参差不齐及播种效率低等现象。2000年，桦甸市首先推广应用手提式施肥点播器播种玉米，大大提高了玉米的保苗率和整齐度，播种作业效率明显提高，玉米增产增收效果显著（方向前，2006a，2006b）。目前，该项技术已在吉林省内30多个县市区大面积推广应用，为吉林省玉米高产栽培，增产增收提供了有力的技术支撑。

方向前等（2007a，2007b）在东部湿润冷凉区进行不同播种方法的试验研究（表4-9～表4-12），结果表明各处理对玉米生育期没有明显的影响；除了手提式播种器播深1～6cm

的处理保苗率低外，其余各处理均有不同程度的提高。其中手提式播种器播深 3cm 和 4cm 效果最好，比人工刨埯播种保苗率提高 5.6%～12.0%，同时苗期整齐度提高 16.7%～20%。在栽培密度(每公顷株数)相同的条件下，收获时由于双穗率和空秆率的不同，每公顷穗数发生了很大的变化。手提式播种器播深 4cm，双穗率达到 8.43%，明显高于对照，在穗粒数和千粒重保持正常水平的情况下，穗数对产量的贡献最大。滚动播种器播种，虽然穗粒数较其他处理略有增加，但由于空秆率最高，达到 9.95%，使穗数大大降低，严重影响了产量的形成。对产量和产值的分析结果表明，除滚动播种器播种的处理较人工刨埯种的处理减产 148kg/hm^2 外，其余各处理均较人工刨埯播种有不同程度的增产。其中以手提式播种器播深 4cm 的处理增产最大，为 1041.2kg/hm^2，增收 1249.44 元/hm^2，增幅达 10.78%；其次是扎埯板播种的处理增产 735.55kg/hm^2，增收 882.66 元/hm^2，增幅达 7.62%；手提式播种器播深 3cm 的处理增产 654.7kg/hm^2，增收 785.64 元/hm^2，增幅达 6.78%。同时滚动式播种器和手提式播种器比人工刨埯播种节省种子 15～20kg/hm^2，节省人工费 450～600 元。各处理均比人工刨埯播种增收，其中手提式播种器播深 4cm 和 3cm 的处理增幅最大，分别为 1699.44 元/hm^2 和 1235.64 元/hm^2。播深 4cm、3cm 可显著提高保苗率、苗期整齐度，增产又增收(张金帮和孙本普，2006)。

表 4-9　不同播种方法对玉米生育期的影响

处理	出苗期	拔节期	抽雄期	吐丝期	成熟期
1. 人工刨埯种(对照，CK)	5月17日	6月20日	7月21日	7月23日	9月28日
2. 扎埯板播种	5月17日	6月20日	7月21日	7月24日	9月28日
3. 滚动播种器	5月17日	6月20日	7月21日	7月24日	9月28日
4. 手提式播种器播深 4cm	5月17日	6月20日	7月21日	7月23日	9月28日
5. 手提式播种器播深 3cm	5月17日	6月20日	7月21日	7月23日	9月28日
6. 手提式播种器播深 5cm	5月17日	6月20日	7月21日	7月23日	9月28日
7. 手提式播种器播深 1～6cm	5月17日	6月20日	7月21日	7月23日	9月28日

表 4-10　不同播种方法对生物学性状的影响

处理	苗期保苗率/%	苗期整齐度/%	苗期株高/cm	吐丝期株高/cm	穗位高/cm	茎粗/cm	吐丝期棒三叶/cm	穗长/cm	穗粗/cm	秃尖/cm
1. 人工刨埯种(对照，CK)	88	40.0	14.6	291.2	120.8	2.38	2185.7	17.9	4.8	0.67
2. 扎埯板播种	100	43.3	15.3	296.9	124.4	2.45	2645.3	18.6	4.9	0.83
3. 滚动播种器	93.3	50.0	15.3	292.1	123.3	2.49	2487.9	19.7	4.8	1.30
4. 手提式播种器播深 4cm	93.6	56.7	15.0	296.4	121.9	2.59	2396.3	18.0	4.9	0.67
5. 手提式播种器播深 3cm	100	60.0	14.8	292.4	126.7	2.53	2499.0	19.1	4.8	0.67
6. 手提式播种器播深 5cm	90.1	33.3	13.9	289.0	119.3	2.61	2498.0	18.2	4.9	1.50
7. 手提式播种器播深 1～6cm	84.3	33.3	14.3	298.3	126.6	2.57	2359.3	18.2	4.8	1.00

表 4-11　不同播种方法对玉米产量因素构成的影响

处理	株/hm²	穗/hm²	双穗率/%	空秆率/%	穗粒数/粒	千粒重/g
1. 人工刨埯种(对照,CK)	56 445	56 445	2.95	2.95	565.9	317.7
2. 扎埯板播种	56 445	55 860	2.95	3.99	567.9	322.0
3. 滚动播种器	54 780	50 025	1.02	9.59	622.7	316.0
4. 手提式播种器播深 4cm	56 355	60 285	8.43	1.48	573.4	326.0
5. 手提式播种器播深 3cm	56 115	56 445	1.00	0.45	569.4	326.0
6. 手提式播种器播深 5cm	55 860	57 780	2.54	4.03	598.4	314.0
7. 手提式播种器播深 1～6cm	56 445	55 860	0.98	1.92	586.6	305.0

表 4-12　不同播种方法对玉米产量和产值的影响

处理	产量 /(kg/hm²)	比 CK 增产 /(kg/hm²)	增产增收 /(元/hm²)	比 CK 增减/%	比 CK 省 工/个	省工增收 /(元/hm²)	共增收 /(元/hm²)
1. 人工刨埯种(对照,CK)	9 654.85	—	—	—	—	—	—
2. 扎埯板播种	10 390.40	735.55	882.66	7.62	—	—	882.66
3. 滚动播种器	9 506.85	−148.00	−177.60	−1.53	20	600	422.40
4. 手提式播种器播深 4cm	10 696.05	1 041.20	1 249.44	10.78	15	450	1 699.44
5. 手提式播种器播深 3cm	10 309.55	654.70	785.64	6.78	15	450	1 235.64
6. 手提式播种器播深 5cm	9 899.85	245.00	294.00	2.54	15	450	744.00
7. 手提式播种器播深 1～6cm	9 938.80	283.95	340.74	2.94	15	450	790.74

注：人工费为每千克玉米 1.2 元,日工按 30 元/d 计算

　　方向前等(2007a,2007b)在吉林省东部湿润冷凉区,使用便携式播种施肥器进行不同播种量的试验(表 4-13～表 4-16),结果可知,1 粒/埯处理的出苗率最低,但苗期干物重、株高和收获期的茎粗为最高。各处理出苗期、吐丝期及成熟期无差异。播种 1 粒/埯处理的收获株数和产量最低。播种 4 粒/埯处理的收获株数最高,2 粒/埯处理的产量最高。各处理产量差异未达到显著水平。2 粒/埯处理产量最高,1 粒/埯处理产量最低。但各处理减去投入种子费和间苗用工费后,1 粒/埯处理纯收入最高,2 粒/埯处理纯收入次之。试验结果表明,1 粒/埯的处理虽然略有减产但不减收,明显提高了经济效益,纯收入最高。

表 4-13　不同播种量对玉米生育期及生物学性状的影响

处理 /(粒/埯)	生育时期			生物学性状					
	出苗期	吐丝期	成熟期	出苗率 /%	出苗株 高/cm	出苗干 重/g	吐丝期 株高/cm	穗位高 /cm	茎粗 /cm
1	5 月 17 日	7 月 24 日	9 月 28 日	97.1	10.6	4.8	307	132	2.26
2	5 月 17 日	7 月 24 日	9 月 28 日	98.6	8.2	4.2	306	131	2.15
3	5 月 17 日	7 月 24 日	9 月 28 日	98.3	8.5	4.1	298	128	2.06
4	5 月 17 日	7 月 24 日	9 月 28 日	99.4	8.1	4.1	296	127	2.16

表 4-14　不同播种量对产量性状的影响

处理 /(粒/埯)	收获 /(株/hm²)	收获 /(穗/hm²)	发病率 /%	穗长 /cm	穗粗 /cm	秃尖 /cm	穗粒数 /粒	含水量 /%	百粒重 /g	产量 /(kg/hm²)
1	43 110	43 110	3.6	21.7	5.3	2.0	556	24.2	38.7	8 839.5
2	46 110	46 110	3.6	21.0	5.2	2.8	529	23.3	36.8	9 069.0
3	45 270	45 270	3.7	20.6	5.2	1.2	515	21.8	37.4	8 964.0
4	46 440	46 440	3.6	22.3	5.1	2.7	522	23.3	38.1	9 045.0

表 4-15　不同播种量产量显著性测定　　　　　（单位：kg/hm²）

处理/(粒/埯)	第1重复产量	第2重复产量	第3重复产量	平均产量	LSD₀.₀₅
1	9090.5	8568.1	8859.9	8839.5	a
2	9589.0	8554.7	9062.4	9069.0	a
3	8971.8	9128.8	8790.7	8964.0	a
4	8662.5	8995.2	9476.2	9045.0	a

表 4-16　不同播种量对经济效益的影响

处理 /(粒/埯)	产量 /(kg/hm²)	产值 /(元/hm²)	播种量 /(kg/hm²)	种子投入 /(元/hm²)	间苗费 /(元/hm²)	纯收入 /(元/hm²)	与1粒相比少 收入/(元/hm²)
1	8 839.5	10 607.4	11.85	118.5	0	10 488.9	0
2	9 069	10 882.8	25.35	253.5	375	10 254.3	234.6
3	8 964	10 756.8	37.35	373.5	375	10 008.3	480.6
4	9 045	10 854	51.15	511.5	375	9 968.0	520.9

注：按照每千克玉米种子10元，每千克玉米1.2元计算

1. 手提式施肥点播器播种玉米操作程序

方向前等(2007a,2007b)研究了扣半留茬播种技术。明确使用三犁穿起垄或扣半留茬起垄，应用手提式施肥点播器播种玉米操作程序。播种前应该调节好手提式施肥点播器的排种量和排肥量。播种时，将"鸭嘴式"排种器和排肥器插入垄台的土壤中，通过外力的作用完成排种和排肥，待拔出排种器和排肥器，土壤自动恢复原位，把种子和肥料盖严，接着进行人工镇压(采顶格子)或机械镇压。使用点播器播种，操作方便，1个操作者能同时完成播种、施肥及镇压(踩顶格子)等多个作业程序，非常适合当前农村以户为生产单位的作业群体。使用该项技术，明显提高玉米群体的整齐度，是保证玉米苗全、苗齐、苗匀和苗壮的重要技术环节，同时具有节省种子，节省播种用工、田间管理用工，达到增产增收等目的。非常适用于大型播种机或单体播种机不能播种的坡耕地，播种效率高。

2. 手提式施肥点播器播种的关键技术

1) 精细整地，施肥灭茬

在春季整地施农家肥前，用耙子把田间残留的秸秆、苞叶等杂物清除干净，集中到地头，挖坑深埋。然后把农家肥，均匀的揿入垄沟，用灭茬机进行灭茬，灭茬深度达到15～

18cm,碎茬长度要小于 3cm,通过灭茬的同时把农家肥掺入土中。

2)认真选种,晒种包衣

播种用的种子,应人工选种,把破、秕、霉、病及杂粒等去除,然后在阳光下晒 2~3d,再用多功能种衣剂进行种子包衣。

3)机器调试,排量畅通

使用播种器播种,首先检查调试排种嘴是否封严,根据排种量的需要,采用调节旋转拉簧力的大小,调试排种槽的大小,使其满足排种量需要。再检查调试排肥嘴是否封严,根据施口肥量的多少,通过排肥活塞,调节排肥槽的大小,使其满足排肥量的需要。当排种量和排肥量调试完成,可固定排种活塞和排肥活塞,以免在播种过程中,播种量和排肥量发生变化。

4)深施底肥,均匀一致

用犁把原垄沟趟深后施底肥,底肥要充分搅拌均匀,捏碎硬块,均匀掊入垄沟中。

5)适时起垄,及时镇压

当地温稳定通过 8℃时,用手将土壤攥成团,一松手就散开,此时可进行三犁穿起垄。起垄时,做到起垄深浅相同。起垄后,及早清除垄台上的残茬,并及时镇压垄台,防止土壤失墒,提高地温,并使播种床面平整,能提高播种质量。如果起垄与播种同时进行,可用锄头或手推滚子整平垄台,有利于提高播种器播种质量。

6)适时种植,先岗后平

当种床地温稳定通过 10℃时,开始播种,要根据当地气候和地势的特点。岗地地温升温快,土壤容易失墒。平地地温升温缓慢,不容易失墒。因此,应先播种岗地,后播种平地,这样做有利于种子的萌发(方向前等,2011)。

7)认真操作,细心观察

播种时,如果垄台干土过多,可用锄头或镐头去除干土层,使播种后的种子有更充分的水分保障。操作者在播种中,要细心观察每一次排种量和排肥量的变化,发现不符合排种量和排肥量的要求,应做到及时调节其排量。

8)精心播种,播深一致

使用播种器播种,播种深度要根据品种特性、土壤质地、土壤水分状况及气候的特点来制定,一般在 3~4cm 为宜,操作者在播种中,一定要用力均匀,使之达到播种深浅一致(方向前等,2008)。

9)播后镇压,苗齐苗壮

播种后要及时镇压,最好是随播随镇压,有利于保持土壤含水量。镇压后垄台平整,能提高喷施除草剂的效果。如果播种后土壤含水量过高,可用锄头或镐头推土覆盖,待土壤含水量降低后,再进行镇压。

3. 手提式便携播种施肥器播种的效果分析

方向前等(2007a,2007b)研究了手提式便携播种施肥器播种玉米的效果,通过应用效果的分析,明确了以下 10 方面技术效果,为玉米增产增收提供了有力的技术支撑。

1)苗齐且苗壮

使用手提式便携播种施肥器播种,能够调节播种的深浅,用力均匀,能达到播种深浅一致,并且覆土厚薄相同,使群体表现整齐的良好长势。

2)减少用种量

通过播种器调节排种量,使排种均匀一致,达到半精量播种标准,每埯1~2粒,比人工播种用量减少40%~50%。如果种子发芽率达98%以上,可采用精量播种,播种器排种1粒,比人工播种用量减少60%。

3)减少工时

一个操作者使用播种器播种,可同时完成刨埯、施肥、点种和覆土4道工序,相当于过去3个人工完成刨埯、施肥、点种和覆土的4道工序,明显提高3倍功效。

4)测深施肥均匀

播种器侧施肥可控制排肥量、施肥穴距,达到施肥均匀。

5)种、肥隔离好

由于播种器能控制施肥量,并保证穴施肥量相同,施肥穴与播种穴保持距离相同,既满足了植株生长需要,又防止了烧种、烧苗的现象发生。

6)土壤失墒少

播种器是尖嘴垂直扎入土中,达到所需深度后,进行播种和施肥,各层土壤基本不发生上下变动,完成播种、排肥,拔出插入土壤中的播种器后,土壤自动封闭,土壤水分不能产生蒸发。因此播种器播种、施肥,土壤耕层不发生动土,土壤含水量不产生变化,土壤保墒效果好。

7)播种质量高

使用播种器播种,不会发生漏播种和漏施肥现象,并能达到每次排种量和施肥量相同的目的。同时根据土壤含水量、土壤的质地状况、品种的发芽势和拱土能力,选择其适宜播种深度,通过人工调节,使其播种深浅一致,覆土厚薄相同,明显提高播种质量,达到苗全、苗匀、苗齐和苗壮。

8)应用区域广

播种器适于在不同地形(不同坡度)的耕地上播种,并且播种作业既方便又灵活。

9)株距皆相同

播种器的调节板上的压印螺丝的距离是可调节的,在播种过程中,通过压印螺丝压的印迹,作为下一次播种的插入点,这样周而复始地作业,能保证株距相同,充分发挥群体最高的生产潜力。

10)适合单人播种

目前,农户多为1~2人播种作业,常规播种是由刨埯、施肥、点种、覆土几人来完成的。而使用播种器播种只用一个操作者,就可以完成播种的4个作业环节,是非常实用的播种技术。

主要参考文献

边少锋,方向前,柴寿江,等. 2005. 等离子体处理次数、时期对玉米性状及产量的影响. 玉米科学, 13(2): 108~109

曹雨. 1998. 玉米精密播种技术应用的探讨. 玉米科学, 6(2): 60~64

杜清福，贾希海，律保春，等. 2007. 不同类型玉米种子活力检测适宜方法的研究. 玉米科学，15(6)：122～127

方向前，边少锋，柴寿江，等. 2006a. 吉林省东部半山区'四密25'玉米产量构成因素的浅析. 中国农学通报，22(7)：183～185

方向前，边少锋，柴寿江，等. 2007a. 吉林省湿润冷凉区玉米栽培技术. 杂粮作物，27(4)：296～297

方向前，边少锋，柴寿江，等. 2007b. 吉林省东部半山区便携式施肥播种器播种玉米的技术效果分析. 安徽农业科学，35(20)：6060～6061

方向前，边少锋，孟祥盟，等. 2006b. 等离子体处理玉米对化肥利用率的影响. 中国农学通报，26(2)：203～206

方向前，边少锋，徐克章，等. 2004. 等离子体处理玉米种子对生物学性状及产量影响的研究. 玉米科学，12(4)：60～61

方向前，曹文明，于世伟，等. 2011. 吉林省湿润冷凉区玉米生产中存在的问题及对策. 农业科技通讯，(1)：119～120

方向前，杨粉团，边少锋，等. 2007c. 吉林省湿润冷凉区扣半留茬播种玉米技术. 河北农业科学，11(5)：12～13

方向前，杨粉团，边少锋，等. 2007d. 吉林省湿润冷凉区玉米不同播种方法对生物学性状及产量的影响. 吉林农业科学，32(6)：12～14

方向前，杨粉团，付稀厚，等. 2008. 吉林省润湿冷凉区玉米吉单198丰产高效栽培技术体系研究. 中国农学通报，24(4)：199～202

郭庆法，王庆成，汪黎明. 2004. 中国玉米栽培学. 上海：上海科学技术出版社：300～379

郭银巧，郭新宇，赵春江，等. 2006. 玉米适宜品种选择和播期确定动态知识模型的设计与实现. 中国农业科学，39(2)：274～280

何奇镜，佟培生. 1984. 东北松辽平原商品粮基地机械化少耕法试验报告. 吉林农业科学，9(3)：8～19

李焕春，段玉，妥德宝，等. 2006. 饲料玉米的吸肥规律及平衡施肥技术研究. 华北农学报，21(专辑)：9～13

李瑾，李守勇，秦向阳，等. 2009. 种子质量检测问题研究. 湖北农业科学，48(9)：2297～2300

李维岳，才卓，赵化春. 2000. 吉林玉米. 长春：吉林省科学技术出版社：211～381

梁秀兰，张振宏. 1991. 玉米不同播期对生长发育和产量性状的影响. 华南农业大学学报，12(1)：55～61

刘庆福，栾光辉. 2007. 垄上镇玉米精密播种机保墒抗旱播种试验. 农业机械学报，38(4)：186，197～198

马成林. 1999. 精密播种理论. 长春：吉林省科学技术出版社：190～230

裴泽莲，丛福滋，王洪平，等. 2005. 机械化播种不同坐水量对玉米出苗率的影响. 沈阳大学学报，36(4)：508～510

秦海生. 2006. 机械化抗旱坐水播种技术. 农业机械，(6)：130

任文涛，黄毅，杨懿，等. 2005. 玉米精量施水播种机的研制. 沈阳农业大学学报，36(1)：72～75

史智兴，高焕文. 2003. 玉米精播机排种监测报警装置. 中国农业大学学报，8(2)：18～20

孙文涛，孙占祥，王聪，等. 2006. 滴灌施肥条件下玉米水肥耦合效应的研究. 中国农业科学，39(3)：563～568

邢妍妍，董树亭，高荣岐. 2008. 水分对玉米种子萌发调控的研究. 玉米科学，16(1)：86～90

姚杰. 2004. 浅谈玉米精密播种技术的推广与发展前景. 玉米科学，12(2)：89～91

臧广信. 1995. 农业新技术. 长春：吉林省科学技术出版社：1～36

张金帮，孙本普. 2006. 不同播期和栽培方式对玉米产量的影响. 安徽农业科学，34(14)：3298～3533

赵化春. 1998. 国内外玉米生产及科研概况调研报告文集. 长春：吉林省农业科学院：87～93

赵丽萍，刘庆福. 2005. 垄上镇压玉米精密播种机保墒抗旱机理的研究. 吉林农业大学学报，27(6)：710，698～700

第五章　玉米的光能利用与合理密植

作物所积累的有机物质，是其利用太阳光能，通过光合作用合成的。通过各种途径，最大限度地利用太阳光能，不断提高光合作用效率，以形成尽可能多的有机物质，是挖掘作物生产潜力的重要手段。由于受到各种综合因素的限制，目前作物光合生产潜力的70％左右得不到发挥。若想提高光能利用率，除了通过改进作物本身因素即培育高光效玉米品种外，还可采用合理的栽培措施，改善栽培环境。玉米群体内的光照、温度、湿度、风和二氧化碳浓度等要素的分布，均与其群体结构性状紧密相连。群体结构不同，太阳辐射在群体中的再分配及农田小气候也会发生相应的变化，进而影响玉米的生长发育和产量形成。因此，创建一个合理的或理想的群体结构，形成良好的农田生态环境，并使玉米群体不同部分得到良好的受光状态，以保持最大光合作用效能，对于获取高的作物生产力与经济产量有重要意义。

第一节　群体结构与光能利用

一、群体结构的组成

1. 群体结构的概念

群体结构是指群体的组成、群体密度、群体分布与群体动态变化等。群体组成可分为单一群体和复合群体；群体密度是指单位面积内的基本株数或穗数的多少；群体分布分垂直分布和水平分布，垂直分布包括茎、叶、穗等的高度和层次，水平分布包括植株分布的均匀度和整齐度及株行距的配置；群体动态变化是不同生育阶段群体各项指标的变化等（于振文，2003）。

2. 玉米群体结构

在一定土地面积上，由一定数量的玉米植株个体所组成的"整体"，称为玉米群体。玉米的群体结构，通常以设置不同密度为主要手段，构建不同的群体，从而对群体的光合性能和分布等进行比较分析，找出理想的群体结构模型，作为制定农业技术措施的基本依据（山东省农业科学院，2004）。玉米高产栽培中非常重视建立合理的群体，其结构组成、分布和动态变化等反映群体质量的基本特性，对玉米产量和品质有重要的影响。

二、玉米群体光能利用

1. 不同群体结构与光能利用

株型是指植物个体的形态特征及在空间的几何分布，株型是构成群体冠层结构的重要因素（山东省农业科学院玉米研究所，1987）。玉米群体结构根据株型的不同，分为紧凑型、半紧凑型和平展型 3 种（于振文，2003）。通过调整株型，可以改善植株的光合有效截获能力,提高玉米的群体生产力。

不同玉米株型直接影响群体冠层内的光分布状况和群体的光能利用率。紧凑型玉米群体内上、下层叶片受光较均匀,平展型群体上部叶片受光集中,下部叶片光照不足,因此紧凑型玉米群体可较好而经济地利用光能,提高群体光合效率(杨今胜等,2011)。紧凑型玉米群体,对光的反射率较小,可减少光能损失,在白昼的强光下,直立叶叶面的反射光可折向群体内被其他叶片吸收利用,以提高光能利用率;在早、晚弱光下,紧凑型玉米的叶片与阳光近于垂直,可充分受光进行光合作用,在中午强光下,阳光从上面斜射叶面,可减少高温和强光对光合作用的不良影响,改善群体内光照条件,增大透光系数,充分利用阳光,提高光能利用率,使产量提高。

紧凑型玉米群体光合速率高不仅与其冠层内光合有效辐射的分布相对"均匀"有关,而且与其群体内 CO_2 浓度的分布相对"均匀"有关(王庆成等,1996)。高辐照度下的光合效率偏低,增大叶片直立型品种的种植密度可以使其冠层内部的强光被分散成为可利用的弱光,从而提高光合效率,但是当群体密度超过某一阈值时,植株间就会产生互相抑制,反而会降低光能利用率,进而降低产量。

2. 群体不同生育阶段与光能利用

玉米不同生育阶段的群体生长率和光能利用率差异较大(于振文,2003)。玉米苗期群体生长率低,漏光多,而太阳总辐射又强,使得苗期光能利用率最低,仅为 $0.07\%\sim 0.09\%$;拔节至大喇叭口期,玉米植株生长加快,群体生长率提高到 $18.78\sim 20.55g/(m^2 \cdot d)$,而该阶段的日平均辐射量比苗期相对较低,因此光能利用率迅速提高,为苗期的 $23\sim 27$ 倍;大喇叭口期至抽丝期,是植株生长发育最快的时期,群体生长率比前阶段提高约 1 倍,群体光能利用率也最高,达 $3.34\%\sim 4.04\%$;抽丝至雌穗授粉后 21d,玉米植株营养生长已经停止,是籽粒建成阶段,群体生长率开始降低,光能利用率相应减少;授粉 21d 后群体光能利用率又有提高,接近大喇叭口至抽丝阶段的水平。

紧凑型玉米群体在散粉期果穗叶部位光强为自然光强的 70%,使其能够积累较多的光合产物,促进群体产量提高。靠近雌穗的穗位叶构成中部光合层,本层叶片由于中脉呈弓形伸出,叶片较为平展,因其位于透光性良好的上部光合层之下,所以层内光强比平展型玉米高 $20\%\sim 25\%$。这两个层次所构成的群体受光姿态,在密植条件下,保证了果穗充分发育所必需的光照条件。抽雄以后,下层叶片日渐衰亡,在地面附近形成"隧道"结构,这在栽培管理不当的玉米田中尤为明显。因此,高产玉米群体应防止或延迟这种结构的形成,延长生育后期叶片的功能期,为籽粒灌浆提供充足物质条件。

三、玉米群体光能利用的主要影响因素

玉米群体光能利用率的理论值为 $9\%\sim 14\%$,但生产上光能利用率远低于这个理论值。一般玉米高产地块也仅为 $2\%\sim 3\%$,说明提高光能利用率的潜力是相当大的。目前,限制光能利用的因素主要有以下几方面(徐学华,2011)。

1. 品种特性

品种的光合能力是影响玉米光能利用率的内因。品种的株型等对光能的反射及透射有密切关系。紧凑型玉米品种,叶片直立,反射光损失小;平展型玉米品种则相反。

2. 漏光损失

漏光损失是限制光能利用率的重要因素。在生产上,群体小或肥水条件差,植株生长瘦弱,致使冠层叶面积指数过小,漏光损失严重,有些玉米低产田,即使在其最大叶面积指数的生育期内,漏光损失仍占全部入射光的 20%～50%(山东省农业科学院玉米研究所,1987;于振文,2003)。即使在密度较高的玉米田,生育前期和后期,有相当长的时间内叶面积指数较小,有相当多的光漏射到地面,前期漏光率可达 50%～70%,后期也在 10% 以上,全生育期平均漏光损失 30%～40%。如果种植密度过稀或植株在田间分布不均,漏光损失更加严重。

3. 群体结构不合理

合理的群体结构无论是其质量还是数量都是最优的,在全生育期的不同层次都能有效地截获光能,使群体光合作用高,持续时间长,群体产量高。目前生产上有的玉米种得过稀,有的则过密,有的后期肥水不足,叶片衰亡过早、过快,有的则在较好的肥水条件下仍种植平展型玉米品种,限制了群体内光的透射和均匀分布,因而群体光合效率差,光能利用率低。

众所周知,密度不仅影响植株的营养和水分状况,而且不同密度群体其个体的受光条件、田间 CO_2 浓度、叶片叶绿素含量、气孔数目等诸要素也受影响,从而导致光合作用的差异。

4. 其他不利因素的限制

温度过高或过低,干旱与渍涝,无机营养缺乏或失去平衡,群体内部通风不良或 CO_2 供应不足,以及病虫为害、倒伏等,都限制光能利用率的进一步提高。目前较为严重的是干旱和病害(如青枯病、茎腐病、大斑病和小斑病等)两大限制因素:一方面限制了光合面积、光合时间和光合速率;另一方面使呼吸消耗增多,不利于光合产物积累。

四、提高群体光能利用主要途径

1. 选育光能利用率高的优良品种

优良品种是夺取作物高产优质的内因。优良品种具有合理的株型结构,能够充分利用光能,积累有机物质多,作物的产量高(徐学华,2011)。光能利用率高的品种特征为:矮秆抗倒伏,叶片直立且分布合理,生育期适宜,耐密性强。高光效品种,应当既具有株型空间结构上的高光效,又具有生理功能上的高光效。为实现这个目标,要从两个方面入手:第一是选育上部叶片直立上冲、中下部叶片较平展的紧凑型优良品种,且耐密性强,抗病、抗逆性好,群体产量潜力大;第二是选育光合效率高,光合能力强,后期叶片"保绿"期长且源库关系协调的品种。

2. 因地制宜选择种植方式

提高气候资源利用率,采取适当的间作轮作等措施,合理安排茬口,创造适宜的田间群体结构,增加作物的光合面积,延长光合时间,从时间和空间上更好地利用光能,减少漏光率,达到提高作物光能利用率的目的。

3. 建立合理群体结构、改善光合性能

建立合理群体结构是提高玉米光能利用率和产量的基础。要合理密植,纠正目前生产上种植过稀或过密的做法。对玉米群体结构进行合理地调控,做到前期促茎叶发育,减少群体漏光损失;后期保叶片,叶面积指数达到最大值后,通过合理肥水管理和防治病虫害等措施,确保叶片不早衰,尽量延长最大叶面积指数的持续期,这对提高群体光合作用,增加产量具有重要作用。

4. 合理灌溉与施肥,加强田间管理

合理灌溉与施肥,加强田间管理,充分满足玉米的水分和矿质营养元素的需求,有利于光合作用的高效进行,提高群体光合能力,减少呼吸消耗,并使光合产物更多地运输到产品器官内。

第二节　种植密度对光合特性及产量的影响

种植密度直接影响玉米的光能利用效率,是玉米产量形成的重要因素。作物生产是一个群体生产过程,从资源利用的角度出发,增加种植密度,提高光热资源的利用率,依靠群体发挥增产潜力是获得高产的重要方向,主要是通过增加密度提高叶面积指数、光合能力和单位土地面积的生物量。近年来,内蒙古平原灌区高产春玉米产量在 $15t/hm^2$ 以上时的密度为 $(7.08\sim9.60)\times10^4 pl/hm^2$(王志刚等,2012);吉林省玉米产量大于 $15.0t/hm^2$ 时的种植密度为 $(8.25\sim9.00)\times10^4 pl/hm^2$(陈国平等,2012)。另外,种植密度增加过程中叶片营养状况及吐丝后玉米生长与叶片光合特性对产量构成有重要影响。同时,不同品种玉米在不同生育阶段的生物学与生理特性变化,对玉米耐密性品种筛选和高产栽培有重要参考价值。

一、种植密度对群体光合特性的影响

1. 叶面积指数

叶片是玉米产量形成的最重要"源"器官,而叶面积指数是合理密植的重要群体指标,是产量形成的物质基础,合理的玉米叶片群体构成及光合持续期是玉米高产的基础(陈传永等,2007)。吉林省农科院对桦甸高产玉米试验田的研究表明(图 5-1),各不同密度超高产玉米品种随着种植密度增加叶面积指数增加,种植密度为 7500 株/亩时的叶面积指数最高,最大叶面积指数达 6.9~8.7,而种植密度为 1500 株/亩时的叶面积指数最低。叶面积指数还与植株形态结构建成及衰老进度密切相关。进入拔节期之后,不同密度的玉米品种植株的叶面积指数都随着生育进程呈现先升高后降低的趋势,8 月 3 日的叶面积指数最高,9 月 26 日的叶面积指数最低。生育前期,由于植株生长导致叶片逐渐增加,叶面积指数也逐渐升高,后期由于植株的衰老和成熟,叶面积指数逐渐下降。

高产群体的叶面积达到最大值后,在较长的一段时间内保持不变或有很小的波动。当密度超过最适叶面积指数对应的密度时,个体间叶片相互遮阴,底部光照不足,群体郁闭严重,使得植株中下部叶片过早枯黄早衰,叶面积指数变小,最终导致产量降低。因此,延长生育中后期叶片较高的生理功能期,可维持较长的叶面积指数的高值持续期,保持较高光合势,有利于获得较高产量。"十一五"以来,国家科技支撑计划"东北平原中部(吉林)玉米丰产高效技术集成与研究"课题研究结果表明,在实现 $15t/hm^2$ 以上的群体结构

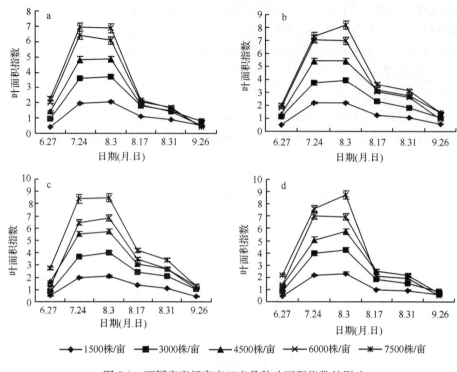

图 5-1　不同密度超高产玉米品种叶面积指数的影响
a. 吉单 35；b. 吉单 136；c. 郑单 958；d. 先玉 335

中，最大叶面积指数达 6.4 左右，比普通田增加了 3.68%（边少锋等，2011）。

2. 光合势和净同化率

前人将叶面积指数的变化过程分解为指数增长期、直线增长期、稳定期和衰亡期 4 个阶段，叶面积指数动态变化，可用光合势（叶面积对时间的积分）表征，对玉米整个生长发育和产量形成有重要影响。从表 5-1 可以看出，随着密度的增加，光合势不断增加，当密度超过一定范围后，光合势则又下降。光合势高是获得高生物产量和籽粒产量的前提，尤其是花后光合势反映了玉米群体在开花到成熟期间截获光能的能力大小，对玉米的干物质积累和产量的形成影响更大。在对'先玉 335'、'登海 661'、'登海 701'的研究中发现，3 个玉米品种开花后光合势占总光合势的 57%～60%（杨今胜等，2011）；在吉林农业大学

表 5-1　不同密度对玉米群体光合势的影响（吉林农业大学，2010 年，春播）

密度/(万株/hm²)	出苗后不同天数的光合势/(万 m²·d/hm²)						
	30～45d	45～60d	60～75d	75～90d	90～105d	105～120d	120～135d
5	12.38	44.43	65.25	85.16	82.25	57.26	24.50
6	12.71	42.55	61.00	91.15	71.45	61.25	29.15
7	11.47	51.18	75.23	110.05	89.46	73.15	26.13
8	11.02	52.74	88.66	120.02	95.29	70.27	27.59
9	14.53	53.70	86.14	114.50	90.10	72.50	30.10

超高产试验田中,超高产品种'先玉335'吐丝后的光合势占总光合势的63.9%,这是其形成较高产量的重要因素之一。

有报道指出,玉米总光合势与经济产量有显著的正相关关系,光合势越高,光能利用率越高,群体干物质积累也就越多(吕丽华等,2007)。但也有观点认为,高产玉米品种的光合势虽然在某段时间内保持很高的值,但总光合势与产量并未呈现显著的正相关(东先旺和刘树堂,1999)。阶段光合势及总光合势虽受群体自动调节的影响,但调节能力有限,主要受群体大小的制约,说明高产群体的光合势发展动态和总量要求合理和适度。

玉米的生物产量可用光合势与净同化率乘积来表示,因此即使群体具有较高的光合势,但净同化率低,产量也不高。密度是影响玉米净同化率的重要因素之一。要想达到高产或超高产,玉米群体必须同时具备高的光合势和净同化率,如何协调这一矛盾促进高产群体的各项生理指标协同发展是获得玉米高产的重要研究课题。

3. 叶绿素含量

叶绿素含量是叶片光合功能的重要性状之一,其含量多少直接影响叶片的光合能力。由图5-2可以看出,各品种随着密度的增加叶片的叶绿素含量有逐渐降低的趋势,叶绿素含量为种植密度1500株/亩>3000株/亩>4500株/亩>6000株/亩>7500株/亩。从小

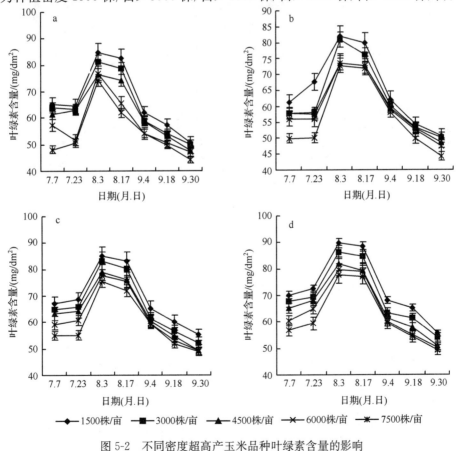

图5-2　不同密度超高产玉米品种叶绿素含量的影响

a. 吉单35;b. 吉单136;c. 郑单958;d. 先玉335

喇叭口期开始,生育期玉米叶片的叶绿素含量随着生育期的推进先升高后下降,8月3日的叶绿素含量高于其他生育时期,8月17日次之。

4. 光合特性

要实现玉米高产目标,必须从玉米的生理生态出发,在育种中改良玉米品种的光合效率基础,依靠栽培技术措施的改进来提高玉米的光能利用效率(曹娜等,2006)。调控群体密度是提高产量的有效方法,最适群体密度是实现高产的关键(孙悦等,2008)。由图5-3和图5-4可知,不同品种、不同密度的高产玉米在7月30日之前光合速率都随着生育进程逐渐增加,8月21日之后却随着生育进程呈现逐渐下降的趋势。同时,随着种植密度的增加,光合速率逐渐下降,1500株/亩的光合速率最高,7500株/亩的光合速率最低(边少锋等,2010)。

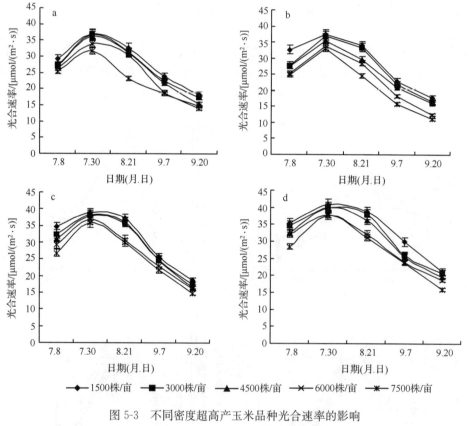

图5-3　不同密度超高产玉米品种光合速率的影响

a. 吉单35;b. 吉单136;c. 郑单958;d. 先玉335

不同密度的超高产玉米品种在7月30日之前,随着生育期的推进蒸腾速率逐渐升高,7月30日后蒸腾速率逐渐下降,9月20日不同品种、不同密度超高产玉米的蒸腾速率最低。

'吉单35'、'吉单136'、'郑单958'和'先玉335'的蒸腾速率都随着种植密度的增加逐渐下降,1500株/亩>3000株/亩>4500株/亩>6000株/亩>7500株/亩。

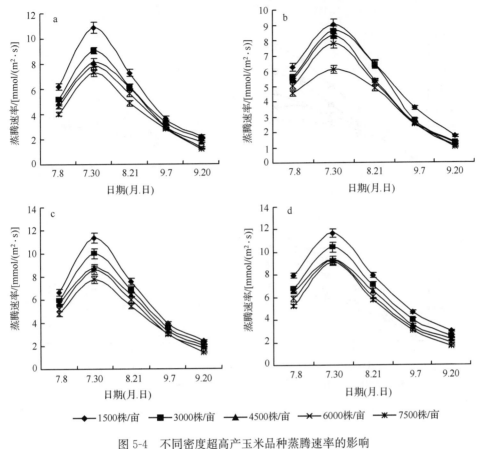

图 5-4　不同密度超高产玉米品种蒸腾速率的影响

a. 吉单 35；b. 吉单 136；c. 郑单 958；d. 先玉 335

5. 干物质积累量

不同玉米群体地上部的干物质积累规律一致，其动态均遵循 Logistic（"S"形曲线）模式。图 5-5 是不同玉米群体干物质积累量的变化，随着生育期的推进超高产玉米品种的干物质积累量逐渐增加，不同种植密度的超高产玉米品种生育前期干物质积累量差别不大。随着生育进程的推进，干物质积累的差距逐渐增大。同时，随着种植密度加大，单株的干物质积累量逐渐减少，1500 株/亩＞3000 株/亩＞4500 株/亩＞6000 株/亩＞7500 株/亩。

二、种植密度对玉米产量及构成因素的影响

很多研究均表明，玉米产量与种植密度呈现抛物线关系（Tollenaar and Wu，1999；Echarte et al. ，2000；Bavec and Bavec，2001；Sangoi et al. ，2002；王楷等，2012）。从表 5-2 中可以看出，4 个品种的穗数均随着种植密度的增加而增加；穗粒数、千粒重及产量随着密度的增加其变化趋势基本一致。'吉单 35'随着种植密度的增加，产量也增加，但增加到 6000 株/亩后有所下降，穗粒数和千粒重随着密度的增加而下降，下降幅度分别为 15.2％和 14.6％。'吉单 136'当种植密度 4500 株/亩时，产量达到最高，密度进一步增加，产量有下降的趋势，穗粒数随着密度的增加而下降，其下降幅度在 4 个品种中是最大

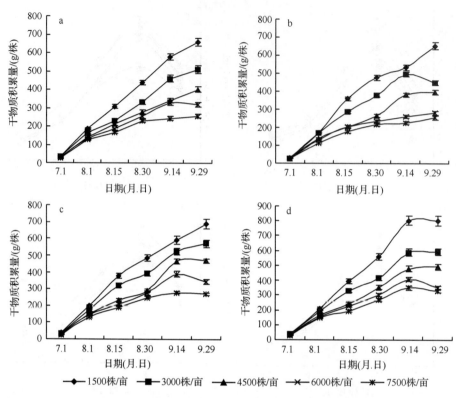

图 5-5　不同密度超高产玉米品种干物质积累量的影响

a. 吉单 35；b. 吉单 136；c. 郑单 958；d. 先玉 335

的，达到 31.3％，千粒重下降幅度与'吉单 35'基本一致，为 15.8％。

表 5-2　不同密度下超高产玉米品种产量及构成因素的比较（吉林省农业科学院，2004）

品种	密度/(株/亩)	10m² 穗数	每穗粒数/粒	千粒重/g	产量/(kg/hm²)
	1 500	49	513	393.12	9 553.5
	3 000	54	515	393.52	11 194.5
吉单 35	4 500	70	514	347.3	13 318.5
	6 000	87	469	343.59	14 460
	7 500	84	435	335.73	12 015
	1 500	49	479	405.59	9 465
	3 000	67	416	419.51	11 955
吉单 136	4 500	74	415	380.68	11 985
	6 000	85	388	342.16	11 805
	7 500	100	329	341.52	11 745

续表

品种	密度/(株/亩)	10m² 穗数	每穗粒数/粒	千粒重/g	产量/(kg/hm²)
郑单 958	1 500	56	618	303.12	10 650
	3 000	82	540	297.39	13 410
	4 500	90	530	295.7	14 265
	6 000	92	510	272.96	14 397
	7 500	106	465	279.27	14 760
先玉 335	1 500	54	621	339.34	11 728.5
	3 000	69	565	327.15	12 670.5
	4 500	75	558	306.99	12 754.5
	6 000	87	491	314.16	14 689.5
	7 500	104	462	311.74	15 082.5

注：在1500株/亩密度下，'吉单35'双穗率为80%，'吉单136'双穗率为91%，'郑单958'和'先玉335'双穗率为100%

　　'郑单958'和'先玉335'的产量随着种植密度的增加一直增加，但'郑单958'密度达到4500株/亩以后，产量增加趋势减缓，而'先玉335'产量增加仍较快。两个超高产品种的穗粒数和千粒重随着种植密度的增加下降的趋势基本一致，千粒重下降的幅度较小，只有7.9%和8.1%。

第三节　玉米合理密植技术

一、合理密植的理论基础

　　叶片光合作用的同化物积累是产量形成的物质基础，合理密植可提高叶片光能利用率。很多研究均表明，玉米单产的提高，要在稳定穗粒重的基础上增加穗数，同时扩大叶面积。玉米叶片光合势、净同化率和经济系数三者也存在矛盾。密度大时光合势增大，但净同化率下降，干物质积累减少，经济系数相应降低。密度小时则净同化率和经济系数较高，但光合势小，单位面积上积累的干物质少，不能获取高产。只有当这三者的乘积达到最大值时产量才最高。全国玉米栽培学组专家在全国不同区域开展了玉米高产潜力探索及小面积超高产创建的工作。经过2009~2010年的调查，高产田开花期的叶面积系数达7.28(6.04~8.79)，且后期保绿性好，花后35d保持在5.89(3.80~6.77)，生物学产量为34 170kg/hm²(29 191~37 239kg/hm²)，经济系数为0.48(0.44~0.53)，76.6%的地块收获86 340~124 965穗/hm²(陈国平等，2012)。

二、合理密植的原则

　　合理密植是良种良法配套栽培的中心环节，对于玉米高产至关重要。合理密植的原则就是根据品种特性、栽培技术、环境条件来确定适宜密度，以充分利用当地自然资源，使群体与个体的矛盾趋向统一，使穗数、穗粒数和粒重的乘积达到最大值，从而实现高产。

1. 根据品种特性确定适宜密度

适宜密度与品种的关系最为密切。在同样条件下,不同玉米品种的株型、生育期、株高和叶片数目等不同,适宜的种植密度也不相同。紧凑型品种叶片直立上冲,茎叶夹角小,群体透光性和叶片受光姿态好,耐密性强,单位土地面积上能容纳的叶片多,适宜种植的密度较大。平展型品种茎叶夹角大,叶片较平展,相互遮荫重,种植密度宜小。据测定,在相同条件下,每公顷能容纳的叶面积,紧凑型品种比平展型品种多 15 000～20 000m²,种植的株数可以增加 15 000～20 000 株。晚熟品种生长期长,植株高大、茎叶量大,单株生产力高,需要较大的营养面积,适宜的密度较低;反之,早熟品种植株较矮小、茎叶量小,需要较小的营养面积,密度较高。

2. 根据土壤条件确定适宜密度

一般肥地宜密,薄地宜稀。土壤肥沃,施肥水平高时,较小的土壤营养面积就可满足植株营养物质的要求,抽丝后叶面积衰老速率慢,可适当密些;反之,则宜稀些。肥地种植密度过低,会造成地力浪费;而薄地种植过密,则使植株营养不良、空秆多、早衰,导致产量降低。实践表明,在提高土壤肥力的基础上,适当增加密度有明显的增产效果。土壤通气状况影响玉米的根系生长,对适宜密度也有一定影响。通常土壤通气状况好时,其适宜密度也高。同一品种在不同土壤中的适宜密度表现为:砂壤土＞轻壤土＞中壤土＞黏土。

玉米是需水较多的作物。增加密度后,尽管地面覆盖度增加,地面蒸发量减少,但玉米蒸腾的增加量远大于地面蒸发的减少量,需水量增多。因此灌溉条件好的地区,可以适当密植些;而干旱或灌溉条件差的地区则应适当稀植些,地面蒸发量减少。

3. 根据自然生态条件确定适宜密度

玉米的适宜密度与纬度、温度、日照、地形等因素有关。高纬度地区,温度较低,玉米生长发育慢,生育期内总日照时数多,玉米生长期长,植株高大,种植密度宜低;低纬度地区,气温较高,总日照时数较少,玉米生长发育速度较快,生育期变短、种植密度宜高。同一地区,地势高、气温低的地方,玉米生长较矮小,密度应大些;反之应小些。山区狭长梯田,通风透光好,适宜的密度比平原大。

因此,玉米的适宜密度应根据上述条件综合考虑,并随着品种的改良和栽培条件的变化,对种植密度进行适当的调整。

三、合理密植的技术

1. 选用优良玉米杂交种

选用优良玉米杂交种是保证密度的首要条件。种子发芽率低、纯度低、籽粒大小不均匀等,都会造成播种后出苗率低等一系列问题。同时,对于选定的品种应进行严格的精选和种子包衣加工处理,保证其活力和发芽率,减轻病虫害。

2. 提高播种质量,保证出苗密度

选择适宜地块、适宜时间进行播种。土壤水分含量为田间持水量的 70% 时才能满足玉米种子发芽需要的含水量,低于这一指标,需灌溉造墒后才能播种。

保证播种深浅一致,提高群体整齐度。通常播种深度以 5～6cm 为宜。土壤黏重、墒情好时,可适当浅些,以 4～5cm 较好;土壤质地疏松、易于干燥的沙质土壤,应播种深一些,可增至 6～7cm。

适当增加播种量,严格定苗,留预备苗。条播玉米要按照计划密度,按株距定苗。遇缺苗断垄处,可在邻近株、行留大小一致的双株。为了保证实收穗数,定苗密度要比预定收获密度高出 5% 左右,以补充玉米生长过程中由于各种原因造成的缺株。

3. 采用合理的种植方式

玉米的种植方式决定其适宜密度。随着生产水平的不断提高,许多高产地区把改革种植方式作为改善群体结构、提高光能利用率的重要措施。生产实践证明,在密度增大时配合适当的种植方式,更能发挥出密植的增产效果。目前,在吉林省玉米种植方式主要有两种,一是等行距种植,二是宽窄行种植。

等行距种植。播种时,行距一致,行距大于株距。其特点是植株分布均匀,单株营养面积较大,这样,玉米生长前期能得到比较充足的水分、养分;生育后期植株各器官空间分布较合理,充分利用光能,生产更多的光合产物。行距的大小因品种和地力水平而不同。

宽窄行种植。指行距不等的种植方式。一般大行距 70～80cm,小行距 45～50cm,紧凑型品种宜采用下限,平展型品种宜采用上限。在一般地力条件下,等行距种植优于大小行,只有在肥水条件较好时,大小行的效果才更好。大小行种植时,若大行过大,增加株数受限制,同时大行间漏光多,光能利用率低,株间分布不均匀,影响产量的提高。

主要参考文献

边少锋,徐克章,王晓慧,等. 2010. 超高产春玉米品种不同密度光合特性的比较研究. 玉米科学,18(3):117～120

边少锋,赵洪祥,徐克章,等. 2011. 雨养条件下春玉米"吨粮田"栽培的增产因素分析. 西北农林科技大学学报,38(6):61～67

曹娜,于海秋,王绍斌,等. 2006. 高产玉米群体的冠层结构及光合特性分析. 玉米科学,14(5):94～97

陈传永,董志强,赵明,等. 2007. 低温冷凉地区超高产春玉米群体生长分析研究. 玉米科学,15(3):75～79

陈国平,高聚林,赵明,等. 2012. 近年我国玉米超高产田的分布、产量构成及关键技术. 作物学报,38(1):80～85

东先旺,刘树堂. 1999. 夏玉米超高产群体光合特性的研究. 华北农学报,14(2):36～41

吕丽华,王璞,易镇邪,等. 2007. 密度对夏玉米品种光合特性和产量性状的影响. 玉米科学,15(2):79～81

山东省农业科学院. 2004. 中国玉米栽培学. 上海:上海科学技术出版社

山东省农业科学院玉米研究所. 1987. 玉米生理. 北京:农业出版社

孙悦,彭畅,丛艳霞,等. 2008. 不同密度春玉米叶面积系数动态特征及其对产量的影响. 玉米科学,16(4):61～65

王楷,王克如,王永宏,等. 2012. 密度对玉米产量($>15\,000$kg/hm^2)及其产量构成因子的影响. 中国农业科学,45(16):3437～3445

王庆成,牛玉贞,徐庆章,等. 1996. 株型对玉米群体光合速率和产量的影响. 作物学报,22(2):223～227

王志刚,高聚林,张宝林,等. 2012. 内蒙古平原灌区高产春玉米(15t/hm^2 以上)产量性能及增产途径. 作物学报,38(7):1318～1327

徐学华. 2011. 作物光能利用率的影响因素及提高途径. 现代农业科技,19:127～130

杨今胜,王永军,张吉旺,等. 2011. 三个超高产夏玉米品种的干物质生产及光合特性. 作物学报,37(2):355～361

于振文. 2003. 作物栽培学各论(北方本). 北京:中国农业出版社

Bavec F, Bavec M. 2001. Effect of maize plant double row spacing on nutrient uptake, leaf area index and yield. Rost Vyroba, 47:135～140

Echarte L, Luque S, Andrade H H, et al. 2000. Response of maize kernel number to plant density in Agentinean hybrids released between 1965 and 1993. Field Crops Research, 68: 1~8

Sangoi L, Gracietti M A, Rampazzo C, et al. 2002. Response of Brazilian maize hybrids from different eras to changes in plant density. Field Crops Research, 79: 39~51

Tollenaar M, Wu J. 1999. Yield improvement in temperate maize is attributable to greater stress tolerance. Crop Science, 39: 1587~1604

第六章　矿质营养与合理施肥

化学肥料是农业持续发展的物质保证,是粮食增产的基础,在玉米增产的诸多因素中,肥料的增产作用占 30%～40%,对提高粮食产量发挥着至关重要的作用。纵观吉林省玉米施肥历史与发展现状,玉米施肥逐步向合理化方向发展,但目前还存在一些亟待解决的问题。玉米施肥已不仅仅以实现高产为目的,施肥的经济效益和环境效益也是追求的目标。在玉米施肥时,要将所需营养元素种类、性质、生理作用、数量、养分吸肥特性和土壤特点综合考虑,最终目标是以玉米营养特性为核心,以施肥为手段,通过各种技术措施的优化组合,实现大、中、微量营养元素在玉米体内的合理分配和利用,提高玉米养分利用效率,最终实现高产和高效。

第一节　玉米施肥历史与现状

一、施肥历史

肥料是发展农业生产的重要物质基础,在农业生产中增加化学肥料投入,可以增加养分投入和循环,进而提高玉米的产量,而有机肥的施用可以提高土壤肥力,改善土壤的理化性状。因此,积极增加肥料的投入是促进农业发展的主要途径。

吉林省玉米施用肥料的时间比较晚,其中大量开荒种田,施肥较早的是榆树县。从清朝康熙年间(1690 年)开始垦荒到现在大约有 324 年;怀德县在清朝道光年间(1822 年)才开始垦荒,到现在约 192 年;农安县更晚,垦殖年限大约在光绪八年(1882 年),到现在约132 年。这些地方在开荒种植初期不施肥,完全靠土壤的自然肥力。当种植一段时间以后,随着生产的发展,人口的增加,牲畜、作物种类、工具、耕作方法的改善及耕地面积的减少,土壤肥力的降低,农民逐渐认识到恢复地力和提高产量的重要意义,开始积造和施用农家肥料,其时间大约在 1705 年(清康熙年间),至今为 309 年。吉林省施用化肥还是在1913 年公主岭农事试验场之后。公主岭农事试验场,1914～1920 年开始了全省第一个化肥(三要素)试验,随后又开展了化肥肥效试验及各种农作物的施肥试验等。吉林省的化肥就是随着这些试验的开展,而逐渐开始使用的。但当时民间应用的化肥数量极少,施用化肥的面积也很小。从民间个别农户开始应用化肥的 1920 年算起,至今也仅为 94 年(王宗帧,1988)。

新中国成立初期,吉林省玉米施用肥料的主要来源是农家肥料,化肥的施用量很少。全省年施用化肥总量不过 4000t。土地改革使农民的种田积极性倍增,人、畜粪尿、格荛、草木灰、房框土等农家肥料开始在农业上应用,当时全省年施用农家肥料的总量达到1500 万 t,远不能满足玉米增产的需求。20 世纪 60 年代,吉林省对开辟肥源问题进行了广泛的探索,成功推广了对泥炭的利用,每年泥炭的采掘量达数百万吨,既提高了农家肥料的质量、减少了粪尿养分的损失,又增加了土壤有机质含量。但是,由于泥炭的分布不平衡(东部地区多,中、西部地区少),其利用只限于泥炭分布区,不能解决全省的肥料问题。此时,开始了对化肥的推广应用,全省化肥的施用量达到每年 3 万 t 的水平,化肥主要以氮、磷化肥为主;施用上开始采取底、口、追配合施用的方法,提高了化肥的肥效。

20 世纪 80 年代初期实行家庭联产承包责任制后,农业科技备受关注,平衡施肥技术开始在全省较大面积推广。期间,在大量推广氮肥、普遍施用磷肥的基础上又大量引进复合肥料,开始生产混配复合肥料。化肥中以复合肥料的增长速度最快,每年平均施用复合肥料达 55.7 万 t,为 70 年代平均数量 1.7 万 t 的 33 倍。在此期间氮、磷、钾肥的增长速度较慢,氮肥平均用量为 108.2 万 t,仅为 70 年代平均用量 70.6 万 t 的 1.5 倍,磷肥用量仅为 70 年代的 3.8 倍;钾肥年均用量为 0.65 万 t,为 70 年代 0.077 万 t 的 8.4 倍。复合肥料中,以磷酸二铵数量最大,还有些氮磷钾三元复合肥料和少量的硝酸磷肥。复合肥料一般用作底肥或口肥,凡使用机械播种的农户,均随播种随机械施肥。随着氮、磷化肥及复合肥料的连年大量施用,土壤中钾素和中微量元素出现缺乏现象,玉米施用钾肥和锌肥效果显著。与 70 年代相比,80 年代全省化肥年均用量已由 84.6 万 t 上升到 225 万 t,有机肥数量下降了 7% 左右(国家统计局数据网,http://www.Stas.gov.cn/tjsj/ndsj/2006/indexch.htm)。

二、玉米施肥现状

目前,吉林省玉米的肥料施用以化肥为主,有机肥施用数量逐渐减少,秸秆还田面积表现出增加的趋势,但由于受冬季低温和春季干旱的影响,其发展速度极其缓慢。其中化肥中氮肥品种主要是以尿素和磷酸二铵为主、磷肥品种主要以磷酸二铵为主、钾肥品种主要以氯化钾为主,化肥的复合化程度达 50% 以上。化肥对玉米增产的贡献率达 40%～50%,是吉林省玉米施肥的主要形式。由于土壤中缺乏中、微量元素的面积增大,玉米施用 S、Zn 等中、微量元素肥料具有较好的增产效果。

(一)化肥

吉林省玉米化肥施用主要以氮磷钾和复混肥为主,随着玉米产量的提高,肥料的投入也在加大。吉林省化肥施用量从 1980 年的 19.3 万 t 增长到 2009 年的 174.2 万 t,增加了 9 倍;氮肥用量从 13.9 万 t 增加到 66.8 万 t,增加了 5 倍;复合肥用量从 9.9 万 t 增加到 90.2 万 t,增加了 9 倍。由于长期大量施用高浓度养分单调的化学肥料,加之有机肥料用量的减少,土壤养分的丰缺状况发生了新的变化,由 20 世纪 80 年代的 N、P、Zn、K 演变成目前的 N、K、Zn、S、P,土壤中的中、微量元素缺乏日益严重。在吉林省的中、西部玉米产区,土壤缺硫面积增大,硫肥具有较好的增产效果;在石灰性土壤和风沙土等 pH 高的土壤上,玉米都有不同程度的缺锌现象,在这些土壤上施用锌肥增产效果显著。

玉米在施肥上主要有分次施肥和一次性施肥两种施肥方式。分次施肥一般是底肥加追肥的方式,即将全部的磷、钾肥和部分氮肥作底肥,而大部分氮肥则在玉米生育中期追施。一次性施肥是将玉米全生育期所需肥料在秋耕或春耕前一次性施入土壤,玉米生长中期不需追肥的施肥方法(苗永健,2004)。一次性施肥把全部肥料施入垄沟后覆土,施

肥深度一般为 $10\sim15\mathrm{cm}$,所用肥料品种大多为高氮复混肥(胡景有,2005)。玉米一次性施肥主要集中在吉林玉米带的中、东部地区,土壤类型以黑土、典型黑钙土、白浆土、草甸土和暗棕壤为主。目前,吉林省玉米一次性施肥面积占玉米总施肥面积的 60% 以上,玉米一次性施肥平均施用量为 $554\mathrm{kg/hm^2}$(高强等,2008)。

(二)农肥

我国农业生产已有数千年的历史,土壤肥力持续不衰主要依赖于农肥的施用。农肥的种类很多,主要是养殖业产生的废弃物。吉林省具有较好的畜牧业养殖基础,畜牧业发展迅速,尤其是大中型集约化畜禽养殖场发展迅猛,全省年生产畜禽约 6.27 亿头(只),生产粪便 14 155.2 万 t,是优质的有机肥料资源。农家肥资源总量在 12 031.8 万 t 左右,其中堆肥 6211.3 万 t、沤肥 987.1 万 t、厩肥 3543.8 万 t、土杂肥 1289.6 万 t。但农家肥总用量只有 6878.7 万 t,有相当一部分农家肥废弃没有应用。当前农肥的质量与 20 世纪 90 年代初相比,部分重金属的含量有所增加。其中鸡粪和猪粪中 Zn、Cu、Cr、Cd、As、Hg 增加较多,牛粪中 Zn、Cu、As、Hg 含量增加,羊粪则变化不大,堆肥中 Zn、Cu、Cr 增加 $2\sim4$ 倍。由于饲料添加剂用量增加和标准不严,目前我省畜禽粪便的重金属污染问题令人担忧(房杰,2010)。

农肥主要用作底肥,生产上要一次性施足,既要满足作物生长期对养分的需要,又不能过量,以免产生肥害。农肥应以猪圈粪、鸡禽粪、牛羊粪、秸秆堆肥、人粪等为主。这些肥料要充分发酵腐熟,以杀死病原体及寄生虫卵。通过增施有机肥可改善土壤肥力状况,增加有机质的含量,满足作物对各种营养元素的需要。底肥充足时,适宜采用撒施的方法;底肥较少时,可将 2/3 的肥料撒施、1/3 开沟集中施。注意地面撒施后,要深翻,使肥料和土壤充分混合均匀(黄鸿翔等,2006)。

(三)秸秆还田

目前,吉林省秸秆产量已达到 4000 万 t/年,与山西、河北及山东等秸秆综合利用较早的省份相比,吉林省秸秆综合利用率还比较低。在传统农业阶段,秸秆主要用于肥料、燃料和饲料等。随着传统农业向现代农业的转变,秸秆利用途径也面临着历史性转变,特别是随着农业生产水平的不断提高,在农家肥用量不足的情况下,秸秆还田已成为增加土壤有机物投入的主要途径。据统计,用作肥料直接还田的秸秆数量为 148 万 t,占秸秆资源总量的 4%。吉林省冬季漫长、温度较低,还不能实现秸秆全部还田,还田方式主要以根茬还田、高茬还田为主,目前已实现全部根茬还田(潘亚东等,2010)。

秸秆还田的数量可根据土壤状况而定,吉林省的中等肥力土壤每年分解有机物料的能力为 45 000kg/hm^2,肥力高的土壤分解能力强,肥力低的土壤分解能力弱。在确定秸秆还田数量时,还要考虑可能还田的秸秆数量和培肥快慢,以及当年增产效益等因素。在中下等肥力土壤上施秸秆 7500kg/hm^2 与施 3750kg/hm^2 的当年产量差异不显著。此外,确定秸秆施用量时,既要考虑稳定提高地力的需要,又要考虑经济效益,以三年还一茬为宜,重点放在中下等肥力土壤上,一茬还田量 $3750\sim7500$kg/hm^2 为宜(相当于半量-全量秸秆还田)(那伟等,2010)。

吉林省秸秆还田的主要方式是高茬还田。在玉米生产田里,采用新耕法宽窄行种植、留高茬(35～40cm),可以实现增加秸秆还田量 20％～30％。吉林省在农肥肥源不足,秸秆全部还田技术难题尚未破解的情况下,这种高留茬自然腐烂的还田方式不仅具有增加土壤有机质、培肥地力,而且具有减少土壤风蚀作用,是一种切实可行的还田方式。

秸秆直接还田常产生作物与微生物争 N 的矛盾。玉米秸秆的 C/N 值为 50：1～70：1,还田后要调节 C/N 值到 25：1～35：1 为宜。当 C/N 值 25～35 时,其 N 不足,在这种情况下还田的秸秆分解缓慢,微生物与作物争夺土壤中原有的有效 N,造成 N 缺乏,不利于作物生长发育甚至造成减产,因此秸秆还田要注意氮肥的合理施用。

(四) 存在的问题

1. 养分不平衡

目前,吉林省肥料用量逐年增加,施肥效益却不断下降。多年来,农民为追求高产,大量施用化肥,施肥存在盲目性,养分投入不平衡,养分投入比例失调,氮、磷肥投入多,钾肥和中微量元素肥料投入少;玉米一次性施肥面积较大,造成氮肥前期投入多,后期投入少,生育后期脱肥现象严重。

2. 使用方法不当

氮肥施用不能按照玉米需肥规律进行合理运筹;磷钾肥施用不能按照土壤养分丰缺状况进行适宜搭配。玉米一次性施肥缺乏高氮缓控型专用复混肥料,且很少搭配口肥,通常施用深度不够、位置不合理,极易造成前期烧苗、后期脱肥。

3. 土壤肥力下降

吉林省农业生产长期的"重用轻养"和温度较低难以实施秸秆还田,造成有机物料投入缺乏、土壤肥力下降。耕层有机质含量以平均每年 0.08％的速度下降,由开垦前的 3％～6％(高的达到 8％)降低到当前的 1.5％～3％(重者不足 1％),土壤理化性状明显变劣。现行的以小四轮拖拉机为主的耕作制度,由于动力不足,导致耕层变浅,犁底层加厚,活土量减少,土壤结构明显紧实,严重板结。

第二节　玉米对氮、磷、钾的吸收特性

一、玉米的吸肥特性

(一) 氮

氮是生物体生命遗传物质的基础,处于代谢活动的中心地位,对玉米的生长发育影响最大。氮是蛋白质中氨基酸的重要成分,还是许多酶类和叶绿素的重要组分,对玉米的生命活动及产量、品质形成都是必不可少的。

玉米生育期间,氮素被吸收后在植物体内的分配中心随生长中心的转移而变化。春玉米在散粉期前氮素在叶片中分配较多,占全株的 50％以上,其次在茎秆中,占全株的 20％左右。在散粉期前吸收的氮素主要供茎秆和叶片生长发育和建成的需要。随生育进

程的变化,生长中心转移,散粉后玉米进入生殖生长阶段,氮素的分配中心也由茎叶向雌穗转移。在灌浆期,氮素在雌穗中的分配量占全株总氮量的 40% 左右,之后则以籽粒建成为中心,到完熟期,籽粒氮素占全株总氮量的 60% 左右,成为容纳氮素最多的器官(刘景辉等,1994)。

对不同产量水平玉米的吸氮特性,随玉米产量水平的提高,其吸氮量也随之提高,二者呈显著的正相关。产量为 4500~6000kg/hm² 的,吸氮量为 120~180kg;产量为 7500~9000kg/hm² 的,吸氮量为 165~225kg;产量为 10 500~13 500kg/hm² 的,吸氮量为 225~270kg。产量为 16 995~18 966kg/hm²,每千克氮素生产籽粒量随产量的提高而增加,如产量为 1770~6000kg/hm²,每千克氮素生产籽粒 33kg;产量为 6210~7395kg/hm²,则为 35kg;产量为 7665~18 960kg/hm²,则为 46kg。而生产 100kg 籽粒需氮量随产量的提高而下降。据王庆成分析证明,产量为 1770~6000kg/hm²,100kg 籽粒需氮量为 3.01kg;产量为 6210~7395kg/hm²,需氮量为 2.86kg;产量为 7665~18 960kg/hm²,需氮量为 2.18kg。

从阶段吸肥量看,玉米吸氮特点是,苗期较少,穗期最多,粒期其次。吉林省农业科学院的研究结果表明,春玉米从出苗到拔节期吸氮量较少,吸收速度也较慢。拔节至大喇叭口期,植株吸氮速度加快,是第一个吸氮高峰期;大喇叭口期至抽雄期是第二个吸氮高峰期;抽雄至灌浆期是玉米吸氮第三个高峰期(图 6-1)。因此,玉米施用氮肥时应根据其吸肥特性进行分期调控。

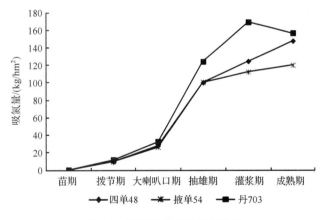

图 6-1　不同品种玉米吸氮曲线

(二) 磷

在植物体内,磷参与许多重要的生命代谢活动,磷是核酸的重要组成元素,能促进氮素和脂肪的代谢,能改善和调节植物新陈代谢,使之适应各种不良环境,提高作物抗逆性和适应能力。

在玉米生长过程中,开始阶段磷主要积累在叶片、叶鞘,吐丝后 30d 开始向籽粒转移。茎秆和雄穗的磷素在吐丝期积累到高峰,此后开始转移。吐丝期叶片和叶鞘的磷占地上部各器官总量的 1/2,茎秆和雄穗占 2/5,随生育期的延长,逐步向籽粒转移,成熟期籽粒中的磷占植株总量的 82.4%（刘景辉等,1994）。

对不同产量水平玉米的吸磷特性,随玉米产量水平的提高,其吸磷量也随之提高,二者呈极显著的正相关。产量为 4500~6000kg/hm²,吸磷量为 45~75kg;产量为 7500~9000kg/hm²,吸磷量为 60~90kg;产量为 10 500~13 500kg/hm²,吸磷量为 75~135kg。磷肥的增产效果在不同产量水平表现不同,产量为 1699.5~18 966kg/hm²,每千克磷素生产籽粒量随产量的提高而增加,如产量为 1770~6000kg/hm²,每千克磷素生产籽粒 75kg;产量为 6210~7395kg/hm²,则为 86kg;产量为 7665~18 960kg/hm²,则为 120kg;而生产 100kg 籽粒需磷量随产量的提高而下降。据王庆成分析证明,产量为 1770~6000kg/hm²,100kg 籽粒需磷量为 1.33kg;产量为 6210~7395kg/hm²,100kg 籽粒需磷量为 1.16kg;产量为 7665~18 960kg/hm²,100kg 籽粒需磷量为 0.83kg。

玉米不同时期吸收磷素的规律与氮相似。吉林省农业科学院的研究结果表明,玉米一生中有两个阶段吸磷最多,即拔节期到大喇叭口期至抽雄期和抽雄期至灌浆期。前期吸磷少,后期吸磷多(图 6-2)。

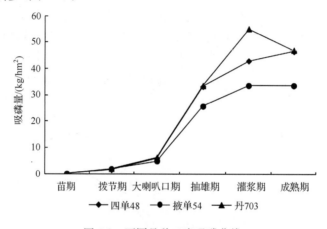

图 6-2　不同品种玉米吸磷曲线

（三）钾

钾在植株内呈离子态,不参与有机化合物的形成,但几乎对每一个生理过程都有促进作用。钾能高速透过生物膜,且与酶促反应密切,能促进同化产物的运输和能量转换。钾能激活许多种酶的活性,能促进光合作用,提高 CO_2 同化率,能促进蛋白质、糖类的合成和转运,还能促进植物生长,提高植物抵御外界环境胁迫的能力。

在春玉米中,钾素在各器官中分配与氮、磷素转移分配不同,它不随生长中心的转移而转移。在生育期间,钾素主要分配到叶片和茎秆中,散粉前以叶片最多,占全株的 40%以上,散粉后茎秆中最多,至完熟期达植物体总量的 45%以上。叶片和叶鞘中的钾向外转移较多,占植株转移总量的 79%~89%,而茎秆中的钾很少进入籽粒(刘景辉等,1994)。

对不同产量水平玉米的吸钾特性,随产量水平的提高,其吸钾量也随之提高,且二者呈极显著的正相关。产量为 4500~6000kg/hm²,吸钾量为 90~150kg;产量为 7500~

9000kg/hm^2,吸钾量为 150～285kg;产量为 10 500～13 500kg/hm^2,吸钾量为 255～450kg。钾肥的增产效果随产量水平而变化。产量为 1699.5～18 966kg/hm^2,每千克钾素生产籽粒量随产量的提高而稍有较低,如产量为 1770～6000kg/hm^2,每千克钾素生产籽粒 41kg;产量为 6210～7395kg/hm^2,则为 40kg;产量为 7665～18 960kg/hm^2,则为 38kg,这与氮和磷有所不同。而生产 100kg 籽粒需钾量随产量的提高而稍有增加。据王庆成分析证明,产量为 1770～6000kg/hm^2,100kg 籽粒需钾量为 2.41kg;产量为 6210～7395kg/hm^2,100kg 籽粒需钾量为 2.48kg;产量为 7665～18 960kg/hm^2,100kg 籽粒需钾量为 2.61kg。

　　玉米不同时期吸收钾素的规律与氮、磷相似。吉林省农业科学院的研究结果表明(图 6-3),玉米苗期吸钾量很少,拔节期至抽雄期吸钾量迅速增加,吸钾高峰期为大口期至抽雄期,在抽雄期之前就已吸收整个生育期所需要的绝大部分钾素。因此,玉米钾肥应提早施用,以保证生育前期对钾素的需求。

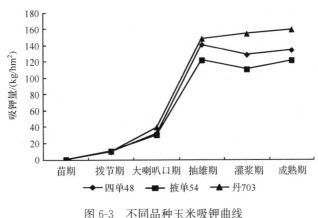

图 6-3　不同品种玉米吸钾曲线

二、不同类型玉米品种营养特性及施肥效果

(一) 高油玉米

　　高油玉米是人工培育出来的一种新型玉米,产量低于普通玉米的 20%～30%;含油量一般为 8.0%～10.0%,而普通玉米含油量一般仅为 4.0%～5.0%;玉米油中人体必需脂肪酸亚油酸的含量可达总油量的 60.0% 以上,玉米油的品质高,具有很好的保健和医疗效果;高的油含量带动了高的蛋白质、色氨酸和赖氨酸含量,整株及籽粒的总能量也高;高油玉米品种一般成熟后,茎秆青绿多汁,且蛋白质、维生素、总糖及总能量都高于普通玉米,而粗纤维含量却低于普通玉米,可作为优质青贮饲料。因此发展高油玉米对促进农业、畜牧业和加工产业的发展有重要意义。

　　高油玉米的育种研究工作最早于 1896 年始于美国。目前,我国中国农业大学、中国农业科学院等一批科研单位相继培育出了一批高产优质的高油玉米杂交种,如'高油 6号'、'高油 115'、'高油 298'、'吉油 1 号'等,但栽培面积不大。含油量是高油玉米品种优劣的重要指标,大量研究表明,玉米含油量一是受内在遗传因素的影响,二是受外在非遗传因素如土壤、水分、温度、气象条件及栽培措施等的影响。

1. 高油玉米的特性

高油玉米籽粒的胚较大、发育早而快,且胚的大小决定了含油量的高低。玉米油具有较高的热量,其热值比淀粉高 2.25 倍,是玉米胚芽中的重要储存物质之一,胚芽由盾片和胚组成,其中盾片的含油量占玉米总含油量的 85%,因此盾片是玉米油最重要储存器官(王伟东和王璞,2001)。

2. 高油玉米的营养特性

高油玉米品种相对于普通品种,其灌浆速率和完成全程油分积累速度一致较慢。吴景锋等发现在高油玉米营养生长期和开花期重施氮肥,能够提高籽粒灌浆期的叶片光合速率、1,5-二磷酸核酮糖(RuBP)羧化酶活性、叶面积指数等,也可增加籽粒产量。何萍等(2005)发现与普通玉米相比,高油玉米磷素最大吸收速率较小,且其最大速率出现的日期较晚,吸磷总量较低,玉米籽粒中磷素更多地来源于后期的根系吸收,而较少来源于营养体的磷素转移。高油玉米对钾素的最大吸收速率出现日期较早,其开花后根系钾素吸收量和成熟期籽粒钾素吸收总量均明显高于普通玉米,籽粒中钾素的积累同样较多来源于开花后根系的吸收,而较少来源于营养体的钾素转移(何萍等,2005)。

3. 施肥对高油玉米产量和品质的影响

关于营养元素对于高油玉米产量和品质的影响,国外研究表明,玉米籽粒含油率随土壤中 N 水平的提高而增加。还有一些研究营养元素对油百分含量和油产量的影响,认为施 N、P、K 含油量分别提高 8%、3% 和 2%,油产量提高 43%、54% 和 11%。蒋钟怀和王树安(1994)研究了营养元素对'高油 1 号'玉米生长发育及品质的影响,认为 N、P、K 配合施用可以提高籽粒产量、油产量和含油率。朱兴华(1992)对'高油 1 号'玉米也进行了研究,认为平衡供给养分,'高油 1 号'表现为叶片 N 含量高,叶绿素含量增加,光合速率高。王伟东和王璞(2001)也认为,在一定范围内随着施氮量的增加,高油玉米的产量和含油率有增加的趋势。

玉米籽粒产量和含油量受施肥时期影响。有研究认为,施用底肥,由于前期营养条件好,干物质积累多,后期粒重与胚重高,成熟时胚/粒值最大,籽粒含油量最高,油品质最好,籽粒发育初期是决定籽粒含油量高低的关键时期;穗肥,形成的粒大、粒重,从而产量最高,但籽粒含油量低于底肥处理;拔节肥,产量不如穗肥,含油量不如底肥,且易倒伏。因此在生产上合理施用底肥和穗肥,可提高高油玉米的品质和产量(黄绍文等,2004)。

金继运等(2004)在吉林省中部黑土区对高油玉米需肥特性的研究表明,适量施氮能增加高油玉米'吉油 1 号'籽粒油脂含量及不饱和脂肪酸中的亚油酸和油酸含量,其中施氮 175～225kg/hm² 时籽粒油分、不饱和脂肪酸、亚油酸和油酸含量均较高,较不施氮分别增加 7.0%～7.5%、7.4%～8.3%、7.0%～8.5% 和 8.1%～8.4%,而过量施氮会明显降低籽粒油分、不饱和脂肪酸、亚油酸和油酸含量。认为在该地区对高油玉米优质高产的合理施氮量为 175.0～225.0kg/hm²,施肥方法为基肥 1/4、大喇叭口期追肥 3/4 施用较好。黄绍文等(2004)也发现施氮较不施氮能明显增加高油玉米籽粒氨基酸总量,使籽粒各氨基酸组分含量均有不同程度的增加。

何萍等(2005)发现,适当施用磷肥可以提高高油玉米籽粒蛋白质和脂肪酸及其组分含量,但施磷对其淀粉及其组分含量的增加不明显。增加磷的施用量可以减少醇溶蛋白的含量,从而有利于改善蛋白质的品质;施磷处理下高油玉米籽粒的脂肪酸总量、亚油酸、油酸、亚麻酸、软脂酸、硬脂酸和花生酸含量分别较普通玉米高,从而表现出高油玉米"高油"的优势(表 6-1)。

表 6-1 施用磷肥对高油玉米'通油 1 号'品质的影响

品种	处理 /(kg/hm²)	脂肪酸总量/%	饱和脂肪酸含量/%			不饱和脂肪酸含量/%		
			软脂酸	硬脂酸	花生酸	油酸	亚油酸	亚麻酸
高油玉米 '通油 1 号'	P_0	8.02	0.98	0.17	0.03	2.62	4.17	0.05
	P_{45}	8.99	1.20	0.15	0.03	2.83	4.70	0.08
	P_{75}	9.80	1.32	0.17	0.04	2.32	5.84	0.11
	P_{105}	9.17	1.13	0.16	0.03	2.99	4.80	0.06
	P_{135}	9.30	1.12	0.19	0.03	3.01	4.89	0.06
普通玉米 '四密 25'	P_0	4.89	0.64	0.09	0.02	1.27	2.83	0.04
	P_{45}	5.19	0.65	0.09	0.01	1.40	2.99	0.05
	P_{75}	5.28	0.65	0.10	0.02	1.34	3.11	0.06
	P_{105}	5.18	0.67	0.02	0.02	1.26	3.09	0.05
	P_{135}	5.40	0.72	0.08	0.02	1.27	3.23	0.08

注:P_0 为不施磷;P_{45}、P_{75}、P_{105}、P_{135}分别表示施磷肥(按 P_2O_5 计)45kg/hm²、75kg/hm²、105kg/hm²、135kg/hm²

何萍等(2005)同时认为施钾在提高高油玉米'通油 1 号'产量的同时,增加了籽粒中脂肪和蛋白质及其组分含量,但减少了淀粉总量和支链淀粉含量。与不施钾处理相比,各施钾处理的淀粉总量和支链淀粉含量都有所下降,表明适当施用钾肥对蛋白质和脂肪的合成和积累有促进作用,而对淀粉的合成和积累则产生抑制作用。同时也表明籽粒中淀粉、蛋白质和脂肪之间含量的多少存在内在联系。高油品种以施钾 90kg/hm² 处理的增幅最大,脂肪酸含量最高,过量施钾则脂肪酸含量降低。

(二)高淀粉玉米

高淀粉玉米是指籽粒淀粉含量达 74%以上的专用型玉米,而普通玉米淀粉含量只有65%~70%,但高淀粉玉米的产量却稍低于普通玉米。玉米淀粉广泛用于食品、医药、造纸、化学和纺织工业,因此,玉米淀粉的生产在整个玉米加工业中占有重要的地位,发展高淀粉玉米生产,不但可为淀粉工业提供含量高、质量佳、纯度好的淀粉,而且可获得较高的经济效益,具有较好的发展前景。

1. 高淀粉玉米的特性

淀粉是玉米的主要储存物质,它的含量约占籽粒干重的 70%,又是胚乳的主要成分,占胚乳质量的 87%左右,因此高淀粉玉米具有较大的胚乳和较小的胚,这点与高油玉米相反。

2. 高淀粉玉米的营养特性

金继运等(2004)在吉林省中部黑土区对高淀粉玉米需肥特性的研究表明,适宜肥料用量下,与普通玉米相比,高淀粉玉米对氮的最大吸收速率较大,出现日期早,成熟期吸氮总量高,但其籽粒产量却较低,其籽粒中的氮素更多依赖于后期的根系吸收,较少来源于前期营养体的氮素转移。刘海龙(2007)发现,高淀粉玉米对磷的最大吸收速率低于普通玉米,且最大吸收速率出现日期晚于普通玉米;对钾的最大吸收速率高于普通玉米,其出现日期也晚于普通玉米。玉米氮素与磷素有一半以上是在抽雄后吸收,且吸收可一直持续到成熟期;生长前期钾素吸收较快,到灌浆期已积累了总量的80%以上。研究还发现,不同施肥处理下玉米营养体各组分(根、茎、叶和叶鞘)中的氮、磷、钾含量在拔节期达到最高,此后随植株生长逐步下降,而籽粒中的氮、磷、钾含量呈逐步上升趋势。

刘海龙(2007)发现,在适宜施肥量下,高淀粉玉米每生产100kg 籽粒的养分需求量为:N 2.06kg、P_2O_5 0.54kg、K_2O 1.35kg,比例为1.0∶0.26∶0.65;而普通玉米每生产100kg 籽粒的养分需求量为:N 2.29kg、P_2O_5 0.55kg、K_2O 1.27kg,比例为1.0∶0.24∶0.56,说明高淀粉玉米对氮的需求低于普通玉米,而对钾的需求高于普通玉米,对磷的需求量两者相当。但其他研究也发现,不同高淀粉玉米品种间对养分的吸收积累也存在一定的差异。

3. 施肥对高淀粉玉米产量和品质的影响

肥料是影响玉米产量和品质的一个重要因素。金继运等(2004)发现,施肥可提高高淀粉玉米的产量,施氮量为195kg/hm^2 时产量最高,过量则玉米产量下降;施氮量为150kg/hm^2 时淀粉含量最高,继续增加氮肥用量则淀粉含量下降;脂肪和蛋白质含量则继续增加,直至施氮量为240kg/hm^2 时达最大值。这表明高淀粉玉米产量和品质的最大值随施肥量的增加并不同时出现,首先淀粉含量达最大值,然后产量最大值出现,脂肪和蛋白质最大值的出现则是在产量最大值出现以后。支链淀粉含量、醇溶蛋白含量、软脂酸、油酸和亚油酸含量随氮肥用量的增加而增加,但施肥过量后也表现下降趋势,而施氮对直链淀粉、清蛋白、球蛋白、谷蛋白、硬脂酸、花生酸和亚麻酸含量的影响较小。刘开昌和李爱芹(2004)发现,施硫后高淀粉玉米的淀粉含量有降低的趋势。黄绍文等(2004)发现,施氮能明显增加高淀粉玉米籽粒蛋白质、醇溶蛋白和清蛋白含量,而对球蛋白和谷蛋白含量的影响较小,能使必需氨基酸中异亮氨酸、缬氨酸、苯丙氨酸和苏氨酸含量增加0.06%、0.08%、0.08%和0.05%;施磷或施钾对高淀粉玉米蛋白质、氨基酸及其组分含量基本无影响。

吉林省农业科学院的研究结果表明,高淀粉玉米施氮、施磷和施钾分别增加淀粉含量1.1%~5.8%、2.6%~6.6%和2.2%~3.6%,其中施磷肥和钾肥增加籽粒淀粉含量的效果好于氮肥(表6-2)。

表 6-2　施肥对高淀粉玉米'郑单 21'品质的影响

施氮量 /(kg/hm^2)	淀粉含量 /%	比不施氮增加/%	施磷(P_2O_5)量 /(kg/hm^2)	淀粉含量 /%	比不施磷增加/%	施钾(K_2O)量 /(kg/hm^2)	淀粉含量 /%	比不施钾增加/%
0	70.0		0	66.6		0	71.4	
150	75.8	5.8	45	69.2	2.6	60	74.6	3.2
195	71.4	1.4	75	70.0	3.4	90	75.0	3.6
240	71.3	1.3	105	73.2	6.6	120	73.6	2.2
285	71.1	1.1	135	70.5	3.9	150	74.3	2.9

（三）糯玉米

糯玉米又称粘玉米、黏玉米，支链淀粉含量几乎达100％，比普通玉米高50％以上。氨基酸、精蛋利胶蛋白及维生素含量都非常丰富，铁、钙等矿物质元素含量也很高，具有极高的营养价值，除供鲜食外，可加工成速冻或真空保鲜食品、籽粒罐头、八宝粥、糕点等各种食品。鲜食糯玉米口感颇佳，糯玉米食用消化率比普通玉米高20％以上，特别适宜作鲜嫩青玉米食用，为普通鲜玉米无法比拟。糯玉米还有降低胆固醇、预防高血压等作用。其中有色糯玉米的色氨酸、组氨酸、赖氨酸、硒、锌等含量高于普通玉米。糯玉米浑身都是宝，在造纸、纺织、食品工业等方面综合利用价值高。因此，糯玉米的产业化开发对调整农村产业结构、促进农村经济发展、提高农民收入具有十分重要的意义。

1. 糯玉米的特性

糯玉米独特的胚乳形态和结构是区别于其他玉米的主要特征之一，籽粒表面光滑，不透明，无光泽，呈坚硬晶体且显示蜡质特性。在胚乳发育中，支链淀粉的积累速率均高于直链淀粉，这就是糯玉米灌浆速度快的主要原因之一。

2. 糯玉米的营养特性

对糯玉米的养分吸收特性也已进行大量研究。陈明智和朱兴乐（2004）发现糯玉米前期（大喇叭口期前）对N、P、K养分的吸收较少，吸收的N和P分别占一生需要量的15％左右，而K仅为10％以下。随着糯玉米的生长，对N、P、K养分的吸收逐渐增加，至抽雄期和雌花期达到最大吸收量，N占70％，P占80％，K占90％左右；至成熟期吸收又趋于减少，N占6％，P占7％，K仅占0.5％～1.6％。糯玉米对N、P、K不同养分的吸收高峰期有差异，N有两个吸收高峰期，两个高峰期吸收量所占的比例接近，抽雄期和雌花期分别占总吸收量的38％～39％和33％～36％，最高峰出现在抽雄期；P的吸收高峰期也有两个，抽雄期和雌花期分别占总吸收量的22％～29％和44％，最高峰出现在雌花期；K的吸收高峰在抽雄期，其吸收量占总吸收量的57.5％～65.7％。糯玉米对N、P、K的吸收比例在生育前期和后期差异不大，但中后期对N、K的吸收明显高于P，且中前期对N的吸收比例明显高于K，中后期则对K的吸收明显高于N，而到成熟期对N的吸收又比K大。卢艳丽等（2006）对几十个不同的糯玉米品种研究后发现，糯玉米鲜穗高产品种主要在大喇叭口至开花阶段增加了吸N量，成熟籽粒高产品种在大口至开花阶段增加了吸N量，其次在开花至鲜穗采收阶段也增加了吸N量，这与普通玉米略有差异，糯玉米对养分的最大需求期有所推迟。由于糯玉米千粒重低，幼苗长势弱，因此要基肥充足，同时追肥期稍后延，磷、钾肥主要为集中基施，氮肥分为1/3基施和2/3大喇叭口期后追施。卢艳丽等同时发现，糯玉米植株氮素含量随生育进程逐渐下降，而植株氮素积累量随生育进程逐渐增加，拔节前增加缓慢，拔节至鲜穗采收期增加迅速，此后增加又变慢，呈不对称"S"形增长曲线。糯玉米生育期间氮素分配中心随生长中心转移而变化，开花前主要分配在叶片和茎秆中，开花后开始由茎、叶转向雌穗，并逐渐以籽粒建成为中心。高产、氮素吸收量大、氮素利用效率高基因型品种，其鲜食期和成熟期的氮素总转移率也较高。

林电等（2006）发现，甜糯玉米吸收养分量的大小顺序为N＞K＞P＞Ca＞S＞Mg，生产100kg籽粒吸收N、P、K、Ca、Mg、S分别为3.74kg、0.39kg、3.38kg、0.32kg、0.18kg、

0.23kg。植株的不同器官养分含量也有差异,其中果实中 N、P、Mg、S 的含量最高。

3. 施肥对糯玉米产量和品质的影响

许多研究已表明,和普通玉米一样,施肥可提高糯玉米的产量和质量。陈惠阳等(2005)发现,施用钾肥后,糯玉米籽粒鲜重、干重、体积均较对照高,有利于鲜食糯玉米籽粒的建成,并可明显提高鲜食糯玉米籽粒的赖氨酸、粗蛋白、游离氨基酸、可溶性蛋白、脂肪及淀粉含量,且可加快籽粒的脱水速度。施用磷肥的糯玉米穗鲜重及籽粒的鲜重、干重、体积提高日期晚于使用钾肥处理,陈惠阳等同时认为钾肥在对鲜食糯玉米籽粒的形成,促使籽粒饱满及提高籽粒营养品质方面影响大于磷肥的作用。

第三节　玉米合理施肥技术

一、因土施肥技术

土壤类型不同,其肥力水平不同,施肥量也不尽相同。吉林省农科院在不同类型土壤上开展了 N、P、K 肥施用水平试验。明确了黑土、淡黑钙土和冲积土玉米施肥技术(谢佳贵等,2008)。

(一)黑土施肥技术

1. 黑土氮肥施用技术

黑土是吉林省中部地区的主要土壤,其肥力较高,保水保肥性较好。在确定合理施 N量时,要结合黑土土壤特性及肥力水平,考虑 N 肥的增产效果和经济效益,发挥 N 肥的最大增产增收作用,实现合理、经济施肥。

吉林省农科院于 2005～2007 年在吉林省黑土区开展了 N 肥施用水平试验,通过不同年份不同地点的 N 肥产量及其效应函数关系得到,吉林省黑土区 N 肥适宜用量为109～196kg/hm²(表 6-3、表 6-4)。

表 6-3　黑土 N 肥试验产量结果

试验年度	地点	产量/(kg/hm²)				
		N0	N90	N145	N200	N255
2005	公主岭市	8 522	8 989	9 333	9 560	8 124
	梨树县	8 107	9 038	9 156	9 634	9 500
	榆树市	8 472	9 122	9 259	9 236	9 073
2006	公主岭市	9545	11 192	10 703	10 690	10 777
	梨树县	6 165	8 899	9 681	9 674	9 544
	榆树市	6 879	8 604	8 787	9 258	8 476
2007	公主岭市	10 963	10 943	10 965	11 329	11 082
	梨树县	7 322	8 048	8 087	8 219	8 078
	榆树市	8 093	8 210	8 597	8 261	7 593

表 6-4　黑土施 N 效应

试验年度	地点	效应函数		最高产量 N 用量/(kg/hm²)
2005	公主岭市	$y=8\,402+15.69x-0.061\,9x^2$	$r=0.828$	127
	梨树县	$y=4\,904+47.62x-0.121\,7x^2$	$r=0.997$	196
	榆树市	$y=8\,514+8.56x-0.022\,6x^2$	$r=0.981$	189
2006	公主岭市	$y=9\,680+15.93x-0.048\,3x^2$	$r=0.733\,7$	165
	梨树县	$y=6\,198+38.05x-0.099\,0x^2$	$r=0.994\,9$	192
	榆树市	$y=6\,870+25.35x-0.073\,3x^2$	$r=0.962\,9$	176
2007	公主岭市	$y=10\,914+1.09x-0.000\,3x^2$	$r=0.380\,1$	不显著
	梨树县	$y=7\,337+9.44x-0.025\,7x^2$	$r=0.977\,1$	194
	榆树市	$y=8\,023+8.27x-0.037\,8x^2$	$r=0.787\,5$	109

2. 黑土 P 肥施用技术

在化学肥料中,P 肥的当季利用率最低。因此,必须合理施用 P 肥,提高其利用率。在确定合理施 P 量时,要结合黑土土壤特性及肥力水平,考虑 P 肥的增产效果和经济效益,发挥 P 肥的最大增产增收作用,实现合理、经济施肥。

吉林省农科院于 2005～2007 年在吉林省黑土区开展了 P 肥施用水平试验,通过不同年份不同地点的 P 肥产量及其效应函数关系得到,吉林省黑土区 P_2O_5 适宜用量为 41～99kg/hm²(表 6-5、表 6-6)。

表 6-5　黑土 P 肥试验产量结果

试验年度	地点	产量/(kg/hm²)					
		P0	P23	P46	P69	P92	P115
2005	公主岭市	8 476	8 340	8 989	8 722	8 524	8 129
	梨树县	9 308	9 600	9 390	9 428	9 316	9 288
	榆树市	8 334	8 448	8 477	8 672	8 448	8 630
2006	公主岭市	10 428	11 216	10 961	11 273	9 701	9 649
	梨树县	9 288	9 894	10 095	10 076	10 763	10 098
	榆树市	7 901	8 597	9 095	8 787	8 864	8 271
2007	公主岭市	9 668	10 334	10 309	10 747	10 603	10 159
	梨树县	7 297	8 159	8 215	8 426	9 122	8 609
	榆树市	7 222	8 330	8 052	7 484	7 216	7 351

3. 黑土 K 肥施用技术

K 肥的施用要与土壤类型有关。近几年试验结果表明,我省黑土施 K 均有增产效果。在确定合理施 K 量时,要结合黑土土壤特性及肥力水平,考虑 K 肥的增产效果和经济效益,发挥 K 肥的最大增产增收作用,实现合理、经济施肥。

吉林省农科院于 2005～2007 年在吉林省黑土区开展了 K 肥施用水平试验,通过不同年份不同地点的 K 肥产量及其效应函数关系得到,吉林省黑土区 K_2O 适宜用量为

$42\sim82kg/hm^2$（表 6-7、表 6-8）。

表 6-6 黑土施 P 效应

试验年度	地点	效应函数		最高产量 P_2O_5 用量/(kg/hm^2)
	公主岭市	$y=8\,350+16.53x-0.159\,0x^2$	$r=0.808$	52
2005	梨树县	$y=9\,360+6.28x-0.075\,6x^2$	$r=0.665$	41
	榆树市	$y=8\,452+1.88x-0.006\,5x^2$	$r=0.511$	89
	公主岭市	$y=10\,555+26.66x-0.319\,6x^2$	$r=0.749\,8$	42
2006	梨树县	$y=9\,299+25.37x-0.148\,9x^2$	$r=0.770\,8$	85
	榆树市	$y=793\,5+34.41x-0.274\,4x^2$	$r=0.915\,1$	63
	公主岭市	$y=9\,680+27.99x-0.203\,4x^2$	$r=0.881\,7$	69
2007	梨树县	$y=7\,358+28.75x-0.145\,7x^2$	$r=0.854\,2$	99
	榆树市	$y=7\,555+14.67x-0.162\,9x^2$	$r=0.389\,5$	45

表 6-7 黑土 K 肥试验产量结果

试验年度	地点	产量/(kg/hm^2)				
		K0	K30	K60	K90	K120
	公主岭市	7 910	8 559	8 534	7 416	7 552
2005	梨树县	9 013	9 331	9 603	9 490	9 062
	榆树市	8 512	8 686	8 718	9 213	8 678
	公主岭市	10 217	10 999	10 624	10 418	10 291
2006	梨树县	9 249	10 288	10 765	9 933	9 662
	榆树市	8 662	8 657	9 176	8 994	8 411
	公主岭市	9 884	10 049	10 671	11 057	10 389
2007	梨树县	8 005	8 726	8 313	8 397	8 128
	榆树市	7 515	8 034	7 902	7 729	7 448

表 6-8 黑土施 K 效应

试验年度	地点	效应函数		最高产量 K_2O 用量/(kg/hm^2)
	公主岭市	$y=8\,063+13.98x-0.168\,1x^2$	$r=0.872$	42
2005	梨树县	$y=8\,980+18.76x-0.149\,2x^2$	$r=0.762$	63
	榆树市	$y=8\,453+11.96x-0.075\,7x^2$	$r=0.981$	79
	公主岭市	$y=10\,309+23.27x-0.186\,6x^2$	$r=0.976\,3$	62
2006	梨树县	$y=9\,324+38.99x-0.351\,8x^2$	$r=0.834\,0$	55
	榆树市	$y=8\,548+17.14x-0.147\,4x^2$	$r=0.677\,1$	58
	公主岭市	$y=9\,735+24.84x-0.150\,9x^2$	$r=0.677\,1$	82
2007	梨树县	$y=8\,116+13.85x-0.117\,7x^2$	$r=0.677\,1$	59
	榆树市	$y=7\,579+14.17x-0.130\,2x^2$	$r=0.677\,1$	54

（二）淡黑钙土施肥技术

1. 淡黑钙土氮肥施用技术

淡黑钙土是吉林省西部地区的主要土壤类型，在确定合理施 N 量时，要结合淡黑钙土土壤特性及肥力水平，考虑 N 肥的增产效果和经济效益，发挥 N 肥的最大增产增收作用，实现合理、经济施肥。

吉林省农科院于 2005～2007 年在吉林省淡黑钙土区开展了 N 肥施用水平试验，通过不同年份不同地点的 N 肥产量及其效应函数关系得到，吉林省淡黑钙土区 N 肥适宜用量为 119～213kg/hm²（表 6-9、表 6-10）。

表 6-9　淡黑钙土 N 肥试验产量结果

试验年度	地点	产量/(kg/hm²)				
		N0	N90	N145	N200	N255
2005	扶余市	10 361	10 694	11 248	11 196	10 806
	乾安县	8 456	9 484	9 661	9 287	8 983
	长岭县	8 020	8 605	9 115	9 135	9 040
	洮南市	6 467	6 883	7 850	7 783	7 350
2006	扶余市	10 867	11 446	11 406	11 964	11 465
	乾安县	10 738	11 162	11 231	10 975	10 767
	长岭县	11 293	11 852	11 977	11 388	11 225
2007	乾安县	6 111	6 286	6 021	6 735	5 806
	镇赉县	7 429	8 034	8 003	7 807	7 621

表 6-10　淡黑钙土施氮效应

试验年度	地点	效应函数		最高产量 N 用量/(kg/hm²)
2005	扶余市	$y=10\ 292+9.79x-0.029\ 1x^2$	$r=0.896$	168
	乾安县	$y=8\ 563+14.61x-0.051\ 6x^2$	$r=0.983$	142
	长岭县	$y=7\ 985+10.66x-0.025\ 0x^2$	$r=0.981$	213
	洮南市	$y=6\ 355+13.65x-0.036\ 7x^2$	$r=0.888$	189
2006	扶余市	$y=10\ 867+8.58x-0.022\ 4x^2$	$r=0.756\ 1$	192
	乾安县	$y=10\ 746+7.11x-0.028\ 0x^2$	$r=0.942\ 8$	127
	长岭县	$y=11\ 319+8.93x-0.037\ 8x^2$	$r=0.853\ 3$	119
2007	乾安县	$y=6\ 501+5.66x-0.030\ 2x^2$	$r=0.344\ 6$	123
	镇赉县	$y=7\ 232+11.47x-0.069\ 4x^2$	$r=0.811\ 6$	135

2. 淡黑钙土 P 肥施用技术

淡黑钙土是吉林省西部地区的主要土壤类型。淡黑钙土施用 P 肥具有较好的增产效果。在确定合理施 P 量时，要结合淡黑钙土土壤特性及肥力水平，考虑 P 肥的增产效果和经济效益，发挥 P 肥的最大增产增收作用，实现合理、经济施肥。

吉林省农科院于2005～2007年在吉林省淡黑钙土区开展了P肥施用水平试验,通过不同年份不同地点的P肥产量及其效应函数关系得到,吉林省淡黑钙土区P肥适宜用量为80～101kg/hm²(表6-11、表6-12)。

表6-11　淡黑钙土P肥试验产量结果

试验年度	地点	产量/(kg/hm²)					
		P0	P23	P46	P69	P92	P115
2005	扶余市	10 469	10 751	10 922	11 369	11 174	11 070
	乾安县	9 639	9 085	9 607	9 509	9 085	9 288
	长岭县	7 390	8 375	8 620	8 815	8 875	8 877
	洮南市	6 917	7 500	7 583	7 650	8 000	7 717
2006	扶余市	10 742	11 465	11 212	11 362	11 990	11 309
	乾安县	9871	10 515	10 719	11 332	11 228	10 860
	长岭县	8997	9902	10 488	11 490	11 648	11 353
2007	乾安县	5 419	5 785	6 279	6 810	6 801	6 506
	镇赉县	6 540	6 855	7 672	8 204	8 306	8 136

表6-12　淡黑钙土施P效应

试验年度	地点	效应函数		最高产量P₂O₅用量/(kg/hm²)
2005	扶余市	$y=10\ 420+19.04x-0.114\ 5x^2$	$r=0.943$	83
	乾安县	不显著		
	长岭县	$y=7\ 503+33.29x-0.190\ 8x^2$	$r=0.977$	81
	洮南市	$y=6\ 969+19.58x-0.110\ 1x^2$	$r=940$	89
2006	扶余市	$y=10\ 813+19.24x-0.118\ 0x^2$	$r=0.544\ 1$	82
	乾安县	$y=9\ 830+33.99x-0.212\ 4x^2$	$r=0.935\ 8$	80
	长岭县	$y=8\ 900+52.32x-0.260\ 3x^2$	$r=0.969\ 7$	101
2007	乾安县	$y=5\ 306+31.84x-0.179\ 5x^2$	$r=0.925$	89
	镇赉县	$y=6\ 375+37.82x-0.943\ 8x^2$	$r=0.935$	97

3. 淡黑钙土K肥施用技术

K肥的施用要与土壤类型有关。近几年试验结果表明,淡黑钙土施用K肥具有较好的增产效果。在确定合理施K量时,要结合淡黑钙土土壤特性及肥力水平,考虑K肥的增产效果和经济效益,发挥K肥的最大增产增收作用,实现合理、经济施肥。

吉林省农科院于2005～2007年在吉林省淡黑钙土区开展了K肥施用水平试验,通过不同年份不同地点的K肥产量及其效应函数关系得到,吉林省淡黑钙土区K肥适宜用量为64～134kg/hm²(表6-13、表6-14)。

表 6-13　淡黑钙土 K 肥试验产量结果

试验年度	地点	产量/(kg/hm²)				
		K0	K30	K60	K90	K120
2005	扶余市	10 918	11 265	11 510	11 685	11 276
	乾安县	8 807	9 142	8 790	8 925	9 024
	长岭县	6 975	7 775	8 250	8 445	8 455
	洮南市	7 417	7 783	7 733	7 967	8 000
2006	扶余市	10 703	11 196	11 664	11 349	10 974
	乾安县	10 416	10 435	10 830	10 820	10 335
	长岭县	9 750	11 972	12 047	10 612	10 548
2007	乾安县	6 596	6 454	6 732	6 954	6 649
	镇赉县	7 294	7 377	7 712	7 784	7 361

表 6-14　淡黑钙土施 K 效应

试验年度	地点	效应函数		最高产量 K₂O 用量/(kg/hm²)
2005	扶余市	$y=10\,878+18.85x-0.125\,5x^2$	$r=0.958$	75
	乾安县	不显著		
	长岭县	$y=6\,988+29.81x-0.147\,6x^2$	$r=0.999$	101
	洮南市	$y=7\,455+8.14x-0.030\,3x^2$	$r=0.941$	134
2006	扶余市	$y=10\,678+26.31x-0.199\,9x^2$	$r=0.954\,1$	66
	乾安县	$y=10\,320+14.20x-0.112\,1x^2$	$r=0.649\,5$	64
	长岭县	$y=9\,927+71.57x-0.562\,1x^2$	$r=0.931\,5$	64
2007	乾安县	$y=6\,501+5.66x-0.030\,2x^2$	$r=0.344\,6$	93
	镇赉县	$y=7\,232+11.47x-0.069\,4x^2$	$r=0.811\,6$	83

（三）冲积土施肥技术

1. 冲积土 N 肥施用技术

冲积土是吉林省东部地区的主要土壤类型,在确定合理施 N 量时,要结合冲积土土壤特性及肥力水平,考虑 N 肥的增产效果和经济效益,发挥 N 肥的最大增产增收作用,实现合理、经济施肥。

吉林省农科院于 2005～2007 年在吉林省冲积土区开展了 N 肥施用水平试验,通过不同年份不同地点的 N 肥产量及其效应函数关系得到,吉林省冲积土区 N 肥适宜用量为 90～257kg/hm²(表 6-15、表 6-16)。

2. 冲积土 P 肥施用技术

冲积土是吉林省东部地区的主要土壤类型。冲积土施用 P 肥具有较好的增产效果。在确定合理施 P 量时,要结合冲积土土壤特性及肥力水平,考虑 P 肥的增产效果和经济效益,发挥 P 肥的最大增产增收作用,实现合理、经济施肥。

表 6-15　冲积土 N 肥试验产量结果

试验年度	地点	产量/(kg/hm²)				
		N0	N90	N145	N200	N255
2005	桦甸市	9 121	10 714	11 261	11 557	11 294
	东辽县	10 998	11 551	11 241	11 361	11 185
2006	桦甸市	8 969	10 847	12 264	12 764	12 711
	东辽县	10 828	11 772	11 923	12 837	12 148
2007	桦甸市	12 400	13 106	12 431	12 271	11 783
	东辽县	7 760	8 475	9 096	9 177	8 807

表 6-16　冲积土施 N 效应

试验年度	地点	效应函数		最高产量 N 用量/(kg/hm²)
2005	桦甸市	$y=10\ 203+17.39x-0.064\ 2x^2$	$r=0.872$	200
	东辽县	$y=8\ 063+13.98x-0.168\ 1x^2$	$r=0.762$	140
2006	桦甸市	$y=8\ 882+30.64x-0.059\ 6x^2$	$r=0.983\ 6$	257
	东辽县	$y=10\ 777+14.62x-0.033\ 3x^2$	$r=0.840\ 4$	220
2007	桦甸市	$y=12\ 478+7.21x-0.040\ 1x^2$	$r=0.812\ 5$	90
	东辽县	$y=7\ 698+14.40x-0.038\ 1x^2$	$r=0.937\ 4$	189

　　吉林省农科院于2005～2007年在吉林省冲积土区开展了 P 肥施用水平试验,通过不同年份不同地点的 P 肥产量及其效应函数关系得到,吉林省冲积土区 P 肥适宜用量为41～100kg/hm²(表 6-17、表 6-18)。

表 6-17　冲积土 P 肥试验产量结果

试验年度	地点	产量/(kg/hm²)					
		P0	P23	P46	P69	P92	P115
2005	桦甸市	10 840	10 999	11 671	11 603	11 596	11 750
	东辽县	11 519	11 528	10 528	11 021	10 914	11 143
2006	桦甸市	9 613	10 975	11 199	12 524	12 458	11 728
	东辽县	11 602	11 790	11 621	11 713	12 994	10 418
2007	桦甸市	12 075	12 528	12 622	12 487	13 621	12 359
	东辽县	7 270	8 153	8 574	8 776	9 037	8 625

3. 冲积土 K 肥施用技术

　　K 肥的施用要与土壤类型有关。近几年试验结果表明,冲积土施用 K 肥具有一定的增产效果。在确定合理施 K 量时,要结合冲积土土壤特性及肥力水平,考虑 K 肥的增产效果和经济效益,发挥 K 肥的最大增产增收作用,实现合理、经济施肥。

　　吉林省农科院于2005～2007年在吉林省冲积土区开展了 K 肥施用水平试验,通过不同年份不同地点的 K 肥产量及其效应函数关系得到,吉林省冲积土区 K 肥适宜用量为

$35\sim95\mathrm{kg/hm^2}$（表 6-19、表 6-20）。

表 6-18　冲积土施 P 效应

试验年度	地点	效应函数		最高产量 N 用量/(kg/hm²)
2005	桦甸市	$y=10\ 799+18.43x-0.092\ 5x^2$	$r=0.932$	100
	东辽县	不显著		
2006	桦甸市	$y=9\ 559+64.81x-0.385\ 6x^2$	$r=0.920\ 4$	84
	东辽县	$y=11\ 371+28.42x-0.271\ 1x^2$	$r=0.250\ 9$	52
2007	桦甸市	$y=12\ 027+22.81x-0.149\ 0x^2$	$r=0.380\ 2$	77
	东辽县	$y=7\ 295+39.58x-0.240\ 2x^2$	$r=0.980\ 4$	82

表 6-19　冲积土 K 肥试验产量结果

试验年度	地点	产量/(kg/hm²)				
		K0	K30	K60	K90	K120
2005	桦甸市	10 265	10 636	10 793	11 654	11 368
	东辽县	10 771	11 204	10 997	10 835	10 641
2006	桦甸市	10 875	12 244	12 499	12 419	12 328
	东辽县	12 851	11 929	11 258	11 335	12 285
2007	桦甸市	13 126	13 697	13 118	13 012	12 671
	东辽县	8 200	8 316	8 772	9 120	8 732

表 6-20　冲积土施 K 效应

试验年度	地点	效应函数		最高产量 N 用量/(kg/hm²)
2005	桦甸市	$y=10\ 203+17.39x-0.064\ 2x^2$	$r=0.872$	42
	东辽县	$y=8\ 063+13.98x-0.168\ 1x^2$	$r=0.762$	63
2006	桦甸市	$y=10\ 991+41.27x-0.258\ 3x^2$	$r=0.931\ 9$	80
	东辽县	不显著		
2007	桦甸市	$y=13\ 215+7.55x-0.107\ 2x^2$	$r=0.704\ 6$	35
	东辽县	$y=8\ 095+16.86x-0.088\ 6x^2$	$r=0.790\ 2$	95

（四）黑土 P 肥后效作用

　　P 是植物必需的营养元素之一。20 世纪 90 年代初期以前，由于玉米产量相对较低，施 P 量较少，土壤中磷素不足。90 年代中期以后为了满足作物对 P 的需求，连年施用大量优质、高含量 P 肥，施入的 P 除玉米吸收一部分外，余下的在土壤中积累，发挥了其后效功能。吉林省农科院通过 13 年的黑土 P 肥定位试验，明确了 P 肥后效作用对玉米产量及其利用率的影响。试验设在吉林省公主岭市刘房子镇中等肥力黑土，采用裂区设置，面积为 $50\mathrm{m^2}$，在施用 N $180\mathrm{kg/hm^2}$ 基础上，设置了 P 肥（P_2O_5）$0\mathrm{kg/hm^2}$、$45\mathrm{kg/hm^2}$、$90\mathrm{kg/hm^2}$、$135\mathrm{kg/hm^2}$、$180\mathrm{kg/hm^2}$ 用量水平（谢佳贵等，2006）。

1. P 肥及其后效对玉米的增产效果

残留在土壤中的 P 肥,在测定的 9 个年度里,各年度对玉米都有不同程度的后效作用。4 个量级 P 肥第 1～2 年后效区玉米产量与相应 P 肥连施区玉米产量相近,其差异未达到显著水平,而第 3～12 年后效区产量明显低于相应的 P 肥连施区,其差异达到极显著水平,说明残留在土壤中的磷有两年较明显的后效作用(表 6-21)。

表 6-21　不同量级 P 肥及其后效对玉米增产效果　　（单位：kg/hm²）

年度	产量	处理 1 N：188 P₂O₅：0	处理 2 N：188 P₂O₅：45	处理 3 N：188 P₂O₅：90	处理 4 N：188 P₂O₅：135	处理 5 N：188 P₂O₅：180	显著水平 LSD₀.₀₅ LSD₀.₀₁	磷肥连施区同后效区相比
1987		5855	6626	6300	6257	7178	—	—
1988	连续施磷	—	6623	6747	6308	6791	647	不显著
	1 年后效	6093	6834	6689	6885	7286	1180	
1989	连续施磷	—	8828	8684	8591	8537	626	不显著
	2 年后效	7701	8342	8417	8552	8700	1143	
1990	连续施磷		8484	8759	8412	8708	236	极显著
	3 年后效	7910	7863	7884	7593	7971	430	
1991	连续施磷	—	5466	6137	5756	6135	628	极显著
	4 年后效	4845	5057	5226	4722	5205	1105	
1992	连续施磷	—	8492	8973	9026	9065	993	极显著
	5 年后效	5595	7209	6875	7142	7850	1812	
1996	连续施磷	—	8490	8025	7635	7905	852	极显著
	9 年后效	5340	6915	6945	6960	6975	1553	
1997	连续施磷	—	9852	10838	8880	9717	2166	显著
	10 年后效	6360	7704	7359	8796	8799	3950	
1998	连续施磷	—	8018	9365	9441	9132	854	极显著
	11 年后效	3887	5537	6105	6257	6482	1556	
1999	连续施磷	—	6647	7250	7251	6485	821	极显著
	12 年后效	3659	4496	5169	5757	5004	1496	

2. P 肥当季及其后效利用率

P 肥定位试验植株化验结果得出,玉米对残留土壤中 P 肥的利用率远远大于 P 肥施用当季的利用率,3 年后效利用率之和高达 40.57%～85.91%。在 3 年后效利用率中以第 1 至第 2 年后效利用率最高,以后逐年降低,后效第 3 年利用率降至 9.12%～13.15%(表 6-22)。

春玉米施用 P 肥时间较长,土壤中残留的 P 肥较多。今后在玉米施肥中应注意发挥残留 P 肥的后效作用,可以依据土壤和作物适当减磷或试行定期间断施用 P 肥。

表 6-22　P 肥当季及其后效的利用率　　　　　　（单位：kg/hm²）

处理	磷肥（P₂O₅）用量						
	0	P₂O₅ 45	占 3 年后效利用率累计量的百分比/%	P₂O₅ 90	占 3 年后效利用率累计量的百分比/%	P₂O₅ 135	P₂O₅ 180
磷肥当季利用率	—	—	—	9.74	—	—	—
第 1 年后效利用率	—	29.98	46	38.77	45	37.96	14.85
第 2 年后效利用率	—	25.65	40	28.56	33	30.51	12.57
第 3 年后效利用率	—	9.12	14	18.58	22	10.82	13.15
3 年后效累计利用率		64.75		85.91		79.29	40.57

注：P₂O₅ 45 指施用 P 肥（P₂O₅）45kg/hm²；P₂O₅ 90 指施用 P 肥（P₂O₅）90kg/hm²；P₂O₅ 135 指施用 P 肥（P₂O₅）135kg/hm²；P₂O₅ 180 指施用 P 肥（P₂O₅）180kg/hm²

　　玉米施用 P 肥均有不同程度增产效应，但处理间差异不显著。说明 P 肥用量不是越多越好。玉米施用 P 肥存在一个增产效果与经济效益较大、利用率较高的经济用量。在玉米上施用 P 肥应依据玉米品种、产量水平和土壤肥力等情况大力推广节肥高效的经济用量。

（五）黑土钾素循环与调控

　　为了探讨施用钾肥对玉米产量的影响，吉林省农科院从 1993 年开始进行了钾肥长期定位试验研究（表 6-23）。试验结果表明，钾肥在中等肥力黑土上，试验的前两年（1993～1994 年）对玉米没表现出明显增产效果，从试验的第 3 年（1995 年）开始至 2010 年，钾肥对玉米均产生显著或极显著的增产效果。1995～2010 年，钾肥对玉米的绝对增产值为 538～2223kg/hm²，相对增产值为 5.4%～28.3%。16 年中，施用 113kg/hm² K₂O 的处理 2 明显好于 225kg/hm² 处理 3 的有 5 年（1996 年、1997 年、2005 年、2009 年和 2010 年），有 10 年（1995 年、1998 年、1999 年、2001 年、2002 年、2003 年、2004 年、2006 年、2007 年和 2008 年）二者处理差异不显著，仅 2000 年一年是 225kg/hm² K₂O 处理明显高于 113kg/hm² K₂O 处理对玉米的增产效果。从 16 年（1995～2010 年）钾肥对玉米增产效应总值来看，是施用 113kg/hm² K₂O 的处理 2 好于 225kg/hm² 的处理 3（王秀芳等，2004）。

表 6-23　1993～2010 年钾肥定位试验增产统计结果

试验年度	处理 2 比处理 1 增产		处理 3 比处理 1 增产		显著水平	
	绝对值/（kg/hm²）	相对值/%	绝对值/（kg/hm²）	相对值/%	LSD₀.₀₁	LSD₀.₀₅
1993	111	1.1	315	3.1	1884	1244
1994	219	2.5	838	9.5	1926	1272
1995	838**	8.5	538*	5.4	652	430
1996	1441**	20.1	1055**	14.7	709	468
1997	1718**	24.3	1013*	14.4	1278	844
1998	2223**	25.6	1978**	22.7	1442	952

试验年度	处理 2 比处理 1 增产		处理 3 比处理 1 增产		显著水平	
	绝对值/(kg/hm²)	相对值/%	绝对值/(kg/hm²)	相对值/%	$LSD_{0.01}$	$LSD_{0.05}$
1999	1365**	14.8	1817**	19.7	1248	824
2000	711**	16.8	1195**	28.3	641	423
2001	890*	10.1	897*	10.1	1064	702
2002	1533*	20.5	942	12.6	1761	1162
2003	881**	14.4	883**	14.4	662	437
2004	992**	10.8	916**	10.0	842	556
2005	1140**	14.9	626*	8.2	665	401
2006	1112**	10.5	836*	7.9	1025	677
2007	1130**	15.2	1041*	14.0	1203	795
2008	1228**	12.9	1200**	12.6	743	491
2009	1207**	18.1	858**	12.9	311	205
2010	1637**	16.8	1060**	10.9	469	310

　　$* P < 0.05, ** P < 0.01$

二、因品种施肥技术

　　不同玉米品种间吸收养分的能力存在很大差异。吉林省农科院研究表明,不同玉米品种吸收土壤中养分(N、P、K)高低相差 1.44 倍,吸收肥料中养分高低相差 2.44 倍。不同玉米品种的施肥效益和肥料利用率差异也很大。可见,玉米按品种施肥可以减少化肥的浪费与损失,提高化肥利用率,降低玉米生产成本,提高种植效益。

　　(一)不同玉米品种吸收养分能力及其利用率不同

　　研究表明,'吉单 180'和'四密 21'吸收土壤中养分(N、P、K)数量最多,为 223.2kg/hm² 和 251.7kg/hm²;其次是'吉单 209',为 195.4kg/hm²;'吉新 205'和'丹 703'最少,为 176.7kg/hm² 和 184.0kg/hm²,高低值之差达 39.2～75.0kg/hm²(1.42 倍)。吸收化肥中 N、P、K 的数量则以'丹 703'和'吉新 205'最多,为 168.6kg/hm² 和 122.6kg/hm²;其次是'吉单 209',为 89.7kg/hm²,'四密 21'和'黄莫'最少,为 69.1kg/hm² 和 71.4kg/hm²,高低之差达 51.2～99.5kg/hm²(2.44 倍)。玉米品种间对 N、P、K 利用率的差异也很大,N、P、K 总利用率最高的为'丹 703'(48.9%),其次是'吉单 209'(26%),最低的是'四密 21'(20%),高低之差为 28.9%(2.45 倍)。试验结果见表 6-24。

　　(二)玉米喜肥等级的分级标准

　　1. 用玉米吸肥参数对其进行分级

　　为了准确确定不同品种玉米的适宜化肥用量,克服盲目投肥现象,以当前生产上应用的或即将推广的玉米品种为研究对象,对其吸收化肥中养分的能力进行分级。经多点多

表 6-24　玉米吸收土壤、化肥中 N、P、K 的数量及其利用率

玉米品种	吸收土壤中养分(无肥区) /(kg/hm²)				吸收化肥中养分 /(kg/hm²)				N、P₂O₅、K₂O 利用率/%			总利用率/%
	N	P₂O₅	K₂O	合计	N	P₂O₅	K₂O	合计	N	P₂O₅	K₂O	
丹 703	77.6	30.1	76.3	184.0	107.6	20.5	40.5	168.6	59.8	27.3	45.0	48.9
四密 25	99.0	40.7	70.5	210.2	66.4	17.7	36.3	120.4	36.9	23.6	40.3	34.9
吉新 205	86.1	26.6	64.0	176.7	60.0	15.1	47.5	122.6	33.3	20.1	52.8	35.5
通吉 100	101.0	35.7	66.7	203.4	75.2	10.4	34.9	120.5	41.8	13.9	38.8	34.9
吉单 159	77.4	29.9	69.5	176.7	60.5	11.8	33.8	106.1	33.6	15.7	37.6	30.8
吉单 209	90.7	29.7	75.0	195.4	42.4	15.5	31.8	89.7	23.6	20.7	35.3	26.0
吉单 180	131.5	40.6	79.6	251.7	61.7	6.7	13.1	81.5	34.3	8.9	14.6	23.6
黄莫	108.7	29.2	73.0	210.9	33.9	11.4	26.1	71.4	18.8	15.2	29.0	20.7
四密 21	108.2	33.7	81.6	223.2	37.2	11.7	20.2	69.1	20.7	15.6	22.4	20.0
高低绝对值	54.1	14.1	17.3	75.0	73.7	13.8	34.4	99.5	41.0	18.4	38.2	28.9
相差倍数	1.70	1.53	1.27	1.42	3.17	3.06	3.63	2.44	3.18	3.07	3.62	2.45

品种玉米大田试验和室内化验分析相结合,提出了应用"玉米吸肥参数"对玉米吸肥能力进行分级的方法。玉米吸肥参数的计算方法为:(玉米从施肥区中吸收养分数量-玉米从无肥区中吸收养分数量)/玉米从无肥区中吸收养分数量。据此计算方法,求得了玉米 N、P、K 的吸肥参数及分级标准。玉米吸 N 能力分级标准为:高度,吸 N 参数>1.80;中度,吸 N 参数为 1.00~1.80;低度,吸 N 参数<1.00。玉米吸 P 能力分级标准为:高度,吸收 P₂O₅ 参数>0.90;中度,吸收 P₂O₅ 参数为 0.30~0.90;低度,吸收 P₂O₅ 参数<0.30。玉米吸 K 能力分级标准为:高度,吸收 K₂O 参数>1.50;中度,吸收 K₂O 参数为 0.80~1.50;低度,吸收 K₂O 参数<0.80。玉米吸收 N、P、K 综合能力分级标准为:高度,吸收 N、P、K 参数>1.20;中度,吸收 N、P、K 参数为 0.70~1.20;低度,吸收 N、P、K 参数<0.70。

2. 用玉米化肥效应参数对其进行分级

农业生产上,科学施肥可依据上述玉米吸肥能力及其划分的等级来选定化肥的适宜用量。但这种分级方法需要大量的化验分析数据,要花费大量的人力、财力、物力,而且还受化验设备和化验技术人员及场所限制,应用于生产难度大。生产上亟须一种容易得到、操作简便与上述分级方法存在密切相关、效果又相同且易推广的方法。为了找出生产上能顺利推广与应用的玉米喜肥程度分级方法,经大量田间试验和化验分析得出了应用"化肥效应参数"对玉米喜肥程度进行分级的方法。玉米化肥效应参数的计算方法为:(玉米施肥区产量-玉米无肥区产量)/玉米无肥区产量。应用化肥效应参数进行分级固然简便实用,但其分级结果可靠程度尚需与上述标准方法进行比较,如果二参数之间存在着函数关系,分级效果也一致时方可应用。为此,将通过田间试验和化验分析结果所求得的43 组玉米吸肥参数与化肥效应参数进行相关分析,统计结果表明,二参数之间确实存在着极密切的直线正相关,其方程为 $y = 0.426\,14 + 0.376\,64x(r^{**} = 0.6880)$(图 6-4)。说

明应用化肥效应参数对玉米的喜肥程度进行分级也是可靠的。玉米化肥效应参数的分级标准是低度<0.20,中度 0.21~0.30,高度>0.30。

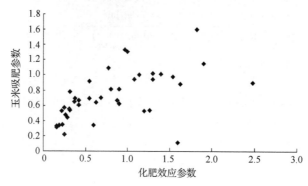

图 6-4　玉米吸肥参数与化肥效应参数

3. 常用玉米品种喜肥等级

应用化肥效应参数对生产上常用的 25 个玉米单交种进行了喜肥程度的划分。'吉单257'等 14 个玉米单交种为高度喜肥品种,'吉单 209'等 5 个玉米品种为中度喜肥品种,'四密 21'等 6 个品种为低度喜肥品种(表 6-25)。

表 6-25　玉米喜肥程度分级结果

玉米品种	化肥效应参数	喜肥等级	玉米品种	化肥效应参数	喜肥等级
四密 21	0.16	低度	吉单 257	2.48	高度
吉单 180	0.17	低度	丹 703	2.50	高度
黄莫	0.19	低度	吉单 159	0.42	高度
吉单 419	0.04	低度	四密 25	0.44	高度
吉单 601	0.16	低度	吉单 270	0.55	高度
吉单 535	0.06	低度	吉单 602	0.69	高度
吉单 35	0.25	中度	吉单 342	0.91	高度
吉单 209	0.26	中度	吉单 255	1.18	高度
吉单 278	0.23	中度	吉单 198	1.27	高度
吉单 272	0.25	中度	郑单 958	1.54	高度
吉单 276	0.27	中度	通吉 100	1.60	高度
吉单 35	0.30	中度	通育 100	2.47	高度
吉新 205	1.63	高度			

(三)玉米单交种营养效应遗传属性与其亲本的关系

目前,玉米新品种层出不穷,种类繁多,如果对其进行一一分级耗时费力,为此设想玉米亲本的喜肥特性如果与其所属的单交种间存在联系,这样可以通过亲本的喜肥特性来探求杂交种的喜肥特性,大大简化了分级程序,节省了时间,使玉米分级更为直观和简捷。

通过 3 年试验得出，14 个玉米单交种对 N、P、K 肥综合效应等级（高、中、低）与其母本对 N、P、K 肥综合效应等级完全一致。而有 8 个品种玉米对 N、P、K 肥的综合效应等级与父本完全不一样。可见，玉米对 N、P、K 的综合效应同其母本有密切关系，同其父本尚未得出明显规律性的关系。依据上述划分结果，可以确定玉米对 N、P、K 的营养效应属母性遗传。在生产中可以根据母本喜肥等级确定单交种的喜肥等级，进而实现玉米按品种喜肥等级施肥（表 6-26）。

表 6-26　玉米单交种喜肥等级与亲本喜肥等级

玉米单交种	化肥效应参数	喜肥等级	母本	化肥效应参数	喜肥等级	父本	化肥效应参数	喜肥等级
吉单 257	2.48	高度	1079-6	0.59	高度	吉 853	0.46	高度
吉单 198	1.27	高度	495	1.26	高度	D183	0.23	中度
吉单 159	0.42	高度	846	0.39	高度	丹 340	0.65	高度
丹 703	0.55	高度	9046	0.85	高度	丹 340	0.65	高度
吉新 205	0.38	高度	吉单 853	0.66	高度	LH51	0.74	高度
通吉 100	0.31	高度	C8506-2	0.44	高度	吉单 853	0.66	高度
四密 25	0.44	高度	81162	1.61	高度	7922	1.27	高度
吉单 209	0.26	中度	8902	0.23	中度	吉 853	0.46	高度
吉单 35	0.25	中度	99394	0.26	中度	吉 853	0.46	高度
四密 21	0.16	低度	4112	0.18	低度	340-3	0.62	高度
吉单 419	0.16	低度	吉 1037	0.19	低度	96815-33	0.74	高度
吉单 535	0.06	低度	V022	0.01	低度	V016	0.70	高度
吉单 180	0.17	低度	Mo17	0.26	低度	吉单 853	0.66	高度
黄莫	0.19	低度	Mo17	0.26	低度	黄早 4	0.24	中度

由于玉米母本的化肥效应参数与其所属的杂交种的化肥效应参数存在显著正相关，因而可以根据玉米母本的喜肥等级来确定其杂交种的喜肥等级。玉米母本化肥效应参数的分级标准是低度<0.20，中度 0.21～0.30，高度>0.30。

（四）不同喜肥等级玉米化肥经济施用量

玉米的产量形成是品种遗传特性和环境因素共同作用的结果，不同品种的遗传特性不同，养分吸收能力有较大差异，因而获得高产所需的肥料用量不同。吉林省农业科学院在吉林省不同生态区域的多年多点试验得出，高度喜肥玉米 N 肥效应函数为 $y=5513+25.5594x-0.0501x^2$、P 肥效应函数为 $y=5926+27.2267x-0.1230x^2$、K 肥效应函数为 $y=7334+33.7365x-0.1507x^2$；中度喜肥玉米 N 肥效应函数为 $y=6757+26.5601x-0.0587x^2$、P 肥效应函数为 $y=6713+37.3866x-0.2097x^2$、K 肥效应函数为 $y=6383+25.3594x-0.1393x^2$；低度喜肥玉米 N 肥效应函数为 $y=7133+19.5994x-0.0432x^2$、P 肥效应函数为 $y=10\,569+20.1913x-0.1005x^2$、K 肥效应函数为 $y=8782+25.1731x-0.1292x^2$（表 6-27）（张宽等，1999）。据此得出了高度喜肥玉米 N 肥经济用量为 N 200～

$250kg/hm^2$、P 肥经济用量为 P_2O_5 65～105kg/hm²、K 肥经济用量为 K_2O 70～110kg/hm²；中度喜肥玉米 N 肥经济用量为 N 165～215kg/hm²、P 肥经济用量为 P_2O_5 50～90kg/hm²、K 肥经济用量为 K_2O 60～100kg/hm²；低度喜肥玉米 N 肥经济用量为 N 140～190kg/hm²、P 肥经济用量为 P_2O_5 40～80kg/hm²、K 肥经济用量为 K_2O 50～90kg/hm²（表 6-28）。

表 6-27　不同喜肥等级玉米氮磷钾化肥效应函数

化肥类别	玉米喜肥等级	化肥效应聚类模式	r	F
N	高	$y=5\,513+25.559\,4x-0.050\,1x^2$	0.991	119
	中	$y=6\,757+26.560\,1x-0.058\,7x^2$	0.985	115
	低	$y=7\,133+19.599\,4x-0.043\,2x^2$	0.951	24
P_2O_5	高	$y=592\,6+27.226\,7x-0.123\,0x^2$	0.996	329
	中	$y=671\,3+37.386\,6x-0.029\,7x^2$	0.987	96
	低	$y=10\,569+20.191\,3x-0.100\,5x^2$	0.938	15
K_2O	高	$y=7\,334+33.736\,5x-0.150\,7x^2$	0.970	33
	中	$y=6\,383+25.359\,4x-0.139\,3x^2$	0.984	65
	低	$y=8\,782+25.173\,1x-0.129\,2x^2$	0.943	16

表 6-28　不同喜肥等级玉米的化肥推荐用量　（单位：kg/hm²）

玉米喜肥等级	N		P_2O_5		K_2O	
	经济用量	最高产量用量	经济用量	最高产量用量	经济用量	最高产量用量
高	225±25	270±25	85±20	100±20	90±20	110±20
中	190±25	225±25	70±20	85±20	80±20	90±20
低	165±25	210±25	60±20	75±20	70±20	80±20

三、玉米施肥技术

以上是计算理论施肥量，但在实际中不仅要考虑籽粒需肥量和土壤肥力，而且要全面考虑品种、密度、生产条件等多种因素。经多年研究表明，春玉米黑土区目前生产条件下，N、P、K 肥施用水平如下。

（一）不同土壤肥力水平下的 N、P、K 肥适宜用量

不同肥力土壤基础产量不同，高肥力土壤基础产量大于 4500kg/hm²，中肥力土壤基础产量为 3000～4500kg/hm²，低肥力土壤基础产量在 3000kg/hm² 以下。因此适宜 N、P、K 肥施用量也不尽相同。

1. 高肥力土壤

高肥力土壤适宜施氮（N）量为 150～200kg/hm²、适宜施磷（P_2O_5）量为 46～70kg/hm²、适宜施（K_2O）钾量为 50～70kg/hm²。

2. 中肥力土壤

中肥力土壤适宜施氮（N）量为 170～220kg/hm²、适宜施磷（P₂O₅）量为 60～90kg/hm²、适宜施钾（K₂O）量为 80～100kg/hm²。

3. 低肥力土壤

低肥力土壤适宜施氮（N）量为 180～250kg/hm²、适宜施磷（P₂O₅）量为 70～100kg/hm²、适宜施钾（K₂O）量为 90～110kg/hm²。

（二）不同产量水平下的 N、P、K 肥施用水平

1. 7500kg/hm² 以下产量水平 N、P、K 肥施用量

玉米产量在 7500kg/hm² 以下产量水平的地块，土壤有效磷含量处于较低水平，土壤有效钾含量处于中上等水平。该产量水平下的 N 用量为 150～175kg/hm²，P₂O₅ 用量为 60～75kg/hm²，K₂O 用量为 50～60kg/hm²。

2. 7500～10 000kg/hm² 产量水平 N、P、K 肥施用量

玉米产量在 7500～10 000kg/hm² 产量水平的地块，土壤有效磷含量处于中等水平，土壤有效钾含量处于中上等水平。该产量水平下的 N 用量为 175～200kg/hm²，P₂O₅ 用量为 60～80kg/hm²，K₂O 用量为 60～70kg/hm²。

3. 10 000kg/hm² 以上产量水平 N、P、K 肥施用量

玉米产量在 10 000kg/hm² 以上产量水平的地块，土壤有效磷、钾含量处于中上等水平。该产量水平下的 N 用量为 200～240kg/hm²，P₂O₅ 用量为 70～90kg/hm²，K₂O 用量为 70～80kg/hm²（翟立普，2006）。

（三）分次施肥

玉米分次施肥分为底肥、种肥和追肥 3 种方式。

1. 底肥

底肥是指在播种前进行耕地时施用的肥料。底肥可以在整个生长过程中为玉米植株提供所需的营养，改善土壤结构，熟化土壤，培肥地力，为培育壮苗打好基础。施用底肥应是有机肥与 N、P、K 及中、微量元素肥料配合施用。将全部有机肥、氮肥的 20%～30%、全部磷肥和全部钾肥施入土壤，有机肥一般每公顷施用 15～45t。底肥通常是施用复合肥或磷酸二铵。施用底肥要达到要求深度，复合肥作底肥，种肥隔离要达到 8～10cm，否则容易出现底肥、口肥不分，局部土壤溶液浓度过高，造成烧种、烧苗现象。

2. 种肥

种肥是指播种时施在种子附近的肥料。种肥的作用是供给玉米幼苗生长、发育所需要的营养物质，保证幼苗生长健壮。种肥应以速效氮、磷、钾和优质腐熟好的有机肥为主，但用量不宜过大，一般每公顷可施用磷酸二铵 60～90kg、氯化钾 60～120kg。由于种肥用量比较少，因此在施用种肥时一定要集中，并且要与土壤混合均匀。另外，还要注意与种子隔离，否则会出现烧苗现象。

3. 追肥

追肥是指玉米出苗后，在生长发育过程中施用的肥料。追肥的作用是在生长发育的

主要时期来满足玉米对矿质营养元素的大量需求。追肥以氮素为主,春玉米追肥在拔节期(6 月 25 日前后)进行,如用作追肥的数量较大,还可留作一部分在大喇叭口期(中熟品种 10～11 展叶期、中晚熟品种 11～12 展叶期、晚熟品种 12～13 展叶期)进行第二次追肥。两次追肥的分配原则是,第一次应占追肥总量的 2/3,第二次占 1/3。沙质土等轻质土壤,保肥性差,要少量多次追肥,以防止氮素的淋失。

追肥最好采取分次深施的方法。吉林省农科院的研究表明,玉米追施氮肥,分早(6 月 20 日左右)、晚(7 月 10～15 日)两次施用的效果好于一次追肥,玉米增产 9%～12%,氮肥利用率提高 3.3%～10.2%,氮肥作底肥,施于种下 10～14cm 处较施于种下 0～4cm 处,增产玉米 4%～16%。氮肥作追肥,刨坑深施 5～10cm 处较垄上表施增产玉米 4%～12%,提高氮肥利用率 9%～12.6%。垄沟深追肥较垄上表施提高氮肥利用率 2.7%～19.9%。

玉米生产中常用的追肥方法有 3 种,即垄台撒施,大犁蹚土覆盖;人工刨坑深施,覆土,再蹚一犁覆盖;结合蹚地垄沟追肥。这 3 种方法效果最好的是人工刨坑深施覆土的,这种方法不仅施肥深,而且覆盖严,比垄上撒施的增产 3%～12%。其次是垄沟追肥,这种方法优点是方便省事,不足之处是肥料距根系密集区稍远,影响吸收,在使用时一定要求犁后有较多的坐犁土,把肥料盖严。垄台撒施的有时封垄不严,肥料裸露在外面,损失严重。玉米追肥深度在距植株 7～10cm 处最有利于玉米根系吸收利用,若超过 10cm,肥料会流失,少于 5cm,会造成烧苗。施肥后及时覆土或结合铲趟二遍地覆土。

(四)一次性施肥

目前,春玉米一次性施肥占有相当大面积。就一次性施肥技术的理论而言,在正常年份、相同养分情况下,不可能好于分期施肥,而且一次性施肥技术要求比较严格,因此该项技术的推广应用必须因地制宜。

1. 存在问题

1) 烧种烧苗问题

一次性施肥由于施肥量大,特别是氮素的投入量比较大,玉米种子对肥料相对比较敏感,如果种子肥料相隔太近就容易烧种,而相隔太远,前期养分供应不上,特别是磷素供应不上就会形成小老苗,后期再补充也没有多大作用。尿素态氮素转化为铵态氮后如果遇上高温干旱,铵态氮就会直接挥发出氨气,烧伤作物叶片或根系。

2) 脱肥问题

玉米一次性施肥缺乏高氮缓控型专用复混肥料,且很少搭配口肥,通常施用深度不够、位置不合理,加之气候、土壤导致玉米在生育中后期氮素供应不足,造成脱肥现象。

3) 贪青晚熟或不熟及倒伏问题

在比较肥沃的土地上由于氮素的投入数量大,玉米生育前期吸收氮素多,因此茎秆生长旺盛,容易倒伏,生殖生长推迟,如果无霜期推迟则还可以完全成熟,否则就不能完全成熟。播种比较迟或遇见全年有效积温比较低时一次性施肥就可能发生贪青现象。

2. 施用方法

一次性施肥适合黑土或黑钙土、白浆土和草甸土等中性或弱酸性土壤,而不实用于淡黑钙土、风沙土和盐碱土。一次性施肥的氮素比较高,磷素相对比较低,不同土壤对养分的保存能力不一样,土壤自身的养分状况也不一样,西部地区的土壤,土壤磷素的含量相对比较低、磷素的利用率也低;在 pH 比较高的西部几种土类,氮素容易挥发,损失严重,因此不适合一次性施肥(谢佳贵等,2008)。

一次性施肥应施用高氮复合肥(含 N 21%～28%),施用量为 500～750kg/hm²。肥料中氮、磷、钾比例要适宜,肥料的有效养分缓慢释放,保证后期不脱肥,肥料的抗压强度比较大;肥料施用深度要达到 12～15cm,以防烧种烧苗;一次性施肥的地块还要保证口肥的施用,以保证玉米苗期需肥。

吉林省农科院的研究表明,玉米一次性施肥采用控释肥与速效肥混配施用的方式,可以相互取长补短,既满足各生育期玉米对养分的需求,又提高肥效、减少环境污染。最佳混配氮肥施用比例为 50%控释氮素＋50%普通氮素。

第四节　中、微量元素施用

随着生产水平的提高,玉米高产品种的推广和氮、磷化肥用量的增加,促使土壤含锌量低的中西部地区玉米出现花白苗,经吉林省农业科学院土壤肥料研究所(以下简称:吉林省农业科学院土肥所)于 1977～1979 年调查研究,结果明确为缺锌症。并于 1979 年 7 月向省有关领导部门及生产资料公司提出建议:推广用硫酸锌防治花白苗。通过实际应用,1980 年 12 月吉林省农业厅土壤肥料与资源环境处举办全省肥料训练班;1981 年 1 月吉林省生产资料公司举办化肥、农药训练班,均开设微量元素肥料课,促使硫酸锌防治花白苗的措施在省内迅速推广。1981 年梨树县用 15t 硫酸锌防治 15 万亩,1982 年用 54t 硫酸锌防治 43.2 万亩;怀德县 1981 年用 4t 硫酸锌防治 1.1 万亩,1982 年用 94t 硫酸锌防治 37.5 万亩。到 1983 年全省累计防治面积 735.3 万亩,约增产粮食 1.8 亿 kg。与此同时,吉林省农业科学院土壤肥料研究所根据 1981～1982 年进一步试验研究玉米锌、磷配合施用的技术,于 1983 年 7 月在吉林省土壤肥料工作会议上提出建议:推广"增施磷肥时配合施锌的增产措施"。以后这项措施在全省中、西部地区广泛应用于生产。

一、硫肥施用技术

硫是作物生长必需的营养元素,印度等一些国家已将它作为氮、磷、钾之后作物必需的第四大营养元素。1997～2005 年,我国相关农业部门与国际硫研究所合作,对 24 个省份土壤抽样检测分析结果表明,抽检省约有 4000 万 hm² 耕地缺硫,占耕作土壤面积的30.0%左右,约有 2400 万 hm² 的耕地潜在缺硫,占耕作土壤面积的 20.0%左右。土壤缺硫的区域主要集中在南方和东北,包括安徽、福建、广东、广西、河南、湖南、江西、陕西、云南、黑龙江、吉林、辽宁等地。我国主要农作物如水稻、小麦、玉米、马铃薯、大豆、花生、油菜、甜菜和甘蔗等,施用硫肥后产量均明显增加,据不完全统计,增产率一般为 7%～15%,平均可达 10%。另据研究报道,吉林省东、西部地区施用硫磺对玉米有明显的增产作用,增产幅度为 5.2%～10.6%,平均增产 8.4%(马常宝,2008)。

（一）硫肥的种类和性质

现有硫肥可分为两类：一类为氧化型，如硫酸铵、硫酸、硫酸钙等；另一类为还原型，如硫磺、硫包尿素等。常用硫肥见表 6-29。

表 6-29　硫肥的品种、含量和主要成分

硫肥品种	S/%	主要成分
生石膏	18.6	$CaSO_4 \cdot 2H_2O$
熟石膏	20.7	$CaSO_4 \cdot 1/2H_2O$
磷石膏	11.9	$CaSO_4 \cdot 2H_2O$
硫磺	95～99	S
硫磷铵	24.2	$(NH_4)_2SO_4$
硫酸钾	17.6	K_2SO_4
硫酸镁（水镁矾）	13.0	$MgSO_4$
普通过磷酸钙	13.9	$Ca(H_2PO_4)_2 \cdot H_2O, CaSO_4$
硫酸锌	17.8	$ZnSO_4$
硫硝酸铵	12.1	$(NH_4)_2SO_4 \cdot 2NH_4NO_3$
青矾	11.5	$FeSO_4 \cdot 7H_2O$

农用石膏是重要的硫肥，也可作为碱土的化学改良剂，既含 S 又含 Ca，可分为生石膏、熟石膏和磷石膏 3 种。①生石膏即普通石膏，俗称白石膏。它由石膏矿直接粉碎而成，呈粉末状，主要成分为 $CaSO_4 \cdot 2H_2O$。微溶于水，粒细有利于溶解，供硫能力和改土效果也较高，通常以通过 60 号筛孔的为宜。②熟石膏是由生石膏加热脱水而成，其主要成分为 $CaSO_4 \cdot 1/2H_2O$，吸湿性强，吸水后又变为生石膏，物理性质变差，施用不便，宜储存在干燥处。③磷石膏是硫酸分解磷矿石制取磷酸后的残渣，是生产磷铵的副产品，主要成分为 $CaSO_4 \cdot 2H_2O$，约占 64%。其成分因产地而异，一般含硫（S）11.9%，含磷（P_2O_5）0.7%～4.6%，可代替石膏使用。

硫磺即元素 S，难溶于水，不易淋失，后效长。硫磺要求磨得细碎，施于土壤后，可被微生物分解，逐步氧化为硫酸盐后，才能被植物吸收。

其他含硫的化学肥料，如硫酸钾、过磷酸钙、硫酸铵等，多数为水溶性，施入缺硫土壤，可以补偿硫的消耗，提高施肥的经济效益。

（二）合理施用硫肥应考虑的因素

1. 土壤条件

作物施硫是否有效取决于土壤中有效硫的数量。通常认为，土壤有效硫含量小于 6mg/kg 时，作物可能缺硫。我国缺少有效硫的土壤有 3 种：①全硫和有效硫含量皆低的由质地较粗的花岗岩、砂岩和河流冲积物等母质发育的质地较轻的土壤；②全硫含量并不低，但由于低温和长期淹水的环境，影响土壤硫的有效性，使土壤有效硫含量低的丘陵、山区的冷浸田；③山区和边远地区，因交通不便，施用化肥较少或只施氮肥，由于长期或近期

未施用含硫肥料引起缺硫。

2. 作物的种类

不同作物对硫的反应不一,它们对硫的需要量相差较大。结球甘蓝、花椰菜、萝卜及大葱等需要大量的硫。豆科作物、烟草等需硫量中等。油菜、花生、大豆和菜豆等对缺硫比较敏感,施用硫肥有较好的效果。

作物体内氮和硫均按一定比例存在于蛋白质中,而且各种作物的N/S值不相同,故也有人建议用N/S值(如禾本科作物以14：1,豆科作物以17：1)作为诊断数据的临界值。临界值以下者,必须施用硫肥。

3. 降水和灌溉水中的硫

降水和灌溉水中的硫可补充土壤有效硫的不足。工矿企业和生活燃料排放出的废气含有数量不等的二氧化硫,可随降水进入土壤,通常认为每年随降水带至土壤的硫(S)大于 $10.0kg/hm^2$ 时,一般作物不易缺硫。

一般当灌溉水含硫 6.0mg/kg 时,即可满足水稻生长的需要,因此,在水田和有灌溉条件的地区,若灌溉水中含硫较多,可适当减少硫肥用量(任军等,2002)。

4. 硫肥的品种及性质

硫肥施入土壤后,其形态往往会发生各种转化。在淹水稻田土壤中,转化过程主要是硫酸盐的还原作用和硫化氢的挥发,但在水层与土表交界处及水稻根际圈,主要的转化则是硫化物的氧化作用。此外,施用的无机态硫肥常被微生物同化固定为有机态硫。上述这些形态的转化,不仅关系到硫肥本身的有效性,而且影响其他养分的有效性,一般认为,水稻只能吸收氧化态的 SO_4^{2-}。土壤中的有机硫或还原态硫化物需经矿化或氧化为 SO_4^{2-} 才能被水稻吸收利用。如果还原态的 H_2S 在土壤中积累过多,则对水稻根系产生毒害作用。另外,H_2S 还可与 Fe^{2+}、Zn^{2+} 和 Cu^{2+} 等起反应,降低这些养分的有效性。

不同硫肥品种的肥效,很难进行严格比较。一般含 SO_4^{2-} 的不同硫肥品种其效果基本相当。元素硫(硫磺)在碱性、钙质土壤中是一种很有效的硫肥,在这类土壤中其效果优于含 SO_4^{2-} 肥料,其原因是由于土壤高 pH 对元素硫的氧化作用,元素硫的氧化可导致磷和微量元素有效性的改善,并可减轻作物的失绿症状,增加硫的供给,施用黄铁矿(二硫化铁)也有类似作用。

不同的硫肥品种对土壤的酸化作用有显著的差异。从现有的硫肥来看,石膏无酸化作用,而硫铵有很强的潜在酸化作用。元素硫通过硫杆菌被氧化成硫酸,有 H^+ 生成。长期施用各种硫肥对 pH 的影响:硫铵＞元素硫＞石膏。

(三)玉米硫肥适宜用量

吉林省农业科学院对淡黑钙土的研究结果表明,淡黑钙土玉米施用硫肥具有显著增产效果,施硫与不施硫差异显著,施用硫肥 $75kg/hm^2$ 的处理玉米产量达 13 405kg/hm^2,增产相对值为 19.5％,与其他各处理相比差异显著,为最佳处理(谢佳贵等,2001)。因此,淡黑钙土硫肥适宜施用量应调控在 $75kg/hm^2$ 左右为宜(表 6-30)。

表 6-30　玉米硫肥适宜施用量

硫磺 /(kg/hm²)	产量/(kg/hm²)				显著水平		与不施硫比较
	重复 1	重复 2	重复 3	平均	LSD₀.₀₅	LSD₀.₀₁	增产/%
0	11 006	10 698	11 956	11 220	c	C	
38	12 005	12 034	12 156	12 065	b	BC	7.5
75	13 400	13 299	13 516	13 405	a	A	19.5
113	12 458	12 571	12 456	12 495	b	AB	11.4
150	12 015	13 004	12 346	12 455	b	AB	11.0

注：试验在每公顷施用 N 200kg、P_2O_5 90kg、K_2O 100kg 的基础上进行。标以不同小写字母的同一参数在 $P=0.05$ 水平上差异显著，标以不同大写字母的同一参数在 $P=0.01$ 水平上差异显著，下同

二、锌肥施用技术

在 20 世纪中期，我国很多地区相继发现栽培作物缺锌，施用锌肥有良好的增产效果，锌肥施用面积也日益扩大，在缺锌土壤上合理施用锌肥已成为增产措施的关键。因此，重视农业生产中的锌营养问题也变得越来越迫切。锌肥已成为我国施用面积最多的一种微肥。

（一）锌肥的种类和性质

我国目前最常用的锌肥为硫酸锌与氯化锌，两者均为水溶性肥料。工业品硫酸锌包括一水硫酸锌和七水硫酸锌两种。氧化锌则溶解度低，磨成细粒，粒径越细，肥效越好。有机配合锌建议施用在固锌强的土壤上。常用锌肥见表 6-31。

表 6-31　锌肥的品种、含量和主要成分

硫肥品种	Zn/%	主要成分
一水硫酸锌	36	$ZnSO_4 \cdot H_2O$
七水硫酸锌	23	$ZnSO_4 \cdot 7H_2O$
氯化锌	45～52	$ZnCl_2$
氧化锌	60～80	ZnO
有机配合锌	14	$Na_2ZnEDTA$
有机配合锌	8	$NaZnHEDTA$

（二）合理施用锌肥应考虑的因素

微肥的合理施用是指尽可能最大限度地发挥其在高产、优质、高效的持续农业中应起的营养作用，而且尽量减少其对作物与生态环境质量可能造成的不利影响。

对作物来说，微量营养元素缺乏或过量都会影响其生长发育，最终导致产量下降，品质变劣，然而微量元素缺乏与过量之间的范围却相当狭窄。微量元素过量不仅会使作物中毒，而且对生态环境也会产生明显不良影响，有时甚至对人和动物的健康与生存造成威

胁。作物对微量元素的需要量，对缺乏与过量的敏感程度上都存在着明显的种与品种之间的基因型差异。为此，与大量营养元素肥料相比，微肥的施用，尤应慎重。应按土壤的有效供应状况、作物的需求、肥料类型、气候条件等合理施用。

1. 土壤条件

是否施用锌肥主要取决于土壤中有效锌的数量。土壤缺锌原因有以下两个方面。①土壤全锌含量低。酸性岩发育的土壤远比基性岩的低。含锌矿物与岩石易被风化，故质地较轻的土壤全锌量低。有机质含量少的土壤全锌也低。②土壤锌的有效供应差。在影响土壤锌有效性的土壤理化条件中，pH 的作用最为突出，它影响着锌的土壤化学行为。在碱性条件下，土壤锌的有效性很低。有报道指出，每当土壤 pH 增高一个单位时，锌的有效性会下降 1/100。在土壤 pH>6.5 时，作物易缺锌。此外，土壤结构不良、温度过低、土壤淹水、可给态磷含量过高等也都会降低土壤锌的生物有效性。

一般习惯采用的有效态锌提取剂，依土壤 pH 而异。一般酸性土壤用 0.1mol/L HCl，中性与石灰性、碱性土壤用二乙基三胺五乙酸(DTPA)(pH 7.3)溶液提取。所获土壤有效态锌含量的分级与评价见表 6-32。

表 6-32　土壤有效锌含量分级与评价(陆景陵，2003)

分级	评价	锌含量/(mg/kg)	
		0.1mol/L HCl 溶液提取	DTPA(pH 7.3)溶液提取
Ⅰ	很低	<1.0	<0.5
Ⅱ	低	1.0~1.5	0.5~1.0
Ⅲ	中	1.6~3.0	1.1~2.0
Ⅳ	高	3.1~5.0	2.1~5.0
Ⅴ	很高	>5.0	>5.0
缺锌临界值		1.5	1.5

2. 锌肥的类型

一般来说，易溶的无机盐类，属速效性锌肥，如硫酸锌和氯化锌，可叶面喷施，种子处理，也可以施入土壤，但应注意其在土壤中的转化，防止被固定。溶解度小的锌肥，多为缓效性，如氧化锌，应施入土壤作基肥，要注意利用或创造有利于提高其溶解度的土壤条件，以提高其肥效。有机配合锌，属水溶性，在溶液中不解离，其农业化学效果优于无机锌肥，主要是能减少土壤对锌的固定，可以叶面喷施，也可施入土中。

3. 配合其他肥料

在氮、磷、钾等肥料充足的前提下，锌肥的肥效才能充分发挥。因此，必须在施足有机肥的基础上，将锌肥配合氮、磷、钾化肥施用。但要注意，磷肥能固定锌，两者结合变成不可溶的磷酸锌，肥效便大大降低，因此锌肥不能与磷肥混用，最好不要同时施用。

不能盲目多施或单施锌肥。施用锌肥要严格控制用量，并力求做到施用均匀。锌肥一般用量很少，在作基肥时不容易施得均匀，通常可采用与大量元素肥料或有机肥料充分混合后施用的办法。根外喷施时，溶液浓度应适宜，不可随意增加用量或提高喷施浓度，以免对作物造成伤害。

（三）锌肥施用技术

锌肥可以土壤施用或叶面喷施，也有采取种子处理方法。

1. 土壤施用

可在播前撒施，或对条播作物播种前条施。由于锌移动性差，施后翻入耕层的效果比表施好。吉林省农业科学院的试验结果表明，黑土玉米锌肥适宜施用量为 20kg/hm² （表 6-33），具体因土壤性质、施用方法、肥料种类等而异。

表 6-33　玉米锌肥适宜施用量

硫酸锌 /(kg/hm²)	产量/(kg/hm²)				显著水平		与不施锌比
	重复 1	重复 2	重复 3	平均	$LSD_{0.05}$	$LSD_{0.01}$	较增产/%
0	11 074	11 040	11 045	11 053	c	C	
10	12 654	12 749	12 598	12 667	b	B	14.6
20	13 010	12 855	13 045	12 970	a	A	17.4
30	12 758	12 831	12 730	12 773	b	B	15.6

注：试验在每公顷施用 N 180kg、P_2O_5 75kg、K_2O 90kg 的基础上进行

2. 叶面喷用

喷用浓度一般为 0.05%～0.2% 硫酸锌，因作物种类而异。各地试验表明，玉米喷锌浓度以 0.2% 溶液较好，适宜早喷，以苗期喷施效果最好，拔节期次之，抽雄期较差。果树作物可用到 0.5%，果树早春喷锌肥效果好，一般需喷 2 或 3 次，每次间隔 5～7d。

3. 种子处理

锌肥也可以浸种、拌种、包衣，然而浓度要慎重，以免伤苗。浸种一般硫酸锌溶液浓度为 0.02%～0.05%，浸种可保证农作物前期生长需要，如果在严重缺锌的土壤上，还应在生长中期追施锌肥。拌种一般每千克种子用硫酸锌 4g 左右，先以少量水溶解，然后喷洒在种子上，进行拌种，晾干备用。国内外都有报道，采用种子 20g/kg 锌（硫酸盐或氧化物形式）进行包衣，有很好效果。

三、硅肥施用技术

目前，硅并未被确定为植物的必需营养元素，但为有益元素。早在 1926 年，美国加州州立大学农业研究人员提出水稻是喜硅作物，并研制了含硅肥料进行试验，效果明显，继而又在甘蔗等作物上试验，肯定了硅素的肥效。此后逐步引起了各国学者的重视，现在硅肥已成为日本和朝鲜水稻生产中的大宗肥料之一，东南亚主产水稻的国家已将硅列入增产的第四个主要营养元素，即氮、磷、钾、硅。我国台湾省稻田施硅的增产效果已超过磷、钾肥，目前我国大陆的硅肥推广面积不断扩大。此外，硅对玉米也有良好的反应，随着农业生产的不断发展，硅肥的作用已日益突出。

（一）硅肥的种类和性质

常用的含硅肥料有以下几种。

1. 硅酸盐类

如硅酸钠(Na_2SiO_3)含硅 23%，硅酸钙($CaSiO_3$)含硅 31%等，硅酸钠易溶于水，为速效硅肥，以水玻璃(Na_2SiO_3)为原料，经真空喷雾干燥而得的高效硅肥，主要成分为硅酸钠和偏硅酸钠的混合物，呈白色粉状结晶，含水溶性 SiO_2 55%～60%。

2. 炉渣类硅钙肥

钢铁工业炉渣，为块状或蜂窝状或小粒状固体，呈碱性，灰色至黑色。主要化学成分是二氧化硅和氧化钙，还含有铁、铝、镁、锰、磷、硫及铜、钼、硼、锌等，成分复杂且不稳定，因产地、冶炼和冷却条件等而异。目前，农用的硅肥大多为此类炉渣经加工而成。

钢渣的颜色深于铁渣，其中的硅 50%以上为弱酸溶性，易被植物吸收。钢铁炉渣宜用于酸性土上，其有效成分与细度有关，颗粒细则有效成分和肥效都较高，以过 60～80 目筛为宜。

粉煤灰（瓦斯灰）和煤灰渣也可作为硅肥使用。有资料报道，日本用碳酸钾和粉煤灰，加适当的调理剂造粒，经高温熔融后，制得缓释硅酸钾肥。

(二) 合理施用硅肥应考虑的因素

土壤有效硅含量决定着土壤的供硅能力。土壤溶液中的硅主要以单硅酸[$Si(OH)_4$]的形态存在，有效硅的平均浓度为 7～80mg/kg。

土壤质地影响有效硅的含量，粒级越细，有效硅含量越高。土壤酸碱度也影响有效硅的数量，土壤 pH 高，有效硅增加。此外，土壤淹水时，有效硅增加，但再风干时，有效硅明显降低。

评价土壤供硅水平的临界值指标，因提取测定方法而异，中性、酸性的土壤，宜采用 pH 4.0 乙酸缓冲液提取测定，其缺硅临界值在 100mg/kg 左右。

(三) 硅肥施用技术

水溶性硅酸盐施用量为 50～200kg/hm²，可作基肥或追肥使用，据研究报道，施用硅肥促进了玉米生长发育，增强了光合作用，提高了光能利用率和水分利用率，达到了节水、抗旱、增产的目的。在一般干旱年份，硅肥用量以 500～750kg/hm² 为佳，在特旱年份以 250kg/hm² 左右为宜。

工业炉渣与热电厂的粉煤灰等所含硅的溶解性差，宜用于酸性土，应作基肥，施用量为 1500kg/hm²。为充分发挥这类肥料的作用，宜配合有机肥料施用。

吉林省农业科学院的试验结果表明，淡黑钙土玉米施用硅肥极显著增加玉米产量，施硅与不施硅差异极显著，施用硅肥 60kg/hm² 的处理玉米增产幅度最大，与其他各处理差异显著（高玉山等，2002）。因此，淡黑钙土硅肥施用量应调控在 60kg/hm² 左右为宜（表 6-34）。

表 6-34　玉米硅肥适宜施用量

硅用量 /(kg/hm²)	产量/(kg/hm²)				显著水平		与不施硅比 较增产/%
	重复1	重复2	重复3	平均	LSD₀.₀₅	LSD₀.₀₁	
0	12 200	12 048	11 968	12 072	d	C	
15	12 650	12 651	12 700	12 667	c	B	4.9
30	12 775	12 837	12 698	12 770	bc	B	5.8
45	12 771	12 780	12 768	12 773	bc	B	5.8
60	13 810	13 740	13 895	13 815	a	A	14.4
75	12 898	12 809	12 789	12 832	b	B	6.3

主要参考文献

陈惠阳, 冯颖竹, 余土元. 2005. 钾肥对糯玉米籽粒建成及品质形成的影响. 中国农学通报, 21(8): 232~232

陈明智, 朱兴乐. 2004. 甜糯玉米养分吸收特性研究. 耕作与栽培, 6: 22~23

房杰. 2010. 推进吉林省有机肥料资源利用的建议. 吉林农业, 7: 79

高强, 李德忠, 黄立华, 等. 2008. 吉林玉米带玉米一次性施肥现状调查分析. 吉林农业大学学报, 30(3): 301~305

高玉山, 毕业莉, 姜柏臻, 等. 2002. 玉米施用硅肥田间定位试验研究. 吉林农业科学, 27(6): 29~33

国家统计局统计数据网. http://www.stats.gov.cn/tjsj/ndsj/2006/indexch.htm

何萍, 金继运, 李文娟, 等. 2005. 施磷对高油玉米和普通玉米吸磷特性及品质的影响. 中国农业科学, 38(3): 538~543

胡景有. 2005. 一次胜施肥技术. 吉林农业, 9: 31

黄鸿翔, 李书田, 李向林, 等. 2006. 我国有机肥的现状与发展前景分析. 土壤肥料, 1: 3~8

黄绍文, 孙桂芳, 金继运, 等. 2004. 不同氮水平对高油玉米吉油一号籽粒产量及其营养品质的影响. 中国农业科学, 37(2): 250~255

黄绍文, 孙桂芳, 金继运, 等. 2004. 氮、磷和钾营养对优质玉米籽粒产量和营养品质的影响. 植物营养与肥料学报, 10(3): 225~230

蒋钟怀, 王树安. 1994. 高油玉米研究的历史和前景. 北京农业科学, 12(5): 7~10

金继运, 何萍, 刘海龙, 等. 2004. 氮肥用量对高淀粉玉米和普通玉米吸氮特性及产量和品质的影响. 植物营养与肥料学报, 10(6): 568~573

林电, 王强, 叶顶强, 等. 2006. 超甜玉米营养元素规律研究. 中国农学通报, 22(10): 426~430

刘海龙. 2007. 施氮对高淀粉玉米源库特性的影响. 中国农业科学院硕士学位论文

刘开昌, 李爱芹. 2004. 施硫对高油、高淀粉玉米品质的影响及生理生化特性. 玉米科学, 12(专刊): 111~113

刘景辉, 刘克礼. 1994a. 春玉米需氮规律的研究. 内蒙古农牧学院学报, 15(3): 12~18

刘景辉, 刘克礼. 1994b. 春玉米需磷规律的研究. 内蒙古农牧学院学报, 16(2): 19~26

刘景辉, 刘克礼, 高聚林, 等. 1994. 春玉米需钾规律的研究. 内蒙古农牧学院学报, 17(2): 30~36

卢艳丽, 陆卫平, 刘萍, 等. 2006. 不同基因型糯玉米氮素吸收利用效率的研究Ⅱ. 氮素积累动态的基因型差异. 植物营养与肥料学报, 12(5): 610~615

陆景陵. 2003. 植物营养学. 下册. 北京: 中国农业大学出版社: 15

马常宝. 2008. 加大硫肥推广力度提高施肥综合效益. 中国农技推广, 24(7): 33~34

苗永建. 2004. 玉米的施肥方法及建议. 吉林农业, 7: 30

那伟, 刘鹏, 张永峰, 等. 2010. 吉林省主要农作物秸秆可利用资源分析评价. 吉林农业大学学报, 32(4): 413~418

潘亚东, 刘希锋, 钱晓辉. 2010. 北方寒区农作物秸秆利用技术及应用前景分析. 农机化研究, 5: 5~8

任军, 朱平, 邢秀琴, 等. 2002. 吉林省玉米和水稻硫肥施用效果的研究. 吉林农业科学, 27(3): 37~39

王伟东，王璞. 2001. 高油玉米的特性与栽培研究综述. 作物杂志，6：21～24

王秀芳，张宽，王立春，等. 2004. 科学管理与调控钾肥，实现玉米高产稳产. 玉米科学，12(3)：92～95,99

王宗帧. 1988. 吉林省农业史资料汇编. 第二期. 长春：吉林省农业厅地方志编辑室

谢佳贵，王立春，尹彩侠，等. 2008. 吉林省不同类型土壤玉米施肥效应研究. 玉米科学，16(4)：167～171

谢佳贵，吴巍，王秀芳，等. 2001. 硫肥对玉米的增产效果及其适宜用量的研究. 吉林农业科学，26(5)：34～36

谢佳贵，张宽，王秀芳，等. 2006. 磷肥在黑土春玉米连作区玉米后效作用的研究. 吉林农业科学，31(2)：34～38

翟立普. 2006. 不同产量水平玉米生物产量和养分吸收势研究. 吉林农业大学硕士学位论文

张宽，王秀芳，吴巍，等. 1999. 玉米吸肥能力与喜肥程度对化肥效应的影响及其分级. 玉米科学，7(1)：65～71

朱兴华. 1992. 不同营养水平下农大高油一号玉米光合性能研究. 中国农业大学学报，S1：65～73

第七章　土壤肥力与培肥技术

黑土是迄今为止世界上肥力最高的土壤类型之一,其主要特征是富含有机质、土壤结构性能良好,因而特别有利于作物的生长。但是,多年来由于自然环境的变化和人为活动的干扰,东北黑土土壤肥力呈现出整体退化趋势。不仅破坏了农业生态的良性循环,而且使农作物产量品质逐年下降。黑土退化是自然因素和人为因素综合作用的结果,就目前而言人为因素是造成黑土退化的主要原因。

吉林省土壤资源总面积约 1867 万 hm^2,主要土壤类型包括:黑钙土、黑土、草甸土、暗棕壤、白浆土、风砂土、冲积土、水稻土、碱土、泥炭土、沼泽土、栗钙土、棕壤和盐土等 14 种土壤。其中,暗棕壤占 41.40%、黑钙土占 13.30%、白浆土占 10.50%、草甸土占 9.64%、黑土占 5.90%、风砂土占 5.63%;耕作土壤总面积 566.7 万 hm^2,其中,黑钙土占 27.00%、黑土占 15.55%、草甸土占 14.48%、暗棕壤占 10.68%、白浆土占 9.40%、风砂土占 7.12%。

与国内其他省区主要耕作土壤相比,吉林省主要耕作土壤的土壤肥力水平相对较高,在中部玉米主产区玉米平均产量水平达到 $7500kg/hm^2$。但大量调研结果表明,吉林省主要耕地土壤肥力退化比较严重,特别是亚耕层尤为严重。吉林省土壤肥力退化的主要表现:黑土层日益变薄,犁底层升高、加厚,土壤有机质含量呈明显下降趋势,同时土壤物理性状恶化,土壤的保水、保肥能力降低,土壤抗逆性减弱,土壤养分的供应数量、强度和比例与作物的需求相差较大。

吉林省主要耕地土壤质量退化的主要原因有如下两个方面。

(1) 现行的耕作制度导致土壤质量退化。在现行的以小马力拖拉机为主要动力的耕作制度下,耕层变浅、犁底层加厚,耕层容量下降,耕层土壤物理性状变差。

(2) 现行种植与施肥制度导致土壤质量退化。调查表明,东北黑土区主要种植作物为玉米,玉米连作极为普遍,施肥以无机肥料为主,一些农户为了减免追肥作业,常采用"一炮轰"的施肥制度,导致土壤有机质平衡下降,土壤交换性能减弱,土壤养分含量与比例不合理。

大量研究结果表明,解决吉林省耕地土壤肥力下降问题的主要技术措施包括:有机培肥、耕作培肥与无机培肥。通过施用有机肥料和秸秆等有机物料提高土壤有机质的数量、提升土壤有机质的质量;通过平衡施肥可以改变土壤中营养元素的供应水平,提高养分利用效率;通过深松等耕作措施可以改变土体的构造,创建良好的土壤物理性状;同时,结合有机肥料与无机肥料的配施可以明显改变耕下层土体的营养状况,为玉米生长发育创造良好的理化条件。

第一节　黑土地退化原因及防治措施

一、人为因素

造成黑土退化的人为因素很多,归纳起来主要包括以下几方面。

(一)耕作栽培和施肥模式不合理

从 20 世纪 70 年代末开始,随着农村改革的不断深化,黑土地的耕作、栽培和施肥模式等也在逐步发生变化。由传统的畜力为主、轮作换茬、连年秋翻及施用有机肥的耕作栽培及施肥模式,逐步演化为现行的以小型拖拉机为主要动力、大面积玉米连作、单施化肥的耕作栽培及施肥模式。其演化过程是与现行的农机保有体制及区域农村经济及科技发展水平相适应的。概括起来,目前黑土地区在粮食生产中,主要有以下几个值得注意的问题。

1. 玉米连作普遍

据调查,黑土区的土壤和气候条件等非常适合栽培玉米,使得玉米栽培的历史十分悠久。而且长期以来栽培玉米的经济效益也一直相对较高,农民栽培技术熟练。同时,玉米秸秆既可作烧柴,又可作冬季牲畜的粗饲料,栽培玉米一举多得。因此,玉米的播种面积一直保持很高的比例(占总耕地面积的 60%～70%),从而也导致传统的轮作换茬种植制度几乎完全被目前的玉米连作所代替。目前,连作年限长的已达 30 年以上,20 年以上者极为普遍。

2. 化肥为主,有机肥很少

近些年来,玉米带的化肥用量呈现逐年增加的趋势。并且随着化肥用量的不断增加,有机肥用量急剧减少,有的地块已连续多年未施过有机肥。近几年,肥料市场上的高氮复合肥的比例越来越大,"一炮轰"(作物一生需要的肥料在春季播种时一次性施入)施肥的面积也有逐年增大的趋势,而且用量也逐年增多,一些农户的施肥量已高达 $900kg/hm^2$,个别农户的施肥量甚至高达 $1000kg/hm^2$ 以上。

3. 小型农机具为主

据调查,目前,玉米从播种到收获的主要动力是小四轮拖拉机和畜力。近几年来,虽然国家对购买大型农机具给予了一些优惠政策和补贴,但大型农机具的数量仍是严重不足。由于缺少大功率动力和机械,玉米带地区大多数农田已有 20 多年未进行过深翻。为了便于整地播种,农民普遍采用小型灭茬机将玉米根茬打碎还田,深度很浅,一般不超过 10cm。

4. 玉米病虫害频发

近些年来,玉米带的玉米缺素症及其生理病害、微生物病害、虫害频繁发生,特别是一些前所未见的、新的综合性病害屡屡出现,防治难度不断加大。这些病害的产生,不能说与玉米连作年限过长、施肥制度和方法不合理及土壤养分不平衡没有关系。

5. 环境污染问题突出

近几年来,由于化学氮肥的过度施用,环境污染问题,特别是水体的富营养化问题日现突出。同时,一些养殖大户产生的畜禽粪便,得不到合理利用和有效处理,任意堆放,既造成了肥料资源浪费,又污染了环境。另外,受化肥、农药价格的不断上涨等因素的影响,农民种粮成本不断增加。

上述问题都是黑土地粮食生产中亟待解决的问题。正是这些问题的存在,破坏了黑土地的天然土壤结构,使耕地越种越瘦越硬,恶化了黑土地的土壤性能,造成黑土质量的退化现象;同时,也使得黑土地区土壤的抗逆性和缓冲性减弱,易旱,易涝,易脱水、脱肥,玉米的缺素症、生理病害、微生物病害及养分失衡现象频繁发生,产量已连续多年出现徘徊不前甚至下降的局面。

(二)过度开垦、掠夺经营

黑土区在没有大规模进行农垦活动之前,黑土地区的生态环境是良好的温带草原景观或者温带森林草原景观。由于人口的增长和经济的发展,人们对粮食的需求急剧增长,为了满足需要,毁林开荒,毁草开荒,对黑土资源进行了过度开垦。据资料记载,吉林黑土区开垦历史只有200余年,而且真正大面积的开垦还是在新中国成立以后,数次大规模的农垦活动空前地改变了黑土区的土地利用方式,短短几十年的时间里,黑土地在人类过度的索取之下逐渐显得有些"力不从心"。再加上过去"以粮为纲"思想的指导,使得黑土区的垦殖指数很高,一般都在70%左右,个别地区达80%以上。这严重地破坏了自然生态系统,大量开垦的农田蓄水能力差,加速了水土流失;同时,在少投入多产出的思想支配下,黑土区采取广种薄收、掠夺式经营的模式,作物带走大量的土壤养分,使黑土区土壤养分不断流失,土壤肥力减退。

(三)忽视水土保持

黑土地在未开垦的自然状况下,由于天然植被良好,自然修复能力强,水土流失现象是很轻微的。随着时代的变迁,黑土地在人口的压力下过度开垦,大大破坏了天然保护屏障;不合理的耕作制度破坏了黑土地的天然土壤结构,恶化了黑土地的土壤理化性能。由于缺乏生态意识,以及农业政策上的失误,一些地区为了追求暂时局部的利益,不顾对资源的破坏和环境的污染,开矿、修路、滥伐林木,促使生态环境不断恶化。正是这种不合理的开发方式加剧了黑土地的水土流失。松辽流域水土流失的面积大,范围广。流域内现有水土流失面积43.53万hm^2,占东北地区总土地面积的35.16%。其中,松花江流域水土流失面积16.03万hm^2,占流域总面积的28.79%;辽河流域水土流失面积12.13万hm^2,占流域总面积的55.24%;其他流域水土流失面积15.37万hm^2,占流域总面积33.30%。而且流域内的绝大部分水土流失情况发生在黑土区,特别是典型黑土区。目前,典型黑土区水土流失面积达4.47万hm^2,占典型黑土区总面积的37.90%。黑土区每年流失的黑土达1亿~2亿m^3,流失的氮、磷、钾元素折合成标准化肥达500万t。仅吉林省每年因水土流失减产粮食近20亿t。雨季来临时,坡耕地水土流失现象随处可见,严重的地方还会出现冲沟,使坡地变得支离破碎,影响农耕,成为跑水、跑土、跑肥的"三跑田"。同时,还会污染下游水体,造成塘库的淤积,减少水面的利用率。

(四) 不合理的城镇化及乡村建设

黑土分布区是东北工农业发达的地区,随着我国经济的快速发展,城镇化速度的加快,有相当数量的农用黑土资源被非直接农业种植或一些基础设施建设占用,加之城镇扩张过程中的某些不合理的土地利用方式,不但加重了黑土区的土壤污染问题,而且使土壤实用功能转移,部分黑土发生永久性退化。

二、自然因素

造成黑土退化的自然因素有气候、地形、土壤质地及冻融作用等,它是土壤侵蚀发生发展的潜在因素。纯自然因素引起的地表土壤侵蚀过程速度缓慢,表现很不显著,常和自然土壤形成过程处于相对稳定的平衡状态。

(一) 气候因素

我国黑土区属于北温带半湿润大陆季风性气候,本区的干燥度≤1,气候条件比较湿润。年降水量一般为 500～650mm,绝大部分集中于暖季(4～9 月),占全年降水量的90%左右,其中尤以 7～9 月降水集中,且强度大,容易引起土壤侵蚀,造成水土流失。据王效科等的研究,黑土区处于中国水土流失敏感地段。黑土区十年九春旱,每年有 100 多天风力在 4 级以上的大风天气,且多集中在春季,风力大,加上春季黑土覆盖物少,很容易造成风蚀。近几年,越来越严重的沙尘暴使黑土区的风蚀现象有加重的趋势,孙继敏等的研究表明,东北黑土地荒漠化危机有加重的趋势。

此外,受全球变暖和厄尔尼诺现象加剧的影响,黑土有机质矿化作用明显加剧。自然黑土垦前表层有机质含量多为 3%～6%,低于 3%的面积比较少。当自然植被开垦为耕地时,土壤系统本身固有的有机质平衡被打破,土壤有机质含量开始大幅度下降。据资料记载,在黑土开垦初的前 20 年中土壤有机质大约减少 1/3,开垦 40 年后大约减少 1/2,开垦 80 年后大约减少 2/3。目前,黑土耕地有机质含量基本为 2%～3%。气候的变暖,也将使黑土资源不断减少。

(二) 地形因素

黑土地区的地形大都在现代新构造运动中间歇上升,多为波状起伏的漫岗,但坡度不大,一般为 1°～5°,个别可达 10°以上。耕作地区的坡度更为平缓,多为 1°～3°。坡面长一般都大于 500m,最长可达 4000m 以上。

黑土的地形在较大程度上直接影响土壤类型的演变和黑土肥力状况。地势起伏较大,割切比较严重的地方,或由于黏土层大部分被冲失,底部砂砾层距离地面比较近,土壤排水良好;或由于坡度大,地形排水迅速,土壤水分较少。另外,由于侵蚀的结果,黑土层的厚度不同:在地势平缓的地方,黑土层一般为 70～100cm,个别地方可达 100cm 以上;坡度较大的地方,黑土层厚度为 20～30cm;在少数坡度特别大或耕作较久的地方,土壤侵蚀更为严重,黑土层只有 10cm 左右。

(三) 土壤质地

黑土的成土母质主要有 3 种：①第三纪砂砾、黏层土；②第四纪更新世砂砾黏土层；③第四纪全新世砂砾、黏土层。其中以第二种分布面积最广。母质质地黏细，颗粒较均一，以粗粉砂和黏粒为主，具黄土特征（黄土性黏土）。黑土表层疏松，如果植被被破坏的话，是极易造成水土流失的。

(四) 冻融作用

黑土区主要发育在我国北方的季节性冻土区。年平均温度 0～6.7℃。1 月平均气温为−20～−16.5℃，南北相差较大。7 月平均气温 23.4℃，南北相差较小。由于冬季严寒少雪，土壤冻结深度较深，持续时间长达 4 个月以上，季节性冻层特别明显。冻融交替，能够破坏土壤结构，使黑土变得更加疏松，抗冲蚀能力下降。春季融雪沿坡易形成径流。冬季黑土区容易形成地裂子，融冻以后裂缝处土体更为疏松，在地表径流的冲刷下，容易形成冲蚀沟。因此，冻融作用是造成黑土退化的一个不容忽视的因素。Edwards(1991)研究证实，在人工降水的条件下，经冻融交替的土壤比没有经过冻融交替的土壤流失量增加24%～90%。Sharratt 等(1998)研究表明，冻土降低了土壤的渗透能力，从而增加了地表径流，在春季解冻时节黑土易受侵蚀，造成黑土地力下降。

三、防治措施

"民以食为天，粮以土为本"。土地是人类生存之本。东北黑土区是当前我国最具增产潜力的区域，据报道，预计在未来 20～25 年，全国需新增粮食潜力 4000 万 t，东北黑土区可增产粮食 2500 万 t，占全国需新增粮食的 60% 左右。但这一切得依靠后备土地资源的开垦、中低产田的改造、退化黑土的修复等。因此，加强黑土退化的防治，对保护我国的黑土资源和黑土区生态安全，对保障目前及今后相当长时期我国的粮食安全和农业的可持续发展具有非常重要的战略意义。

土壤退化的防治是一件复杂而又艰巨的任务，在当今世界各国普遍关注生态环境，努力保持可持续发展的形势下，更要长期不懈地努力做好黑土退化防治工作。根据多年研究，作者认为，黑土退化防治的具体措施有以下几个方面。

(一) 建立合理的耕作、施肥制度

首先要采取以增加地面覆盖、秸秆还田、土壤有机质等为目的、适合国情和省情的保护性耕作制度；其次要建立合理的种植轮作制度及施肥制度。

熊毅曾指出，耕作制度是农业生产中一个重要措施，但任何一种耕作制度都是在特定的自然条件下，与一定生产条件、社会经济条件和科学技术水平相适应的。黑土区是典型的雨养农业区，限制玉米产量的主要因子之一是墒情不足。因此，衡量一种耕作制度是否合理，首要的衡量标准就是看其能否充分利用自然降水。其次，要想从根本上改善和提高土壤肥力，最基本的目标就是提高或保持土壤有机质的平衡状况。因此，合理耕作制度还应能够使土壤有机质维持在较适合的平衡点上，建立肥力协调、抗逆性强、能够满足高产

玉米肥力需求的土壤"体型"和"体质"，根据研究成果，作者创建了玉米"轻主重辅"三三（全）耕作技术和"一稳、二减、三补"施肥技术。

"轻主重辅"三三（全）耕作技术核心内容为：在玉米栽培过程中，从灭茬、整地、播种、施肥、中耕及收获等各个环节均以轻型或小型（小于20马力[①]拖拉机为主要动力进行田间作业；以重型或大型（60马力以上）拖拉机为辅助动力，每隔3年用重型拖拉机于秋季深翻（25～30cm）1次；并通过高留茬或结合玉米联合收割机的应用等将1/3的玉米秸秆还田。

"一稳、二减、三补"施肥技术核心内容为：该项施肥技术是针对目前玉米带黑土速效磷含量剧增，速效钾含量渐减的养分现状提出来的。其中，"一稳"是考虑到当前氮素仍然是黑土区玉米首位需要施用的营养元素，因此，第一位就是要稳定氮素施用量，但又不能盲目施用过量氮肥，以免增加投入，污染环境，并造成玉米贪青晚熟，品质下降。根据我省中部农区黑土的养分现状，纯氮量应限定在130～150kg/hm²，在施肥方法上强调深施和分期追施。"二减"是适量减少磷肥的施用量，速效磷含量在20mg/kg以上的土壤，每公顷减少磷酸二铵用量约100kg。"三补"是补充钾肥及锌肥、硫肥及其他中、微量元素，钾肥应保持在100kg/hm²左右，将其与氮肥于中期追施。

（二）加强水土保持

依托水土保持部门开展一些生物措施和工程措施，以小流域为单元进行综合治理。主要治理措施有以下两方面。①地埂植物带。俗称培地埂，即在缓坡耕地上，每隔一定距离，大致沿等高线方向培修地埂，缩短坡长，拦蓄雨水，防止冲刷的一种简易的坡耕地治理措施。一般东北黑土区采用"软地埂"，断面较大，埂上种植作物、灌木、中草药等以加固地埂。②坡式梯田。指坡面地埂呈阶梯状而地块内呈斜坡的一类旱耕地。它由坡耕地逐步改造而来。为了减少坡耕地水土流失量，则在适当位置筑埂，形成地块雏形，并逐步使地埂加高，地块内坡度逐步减小，从而增加地表径流的下渗量，减少地面冲刷。许多地方在边埂上栽桑植果，栽种黄花草等，既巩固了地埂，增加收益，又提高了水土保持效果。在条件许可时，坡式梯田应改造成水平梯田。与此同时，要大力加强水利基础设施建设，有计划地开采地下水。大力推广节水灌溉技术，采取喷灌、滴灌、微灌等节水灌溉技术，提高水资源利用率，保持生态环境建设对水资源的需求。此外，要加强科技研究成果的推广应用，提高综合治理与开发水平。

（三）合理规划土地利用方式

政府部门应站在更高的高度重新认识黑土地这一优势资源的重要性，制定对黑土地进行保护性开发利用的相关政策和措施，加大对农田基本建设的力度，加大对土地资源的保护和投入。引导社会各方面力量，营造防风护田林，保护基本农田。对部分坡度较大区域实行退耕还林还草或进行大面积封育措施。在风蚀区，合理利用水资源，建设基本草场，发展高效农牧业，为植被恢复创造条件，避免过度开垦。

① 1马力=745.700W。

(四)有效实施土地整理工程

东北黑土区大部分位于中国的湿润或者半湿润地区,相对于西北干旱地区来讲,气候条件相当优越,有利于采取相应的生物措施和工程措施,改变不合理的耕作方式,并合理地治理水土流失严重的区域,这将会有效地遏制黑土急剧恶化的趋势。今后,黑土区不应再进行大规模的开荒活动。粮食生产能力提高的重点应该放在对现有农田的挖潜改造上,提高单位面积产量。借助新农村建设的契机,结合土地整理工程、移民建镇等措施,实施"田、水、路、林、村"综合整理,实现"农田向规模化经营集中、居民点向中心村和小城镇集中、工业向工业园区集中"的政策,完善基础配套设施,提高黑土耕地质量,提高农田抵御水土流失的能力。

第二节　黑土土壤肥力演化规律

一、施肥制度与土壤生产功能演化

受耕作制度影响,黑土区施肥制度发生了很大的变化。在 20 世纪 70 年代前,黑土区施肥方式是以有机肥料为主的,有机肥料的来源主要是人畜粪尿及各种生活垃圾、农业生产有机废弃物等,土壤肥力在低水平的产出下保持相对的稳定;进入 80 年代,黑土区施肥方式则从施用有机肥料为主逐渐过渡到以化肥为主,尤其在玉米主产区,主要靠投入化肥来维持较高的粮食产量,这种掠夺式的利用方式导致了土壤肥力迅速下降,化肥利用率及增产效益也逐年降低。

(一)不同施肥处理对玉米产量的影响

为探讨施用有机肥、化肥和有机肥与化肥配合对玉米产量的影响,进行了 20 多年的定位试验研究。结果表明,不施肥(CK)与不施 N 肥(施用 P、K 肥)玉米的产量在前 10 年可保持在 4000kg/hm² 左右,其后则维持在 3000kg/hm² 左右,总体呈平缓的下降趋势(图 7-1)。单施 N 肥玉米产量可达 8000kg/hm² 以上,N、P、K 三元素配施,玉米产量可达 10 000kg/hm² 以上。施用化肥的各处理(N、NP、NPK),玉米产量年际间变异较大,主要是气候及种植品种的不同引起的。单施有机肥及秸秆还田可大幅度提高玉米产量,多年(1990～2006 年)平均达到 9994.1kg/hm² 和 9051.5kg/hm²,分别是不施肥(CK)区玉米产量(3651.2kg/hm²)的 2.7 倍和 2.5 倍。

连续 26 年每公顷施 30m³(M_2)及 60m³(M_4)有机肥(有机质含量 10% 以上)能明显提高玉米的经济产量(图 7-2),尤其对于施用单一矿质肥料的处理效果更明显,但没有随着有机肥的增加呈增加的趋势,说明有机肥不是越多越好,否则易造成资源浪费及报酬递减。值得关注的是,N、P、K 配施有机肥与 N、P、K 化肥单施相比,玉米产量没有显著变化,这表明,合理平衡施用化肥同样会取得较好的经济效益。

玉米秸秆还田、施化肥、有机无机肥配施定位监测 20 年,结果见表 7-1。玉米秸秆还田表现为前两年玉米不增产,甚至减产 10%～15%,从第 3 年起,玉米产量开始回升,5 年

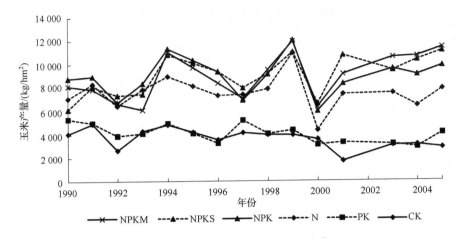

图 7-1　不同施肥模式玉米产量的变化

N. 氮,165kg/hm²;P. 磷(P₂O₅),82.5kg/hm²;K. 钾(K₂O),82.5kg/hm²;

M. 有机肥、30m³/hm²;S. 秸秆,7500kg/hm²,下同

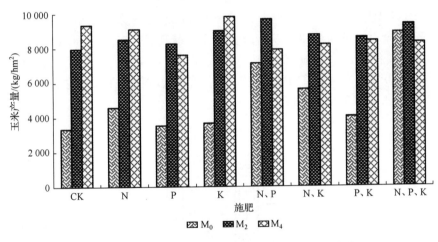

图 7-2　不同有机肥用量配施化肥下玉米产量的变化

M₀. 不施有机肥;M₂. 2m³ 有机肥/亩;M₄. 4m³ 有机肥/亩,下同

后产量稳定在 9400～12 000kg/hm²,比对照增产 2 倍以上,比单施化肥增产 12%～23%。不施肥,玉米产量呈急剧下降趋势,由试验前的 7500kg/hm² 左右下降到 2000～3000kg/hm²;不施 N 肥(PK 处理),玉米产量变化趋势与对照相同;不施 P 肥(NK 处理)与不施 K 肥(NP 处理)相比,玉米产量低 20% 左右,说明在黑土区三要素对玉米产量的贡献依然是 N>P>K。有机肥与化肥配合施用,玉米产量基本稳定在 10 000～14 000kg/hm²。说明秸秆还田与施用有机肥具有相同的稳产和增产作用,有机肥与无机肥配合施用,培肥增产效果显著。

(二)长期施肥对玉米百粒重及穗粒数的影响

百粒重和穗粒数是产量构成的重要指标,与产量有较好的相关性。不同施肥配比对

表 7-1　不同施肥配比玉米产量(2003 年)

施肥	经济产量/(kg/hm²)	增加/%	生物产量/(kg/hm²)	增加/%
CK	3 050.6		8390	
N	7 518.6	146.5	17 385.2	107.2
NP	9 114.3	198.8	22 096.9	163.4
NK	7 564.8	148.0	19 099.8	127.6
PK	3 136.2	2.8	8 845.2	5.4
NPK	9 581	214.1	13 708.9	63.4
NPKM	10 574.8	246.6	24 569.1	192.8
1.5NPKM	10 557.9	246.1	24 874.7	196.5
NPKS	9 461.1	210.1	20 110.8	139.7

注：NPKM 为有机肥 30m³/hm² + NPK(常量)；1.5NPKM 为 NPKM 用量的 1.5 倍；NPKS 为秸秆 7500kg/hm² + NPK(常量)，下同

玉米籽粒及穗粒数影响不同,但二者有较好的同步性(图 7-3)。单施一种矿质肥料(N、P、K)与 CK 及 PK 无显著差异,百粒重为 28.54~29.88g,变异系数较小(1.73%);施 NK、NP 和 NPK,玉米百粒重均在 30g 以上,尤以 NPK 最高(37.75g),较 CK 高出 29.46%。除单施 N 外,其他单施一种矿质肥料穗粒数同 CK 相差不多,变异系数(CV)仅为 1.47%,均在 250 粒左右,而施 NP、NK 及 NPK,玉米穗粒数均在 350 粒以上,分别较 CK 高出 80.19%、59.15%和 72.68%。

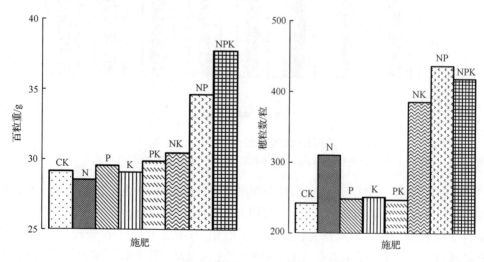

图 7-3　单施化肥对玉米百粒重和穗粒数的影响

每年施 30m³/hm² 有机肥处理区,土壤经过 25 年培育后,玉米百粒重和穗粒数没有因施不同化肥而有差异,各处理区差异均不显著(图 7-4)。百粒重均在 40g 以上,CV 为 2%,而单施化肥 CV 为 10.54%,每穗粒数均在 400 粒以上。这说明有机肥的长期施用可以避免因矿质肥料的单一或不足而引起的诸多问题。

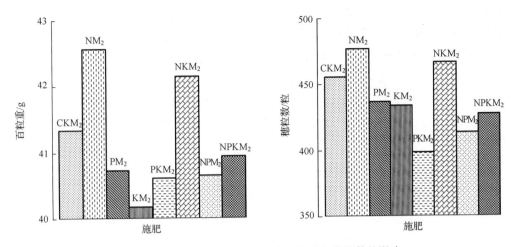

图 7-4　有机无机肥配施对玉米百粒重和穗粒数的影响

NM$_2$ 为施有机肥 30m^3/hm^2 和氮肥纯氮 165kg/hm^2；NPM$_2$ 为施有机肥 30m^3/hm^2 和氮肥(纯氮)165kg/hm^2、磷肥(P$_2$O$_5$)82.5kg/hm^2；NPKM$_2$ 为施有机肥 30m^3/hm^2 和氮肥(纯氮)165kg/hm^2、磷肥(P$_2$O$_5$)82.5kg/hm^2、钾肥(K$_2$O)82.5kg/hm^2；NPKM$_4$ 为施有机肥 60m^3/hm^2，氮肥(纯氮)165kg/hm^2、磷肥(P$_2$O$_5$)82.5kg/hm^2、钾肥(K$_2$O)82.5kg/hm^2，下同

(三) 长期施肥后黑土土壤的地力贡献系数及其变化

生产力贡献率是衡量不同肥料连施土地生产力变化的指标。用每 5 年平均产量比较各施肥对生产力的贡献。NPKM$_4$ 与全肥生产力保持在同一水平。NPKM$_2$ 比 NPM$_2$ 平均生产力贡献率降低 4.5% 左右；NPM$_2$ 比 NPK 平均生产力贡献率还高 4.4%，这与有机肥提供大量的 K 有关。施 N、P 由于连年不补充钾肥，土地生产力贡献率 20 年平均下降 16.1%；NM$_2$ 生产力贡献率平均下降 7.8%。有机肥单施比全肥平均减少 19.7%，20 年间生产力水平呈缓慢增加趋势，尤其后 5 年间增加幅度较大，这可能是由于有机肥长期累积效应的作用。N 素化肥长期单施，土壤 P、K 养分耗竭严重，生产力水平在各施肥中最小，平均下降 27.1%，尤其后 10 年间平均下降 38.3%。

增产贡献率是衡量当年投入肥料生产能力的指标。以各阶段最高产量为 100% 作参照，衡量其他施肥的肥料生产力。单施氮肥增产贡献率最小，并且呈动态下降趋势，平均减少 43.8%(表 7-2)，这服从最小养分率，与土壤养分含量的变化趋势是一致的。

在施氮基础上增施磷肥，平均增产贡献率增加 16.9%。在 NP 基础上施钾增产贡献率增加 11.1%。有机肥单施增产贡献率较低，平均减少 35.1%。但是，相应的养分携带量较小，受土壤残留养分的累积效应等因素影响，增产贡献率变化呈上升趋势。有机肥与氮肥配施增产贡献率比 NPK 还高 1.8%；低量有机肥与 NP、NPK 化肥配施平均增产贡献率较高；高量有机肥与 NPK 化肥配施，平均增产贡献率最高。说明有机肥与化肥配施具有提高肥料生产能力的效应，与有机肥增加土壤养分含量趋势是一致的。

长期试验的监测结果表明，黑土土壤有机质总的演变趋势是不均衡施肥条件下含量逐年下降，休闲、有机无机肥配合施用耕层土壤有机质含量呈增加趋势，增加 8.9~3.2g/kg，年平均增加 0.4～0.22g/kg；25 年不施肥（CK），耕层土壤有机质年平均减少 0.22g/kg；单施化肥耕层土壤有机质 25 年下降 2.5g/kg。高量有机肥配施化肥（60m³＋NPK）耕层土壤有机质由 1980 年的 27.7g/kg 升至 2004 年的 36.7g/kg。

表 7-2　不同施肥黑土生产力贡献率及增产贡献率　　　　　　（单位：%）

施肥	生产力贡献率					增产贡献率				
	1981～ 1985 年	1986～ 1990 年	1991～ 1995 年	1996～ 2000 年	平均	1981～ 1985 年	1986～ 1990 年	1991～ 1995 年	1996～ 2000 年	平均
CK	51.0	41.5	34.7	31.2	39.6	—	—	—	—	—
N	87.4	80.8	58.3	65.1	72.9	73.4	67.2	36.2	48.1	56.2
NP	91.1	84.7	74.7	85.0	83.9	80.8	73.9	61.3	76.2	73.1
NPK	93.7	96.5	84.9	87.5	90.7	86.1	94.0	76.9	79.7	84.2
M_2	74.0	75.5	77.5	93.1	80.0	48.3	58.1	65.6	87.7	64.9
NM_2	95.4	90.5	81.4	101.4	92.2	89.4	83.7	71.5	99.4	86.0
NPM_2	98.4.	89.9	90.1	101.8	95.1	95.5	82.8	84.9	100.0	90.8
$NPKM_2$	100.0	94.2	85.7	101.5	95.4	100.0	90.1	78.1	99.5	91.9
$NPKM_4$	100.0	100.0	100.0	100.0	100.0	98.7	100.0	100.0	97.4	99.0

黑土肥力总的演变趋势是在不均衡施肥条件下，土壤有机质和 N、K 含量下降，土壤生物活性降低，土壤容重增加，总孔隙度下降，土壤三相比不合理，土壤持水能力降低，有效水含量减少。25 年来单施化肥土壤容重增加 0.12～0.32g/cm³，孔隙度下降 6.0%～9.0%。自然黑土表层容重多为 0.90～1.10g/cm³，而目前黑土耕层容重为 1.10～1.47g/cm³，平均 1.29g/cm³，比垦前容重平均增加 0.2～0.4g/cm³。

施用有机肥和秸秆还田可明显提高土壤肥力水平，改善耕层土壤理化性状。黑土有机质的年矿化率为 2.5%～3.0%，每年每公顷矿化的有机质量为 1.5t 左右，因此为了保持土壤有机质的平衡，每年至少应归还因矿化而损失的有机质。在大部分黑土区，根茬只能补充约 1000kg/hm² 土壤有机质，远远低于土壤有机质自身的矿化量。因此，传统耕作加速了土壤有机质的耗竭，导致土壤有机质质量恶化、活性降低，最终对土壤生物、化学和物理环境的调控能力下降，养分的转化和周转能力减弱，对水分的保持和供应能力降低。

黑土农田生态系统养分平衡动态变化及其对农田养分时空演变的影响主要表现为农田中 N、K 减少，而 P 有盈余。黑土区提高肥料效益的施肥理论与高效利用技术措施是精确施用氮肥，灵活施用磷肥，因作物施用钾肥。黑土农田生态系统养分利用效率分析主要考虑养分利用状况、土壤养分供给能力和施肥对作物产量的影响 3 个方面。

黑土有机质垂直分布特点是土壤表层有机质含量较高，表层以下陡然下降；黑土有机质数量和质量随种植年限和耕作施肥制度的不同表现为不同的变化趋势，随种植年限增加和不均衡施肥、不合理的耕作土壤有机质数量和质量下降。不同培肥措施对土壤微形态特征及土壤生物活性的影响不同，施肥能明显提高黑土土壤生物活性，改善土壤结构。

二、玉米连作与土壤肥力演化规律

众所周知,黑土历来以有机质含量高,腐殖质层深厚,养分丰富,团粒发达,保水保肥能力及抗逆性强等优越的肥力特点而著称。加之,松辽平原优越的雨热同季的气候特点,致使松辽平原玉米带被称为东北地区的"黄金玉米带"。那么,近30年来,随着玉米带种植制度、施肥制度、耕作制度的演变,玉米带黑土的肥力状况是否发生了变化,发生了什么样的变化。带着这些问题,作者曾进行了多年的调查和研究,概括起来形成了以下几点认识。

(一)土壤剖面构型由"平面型"演变为"波浪型"

土壤剖面构型是土壤在自然因素和人为因素影响下形成的外在特征,也是影响土壤肥力的形成、转化及肥力发挥的重要因素。对于耕作土壤来说,耕层的厚度及性质既是衡量土壤质量优劣的重要标志,又可反映人们对土壤的管理水平。陈恩凤等曾指出:培肥土壤,既要研究其"体质",又要研究其"体型"。这里所说的"体质"是指土壤肥力的物质基础及其作用功能,它可反映土壤肥力的实质;而"体型"则是指土壤剖面上耕层和犁底层的组合情况,可影响土壤养分、水分的保蓄与供应,影响土壤整体的水、肥、气、热的协调状况。

野外调查表明,目前,松辽平原玉米带的土壤剖面构型已由传统的"平面型"演变为"波浪型"(图7-5)。典型"波浪型"剖面的主要特征有以下几方面。

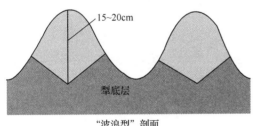
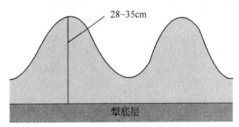

图 7-5　松辽平原玉米带土壤剖面的构造特征

(1)耕层与犁底层的交界面为"波浪型",界限明显,耕层平均厚度较薄,最深处一般仅为15～20cm。

(2)每公顷耕层的有效土壤量平均仅为1125t,约为"平面型"剖面的一半(图7-5)。

(3)垄角和犁底紧实、坚硬,硬度一般为20～40kg/cm²,玉米根系下扎困难,根系绝大部分分布在耕层之内。

(4)耕层土壤保墒能力较差、容量小,易旱,抗逆性和缓冲性不强。犁底层通透性差,降水强度大时,耕层持水量迅速饱和,易形成地表径流。

"波浪型"剖面是黑土区以小四轮拖拉机为主要动力的现行耕作制的产物,由于小型拖拉机功率小,不能进行秋翻;灭茬时旋耕深度浅,作业幅度窄,仅限于垄台;整地、播种、施肥及耥地等田间作业也均很少能触动垄帮底处,长此下去,就形成了如图7-5所示的"波浪型"剖面构造。

（二）土壤有效性养分平衡状况发生明显变化

玉米带黑土耕层样品养分含量分析结果见表 7-3。土壤碱解氮含量平均为
131.4mg/kg,有效磷含量平均为 23.0mg/kg,速效钾含量平均为 126.5mg/kg。与 1982
年统计平均值相比,碱解氮和有效磷含量分别增加了 20mg/kg 和 5mg/kg,增加比率分别
接近 20％和 40％,特别是有效磷增加的比率较大;速效钾减少了约 50mg/kg,减少比率接
近 30％。说明现行施肥制度造成了土壤碱解氮和有效磷增加,速效钾素亏缺。在施肥上
应控制氮、磷施用,并注重补充钾肥。

表 7-3　松辽平原玉米带黑土养分状况（样本数 $n=46$）

项目	有机质/(g/kg)	碱解氮/(mg/kg)	有效磷/(mg/kg)	速效钾/(mg/kg)
最低值	14.44	97.1	2.5	77.5
最高值	40.18	158.4	57.6	265.5
平均值	25.78	131.4	23.0	126.5
标准差	5.61	13.7	11.1	31.1
变异系数/％	21.77	10.5	48.2	24.6

一般认为,由于玉米带土壤多年未施有机肥的现象较为普遍。因此,有机质含量应有
较大幅度下降,但实际调查结果显示,有机质平均含量为 25.78mg/kg,与 30 年前的分析
统计结果 25.80mg/kg 相比并未有明显下降。一方面这与近些年来实施的玉米根茬还田
措施有关,另一方面也说明黑土的有机质含量具有相当大的稳定性。但在作者先前的研
究中曾发现,不注重培肥的土壤有机胶体易发生胶体"老化"现象,体现在松结态腐殖质含
量降低。

（三）土壤胶散复合体含量及组成明显劣化

有机无机复合体是土壤肥力的物质基础,是土壤胶体的主要存在形式,它的形成是土
壤发生与肥力形成的最重要过程之一。为了解玉米带黑土有机无机复合体的现状,采用
改进的丘林法研究了松辽平原玉米带黑土的胶散复合体组成。结果表明(表 7-4),供试
土壤中 3 组胶散复合体总量($G_0 + G_1 + G_2$)平均值为(470.14±67.84)g/kg,G_0 组为非水
稳性复合体、G_1 组为钙离子和铁离子结合的水稳性复合体、G_2 组为钙离子和铝离子结合
的水稳性复合体。其中,G_0 组平均值为(117.38±36.78)g/kg,G_1 组平均值为(329.19±
55.75)g/kg,G_2 组平均值为(22.50±8.02)g/kg;三组复合体的平均值以 G_1 组最高,G_0
组次之,G_2 组最少。

从复合体的组成比例来看,G_0 组含量比率平均值为 24.69％±6.45％,约占复合体
总量的 1/4。G_1 组含量比率平均值为 70.15％±5.85％。G_2 组含量比率平均值为
4.96％±2.15％。三组复合体的含量比率的平均值也是以 G_1 组占绝对优势,G_0 组次之,
G_2 组最少。

表 7-4 松辽平原玉米带黑土胶散复合体组成(样本数 $n=46$)

项目	复合体含量/(g/kg)					复合体组成/%			G_1/G_2
	G_0	G_1	G_2	G_1+G_2	$G_0+G_1+G_2$	G_0	G_1	G_2	
最小值	66.75	204	14.75	218.75	285.5	9.4	58.08	2.8	4.92
最大值	211.5	462.5	55.75	518.25	729.75	38.9	83.72	13.6	28.91
平均值	117.38	329.19	22.50	351.69	469.07	24.69	70.15	4.96	16.02
标准差	36.78	55.75	8.02	63.77	100.55	6.45	5.85	2.15	4.75
变异系数/%	31.33	16.94	35.64	18.13	21.44	26.12	8.34	43.30	29.67

高子勤(1987)对黑龙江省黑土的研究表明,无论荒地还是不同开垦年限的耕地,G_1 组含量都高于 G_2 组,G_1/G_2 值大于 1,且随开垦年限的增加,G_1/G_2 值有增大的趋势。一般认为 G_1/G_2 值为 1.4~2.0 时土壤肥力较高,G_1/G_2 值过高或过低,土壤肥力均明显下降。另外,已有研究还表明,黑土中 G_0 组复合体的含量比例都不高,很少超过 10%。

对吉林省和黑龙江省 32 个农田黑土胶散复合体分析结果表明,G_1/G_2 值平均为 4.84。而最近对松辽平原玉米带黑土的研究则发现,46 个黑土样本 G_1/G_2 值平均高达 16.02;G_0 组复合体含量比率平均高达 24.69%。一般认为,G_1 和 G_2 组复合体分别为钙离子和铁、铝离子结合的水稳性复合体,G_0 组是非水稳性复合体。G_2 组的有机碳含量远大于 G_1 和 G_0 组,是土壤有机碳的重要载体。G_1/G_2 值和 G_0 组复合体的增加,说明土壤胶散复合体的组成和比率向着劣化方向发展。

分析上述结果的形成原因可能有两个:一是与玉米带黑土现行的以小四轮拖拉机为主要动力的耕作制有关。这种耕作制动力小,耕层浅而且搅动频繁,导致 G_2 组复合体分解,G_0 组复合体增加。二是土壤长期不施有机肥、单施化肥,有机胶体得不到补充和更新,G_1 和 G_2 组复合体分解,致使 G_0 组复合体增加。

(四)土壤酸化趋势明显

对玉米带黑土 pH 测定结果进行统计表明,46 个耕层土壤 pH 变幅为 5.17~7.02,平均值仅为 5.97。其中,pH>6.5 土样数占土样总数的 13.0%,pH 为 5.50~6.50 的占 69.6%,pH<5.50 的土样数占土壤总量的 17.4%。与 1982 年第二次土壤普查的测定结果(pH 为 6.50)相比,降低了 0.53 个单位,这说明玉米带黑土的酸化趋势相当明显。分析玉米带黑土酸化的原因,一方面与近年来大气酸沉降有关,另一方面与化学肥料,特别是化学氮肥过量施用有关,许多研究证实氮肥的过度施用会导致土壤酸化。

另外,调查还显示,玉米带黑土犁底层土壤 pH 为 5.61~6.73,平均值为 6.26,后者比耕层土壤平均值高出 0.29。这一结果在一定意义上也证明了玉米带黑土正在向酸化方向发展。

三、施肥制度与土壤质量演化

黑土开垦后,土壤肥力诸因素发生了显著的变化。一般将黑土开垦后土壤肥力的变化分成活化、熟化和培肥 3 个阶段,主要表现为土壤有机质数量的变化。表层(0~20cm)

土壤有机质含量一般随着开垦年限的增长,其含量逐渐降低。在开垦初期(前 10 年)下降的速率最大,可达 2/3 左右,50 年后则趋近平缓。亚表层(20～40cm)土壤有机质含量在开垦前后变化较小,而且与开垦年份差异不显著。

土壤全氮变化趋势与土壤有机质比较相似,表层全氮含量随着开垦年限增长,其含量逐渐降低。全氮含量也是在开垦初期(10 年内)下降速率较大,以后趋近平缓。亚表层全氮也随开垦年限增长而呈现下降趋势,但统计结果差异不显著。

自然土壤中全磷和全钾主要与土壤母质和黏土矿物有关,而速效磷、速效钾在受到土壤全磷和全钾影响的同时也受到开垦时间、耕作和施肥水平的影响。黑土中全磷含量总的变化趋势是随开垦年限的增加而减少,开垦 100 年后的黑土表层全磷含量为荒地的58.6%,亚表层的为 70.2%;而速效磷在荒地表层中含量较高,开垦后含量下降较大,使用磷肥后又开始增加。亚表层速效磷没有显著的变化。

黑土全钾含量在 0～40cm 土层变化不大,变异较小,只有荒地表层中含量较低(可能是由于有机质含量高,全钾含量相对降低),这说明黑土开垦后尚没有对土壤全钾含量产生很大影响。速效钾的含量在开垦后的短期内有所增加,而后有所下降。

(一)长期施肥黑土有机质演变规律

在连续 12 年内,休闲(不耕作、不施肥)条件下耕层土壤有机质含量由 1990 年的23.3g/kg 增加到 2002 年的 27.1g/kg,增加了 3.8g/kg,年均增加 0.3g/kg。施 NPK 和1.5NKPM 耕层土壤有机质含量也分别增加到 28.4g/kg 和 31.2g/kg,12 年间分别增加5.1g/kg 和 7.9g/kg,年平均增加 0.4g/kg 和 0.7g/kg(图 7-6);而不施肥的对照(CK),12年间耕层土壤有机质下降了 3.3g/kg,年平均减少 0.3g/kg。配施秸秆和马粪等有机物料,土壤有机质均呈增加趋势。有机无机肥配合施用,有利于土壤有机质的积累。

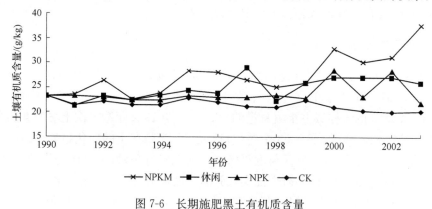

图 7-6　长期施肥黑土有机质含量

(二)长期施肥黑土全氮的积累与变化

土壤全氮含量与有机质含量一般呈正相关,也是土壤供肥能力的重要指标之一。全氮包括可供作物直接利用的矿质氮、易矿化有机氮和不易矿化的有机氮及晶格中固定的铵,是作物氮库的主要组成部分,其循环与转化是环境物质与能量交换的重要组成环节。

长期不同施肥对土壤全氮含量影响不同,年际间变异系数(CV)为 6.9%～15.0%。各施肥均较无肥(CK)有不同程度的增加(表 7-5),施用化肥增幅为 1.23%～5.98%,有机无机肥配施增幅为 7.35%～32.57%。

表 7-5　长期施肥黑土全氮平均含量变化趋势

施肥	全氮/(g/kg)				增幅/%	CV/%
	1990～1994 年	1995～1998 年	1999～2002 年	1990～2002 年		
CK	1.250	1.200	1.272	1.242	0.00	6.9
N	1.341	1.173	1.236	1.257	1.23	13.6
NP	1.355	1.265	1.317	1.316	5.98	9.7
NK	1.384	1.100	1.276	1.263	1.73	12.9
PK	1.382	1.203	1.272	1.293	4.14	8.8
NPK	1.392	1.183	1.324	1.307	5.24	10.3
NPKM	1.396	1.375	1.621	1.459	17.51	11.5
1.5NPKM	1.583	1.440	1.93	1.646	32.57	15.0
NPKS	1.388	1.358	1.24	1.333	7.35	9.9
NPKM₂	1.572	—	1.653	1.607	29.42	10.0

不施肥和施用化肥土壤全氮含量前几年有所降低(图 7-7),随施肥年限的延长,又有所升高,最后基本与初始值持平,这可能是因为如下原因。①土壤在熟化过程中,养分在不断耗损,但随时间的延长,土壤微生物种群组成稳定后,养分供给与来源也趋于稳定。因此,全氮含量先下降后上升最后围绕在某一数值上下波动。②土壤矿质态氮素流失(作物携走与降水淋洗)较为严重,促使有机态氮不断矿化,致使全氮含量有所降低。有机无机肥配合施用土壤全氮平均含量呈上升趋势,其中施 1.5NPKM 土壤增加最多。秸秆还田配施化肥(NPKS)土壤全氮平均含量略有下降。各施肥土壤全氮平均含量(1990～2002 年)大小顺序为 1.5NPKM＞NPKM₂＞NPKM＞NPKS＞NP,NPK＞PK＞NK＞N＞CK。有机无机肥配施土壤全氮平均含量明显高于单施化肥土壤。

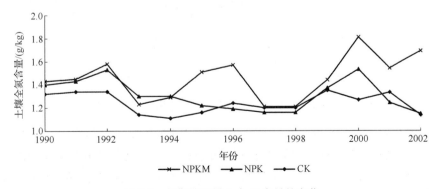

图 7-7　长期施肥黑土全 N 含量的变化

（三）长期施肥黑土有效氮的变化

土壤有效氮含量与土壤中氮素转化密切相关,有机态氮与矿质态氮的平衡结果决定了土壤有效氮的供应量。不平衡施肥会使氮肥利用率降低,导致土壤氮素的淋失。土壤中有效氮主要来源于有机质的不断矿化及外来投入的肥料。随着施肥年限的延长,不同施肥黑土平均有效氮含量前几年是下降的,后有所升高(表 7-6、图 7-8)。

表 7-6　长期不同施肥土壤有效氮含量变化趋势

施肥	有效氮/(mg/kg)				增幅/%	CV/%
	1990~1994 年	1995~1998 年	1999~2002 年	1990~2002 年		
休闲	117.58	111.40	122.00	116.99	3.00	11.2
CK	118.55	109.85	112.36	113.59	0.00	14.3
N	121.13	109.88	120.24	117.08	3.07	10.4
NP	136.20	114.00	120.25	123.48	8.71	14.1
NK	139.83	120.85	129.36	130.01	14.46	13.6
PK	132.08	117.35	121.22	123.55	8.77	10.5
NPK	129.80	121.78	125.61	125.73	10.69	12.8
NPKM	134.45	123.45	146.95	134.95	18.81	11.3
1.5NPKM	146.65	141.55	157.20	148.47	30.71	18.3
NPKS	120.48	112.60	118.85	117.31	3.28	14.0
NPKM(2)	138.20	—	142.66	140.43	23.63	6.7

注:NPKM(2)为肥料用量与 NPKM 相同,采取玉米-大豆轮作(2 年玉米、1 年大豆),下同

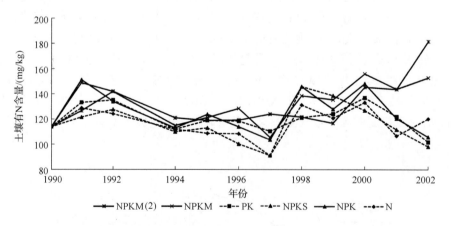

图 7-8　长期不同施肥黑土有效氮含量变化(1990~2002 年)

从总体趋势看,不施肥(CK)、单施化肥和施 NPKS 土壤有效氮含量呈下降趋势,而休闲和有机无机肥配施土壤有效氮含量呈上升趋势。这可能是因为单施化肥或不施肥,没有外来有机质的加入,土壤有效氮库容量没有得到补给,使库容降低,处于亏缺状态。不同施肥土壤有效氮年际间的 CV 为 6.7%~18.3%,各施肥土壤有效氮的含量均较对照有不同程度的升高,休闲和施化肥增加幅度为 3.00%~14.46%,其中施 NK 土壤增加

最多;有机无机肥配施比不施肥增加幅度为 3.28%~30.17%,其中 1.5NPKM 增加最多,NPKS 增加最少。除 NPKS 外,有机无机肥配施土壤有效氮平均含量高于单施化肥土壤。施 NPKS 土壤中有效氮有降低趋势,因其 C/N 值大于 25∶1,氮素略显不足,但随施肥时间的延长,且伴随秸秆的不断腐解,土壤微生物会不断利用有机碳源,逐渐缩小有机物质的 C/N 值,使土壤不断恢复持续的供氮能力。

（四）黑土剖面土壤氮素分布动态变化

土壤中的氮,在经过土壤物理的、化学的、生物的系列过程后,其主要去向一是植物吸收;二是氨态损失,包括挥发和反硝化损失;三是流失,包括径流、土壤侵蚀和淋失等。淋失是土壤中氮素损失过程中的一个重要方面,它不仅影响氮肥利用率,而且会造成地下水污染,危害人体健康。因此,土壤中氮的淋失自 20 世纪五六十年代以来,就引起了世界各国学者和国际组织的重视。众多学者对氮循环中的淋失状况,不同来源氮的淋失及影响因子,淋失过程中离子间及与水分运动的关系等,进行了深入广泛的研究。认为硝态氮时空变异性大,影响淋洗因子多,不同生态系统淋失模式不同。熊毅、朱兆良等认为氮淋失在我国不是氮素损失的主要问题;吴珊眉等的研究表明,水旱轮作,氮素有较大的渗漏损失。试验采用养分渗滤池技术,土壤取样分析和渗漏液测定相结合,研究氮肥不同用量、不同品种及配比条件下,硝态氮的移动规律及其与作物产量的关系,结果表明,淋失损失主要发生在雨季。硝态氮的移动淋失随尿素施用量的增加而增加,与肥料品种、施肥方式也有关系,但差异不大,氮肥与磷、钾及有机肥配施,可明显减少硝态氮的移动淋失。作物生长期硝态氮的淋失总量,源于土壤本身的 $2kg/hm^2$ 左右。淋失总量随氮的增加而增大。但淋失率不大,差值法估算黑土肥料氮的淋失率约 1%。施氮 247.5~330.0kg/hm^2,淋失的硝态氮含量为 11~15mg/L,超过饮用水卫生标准 10mg/L,易造成地下水的污染,故应适当控制氮肥的施用量,提倡氮、磷、钾配合施用。

受气候及植被等成土因素的影响,黑土表层土壤中积累了丰富的有机质,土壤自然肥力水平较高,再经过开垦熟化和耕作施肥,因此土壤全氮含量表现为表积,并向下呈骤减趋势。连续多年的不同施肥造成 0~20cm 和 21~40cm 表层土壤全氮含量差异增大,有机肥施用区,不论单施(M_2 和 M_4)还是与化肥配施($NPKM_2$ 和 $NPKM_4$),全氮含量都高于对照(CK)和单施化肥(NPK)。40cm 以下土层则差异不显著,说明施用有机肥具有明显改善表土供氮能力、培肥土壤的作用(表 7-7)。

表 7-7　不同施肥黑土剖面全氮含量　　　　　　　　（单位：g/kg）

施肥	土层深度/cm								
	0~20	21~40	41~60	61~80	81~100	101~120	121~140	141~160	161~180
CK	0.998	0.746	0.325	0.312	0.323	0.258	0.264	0.279	0.263
M_2	1.210	0.925	0.452	0.328	0.324	0.322	0.330	0.302	0.309
M_4	1.346	0.965	0.458	0.422	0.420	0.366	0.357	0.288	0.300
NPK	1.200	0.896	0.431	0.420	0.411	0.435	0.357	0.365	0.328
$NPKM_2$	1.352	0.900	0.529	0.365	0.354	0.329	0.311	0.325	0.316
$NPKM_4$	1.398	0.995	0.505	0.421	0.401	0.368	0.387	0.327	0.314

土壤碱解氮是土壤中氨态氮、硝态氮及各种氨基酸、酰胺及易水解蛋白质氮的总和，代表着土壤对作物供氮的有效性，是土壤氮素供给水平的一个重要指标。各施肥表层（0～20cm）土壤碱解氮含量均最高，向下层逐次降低，呈明显的"阶梯"型分布（表7-8）。

表 7-8　黑土土壤剖面碱解氮含量　　　　　　　　（单位：mg/kg）

施肥	土层深度/cm									
	0～20	21～40	41～60	61～80	81～100	101～120	121～140	141～160	161～180	181～200
CK	96.51	53.30	31.26	30.81	30.34	30.11	29.00	17.35	19.78	19.75
M_2	117.65	88.46	46.52	44.25	45.12	46.90	40.95	39.04	38.19	41.92
M_4	125.38	92.85	52.47	36.38	32.49	31.28	31.00	30.75	29.25	29.67
NPK	120.36	97.02	51.69	37.40	31.38	34.92	35.26	35.26	38.87	32.30
$NPKM_2$	143.27	96.33	56.49	97.27	32.94	33.41	35.78	35.31	38.66	34.65
$NPKM_4$	138.96	93.70	55.13	38.54	32.15	33.82	33.24	31.47	31.47	34.71

与土壤碱解氮含量试前相比，不施肥区（CK）表层土壤（0～20cm）碱解氮下降到96.51mg/kg，比22年前的102.44mg/kg减少了5.93mg/kg，下降幅度5.78%；表层土壤碱解氮含量由于施有机肥数量不同而呈现出差异，连年施用有机肥明显提高了表层土壤碱解氮含量，施 M_4 较试前提高22.39%，施 M_2 提高14.85%；单施化肥表层土壤碱解氮含量增加趋势不如高量有机肥（M_4）明显，但优于低量有机肥（M_2）；有机肥与化肥配合施用对提高表层土壤碱解氮含量的效果最显著。

各施肥土壤0～60cm土层土壤碱解氮的含量明显高于对照，施用低量有机肥料（M_2），0～20cm土层土壤碱解氮较对照增加21.14mg/kg，提高21.90%，21～40cm土层增加更为显著，提高65.07%；高量有机肥（M_4）、单施化肥区及有机肥与化肥配合施用区上层（0～60cm）土壤碱解氮也较对照有明显的提高。0～20cm土层碱解氮含量以 $NPKM_2$ 最高，较对照（CK）提高48.45%，21～40cm土层碱解氮含量以施 NPK 最高，较对照（CK）提高了82.03%。各施肥60cm以下土层土壤碱解氮含量与对照区相比略有增加，但不显著，这可能与施肥主要集中在表层有关。

土壤中硝态氮易随水移动，如果向下淋移出土体，不仅会造成氮素肥料的损失，而且污染地下水，对环境及人畜健康造成危害。施用不同数量有机肥对黑土剖面硝态氮分布有明显影响，表层土壤硝态氮含量随有机肥施用量增加而增高，高量有机肥（M_4）在（10～20）cm土层形成硝态氮含量的峰值，而对照则从表层向下呈逐渐增加的趋势，最高峰出现在180cm土层处，第二累积峰值在100cm处。单施化肥0～20cm表层土壤硝态氮含量高于21～100cm的土层，120cm以下逐渐升高并在200cm处达到峰值，整个土层硝态氮含量高于对照及施有机肥土壤，说明施入的矿质氮素肥料已发生硝化反应并且向土体下层淋移。土体中硝态氮含量由120cm层向下层呈逐渐增加趋势，累积层次可能不仅限于200cm，或许更深。有机肥与化肥配合施用0～200cm土层土壤硝态氮含量变化趋势与单施化肥基本相同，表层硝态氮含量略高于单施化肥土壤，这与连年大量施入有机肥料改善了耕层土壤的理化性状有关，至100cm土层下硝态氮含量呈上升趋势，低量有机肥与化肥配施（$NPKM_2$）高峰值出现在160～180cm土层处，高量有机肥与化肥配施（$NPKM_4$）

高峰值出现在 140～160cm 土层处,与对照相比峰值下移,但与单施化肥相比峰值上升。

(五) 长期施肥黑土有机氮形态的变化

土壤耕层中有机氮的各组分在不同施肥土壤中变化不同。施高量有机肥(NPKM$_4$)土壤铵态氮、氨基酸态氮、氨基糖态氮含量最高,而铵态氮、酸不溶氮在加入秸秆(NKPS)的土壤中含量最低。酸解未知态氮在不施肥土壤中含量最高,而在有机无机肥配施(NK-PM)土壤中含量最低。土壤层次对有机氮各形态分布的影响总体趋势是有机氮各组分含量随土层的加深而下降,与土壤有机质变化规律一致。但随着土壤层次的加深,有机氮各组分占全氮的比例相对稳定。

不同土层的 C/N 值为 9.03～12.49,约为微生物生存繁殖适宜 C/N 值的 1/3。因此,向土壤中施用有机肥是有效的,能刺激微生物的生长繁殖,进而促进土壤有机质的转化。

(六) 黑土全磷演变规律

不施肥(CK)和单施 N 肥土壤全磷含量呈平缓下降趋势,其余各施肥土壤全磷含量表现为上升趋势(图 7-9),其中增加较明显的为 NPKM$_4$ 增加 79.6％、NPKM$_2$ 增加 54.3％、NPM$_2$ 增加 44.1％、M$_2$N 增加 33.9％、M$_2$ 增加 25.3％。施磷肥增加了土壤全磷含量,但增加幅度较小。增施有机肥土壤全磷含量明显增加,尤其后几年增加幅度较大,这与有机肥提供大量的磷有关。

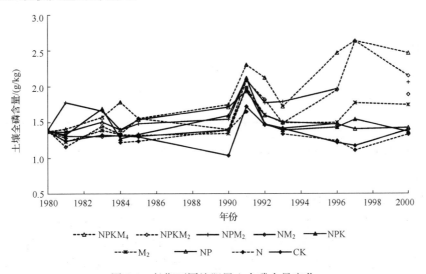

图 7-9　长期不同施肥黑土全磷含量变化

(七) 长期施肥中层黑土物理性质的变化规律

1. 土壤容重

施有机肥的耕层土壤容重呈下降趋势,下降幅度为 0.04～0.24g/cm^3(表 7-9、表 7-10);不施肥对照和施化肥呈增加趋势,增加幅度为 0.12～0.32g/cm^3;休闲耕层土壤容重由 1.19g/cm³ 增加到 1.24g/cm³，这主要是连年不耕作土壤自然沉降的结果。秸秆还田（秸秆、秸秆肥）与化肥配合施用，土壤容重明显低于单施化肥，减小幅度为 0.15～0.42g/cm³。

表 7-9　不同施肥耕层土壤物理性状变化趋势（2004 年）

施肥	容重/(g/cm³)	孔隙组成/%		
		总孔隙度	田间持水孔隙	通气孔隙
休闲	1.24	59.1	31.9	7.2
CK	1.45	46.2	29.8	16.4
N	1.51	47.1	31.5	5.6
NP	1.31	48.7	28.3	20.5
NPK	1.33	51.0	25.8	25.3
1.5NPKM	1.15	57.1	30.5	16.6
NPKS	1.16	57.1	31.5	15.6
NPKM₂	1.18	57.4	30.5	16.7

注：1989 年试验前匀地后土壤容重为 1.19g/m³；总孔隙度、田间持水孔隙和通气孔隙分别为 55.9%、35.8% 和 18.1%

表 7-10　不同有机物料对土壤物理性状的影响（2000 年）

施肥	容重/(g/cm³)	饱和毛管水/%	田间持水量/%	总孔隙/%	通气孔隙/%	非毛管大孔隙/%
1. 马粪	1.06	46.3	36.7	56.5	19.8	10.2
2. 玉米秸秆	1.05	46.7	34.7	58.0	23.3	11.3
3. 玉米秸秆肥	1.06	47.6	35.7	57.7	26.0	10.0
4. 土粪	1.07	50.1	36.0	55.2	19.2	5.1
5. 化肥	1.13	46.5	35.8	52.4	16.6	5.9
CK	1.17	45.9	34.7	50.5	15.8	5.3

注：网室盆栽试验处理及施肥水平(kg/hm²)：1. 马粪 7500＋N 150＋P₂O₅ 75；2. 玉米秸秆 7500＋N 150＋P₂O₅ 75；3. 玉米秸秆肥 7500＋N 150＋P₂O₅ 75；4. 土粪 30 000＋N 150＋P₂O₅ 75；5. N 150＋P₂O₅ 75

2. 孔隙度

单施有机肥与有机肥加化肥黑土耕层土壤总孔隙度呈增加趋势，增加幅度为1.2%～13.2%；单施化肥呈下降趋势，下降幅度为 6.0%～9.0%。田间持水孔隙和通气孔隙的变化趋势与总孔隙度变化趋势相同。秸秆还田后，土壤物理性状趋向好转，施秸秆和秸秆肥土壤总孔隙度比对照增加 7.5% 左右，比施化肥增加 5.1% 左右；施秸秆土壤通气孔隙比对照增加 7.5%，比施化肥增加 6.7%；施秸秆肥比对照增加 10.2%，比施化肥增加 9.4%。表明秸秆还田可降低土壤容重，使总孔隙增加，土壤物理性状趋向好转。

3. 土壤含水量

多年连续监测，不同施肥措施和不同耕作措施黑土 0～20cm 土层饱和毛管水、田间持水量的变幅为 45.2%～50.1%、34.7%～36.7%（表 7-10）；0～100cm 土层储水量变幅为 480～660mm，有效储水量变幅为 140～320mm，单施有机肥、有机肥和化肥配施、秸秆不同形式还田和玉米-大豆轮作黑土耕层土壤饱和毛管水、田间持水量及 0～100cm 土层储水量和有效储水量明显高于不施肥和单施化肥。

（八）长期施肥中层黑土酶活性的变化

土壤酶能催化土壤中复杂的有机物质转化为简单的无机化合物，供作物吸收利用。酶参与土壤生物化学过程的物质循环。研究资料表明，蔗糖酶、脲酶、中性磷酸酶活性与土壤有机质、NP 养分都呈直线相关。有机无机肥配施酶活性显著增加（表 7-11），表明施用有机无机肥，土壤有机和无机养分状况好，并有利于有机物质转化和作物吸收利用。有机无机肥配施比单施用化肥能明显增强土壤蔗糖酶、脲酶、中性磷酸酶活性，其中蔗糖酶增加 85%～92%，脲酶增加 66.7%～84.5%，中性磷酸酶增加 18.1%～29.9%。单施化肥增加幅度：蔗糖酶为 4%，脲酶为 4.4%，中性磷酸酶为 4.3%。结果表明，随着肥料的连年施入，酶活性都呈明显增加趋势，而有机无机肥配施增加的幅度远远大于单施化肥。

表 7-11　有机无机肥配施耕层土壤酶活性

处理		蔗糖酶[葡萄糖/(mg/g)]	脲酶[NH_4^+-N/(mg/100g)]	中性磷酸酶[酚/(mg/g)]
M_0	CK	9.2	8.9	14.45
	NP	9.7	10.3	15.11
M_2	CK	8.9	9.6	15.66
	NP	16.5	16.0	18.50
M_4	CK	9.2	9.7	14.89
	NP	17.7	17.9	19.34

（九）长期施肥对中层黑土生物群落的影响

1. 黑土农田土壤中动物群落结构多样性及其变化

对黑土定位监测不同施肥土壤取样进行筛分，调查了土壤动物群落结构的变化。黑土农田中，动物群落的优势类群以节肢动物门、环节动物门及软体动物门为主，其中节肢动物门占较大比例。土壤动物类群丰富度均以休闲、轮作及有机肥配合 NPK 化肥较高，而以不施肥的 CK 最低。其中，休闲土壤蛛形纲蜱螨目中气门亚目及甲螨亚目均较其他施肥土壤中的高，动物个体数为 245 个和 908 个，是 CK 中的 1.7 倍和 3 倍；在土壤动物群落组成中，弹尾纲弹尾目棘跳科及球角跳科也占较大比例，也以休闲土壤为最高，达到 783 个和 313 个；在玉米-大豆轮作中，以疣跳科及双尾纲双尾目动物个体数最多。休闲、玉米-大豆轮作、增施有机肥能显著改善土壤动物主要类群、类群数、种群密度和类群多样性，具有积极促进作用。

土壤动物类群和数量的分布与土壤性质密切相关，农田黑土上土壤动物类群的营养方式多以杂食性、植食性为主，还有捕食性、腐食性、菌食性等营养方式。休闲土壤动物优势类群为杂食性，其次为捕食性、腐食性、植食性及粪食性；CK（无肥区）土壤动物的优势类群也是杂食性，其次为腐食性及植食性，类群种类与数量较休闲单一。

2. 施肥对黑土微生物生物量碳的影响

高量有机肥与无机肥配施比休闲地微生物生物量碳提高 1.96～2.75 倍;长期耕种与施肥对微生物生物量碳含量产生衰减影响;各施肥处理区微生物生物量碳增加依次为 NPKM₂＞NPKM₄＞M₄,各施肥土壤微生物生物量碳含量减少依次为 NPKM₀＞NPKM＞M₂＞CK＞M₀。黑土耕地表层土壤中 NPK 化肥配施对土壤微生物生物量碳含量有积极作用,接近休闲地土壤微生物生物量碳含量 1.6g/kg 水平,有机肥与无机肥配施对土壤微生物生物量碳含量的影响明显大于非配合施肥,最佳配施为 NPKM₂。随不同年份施肥时间的延长,土壤微生物生物量碳含量呈衰减趋势,长期耕种与施肥对土壤微生物生物量碳含量水平产生不利影响。

3. 黑土土壤生物演化

随着耕作年代的增加,黑土中真菌、放线菌、固氮菌、氨化细菌及纤维分解菌数量略有下降趋势,而硝化细菌、反硝化细菌则呈上升趋势。

农药、重金属的浓度与土壤微生物数量或土壤酶活性呈负相关:呋喃丹与细菌($r=-0.84$)、硝化细菌($r=-0.98$),Cr 与硝化细菌($r=-0.29$)、反硝化细菌($r=-0.59$)、脲酶($r=-0.58$),Cd 与过氧化氢酶($r=-0.84$),Cu 与过氧化氢酶($r=-0.69$)、磷酸酶($r=-0.64$)、脲酶($r=0.91$)。阿特拉津与细菌($r=0.87$)、真菌($r=0.92$)、反硝化细菌($r=0.96$),Cu 与氨化细菌($r=0.83$)呈正相关。

第三节　高产田与中低产田土壤肥力差异

一、肥力体型差异

吉林省高产土壤与一般土壤在肥力体型方面存在明显的差异:主要表现在高产土壤在土体构造及与其相关的土壤特性与一般土壤有质的差别,这不仅是表现在 0～20cm 土层,而且更主要是表现在 21～40cm,甚至 41～60cm 土层上的肥力差别。

（一）高产土壤与一般土壤颗粒组成的差异

大量研究结果表明,土壤肥力的高低在很大程度上取决于土壤结构,而土壤结构的好坏从根本上讲与土壤中基础物质的数量和质量有关,特别是与起重要作用的颗粒组分的比例及特性密切相关。

土壤水稳性团粒的分析结果表明,高产土壤与一般土壤的水稳性团粒存在明显差异(图 7-10)。高产土壤水稳性团粒的数量明显高于一般土壤,特别是 0～20cm 和 21～40cm 土层最为明显,高产土壤水稳性团粒的数量分别为 25.3％和 21.7％,一般土壤分别为 15.4％和 15.1％,相差 6.6％～8.1％,而 41～60cm 土层分别为 17.2％和 12.6％,差距逐渐变小至 4.6％。因此,高产土壤比一般土壤具有更好的土壤团粒结构,特别是 0～40cm 土层最为明显,具备形成良好土体构造和物理性状的物质基础。

（二）高产土壤与一般土壤通透性的差异

土壤的通透性直接影响着土壤水-气状况及土壤氧化-还原特性,对土体中发生的各

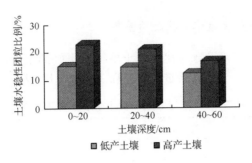

图 7-10 高、低产土壤各级颗粒含量

种生理、生化过程和作物根系的正常生长都有明显的影响,适宜的通透性可使土体中养分的转化、微生物活动及根系生长处于最佳状态,是高产土壤肥力的重要指标。

吉林省玉米高产土壤与一般土壤的通透性存在明显的差异。土壤孔隙度的分析结果表明,高产土壤 0～40cm 土层的总孔隙度和通气孔隙度明显高于一般土壤,具有良好的通气性,特别是 21～40cm 土层的差异更为明显,41～60cm 土层基本趋于一致(表 7-12)。

表 7-12 高产土壤与一般土壤孔隙度的差异

土壤深度/cm	高产土壤			一般土壤		
	0～20	21～40	41～60	0～20	21～40	41～60
总孔隙度/%	51.2	49.0	49.0	48.8	45.8	47.3
通气孔隙度/%	23.0	23.9	24.0	21.8	20.5	24.2

高产土壤 0～20cm、21～40cm、41～60cm 的土壤总孔隙度分别比一般土壤高 2.4%、3.2% 和 1.7%,而高产土壤的通气孔隙度则分别比一般土壤高 1.2%、3.4% 和 -0.2%。

陈恩凤先生等的研究表明,高产土壤的孔隙度应在 50% 左右,这与作者的研究结果是一致的;吉林省高产土壤的孔隙度均在较适宜的范围内。

土壤渗透性的分析结果也显示出同样趋势:高产土壤的渗透速度明显高于一般土壤,这对于因降水量过大而造成的强厌氧条件有明显的缓解作用,特别是对玉米生育后期促进灌浆、防止早衰具有明显的促进作用(图 7-11)。

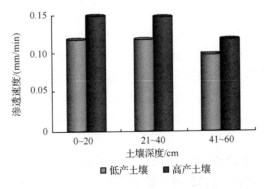

图 7-11 高、低产土壤渗透速度

（三）高产土壤与一般土壤水分状况的差异

大量的分析数据显示,高产土壤比一般土壤拥有更好的水分条件。高产土壤的自然含水量、土壤田间持水量和毛管含水量均明显高于一般土壤(表 7-13)。

表 7-13　高产土壤与一般土壤水分状况的差异

土壤深度/cm	高产土壤			一般土壤		
	0~20	21~40	41~60	0~20	21~40	41~60
自然含水量/%	21.1	19.8	18.8	17.8	17.6	15.9
田间持水量/%	28.3	25.1	25.0	27.1	25.3	23.1
毛管水含量/%	36.0	31.7	31.4	34.1	32.1	29.9

高产土壤 3 层土体的自然含水量平均比一般土壤高 2.2%~3.3%,田间持水量平均高 0.2%~1.9%,而毛管含水量平均高 0.4%~1.9%。这在雨养农业区是非常重要的,可为创高产提供良好的水分条件。

（四）高产土壤与一般土壤紧实度的差异

许多研究表明,土壤紧实度是衡量土壤肥力体型的重要指标。研究结果表明,高产土壤与一般土壤在土壤容重及三相比等方面存在明显的差异(表 7-14)。从土壤容重的分析结果可以看出,高产土壤 0~20cm、21~40cm 和 41~60cm 3 个土层的容重明显低于一般土壤,分别比一般土壤低 6.4%、2.8% 和 2.1%。

表 7-14　高产土壤与一般土壤紧实度的变化趋势

类型	土壤深度/cm	容重/(g/cm³)	三相比
高产土壤	0~20	1.34	1:0.62:0.37
	21~40	1.41	1:0.50:0.33
	41~60	1.44	1:0.50:0.32
一般土壤	0~20	1.39	1:0.53:0.28
	21~40	1.45	1:0.46:0.22
	41~60	1.45	1:0.45:0.24

三相比是评价土壤结构的重要指标之一。分析结果显示,高产土壤 3 个土层的三相比与一般土壤有质的差别。总的趋势是一般土壤与高产土壤相比固相比例偏高,而气相比例偏低,特别是 21~40cm 土层的差别最为明显;高产土壤 3 个土层固相与液-气相之和的比例分别为 1:1、1:0.8 和 1:0.8 以上,而一般土壤则仅约为 1:0.8、1:0.7 和 1:0.6。

总之,从土壤紧实度来分析,高产土壤比一般土壤多具有较好的土壤结构、较适宜的紧实度。高产土壤属于暄和紧和型;而一般土壤则属于紧和僵密型。这就使前者具备了创高产的基础条件。

结合大量的调查资料可以看出,近 10 年来,吉林省耕地土壤构造性越来越差,土壤容重增加,犁底层的阻隔作用越来越严重,特别是 21～40cm 土层的问题尤为突出,已成为我省耕地土壤高产栽培的主要限制因子之一。吉林省玉米高产土壤与一般土壤在肥力体型方面存在明显的差异;主要表现在高产土壤在土体构造及与其相关的土壤通透性、水分状况和土壤紧实度等方面与一般土壤有质的差别。

二、肥力体质差异

大量土壤样本的分析结果表明,高产土壤与一般土壤在土壤营养状况上也存在着较明显的差别,特别是 0～20cm 和 21～40cm 土层的速效性养分含量差异较大(表 7-15)。高产土壤不仅 0～20cm 土层具有较高的营养水平,而且 21～40cm 土层也保持有较高的营养水平,这为创造高产打下了坚实的营养基础。

表 7-15 高产土壤与一般土壤养分状况的主要差异

肥力类型	土壤深度/cm	土壤有机质/%	土壤 pH	土壤速效 N/(mg/kg)	土壤速效 P_2O_5/(mg/kg)	土壤速效 K_2O/(mg/kg)	土壤速效 Zn/(mg/kg)
高产土壤	0～20	2.915	7.00	120.0	30.5	190.3	1.43
	21～40	2.313	7.39	93.1	16.4	128.9	0.94
	41～60	1.720	7.57	67.6	13.1	113.1	0.48
一般土壤	0～20	2.578	7.28	100.1	23.3	153.8	0.87
	21～40	2.074	7.39	78.1	14.3	116.5	0.50
	41～60	1.480	7.62	59.6	12.0	106.2	0.24

高产土壤与一般土壤在土壤养分上的差异首先表现在各种营养物质在数量上的差异。3 个层次土壤有机质分别相差 0.34%、0.24% 和 0.24%,速效 N 分别相差 20%、19.2% 和 13.4%,速效 P_2O_5 分别相差 30.9%、14.7% 和 9.2%,速效 K_2O 分别相差 23.7%、10.6% 和 6.5%,速效 Zn 分别相差 64.4%、88.0% 和 100.0%;同时,在养分比例上也存在明显的差异。具体来说,在 NPK 比例上差异不明显,而在大量元素与主要微量元素之间的比例上存在着很大的差别,一般土壤在大量元素与主要微量元素的比例上明显低于高产土壤。

吉林省玉米高产土壤与一般土壤在土壤养分状况方面也存在明显的差异;这种差异不仅表现在各种营养元素在绝对量上的不同,而且表现在各种营养元素在比例上的差别。

三、高产土壤肥力指标

在大量调研工作基础上,我们认为,土壤肥力的高低是土壤体系中众多因素综合作用的结果。因此,评价土壤肥力的指标也应包括土壤中的主要性状,既包括土壤的肥力体型,又包括土壤的肥力体质;不仅要衡量 0～20cm 土层的肥力状况,而且要了解 21～40cm、甚至 41～60cm 土层的肥力水平。根据我们的研究结果,可以初步提出吉林省玉米高产土壤肥力的数量化指标(表 7-16)。

表 7-16　高产土壤肥力数量化指标

项目 ＼ 土壤深度/cm	0~20	21~40	41~60
土壤颗粒组成*	1:1.6:1.2	1:1.7:1.1	1:1.9:1.1
土壤容重/(g/cm³)	1.25~1.30	1.30~1.35	1.35~1.40
土壤总孔隙度/%	50~55	45~50	45~50
土壤通气孔隙度/%	20~25	20~25	20~25
土壤渗透量/(mm/h)	85~90	80~85	80~85
土壤田间持水量/%	25~30	20~25	20~25
土壤毛管水含量/%	35~40	30~35	30~35
土壤三相比	1:0.6:0.4	1:0.5:0.35	1:0.5:0.3
土层构造	喧和	紧和	僵密
土壤有机质/%	3.0~5.0	1.7~3.0	1.2~2.5
土壤 pH	6.5~7.5	6.6~7.9	6.8~8.3
土壤全 N/%	0.15~0.25	—	—
土壤全 P_2O_5/%	0.15~0.25	—	—
土壤全 K_2O/%	2.0~2.5	—	—
土壤速效 N/(mg/kg)	150~200	100~150	60~80
土壤速效 P_2O_5/(mg/kg)	20~40	10~25	7~20
土壤速效 K_2O/(mg/kg)	130~260	90~160	80~140
土壤速效 Zn/(mg/kg)	1.0~2.0	0.5~1.0	0.3~0.5

* 土壤颗粒粒径<1mm、1~7mm 和>7mm 3 部分的比值

　　根据研究结果我们认为高产土壤的建立应该重点抓住以下几个方面。

　　(1) 应同时在肥力体型和肥力体质两个方面实施培肥,不可偏重任何一方,特别是应注重土壤物理性状的改善及土壤各种营养物质的平衡。

　　(2) 改善和创造良好的深层土体结构和营养状况是培肥土壤的关键。土壤培肥的目标不仅是 0~20cm 土层,而且要侧重于 21~40cm 土层。

　　(3) 在培肥措施上应以深施肥料(有机肥料和无机肥料)和机械深松等技术为主,以达到改善深层土体结构和营养水平的目的。

第四节　高产土壤培育技术

一、增施有机肥料

　　增施有机肥料是高产土壤的主要培育技术之一。在整地时增施有机肥料对土壤物理性状、化学性状和生物性状等肥力指标及玉米生长发育均有明显的促进作用。

（一）对土壤肥力的影响

1. 土壤物理性状

施用不同剂量的有机肥料及选取不同施用方法对土壤的物理性状具有明显的影响（表7-17、表7-18）。有机肥不同施用量处理，土壤物理性状比较分析表明，随着有机肥用量的增加，土壤容重降低，田间持水量增加，自然含水量增加，气相容积增加，液相容积增加，固相容积下降，总孔隙度增加，渗透系数增加，毛管持水量增加，其中气相比液相增加得快。

表7-17　有机肥不同施用量对土壤物理性状的影响

有机肥施用量 /(m³/hm²)		土壤深度 /cm	容重 /(g/cm³)	田间持水量/%	自然含水量/%	气相 /cm³	液相 /cm³	固相 /cm³	总孔隙度/%	渗透系数 /(mm/min)
深施	0	10～15	1.27	30.37	11.76	28.45	14.97	56.58	51.45	0.89
		30～35	1.42	23.08	12.00	21.35	17.09	61.56	45.92	0.46
	20	10～15	1.49	20.33	10.02	14.15	14.91	70.94	42.81	0.08
		30～35	1.36	25.05	14.32	26.45	19.52	54.03	48.42	0.32
	30	10～15	1.33	26.35	7.30	24.75	9.68	65.57	48.90	0.89
		30～35	1.31	27.41	15.50	20.80	20.38	58.82	49.81	0.32
	40	10～15	1.14	30.84	10.17	30.30	1.56	58.14	56.07	0.91
		30～35	1.20	24.33	12.83	33.65	15.39	50.96	54.50	1.30
	50	10～15	0.87	38.69	17.36	41.00	15.14	43.86	66.05	2.58
		30～35	1.33	24.32	14.46	21.90	19.27	58.83	49.81	0.82
常规施	0	10～15	1.55	22.13	9.64	17.50	14.90	67.60	41.06	0.19
		30～35	1.42	19.67	8.87	23.75	12.56	63.69	44.90	0.75
	20	10～15	1.35	28.87	9.41	26.80	12.72	60.48	47.88	0.71
		30～35	1.34	23.32	13.16	22.20	17.67	60.13	48.57	0.32
	30	10～15	1.22	24.91	11.08	20.35	13.53	66.12	52.82	0.89
		30～35	1.28	23.51	13.40	20.17	17.22	62.61	50.97	0.90
	40	10～15	1.25	29.32	9.37	30.60	11.69	57.71	52.23	0.47
		30～35	1.31	26.09	14.29	22.30	18.71	58.99	50.01	0.38
	50	10～15	1.34	25.77	12.99	22.80	17.44	59.76	48.51	0.28
		30～35	1.28	21.18	14.04	25.90	18.01	56.09	51.74	0.58

表7-18　有机肥不同施用方式对土壤物理性状的影响

处理	容重 /(g/cm³)	田间持水量/%	自然含水量/%	气相 /cm³	液相 /cm³	固相 /cm³	总孔隙度/%	渗透系数 /(mm/min)	毛管持水/%
深施	1.27	27.08	12.57	26.28	14.79	57.93	51.37	0.86	37.29
常规施	1.33	24.48	11.63	23.24	15.45	61.32	48.88	0.55	33.95

深施有机肥处理与常规施用处理相比,土壤容重降低,田间持水量增高,自然含水量增高,气相容积增大,液相容积减小,固相容积减小,总孔隙度增高,渗透系数增高,毛管持水量增高。

2. 土壤化学性状

施用不同剂量的有机肥料及选取不同施用方法对土壤的物理性状具有明显的影响(表 7-19)。有机肥不同施用量处理,土壤化学性状变化趋势:土壤有机质含量明显增加、土壤速效性养分(NPK)呈增加趋势,土壤 pH 基本不变。

表 7-19 有机肥不同施用量对土壤化学性状的影响

有机肥施用量 /(m³/hm²)		土壤深度 /cm	碱解氮 /(mg/kg)	速效磷 /(mg/kg)	速效钾 /(mg/kg)	有机质 /%	pH
深施	0	0～20	117.82	18.64	108.93	1.92	8.13
		21～40	90.06	5.22	83.86	1.60	8.1
	20	0～20	120.31	16.22	134.00	1.98	8.08
		21～40	105.36	3.46	88.87	1.76	8.15
	30	0～20	118.89	17.54	137.01	2.00	8.10
		21～40	73.33	1.70	73.83	1.40	8.27
	40	0～20	143.09	33.17	379.70	2.23	8.02
		21～40	111.77	1.92	93.89	1.98	8.02
	50	0～20	118.89	27.67	439.87	2.06	7.94
		21～40	79.02	2.14	103.91	1.51	8.32
常规施	0	0～20	142.38	21.95	169.10	1.7816	8.28
		21～40	103.23	3.02	73.83	1.7211	8.20
	20	0～20	120.31	25.91	134.00	1.8462	8.10
		21～40	92.19	3.90	73.83	1.6770	8.14
	30	0～20	130.28	23.05	137.01	2.0196	8.04
		21～40	115.53	4.45	78.84	2.0130	8.08
	40	0～20	133.13	48.57	264.37	2.1827	7.86
		21～40	86.50	3.68	76.84	1.5327	8.22
	50	0～20	124.94	32.95	134.00	1.9567	7.98
		21～40	73.33	3.02	68.82	1.3896	8.07

3. 土壤生物性状

施用不同剂量的有机肥料及选取不同施用方法对土壤生物性状具有明显影响(表 7-20)。分析结果表明,施用有机肥对土壤微生物数量及组成具有明显的影响,土壤中的微生物随着有机肥的增加而呈增加趋势,并且有机肥深施,土壤微生物含量比常规施法增加 20.69%。

表 7-20 有机肥不同施用量对土壤微生物数量的影响

有机肥施用量/(m³/hm²)		土壤深度/cm	放线菌/(个/g)	真菌/(个/g)	细菌/(个/g)
深施	0	0~20	155 291	1364	629 559
		21~40	98 232	540	237 485
	20	0~20	229 428	623	1 183 476
		21~40	138 694	108	325 065
	30	0~20	128 804	532	745 147
		21~40	79 230	217	151 947
	40	0~20	215 647	539	690 071
		21~40	16 228	216	238 017
	50	0~20	189 850	1055	1 508 253
		21~40	93 558	108	204 323
常规施	0	0~20	254 067	953	624 581
		21~40	70 248	0	64 844
	20	0~20	100 285	960	640 120
		21~40	76 681	540	118 801
	30	0~20	210 063	1050	619 687
		21~40	92 461	218	500 379
	40	0~20	216 979	745	904 081
		21~40	121 259	218	382 349
	50	0~20	170 922	855	491 402
		21~40	68 007	219	285 192

从表 7-21 可以看出,施用有机肥料对放线菌、真菌和细菌含量产生了不同的影响。随着有机肥施用量的增加,放线菌和真菌数量呈下降趋势,而细菌含量呈明显增加趋势。

表 7-21 不同有机肥用量对微生物数量的影响

有机肥用量/(m³/hm²)	放线菌/(个/g)	真菌/(个/kg)	细菌/(个/g)
0	577 838	2 857 000	1 556 469
20	545 088	2 231 000	2 267 462
30	510 558	2 017 000	2 017 160
40	570 133	1 718 000	2 214 518
50	522 337	2 237 000	2 489 170

（二）对玉米生长发育的影响

从表 7-21 和表 7-22 可以看出,有机肥料深施的增产效果明显好于浅施,这可能与施肥量增加有关,也可能与深松深度不同有关。在同一施肥方式条件下,施肥效果呈二次曲线特性,深施与浅施的最佳处理分别是 30m³/hm² 与 40m³/hm²。

表 7-22　不同处理对玉米生长发育及产量性状的影响

有机肥施用量 /(m³/hm²)		叶绿素含量(SPAD)	穗长 /cm	秃尖长 /cm	穗行数 /行	行粒数 /粒	穗粒数 /粒	百粒重 /g	容重 /(g/L)	产量 /(kg/hm²)
深施	0	41.4	11.90	0.45	12.3	22.7	279	723	22.7	3526
	20	44.1	14.53	1.15	13.4	27.5	369	727	24.4	4105
	30	43.3	13.95	0.65	13.6	26.5	360	738	26.2	4644
	40	46.2	16.15	0.60	13.1	30.6	401	744	24.6	4881
	50	43.4	13.28	0.95	13.8	26.0	359	734	23.8	4202
浅施	0	42.4	14.30	0.55	14.5	25.7	373	738	22.7	2837
	20	42.5	12.00	0.65	12.7	23.7	301	625	22.5	3210
	30	43.1	14.68	1.00	13.6	28.1	382	732	22.9	3538
	40	46.6	14.18	0.60	13.7	25.9	355	704	22.2	2967
	50	46.5	12.05	0.80	13.2	20.4	269	586	22.1	2878

玉米最大产量深施有机肥量为 35.0m³/hm²，最大效益产量深施有机肥量为 20.7m³/hm²；最大产量常规施有机肥量为 26.1m³/hm²，最大效益产量常规施有机肥量为 10.4m³/hm²。深施无肥处理比常规施无肥处理增产 23.0%（表 7-23）。

表 7-23　施肥量与产量效应方程式

处理	施肥量与产量效应方程	最大产量		最大效益产量	
		施肥量 /(m³/hm²)	产量 /(kg/hm²)	施肥量 /(m³/hm²)	产量 /(kg/hm²)
深施	$y=-0.9371x^2+65.511x+3449.3$　$r^2=0.8013$	35.0	4594	20.7	4403
常规施	$y=-0.8561x^2+44.661x+2808.3$　$r^2=0.8489$	26.1	3391	10.4	3181

二、深松与深翻

深松和深翻是改善土壤物理性状的主要耕作措施。调查结果表明，不同处理区土壤物理性状发生了明显的改善。与常规区相比，秋翻区耕层物理性状明显改善，亚耕层变化不明显；而宽窄行深松区耕层和亚耕层的物理性状均发生明显改善（表 7-24）。

表 7-24　不同耕作措施对土壤物理状况的影响

处理	土壤深度/cm	总孔隙度/%	容重/(g/cm³)	三相比	渗透速度/(mm/min)	含水量/%
常规耕作区	0~20	48.8	1.39	1:0.53:0.28	0.131	21.6
	21~40	45.8	1.45	1:0.46:0.22	0.119	19.7
秋翻区	0~20	51.5	1.32	1:0.63:0.38	0.162	26.3
	21~40	46.3	1.40	1:0.47:0.25	0.115	20.6
宽窄行深松区	0~20	51.8	1.28	1:0.62:0.37	0.158	25.0
	21~40	49.5	1.32	1:0.51:0.36	0.145	22.1

注：秋收后采样本测定

田间生长期在拔节期测量株高和叶片数,在吐丝期测定叶绿素含量的调查方式。调查结果与测产结果表明,不同处理间植株生长与产量水平差异较大,其中,以宽窄行深松区效果最好,增产幅度达到 5.4%(表 7-25)。

表 7-25　土壤耕层结构调节技术对玉米生长发育的影响

处理	株高/cm	叶片	叶绿素含量(SPAD)	产量/(kg/hm²)	增产/%
常规耕作区	95	8 叶	45.8	10 456.5	0.0
秋翻区	106	9 叶	48.1	10 770.0	3.0
宽窄行深松区	113	9 叶 1 心	49.4	11 014.5	5.4

注:拔节前测定株高与叶片,吐丝期测定叶绿素含量

三、合理施肥

在明确不同玉米产量对主要养分需肥规律及高产施肥措施对土壤养分影响趋势的基础上,建立玉米高产施肥技术体系。

(一)不同产量需肥规律

不同产量玉米吸肥规律研究结果表明,高产田氮、磷、钾、锌吸收量高于普通生产田,高产栽培条件下,主要养分吸收高峰明显后移,中、后期是营养关键期(图 7-12～图 7-15)。

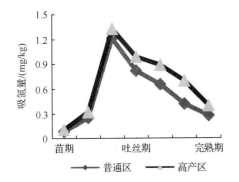

图 7-12　不同处理区玉米吸氮量对比

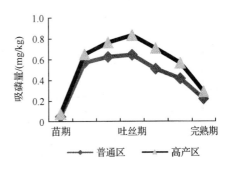

图 7-13　不同处理区玉米吸磷量对比

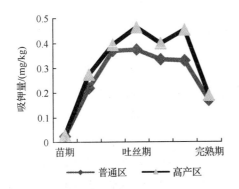

图 7-14　不同处理区玉米吸钾量对比

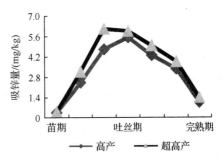

图 7-15　不同处理区玉米吸锌量对比

依据上述研究结果可以看出,在现有施肥技术基础上,适当增加施肥量、提高玉米生育中、后期主要营养元素的供应水平是实现玉米高产高效的基本保障。

(二)高产施肥对土壤养分状况的影响

1. 不同产量土壤养分状况差异

研究结果表明,超高产土壤主要养分的供应水平明显高于高产土壤。在超高产施肥技术支撑下,与高产土壤相比,超高产土壤 0～20cm 和 21～40cm 土层达到了较高的养分水平,特别是保证了玉米生育中、后期的养分供应,为实现高产高效奠定了营养条件(图 7-16～图 7-21)。

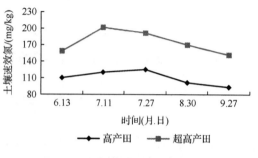

图 7-16　不同产量水平土壤速效氮
变化(0～20cm)

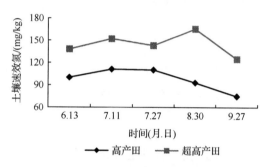

图 7-17　不同产量水平土壤速效氮
变化(21～40cm)

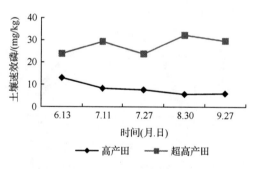

图 7-18　不同产量水平土壤速效磷
变化(0～20cm)

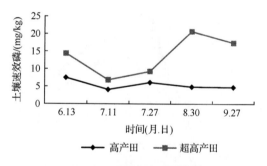

图 7-19　不同产量水平土壤速效磷
变化(21～40cm)

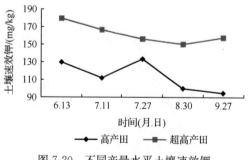

图 7-20　不同产量水平土壤速效钾
变化(0～20cm)

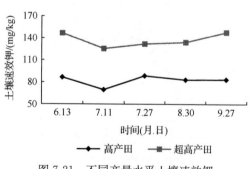

图 7-21　不同产量水平土壤速效钾
变化(21～40cm)

2. 不同施肥措施对土壤养分状况的影响

采用定位试验方式,设置常规施肥区、有机肥区、一炮轰施肥区、中微肥区、磷钾追施区、全元施肥区等 6 个处理。结果表明,不同处理区土壤养分性状发生了明显的改善。常规施肥,作物生育后期将出现氮肥供应不足现象;而氮肥一次性施用,作物生育后期氮素供应不足的现象更为明显;推荐施肥处理氮素供应强度与作物的需肥特性相近,特别是作物生育后期的供应强度较高,为高产高效奠定了较好的营养条件(图 7-22、图 7-23)。

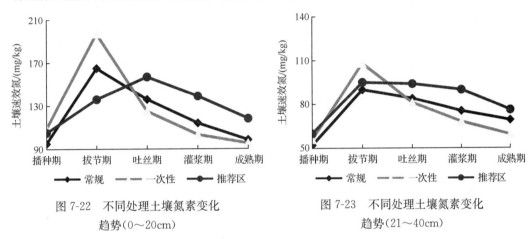

图 7-22 不同处理土壤氮素变化
趋势(0~20cm)

图 7-23 不同处理土壤氮素变化
趋势(21~40cm)

从图 7-24~图 7-27 可以看出,与常规施肥相比,磷、钾肥追施可明显改善作物生育后期土壤磷、钾供应水平与强度,对提高作物产量具有明显的促进作用。

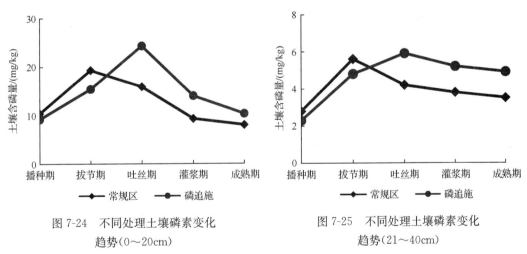

图 7-24 不同处理土壤磷素变化
趋势(0~20cm)

图 7-25 不同处理土壤磷素变化
趋势(21~40cm)

调查结果表明,不同处理间植株生长差异较大,特别是磷、钾肥追施,中微肥施用及有机肥施用效果最好。不同处理测产结果表明,不同处理间产量水平差异较大,与常规施肥区相比,一炮轰施肥区产量与其相近,有机肥区增产 5.5%,中微肥区增产 5.0%、磷钾追施区增产 9.1%,全元施肥区增产 8.7%(表 7-26)。

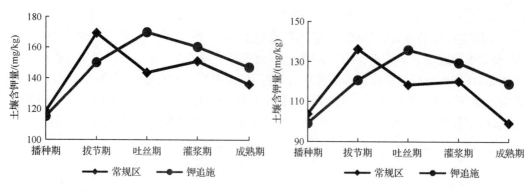

图 7-26　不同处理土壤钾素变化趋势（0～20cm）　　图 7-27　不同处理土壤钾素变化趋势（21～40cm）

表 7-26　土壤养分均衡调控技术对玉米生长发育及产量的影响

处理	株高/cm	叶片	叶绿素含量	产量/(kg/hm²)	增产/%
常规施肥区	91	8 叶	43.8	8307.0	0.0
有机肥区	96	9 叶	45.5	8766.0	5.5
一炮轰施肥区	95	9 叶	45.7	8379.0	0.9
中微肥区	103	9 叶 1 心	46.4	8722.5	5.0
磷钾追施区	89	9 叶	46.3	9061.5	9.1
全元施肥区	115	9 叶 1 心	45.8	9027.0	8.7

注：拔节前测定株高与叶片，吐丝期测定叶绿素含量

　　土壤养分分析结果表明，不同处理区土壤养分性状发生了明显的改善。常规施肥，作物生育后期将出现氮肥供应不足现象；而氮肥一次性施用作物生育后期氮素供应不足的现象更为明显；推荐施肥处理氮素供应强度与作物的需肥特性相近，特别是作物生育后期的供应强度较高，为高产高效奠定了较好的营养条件（图 7-22、图 7-23）。

（三）玉米高产高效施肥技术

1. 氮肥适宜施用技术

　　在不同栽培条件下进行了氮肥调控技术研究。常规栽培：播种密度 5.0 万株/hm²，N_0——不施氮，N_1——180kg/hm²（基肥 1/3，拔节追肥 2/3），N_2——200kg/hm²（基肥 1/4，拔节追肥 1/2，抽雄追肥 1/4）。高产栽培：N_0——不施氮，N_1——400kg/hm²（基肥 150kg/hm²，种肥 20kg/hm²，拔节追肥 130kg/hm²，抽雄追肥 100kg/hm²，N_2——320kg/hm²（基肥 130kg/hm²，拔节追肥 110kg/hm²，抽雄追肥 80kg/hm²）。

　　从试验结果可以看出，高产栽培处理的产量水平明显高于习惯区，各处理的增产趋势与增产幅度规律性各异。但有一点可以肯定，过量施用氮肥会制约玉米产量的进一步提高。

　　在吉林省中南部地区，习惯栽培模式低氮处理产量略高于高氮处理，但差异不显著；高产栽培模式低氮处理产量略高于高氮处理，但差异不显著。

　　在吉林省中北部地区，习惯栽培模式高氮处理产量略高于低氮处理，但差异不显著；

高产栽培模式低氮处理产量略高于高氮处理,但差异不显著(图 7-28、图 7-29)。

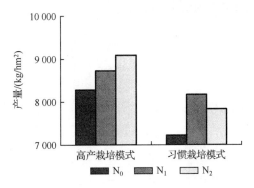

图 7-28　不同栽培及不同施氮水平条件下产量变化(公主岭)

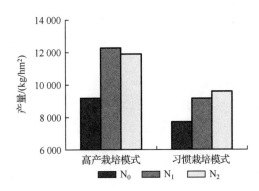

图 7-29　不同栽培及不同施氮水平条件下产量变化(农安)

2. 高产田 NPK 量级试验

选择高产品种('郑单 958'),研究高产条件下 NPK 适宜量级,研究结果表明,根据本试验的施肥与产量结果建立二次方程,得出最佳产量及施肥量和最高产量及施肥量与相关系数,最佳产量施肥量的 $N：P_2O_5：K_2O$ 为 1：0.66：0.64,最高产量施肥量的 $N：P_2O_5：K_2O$ 为 1：0.44：0.43,玉米创高产在一定范围内需适当加大氮肥用量(表 7-27)。

表 7-27　氮磷钾肥量级试验效益分析结果

养分	最佳产量施肥量 /(kg/hm²)	最佳产量 /(kg/hm²)	最高产量施肥量 /(kg/hm²)	最高产量 /(kg/hm²)	r
N	96.15	10 672.5	163.2	10 825.5	0.837 6
P_2O_5	63.00	11 166.0	72.6	11 187.0	0.946 9
K_2O	61.65	10 947.0	69.6	10 959.0	0.722 5

从表 7-27 可以看出,玉米最大效益的 N、P_2O_5、K_2O 用量分别为 96.15kg/hm²、63.00kg/hm² 和 61.65kg/hm²,玉米最高产量 N、P_2O_5、K_2O 用量分别为 163.2kg/hm²、72.6kg/hm² 和 69.6kg/hm²。

3. 高产田中、微量元素效果试验

试验结果表明,玉米施用锌、镁具有明显的增产作用,分别增产 6.8% 和 4.4%,均达到了显著水平,施硫、铜、锰分别增产 2.9%、1.8% 和 1.6%,差异不显著。因此,高产玉米需要施锌肥和镁肥,也可考虑施用硫肥(图 7-30)。

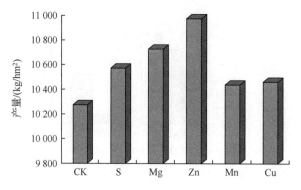

图 7-30　中、微量元素对玉米产量的影响

4. 高产田与超高产田施肥模式

1) 玉米高产施肥模式

(1) 施肥种类:氮、磷、钾、锌等。

(2) 施肥数量:N 200kg/hm²、P_2O_5 40kg/hm²、K_2O 60kg/hm²、锌肥 15kg/hm²。

(3) N 素施用:基肥:种肥:拔节肥为 40%:10%:50%(基追肥深施、种肥隔离)。

(4) 磷钾施用:基肥:种肥为 80%:20%(基肥深施、种肥隔离)。

(5) 锌肥:基肥一次性深施。

2) 玉米超高产施肥模式

在超高产施肥方案中,突出了以下几个关键问题:增加施肥种类和施肥数量、增加氮肥的施用次数、部分磷钾肥追施。

(1) 施肥种类:氮、磷、钾、锌、硫、镁、锰、硼。

(2) 施肥数量:N 350kg/hm²、P_2O_5 150kg/hm²、K_2O 185kg/hm²、中微肥 110kg/hm²。

(3) N 素施用:基肥:种肥:拔节肥:穗肥为 35%:10%:35%:20%(基追肥深施、种肥隔离)。

(4) 磷钾施用:基肥:种肥:穗肥为 65%:15%:20%(基肥深施、种肥隔离)。

(5) 中微量元素:基肥一次性深施。

(6) 优质有机肥:450m³/hm² 连年施用。

四、亚耕层培肥技术

亚耕层培肥技术的定位试验分微区试验与田间大区试验两部分,主要研究深松与深施肥技术对土壤肥力和玉米产量的影响。

微区试验深松深度 30cm,基肥施用深度 30cm,追肥深度 20cm,在固定磷、钾肥条件下研究氮肥不同施用方法对亚耕层培肥的培肥效果。氮肥总施用量为 338kg/hm²,其中,基肥 75kg/hm²、种肥 13kg/hm²、追肥 250kg/hm²。

大区试验深松深度 25cm,基肥施用深度 20cm,追肥深度 15cm。试验结果表明,深松与深施肥技术可以明显改善耕层及亚耕层土体物理性状和养分性状，且深施肥具有改善亚耕层土壤肥力的作用（表7-28）。

表 7-28　亚耕层培肥措施对土壤肥力的影响

处理		养分性状/(mg/kg)			物理性状		
		速效 N	速效 P_2O_5	速效 K_2O	总孔隙度/%	自然含水量/%	三相比
常规区	0～20cm	143.4	21.3	154.8	48.8	21.6	1:0.53:0.28
	21～40cm	89.6	7.4	97.2	45.8	19.7	1:0.46:0.22
基肥深施	0～20cm	119.7	18.1	139.1	50.1	25.1	1:0.60:0.35
	21～40cm	102.6	13.7	119.8	47.8	21.8	1:0.48:0.31
氮肥深追	0～20cm	131.8	20.4	140.1	51.0	25.1	1:0.61:0.34
	21～40cm	110.2	7.0	105.9	49.2	21.8	1:0.47:0.32
深松区	0～20cm	135.1	19.1	144.6	51.5	26.3	1:0.63:0.38
	21～40cm	90.1	7.9	90.1	49.3	20.6	1:0.50:0.35
全处理区	0～20cm	133.8	21.9	139.8	51.8	25.0	1:0.62:0.37
	21～40cm	109.2	14.9	127.0	49.5	22.1	1:0.51:0.36

从表7-28可以看出，深松对改变耕层及亚耕层的物理性状具有明显作用，深施肥措施对改变耕层及亚耕层的养分状况具有明显作用；同时，也对改变土体的物理性状具有一定作用，最佳组合是由深松＋深施肥构成的亚耕层培肥技术。

提高亚耕层土壤肥力对提高玉米产量具有明显的促进作用（图7-31）。与常规施肥相比基肥深施、氮肥深追、深松及全处理区增产效果达到极显著水准，分别增产10.4%、15.6%、15.3%和20.3%。

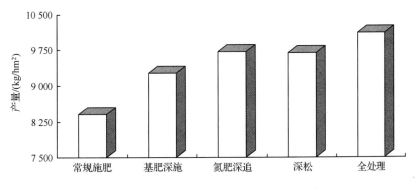

图 7-31　亚耕层培肥措施对玉米产量的影响

生物试验与土壤分析结果表明，亚耕层培肥措施对土壤肥力与玉米产量有明显的促进作用。

主要参考文献

边秀芝，郭金瑞，闫孝贡，等. 2008. 吉林中部玉米高产施肥模式研究. 吉林农业科学，33(6)：41～43
曹国军，任军，王宇. 2003. 吉林省玉米高产土壤肥力特性研究. 吉林农业大学学报，25(3)：307～310，314

陈恩凤. 1993. 土壤肥力物质基础及其调控. 北京：科学出版社：11～18

陈恩凤，周礼恺，邱凤琼，等. 1984. 土壤肥力实质的研究 I 黑土. 土壤学报，21(3)：229～236

郭金瑞，边秀芝，闫孝贡，等. 2008. 吉林省玉米高产高效生产土壤调控技术研究. 玉米科学，16(4)：140～142，146

高洪军，窦森，朱平，等. 2008. 长期施肥对黑土腐殖质组分的影响. 吉林农业大学学报，30(6)：825～829

高洪军，朱平，彭畅，等. 2007. 黑土有机培肥对土地生产力及土壤肥力影响研究. 吉林农业大学学报，29(1)：65～69

高强，刘淑霞，王瑞有，等. 2001. 黑土区土壤养分状况变化及施肥措施. 吉林农业大学学报，23(1)：65～68

高子勤. 1987. 东北几种耕作土壤中有机无机复合体的研究. 土壤学报，24(1)：8～13

韩秉进，陈渊，刘洪家. 2009. 东北黑土农田玉米适宜 NPK 用量试验研究. 农业系统科学与综合研究，25(3)：272～276

黄健，张惠琳，傅文玉，等. 2005. 东北黑土区土壤肥力变化特征的分析. 土壤通报，36(5)：659～663

吉林省土壤肥料总站. 1998. 吉林土壤. 北京：中国农业出版社

焦晓光，魏丹. 2009. 长期培肥对农田黑土土壤酶活性动态变化的影响. 中国土壤与肥料，5：23～27

李东坡，陈利军，武志杰，等. 2004. 不同施肥黑土微生物量氮变化特征及相关因素应用. 生态学报，15(10)：1891～1896

李奇峰，陈阜，张海林，等. 2008. 吉林省农田黑土肥力变化趋势及评价. 土壤通报，39(5)：1042～1044

李双异，汪景宽，张旭东，等. 2005. 黑土质量演变初探 IV-吉林省公主岭地区土壤肥力指标空间变异与评价. 沈阳农业大学学报，36(3)：307～312

李维岳. 1999. 玉米高产稳产的土壤条件分析及调控措施探讨. 吉林农业科学，24(3)：3～4

刘会青，王鸿斌，赵兰坡. 2008. 吉林玉米带现行耕作方式对土壤物理特性的影响. 安徽农业科学，36(17)：7328～7331

刘淑霞，王海玲，赵兰坡，等. 2007. 吉林省主要耕作土壤钾素状况研究. 安徽农业科学，35(33)：10 771～10 772，10 775

马建，鲁彩艳，陈欣，等. 2009. 不同施肥处理对黑土中各形态氮素含量动态变化的影响. 土壤通报，40(1)：100～104

孟凯，张兴义. 1998. 松嫩平原黑土退化的机理及其生态复原. 土壤通报，29(3)：100～102

孟英. 2005. 松嫩平原黑土带保土培肥可持续发展技术体系研究. 垦殖与稻作，1：38～41

彭畅，朱平，高洪军，等. 2004. 长期定位监测黑土土壤肥力的研究 I. 黑土耕层有机质与氮素转化. 吉林农业科学，29(5)：29～33

任军，边秀芝，郭金瑞，等. 2008. 黑土区高产土壤培肥与玉米高产田建设研究. 玉米科学，16(4)：147～151，157

任军，边秀芝，刘慧涛，等. 2004. 吉林省不同生态区玉米高产田适宜施肥量初探. 玉米科学，12(3)：103～105

任军，边秀芝，刘慧涛，等. 2006. 吉林省玉米高产土壤与一般土壤肥力差异. 吉林农业科学，31(3)：41～43，61

单洪伟，葛文锋，荣建东. 2009. 东北黑土区土壤退化表现及产生因素分析. 黑龙江水利科技，37(4)：199

孙传生，张力辉. 2004. 吉林黑土区水土流失及其防治对策. 水土保持研究，11(3)：160～162

孙宏德，李军. 1991. 黑土肥力和肥料效益定位监测研究. 吉林农业科学，8(3)：42～45

孙宏德，朱平，任军，等. 2000. 黑土肥力和肥料效益演化规律的研究. 玉米科学，8(4)：70～74

孙继敏. 2002. 黑土地面临荒漠化. 中国经贸，12：19～20

王鸿斌，陈丽梅，赵兰坡，等. 2009. 吉林玉米带现行耕作制度对黑土肥力退化的影响. 农业工程学报，25(9)：301～305

王鸿斌，王洪英，徐金荣，等. 2005. 不同耕作方式对黑土结构性的影响. 吉林农业大学学报，27(6)：658～662，674

王鸿斌，赵兰坡，刘淑霞，等. 2004. 吉林玉米带黑土颗粒表面的分形维数及其与一些物理性状的关系. 吉林农业大学学报，26(3)：310～312

王鸿斌，赵兰坡，王淑华，等. 2008. 吉林省超高产玉米田土壤理化环境特征的研究. 玉米科学，16(4)：152～157

王晶，朱平，张男，等. 2003. 施肥对黑土活性有机碳和碳库管理指数的影响. 土壤通报，34(5)：394～397

王立春，边少锋，任军，等. 2004. 吉林省玉米超高产研究进展与产量潜力分析. 中国农业科技导报，6(4)：33～34

王立春，边少锋，任军，等. 2007. 提高春玉米主产区玉米单产的技术途径. 玉米科学，15(6)：133～134

王其存，齐晓宁，王洋，等. 2003. 黑土的水土流失及其保育治理. 地理科学，23(3)：361～365

王铁宇，颜丽，汪景宽，等. 2004. 长期定位监测黑土结构质量指标的分异研究. 中国生态农业学报，12(4)：138～141

王效科，欧阳志云，肖寒，等. 2001. 中国水土流失敏感性分布规律及其区划研究. 生态学报，12(1)：14～19

魏丹，杨谦，迟凤琴. 2006. 东北黑土区土壤资源现状与存在问题. 黑龙江农业科学，6：69～72

吴珊眉，邵东彦，龙显助，等. 松嫩平原北部寒变性土的研究. 南京农业大学学报，34(4)：77～84

熊毅，徐琪，姚贤良，等. 1980. 耕作制度对土壤肥力的影响. 土壤学报，17(2)：101～119

徐明岗，于荣，孙小凤，等. 2006. 长期施肥对我国典型土壤活性有机质及碳库管理指数的影响. 植物营养与肥料学报，12(4)：459～465

杨学明，张晓平. 2003. 用 RothC226.3 模型模拟玉米连作下长期施肥对黑土有机碳的影响. 中国农业科学，36(11)：1318～1324

张俊清，朱平，张夫道. 2004. 有机肥和化肥配施对黑土有机氮形态组成及分布的影响. 植物营养与肥料学报，10(3)：245～249

赵兰坡，王鸿斌，刘会青，等. 2006. 松辽平原玉米带黑土肥力退化机理研究. 土壤学报，43(1)：79～84

赵兰坡，张志丹，王鸿斌，等. 2008. 松辽平原玉米带黑土肥力演化特点及培育技术. 吉林农业大学学报，30(4)：511～516

朱平，彭畅，高洪军. 2002. 长期定位施肥条件下黑土剖面氮素分布与动态. 植物营养与肥料学报，8(增刊)：106～109

朱兆良. 2000. 农田中氮肥的损失与对策. 土壤与环境，9(1)：1～6

Edwards L M. 1991. The effect of alternate freezing and t hawing on aggregate stability and aggregate size distribution of some Prince-Edward-Island soils. Journal of Soil Science，42：193～204

Ho Ando, Aragones R C, Genshichi Wada. 1992. Mineralization pattern of soil organic N of several soils in the tropics. Soil Science and Plant Nutrition，38(2)：227～234

Kay B D. 1990. Rate of change of soil structure under different cropping systems. Advances in Soil Science，12：1～52

Sharratt B S, Benoit G R, Voorhees W B. 1998. Winter soil microclimate altered by corn residue management in the northern Corn Belt of the USA. Soil and Tillage Research，49(3)：243～248

第八章　玉米需水规律与水分利用

玉米是需水较多的作物,肖俊夫等(2008)研究表明,每公顷生产玉米籽粒7500kg,需水500~600mm;在生长旺盛季节,一株玉米每昼夜耗水多达2~3kg;每生产1kg籽粒需水200~300kg。玉米的需水规律基本是:苗期需水较少,占一生的18%~19%;穗期需水较多,占一生的37%~38%;花粒期需水最多,占一生的43%~44%(肖俊夫等,2008)。在玉米生长的任何一个阶段,如果水分供应不足,则会抑制生长发育,并导致不同程度的减产。因此,必须根据降水情况和墒情,及时灌溉或排水,使玉米各个生育阶段处在一个适宜的土壤水分条件下。吉林省中、东、西部玉米产区的降水量差异很大,东部山区及北部半山区,一般年降水量为500~950mm,而且季节间分布比较均匀,对玉米生长发育有利;中部产区,一般年降水量在500mm以上;西部平原产区年降水量为377~500mm。4~9月的降水在吉林省的分布规律同年均降水相似,由东向西逐渐减少。通化地区为600~800mm,延边地区为410~600mm,中部地区为450~500mm,西部地区仅300~400mm(宋克贵等,1998)。由于降水在各区域和各季节分布不均匀,当玉米生育期间需水较多的时期,往往出现季节性干旱,因此,除东部山区、半山区降水比较充足,一般不需要灌溉之外,中西部地区都必须进行灌溉以补充降水的不足。

第一节　玉米的需水量与需水规律

一、需水量

(一)几个需水量的概念

1. 作物需水量

作物需水量是指作物在适宜的土壤水分和肥力水平下,经过正常生长发育,获得高产时的植株蒸腾、棵间蒸发及构成植株体的水量之和。由于构成植株体的水量与植株蒸腾及棵间蒸发相比其量很小,一般小于它们之和的1%,可忽略不计,即在实际计算中认为作物需水量在数量上就等于高产水平条件下的植株蒸腾量与棵间蒸发量之和。作物耗水量与作物需水量在含义上是不同的。作物耗水量是指作物在一定土壤水分条件下的植株蒸腾量、棵间蒸发量及构成植株体的水量之和,而作物需水量应是在特定条件下的作物耗水量。

2. 灌溉需水量

灌溉需水量就是玉米在生育期间的缺水量。

3. 玉米需水量

玉米需水量是指玉米在生育期间进行各项生理活动所需的水分。一般认为,玉米需水量是指在玉米生长期间在适宜的土壤水分条件下的棵间蒸发量与叶面蒸腾量的总和。

玉米需水量受品种本身的生物学特性和栽培环境条件的影响,在一定的产量条件下,在一定的地区是一个相对稳定的数值,它是制定灌水量和灌溉制度的依据。

4. 田间需水量

玉米通过叶片蒸腾、地面蒸发所消耗的灌溉水、大气降水和地下水的总量,称为田间需水量。

(二)阶段需水量与模系数

1. 阶段需水量

玉米的阶段需水量是指玉米在每个生育时期的需水量,是制定该时期灌溉需水量的重要参数。

2. 模系数

模系数是指每个生育时期的需水量占全生育期需水量的比例,是指导灌溉和田间水分管理的重要参数。

(三)需水量的表示单位

需水量的单位有几种:即用某时段或全生育期所消耗的土层深度(mm)和单位土地面积耗水量(m^3/hm^2)来表示的;还有用耗水系数表示的,即每生产 1kg 玉米籽粒所消耗的水量,单位是 mm/kg 或者 kg/kg;也有用水分生产率表示的,即 1mm 水生产的籽粒质量,单位是 kg/mm。

(四)需水量的测定

玉米的需水量涉及的因素较多,其测定的方法也较多,目前测定作物需水量通常采用的有以下几种方法。

1. 器测法

采用蒸渗仪(水分蒸发器)直接称重测定作物需水量,这是精细测定作物需水量的方法。即将玉米直接种在一个不渗漏装有土壤的容器中,按试验要求控制容器内水分,再通过气压、液压传感、电子传感等新技术进行称重的方式,直接测定出玉米的需水量变化情况。目前国内采用的蒸渗仪,一般为 1.5t,其种植表面为 $0.2m^2$,精确度为 0.02mm。而美国加利福尼亚大学戴维斯分校在 1958~1959 年安装的大型蒸渗仪最大可称重到 50t,种植面积达 $29m^2$,精确度可达 0.03mm。国外经济发达国家都建有蒸渗仪,用于测定作物需水量,并把作物需水量作为长期观测项目。

2. 田测法

按试验要求在田间设数个小区,通过水量平衡法计算玉米的田间需水量。其计算公式为

$$E = Q + R + G + W$$

式中,E 为玉米需水量;Q 为计算时段内总灌溉用水量;R 为有效降水量;G 为地下水利用量;W 为土壤水消耗量。

田测法试验小区大,代表性好,可直接在田间操作,其结果也较接近实际情况,但不能排除侧向土壤水分交换对测定结果的影响。

3. 坑测法

该法是在田间建造长方形或正方形的防渗漏水泥坑池,面积不应小于 $4m^2$,测坑深度一般为 2m 左右,坑底用砂、碎石铺约 20cm 厚的滤水层,底面上设可以控制渗漏量的侧向排水管,坑内回填原状土,而且分层回填,土壤紧实度要和坑外的试验田一致。坑内作物种植情况、农业技术措施和灌溉制度与坑外试验田也要尽量一致。为防止降水对试验的影响,除降水量低于 200mm 的干旱区外,其他地区应在坑上建防雨棚,以便降水时遮雨使用。需水量的计算同田测法。

不管是田测法还是坑测法,其土壤含水量都可以用取土烘干法测定。其操作规程是在试验地里选择 2~3 个点,在根系吸水层范围内,以 10~20cm 为一层,一般测定深度为100cm,5d 或 10d 定期测定一次土壤的含水量,由此计算土壤的平均含水量。取土时应注意,前后两次取土点的距离应为 40~50cm,每次取土后,必须将取土孔回填密实。由于测坑面积比较小,为避免取土次数过多,对土壤结构造成严重的影响,可使用中子法、伽马射线法、电测法等非扰动性定位观测土壤含水量的技术方法。

坑测法由于防渗漏的水泥池隔绝了地下水和雨水,池内水分也不会外渗,因此,土壤水易控制,边界条件也比较好,测定结果近于大田实际需水量。因此这一方法比较理想,是当前测定需水量普遍采用的一种方法。

二、需水规律

玉米不同生育时期对水分的要求不同,由于不同生育时期的植株大小和田间覆盖状况不同,因此叶面蒸腾量和棵间蒸发量的比例变化很大。生育前期植株矮小,地面覆盖不严,田间水分的消耗主要是棵间蒸发,生育中、后期植株较大,由于封行,地面覆盖较好,土壤水分的消耗则以叶面蒸腾为主。在整个生育过程中,应尽量减少棵间蒸发,以减少土壤水分的无益消耗。

玉米整个生育期内,水分的消耗因土壤、气候条件和栽培技术有很大变动,但是需水规律是基本相同的。

(一)常规玉米的需水规律

一般情况下,把玉米的需水规律分为 5 个阶段。

1. 播种到出苗阶段

玉米从播种发芽到出苗,需水量少,占总需水量的 3.1%~6.1%。玉米播种后,需要吸取本身绝对干重 48%~50% 的水分才能膨胀发芽。也有人认为种子吸水达到其自身干重的 35%~37% 就能正常萌发。霍仕平等(2004)的研究结果表明,在充分满足种子萌发的其他条件下,人为控制水分,发现不同基因型种子萌发率达到 60% 以上时,对水分需求的反应差异很大,吸水率最低的只有 27.17%,最高的达到 39.88%,多数基因型为34.00% 左右。为保证种子的正常萌发,土壤水分要适宜,土壤墒情要好。如果土壤水分过低,即使种子勉强膨胀发芽,也往往因顶土力弱而造成严重缺苗;如果土壤水分过多,通气性不良,种子容易霉烂,也会造成缺苗,在低温情况下更为严重。

2. 出苗到拔节阶段

玉米在出苗到拔节的幼苗期间,植株矮小,生长缓慢,叶面蒸腾量较少,因此耗水量也不大,占总需水量的15.6%～17.8%。这时的生长中心是根系,为了使根系发育良好,并向纵深伸展,必须保持表土层疏松干燥和下层土比较湿润的状况,如果上层土壤水分过多,根系分布在耕作层之内,反而不利于培育壮苗。因此,这一阶段应控制土壤水分在田间持水量的60%左右,可以为玉米蹲苗创造良好的条件,对促进根系发育、茎秆增粗、减轻倒伏和提高产量都起到一定作用。

3. 拔节到孕穗阶段

玉米植株开始拔节以后,生长进入旺盛阶段。这个时期茎和叶的增长量很大,雌穗、雄穗不断分化和形成,干物质积累增加。这一阶段是玉米由营养生长进入营养生长与生殖生长并进时期,植株各方面的生理活动机能逐渐加强。同时,这一时期气温还不断升高,叶面蒸腾强烈。因此,玉米对水分的要求比较高,占总需水量的23.4%～29.6%。特别是抽雄前半个月左右,雄穗已经形成,雌穗正加速小穗、小花分化,对水分条件的要求更高。此时如果缺水,就会引起小穗、小花数目减少,因而也就减少了籽粒数。有数据报道,抽雄期干旱减产幅度可高达20%以上(赵聚宝和李克煌,1995),尤其是干旱造成植株较长时间萎蔫后,即使再浇水,也不能弥补产量的损失。这一阶段土壤水分以保持田间持水量的70%～80%为宜。

4. 抽穗开花阶段

玉米抽穗开花期,对土壤水分十分敏感,如水分不足,气温升高,空气干燥,抽出的雄穗在2～3d内就会"晒花",造成有的雄穗不能抽出,或抽出的时间延长,造成严重的减产,甚至颗粒无收。这一时期,玉米植株的新陈代谢最为旺盛,对水分的要求达到它一生的最高峰,称为玉米需水的"临界期"。这时需水量因抽穗到开花的时间短,所占总需水量的比例比较低,为13.8%～27.8%;但从每日需水量的绝对值来说,却很高,达49.80～55.35m³/hm²。此期土壤水分以保持田间持水量的80%左右为最好。

5. 灌浆成熟阶段

玉米进入灌浆和乳熟的生育后期时,仍需相当多的水分才能满足生长发育的需要。这期间是产量形成的主要阶段,需要有充足的水分作为溶媒,才能保证把茎、叶中所积累的营养物质顺利地运转到籽粒中去。因此,这时土壤水分状况比起生育前期更具有重要的生理意义。灌浆以后,即进入成熟阶段,籽粒基本定型,植株细胞分裂和生理活动逐渐减弱,这时主要是进入干燥脱水过程,但仍需要一定的水分,占总需水量的4%～10%来维持植株的生命活动,保证籽粒的最终成熟。

(二) 高产玉米不同生育阶段的需水量

根据吉林省农科院和中国农业科学院对春、夏玉米不同生育阶段的需水量的研究(表8-1),也可以看出相同的需水规律。播种期至拔节期需水较少,春玉米需水量为135mm,占全生育期总量的24.2%,需水强度2.8mm/d;拔节期至抽雄期需水增多,春玉米需水量为170mm,占全生育期总量的30.5%,需水强度5.0mm/d;抽雄期至成熟期需水最多,春玉米需水量为253mm,占全生育期总量的45.3%,需水强度8.7mm/d。全生育期需水总量为556mm,需水强度3.8mm/d。

表 8-1　高产玉米不同生育阶段的需水量(佟屏亚等,1998)

生育阶段	春玉米(10 680kg/hm²)			夏玉米(8 400kg/hm²)		
	需水量/mm	模系数/%	需水强度/(mm/d)	需水量/mm	模系数/%	需水强度/(mm/d)
播种期至拔节期	135	24.2	2.8	72	14.6	3.6
拔节期至抽雄期	170	30.5	5.0	140	28.5	3.3
抽雄期至成熟期	253	45.3	8.7	280	56.9	7.4
全生育期	556	100.0	3.8	492	100.0	5.7

(三)吉林西部半干旱区玉米的需水规律

1. 各生育阶段耗水情况

白城市农科院在镇赉县建平乡试验点对玉米耗水进行测定(表 8-2),结果表明,玉米不同生育阶段的耗水量、耗水强度有较大差异。镇赉县是吉林省西部降水量最少的地区,年平均降水量仅为377mm。

表 8-2　镇赉建平试验点玉米各生育阶段耗水情况

生育阶段	播种期至出苗期	出苗期至拔节期	拔节期至抽穗期	抽穗期至灌浆期	灌浆期至成熟期	全生育期
生育天数/d	14	39	32	12	45	142
耗水量/mm	18.9	34.6	162.4	52.7	142.2	410.8
耗水强度/(mm/d)	1.4	0.9	5.1	4.9	3.2	2.9
模系数/%	4.6	8.4	39.5	12.8	34.6	100

播种期至出苗期耗水最少,为18.9mm,占全生育期总量的4.6%,耗水强度1.4mm/d;出苗期至拔节期耗水量为34.6mm,占全生育期总量的8.4%,耗水强度0.9mm/d;拔节期至抽穗期耗水增多,为162.4mm,占全生育期总量的39.5%,耗水强度5.1mm/d;抽穗期至灌浆期耗水量为52.7mm,占全生育期总量的12.8%,耗水强度4.9mm/d;灌浆期至成熟期耗水量为142.2mm,占全生育期总量的34.6%,耗水强度3.2mm/d。全生育期耗水总量为410.8mm,耗水强度2.9mm/d。

2. 不同产量水平需水量

白城市农科院的研究数据(表 8-3)表明,在一定范围内,玉米产量随供水量的增加而增加。

供水量由150mm增加到400mm,玉米产量增加了135.0%。每毫米水增产玉米1.95～2.59kg。对玉米产量和水分之间的回归分析表明,供水量和产量之间呈极显著正相关,相关系数为0.98。相关方程为 $y = 89.32 + 2.17x$。在肥料满足需要、合理密植、水分分布合理的情况下,玉米生育期400mm水分能满足12 750～13 500kg/hm² 产量的需要,300mm水分能满足11 250～12 000kg/hm² 产量的需要,200mm水分能满足7500kg/hm² 产量的需要。

表 8-3　不同供水量玉米的产量和水分利用效率

供水量/mm	产量/(kg/hm²)	水增产量/(kg/mm)	穗粒数/(粒/穗)	千粒重/g
400	14 449.5	2.21	554	435
350	12046.5	1.96	472	425
300	11 847	2.59	467	423
250	9640.5	2.32	401	401
200	7614	1.95	346	367
150	6148.5	—	283	362

注：各处理密度均为 6.0 万株/hm²，施肥量为 N 225kg/hm²、P₂O₅ 90kg/hm²、K₂O 90kg/hm²

3. 不同水分条件下各生育期需水量

玉米吸收与消耗水分的数量受土壤水量等诸因素影响，一般干旱时总蒸发量下降，而水分充足时对水的利用量也加大。因此，玉米各生育期消耗水量，随供水量的增加而显著赠加（王立春等，2000）。供水量由 200mm 增加到 400mm，玉米消耗水量则由 218.1mm 增加到 462.5mm，增加量为 244.3mm，增加幅度为 112%。玉米对水分的消耗从播种到拔节 50d 的耗水量占整个生育期总耗水量的 8.3%～21.5%；从拔节期到抽穗期 25d 的耗水量占 15.7%～34.1%；从抽穗期到成熟期 63d 的耗水量占 44.4%～76.1%（表 8-4）。

表 8-4　不同水分条件的玉米耗水特征与水分利用效率

供水量/mm	项目	播种期至拔节期 4 月 29 日～6 月 18 日	拔节期至抽穗期 6 月 18 日～7 月 13 日	抽穗期至成熟期 7 月 14 日～9 月 15 日	全生育期 4 月 29 日～9 月 15 日	产量/(kg/hm²)	水分利用效率/[kg/(mm·hm²)]
400	灌水量/mm	80	120	200	400	14 450	31.5
	实际蒸散量/mm	99.1	157.9	205.5	462.5		
	土壤储水量差值/mm	19.1	37.9	5.5	62.5		
	耗水强度/(mm/d)	2.0	6.3	3.3	3.4		
	模系数/%	21.4	34.1	44.4			
300	灌水量/mm	60	90	150	300	11 847	45.2
	实际蒸散量/mm	27.9	82.7	151.7	262.3		
	土壤储水量差值/mm	−32.1	−7.3	1.7	−37.7		
	耗水强度/(mm/d)	0.6	3.3	2.4	1.9		
	模系数/%	10.7	31.5	57.8			
200	灌水量/mm	40	60	100	200	7 614	35.0
	实际蒸散量/mm	18.1	34.14	165.89	218.1		
	土壤储水量差值/mm	−21.9	−25.9	68.9	21.1		
	耗水强度/(mm/d)	0.4	1.4	2.6	1.6		
	模系数/%	8.3	15.7	76.1			

注：本试验在白城市农科院进行

玉米整个生育期的耗水强度随供水量的增加而明显增加,供水量由 200mm 增加到 400mm,玉米耗水强度则由 1.6mm/d 增加到 3.4mm/d,增加量为 1.8mm/d,增加幅度为 109.4%。不同生育阶段耗水强度差异较大,在供水 200mm 时耗水强度是灌浆期>孕穗期>苗期,在供水 300mm 和 400mm 时耗水强度是孕穗期>灌浆期>苗期。在供水量达到和超过 300mm 时,孕穗期耗水强度最大,在供水量低于 300mm 时,灌浆期耗水强度最大(表 8-4)。

玉米产量随总耗水量的提高而提高,耗水量由 218.1mm 提高到 462.5mm,玉米产量则由 7614kg/hm² 提高到 14 450kg/hm²,提高了 89.8%。水分利用效率随耗水量的增加呈抛物线型分布,耗水量 262.3mm 时最高,达 45.2kg/(mm·hm²)。耗水量 462.5mm 和 218.1mm 时,水分利用效率为 31.5kg/(mm·hm²)和 35.0kg/(mm·hm²)(表 8-4)。

4. 不同生育时期干旱对玉米产量的影响

玉米各生育时期干旱均会造成产量下降,不同生育时期干旱影响产量下降的程度为:穗分化期>开花期>苗期>灌浆前期。减产的主要表现是降低了穗粒数和千粒重,穗粒数所受影响较大。穗分化期干旱减产最多,减产幅度为 61.3%,穗粒数下降了 53.3%。开花期干旱减产较多,减产幅度为 40.9%,穗粒数下降了 34.0%。苗期干旱减产也较明显,减产幅度为 28.7%,穗粒数下降了 14.0%。每个时期干旱千粒重都下降,穗分化期和灌浆前期干旱千粒重下降明显,下降了 17%左右(表 8-5)。

表 8-5　不同时期断水试验玉米产量和产量构成

干旱时期	供水量/mm	产量/(kg/hm²)	变幅/%	穗数/(万穗/hm²)	穗粒数/(粒/穗)	变幅/%	千粒重/%	变幅/%
苗期(5 月 25 日~6 月 10 日)	270	8 047.5	−32.1	6.0	339.0	28.8	396	−4.6
穗分化期(6 月 25 日~7 月 5 日)	270	4 590	−61.3	6.0	222.0	53.3	346	−16.7
开花期(7 月 19~26 日)	270	6 999	−40.9	6.0	314.0	34.0	371	−10.6
灌浆前期(8 月 10~25 日)	270	8 448	−28.7	6.0	409.0	14.0	344	−17.1
全生育期不干旱	300	11 847	100	6.0	475.8	—	415	100

注:本试验在白城市农科院进行。

三、影响玉米需水量的因素

影响玉米需水量的因素复杂多样,种植区域自然条件的不同,农业措施、品种特点及产量水平的不同和栽培条件的改变,都会直接影响玉米棵间蒸发和叶面蒸腾,从而使需水量发生变化。陈玉民等将玉米需水量的影响因素概括为气象因素和非气象因素。在非充分供水条件下,土壤水分状况、玉米植株体的生长状况及环境条件的变化对需水量都有重要影响,在水分供应充足的条件下,对需水量起主要制约作用的是气象因素和生物学因素。

(一) 气象因素

气象因素不仅影响玉米需水量的区域性变化,而且制约同一地区玉米需水量的阶段性变化。在诸多的气象因子中,太阳总辐射量和日照时数的制约作用尤为重要。

1. 总辐射量

总辐射是太阳直接辐射到地面和通过大气分子、水气分子、尘埃等微粒散射到地面的能量总和。

到达地面的太阳辐射,是植物光合作用的唯一能量源泉。有研究证明,植物生物产量的 90%～95% 来源于光合作用所形成的有机质,只有 5%～10% 来自于土壤中的矿物质营养。

吉林省东部山区多阴雨天气、西部平原干燥多晴天的气候特征,决定了全省年总辐射由西部平原向东部山区递减的趋势。西部和中部平原区,包括白城地区和四平地区大部分县在内,年总辐射在 $502kJ/cm^2$ 以上,其中以双辽、通榆两县最高,达到 $544kJ/cm^2$;中部地区到半山区,包括长春地区、吉林西部、辽源地区和通化西南部的辉南、柳河等县,年总辐射为 $481～502kJ/cm^2$;包括吉林大部分在内的东部山区、半山区各县,年总辐射均小于 $485kJ/cm^2$。

作物生育期间的总辐射量,地域分布与年总辐射相似,由西向东递减。白城、四平地区在 $272kJ/cm^2$ 以上,双辽、通榆、洮南大于 $293kJ/cm^2$,长春地区、通化西部为 $251～272kJ/cm^2$,吉林、延边盆地为 $230～251kJ/cm^2$,高寒山区均小于 $209kJ/cm^2$。

2. 日照及日照百分率

由于吉林省各地天气条件差异大,因此日照时数各地分布很不均衡。全省日照时数为 2200～3000h。西部平原各县大于 2800h;中部的长春、四平、吉林地区为 2400～2700h;东部山区为 2200～2500h。吉林省日照时间季节变化较大,5～9 月日照时数占全年的 40% 左右。

日照百分率是一个地区实际日照时数与可照时数的百分率,能客观地反映各地区日照条件的优劣。吉林省西部地区日照百分率在 65% 以上,东部山区、半山区在 57% 以下。5～9 月日照百分率比年日照百分率小。西部地区为 60%～63%,中部地区为 55%～60%,半山区为 50%～55%,山区为 43%～50%。

陈玉民等(1995)的研究表明,在气象因素的综合影响下,各物候区的玉米需水量表现出有规律性的差异。从西北经华北、东北、长江中下游到西南,随着辐射量由 264～$327kJ/cm^2$ 下降到 $126～142kJ/cm^2$,日照时数由 1200～1400h 下降到 500～700h,春玉米的需水量也呈下降的趋势,由 430～530mm 下降到 310～390mm(表 8-6)。

(二)非气象因素

非气象因素,主要指影响玉米需水量的土壤条件、农艺管理措施及生物学因素。农艺管理措施包括:施肥、灌水、中耕除草、田间覆盖、化学制剂等一系列栽培措施。生物学因素包括:品种特性、种植密度、蒸腾强度等。

1. 土壤条件

土壤质地、土壤水分和土壤肥力不同,需水量也有很大的差异。根据气候、地形和植被类型等的差异,吉林省玉米种植区域的土壤主要有东部山区、低山丘陵区的暗棕壤、白浆土、草甸土和冲积土;中部波状起伏平原区的黑土、黑钙土和草甸土;西部平原区的淡黑

表 8-6　各物候区玉米生育期气象因子及需水量（陈玉民等，1995）

类型	物候区项目	西北	华北	东北	长江中下游	西南
春玉米	辐射量/(kJ/cm²)	264～327	220～226	218～258	156～211	126～142
	日照时数/h	1200～1400	1000～1200	1000～1200	600～800	500～700
	积温/(℃·d)	2100～2600	2700～2900	2000～2300	2500～2900	2400～2800
	需水量/mm	430～530	410～480	420～480	340～420	310～390
夏玉米	辐射量/(kJ/cm²)	212～240	151～183	151～167	159～176	134～149
	日照时数/h	700～900	600～750	650～750	600～700	550～650
	积温/(℃·d)	2100～2400	2200～2100	2100～2200	2400～2600	2400～2600
	需水量/mm	400～470	380～430	380～430	290～385	255～360

钙土、盐碱化草甸土和风沙土（李志洪等，2005）。从东部的暗棕壤到中部的黑土，由于土壤肥力较高，土壤的团粒结构好，保肥保水性能强，在同样的产量水平下能够减少水量的消耗。而沙质土壤保水保肥性能差，使得需水量增大。佟屏亚等（1998）试验研究表明，在同样的土壤水分条件下，有机质含量高能阻碍水分向土壤表层运移，从而提高玉米根系活动土层内的土壤含水量，在同样的产量条件下，水分消耗相对较少。同时，土壤肥力高的土壤，玉米根系发达，茎叶繁茂，根系的吸水能力和叶片的蒸腾作用增强，在提高产量的同时需水量也增大（表 8-7）。

表 8-7　不同产量玉米的需水量和水分利用率（佟屏亚等，1998）

类型	产量/(kg/hm²)	需水量/(m³/hm²)	耗水系数/(mm/kg)	水分生产率/(kg/mm)
春玉米	10 740.0	5 550.0	0.52	1.94
	9 915.0	4 935.0	0.50	2.01
	8 185.5	4 507.5	0.56	1.82
夏玉米	8 475.0	4 456.5	0.53	1.90
	9 285.0	3 637.5	0.39	2.55
	9 690.0	3 645.0	0.38	2.66

2. 栽培措施

1）施肥水平

土壤肥力是土壤协调与保证玉米对水肥气热利用的一种综合能力，而增施肥料是其中的重要方面，适当的营养供给可促进玉米根、茎、叶营养器官的生长，特别是增强根系对深层水分的吸收利用，提高玉米的抗性，使玉米生长旺盛，叶片蒸腾面积和蒸腾强度增加，从而增加了耗水量。

根据白城市农科院的试验数据，在水分和密度均相同的条件下，玉米的产量和水分利用效率随着施肥量的增加而提高。在供水量 200mm 时，高肥和中肥比低肥的产量和水分利用效率分别提高了 23.8% 和 6.4%；在供水量 300mm 时，高肥和中肥比低肥的产量和水分利用效率分别提高了 16.8% 和 7.2%；在供水量 400mm 时，高肥和中肥比低肥的产量和水分利用效率分别提高了 15.0% 和 7.1%（表 8-8）。

表 8-8　不同施肥量条件下玉米产量及水分利用效率

施肥	供水 200mm		供水 300mm		供水 400mm	
	产量/(kg/hm²)	水分利用效率/[kg/(mm·hm²)]	产量/(kg/hm²)	水分利用效率/[kg/(mm·hm²)]	产量/(kg/hm²)	水分利用效率/[kg/(mm·hm²)]
高肥	7691	38.5	10 227	34.1	13 520	33.8
中肥	6627	33.1	9387	31.3	12 600	31.5
低肥	6218	31.1	8748	29.2	11 775	29.4

注：表中高肥 N 300kg/hm²、P_2O_5 135kg/hm²、K_2O 135kg/hm²，中肥 N 225kg/hm²、P_2O_5 90kg/hm²、K_2O 90kg/hm²，低肥 N 150kg/hm²、P_2O_5 45kg/hm²、K_2O 45kg/hm²；供水 200mm 的密度为 4.5 万株/hm²，供水 300mm 和 400mm 的密度为 6.0 万株/hm²

汪德水(1995)试验表明,玉米施氮肥比不施氮肥,每公顷平均增加用水量 32.5mm,产量增加 60%,水分利用效率提高 44%。在供水相同的条件下,每公顷施氮肥 52.5kg、105.0kg、210.0kg 和 420.0kg 的处理,要比不施氮肥的处理全生育期每公顷平均蒸腾总量多 88.5mm、高 18.9%。因此,适当增加化肥用量,可以明显提高玉米产量和水分利用效率,起到了"以肥调水"的作用。在适宜的氮、磷、钾用量范围内,适当增施磷肥可以降低蒸腾强度。

2) 灌水

玉米生育期间的灌水次数和每次的灌水量是影响玉米需水量的主要栽培因素。

吉林省农科院丁希泉等的研究表明,玉米全生育期灌水次数越多,每次灌水量越大,玉米实际的耗水量就越高。灌水较少,灌水次数多,水分集中在土壤表层,不能向深层下渗,加剧了表层土壤水分的蒸发,使耗水量增大,也使需水量增加,同时也易造成土壤板结(表 8-9)。

表 8-9　玉米灌水次数、数量、耗水量与产量的关系(佟屏亚等,1998)

喷灌次数/次	灌水量/mm	耗水量/mm	产量/(kg/hm²)
0	0	312.0	7 552.5
3	70	343.0	8 752.5
5	120	394.0	9 915.0
7	170	555.0	10 740.0

灌水方法不同,耗水量和水分利用率也有很大差异。据山西省洪洞县试验,采用畦灌比漫灌田间耗水量减少 921.0m³/hm²,可节约用水 24%。沟灌比漫灌耗水量减少 1161.0m³/hm²,可节约用水 32%(表 8-10)。如果采用隔沟灌溉,则灌水量更少。段爱旺等(1999)的试验结果表明,在控制交替沟灌条件下,叶片蒸腾速率随着土壤含水量的降低而下降,蒸腾耗水量减少 9.8%,叶片水分利用效率提高 8.8%。控制交替沟灌的灌水下限控制在田间持水量的 70% 左右效果最好。

表 8-10　不同灌水方法对玉米田间耗水量影响（佟屏亚等，1998）

灌水方法	田间耗水量/(m³/hm²)	土壤含水率/%
漫灌	4758	14.5~27.8
畦灌	3837	15.2~26.8
沟灌	3597	16.4~25.0

3) 种植密度

据山西省农科院对春玉米所做的试验,密度为 3.75 万株/hm²,则耗水量为 5956.5m³/hm²;密度为 4.50 万株/hm²,则耗水量增加5.21%;密度为 5.25 万株/hm²,耗水量较 4.50 万株/hm² 时略有增加;当密度增加到 6.00 万株/hm²,则耗水量降到 5718.0m³/hm²,比 5.25 万株/hm² 时耗水量减少 10%。

白城市农科院的试验结果(表 8-11)表明,在半干旱区,肥力不成为限制因素的条件下,水分与密度是对产量起决定作用的一对因子。在供水量 200mm、300mm、400mm 情况下,不同播种密度对玉米产量和水分利用效率均有明显影响。在供水量 200mm 时玉米产量和水分利用效率随密度的增加而下降,密度为 6.0 万株/hm² 和 7.0 万株/hm² 时比 4.5 万株/hm² 的产量和水分利用率分别下降了 4.9% 和 17.1%;在供水量 300mm 时玉米产量和水分利用效率随密度的增加呈抛物线型,密度为 4.5 万株/hm² 和 7.0 万株/hm² 时比 6.0 万株/hm² 产量和水分利用效率分别下降了 9.4% 和 5.9%;在供水量 400mm 时玉米产量和水分利用效率随密度的增加呈抛物线型,密度为 4.5 万株/hm² 和 7.0 万株/hm² 时比 6.0 万株/hm² 产量和水分利用效率分别下降了 16.6% 和 5.6%。因此,在考虑产量和水分利用效率两个因素时,供水量 300mm 以上,密度为 6.0 万株/hm² 比较适宜。供水量 300mm 以下,密度为 4.5 万株/hm² 比较适宜。

表 8-11　不同密度条件下玉米产量及水分利用效率

密度/(万株/hm²)	供水 200mm		供水 300mm		供水 400mm	
	产量/(kg/hm²)	水分利用效率/[kg/(mm·hm²)]	产量/(kg/hm²)	水分利用效率/[kg/(mm·hm²)]	产量/(kg/hm²)	水分利用效率/[kg/(mm·hm²)]
4.5	7 690	38.5	9 263	30.9	11 288	28.2
6.0	7 313	36.6	10 227	34.1	13 526	33.8
7.0	6 378	31.9	9 641	32.1	12 746	31.9

注:施肥量为 N 300kg/hm²、P_2O_5 135kg/hm²、K_2O 135kg/hm²

上述试验说明,在一定密度范围内,相同品种的玉米总耗水量随着密度增加而增加,这主要是因为群体叶面积增加,蒸腾量相应增多。当玉米种植密度超过适宜范围时,由于群体过大,叶片相互重叠,下部叶片受光少,叶片气孔的光调节受到限制,群体下层叶片蒸腾速率较正常密度大大降低;同时由于密度加大,植株间环境恶化,下部叶片过早变黄、枯死,甚至倒伏,最终导致产量和耗水量降低。

中国科学院禹城综合试验站 1989 年所做的试验表明,玉米密度的差异对不同生育阶段的影响,主要表现在生育中、后期,随着密度的增加阶段耗水量明显增加(表 8-12)。

表 8-12　春玉米不同密度各生育阶段耗水量比较(佟屏亚等,1998)（单位：mm）

密度/(万株/hm²)	生育阶段					
	幼苗期	拔节期	孕穗期	灌浆期	蜡熟期	全生育期
10.005	94.80	54.64	63.07	174.45	96.50	483.46
4.995	94.05	49.60	56.32	144.07	83.04	427.08
差值	0.75	5.04	6.75	30.83	13.46	56.38

4）中耕方式

中耕时间、深度及耕作方法对玉米田间耗水量都有一定的影响。中耕可以切断土壤毛细管,避免土壤下层的毛管水向上运移,从而减少土壤水分的蒸发。尤其是在雨季来临前进行深松,有利于土壤保蓄水,从而提高土壤储水量。中耕除草减少水分的无效消耗。据西北农业大学测定,降水后第 3 天中耕,0～30cm 土层水分损失仅为干土重的 14.9%,而不中耕损失高达 31.8%。过早(雨后 1d)或过晚(雨后 5d)中耕,土壤损失水分均多,尤其过晚中耕损耗的水分更多。中耕深度对土壤蒸发也有一定的影响。

5）地面覆盖

地面覆盖技术是指在土壤表面设置一层覆盖物,对土壤和近地面环境进行调控的技术。就地面覆盖物的材质来划分的话,最常见的有秸秆覆盖和塑料地膜覆盖两种。

秸秆覆盖是指将农作物的秸秆、麦糠、有机肥料、残茬及树叶等有机物,覆盖在土壤表面。秸秆覆盖可以有效抑制土壤表层水分的蒸发,改善土壤的供水能力,同时秸秆覆盖还田,还可以培肥地力,改善土壤结构,协调养分供应。根据赵聚宝和李克煌(1995)的试验结果,在秸秆覆盖下,耗水系数降低,水分利用效率提高,作物产量明显增加。秸秆覆盖春玉米每生产 1kg 经济产量平均约需耗水 503kg,比对照节水 15.5%,水分利用效率比对照提高 2.25～4.65kg/(mm・hm²)（表 8-13）。

表 8-13　秸秆覆盖对春玉米水分利用效率的影响(马耀光等,2004)

年份	处理	产量/(kg/hm²)	耗水量/mm	水分利用效率/[kg/(mm・hm²)]	耗水系数
1988	秸秆覆盖	10 648.5	401.8	26.4	377
	对照	8 640	396.4	21.8	459
1989	秸秆覆盖	8 964	396.3	22.7	440
	对照	7 447.5	407.0	18.3	547
1990	秸秆覆盖	6 535.5	404.1	16.2	620
	对照	5 701.5	406.7	14.0	713
1991	秸秆覆盖	5 553	319.9	17.4	573
	对照	4 431	291.4	15.2	660

塑料薄膜覆盖又称地膜覆盖。把塑料薄膜严密地覆盖在农田的地面上就称为地膜覆盖。地膜覆盖栽培技术可以有效抑制土壤水分无效蒸发,土壤水分无效耗水量降低,那么,需水量也随之降低。段德玉等(2003)在限水的条件下,对夏玉米'农大 108'所做的田间试验结果表明,覆膜处理后,土壤保湿能力明显增强,覆膜灌水和覆膜处理土壤耕层含

水量分别比对照裸地常规灌水处理增加 25.6％和 14.4％,产量分别提高了 11.2％和 4.0％。据中国农业科学院农业气象所在 1985 年 5 月无雨时段内的试验,春玉米地膜覆盖区 0～5cm 耕层土壤含水量由 15.8％下降到 15.1％,减少 0.7％,而露地由 30.5％下降到 18.1％,减少 12.4％。覆盖耕作层不同深度土壤含水量明显高于对照,上层大于下层,前期大于后期(表 8-14)。

表 8-14　玉米覆盖栽培对耕层土壤水分的影响(马耀光,2004)　　(单位：％)

观测日期	处理	土壤深度/cm				
		0～5	6～10	11～20	21～30	31～40
1985 年 4 月 22 日	覆膜	15.5	14.8	14.2	13.1	9.7
	对照	8.6	9.7	10.6	10.1	8.5
	增值	6.9	5.1	3.6	3.1	1.2
1985 年 5 月 10 日	覆膜	12.6	13.0	12.5	12.3	12.4
	对照	7.9	8.6	8.3	9.9	10.3
	增值	4.7	4.4	4.2	2.4	1.6
1985 年 6 月 9 日	覆膜	7.9	10.0	12.3	12.9	13.0
	对照	5.0	7.1	8.2	9.1	12.0
	增值	2.9	2.9	4.1	3.8	1.0
1985 年 7 月 22 日	覆膜	8.5	10.8	11.4	11.1	—
	对照	5.4	7.6	8.3	9.5	—
	增值	3.1	3.2	3.1	1.6	—

6) 保水剂对土壤含水量的影响

20 世纪初,一些国家就利用化学药剂抑制作物蒸腾,利用土壤保水剂和抗旱剂提高土壤的含水量。国外有关资料表明,玉米田施用高吸水性树脂后,土壤表层的蒸发速率可减少 53.9％～64.2％,在雨前和雨后测定 10cm 土层的水分含量,分别比对照高 13.5％和 62.3％,由于使需水量降低,水分利用效率相应提高 18.3％～25.8％。

中国农业科学院农业气象所和河南省科学院生物研究所近期研究发现,喷施 4％浓度的抗旱剂 1 号后,玉米叶片的气孔开张度平均缩小 0.6μm,蒸腾速率降低 40％,气孔阻力增加 30.2％,喷药剂处理的 0～20cm 土层土壤含水率提高 0.7％～0.8％,21～30cm土层土壤含水率提高 1.1％～1.4％,31～50cm 土层土壤含水率提高幅度达 1.7％～2.0％。

方峰等(2003)在盆栽条件下所做的试验结果表明,保水剂和土壤改良剂(聚丙烯酰胺)能显著减少土壤水分蒸发,土壤的实际耗水量分别降低 13.42％和 12.08％。

为了探索保水剂在抗旱增产上的作用,白城市农科院 1996 年也进行了保水剂应用效果试验,试验选用的是美国和我国四平产的保水剂,用量为 30kg/hm², 施用方法是结合三犁穿刨埯坐水种,埯施保水剂。试验用玉米品种为'中单 2',密度为 4 万株/hm²。结果表明,3 个处理的种子层水分含量随着时间的延长而下降,未施保水剂的处理下降速度比施用保水剂的处理下降速度快,平均每日的下降速度为 0.1％,播后 10d 的下降速度达

0.25%,美国产保水剂平均每日的下降速度为 0.03%,我国四平产保水剂平均每日的下降速度为 0.04%。在 4 月 25 日～6 月 12 日种子层水分可保持在 10%左右(表 8-15、图 8-1)。

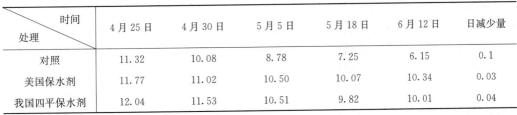

表 8-15　施用保水剂不同处理 5～10cm 种子层水分含量　　　　　(单位：%)

时间 处理	4 月 25 日	4 月 30 日	5 月 5 日	5 月 18 日	6 月 12 日	日减少量
对照	11.32	10.08	8.78	7.25	6.15	0.1
美国保水剂	11.77	11.02	10.50	10.07	10.34	0.03
我国四平保水剂	12.04	11.53	10.51	9.82	10.01	0.04

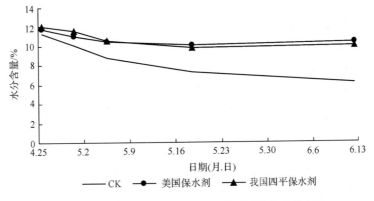

图 8-1　不同保水剂处理 5～10cm 种子层水分含量变化

　　通过以上各种影响玉米需水量因素的分析,玉米需水量的变化,主要是内在和外在因素综合影响的结果。这就要求掌握玉米品种特性和在生育期间的环境条件变化情况,针对一切有利于保蓄水分,减少蒸发的因素,运用一系列有效的农业技术措施,以充分满足玉米整个生育期对水分的需要,尽量减少对水分的无益消耗,达到经济用水、合理用水的目的,只有这样才能以最低需水量获得最高的产量。

第二节　自然降水有效利用

一、自然降水蓄积的整地技术

　　吉林省的玉米主产区,属半干旱和半湿润生态类型区,年降水量为 350～550mm,水分利用主要以利用自然降水为主,补充灌溉为辅。在自然降水蓄积方面,以蓄水耕作为主,主要有以下几项技术。

(一) 秋季耕整地技术

　　秋整地技术是耕作技术的核心。秋整地要在最适宜的农时进行,达到播种状态,耕后经过冬春的冻融交替使土壤疏松,有利于接纳融化后的雪水,增加蓄水保墒能力,对防止春旱起着重要作用,有利于春旱地区保全苗、齐苗、壮苗。秋整地的基本方式见如下介绍。

1. 秋翻秋耙,达到播种状态

秋翻地是吉林省 20 世纪 90 年代以前的基本耕作方式,目前面积不大。

1) 秋翻地的土壤水分条件

翻地时理想的含水量是:黑土地 18%～22%;砂土地含水量稍大点;黏土地含水量小点。土壤含水量的大小是影响翻地质量的重要因素。要提高翻地质量,减少翻地阻力,必须在土壤处于酥脆状态下进行作业。翻地要做到"宁燥勿湿"的原则。但是土壤含水量过小,在土壤已干裂的情况下,虽然也能翻地,但犁铲磨损严重,垡块过大,土壤出现架空现象,不利于保墒,不应进行耕翻。土壤含水量过大时耕地,易起明条,破坏土壤团粒结构,形成硬坷垃,即使多次整地,也无法达到整地标准,难以保墒保苗。

2) 秋翻地深度

秋翻作业要根据作物轮作的农艺要求、土壤类型、耕层厚度确定翻地深度。翻地深度一般为 18～25cm,耕深要一致,实际翻深与规定翻深偏差不得超过±1cm。为充分利用深翻后效,应实行轮翻制度(2～3 年翻一次),但低洼易涝地、草荒地、过水地应年年进行耕翻。在具备机具和土壤条件好的地方,可采用逐年加深耕层的方法,使耕深达到 30cm。实践证明,玉米产量是随着耕深的增加而增加的,对那些黑土层较厚的土地,耕深每增加 1cm,增产玉米 50～100kg/hm²,其后效可持续 2～3 年。

3) 耕幅一致,开闭垄小

作业时耕幅应一致,实际耕幅与规定耕幅偏差不得超过±5cm。重耕率不得大于2%。漏耕率不得超过 0.5%。这样可保证翻后地表平整,达到农艺要求,为播种创造良好条件。翻地作业时开闭垄应尽量减少,每垄的宽度不应低于 50m,并应等于犁幅的整数倍;耕垄要直,50m 长曲线度不超过 8cm;开闭垄要小,闭垄不留生格子,开垄宽度不应大于 40cm,深度不应超过 20cm,闭垄高度不应超过 15cm,要做到开闭垄位置交换。耕地开垄直线性好、不重耕、不漏耕和接垡严密。开垄少而小,防止因耕地造成的地表不平现象。翻地时地块有效面积应全部耕翻。地头应耕到位置,误差不大于 50cm,不出三角抹斜;地两侧耕到边,弃耕宽度不大于总耕幅度与拖拉机轮距之差,这样可以充分利用土地面积。

4) 翻后地表层平整,杂草覆盖应严密

翻后地表层平整,带合墒器翻后,在两倍耕幅上一个犁体耕幅的宽度内,高低差不超过 5cm,不带合墒器高低差为 10cm。残株杂草覆盖应严密。按覆盖程度可分为:覆盖良好,即无明显的残株杂草;覆盖一般,即有少量的不太明显裸露物;覆盖较差,有裸露物。翻地作业土垡应完全翻转,回垡立垡率均不得超过 4%。达到这样的标准,就能实现翻后地表平整,起到消灭杂草、病虫害、培肥地力的作用,便于整地和播种。

5) 秋耙地农艺要求

耙地应做到"随翻随耙",即耕后表土水分已散失,一般在耕后 1～2d,不粘耙的情况下进行作业。轻型圆盘耙的耙地深度为 8～10cm;重型缺口耙的耙地深度为 12～15cm;耙地深度应一致,与规定耙地深度偏差不能超过±1cm。这样可以将播种层内的土块耙碎,为播种和作物生长创造良好条件。耙地时应做到不重耙、不漏耙。相邻作业幅,重耙量不超过 15cm,漏耙率不得超过 0.8%,每块漏耙处不得超过 1m²。

耙地后的土壤要有松散的表土层和适宜的紧密度。一般土壤容重应达到 $1.1g/cm^3$。碎土要均匀,10cm 的耕层内无大土块和空隙,每平方米内,直径 $5\sim10cm$ 的土块不得超过 10 个,不应有直径 10cm 以上的土块。达到这样的标准,有利于提墒,防止种床过塇影响种子发芽和根系发育。耙地后地表应平整,不应有影响播种质量的拖堆、拉沟和起埂现象。沿播种垂直方向 4m 宽内地表最低差不大于 5cm。这样可以保证播种深浅一致、出苗整齐。

2. 秋灭茬起垄、镇压,达到播种状态

从 20 世纪 80 年代开始,吉林省农机具由大型农业机械为主向小型农业机械为主转变。传统的用大马力拖拉机进行连年秋翻作业,以畜力为主要动力实施各种田间作业的耕作制度,逐步被以小四轮拖拉机为主要动力进行灭茬、整地、播种、施肥、趟地等作业的耕作制度所代替(罗水藩,1991)。目前黑土区除少数乡村外,几乎均以小四轮拖拉机为主要动力。少数农业机械化示范乡镇,如榆树市弓棚子镇、公主岭市凤响乡、梨树县龙家堡、梨树县高家镇等,秋季作物收获后以大马力拖拉机为主要动力实行秋翻、秋耙、秋起垄作业,春季平播后起垄或垄上播种。还有少数地区采用畜力作业。

不具备大型动力没有秋翻能力的地方,可采用秋灭茬同时起垄的办法进行整地。灭茬一定要保证质量,灭茬深度 15cm 以上,碎茬长度要小于 5cm,有利于土壤保墒。灭茬后起垄的,应同时进行重镇压,避免失墒;翌年春天进行三犁穿顶浆打垄的,打垄时间要在耕层化冻 15cm 时进行,同时深施底肥,一般是 4 月 5~10 日。

(二) 春整地技术

近年来,由于秋季整地时间短,秋、冬大风土壤跑墒等因素的影响,秋季来不及整地的采取春季整地,主要采取措施为顶浆打垄,重施底肥。根据气温和土壤解冻情况及时灭茬整地,当土壤化冻 10~15cm 深时进行灭茬和顶浆打垄;结合打垄,重施底肥;农家肥要充分腐熟后施入,不要生粪下地,坚决杜绝打空垄,随打垄,随镇压,注意保墒。但此种方法耕作层浅、犁底层硬,影响了通风透水,妨碍深层水分的利用,妨碍玉米根系深扎。

(三) 中耕蓄墒技术

中耕是指在作物生育期间所进行的土壤耕作,如锄地、耪地、铲地、趟地等。

1. 中耕时间

适时深耕是蓄雨纳墒的关键,深耕的时间应根据农田水分收支状况决定,一般宜在伏天进行。中耕可在雨前、雨后、地干、地湿时进行,也可根据田间杂草及作物生长情况确定。

2. 中耕深度

中耕的深度应根据作物根系生长情况而定。在幼苗期,作物苗小、根系浅,中耕过深容易动苗、埋苗;苗逐渐长大后,根向深处伸展,但还没有向四周延伸,因此,这时应进行深中耕,以铲断少量的根系,刺激大部分根系的生长发育;当作物根系横向延伸后,再深中耕,就会伤根过多,影响作物生长发育,特别是天气干旱时,易使作物凋萎,中耕宜浅不宜深,因此,在长期生产实践中总结出"头遍浅,二遍深,三遍培土不伤根"的经验(高绪科等,

1991)。

3. 宽窄行留高茬中耕深松追肥技术

农业生产上,结合中耕追肥技术非常普遍,目前成熟的技术有常规中耕深松追肥技术、宽窄行留高茬中耕深松追肥技术、均匀垄留高茬中耕深松追肥技术。下面介绍宽窄行留高茬中耕深松追肥技术。

目前吉林省农业科学院研究的玉米宽窄行耕作栽培技术是一种典型的保护性耕作栽培技术,这种耕作栽培技术的操作方法是:在有秋翻地的基础上将 65cm 的均匀行距改成 40cm 的窄苗带和 90cm 的宽行空白带(有的地区苗带和空白带距离大小不等),用双行精播机实施 40cm 窄行带精密点播,6 月中旬中耕用深松追肥机在 90cm 宽行带实施 30~40cm 深松并深追肥,以接蓄 7~8 月的自然降水,秋季作物收获后,40cm 种植带留高茬(30cm 左右),或用高茬切碎还田机切碎半秸秆和根茬覆盖于地表,宽行带用小型旋耕机整平土壤,为来年备好种床,翌年在旋耕整平的宽行带用双行精播机播种,完成宽窄行耕种的全过程。

二、自然降水利用技术

在自然降水利用方面,主要介绍秸秆覆盖技术、地膜覆盖技术和化控技术在农业上的应用。

(一)秸秆覆盖技术

秸秆覆盖可以切断蒸发表面与下层土壤的毛管联系,减弱土壤空气与大气之间的乱流交换强度,有效地抑制农田棵间蒸发,提高农田水分利用效率,从而增强土壤的蓄水保墒能力,改善土壤的持水和供水性能。

1. 改良培肥土壤,协调养分供应

覆盖处理与对照相比,松结态腐殖质和紧结态腐殖质含量明显增加,稳结态腐殖质含量下降不明显。增加松结态腐殖质有利于增强对作物养分的供应,而紧结态和稳结态腐殖质增加则有利于土壤结构的改善,将稳结态与紧结态两者结合起来考虑,其增加量与松结态腐殖质增加的趋势基本相同。因此,从一定程度上讲,秸秆覆盖既有利于改土,又有利于供肥。土壤复合体粗细分组结果表明,覆盖后,大于 0.01mm 的粗粒复合体增加,小于 0.01mm 的细粒复合体减少,其中以 0.01~0.05mm 级别的复合体增加最多,反映出覆盖还田后土壤中的复合体由细向粗变化的趋势。进一步分析各组别复合体的有机碳含量表明,覆盖后,各组复合体有机碳含量明显增加,并且以 0.01~0.05mm 组增加最多,说明覆盖还田增加的土壤有机质较多地进入粗粒复合体,充当着有机胶结剂使细小的土粒胶结成较大的复合体(沈裕琥等,1998)。另外,秸秆覆盖后,可以避免雨水等直接拍击地面,造成土壤板结、坚实现象,能够保持土壤的自然结构,使水分渗透保持较好的水平。

2. 改善土壤微生物活动

土壤有机质是构成土壤肥力的重要因素之一。秸秆覆盖这一措施可以改善土壤微生物的活动、有利于积累土壤有机质。秸秆覆盖农田中蚯蚓和土壤微生物的数量增加,使得土壤结构疏松多孔,透气性好,促进土壤肥力的培育,协调养分的供应,增加土壤有机质的积累。资料表明,秸秆覆盖可明显增加土壤微生物数量,增强土壤生物活性,主要表现在土壤真菌、细菌、放线菌等的数量均有所增加(陈文新,1990)。这是由于秸秆覆盖改善了土壤微生物生存的生态环境,增加了土壤微生物的数量。Dorna发现,由于秸秆覆盖可使细菌、真菌、放线菌数量增加 2~6 倍,硝化细菌与反硝化细菌数量增加更多。巩杰等(2003)认为,随秸秆覆盖量的增加,在拔节期土壤细菌、放线菌、真菌的数量是对照的2.97~4.44 倍、1.25~1.79 倍、1.50~1.99 倍;孕穗期是对照的 1.73~5.59 倍、1.03~1.43 倍、1.28~2.11 倍;收获后是对照的 1.20~3.16 倍、1.65~3.67 倍、1.26~1.70 倍,形成了不同时期新的土壤微生物区系,进而改变了土壤微生物活性。

徐新宇等(1985)的试验表明,秋播秸秆覆盖后 10d 左右,微生物活动开始增强,土壤二氧化碳的释放量增高,较没有覆盖处理的增加 8.89%。但微生物的活动具有明显的季节性变化,随着气温的下降,分解变慢。越冬后,随着气温的升高,秸秆的分解也开始加速。高云超等(1994)的试验结果表明,微生物对养分有协调性。该研究指出,在春季和秋季冬小麦营养生长时期,作物吸收养分少,土壤养分含量较高,这时土壤微生物量较大,并对土壤养分进行固结作用,从而保蓄了养分;当夏季作物生长旺盛时,作物吸收养分多,土壤养分含量减少,微生物生物量降低,部分死的微生物体矿化并释放养分,因此微生物对土壤养分具有调控与补偿作用,而非竞争作用。

3. 抑制土壤蒸发,改善农田水分状况

水分胁迫是我国北方旱地农业的主要限制因素。秸秆覆盖后可以避免土壤与大气直接接触,不直接受太阳辐射的影响,可显著降低土壤水分蒸发速率,具有蓄水、保水作用,提高水分利用率。在北方旱农地区,土壤蒸发强烈,蒸发量占同期降水量的百分比为:春玉米田在冬季休闲期间,半干旱地区占 72%~98%,半湿润区占 206%~244%。农田覆盖一层秸秆后可以割断蒸发面与下层土壤的毛管联系,减弱土壤空气与大气之间的乱流交换强度,有效地抑制土壤蒸发。田间结果表明,春玉米田冬季休闲期秸秆覆盖对土壤蒸发的抑制率为 47.6%(胡芬等,2001)。

陈素英等(2002)的研究表明,在秸秆覆盖下,作物生育前期蒸散耗水比裸地少,中后期蒸散耗水比裸地多,全生育期总耗水量与裸地并无明显的差异。其意义就在于秸秆覆盖有调控土壤供水的作用,使作物苗期耗水减少,需水关键期耗水增加,农田水分供需状况趋于协调,从而提高水分利用效率。王玉坤指出,若覆盖量适宜,覆盖只改变棵间蒸发和叶面蒸腾的耗水比例关系,而耗水总量并不减少。由于秸秆覆盖能抑制苗期土壤无效蒸发,可以把旱地有限的土壤水分保持到作物需水的关键时期利用,这就使农田供水与作物需水动态相一致,为作物生长发育提供有利的水分条件。因此,适宜秸秆覆盖可以提高植物的水分利用效率,具有明显的节水作用。

4. 调节土壤温度

农田用秸秆覆盖后,由于覆盖层对太阳直接辐射和地面有效辐射的拦截、吸收作用,土壤温度的日变化和季节变化都有明显的改变。

秸秆覆盖对土壤温度日变化的影响,主要是使日最高温度降低,日最低温度升高,日变化振幅减小。结果表明,5cm 深度处的日最高土壤温度,秸秆覆盖地冬季偏低 1.3℃,春季偏低 4.2℃;5cm 深度处的日最低土壤温度,秸秆覆盖地冬季偏高 1.2℃,春季偏高

1.4℃(沈裕琥等,1998)。

秸秆覆盖对土壤温度季节变化的影响,主要是使冬季土壤温度偏高,生长季节土壤温度偏低。秸秆覆盖对春玉米田土壤温度的影响特点,是生育前期较大,生育后期较小。根据在山西省屯留县的观测结果,秸秆覆盖地的土壤温度,6月比对照低0.8～1.5℃,7月比对照低0.4～0.7℃,8月以后与对照无显著差异。秸秆覆盖使夏季土壤温度偏低,对作物并无不良影响,特别是在盛夏酷暑季节,降低作物根部的温度还会防止作物早衰。

5. 减少径流,抵抗风蚀

降水或灌溉的径流量减少,则作物的有效水分增多。印第安纳州西拉斐特普度大学研究了不同残茬覆盖量下的3种作物的产量和土壤径流及侵蚀等情况。结果表明,随着覆盖量的增大,土壤径流量减小,土壤侵蚀被有效地减轻;同时残茬覆盖也为雨水进入土壤创造了一个比较有利的条件,使水分渗透增加,最终表现为3种作物的产量都得到明显提高。

6. 对作物生长发育和产量的影响

秸秆覆盖后,由于水、肥、气、热等条件的变化,必然对作物的生长发育和产量产生明显影响。

因为秸秆覆盖具有抑制棵间蒸发、改善土壤物理性状、协调与改善土壤养分等重要作用,所以多数研究者认为秸秆覆盖可显著提高作物产量。胡芬等(2001)研究了秸秆覆盖对春玉米产量的影响,得出不同降水年份,玉米产量增加$582.0～2235.1 \text{kg/hm}^2$的结果。

(二)地膜覆盖技术

地膜覆盖是在土壤表面设置了一层不透气的物理阻隔层,阻断了近地面层与大气的气流交换,直接阻挡了水分的垂直蒸发,同时增大了光热交换阻力,大大改善透光条件和光照强度。影响土壤中的酶活性及土壤的孔隙度,微生物数量,协调光、温、水、气的关系,有利于作物的生长发育(汪景宽等,1997)。地膜覆盖栽培技术20世纪50年代在日本、法国、意大利、美国等已开始试验应用。我国60年代开始引进研究,80年代正式在全国推广应用,应用于粮食和经济作物。地膜覆盖栽培技术在东北、华北、西北主要旱农地区,已成为一项突出的增产栽培技术。地膜覆盖可有效抑制水分蒸发损失,保证耕层土壤有较高的含水量,显著提高耕层5cm处的土壤温度,增加作物对养分的吸收利用,显著增加土壤微生物数量(陈锡时等,1998)。由于土壤水热等条件的改善,地膜覆盖能显著增加光合效率、净同化率,使作物提早成熟,增加产量(郭志利和古世禄,2000)。

1. 地膜覆盖对土壤水分状况的影响

覆膜后地膜与地表之间形成2～5mm厚的狭小空间,切断了土壤水分与近地层空气中水分的交换通道,从土壤表面蒸发出的水汽被封闭在有限的小空间中,增加了膜内相对湿度,从而构成了从膜下到地表之间的水分内循环,改变了无地膜覆盖时土壤水开放式的运动方式,有效抑制了水分蒸发损失,保证耕层土壤有较高的含水量(黄明镜等,1999)。

宋凤斌(1991)的研究表明,玉米生育期覆盖的平均抑蒸率为56.5%,耕层土壤含水量增加1%～4%,全生育期可减少蒸发100mm以上。

2. 增温效应

地膜覆盖能显著增加耕层 5cm 处的土壤温度。赵长增等(2004)的研究结果表明,地膜覆盖表现出强烈增温效应,整个生育期内各土层土壤温度均高于对照。

对 0cm 和 5cm 土壤温度的测定结果表明,与露地对照相比,地膜覆盖玉米生长前期地温相差较大。5 月、6 月即玉米出苗至拔节期,覆膜的增温效应最大,此期全膜覆盖 0cm 土壤温度较露地对照均增加 7.0℃;5cm 土壤温度较露地对照分别增加 7.5℃和 7.1℃。条膜覆盖 0cm 土壤温度较露地对照分别增加 3.8℃和 5.8℃;5cm 土壤温度较露地对照分别增加 5.0℃和 6.2℃。全膜覆盖的增温效应明显高于条膜覆盖。6 月即玉米拔节期后,由于地膜覆盖,玉米生长旺盛,叶面积增大,受地上部分遮阴的影响,地膜覆盖的增温效应逐渐减弱。7 月全膜覆盖 0cm 和 5cm 土壤温度较露地对照分别增加 1.7℃和 2.2℃;条膜覆盖 0cm 和 5cm 土壤温度较露地对照分别增加 2.9℃和 2.6℃。8 月全膜覆盖 0cm 和 5cm 土壤温度较露地对照分别增加 3.7℃和 3.8℃;条膜覆盖 0cm 和 5cm 土壤温度较露地对照分别增加 3.5℃和 2.8℃。两种覆盖方法的增温效应相近。

地膜覆盖的增温效应使玉米生育期明显提前。与条膜覆盖相比,全膜覆盖玉米早出苗 4~6d,拔节提前 9~11d,吐丝提前 7~17d,早成熟 7~13d。生育期的提前为高海拔地区种植中晚熟高产玉米品种创造了条件。

3. 对蒸散和棵间蒸发的抑制效应

马忠明(1999)的试验结果表明,全膜覆盖玉米拔节前日均蒸散量低于条膜覆盖和露地对照。拔节期至大喇叭口期,由于覆盖的增温效应,玉米生长加快,日均蒸散量显著高于条膜覆盖和露地对照,而且蒸散量高峰期提前到拔节期至大喇叭口期。而条膜覆盖和露地对照蒸散量在大喇叭口期至吐丝期达最高值。蒸散量的变化不仅受覆盖后玉米蒸腾量的影响,而且与地面覆盖对棵间蒸发抑制作用的大小有关。测定结果表明,全膜覆盖对棵间蒸发的抑制作用最大,生长期日平均棵间蒸发量较露地对照降低 0.81mm。

研究表明,玉米出苗至成熟期棵间蒸发量测定结果,全膜覆盖累积蒸发量为 36.6mm,条膜覆盖为 61.5mm,露地对照棵间蒸发量为 163.5mm。全膜覆盖较条膜覆盖和露地对照分别减少 24.9mm 和 126.9mm,降低 15.0%和 77.6%(马忠明,1999)。由此可知,全膜覆盖后玉米蒸散量主要以蒸腾为主,露地种植时,蒸散量中棵间蒸发占有很大的比例。这种变化导致了不同覆盖方法节水效果的差异。

4. 节水增产效果

玉米采用地膜覆盖,其增产效果明显高于露地,尤以全膜覆盖增产最为显著。石德权(2007)的试验结果表明,全膜覆盖玉米产量高达 15 099kg/hm²,较露地对照增产 2619kg/hm²,增产率为 20.99%。条膜覆盖玉米产量较露地对照增产 1125kg/hm²,增产率为 9.01%。全膜覆盖玉米产量较条膜覆盖增产 1494kg/hm²,增产率为 10.98%。与露地玉米相比,全膜覆盖玉米双穗率增加 72.1%,穗粒数增加 16.1%,秃顶率降低 35.4%,千粒重增加 64.2g。

不同方式地膜覆盖后玉米产量和蒸散量发生相应的变化,从而导致不同处理水分生产率的差异。全膜覆盖玉米蒸散量虽高于条膜覆盖和露地对照,但由于其显著的增产作用,水分生产率明显提高,分别较条膜覆盖和露地对照提高 7.97%和 16.93%,水分生产率的大小与增产效果一致。由此说明,全膜覆盖玉米具有显著的节水增产效果。

（三）抗旱节水化控技术

抗旱节水化控技术是一种很有发展前景的农业节水技术,它具有操作简便、投入少、见效快、易推广的优点。

1. 保水剂

保水剂的主要成分为高吸水性树脂,它是一种高分子材料,能吸收并保持相当于自身质量几百甚至几千倍的水分,是一种高效的持水剂。保水剂主要特征有以下几个方面。①溶胀比大,吸水能力强。当保水剂施入土壤后,可将雨水或灌溉水吸存起来,当植物缺水时又缓慢释放水分,因而使极端土壤和在极端气候条件下土地耕种成为可能。②具有保水和释水性能。保水剂所保持水分的85%～90%为作物可吸收的自由水,保水与释水过程在2～3年内可反复使用。③改良土壤、保持水土,降低土壤水分蒸发和深层渗漏。④提高土壤水分和肥料利用率。保水剂使用后一般可使土壤水分利用率提高10%～20%,肥料利用率提高20%～30%。此外,由于它本身无毒无污染,因而符合生态农业和农业持续发展的要求,其应用前景广阔。

保水剂按其原料和合成途径可分为淀粉类化合物、纤维素合成物和聚合物3种类型。目前保水剂已在工业、医疗和农林业中得到广泛应用。高吸水性树脂的品种很多,最早开发的是淀粉接枝聚丙烯腈水解共聚体,它通过将聚丙烯腈接枝到淀粉分子上,形成淀粉—聚丙烯腈共聚体,然后将其水解。这种共聚体依靠其羟基、羧基钠盐和酰胺基上的氢键和渗透压的复合作用,能吸收大量水分。在农林方面,它们主要被用作种子包衣。用这种方法处理种子,可显著提高低土壤湿度条件下的出苗率。在棉花上的研究表明,用保水剂作包衣后,在土壤水分为8%时,其出苗率可达60%以上,而对照在土壤水分为10%以下时,出苗率极低。这种作用在小麦、玉米、棉花和大豆等作物上均有报道。在小麦、大麦、小黑麦、玉米、棉花、大豆、花生、马铃薯上应用复合包衣剂后,其增产幅度均在13.8%以上。此外,保水剂也可和黏土混合,再加上营养物质和药剂等进行种子造粒或飞播造林,也取得了很好的成果。它们还被用作浸根剂,在根部表面形成涂层,用来提高植树造林和育苗移栽的成活率。苹果苗、红豆苗、油松苗、杨树苗、山楂苗蘸根后其成活率分别提高18.7%、20%、40%、65%和18%。此外,保水剂也被用作土壤结构改良剂或保墒剂,混合于土壤中作为苗床,可以改善土壤的物理结构和水分条件,使作物的抗旱能力提高。

2. 土壤蒸发抑制剂

田间土壤中的水分很大一部分是通过土壤蒸发而无效消耗掉的。因而长期以来人们一直致力于寻找减少土壤蒸发的有效途径。早在20世纪60年代,人们在土壤蒸发抑制剂方面,就曾使用过脂肪醇(十六烷醇和十八烷醇)和二甲基八癸基氯化铵(DDAC)。李秧秧和黄占斌(2001)的研究表明,在农田休闲期间把脂肪醇喷施于田间,对土壤储水量并无多大影响。DDAC是一种防水材料,对土壤施用一定量的DDAC,会降低土壤水的表面张力和增大其湿润角,从而减少土壤水分的蒸发,但同时它也降低了土壤的渗透性能。用DDAC处理过的土壤,虽未妨碍高粱的生长,但土壤侵蚀量和径流量都增加了。钠盐、石蜡等斥水性物质也存在同样的问题,但它们可用作微集水面或雨水蓄积异地利用的集流面。目前研究最多的是化学乳液覆盖剂。将此类高分子物质喷在土壤表面可形成覆盖膜,可阻隔土壤水分蒸发,但不影响降水入渗土壤。对 10 余个省进行的研究表明,喷施后均取得了保水增温的良好效果。0～15cm 和 1m 土层内土壤含水量分别增加 19.33%～27.44% 和 10% 左右。使用的类型主要有合成酸制剂、天然酸渣制剂、沥青制剂等。

3. 植物抗蒸腾剂

植物吸收的水分中通过光合作用用于生长的仅为 1% 左右,而 90% 以上的水分是由植株表面的蒸腾作用消耗的,因而降低蒸腾耗水是节水、防旱、抗旱的重要环节。使用抗蒸腾剂的目的在于:在对光合作用和物质积累影响不大的情况下,改善作物的水分状况,使供应作物的水分不过度耗竭,提高水分利用效率和产量。抗蒸腾剂按其性质和作用方式,可以分为代谢型气孔抑制剂、薄膜型抗蒸腾剂和反射型抗蒸腾剂 3 类。代谢型气孔抑制剂能控制气孔开张度而减少水分蒸腾损失。在代谢型气孔抑制剂中,比较有效的有 2,4-二硝基酚(DNP)、整形素、甲草胺等。喷施一次 DNP,其降低蒸腾的药效可维持 12d;若用低浓度甲草胺,则可维持 20～22d,并且可进行多次喷施以维持药效。在玉米植株上喷施后,株体水分状况得以改善,水分利用效率明显提高,产量也有所增加。也有人用脂肪醇一类物质,或者用阿特拉津、敌草隆、西马津等作物气孔抑制剂来关闭气孔,结果表明,敌草隆和西马津对关闭气孔都有一定效果,但对植物的生长有不良影响,减弱了植株对水分的利用。据报道,$CaCl_2$、粉锈宁等也具有较好的效果,在降低蒸腾作用的同时,对光合作用的影响不太显著。其药效可维持两周左右。另一类药物是 K^+ 螯合剂。这类能与 K^+ 螯合的离子载体能影响保卫细胞的膨压变化,在气孔运动中起着十分重要的作用。进行叶面喷施后,降低蒸腾的效果相当明显。如地衣酸、藻酸、水杨嗪酸、环己基 18-冠-6等,有的在极低的浓度(10^{-15}mol/L)下就能使大麦叶片蒸腾下降 50%;环己基 18-冠-6 在低浓度下的效果比脱落酸还高出 1～2 个数量级。薄膜型抗蒸腾剂应用单分子膜覆盖叶面,阻止水分子向大气中扩散。在薄膜抗蒸腾剂研究中,Davenport 等(1974)在收获前 1～2 周对橄榄树喷以薄膜型抗蒸腾剂 CS6432 和 mobileaf,使果实体积增加了 5%～15%,取得了良好的效果。另外,薄膜型抗蒸腾剂还可用于树苗移栽。用丁二烯酸对欧洲白桦、小叶椴、挪威槭、钻天杨等树苗进行处理,叶片上形成的薄膜使蒸腾作用在 8～12d 内下降 30%～70%。该技术可使春季造林的季节延长两周。反射型抗蒸腾剂是利用反光物质反射部分光能,达到降低叶片温度减少蒸腾损失的目的。目前研究使用较多的是成本低廉的高岭土。Abou-Khaled 等(1970)的研究表明,在播种 45d 喷施浓度为 6% 的高岭土,能使叶温下降 1～25℃,蒸腾明显降低。在不同的降水年份,产量增加 16.5%～27.7%。

经过近 40 年的研究,抗蒸腾剂研究取得了一定的进展。但由于价格、毒性及效果等问题,至今仍处于试验阶段。目前在生产中主要推广的是黄腐酸。黄腐酸被认为是一种兼具抗蒸腾作用和抑制生长作用的物质,常常被当作一种有提高作物抗旱能力的抗旱剂。据许旭旦(1986)的报道,他们在小区对比试验和 3.33 万 hm^2 大田推广应用中,都取得了明显的增产效果。在使用方法上,一般都按 1/1000～1/700 的比例兑水后进行叶面喷施。目前已在全国不同地区包括南方一些经常出现季节性干旱地区推广,累计推广面积已达400 多万公顷。黄腐酸是从草炭等腐殖质类物质中提取的一种有机复合物,资源丰富,制备方便,成本低廉且没有毒性,但其成分很复杂,对其确切机制尚缺少深入的研究。

4. 土壤结构改良剂

土壤结构改良剂和塑料地膜一样,也具有保墒和增温作用,可以有效地提高土壤墒情,增加耕层地温,使作物生育期提早 $2 \sim 7d$,土壤湿度增加5%左右。同时还能起到改良土壤结构,协调土壤水、肥、气、热及生物之间的关系,减少水土流失,增强渠道防渗能力,抑制土壤次生盐渍化和提高沙荒地的开发利用等作用。它主要适用于我国北方干旱、半干旱和作物生育期积温不足的地区,以及土壤结构差的土壤,特别是缺水严重的旱季或坡耕地、盐碱地。目前国际上使用的土壤结构改良剂主要为聚丙烯酰胺(PAM)、沥青乳剂和电厂除硫副产品石膏。

PAM是人工合成的高分子长链聚合物,溶于水的分子质量高于500万 Da。分子上带有很多活性基因。PAM制剂属阴离子型制剂,其生物稳定性强,在土壤中不易被微生物分解,可以任何比例溶于水而不分层,无毒,是一种无污染的土壤结构改良剂。美国科学家研究证实,PAM在防止土壤侵蚀方面具有神奇功效。每60g PAM能够防止1t表土被水冲走。此外,它能增加水的渗透性,抑制地面径流对土壤的侵蚀,防止表层土结皮。据估计,目前全世界大约有100万 hm^2 的耕地均在使用PAM来防治土壤侵蚀。

沥青乳剂主要由沥青和水等组成。沥青是一种具有长链烃基分子的物质,经乳化后有强烈的黏附能力,黏附力的大小与土粒周围水膜厚度成反比。施入土壤后,乳剂表面能黏附许多土壤粒子,由于乳胶微粒要尽可能地减少内聚力的不平衡,从而使表面张力增大,产生圆形滚卷,使乳胶微粒表面的剩余自由能继续多次黏附土粒,形成滚卷式团聚体,这种团聚体的水稳性高。当土粒周围存在水膜时,沥青乳剂到达土粒表面后,可扩展到一定范围,并定向排列。随着乳滴失水,形成沥青胶结薄膜,在土粒接触处将土粒相互联结成一种理想的团聚体。施用方法有地表喷施法、与土混施法和灌穴、灌根或灌坑法。我国目前的土壤结构改良剂主要是这种。

电厂除硫副产品石膏如作为石膏出售因其不洁净而无人问津,但若将除硫副产品粉碎后按一定比例掺入耕作层中,能够增加土壤的团粒结构,防止土壤结皮,从而增加灌溉水的渗透性。还能使土壤的保水保肥性增加,促进作物根系生长,提高粮食产量。1996年,美国科学家在伊利诺伊州2万 hm^2 耕地上进行试验,每公顷耕地施加7t除硫副产品后种植大豆,仅种植一季大豆就比对照耕地减少100万 t表土流失,大豆产量比对照提高7%。

5. 植物生长调节剂

植物生长调节剂是一类人工合成的、具有类似于植物内源激素功能的化合物,它可以作为化学信使,使植物体内酶的活动相互关联起来,控制酶的产生或活动,因此对植物生长发育的各个方面都具有重要作用。如使用得当,可达到调节作物水分平衡,改善作物水分状况的目的。

天然植物生长剂ABA和赤霉素(GA)都具有这种作用。ABA的一个重要生理效应是促进气孔关闭,抑制蒸腾,因而是一种高效的代谢型抗蒸腾剂。在糖槭、白桦和柑橘植株上喷 $10^{-4} mol/L$ ABA可使蒸腾作用下降60%,效果维持约20d。GA有提高作物逆境成苗的能力。李秧秧和黄占斌(2001)的研究表明,用100mg/kg赤霉素和1%氯化钙拌种,都具有提高出苗率,加快出苗速度的作用。若两种药物混合处理种子,效果更加明显。1988～1989 年在宁夏南部山区的大田示范和推广中,多点测定结果表明,在 $133hm^2$ 示范田中,用两种药物混合处理小麦种子后,显著提高田间出苗率,增产幅度达 8％～15％。

除天然的植物生长调节剂外,一些人工合成的植物生长抑制剂如矮壮素(CCC)、B9、Phosphon-D 等,在抑制地上部分生长的同时,可促进根系的生长,增强根系的吸水能力,因而可以起到节水抗旱和增产增收的良好效果。王熹和沈波(1991)及王保民等(1980)分别报道了多效唑(MET)浸种喷施矮壮素后,可改善水稻苗和小麦的水分状况,结果增强了根系的吸水能力,提高了作物的耐旱性。在小麦乳熟期喷施百草枯,每公顷用量为 1kg,可达到催熟的目的。有人用 ^{14}C 标记的葡萄糖和乙烯利处理棉株,证明乙烯利能促进棉叶养分向种子和纤维素中转运。目前国外在生产上大面积应用催熟剂获得增产的报道不少。在我国,最为人们所熟悉并进行小批量生产应用的催熟剂有乙烯利。使用这类催熟剂或脱叶剂不仅可使叶片提早脱落、促进种子加速成熟和提前收获,而且可以使作物躲避早霜和干热风等自然灾害的危害。

除上述几种主要的化控制剂外,一些无机离子如 Ca^{2+}、K^+、Zn^{2+}、Na^+、NH_4^+,以及一些稀土元素离子(如 Na^{3+})也具有调节作物水分利用和增强作物抗旱性的作用。

6. 化控技术研究中存在的主要问题及建议

尽管抗旱节水化控技术研究已有几十年的历史,但在生产中并未像其他技术那样大面积推广,原因在于其理论研究中仍有许多问题有待进一步解决。①新型高效、低毒、价廉化控制剂的合成与筛选,其长期应用效果评价及对环境的影响。②不同土壤、作物、生育期条件下,各种化控制剂使用的最佳时期、最适宜用量或浓度。③各种化控制剂使用的土壤水分条件。化控制剂使用效果受土壤水分条件的影响很大。例如,对保水剂而言,尽管它可将作物不能持续利用的重力水保蓄起来,在干旱时又可将保蓄的水分慢慢释放供作物利用,但保水剂本身不能制造水分,必须具备一定的土壤水分条件,保水剂才能发挥其吸水、保水的作用。据中国农业科学院作物科学研究所等单位的报道,棉花种子用保水剂处理后,土壤含水量在 10％～15％时出苗效果最好,土壤含水量在 6％以下即使使用保水剂也不能出苗。④抗蒸腾剂类物质在抑制蒸腾的同时,也抑制了光合作用。此外,大多数抗蒸腾剂有毒,价格昂贵,难以在大田应用。如何在对气孔调节机制研究的基础上,合成或选用价格低廉、无毒的专一抑制蒸腾的抗蒸腾剂是今后的研究方向。⑤抗蒸腾剂和植物生长调节剂对作物的作用机制及在体内的代谢途径。弄清楚这一问题,才可对抗蒸腾剂的作用本质予以阐明。由于抗旱节水化控物质都不是作物的营养物质,只能对作物生长发育和水分利用有一定的调节作用,此外,由于环境中各种因子的相互作用,常常掩盖了化控制剂的作用,因而单独使用某种化学制剂的效果常常是有限的,需和其他化控制剂及节水技术相配套,使从单一制剂在作物某一生育阶段的应用发展到多种制剂在全生育期的配套应用,由抗旱化控技术本身的组装配套到和其他节水技术的综合配套,才能使抗旱节水效益得到充分发挥。

第三节　玉米灌溉技术

一、灌溉指标

灌溉指标分为土壤水分状况指标、玉米水分生理指标和植株形态指标 3 个方面。根据这 3 个方面的指标进行灌溉,可以节约用水,提高水分利用率。

(一)土壤水分状况指标

1. 各生育阶段土壤含水量指标

玉米所需的水分都是通过根系从土壤中吸收的,土壤的含水量及土壤的田间持水量决定着玉米的生长发育和产量。在玉米生长的各个生育阶段,由于品种特性、产量水平等不同,需水量有很大的差异。可以通过测定土壤的含水量来计算出玉米在某一时段所需要补充的水分。测定土壤含水量的方法目前主要采用取土烘干称重法。

据研究,玉米产量 10 500kg/hm²,从播种至出苗期要求土壤田间持水量保持在 70%左右,出苗至拔节期保持在 70%～90%,抽雄至成熟期保持在 70%～80%。低于上述指标就应进行适量灌水。这个灌水指标比产量为 4500～6000kg/hm² 的土壤含水量指标要高出 10%～20%(李培,2002)。

另据报道,籽粒形成期田间持水量为 88%～92%、乳熟期间保持在 45%～80%才能正常灌浆,低于 40%则降低灌浆速度。缺水时期不同,对穗粒数和粒重的影响也不同。开花期及乳熟期缺水,穗粒数减少,粒重降低,败育粒增多。乳熟期和蜡熟期缺水,主要降低粒重,尤其乳熟期缺水,粒重降低最多达 50%(石元亮等,1998)。

2. 几个与土壤含水量有关的概念

1) 土壤容重

土壤容重也称假比例,是指单位容积土壤(包括孔隙)的烘干重。通常以 g/cm³ 或 t/m³ 为单位。土壤容重的数值大小,受土壤质地、结构和松紧度等的影响。表层黏质土容重通常为 1.00～1.60g/cm³,砂质土容重为 1.20～1.80g/cm³。表层以下随剖面深度的增加,容重有明显增加的趋势。

2) 重量含水量

衡量土壤中水分数量的多少常用土壤含水量表示。最常用的表示方法是重量含水量也称质量含水量,指单位质量的土壤中(kg)水分质量(g)的多少,单位为 g/kg(过去用%表示,即水分质量占土壤质量的百分数),常用符号 θ_m 表示,它是指土壤中水分的绝对含量。在计算时,含水量的基数是烘干土。

3) 水层厚度

为了便于和大气降水、蒸发和作物耗水量之间进行比较,土壤储水量常用 mm 水层深度表示。

水层厚度(mm)＝土层深度(mm)×土壤含水量(g/kg)×1/1000×容重(g/cm³)

4) 水的体积

为了和灌水、排水、计算灌水量一致,常用 m^3/hm^2 或 t/hm^2 来表示土壤中的储水量。

$$土壤储水量(m^3/hm^2)=水层厚度(mm)/1000 \times 10\ 000m^2$$

5) 田间持水量

当毛管悬着水达到最大值时的土壤含水量,称为田间持水量,一般略低于毛管持水量。田间持水量是土壤在田间条件下所能保持的最大水量,直接关系到作物的生长发育,是农业生产上一个比较重要的水分常数。田间持水量常作为灌水定额的指标,用简式表示:

$$灌水定额=田间持水量-灌水前土壤实际含水量+灌水期间水分的蒸发量$$
$$和渠道渗漏损失量$$

6) 萎蔫湿度

当作物呈现永久萎蔫时的土壤含水量称为萎蔫湿度(永久萎蔫点或临界水分)。每种作物的萎蔫湿度可以通过实际测定求得(生物法),或用土壤最大吸湿量的 $1.5\sim2$ 倍换算求得,其值约等于田间持水量的 30%。

(二) 玉米水分生理指标

1. 植株叶片的细胞液浓度

(1) 国内外的研究均表明,细胞液的浓度与土壤水分呈负相关,即随着土壤水分的降低,作物的植株含水率降低,细胞液内糖分和有机酸所占的比例增大,细胞液的浓度随着提高。但由于作物本身的调节作用,细胞液浓度较土壤水分波动的范围要小。细胞液浓度同植株水分状况之间的关系比较稳定,很少受到玉米的品种及肥力的影响。

对于不同层次叶片的细胞液浓度变化规律,一些研究者认为,在授粉期之前,下层叶片高于上层叶片。授粉期前后,不同层次叶片间细胞液浓度相差不大。从果穗生长期开始,细胞液浓度普遍提高,同时,最上层叶片的细胞液浓度开始高于中下层叶片。

对于玉米同一叶片的不同段位,其细胞液浓度也是不同的,差异相对来说不太明显。其大致规律是:距叶片基部的距离越远,细胞液的浓度越高。

(2) 植株叶片样品选择。为了尽量使细胞液浓度的测试结果准确并便于比较,选择的叶片规定为:抽雄前为第 6 片叶,抽雄后选取最大果穗着生节的叶片。从选定的叶片中,取距叶基部 10cm 处的叶脉作为压取汁液的样品。

(3) 细胞液浓度指标。玉米生育期间的适宜细胞液浓度,抽雄以前为 $3\%\sim6\%$,而在以后的时期里则以 $6\%\sim9\%$ 较为理想。因此,玉米灌水所依据的细胞液浓度指标应当是:抽雄以前为 6%,抽雄之后为 $9\%\sim10\%$。

2. 叶片膨压

叶片相对膨压是生产上采用较多的测定植株水分盈亏的指标。植株缺水,叶水势降低,相对膨压相应降低。经验认为,玉米在水分临界期前后,植株从上向下第 5 片叶相对膨压为 95% 时,表示供水适宜;膨压低于 85% 时,表示轻度缺水;膨压为 75% 时,表示严重缺水。

3. 叶片水势

叶片水势在供水不足时变小,干旱越重,叶片水势越小。玉米在需水临界期前后,若叶片水势降至 $-0.8 \sim -0.7$ MPa 时,应立即进行灌溉。当叶片水势为 -1.0 MPa 时,叶片出现暂时性萎蔫;叶片水势为 -1.5 MPa 时,叶片出现永久性萎蔫;叶片水势为 -2.4 MPa 时,可能造成植株死亡。该指标一般以晴天上午 $7 \sim 9$ 时所测结果较为准确。

也有用作物的叶片吸取力作为玉米的水分生理指标的。除受日照、气温、空气的湿度影响外,作物的叶片吸取力在很大程度上受土壤水分的直接影响和制约。当土壤中有效水充足时,作物体内得到充分的水分供应,因而自由水含量增多,叶片水势随之升高(即吸取力随之减小),反之,土壤的干旱程度越严重,作物叶片中的自由水含量就越少,叶片的吸取力就越大。同细胞液浓度一样,叶片吸取力同土壤含水量之间也呈类似的变形双曲线的关系,土壤湿度在田间持水量的 70% 以下时,近于直线相关。而超过 70% 以上时,吸取力值的变化逐渐平稳。吴远彬(1999)的试验结果证明,当土壤水分降到 $14.2\% \sim 15.5\%$ 时,玉米叶片的吸取力增大到 $0.537 \sim 0.618$ MPa;而当灌水后,土壤水分增加到 $22.4\% \sim 25.3\%$ 时,叶片的吸取力便减少到 0.263 MPa。

4. 植株形态

当土壤水分充足时,玉米青秆绿叶。夏季温度高,蒸发量大,若连续 $10 \sim 15$ d 不降透雨,土壤含水量降低,植株叶片在中午前后萎蔫,早晚又恢复时,即为轻度缺水;以后根据萎蔫叶片恢复程度确定缺水指标和灌溉数量。也可以将砂壤土 $6 \sim 10$ cm 土壤用手捏勉强成团、扔之即散作为缺水标准,应及时进行灌溉。

二、灌溉时期

根据玉米生长发育阶段的需水规律,玉米一般分 4 个时期进行灌溉,即播种期灌水、拔节孕穗期灌水、抽穗开花期灌水和成熟期灌水。但在具体生产过程中,还要根据不同区域的降水情况因地制宜。

(一)播种期灌水

玉米种子发芽和出苗的最适宜土壤水分,一般在土壤田间持水量的 70% 左右。玉米播种期田间持水量在 41% 以下时,不能出苗;当田间持水量为 $48\% \sim 56\%$ 时,出苗率为 $10\% \sim 60\%$;当田间持水量为 $63\% \sim 70\%$ 时,出苗率为 $90\% \sim 97\%$;当田间持水量为 78% 时,出苗率反而下降到 90%。吉林省西部地区有条件的地方要进行播前灌溉,不能灌溉的也要坐水播种,创造适宜的土壤墒情;中部地区要注意抢墒播种,确保全苗。根据吉林省的自然降水规律,如果在播种时,底墒充足,基本可以保证玉米幼苗期对水分的需求。

(二)拔节孕穗期灌水

玉米拔节以后,雌穗开始分化,茎叶生长迅速,开始积累大量干物质,叶面蒸腾也在逐渐增大,要求有充足的水分和养分。有数据显示,春玉米这一阶段生长时间约占全生育期的 20%,需水量占总耗水量的 25% 左右。据试验,增浇拔节水使玉米增产 $20\% \sim 25\%$。

在抽雄吐丝期遇旱,没有进行补水灌溉,可导致 30%～60% 的植株雄穗抽出困难,雌穗只能抽出少数花丝,影响正常授粉;适时灌水的,抽雄吐丝正常,一般可增产 10%～40%(杨振等,2007)。由于拔节孕穗期耗水量的增加,这个阶段的降水量不能满足玉米需水的要求,必须进行人工灌溉补充水分。这一时期应使土壤田间持水量保持在 70% 以上,使玉米群体叶面积增大,提高光合生产率,争取玉米穗多、粒多,提高产量。

(三)抽穗开花期灌水

玉米雄穗抽出后,营养生长逐渐停止,进入开花、授粉、结实的生殖生长阶段。玉米抽雄开花期植株体内新陈代谢过程旺盛,对水分的反应极为敏感,加上高温干燥,使得叶面蒸腾和地面蒸发加大,需水达到最高峰。据陕西省西北水科所试验,春玉米抽穗开花期约占全生育期的 10%,需水量却占总耗水量的 31.6%,一昼夜每公顷要耗水 60m³。据调查,花期灌水,一般增产 11%～29%,平均增产 12.5%。这一阶段土壤水分以保持田间持水量的 80% 左右为最好。

(四)成熟期灌水

从灌浆到乳熟末期仍是玉米需水的重要时期。这个时期干旱对产量的影响,仅次于抽雄期。玉米从灌浆起,茎叶积累的营养物质主要通过水分向籽粒运输,需要大量水分,才能保证营养运转的顺利进行。据试验,春玉米这阶段约占全生育期的 30%,需水量仅占总耗量的 22% 左右,一昼夜每公顷耗水 30m³。石元亮等(2003)的试验证明,这个阶段维持土壤水分在田间持水量的 70%,可避免植株的过早衰老枯黄,保证籽粒充实饱满,增加千粒重,可达到高产的目的。据河北农业大学的研究,灌浆期灌水,进入果穗的养分较不灌水的增加 2.4 倍,一般产量可提高 10% 左右。

玉米生育期中,不同阶段供水,通过对植株生长发育的促进作用,最终表现为促进产量,构成因素穗数、穗行数、粒数和粒重的增长,从而使得产量提高。根据山西省 23 站春、夏玉米灌溉制度资料统计分析结果(表 8-16),全生育期每个时期平均灌水定额为754.9m³/hm²,苗期灌水量最少为 729.0m³/hm²,增产量仅占灌水总增产量的 15.4%;抽穗期灌水量最大为 793.5m³/hm²,增产量占总增产量的比例最大为 35.0%;其次是拔节期灌水量为 751.5m³/hm²,增产量占总增产量的 29.3%;灌浆期的需水量要比抽穗期和拔节期少,为 745.5m³/hm²,高于苗期需水量,增产量占灌水总增产量的 20.3%。另据试验报道,以仅灌播种水玉米产量为 100kg/hm²,灌播种水和拔节水产量增至 124%,灌播

表 8-16　玉米的不同时期灌水的增产效果(陈玉民等,1995)

灌水时期 项目	灌水量/(m³/hm²)	平均增产/(kg/hm²)	增产量占灌水总增产量/%
苗期灌水	729.0	430.5	15.4
拔节期灌水	751.5	817.5	29.3
抽穗期灌水	793.5	976.5	35.0
灌浆期灌水	745.5	567.0	20.3

种水、拔节水、孕穗水产量增至 143%,灌播种水、拔节水、孕穗水和灌浆水产量增至 155%。

水分是制约玉米产量的重要因素,根据玉米生育和需水规律,研究适宜的灌水指标和节水灌溉制度,提高水分利用率是玉米持续增产的重点。

三、灌溉方法

传统的灌溉方法主要有沟灌、畦灌和漫灌,随着水资源短缺和农作物需水量日益提高两者之间矛盾的加剧,从 20 世纪 70 年代以来,我国开始了节水灌溉技术方面的研究和技术推广。早期主要有渠道防渗技术,70 年代末期又开始了低压管道输水技术的研究,90 年代以来各地大力推广和采用新的灌溉技术,如管灌、喷灌、滴灌、渗灌等。吉林省根据自身特点采用了适合本区域的灌水方式。

(一)抗旱坐水种

在干旱地区,当播种时,土壤含水量低,土壤墒情不好不能确保全苗时,都可以采用抗旱坐水种技术,它有人工抗旱坐水种和机械抗旱坐水种两种方式。

1. 人工抗旱坐水种

1)操作规程

人工抗旱坐水种也称三型穿刨埯或豁沟坐水种。即在原垄沟趟一型,将底肥施入,然后破垄台,将垄沟合成新垄台,在播种时,在新垄上刨埯,埯中浇水,逐埯点种,然后覆土;也可以在垄台上豁沟,然后沟中浇水、点种、覆土。坐水种时,为了保证出齐苗,提高保苗率,可以先浸种、或用药剂先处理种子。

2)坐水量

一般坐水种的灌水量每株为 1.5～2.0kg。也有报道认为,如果每坑灌水 2.5kg 时,即相当于降水 10mm,可以抗旱 30d 以上。

据白城市农科院的试验结果,在土壤含水率 11.5%(0～20cm)时,玉米坐水种灌水量不同(每株灌水量 0.5kg、1.0kg、1.5kg、2.0kg)对出苗率有较大影响。在每株灌水量 0.5kg 和 1.0kg 时,出苗率只有 60% 和 83.3%;当每株灌水量超过 1.5kg 时,可以保证全苗。灌水量超过 1.5kg 的萎蔫时间出现在 7 月中旬,灌水量 0.5kg 和 1.0kg 的萎蔫时间出现在 6 月下旬,比前者早 20d 左右。这主要是苗期水分充足时,植株根系生长正常,提高了根系的吸水能力和吸水范围。

3)不同灌水量对土壤含水量的影响

据白城市农科院的试验结果(表 8-17、图 8-2),灌水量不同,对耕层 0～20cm 土壤含水量的影响也不同。

从测定结果来看,4 月 30 日～5 月 10 日各处理的土壤含水率均表现出增加的趋势,此时期正是种子萌发阶段,对出苗率影响最大。从 5 月 10 日～7 月 5 日,各处理 0～20cm 的土壤含水量均呈下降趋势,同时也表现出随播种时灌水量的增加而增加的趋势。各处理的含水率均在 5 月 24～27 日出现最高峰,含水率达 15.64%～19.58%。至 7 月 5 日各处理的含水率比较相近,因此,可以认为播种时灌的水在 6 月中旬以后不再发挥太大作用。

表 8-17 不同灌水量土壤 0～20cm 含水量 （单位：%）

时间	不同灌水量土壤含水率			
	0.5kg	1.0kg	1.5kg	2.0kg
5 月 10 日	9.28	10.61	12.64	15.75
5 月 12 日	10.39	11.86	15.45	18.00
5 月 15 日	14.16	14.75	15.90	15.95
5 月 18 日	11.07	12.50	14.65	15.81
5 月 21 日	12.87	13.46	17.30	17.46
5 月 24 日	15.64	17.02	18.04	19.20
5 月 27 日	14.70	16.69	19.53	19.58
5 月 30 日	13.14	11.53	14.23	13.95
6 月 5 日	11.25	10.73	14.23	13.33
6 月 8 日	10.52	9.77	16.09	14.43
6 月 11 日	9.67	9.77	13.46	11.62
6 月 15 日	9.37	10.30	10.82	11.84
6 月 17 日	8.80	7.61	9.30	9.81
6 月 20 日	8.23	8.60	10.00	9.76
6 月 23 日	7.99	9.75	8.02	11.30
6 月 26 日	7.54	9.42	9.11	8.40
6 月 29 日	6.35	10.04	8.51	10.34
7 月 2 日	6.24	9.82	7.90	9.94
7 月 5 日	6.13	7.59	7.69	9.67

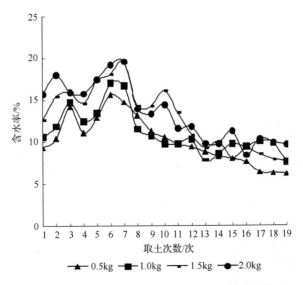

图 8-2 不同灌水量播后土壤 0～20cm 水分变化规律

2. 机械抗旱坐水种

机械抗旱坐水种就是用坐水播种机进行抗旱坐水种：每台机械用 1 人或 2 人,开沟、注水、播种、施肥、覆土一次完成,或者用抗旱坐水覆膜播种机,开沟、注水、播种、施肥、覆土、覆膜一次完成。

"坐水种"是一种节水型灌溉技术。如果按每埯浇水 1.5~2.0kg,每公顷按 45 000 埯计算,只需 67.5~90.0m³ 水,是地面灌水的 1/10(张敏等,1998)。根据白城市农科院试验的调查结果,同期进行搅种和坐水种两种播种方式的处理,其土壤含水量有很大的差异。播种日期 4 月 27 日,5 月 5 日测定,进行搅种的土壤含水量为 10.6%~12.5%,为田间持水量的 57%~67%,处于干湿交界处;而坐水种的土壤含水量为 22.0%,直至出苗,还保持在 17%,为田间持水量的 90%。

(二)畦灌和沟灌法

1. 畦灌

根据地面坡度来规划畦的大小,坡降小的地块畦宽 3m、长 50m;坡降大的田块畦的长度可缩短到 10~20m,使灌水比较均匀。据试验,畦灌比漫灌(或淹灌)节水 30%左右;采用小畦灌溉比大畦灌溉又节约用水 10%左右。

2. 沟灌

沟灌是在玉米行间开沟引水,通过毛细管作用浸润沟侧,渗至沟底土壤。沟灌适宜地面坡度为 0.003%~0.008%,灌水沟间距随玉米种植行距而定。由于灌水对土壤湿润范围不同,轻壤质土壤灌水沟宽宜为 50~60cm,中壤质土沟宽宜为 65~75cm,重壤质土沟宽宜为 75cm 以上。灌水沟长度为 30~50m,最长不超过 100m,入沟水流量以 2~3m³/s 为宜。沟灌与畦灌相比,可以保护土壤结构,不导致土壤板结,减少田间蒸发,避免深层渗漏。沟灌方法不一样,耗水量也不一样,采用隔沟灌溉耗水量更少。据中国农科院农田灌溉研究所试验,每沟都灌水,玉米全生育期灌溉定额为 2940m³/hm²,玉米产量为 7009.5kg/hm²;隔沟灌水的灌溉定额为 1470m³/hm²,玉米产量为 6030kg/hm²。灌水量相差一半,而玉米产量仅相差 979.5kg/hm²。

隔沟灌溉也是沟灌的一种形式,采用隔沟灌水,减少了灌水量,可以减轻灌后遇雨对作物的不利影响。

(三)管道输水灌溉技术

管道输水灌溉是以管道代替明渠输水灌溉的一种工程形式,水直接由管道分水口进入田间沟、畦,或分水口连接软管输水进入沟、畦,仍属地面灌溉。其特点是出水口流量较大,出水口所需压力较低,管道不会发生堵塞。管道输水灌溉比土渠输水灌溉有明显的优点。

(1)管道输水减少了输水过程中的渗漏与蒸发损失。井灌区管道系统水利用系数在 0.95 以上,比土渠输水节水 30%左右,比土渠输水灌溉节水 20%~30%。渠灌区采用管道输水后,比土渠节水 40%左右。

(2)减少渠道占用耕地。土渠一般占用耕地 1%左右,采用管道后,就可以增加 1%

的耕地面积。这对于我国土地资源紧缺、人均耕地面积不足 0.1hm² 的现实来说,具有显著的社会效益和经济效益。

(3) 管道输水灌溉比土渠输水快、供水及时,可缩短轮灌周期,改善田间灌水条件,有利于适时适量灌溉,从而及时有效地满足作物生长期的需水要求。特别是在玉米需水关键时期,如灌水不及时,影响作物生长将会造成减产,管道输水灌溉较好地克服了这一缺点,从而起到了增产增收的效果。

(四)喷灌

喷灌是利用加压设备将灌溉水源加压或利用地形落差将灌溉水通过管网输送到田间,经喷头喷射到空中,形成细小的水滴,均匀喷洒在农田或作物叶面,为作物正常生长提供必要水分条件的一种先进灌水方法。与传统的地面灌水方法相比,喷灌具有明显的优点。

1. 节约用水

目前,我国灌溉水的利用系数仅为 0.40~0.45,也就是有 55%~60% 的水被白白浪费掉了。喷灌通常采用管道输水和配水,输水过程中的水量损失很小。喷灌是利用喷头直接将水比较均匀地喷洒到作物叶面上,当设计合理时田面各处的受水时间相同,可以不产生明显的深层渗漏和地面径流。因此喷灌的灌溉水利用系数可以达到 0.85,甚至更多,比传统的地面灌溉节水 40% 左右。

2. 提高耕地利用率,增加作物产量

喷灌大大减少了渠道和田埂占地,一般可提高耕地利用率 3%~7%。喷灌像降水一样湿润土壤,不破坏土壤团粒结构,为作物根系生长创造了良好的土壤状况,可以适时适量地按照作物生长的需求满足作物生长需要,因此,可以增加作物产量。根据吉林省农科院试验,高产玉米全生育期喷灌 3~5 次,每次灌水 270~300m³/hm²,较地面灌溉节水 750~1050m³/hm²,随着喷灌次数的增加,玉米光合强度、灌浆速度及产量性状均有所改善。喷灌 3 次,玉米产量为 7680.0kg/hm²;喷灌 5 次,玉米产量为 9847.5kg/hm²;喷灌 7 次,玉米产量为 10 822.5kg/hm²(表 8-18)。

表 8-18 喷灌次数对春玉米产量的影响(佟屏亚等,1998)

喷灌次数/次	光合强度/[mg/(dm²·h)]	灌浆速度/[g/(百粒·d)]	穗长/cm	穗行数/行	穗粒重/g	千粒重/g	产量/(kg/hm²)
7	30.9	1.306	21.6	17.2	242	334	10 822.5
5	27.2	1.091	20.7	16.6	223	333	9 847.5
3	19.1	0.985	18.9	16.4	186	292	7 680.0
0	12.5	0.669	16.9	16.8	153	262	6 705.0

3. 移动方便

采用可移动式喷灌系统,喷头为中压或低压,体积较小,一般轻型移动式喷灌机组动力为 2.2~5.0kW,流量为 12~20m³/h,控制灌溉面积为 2~3hm²。在丘陵和山区或地形复杂地区发展喷灌效果更好。

（五）微灌技术

微灌是一种新型的节水灌溉技术，包括滴灌、微喷、渗灌等，它可根据作物需水要求，通过低压管道系统与安装在末级管道上的特制灌水器，将水和作物生长所需的养分以较小的流量均匀、准确地直接输送到作物根部附近的土壤表面或土层中。与传统的地面灌溉和全面面积都湿润的喷灌相比，微灌常以少量的水湿润作物根区附近的部分土壤，主要用于局部灌溉。

微灌的主要特点是灌水量小，滴灌灌水器流量为 $2\sim12L/h$，微喷灌水器流量为 $40\sim200L/h$，因此，一次灌水延续时间较长，灌水的周期短，可以做到小水勤浇；需要的工作压力低，一般为 $50\sim150kPa$，能够较精确地控制灌水量，想灌多少就灌多少，不会造成水的浪费，能把水和养分直接输送到作物根区附近的土壤中，局部灌溉可减少无效的棵间蒸发损失；微灌还能自动化管理。一般按照灌水时的出流方式，可以将微灌分为如下几种形式。

1. 滴灌

滴灌也称滴水灌溉，是通过安装在毛管上的灌水器，将水均匀而又缓慢地滴入作物根区土壤中的灌水方式。灌水时仅滴头下的土壤得到水分，灌后沿作物种植行形成一个个湿润圆，其余部分是干燥的，是吉林省应用前景最为广阔的灌溉方式。

吉林省农科院针对西部半干旱地区农业生产中存在的干旱胁迫、降水不足、田间蒸发量大、水资源紧缺等特点，集成了半干旱区玉米地膜覆盖高产栽培技术研究成果，建立了半干旱区玉米膜下滴灌高产高效栽培模式，并进行了大面积示范推广。该模式构成为如下。

1）种植方式

玉米膜下滴灌采用大垄双行覆膜种植方式，选用优质、高产、抗逆性强的玉米杂交种，种植密度为 7.5 万株 $/hm^2$ 左右。

2）施肥方式

肥料总用量：$N：P_2O_5：K_2O＝360：180：240kg/hm^2$；有机肥 $40m^3/hm^2$。养分分配原则：①底肥，磷、钾肥和 20％氮肥与有机肥作底肥；②拔节期追肥，20％氮肥滴灌施入；③吐丝期追肥，45％氮肥滴灌施入；④灌浆期追肥，15％氮肥滴灌施入。

3）滴灌方式

玉米生育期内滴灌 5 次左右，保证玉米生育期内灌水量与降水量总和达 600mm。

出苗水：播后及时滴灌，滴灌定额达到 40mm 以上，确保苗全、苗齐、苗壮。

拔节期：滴灌 $1\sim2$ 次，每次滴灌定额达到 30mm 以上；

抽雄吐丝期：滴灌定额达到 30mm 以上；

灌浆期：滴灌 $1\sim2$ 次，每次滴灌定额达到 30mm 以上。

4）喷施化控调节剂

6月末7月初，玉米 $8\sim9$ 展叶时期，喷施"吨田宝"等植物生长调节剂，以增加秸秆强度，控制玉米植株高度，预防玉米密植栽培引起的倒伏。

5) 病虫草害防治

选择通过国家审定登记的含有丁硫克百威、烯唑醇、三唑醇和戊唑醇等成分的高效低毒无公害多功能种衣剂进行种子包衣,防治地下害虫及玉米丝黑穗病。

播种后覆膜前喷施除草剂进行土壤封闭,除草剂要选用广谱低毒、低农残的种类,喷药时要均匀喷洒到垄面上,做到无漏喷、不重喷,喷后及时覆膜。

在 7 月上中旬,玉米大喇叭口期,将 $7.5kg/hm^2$ 白僵菌菌粉与 $60kg/hm^2$ 细沙混拌均匀,撒于玉米心叶中,每株用量为 1g 左右。

6) 适时收获

玉米生理成熟后 $7\sim10d$ 时收获,一般为 10 月 1 日左右。

7) 玉米膜下滴灌示范效果

玉米膜下滴灌高产高效栽培技术模式示范结果显示(表 8-19),平均比农民常规种植田增产 $3666kg/hm^2$,经济效益增加值达 3666 元$/hm^2$。

表 8-19　玉米膜下滴灌高产高效栽培技术模式示范

示范点	穗粒数/粒	百粒重/g	秃尖长/cm	穗长/cm	空秆率/%	产量/(kg/hm²)	增产幅度/(kg/hm²)	经济效益增加值/(元/hm²)
1	518	33	1.56	17.49	4.86	12 089	3 664	3 664
2	546	30.7	1.7	18.23	3.46	12 074	3 649	3 649
3	528	32.1	2.08	17.93	3.39	12 300	3 875	3 875
4	533	31.2	1.99	18.05	3.27	12 060	3 635	3 635
5	510	32.7	1.91	17.84	6.22	11 934	3 509	3 509
6	510	29.9	1.62	17.94	2.92	11 726	3 301	3 301
平均	527.00	31.94	1.85	17.91	4.24	12 091	3 666	3 666
常规种植田	—	—	—	—	—	8 425	—	—

注:玉米价格按 2.0 元/kg 计算。"—"表示无数据

2. 微喷

微喷是介于喷灌与滴灌之间的一种新的灌水方法,采用低压管道将水送到作物根部附近,通过微喷头将水喷洒在土壤表面进行灌溉。它与喷灌的主要区别在于单个喷头的流量和运行压力的差异,与滴灌的区别在于出水方式的不同。滴灌以水滴状湿润局部面积土壤,而微喷是以雨滴喷洒湿润局部面积土壤,不仅可以湿润土壤,而且可以提高空气湿度,同时它比滴灌抗堵塞的能力强。

3. 渗灌

渗灌是通过埋在地表下的全部管网和灌水器进行灌水,水在土壤中缓慢地浸润和扩散湿润部分土体,仍然属于局部灌溉。渗灌能克服地面毛管易于老化的缺陷,防止毛管的人为损坏或丢失,同时方便田间耕作,主要适用于灌溉果树,目前在吉林省应用面积不大。

主要参考文献

陈素英, 张喜英, 胡春胜, 等. 2002. 秸秆覆盖对夏玉米生长过程及水分利用的影响. 干旱地区农业研究, 20(4):

55~57, 66

陈文新. 1990. 土壤与环境微生物学. 北京：北京农业大学出版社：18~43, 70~90

陈锡时, 郭树凡, 汪景宽, 等. 1998. 地膜覆盖栽培对土壤微生物种群和生物活性的影响. 应用生态学报, 9(4)：435~439

陈玉民, 郭国双, 王广兴, 等. 1995. 中国主要作物需水量与灌溉. 北京：水利电力出版社：22~26

段爱旺, 肖俊夫, 张寄阳, 等. 1999. 控制交替沟灌中灌水控制下限对玉米叶片水分利用效率的影响. 作物学报, 25(6)：766~771

段德玉, 刘小京, 李伟强, 等. 2003, 夏玉米地膜覆盖栽培的生态效应研究. 干旱地区农业研究, 21(4)：6~9

方峰, 俞满源, 董占斌, 等. 2003. 化学覆盖与干湿变化对玉米生长及水分利用效率的影响. 干旱地区农业研究, 21(1)：61~65

高绪科, 王小斌, 汪德水, 等. 1991. 旱地麦田蓄水保墒耕作措施的研究. 干旱地区农业研究, 9(4)：19

高云超, 朱文珊, 陈文新. 1994. 秸秆覆盖免耕土壤微生物生物量与养分转化的研究. 中国农业科学, 27(6)：41~49

巩杰, 黄高宝, 陈利, 等. 2003. 旱作麦田秸秆覆盖的生态综合效应研究田. 干旱地区农业研究, 21(3)：69~73

郭志利, 古世禄. 2000. 覆膜栽培方式对谷子产量及效益的影响. 干旱地区农业研究, 18(2)：33~39

胡芬, 梅旭荣, 陈尚谟. 2001. 秸秆覆盖对春玉米农田土壤水分的调控作用. 中国农业气象, 22(1)：15~18

黄明镜, 晋凡生, 池宝亮, 等. 1999. 地膜覆盖条件下旱地冬小麦的耗水特征. 干旱地区农业研究, 17(2)：20~25

霍仕平, 张兴端, 向振凡, 等. 2004. 玉米种子萌发阶段的吸水率研究. 玉米科学, 12(4)：54~56

吉林省土壤肥料种站. 1998. 吉林土壤. 北京：中国农业出版社：45~53

李培. 2002. 立足实际量水而行, 确保水资源的可持续利用. 吉林地下水, (1)：17~21

李秧秧, 黄占斌. 2001. 节水农业中化控技术的应用研究. 节水灌溉, (3)：4~6

李志洪, 赵兰坡, 窦森. 2005. 土壤学. 北京：化学工业出版社：39~46

罗水藩. 1991. 我国少耕与免耕技术推广应用情况与发展前景. 耕作与栽培, (2)：1~7

马耀光, 张保军, 罗志成. 2004. 旱地农业节水技术. 北京：化学工业出版社：12~20

马忠明. 1999. 玉米全地面地膜覆盖节水增产栽培技术的研究与应用. 玉米科学, 7(增刊)：54~56

山东农学院. 1980. 作物栽培学. 北京：农业出版社：52~66

沈裕琥, 黄相国, 王海庆, 等. 1998. 秸秆覆盖的农田效应. 干旱地区农业研究, 16(1)：45~50

石德权. 2007. 玉米高产新技术. 北京：金盾出版社：22~28

石元亮, 王晶, 孙毅, 等. 1998. 水分与玉米栽培//全国玉米高产栽培技术学术研讨会论文集. 北京：科学出版社：152~158

石元亮, 许翠华, 王立春, 等. 2003. 松嫩平原玉米带土壤水分利用率研究. 土壤通报, 34(5)：385~388

宋凤斌. 1991. 玉米地膜覆盖增产的土壤生态学基础. 吉林农业大学学报, 3(2)：4~7

宋克贵, 李玉林, 王光复, 等. 1998. 粮食作物的区域化与产业化. 北京：科学出版社：31~36

佟屏亚, 罗振峰, 矫树凯, 等. 1998. 现代玉米生产. 北京：中国农业科技出版社：23~32

王保民, 秦鑫, 吕忠恕. 1980. 不同灌溉条件下矮壮素对小麦植株水分状况的影响. 植物学报, 22(3)：297~299

王立春, 许翠华, 张维琴, 等. 2000. 半干旱区玉米需水规律及提高水分利用率的研究. 华北农学报, (15)：260~264

王熹, 沈波. 1991. 多效唑浸种提高稻苗耐寒性. 植物生理学报, 17(1)：105~108

汪德水. 1995. 旱地农田水肥关系原理与条控技术. 北京：中国农业出版社：187~190

汪景宽, 彭涛, 张旭东, 等. 1997. 地膜覆盖对土壤酶活性的影响. 沈阳农业大学学报, 28(5)：210~213

吴远彬. 1999. 紧凑型玉米高产理论与技术. 北京：科学技术文献出版社：15~19

肖俊夫, 刘战东, 陈玉民, 等. 2008. 中国玉米需水量与需水规律的研究//第十届全国玉米栽培学术研讨会论文集. 北京：科学出版社：72~77

徐新宇, 张玉梅, 向华, 等. 1985. 秸秆盖田的微生物效应及其应用的研究. 中国农业科学, 18(5)：42~48

许旭旦. 1986. 提高作物抗旱能力的化学处理方法. 干旱地区农业研究, (1)：64~75

西北农学院合理施肥课题组. 1979. 关于小麦合理施用磷肥的研究. 西北农学院学报, 15(2)：55~96

杨振，才卓，景希强，等. 2007. 东北玉米. 北京：中国农业出版社：22～36

张敏，王文录，葛庄芝，等. 1998. 抗旱坐水种经济效益及其估算方法的分析. 吉林农业科技，1：47～50

赵长增，陆璐，陈佰鸿. 2004. 干旱荒漠地区苹果园地膜及秸秆覆盖的农业生态效应研究. 干旱地区农业研究，12(1)：155～158

赵聚宝，李克煌. 1995. 干旱与农业. 北京：中国农业出版社：18～23

Abou-Khaled A，Hagan R M，Davenport D C. 1970. Effects of kaolinite as a reflective antitranspirant on leaf temperature, transpiration, photosynthesis, and water-use efficiency. Water Resources Research，6(1)：280～289

Davenport D C，Uriu K，Hagan R M. 1974. Effects of film antitranspirants on growth. Journal of Experimental Botany，25(2)：410～419

第九章 耕 作 方 法

耕作方法是耕作制度的一个重要组成部分。耕作制度是一个复杂的综合系统,主体包括种植制度与养地制度两部分。养地制度是与种植制度相适应的,以提高土地生产力为中心的一系列技术措施,包括农田基本建设、土壤培肥与施肥、水分供求平衡、土壤耕作及农田保护等。种植制度是耕作制度的主体,它决定一个地区或生产单位的作物构成、配置、熟制和种植方式等。种植制度侧重于土地等资源的合理利用方面,而土地保护培养制度则侧重于土地等资源的保护、培养与更新。耕作方法作为耕作制度中的部分内容属于养地制度范畴。

吉林省具有雨热同季的特点,对各种农作物生长十分有利,是典型的一年一熟区,以旱作农业为主。机械化种植面积大,传统土壤耕作方式以垄作为主,垄作和平作相结合;深松、平翻和耙茬多种耕作方法并存。农作物主要以玉米、水稻、大豆为主。该区域的玉米种植方式演变过程大体上经历了清种—混作—间作—清种。耕作方法总体上可以分为垄作与平作,具体转变大体经历了传统畜力垄作—大型机械翻耙耕—深耕轮翻—机械化灭茬起垄垄上播—新型少(免)耕技术几个阶段。

第一节 传统耕作方法

一、垄作与平作

(一)垄作

垄作是我国北方旱作的传统耕种方式。吉林省的玉米种植方式一直以传统的垄作方式为主,传统的垄作是在高于地面的土台上栽种作物的耕作方式。垄由高凸的垄台和低凹的垄沟组成。垄作的优点是:垄翻法作业次数少,动土量少,具有少耕的特征,因此,它在耕作过程中散失的土壤水分较少,有利于保墒防旱;垄作法创造了"虚实相间"的耕层构造,它既能以"虚"的部分大量蓄水,又能以"实"的部分保证供水,协调了蓄水和供水的矛盾,从而改善了农田土壤的水分状况;垄台土层厚,土壤空隙度大,不易板结,利于作物根系生长;垄作地表面积比平地增加 20%～30%,昼间土温比平地增高 2～3℃,昼夜温差大,有利于光合产物积累;垄台与垄沟位差大,利于排水防涝,干旱时可顺沟灌水以免受旱;垄台能阻风和降低风速;利于集中施肥(边少锋等,2002)。

(二)平作

平作法(翻耕法)是在汉代逐步发展起来的,由于牛耕的普及和耕具的改革,实行翻耕法、创造平作田。在耕具改革中最重要的两点是:大型三角犁铧的采用和犁壁的发明与使用,这推动了翻耕法的产生和发展。采用全翻垡的翻耕法,在翻耕后必须配合一定的整地作业,然后才能使农田土壤变为平作田。吉林省的玉米生产采用了在传统耕种方式上极其少见的平作方式。这主要与生产方式、机械化水平及自然环境等特点有关。吉林省在20世纪50年代中期开始引进了大批的苏式农机具,如铧式犁、钉齿耙、圆盘耙等,给耕种方式带来了一次根本性的变革。20世纪50~70年代机械化翻耙播的耕整地方式在吉林省中西部地区曾大面积应用。期间吉林省农业科学院的何奇镜等提出了平播后起垄的耕种技术体系。该技术的主要操作程序是秋季对土地进行深翻,并结合翻地时施入底肥,翻后采用圆盘耙、钉齿耙进行秋耙或春耙。然后在耙平的基础上采取播种机进行平播作业。但该技术仍不属于典型意义上的平作,因为在玉米出苗后,进入拔节期之前大都趟地起垄,起垄的主要目的在于防止夏季的阵性降水形成洪涝灾害。

目前,在吉林省中部地区开始逐步推广的玉米宽窄行留高茬交替休闲种植技术是一项典型的玉米平作方式。这种耕作方式在秋季旋耕整地的基础上进行平播,玉米至拔节期不进行起垄作业,而是结合追肥时在行间进行宽幅深松。此时进行宽幅深松作业可以建立一个土壤水库,从而蓄积伏季较强的阵性降水,解决了常规平作的土壤水蚀问题。

二、吉林省玉米耕作方法演变

(一)传统垄作制

在20世纪50年代之前,吉林的耕作方式以传统垄作制为主,主要是根据作物种类的前茬,决定扣种、糠种、搅种、挤种与耩种,人工与畜力相结合,耕地机具以犁杖为主。一般在平地土壤水分较充足的地区主要用大犁扣种,土壤水分不足且底为沙壤土的地区多采用挤种,在风沙干旱且有盐碱土壤的地方采用耩种。这些传统耕法在播种环节上基本是开沟、点籽、覆土和镇压同时进行(何奇境和马骞,1963)。

1. 扣种

所谓扣种,就是破旧垄,合新垄的垄翻方法。扣种是对汉代代田法的一种继承与发展。具体操作方式就是在木犁上装犁碗子向一边翻土。播种时先施入有机肥,然后破茬、踩格子、点籽,然后掏墒盖种并构成新垄台,是两犁成一垄,用木磙子或石磙子镇压。该种方法一般播种深度在4~5cm,抗旱能力差,易出现芽干。这种方法在中部平原区春天土壤墒情好的地方及东部山区、半山区雨水较多的地方采用。

2. 搅种

搅种的具体做法是:在犁上装上犁碗子向一边翻土。播种之前先撒上粪,点籽于旧垄沟里,再翻转旧垄台盖在种子上并构成新垄台,是一犁成一垄。搅种的特点是,当种床土壤一旦闷透时种子才开始萌动。它是干旱地区利用自然条件保籽保苗的播种方法。搅种主要在吉林省西部半干旱区及中部半湿润区的坡岗地和沙坨地上采用。

3. 挤种

挤种是在犁上安装分土板向两边分土。挤种有两种方式:一种方式是先破垄,然后将种子点在新垄沟里,施肥,踩格子,用大犁趟原垄沟覆土;另一种方式是先将种子、肥料点在原垄沟里,然后破旧垄起新垄,一犁一垄。挤种的特点是:将干、湿土混合挤向垄心,在两犁的情况下种子点在湿土上,形成一个宽平的大垄。挤种易于抓苗,是固有耕种方法中动土换垄保苗的有效方法。

4. 穄种

穄种是用小耲子在垄上耲沟播种。垄台耲沟称为原垄原，垄沟耲沟称为趟老沟。穄种是在原垄干土层下掏墒，垄台上的干土分于垄沟，种子点在湿土里，后回湿土，加重镇压。这是干旱地区深层借墒保苗的一种方式（何奇境，1978）。

（二）机械化翻耙播耕作方式

在20世纪50年代中后期，随着工业化进程的发展，吉林省开始引进了双轮一铧犁、双轮双铧犁、机引五铧犁、钉齿耙、圆盘耙、24行播种机、中耕机等苏式农机具。开启了吉林省玉米机械化耕作的新时期。

这个时期正是人民公社管理体制下，土地都归集体所有，生产方式在管理上过于集中，这种条件促进了机翻机耙机械化播种作业方式的大面积应用。

机械化翻耙播耕作方式的主要操作程序为：秋天玉米收获后用五铧犁翻地，基肥随翻地时施入，之后用圆盘耙、钉齿耙进行秋耙或春耙，于春季用机引BT6型或BT4型播种机播种。玉米采用机械播种，集开沟、下种、施肥、覆土、镇压作业一次完成。该套耕种方式在生产应用上一般根据耕地的类型，在岗平地上翻地作业后，采取平播后起垄的方式。而在低洼地上，则先起垄然后播种。

采用这种机械化翻耙播耕作方式，与过去的常规耕作方式比较，具有播种深浅一致、覆土均匀、进度快易抢墒、苗齐苗壮等优点。是吉林省玉米耕作方式上的一种变革。该项技术体系从1966年开始，随着BT-6型播种机的大批量生产，机播面积迅速扩大，至20世纪70年代中期达到高峰。当时长春地区玉米采取机械化翻耙播作业面积达到玉米种植面积的25%，四平地区达到21%，白城地区也达到15%左右（何奇境等，2009）。

（三）深耕轮翻平播后起垄耕作方式

在20世纪60年代，吉林省农业科学院机械化耕作栽培研究所在发挥苏式机引农具的前提下，又吸收固有的垄作方式，采取农机与农艺相结合，研制出BZ-6播种机、Z-7中耕机、IYM苗带镇压器等具有中国特色的农机具，在耕法上提出大面积推行深耕、轮翻、平播后起垄和苗带重镇压等一整套耕作措施。当时吉林省种植作物品种种类较多，在生产上轮作仍占有主要地位。因此该套技术体系最初应用时主要针对在"大豆—高粱—玉米—玉米—谷子"5年轮作基础上，实行以深耕、轮翻、轮施肥、播种、镇压、间种、中耕为主要内容的机械化种田技术。该套耕作方式主要环节是以五铧犁、圆盘耙、播种机、苗眼镇压器和中耕犁等现代化机具为基础，实行翻、耙、播、压和中耕除草等多项作业有机结合的系列化耕作体系。

1. 深耕

深耕是充分发挥土壤增产潜力的重要措施之一，是新耕作制的基础，是区别于旧耕作制的重要标志。深耕的工具、方法和时期，不仅限于五铧犁秋深翻，而且可以在五铧犁上改装上松土铲，采取上翻下松或在七行中耕犁上配备深松铲，在中耕时深松垄沟。这样，有些熟土层较薄的土地，不适宜深翻，也可以实行深松（25～30cm），同样可以达到深耕熟化土壤的目的。用拖拉机深耕,对打破旧犁底层来说,是耕作改制的一次突破。若每次深耕的深度保持不变,时间一长,就会形成新的犁底层,给推行新耕作制度造成新障碍。因此,在新耕作制中,上一次耕深 20cm,下一次就应耕深 25cm,再一次深松到 30cm。这样交替进行,是比较合理的。

2. 轮翻

轮翻是避免连年耕翻土壤过松,保持作物生长所需良好土壤环境条件的重要措施之一。吉林省黑土的有机质含量丰富,团粒结构好,在冬季冻结的影响下,经过深耕形成的良好耕层构造,可以保持 2~3 年。然而,连年耕翻,耕层过于疏松,好气性微生物活动较强,有机质分解快,团粒结构破坏的多,保存的少;与此相反,不连年耕翻,耕层比较紧密,嫌气性微生物活动较强,团粒结构恢复较快,保存的就多。因此,轮翻是深耕后效的利用,克服了连年耕翻耕层过松,保持了良好构造,满足了农作物对土壤环境条件的要求,提高了产量。

3. 施肥

在该套技术体系中,结合轮作、轮翻和实行底肥、口肥、追肥相结合的施肥制度,是保证轮作期内,各项作物高产稳产的基本措施之一。翻地前把大量有机肥送到地里扬开,然后用复式犁结合秋翻施入耕层使土肥相融,变成"海绵田",是很好的施肥方法。

4. 播种

在秋翻地上用机器平播,还是打垄播种,是耕作改制和科学种田中一个争论较大的问题。吉林省中部地区大部分为起伏漫岗地和岗间洼地,多年生产实践和科学试验证明,在平地上,先平播,中耕时再起垄的大豆,比打垄种增产 11%~23%,平播后起垄的玉米增产 5%~30%。平播后起垄的优点是:前期抗旱保苗,后期排水抗涝。中部地区十年九春旱,秋翻后再起垄,会加剧土壤水分蒸发,加重旱情发展。

在该套耕作体系中,实行轮翻时,可以采取两种播种方法:一是耙茬平播(后起垄),二是原垄机播。秋翻机平播与原垄机播或耙茬机平播相结合,是一次播种一次拿全苗的关键措施,是经过长期生产实践考验过的,可以普遍采用。

5. 除草中耕深松土

该套耕作方式的除草问题,主要是通过深翻、耙茬、铲前趟一犁、早期深中耕、后期培土压草、人工除草等一系列措施综合解决的。深翻是消灭多年生杂草的主要措施之一。据调查,用复式犁深翻 25cm,多年生杂草(苣荬草和刺菜等)的死亡率达 95% 以上。比浅耕 15cm 的灭草效果高 4~6 倍。耙茬灭草:近年来因推行新耕作制,部分地块在 5 月 5 日前后,实行耙茬平播高粱,此时大部分早春杂草(如竹叶菜、苋菜、藜菜、红蓼等)都已出芽,通过耙茬,可以消灭 90% 以上的早春杂草。

（四）小型机械化灭茬垄作方式

进入 20 世纪 80 年代以来,实行了家庭联产承包责任制,土地的经营权由集体转变为小农户所有,实现了分散经营。由于生产方式的转变,大型动力及农机具迅速被小型动力及农机具取代,耕作方式又发生了新的变化。从 20 世纪 80 年代到现在,吉林省的玉米生产上普遍采用的耕作方式以小四轮灭茬打垄垄上机播为主。小型机械化灭茬垄作方式的主要操作程序是：于春季或秋季采用小四轮带灭茬机进行灭茬，灭茬后一般采取扶原垄或进行三犁川打垄。播种时采取单体或双行播种机播种，开沟、播种、施肥、覆土、镇压一次完成作业。

该种耕作方法至20世纪80年代以来，成为了吉林省玉米生产的主要耕作方式。直至2000年以后新型少耕技术的出现才逐步打破这种单一耕种方式为主导的格局。

第二节　耕作新方法

一、少耕法的基本概念

少耕法是现代化农业技术中的重要组成部分，先进农业国家都在推广运用。国外所谓"少耕法"是指不用铧式犁耕翻，直接播种，用化学药剂除草的一种耕作方法。我国以前用的耢和扣耕作法，也是少耕法的一种。但由于耕层浅，杂草危害严重，产量水平低，满足不了农业生产发展要求。吉林省通过多年少耕试验对少耕的概念在五铧犁深耕基础上理解为不连年耕翻，实行原垄机播或耙茬机平播的耕作方法。这种耕法经吉林省农科院多年试验结果证明有增产趋势，节能、节资、减少机具投放量，社会经济效益显著。现在，在原有少耕法的基础上，又发展灭茬起垄垄上播种技术、宽窄行交互种植技术、玉米留茬播种技术和玉米留茬扣半播种技术等少耕技术，在吉林省大面积推广，并取得了显著增产效果（师江澜等，2006）。

二、少耕法在国内外发展现状及前景

（一）国外少耕法发展情况

少耕法是第二次世界大战后，在美洲和西欧一些先进农业国家发展起来的一种新的耕作方法。可以不用翻地，直接在茬地上播种，也不进行中耕，用化学药剂消灭杂草，以高效复合肥满足作物营养。增产幅度各地虽有不同，但经济效益显著。并有防风保土，防止土壤流失等好处，因此很快就在世界各国发展起来。从20世纪70年代开始，已有几十个国家对少耕法进行了研究并大面积应用。根据2005年保护性耕作信息中心的统计，美国耕地面积为11 400万 hm^2，其中保护性耕作面积为6769万 hm^2，占耕地总面积的60%，英国的玉米播种面积中，已有50%实行少耕法，每年以8%的面积递增。俄罗斯在黑钙土、轻质土上中耕以高效除草剂除草是完全可行的，少耕面积达4000万 hm^2。澳大利亚和巴西等在大豆种植上采用少耕法。加拿大政府为了保证少耕法的顺利推广，制定了废除铧式犁的法律。澳大利亚采用耙茬浅耕，基本不用铧式犁翻地。日本、伊朗和菲律宾在玉米田推广少耕法。德国在冬小麦和油菜等作物上采用少耕法。印度通过法律废掉犁耕，水田少耕主要推行水直播或旱直播及化学除草（杨学明等，2004）。

（二）国内少耕法发展情况

我国自古以来就有少耕经验，到宋朝已总结出"地久耕则耗"的经验。四川的禾根豆，江苏的板田绿肥和蚕豆,甘肃的砂田耕法,华北的贴茬玉米,以及东北的扣、耥、搅和挤种法,都具有少耕的特点。

20世纪70年代初期,少耕法理论传入我国,引起领导部门和许多学者的重视,相关部门组织力量开展了少耕法的研究工作,进展很快。据报道,目前我国南、北方对玉米、棉花、小麦、高粱、谷子、豆类和牧草等作物,都在进行少耕法的研究,并取得了较好的效果。

东北北部国有农场,早在20世纪50年代初期就开始试行耙豆茬种小麦,60年代初期东北有关研究单位,研究提出了轮翻耕法,经济效果很好。近几年农村生产责任制进一步落实,翻地面积越来越少,少耕法面积越来越大。据各省不完全统计,1983年辽宁省少耕示范面积达6.667万hm^2,吉林省达13.5万hm^2,黑龙江省达52.6万hm^2。

我国早在300多年前,甘肃、青海和宁夏等地在年降水量不足300mm的地区,农民从实践中摸索出以砂田和耙茬为中心的少耕种植制度。20世纪50年代末期黑龙江农场开始少耕种小麦的试验工作。60年代后期,江苏、山东发展了套播少耕小麦和稻茬少耕小麦。70年代,江苏为解决旋耕过多产生次生潜育化,进行了三麦少耕研究。东北地区应用了耙茬播种的少耕技术。华北秋季麦前实行耙茬少耕1~2年,翻耕或深松1年的轮耕制代替连年翻耕,春玉米少耕播种。西北旱农地区利用深耕、深松辅助以秸秆覆盖实现土壤蓄水,利用耙茬少耕保墒提水。考虑我国各地区的土壤、气候等自然条件,生产水平和经济条件,预计少耕在我国将有一个较大的发展。首先是在我国的东北、西北和华北将有所发展。这些地区降水量为350~700mm,降水集中在7~9月,春季干旱少雨。在这些地区采用深松为主,松翻直播相结合的少耕体系,提高土壤渗水速度,做到蓄水保墒十分必要。黄河中游7个省区有43万km^2的地域水土流失严重,其强化耕作是重要原因之一。在这些地方避免或减少翻耕土壤,而以推广耙茬播种为主,耙茬直播,深松浅翻相结合的少耕体系较适宜。在内蒙古、河套黄灌区及黄淮海的盐碱地,农田易受旱涝盐碱危害。改革其传统的耕作制度,采取浅松切断毛管防止返碱,深松打破犁底层以利洗盐碱,减少耕翻防止把重盐渍化土壤翻到表层,这些都是今后发展少耕的条件。实践证明,少耕技术具有简便、低耗、增产、省工、节能、高效、保护环境及实用性广等诸多优点。当前世界范围内其耕作制度发展呈现两个趋势:一是种植制度的熟制由少到多;二是在耕作次数上由多到少。这是因为,人口增加及对粮食和饲料的需求不断增加,迫使人们积极发展多熟制以增产粮食;另外,为减少能源消耗,保持水土,降低生产成本,要寻求新的耕法代替传统耕法,这就是推广少耕与少耕法。少耕与少耕技术是今后农业耕作制度的发展方向,前景广阔(高焕文等,2003)。

(三) 少耕法的发展前景

由于少耕更适合热带地区,近年来在南美洲、菲律宾、西非和尼日利亚等国家和地区少耕发展很快,前景广阔。美国总统向国会提出的水土保持纲要中提出,要重视少耕法。美国农业部决定对推行少耕法的地区给予补贴。美国农业科研推广用户顾问委员会已建议把少耕法覆盖栽培列为全美农技重点推广项目。21世纪初,少耕覆盖栽培占作物种植面积的65%,预计到2021年将有90%的农田采用少耕法。可见少耕逐年扩大。1966年之后推广百草枯对少耕农业的发展起到了巨大推动作用,农民开始减少播种前和出苗前的耕作。由于能源危机,高效低毒除草剂大量应用,少耕的优越性逐渐突出,面积迅速扩大(佟培生等,1999)。

三、吉林省少(免)耕技术的研究与应用

(一)吉林省少(免)耕技术

国内外少耕法的类型很多,但根据吉林省中西部春季降水量少,季风影响失墒速度较快,春旱时有发生的特点,适于吉林省的少耕法有以下几种:灭茬起垄垄上播少耕法、宽窄行交互种植少耕法、留茬播种少耕法、留茬垄侧少耕法。以下介绍目前在吉林省农业生产上应用面积较大,效果较好,比较受欢迎的几项少耕技术。

1. 灭茬起垄垄上播少耕法

1) 形成条件与背景

该项技术始于 20 世纪 80 年代,当时正是农村联产承包责任制初期,土地分产到户,大型机具的规模化经营方式被打破,东北地区大部分农户的农业生产又回到了畜力作业的方式,根茬的处理多以人工刨茬为主,劳动效率极为低下。小四轮拖拉机的盛行及小型灭茬机的出现迅速改变了这一状况,小型机械灭茬作业极大地提高了耕整地的作业效率,因此很快普及东北大部分地区,并一直延续至今。

目前东北大部分地区的灭茬起垄作业都包括以下两个环节:一是上年秋季或当年春季采取小四轮灭茬作业;二是在灭茬后采取机械或畜力在上年秋季或当年春季进行打垄,从而形成种床。常规灭茬起垄方式种床的形成需两次机械作业,动力进地次数多,土壤辗压过重,同时多次动土,特别是在春季动土,土壤失墒严重,不利于保苗。而玉米灭高茬整地技术较好地解决了上述问题。该项技术采用灭茬整地复式作业机具,于秋季一次作业完成灭茬起垄,春季不动土,从而避免了土壤的过度失墒,对于保证玉米出苗具有良好的效果。

2) 关键技术规程

技术的具体操作程序:第一年在均匀垄种植(垄距 60~65cm)的玉米收获时留高茬20~30cm,进行秋整地,灭掉高茬,灭茬深度 10~15cm,同时起垄镇压达到播种状态,碎茬在土壤中自然腐烂还田;翌年春天不进行整地,直接在第一年整地所成的垄上进行精量播种,追肥期在行间进行中耕(深度 20cm),秋收时仍留高茬 20cm,进行秋整地灭掉高茬成垄;第三年春天仍不整地直接在翌年行间精量播种玉米,追肥期在行间进行中耕(深度20cm),秋收时仍留高茬 20~30cm,进行秋整地灭掉高茬成垄;如此年际间反复进行耕作,其余管理措施同现行耕法生产田一致(图 9-1)。田间作业如图 9-2 所示。

3) 解决生产上的问题

该项技术实现了秸秆安全还田,结合追肥进行伏中耕打破犁底层,创建耕层土壤水库,做到了保"三水":夏季储水、秋季保水、春季节水,播种时不用坐水,大大提高了自然降水利用效率,碎茬自然腐烂还田、增加土壤有机质、培肥地力,使土地资源永续利用。通过减少整地次数,避免了土壤水分散失,做到一次播种保全苗,苗齐、苗壮,采用精密播种,大幅度降低了生产成本,提高了经济效益。

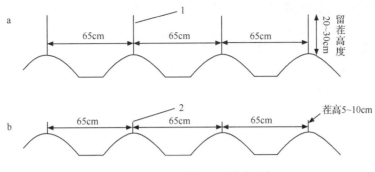

图 9-1 玉米灭高茬整地模式示意
a. 新耕法秋收时留高茬同时进行秋整地达到播种状态；b. 常规耕法秋收时留茬。
"1"代表灭高茬；"2"代表常规耕法留茬

灭高茬秋整地　　　　　春季直接播种　　　　　播后重镇　　　　　窄幅深松追肥

图 9-2 玉米灭高茬整地模式田间作业

4）生态效益与经济效益

该项耕整地方法与常规方法相比，改善土壤生态环境，土壤有机质呈上升趋势，0～40cm 耕层土壤有机质年均提高 0.3～0.8g/kg，春季土壤含水率提高 0.5～2.0 个百分点，保苗率提高 5%～10%，产量提高 5%～10%。

5）技术模式应注意的问题

该项耕作技术适于在东北雨养农业区推广应用，土壤含水率低的地块采用秋整地，土壤含水率高的地块可进行春整地；一定要保证玉米留茬高度 20～30cm，灭茬深度 12～15cm；做到灭茬、起垄、镇压同时进行，一次整地达到播种状态。

2. 玉米宽窄行交互种植少耕法

1）形成条件与背景

东北地区是我国重要的粮食生产区，本区域的耕作制度特点是以一年一熟、旱作农业为主，机械化种植面积大。目前该区域的主要粮食作物以玉米为主，玉米生产大多采取连作。在生产上的耕作方式大体经历了以下几种方式。

（a）传统垄作制

在 20 世纪 50 年代之前，东北地区的耕作方式以传统垄作制为主，主要是根据作物种类的前茬,决定扣种、糠种、搅种、挤种与糠种,人工与畜力相结合,耕地机具以犁杖为主。一般在平地土壤水分较充足的地区主要用大犁扣种,土壤水分不足且为沙壤土的地区多采用挤种,在风沙干旱且有盐碱土壤的地方采用糠种。这些传统耕法在播种环节上基本是开沟、点籽、覆土、镇压同时进行。

(b) 机械化翻耙播耕作方式

在 20 世纪 50 年代中后期,随着工业化进程的发展,东北地区开始引进了双轮一铧犁、双轮双铧犁、机引五铧犁、钉齿耙、圆盘耙、24 行播种机、中耕机等苏式农机具。开启了玉米机械化耕作的新时期。这个时期正是人民公社管理体制下,土地都归集体所有,生产方式在管理上过于集中,这种条件促进了机翻机耙机械化播种作业方式的大面积应用。

(c) 深耕轮翻平播苗带重镇压耕种方式

在 20 世纪 60～70 年代,东北地区玉米、大豆、高粱、谷子等各种作物种植比例差距并不是很悬殊,作物的生产轮作换茬很普遍。针对这种作物轮作的生产方式,因作物采取深耕、浅耕或隔 1～2 年不翻的轮翻经验。在轮作周期内,种大豆、玉米时,深耕 20～23cm(5 年轮作内可进行一次深耕,一次浅耕),深耕后一、二年原垅糠种高粱、谷子。玉米可实行耙槎播种。深耕、耙槎后岗、平地上实行平播后起垅,洼地实行翻后打垅,于垅上播种。

(d) 小型机械化灭茬垄作方式

进入 20 世纪 80 年代以来,实行了家庭联产承包责任制,土地的经营权由集体转变为小农户所有,实现了分散经营。由于生产方式的转变,大型动力及农机具迅速被小型动力及农机具取代,耕作方式又发生了新的变化。由 20 世纪 80 年代到现在,东北地区玉米生产上普遍采用的耕作方式以小四轮灭茬打垄垄上机播为主。小型机械化灭茬垄作方式的主要操作程序是:于春季或秋季采用小四轮带灭茬机进行灭茬,灭茬后一般采取扶原垄或进行三犁川打垄。播种时采取单体或双行播种机播种,开沟、播种、施肥、覆土、镇压一次完成作业。

由于生产上长期采用小四轮进行耕整地作业,作业深度浅,且机械对土壤碾压过重,导致耕地耕层变浅,出现了坚硬的犁底层,土壤结构恶化,土壤水肥调节能力变差,这已经成为本区玉米生长的主要障碍因素。玉米宽窄行留高茬交替休闲种植技术主要是针对解决上述问题而产生的一种保护性耕作技术。该项技术通过采取机械化深松,以加深耕层,建立土壤水库,改善耕层结构。并通过秸秆立茬覆盖,增加有机物料还田量,对于农业生产的可持续发展也具有重要意义。

2) 关键技术规程

该项技术的具体操作程序:把现行耕法的均匀垄(65cm)种植,改成宽行 90cm,窄行 40cm 宽窄行种植;追肥期在 90cm 宽行结合追肥进行深松,深松宽度 50～60cm,深度 35～40cm;秋收时苗带窄行留高茬(40cm 左右);秋收后用条带旋耕机对宽行进行旋耕,达到播种状态;窄行(苗带)高茬自然腐烂还田。第二年春季,在旋耕过的宽行进行精密播种,形成新的窄行苗带,追肥期,再在新的宽行中耕深松追肥,即完成了隔年深松、苗带轮换、交替休闲的宽窄行耕种。该项技术各环节均有相应配套机具,实现了机械化作业(图 9-3)。田间作业如图 9-4 所示。

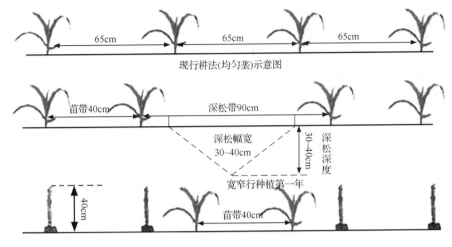

图 9-3 宽窄行交替种植技术模式

秋季条带浅旋　　　春季精密播种　　　苗带重镇压　　　行间宽幅深松追肥

图 9-4 宽窄行交替种植田间作业

3）解决生产上的问题

玉米宽窄行交互种植新技术与农机具配套,集作物高产栽培、土壤培肥和建立土壤水库、旱作节水为一体,在传统耕法(现行耕法)的基础上有所发展、有所创新,可明显改善土壤环境,提高自然降水利用效率,降低生产成本,提高劳动生产率。通过中耕深松,蓄水保墒,解决春秋两季整地土壤失墒较重,春季地表径流严重,降水利用效率低的问题;通过留高茬,夏季自然腐烂,解决实施秸秆还田困难,土壤风蚀严重,土地用养失调,黑土层变薄的问题;通过拔节期深松追肥,打破犁底层,解决耕作层变浅,犁底层加厚的问题;通过减少作业次数,解决田间作业环节多,成本高的问题。

4）生态效益与经济效益

(1)生态效益。玉米保护性耕作新技术适合于雨养农业区,在东北三省平原区有广阔的推广前景,既高产又高效,同时还能改善农业生态环境,减少土地风蚀和水蚀,实现农业可持续发展。

(2)经济效益。以玉米宽窄行留高茬交替休闲种植新技术示范 1000hm² 为例,按平均增产 10% 计算,增产 750kg/hm²,共可增产粮食 75 万 kg(按玉米 0.80 元/kg 计算),增加收入 60 万元。采用该项目技术降低生产成本 20%,可节约费用 400 元/hm²,1000hm²

可降低生产成本 40 万元。节本增产共获效益 100 万元。

5) 技术模式应注意的问题

第一,本模式适宜在农机械化程度相对较高的雨养农业区及类型区的玉米作物上推广应用;在品种选择上,应注意选择紧凑型品种,播种时要适当加大密度;采用机械化半精量(加密)播种为宜。

第二,在施肥上要基肥(底肥、口肥)和追肥相结合,磷、钾肥和 1/4 氮肥作基肥,其余的 3/4 氮肥在玉米拔节前结合深松追施;如果采取一次性施肥,要保证侧深施,侧 5～8cm,深 8～10cm。

第三,如果追肥期遇到干旱,深松期应适当延后,深松的深度不宜过深,控制在 30cm 以内。

第四,秋收时玉米留高茬 40～45cm,要及时旋耕,旋耕不宜过深,8～12cm,以床面平整碎土好达到播种状态为标准。

3. 留茬播种少耕法

1) 形成条件与背景

该项技术是进入 2000 年以来,由吉林省农业科学院提出的一种平作少免耕技术。当前东北地区的耕作方式主体上仍以大型机械翻耙播和小型机具灭茬打垄垄上播两种方式为主体。这两种耕作方式多为春秋两季整地,土壤扰动过频,且地表全部裸露在外,因此地表风蚀严重。近年来东北地区沙尘暴的频发与耕地表土耕作过度有直接关系。而且近些年来由于受全球气候变化影响,东北地区降水量也持续减少,春旱时有发生,翻耙地及灭茬打垄作业由于频繁动土,土壤失墒严重,因此春季保苗难已经成为了生产上的主要问题。

同时生产上采取的常规耕作措施秸秆还田量也严重不足,翻耙地作业与小型机具灭茬打垄作业秸秆还田量仅为地表 10cm 左右的根茬部分,通过翻地扣入地下或由灭茬机粉碎后混入表土。农田土壤有机质得不到充分的补充。

针对上述问题,该项技术通过留高茬自然腐烂还田,增加了土壤有机物料的还田量。同时减少了耕整地的作业环节,除春季播种作业及夏季窄幅深松作业,再无其他土壤作业。具有动土量少,地表残茬覆盖量大的特点,实现了保土、保墒、节能、环保的目标。

2) 关键技术规程

第一年在均匀垄种植(行宽 60～70cm)的玉米收获后留高茬 30～50cm,不进行旋耕,高茬自然腐烂还田;翌年春天不整地,直接在第一年行间精量播种玉米,追肥期在茬带上结合追肥进行窄幅深松,收获后仍留高茬 30～50cm 不旋耕;第三年春天仍不整地直接在翌年行间精量播种玉米,追肥期在茬带上结合追肥进行窄幅深松,收获后仍留高茬 30～50cm,不进行旋耕作业。如此年际间反复进行耕作(图 9-5)。田间作业如图 9-6 所示。

3) 解决生产上的问题

实现了秸秆安全还田,结合追肥进行伏中耕打破犁底层,创建耕层土壤水库,做好保"三水":夏季储水、秋季保水、春季节水,播种时不用坐水,大大提高了自然降水利用效率,实现立茬自然腐烂还田、增加土壤有机质、培肥地力,使土地资源永续利用。通过减少整地次数,避免了土壤水分散失,做到一次播种保全苗,苗齐、苗壮。采用精密播种,大幅度

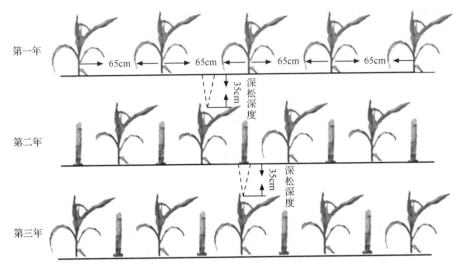

图 9-5　玉米留茬播种技术模式

|立茬直播|苗带重镇|苗期情况|窄幅深松追肥|

图 9-6　玉米留茬播种耕作田间作业

降低了生产成本,提高了经济效益。

经过试验测试,与现行的不留高茬春整地的方法比较,0～40cm 耕层土壤有机质年均提高 0.30～0.80g/kg,春季土壤含水率提高 0.5%～2.0%,保苗率提高 15%以上,产量提高 10%以上。

4) 技术模式应注意的问题

第一,选择优良品种,确定适宜的播种期、种植密度,合理施肥,田间管理等技术措施与常规技术相同。

第二,可在平地、岗平地实施,实施时需具备 2BD-3 型精密播种机、3Z-2 中耕深松追肥机、25 马力以上配套拖拉机。

4. 留茬垄侧少耕法

1) 形成条件与背景

该项技术主要是针对东北地区的东部山区、丘陵地区等机械化作业程度较低、地块分散、地形复杂的农区而建立的一种保护性耕作技术模式。东北平原的东部山区耕地规模小,而且坡岗地较多,不利于大型动力机具作业,在耕作方式上多以人工和畜力作业为主,根茬处理费时费力,整个生产流程作业环节较多。留茬垄侧种植技术通过立茬覆盖还田,垄侧栽培,简化了根茬处理的环节,同时减少了对表土的耕作,对保护山区土壤的水蚀具有良好的效果。同时,该项技术不需大型动力作业,因此在东部山区推行速度较快。

2)关键技术规程

留茬垄侧种植是指现行耕法的均匀垄在玉米收获后留茬5~15cm,翌年春天在留茬垄的垄侧播种(图9-7)。具体有人工等距点播和跟犁种两种方法。田间作业如图9-8所示。

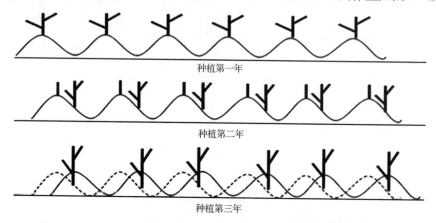

图9-7　玉米留茬垄侧种植耕作技术模式

垄侧人工播种　　　　　　　垄侧机械播种　　　　　　　垄侧出苗

图9-8　玉米留茬垄侧种植田间作业

(a)人工等距点播

在留茬垄的垄侧先浅穿一犁,施入底肥,做到化肥深施,然后在垄侧深穿一犁起垄,用播种器人工精量播种并施入口肥,覆土后压实保墒。坡地或垄距较宽的可先在垄沟施入底肥,然后在垄侧深穿一犁起垄,用播种器播种、覆土;二是跟犁种,在老垄沟施入底肥,在垄侧穿一犁破茬后跟犁种,施入口肥,最后在同一垄侧深穿一犁,掏墒覆土,压实。

(b)跟犁种

在老垄沟施入底肥,在垄侧穿一犁破茬后跟犁种,并施入口肥,最后在同一垄侧深穿一犁,掏墒覆土,镇压保墒。

3)解决生产上的问题

(a)留茬自然腐烂还田培肥土壤

在农肥肥源不足,秸秆安全还田尚无良法时采取留茬(5~15cm)自然腐烂还田,具有增加土壤有机质,培肥地力,减少土壤风蚀的作用。

(b) 结合追肥进行深松

北方春玉米区,玉米追肥期在 6 月 20 日至 7 月初,此时已经进入雨季或开始进入雨季,这时深松可接纳和储存更多的降水,形成土壤水库。可做到伏雨秋用和翌年春用,提高自然降水利用效率。

(c) 等距点播,节省用种量

在上年留茬的垄侧进行播种,可节约用种量,降低生产成本。

(d) 垄侧种植,茬带和苗带换位

苗带和茬带隔年轮换形成了交替休闲的耕种方式,具有恢复地力作用,保证了苗带处于良好的环境状态,通过深松建立的土壤水库能够为作物生长提供充足的水分,解决由于干旱而造成土壤水分供求的矛盾。

4) 生态效益与经济效益

该项实现了秸秆安全还田,少动土,保墒保苗。结合追肥进行深松打破犁底层,创建耕层土壤水库,提高自然降水利用效率,实现高茬自然腐烂还田、增加土壤有机质、培肥地力,使土地资源永续利用。通过减少作业环节,采用精密播种,大幅度地降低生产成本,提高产出效益。当年的秋天进行整地成垄,翌年的春天不动土,防止由于春旱造成土壤水分散失,实现苗全、苗齐、苗壮,玉米生产持续高产、优质、高效。

该方法与现行秋灭茬、春打垄、垄上播的耕种方法比较,0～40cm 耕层土壤有机质年均提高 0.29g/kg,春季土壤含水率提高 1.1～2.1 个百分点,全生育期土壤含水率提高 0.6～2.0 个百分点,保苗率提高 5%～10%,产量提高 5%以上,成本降低 200 元/hm² 以上。

5) 注意问题

该项技术具有较强的区域针对性,通过畜力或小型机械作业,不适宜于集约化、规模化经营,目前该项技术的推广主要针对东部山区机械化程度较低的地区。东北平原的东部山区降水较多,但积温较低,采取该项技术可保持垄作对地温的调节作用,同时通过地表立茬覆盖,可有效降低坡耕地的雨蚀。因此该项技术在东部湿润冷凉山区具有广阔的推广前景。

(二) 吉林省少耕技术配套机具

1. 2BJ-2、2BJ-4、2BJ-6 多功能精量播种机

1997 年通过鉴定,1999 年获国家专利,专利号为:ZL972499079。该机由排种排肥系统、限深轮、开沟器及主架等部件组成,可用于垄上播、平播、沟种和条带留茬播种,可精播玉米、大豆、高粱等多种作物。其特点是该机可同步侧深分施多种肥料,满足配方施肥要求;种箱、肥箱拆装方便;复合式开沟器具有窄开沟、可抗旱、保全苗的特点。其设计新颖。机械式排种器结构简单,工作可靠成本低,便于推广普及(图 9-9、图 9-10)。

2. 1YM-6 型苗眼镇压器

1YM-6 型苗眼镇压器由吉林省农业科学院马骞研究员发明,并且获得国家发明专利(图 9-11、图 9-12)。

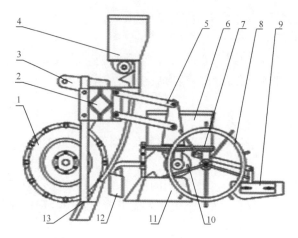

图 9-9　2BJ-2 多功能精量播种机示意

1. 地轮；2. 悬挂梁；3. 上悬挂臂；4. 肥箱总成；5. 仿行机构；6. 种箱；7. 箱底板；8. 排种地轮；9. 覆土器；
10. 排种器；11. 开沟器；12. 分土板；13. 深施肥器

图 9-10　2BJ-2 多功能精量播种机样机

图 9-11　1YM-6 型苗眼镇压器

图 9-12　播种镇压田间作业

　　该项农机配套设备由镇压轮、牵引架和主框架等部件组成,具有结构简单、成本低廉、效益显著的特点。在东北地区,特别春旱易发生地区,播种后用1YM-6型苗眼镇压器镇压,可以起到保墒的作用。试验研究表明,在雨水较少的年头,镇压过的出苗率能达90%以上,明显高于未镇压的。这项配套的农机设备在农业生产上普及较广,深受农民欢迎。

　　3. 3Z-2型行间窄幅深松机

　　吉林省农业科学院自行研制3Z-2型行间窄幅深松机,具有自主知识产权,获得国家发明专利(专利号为:ZL200720103251.8)。深松机由深松铲、施肥总成、限深轮和主架总成等部件组成,能够在留茬免耕田上实现窄开沟,开窄沟,肥料深施的特点,符合保护性耕作"少动土"的理念。而且该机能够精准施肥,节约肥料,提高施肥效率,实用性较强,是与推广的保护性耕作技术配套较好的一款机型(图9-13、图9-14)。

图9-13　3Z-2窄幅中耕深松追肥机　　　　　图9-14　高留茬行间直播田间出苗情况

　　4. 3ZSF-1.86T2型深松追肥机

　　3ZSF-1.86T2型深松追肥机2000年6月通过鉴定,同年获国家实用新型专利,专利号为:00212632X。该农机设备由"V"型深松铲、限深排肥系统和主框架等部件组成。"V"型深松铲,只松不翻,同时追肥,松后碎土,作用是建立一个虚实并存的耕层结构,积蓄雨水,形成一个水分库,提高自然降水的利用效率,做到伏雨春用,利于春季抗旱保全苗(图9-15、图9-16)。

　　5. 2BD-2型多功能精密播种机

　　2BD-2多功能精密播种机,2000年通过测试鉴定,1999年获国家实用新型专利,专利号为:00211092X。吉林省农业科学院研制,该机由勺式排种器、外槽轮排肥系统、窄幅镇压器及主框架等部件组成,是与高留茬宽窄交替休闲种植机械化保护性耕作模式相配套的播种机,本机在90cm的宽行能做到种肥分离同时施入,精量播种,经济效益显著。播种幅宽可调,比较灵活,并配有多种的播种盘,可播大豆和小麦等多种作物(图9-17、图9-18)。

图 9-15　3ZSF-1.86T2 型深松追肥机样机

图 9-16　3ZSF-1.86T2 型深松机田间作业

图 9-17　2BD-2 多功能精密播种机

图 9-18　宽窄行高留茬行间出苗情况

（三）吉林省少耕技术应用效果

1. 土壤有机质和养分

土壤有机质是评价土壤肥力水平的重要指标,调节土壤营养状况,影响土壤的水、肥、气、热等各种性状,在土壤肥力和植物营养中具有重要作用。本研究表明,在土壤 0～40cm,宽窄行耕作处理有机质含量均明显高于其他耕作方式,说明留高茬自然腐烂还田和深松不仅提高了表层土壤有机质含量,而且加深了土壤腐殖质层,明显增加土壤剖面有机质含量。其原因在于:一方面深松打破了犁底层,加深了耕层,并且在深松过程中可导致上层高有机质含量的土壤下移;另一方面,下层孔隙度增加,使根系下扎,提高了下层土壤有机质的来源,促进了下层土壤有机质的形成(表 9-1)。

表 9-1 不同耕作方式土壤有机质 （单位：g/kg）

土壤深度	耕作方式				
	秋翻秋耙匀垄	秋灭茬匀垄	全面旋耕深松	宽窄行苗带	宽窄行松带
0～10cm	25.92b	26.03b	28.32a	30.17a	29.73a
10～20cm	25.34bc	24.60c	26.53abc	29.22a	28.37ab
20～30cm	26.12a	22.32a	23.57a	26.17a	26.25a
30～40cm	22.68ab	22.10ab	19.10b	28.60a	25.37ab
40～50cm	20.61a	22.15a	16.11b	20.93a	21.16a

在农肥肥源不足，秸秆安全还田尚无良法时采取高留茬自然腐烂还田，对增加土壤有机物料、培育地力效果显著。本研究表明，留高茬 40cm 以上，质量约占全秸秆量的 30%，采取玉米品种'四密 25'的风干秸秆进行养分含量测定，结果为全氮 6.71g/kg、全磷 2.332g/kg、全钾 11.399g/kg，依此计算，以'四密 25'为例，留高茬 40cm 可还田有机物料约为 2.78t，相当于年施入尿素 40.57kg、二铵 14.09kg、硫酸钾 63.044kg（表 9-2）。

表 9-2 高茬还田土壤有机物料总量调查表

品种	平均单株秸秆重 /g	10cm 茬子秸秆重/g	40cm 茬子秸秆重/g	10cm 茬子占全秸秆比例/%	40cm 茬子占全秸秆比例/%
'四密 21'风干重	274	20.8	83	7.6	30.6
'四密 25'风干重	206	10.9	46	5.3	22.23
'郑单 958'风干重	225	15.6	68	6.9	30.2

在多年有机物料还田条件下，土壤有机质含量呈上升趋势。通过定位试验，研究结果表明，留茬深松耕法连续实施后，土壤有机质含量显著提高，速效氮含量呈下降趋势，速效磷增加 2.3mg/kg，速效钾增加 50.1mg/kg（表 9-3）。

表 9-3 不同耕作措施土壤养分测试结果

处理	有机质/(g/kg)	速效氮/(mg/kg)	速效磷/(mg/kg)	速效钾/(mg/kg)
连年灭茬打垄(CK)	23.30	204.15	30.24	115.0
连年立茬覆盖(7 年)	30.3	149.25	32.54	165.1
与 CK 比较	+6.73	−54.9	+2.3	+50.1

2. 土壤水分

土壤水分是土壤的重要组成部分之一，它在土壤形成过程中起着极其重要的重用。同时，土壤也是作物吸水的最主要来源，是自然界水循环的一个重要环节。土壤水分的研究是土壤研究工作开始最早和文献最丰富的部分之一（黄昌勇，1999）。

1）耕层构造对土壤含水量的影响

耕层构造是由耕作土壤及其覆盖物所组成，是人类耕作加工后形成的犁底层、内部结构、表面形态及覆盖物的总称，耕层构造的状况决定整个土体与外界水、肥、气、热能力的高低，良好的耕层构造能最大限度地蓄纳和协调耕层中的水分（迟仁立和左淑珍，1989）。

对不同构造土壤含水量的研究表明,留茬不同耕层影响土壤含水量,留茬苗紧行松茬带略高于苗带,差异不显著,但苗紧行松分别比苗紧行紧、苗松行松和传统耕法高 0.98%、1.92% 和 1.64%,并且与苗松行松和传统耕法差异达到显著水平(表 9-4)。从图 9-19 中可以看出,各处理 10~30cm 随土壤深度增加呈增加的趋势,30~40cm 呈下降趋势,40~60cm 呈先增加后降低的趋势变化,而且每一个土层苗紧行松土壤含水量明显高于其他处理(8 月 24 日);10 月 11 日测定结果可见,土壤含水量高于 8 月,但处理间差异规律性基本一致,各处理土壤含水量均随深度的增加呈增加趋势,30~50cm 变化明显(表 9-5)。

表 9-4　留茬对不同耕层土壤含水量的影响(日期:8 月 24 日)　　　　(单位:%)

处理	平均值	标准误	显著水平	
			$LSD_{0.05}$	$LSD_{0.01}$
苗紧行松苗带	17.73	0.63	ab	A
苗紧行松茬带	18.86	0.56	a	A
留茬苗紧行紧	17.88	0.48	ab	A
留茬苗松行松	16.94	0.25	b	A
传统耕法 CK	17.22	0.02	b	A

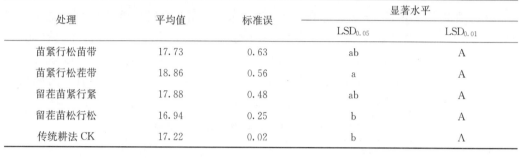

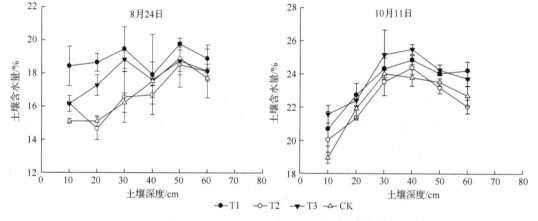

图 9-19　留茬不同耕层含土壤 CK 含水量垂直变化

T1. 留茬苗紧行松;T2. 留茬苗紧行紧;T3. 留茬苗松行松;T4. 传统耕法

表 9-5　留茬不同耕层对土壤含水量的影响(日期:10 月 11 日)　　　　(单位:%)

处理	平均值	标准误	显著水平	
			$LSD_{0.05}$	$LSD_{0.01}$
苗紧行松紧位	23.48	0.44	a	A
苗紧行松松位	22.53	0.16	ab	AB
留茬苗紧行紧	21.62	0.62	b	BC
留茬苗松行松	22.01	0.17	b	AB
传统耕法 CK	20.19	0.30	c	C

垄作苗紧行紧和垄作苗松行松土壤含水量均比传统耕法提高 0.76% 和 1.01%,垄作苗紧行松与传统耕法持平,但各处理间差异不显著(表 9-6)。从图 9-20 中可以看出,各处理土壤含水量呈先增加后降低的趋势,20~40cm 处理差异较大(8 月 24 日);10 月 11 日土壤含水量测定结果表明,垄作苗紧行松、垄作苗紧行紧和垄作苗松行松分别比传统耕法高 2.24%、2.75% 和 3.78%,处理间差异达到显著水平,土壤含水量随深度变化均呈先增加后降低的趋势变化,在土壤 30cm 处达到最大值(表 9-7)。

表 9-6　垄作不同耕层对土壤含水量的影响(日期:8 月 24 日)　　(单位:%)

处理	平均值	标准误	显著水平	
			LSD$_{0.05}$	LSD$_{0.01}$
垄作苗紧行松	21.47	0.40	a	A
垄作苗紧行紧	22.23	0.27	a	A
垄作苗松行松	22.48	0.27	a	A
传统耕法 CK	21.47	0.24	a	A

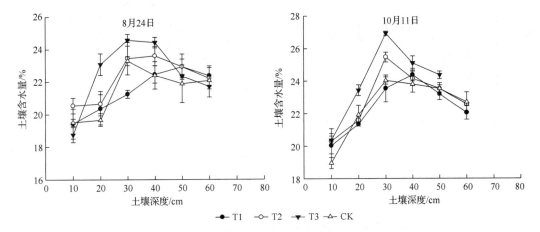

图 9-20　垄作不同耕层土壤含水量垂直变化

T1. 垄作苗紧行松;T2. 垄作苗紧行紧;T3. 垄作苗松行松;T4. 传统耕法

表 9-7　垄作不同耕层对土壤含水量的影响(日期:10 月 11 日)　　(单位:%)

处理	平均值	标准误	显著水平	
			LSD$_{0.05}$	LSD$_{0.01}$
垄作苗紧行松	22.42	0.27	b	B
垄作苗紧行紧	22.93	0.14	b	AB
垄作苗松行松	23.96	0.16	a	A
传统耕法 CK	20.18	0.30	c	C

本研究表明,平作苗紧行松、平作苗紧行紧和平作苗松行松分别比传统模式提高 0.72%、1.30% 和 1.36%,但处理间差异不显著(表 9-8)。从图 9-21 中可以看出,各处理土壤含水量呈先增加后降低的趋势,20~40cm 处理差异较大(8 月 25 日);10 月 11 日土

壤含水量测定结果表明,平作苗紧行松、平作苗紧行紧和平作苗松行松分别比传统模式提高 3.58%、3.43% 和 3.02%,差异达到极显著水平,土壤含水量随深度变化均先增加后降低,在土壤 30cm 处达到最大值(表 9-9)。

表 9-8　平作不同耕层对土壤含水量的影响(日期:8 月 25 日)　　(单位:%)

处理	平均值	标准误	显著水平	
			LSD$_{0.05}$	LSD$_{0.01}$
平作苗紧行松	22.19	0.72	a	A
平作苗紧行紧	21.77	0.26	a	A
平作苗松行松	22.83	0.43	a	A
传统模式 CK	21.47	0.24	a	A

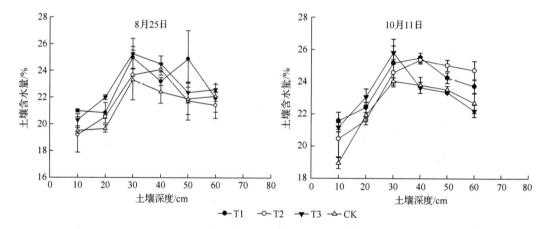

图 9-21　平作不同耕层土壤含水量垂直变化

T1. 平行苗紧行松;T2. 平作苗紧行紧;T3. 平作苗松行松;CK. 传统耕法

表 9-9　平作不同耕层对土壤含水量的影响(日期:10 月 11 日)　　(单位:%)

处理	平均值	标准误	显著水平	
			LSD$_{0.05}$	LSD$_{0.01}$
平作苗紧行松	23.77	0.27	a	A
平作苗紧行紧	23.62	0.17	a	A
平作苗松行松	23.21	0.07	a	A
传统模式 CK	20.19	0.30	b	B

留茬苗紧行松、垄作苗紧行松和平作苗紧行松分别比传统耕法提高 3.29%、2.24% 和 3.58%,处理间差异达到显著水平,而且留茬苗紧行松高于垄作苗紧行松 1.05%,处理间差异达到显著水平,略低于平作苗紧行松,但处理间差异不显著(表 9-10)。从图 9-22 中可以看出,各处理土壤含水量均深度的增加呈先增加后降低的趋势,10～40cm 呈增加趋势,40～60cm 呈降低趋势,处理间差异显著,土壤各深度苗紧行松处理含水率均高于传统耕法,表明苗紧行松有较好的蓄水效果。

表 9-10 不同处理不同耕层对土壤含水量的影响（日期：10 月 11 日）（单位：%）

处理	平均值	标准误	显著水平	
			LSD$_{0.05}$	LSD$_{0.01}$
留茬苗紧行松	23.48	0.44	ab	A
垄作苗紧行松	22.42	0.27	b	A
平作苗紧行松	23.77	0.27	a	A
传统模式 CK	20.19	0.30	c	B

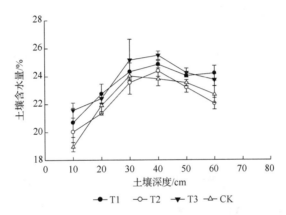

图 9-22 不同处理不同耕层土壤含水量垂直变化

T1. 留茬苗紧行松；T2. 垄作苗紧行松；T3. 平作苗紧行松；CK. 传统耕法

2）长期定位试验对土壤水分的影响

不同耕作方式长期定位试验始于 1983 年（吉林省农业科学院长期定位试验田），长期开展土壤水分监测研究，试验设 4 个处理，分别为留茬深松（宽窄行交替休闲种植）、免耕、翻耕和灭茬打垄（CK）。研究表明，留茬深松通过伏季深松，打破犁底层，有效接纳自然降水，开成土壤"水库"，秋季旋耕整地，实现伏雨春用，春墒秋保，有效提高自然降水利用效率。同时，免耕由于作业次数减少，从而降低对土壤扰动，也有效提高春季土壤含水量，对于春旱时有发生缺少灌溉条件的吉林省中地区春季保苗也起到了一定的作用。

土壤中的水分因层次分布不同，其垂直变化特点不同，对作物的生育影响也不同（郭庆法等，2004）。从测定结果可以看出，5 月 21 日各处理土壤含水量随深度增加呈"S"形曲线变化，趋势一致，规律较明显，0～30cm 处理间变化不明显，30～60cm 处理间变化较大，规律表现为免耕明显高于其他定位耕法。从 6 月 10 日测定结果可以看出，各处理土壤含水量随深度的增加呈增加的趋势，增加趋势非常明显，0～20cm 处理间差异不大，20～60cm 处理间差异较大。从 7 月 12 日测定结果可以看出，各处理土壤含水量呈"S"形曲线变化，0～30cm 含水量呈降低的趋势，30～50cm 呈增加的趋势，50～60cm 再呈下降趋势，规律性比较明显，30cm 和 60cm 土层处各处理土壤含水量最低，10cm 和 50cm 处土壤含水量最高。从 8 月 12 日测定结果可以看出，各处理间土壤含水量差异较大，灭茬打垄和留茬深松苗带趋势接近，留茬深松松带、翻耕和免耕变化规律一致，剖面趋势变化随深度的增加各处理土壤含水量呈下降趋势。从 9 月 13 日和 10 月 18 日的测定结果可以看出,各处理表层土壤含水量差异较大,处量间差异较明显,但各处理剖面垂直变化不明显,0~60cm 土壤含水量较稳定,呈垂直变化趋势,50cm 深处的耕层土壤含水率为12%~14%,明显低于10cm 耕层处的土壤含水率。从 11 月 24 日和 12 月 9 日的测定结果中可以看出,各处理土壤含水量变化规律一致,随深度增加呈下降趋势,上层土壤含水明显高于下层,可能与降雪有关(图 9-23、表 9-11)。

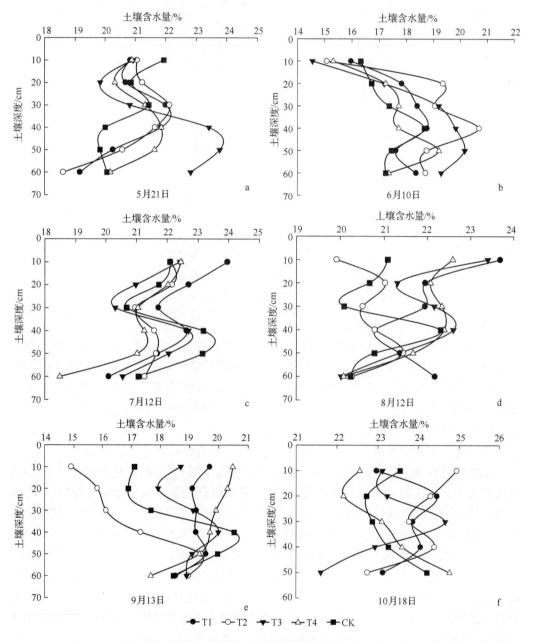

图 9-23　长期定位下土壤含水量剖面垂直变化

T1. 留茬深松带;T2. 留茬深松苗带;T3. 免耕;T4. 翻耕;CK. 灭茬打垄

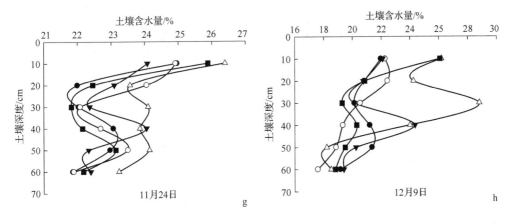

图 9-23(续) 长期定位下土壤含水量剖面垂直变化

从整个季节来看剖面土壤含水量基本呈"S"形曲线趋势变化,春季土壤中含水量上层明显低于下层,雨季土壤剖面含水量呈"S"形曲线垂直变化,到秋季上冻后上层土壤含水量明显减少,而下层随土壤深度的增加呈增加的趋势。留茬深松和免耕含水量均高于翻耕和灭茬打垄,说明留茬深松种植通过伏季深松作业,积蓄降水形成土壤水库,做到伏雨春用春墒秋保,提高水分利用效率,有效缓节旱情保证产量。

土壤水分的季节性变化可以分为 4 个时期:春至夏初(3~6 月)为快速失墒期,夏秋(7~9 月)为蓄墒期,秋冬(9~12 月中旬)为缓慢失墒期,冬季(12 月中旬至翌年 2 月)为土壤水相对稳定期(杨京平和陈杰,1990)。根据东北气候变化鲜明的特点现将一年划分4 个时期:春季(3~5 月),夏季(6~8 月),秋季(9~11 月),冬季(12 月至翌年 2 月)。对长期定位试验耕法土壤水分季节变化测定结果表明,留茬深松、免耕、翻耕和灭茬打垄土壤中剖面含水量季节性变化趋势基本一致,而且不同耕层间土壤含水量季节性变化趋势也表现一致,5 月 21 日~6 月 1 日土壤水分呈增加趋势,6 月 1 日~6 月 28 日呈急剧下降趋势,变化比较明显,6 月 28 日~7 月 12 日呈增加趋势,7 月 12 日~8 月 12 日呈下降趋势变化,9 月 13 日~10 月 18 日呈增加趋势变化,10 月 18 日~12 月 9 日各处理间土壤水分趋于稳定。研究表明,0~60cm 土壤含水量受季节变化影响比较明显,与降水变化规律一致,随降水增多而增加,随降水减少而降低;0~60cm 土壤含水量受土层变化影响不明显,但不同时期各土层含水量变化存在差异,降水少时下层高于上层,降水多时上层略高于下层(图 9-24~图 9-28)。

3)深松对土壤水分的影响

深松不同于深翻耕作,它是利用专用深松犁将土层耕松而不翻转表层,其目的是创造疏松深厚的耕作层,降低土壤容重提高蓄水能力,以利于作物的根系生长,为作物的高产提供基础(丁昆仑和 Hann,1997)。针对留茬深松耕层蓄水效果特点,开展不同深松深度土壤蓄水效果研究,试验设深松 25cm(图 9-29)、深松 35cm(图 9-30)与灭茬打垄(图 9-31)3 个处理,各处理 0~100cm 曲线动态变化趋势基本一致,4 月 29 日播种到 6 月 1 日苗期

表 9-11　长期定位试验对土壤含水量的影响

(单位：%)

土壤深度	处理		6月8日	7月28日	8月18日	10月18日	10月22日
0~20cm	留茬深松	松带	12.58±0.58Bc	17.56±0.96Aa	11.40±0.97Aab	21.57±0.16Aa	23.86±0.65Aa
		苗带	16.95±1.93ABab	15.81±0.86Aab	11.17±0.50Aab	21.54±0.30Aa	22.51±0.76ABab
	免耕		18.83±0.17Aa	14.39±0.58Ab	9.95±0.03Ab	18.83±2.78Aab	20.48±0.95Bb
	翻耕		14.22±0.95ABbc	16.15±0.43Aab	9.70±0.33Ab	16.23±0.32Ab	22.24±0.08ABab
	灭茬打垄		13.85±0.41Bbc	15.53±0.31Aab	11.75±0.15Aa	19.56±0.03Aab	22.00±0.15ABab
20~40cm	留茬深松	松带	18.03±0.45ABbc	18.00±0.39Aa	15.15±0.39Aa	15.88±0.35Aa	17.88±0.47ABab
		苗带	19.37±0.05Aa	16.93±0.06 Aa	13.08±0.14Bbc	15.12±0.54Aa	16.62±0.56BCbc
	免耕		19.01±0.32ABab	16.71±0.45 Aa	13.69±0.09Bb	15.21±0.74Aa	16.62±0.56BCbc
	翻耕		17.78±0.56ABc	17.30±0.11 Aa	13.58±0.36Bbc	15.44±0.38Aa	15.28±0.39Cc
	灭茬打垄		17.27±0.24Bc	17.40±0.59 Aa	12.69±0.23Bc	13.89±0.93Aa	19.47±0.38Aa
0~40cm	留茬深松	松带	17.30±0.55Bb	17.53±0.03Aa	13.96±0.11Aa	16.22±0.18Aa	18.38±0.28Aa
		苗带	19.66±0.59Aa	16.89±0.10ABab	13.14±0.08Bb	16.26±0.11Aa	17.02±0.07BCc
	免耕		19.57±0.33Aa	16.89±0.10Bbc	12.81±0.06Bc	15.61±0.79A	16.57±0.24Ccd
	翻耕		17.39±0.08Bb	16.38±0.16ABbc	12.83±0.01Bc	15.06±0.15Aa	16.22±0.16Cd
	灭茬打垄		17.24±0.33Bb	15.96±0.21Bc	12.72±0.11Bc	14.94±0.34Aa	17.70±0.16ABb

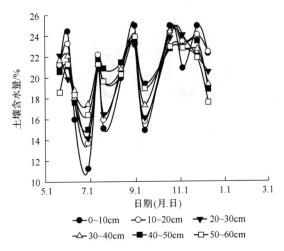

图 9-24　留茬深松苗带 0～60cm 土壤含水量季节性变化

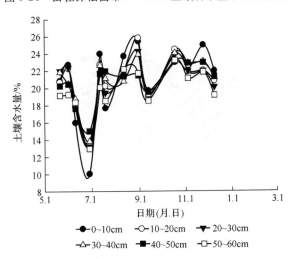

图 9-25　留茬深松茬带 0～60cm 土壤含水量季节性变化

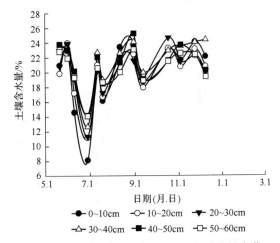

图 9-26　免耕 0～60cm 土壤含水量季节性变化

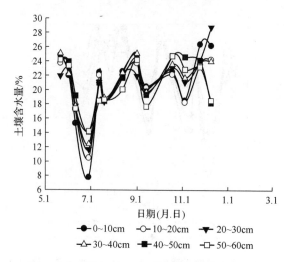

图 9-27　翻耕 0～60cm 土壤含水量季节性变化

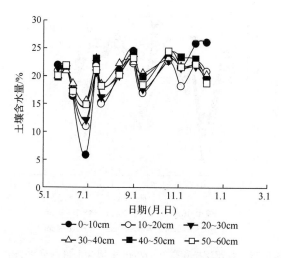

图 9-28　灭茬打垄 0～60cm 土壤含水量季节性变化

阶段,土壤中含水量呈增加趋势,6 月 1 日以后到 6 月 29 日由于降水较少,田间出现暂时性干旱,土壤含水量也表现出减少的趋势,7 月和 8 月进入雨季,土壤含水量呈急剧增加的趋势,从整个趋势上看土壤含水量几乎增加了 3 倍。9 月和 10 月及上冻后,土壤中含水量变化趋于平缓,没有出现骤升骤降的变化。土壤剖面含水量表现规律为:下层(60～100cm)＞中层(30～60cm)＞上层(0～30cm),而且深松 25cm、深松 35cm 和对照灭茬打垄土壤含水量季变化均表现出一致的规律,说明土壤含水量受降水影响较大。

　　处理间比较,从图 9-32 可见,在不同时期深松表现出明显的蓄水效果,特别是进入雨季(8 月),深松打破犁层,形成土壤"水库",有效接纳阵性降水,减少地面径流,提高自然降水利用效率,而且在干旱出现时,深松由于切断土壤毛细管,减少水分蒸发,起到缓解旱情的作用(6 月)。

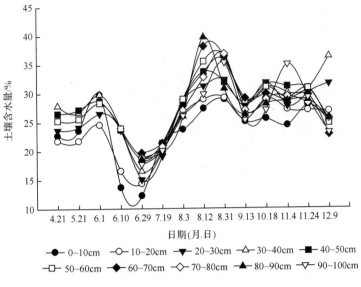

图 9-29 深松 25cm 土壤含水量季节变化

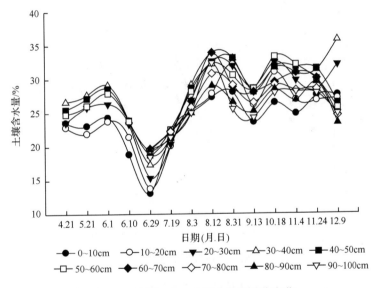

图 9-30 深松 35cm 土壤含水量季节变化

图 9-33a~图 9-33n 中可以看出,播种及出苗阶段土壤含水量呈"S"形曲线变化,表层 10cm 处含水率较高,20~30cm 处降低,40~50cm 处增加,然后又呈现降低趋势;6 月 29 日出现干旱,表层含水量明显低于底层,随深度的增加含水量逐渐增加,下层明显高于上层,进入雨季,随深度的增加深松蓄水效果更加明显,显著高于对照;收获后上冻以后,土壤含水量从 10~50cm 呈增加的趋势,到 50~60cm 达最大值,然后略有下降,但趋于平缓,下降不明显。各时期各深度,深松含水量明显高于灭茬打垄,具有明显的蓄水效果。

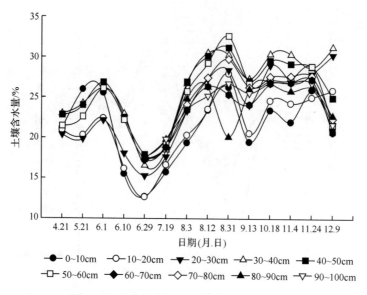

图 9-31　灭茬打垄(CK)土壤含水量季节变化

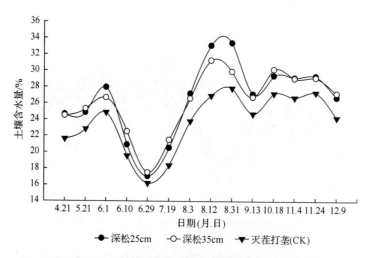

图 9-32　深松与灭茬打垄土壤含水量季节变化

　　由表 9-12～表 9-15 可见,春季播种时土壤水分相对较低,深松 25cm 比灭茬打垄提高 3.02%,深松 35cm 比灭茬打提高 2.86%,深松处理间差异不显著;8 月随降水增多,土壤水分明显增加,深松 25cm 比灭茬打垄提高 3.38%,深松 35cm 比灭茬打垄提高 2.77%;收获后,土壤含水量趋于稳定,深松 25cm 比灭茬打垄提高 2.16%,深松 35cm 比灭茬打垄提高 2.93%;上冻后,深松 25cm 比灭茬打垄提高 1.93%,深松 35cm 比灭茬打垄提高 1.74%。

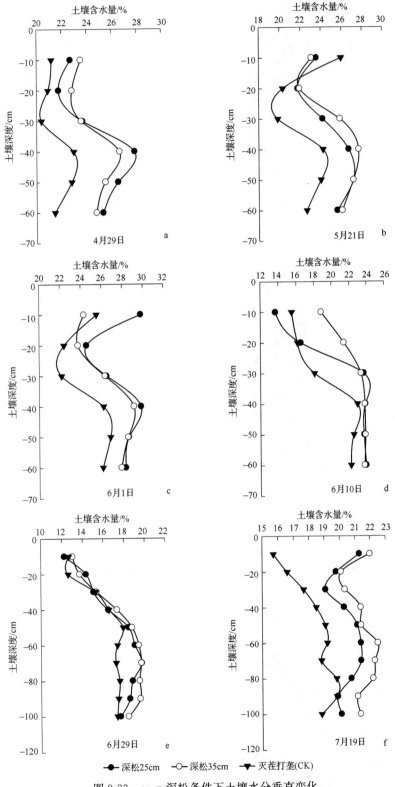

图 9-33 a~n 深松条件下土壤水分垂直变化

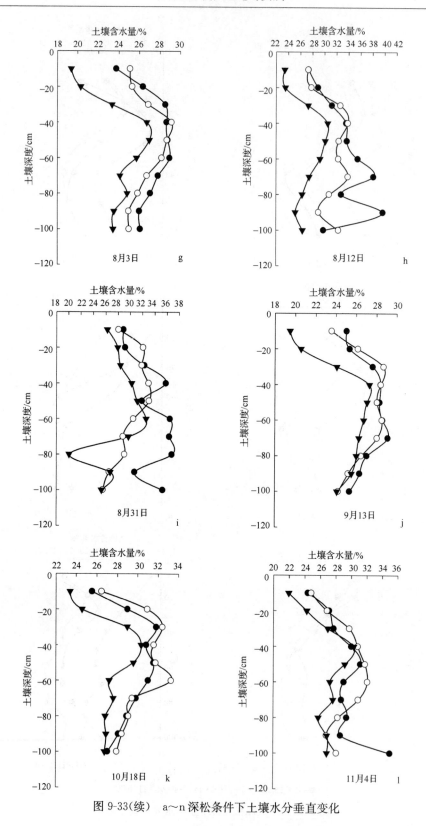

图 9-33(续)　a～n 深松条件下土壤水分垂直变化

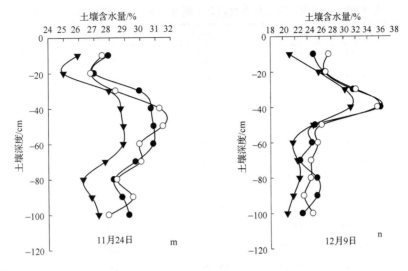

图 9-33(续) a～n 深松条件下土壤水分垂直变化

表 9-12 不同深松深度春季播种时土壤含水量比较(日期:4 月 29 日)(单位:%)

土壤深度	深松 25cm	深松 35cm	灭茬打垄(CK)	深松 25cm 与 CK 比较	深松 35cm 与 CK 比较
0～10cm	22.71	23.53	21.20	1.51	2.33
11～20cm	21.78	22.84	20.92	0.86	1.92
21～30cm	23.68	23.58	20.39	3.29	3.19
31～40cm	27.86	26.66	22.97	4.89	3.69
41～50cm	26.54	25.51	22.81	3.73	2.7
51～60cm	25.33	24.79	21.46	3.87	3.33
0～60cm	24.65	24.49	21.63	3.02	2.86

表 9-13 不同深松深度夏季降水期时土壤含水量比较(日期:8 月 23 日)(单位:%)

土壤深度	深松 25cm	深松 35cm	灭茬打垄(CK)	深松 25cm 与 CK 比较	深松 35cm 与 CK 比较
0～10cm	23.73	25.10	19.38	4.35	5.72
11～20cm	26.35	25.31	20.30	6.05	5.01
21～30cm	28.54	26.87	23.31	5.23	3.56
31～40cm	28.65	29.15	26.71	1.94	2.44
41～50cm	28.77	28.68	26.96	1.81	1.72
51～60cm	28.96	28.17	25.73	3.23	2.44
61～70cm	27.81	26.74	24.10	3.71	2.64
71～80cm	27.07	25.86	24.82	2.25	1.04
81～90cm	26.01	24.97	23.50	2.51	1.47
91～100cm	26.09	25.01	23.42	2.67	1.59
0～100cm	27.20	26.59	23.82	3.38	2.77

表 9-14   不同深松深度秋季收获时土壤含水量比较(日期:10 月 18 日)(单位:%)

土壤深度	深松 25cm	深松 35cm	灭茬打垄(CK)	深松 25cm 与 CK 比较	深松 35cm 与 CK 比较
0～10cm	25.56	26.47	23.39	2.17	3.08
11～20cm	29.01	30.95	24.59	4.42	6.36
21～30cm	31.83	32.43	29.00	2.83	3.43
31～40cm	30.86	31.59	30.36	0.50	1.23
41～50cm	31.57	31.77	29.56	2.01	2.21
51～60cm	31.04	33.29	27.20	3.84	6.09
61～70cm	29.87	29.49	27.60	2.27	1.89
71～80cm	28.93	29.13	26.84	2.09	2.29
81～90cm	28.11	28.47	26.91	1.20	1.56
91～100cm	27.06	27.95	26.77	0.29	1.18
0～100cm	29.38	30.15	27.22	2.16	2.93

表 9-15   不同深松深度冬季上冻后土壤含水量比较(日期:12 月 9 日)(单位:%)

土壤深度	深松 25cm	深松 35cm	灭茬打垄(CK)	深松 25cm 与对照比较	深松 35cm 与对照比较
0～10cm	27.92	27.53	24.85	3.07	2.68
11～20cm	26.99	26.77	24.00	2.99	2.77
21～30cm	29.94	29.38	29.21	0.73	0.17
31～40cm	30.71	31.27	29.56	1.15	1.71
41～50cm	30.89	31.50	29.31	1.58	2.19
51～60cm	30.87	29.96	27.75	3.12	2.21
61～70cm	29.69	30.06	27.96	1.73	2.10
71～80cm	28.26	28.47	27.34	0.92	1.13
81～90cm	28.81	29.52	27.46	1.35	2.06
91～100cm	29.26	27.92	26.53	2.73	1.39
0～100cm	29.33	29.14	27.40	1.93	1.74

3. 土壤容重

土壤容重是反应耕层构造的重要指标之一。为了准确反应不同耕作方式的耕层构造特点,通过对东北黑土区中等肥力水平的耕地土壤容重的多点调查,提出了松土、紧土和过紧 3 个层次的容重指标,即松土容重为 $(1.05 \pm 0.05)\,g/cm^3$、紧土容重为 $(1.27 \pm 0.05)\,g/cm^3$、过紧土容重为 $>1.45\,g/cm^3$(图 9-34、表 9-16)。

从免耕(不采取任何耕措施)、翻耕(秋翻秋耙)、留茬深松、灭茬打垄(小型动力浅层作业)4 种耕法不同层次不同部位的容重调查结果来看,不同耕法形成的耕层构造整体有明显的差异。

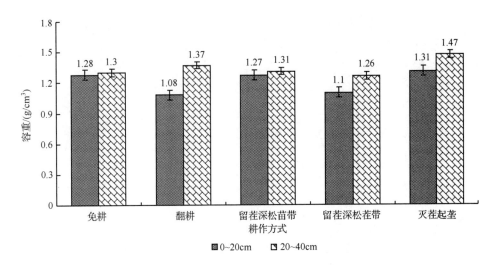

图 9-34　不同耕作方式对土壤容重的影响

表 9-16　不同耕作方式土壤容重变化（0~50cm）　　　　（单位：g/cm³）

处理	6月8日	7月28日	10月22日
留茬深松茬带	1.24±0.03Aa	1.26±0.00ABab	1.24±0.01BCc
留茬深松苗带	1.29±0.02Aa	1.31±0.04Aa	1.31±0.00Aab
免耕	1.47±0.01Aa	1.52±0.00Aa	1.52±0.01Aa
翻耕	1.19±0.05Aa	1.19±0.01Bb	1.18±0.00ABb
灭茬打垄	1.43±0.04Aa	1.48±0.02ABa	1.39±0.01Cd

由图 9-30 可见，不同耕作方式对土壤容重影响明显。常规灭茬打垄处理由于长期采用小四轮耕整地作业，导致土壤紧实，下层有坚硬的犁底层；翻耕处理，0~20cm 土壤容重明显低于其他处理；免耕处理，0~20cm 土壤容重和 20~40cm 土壤容重均大于 1.27g/cm³，较为紧实，且整体表现为耕层上下容重差异不大；留茬深松种植的宽行由于深松作业，其土壤容重较低，而苗带土壤较宽行略为紧实（表 9-16）。

从不同土壤深度剖面容重垂直变化曲线中可以看出，土壤容重随土壤深度的增加而增加，说明下层土壤比较紧实。处理间土壤容重差异较大，免耕容重最大，30cm 以下有降低的趋势。从 7 月测定结果中可以看出，土壤容重呈"S"形曲线变化，上层明显低于下层，0~10cm 和 30~40cm 深度间差异明显，20~30cm 深度差异不明显。收获后 0~10cm 和 40~50cm 土壤容重比较紧实，20~40cm 深度结构较松散。在 20cm 以下浓度，灭茬打垄明显高于其他耕作方式（图 9-35）。

灭茬打垄耕层构造的总体特点是 10cm 以上土壤过松，而 10~20cm 形成一层坚硬的犁底层，表现为上虚下实，下部土壤容重达 1.4g/cm³ 以上。翻耕耕层构造的特点总体表现为具有 20cm 左右厚度的松土层，20cm 以下土壤过于紧实（容重达 1.37g/cm³ 以上）。免耕耕层，0~40 土壤紧实度相近，整体表现为偏紧（土壤容重为 1.28~1.3g/cm³）。采取留茬深松种植的耕层构造整体表现为纵向松紧兼备的特点，深松带土壤疏松（0~40cm 土壤容重 1.1~1.26g/cm³），而苗带土壤紧实度为略偏紧（0~40cm 土壤容重 1.27~

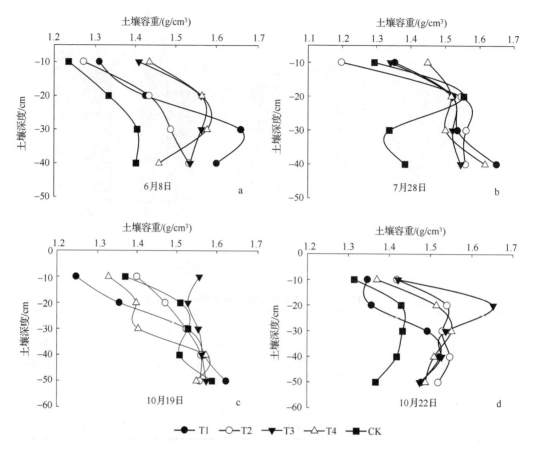

图 9-35　不同耕作方式不同时期土壤容重垂直变化
T1. 留茬深松茬带；T2. 留茬深松苗带；T3. 免耕；T4. 翻耕；CK. 灭茬打垄

1.31g/cm³）。

4. 土壤硬度

土壤硬度用于土壤机械阻力的表示。土壤硬度以机械阻力的形式影响作物生长，土壤机械阻力对作物生长发育的影响首先表现在对根系生长的影响，土壤机械阻力对根系生长的影响较为一致，在土壤比较紧实时，土壤中根系生长速度减慢而且根系变短变粗。为了探明根系阻力对玉米根系生长发育的影响及总结出适宜的土壤硬度，用 SC-900 土壤硬度仪对建立不同耕层构造的硬度进行测定。研究结果表明，土壤耕层硬度随耕层深度的增加硬度增大，0～10cm 的耕层硬度小于 10kg/cm²，而到 40～50cm 的耕层土壤硬度达 30～40kg/cm²，下层硬度明显高于上层。从图 9-36 可以看出，0～10cm 和 40～50cm 耕层，耕法间差异不太明显，而 10～40cm 的耕层差异较大，留茬深松的硬度明显小于免耕和灭茬打垄，与翻耕相比存在差异但未达显著水平。

为了探明不同耕法犁底层的深度及土壤剖面硬度垂直变化，对不同耕法及同一耕法不同部位如休闲带（A1、A2、A3）、种植带（C1、C2）、苗侧（B1、B2、B3、B4）的硬度测定结果表明，免耕 0～20cm 土壤紧实度随耕层深度的增加呈增加的趋势，不同部位差异较明显，

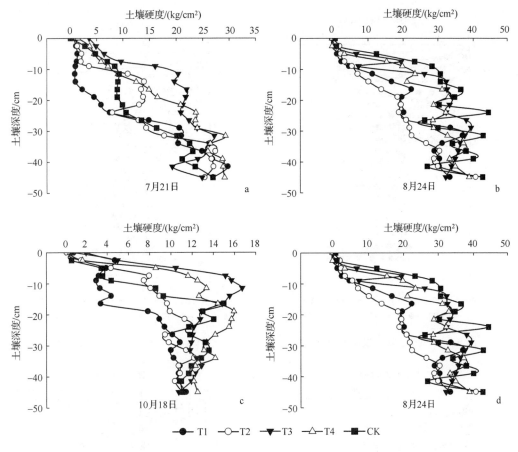

图 9-36　不同耕层构造土壤硬度垂直变化

T1. 留茬深松(茬带)；T2. 留茬深松(苗带)；T3. 免耕；T4. 翻耕；CK. 灭茬打垄

休闲带和苗侧明显高于苗带,土壤硬度为 10～40kg/cm²,20cm 以下土壤紧实度随土壤深度的增加呈垂直变化,也就说土壤硬性不受深度的影响,不同部位差异也不明显,土壤硬度为 30～40kg/cm²(图 9-37)；翻耕土壤硬度随土壤深度的增加而增加,但趋势不明显,不同部位差异较大,苗侧高于休闲带和苗带,土壤硬度为 10～30kg/cm²(图 9-38)；留茬深松0～20cm 呈增加的趋势,不同部位差异较大,休闲带明显小于苗带,20～40cm 土壤硬度随深度增加呈垂直变化,为 10～30kg/cm²,说明土壤硬度呈稳定状态不受外部条件的影响,形成"苗带紧行间松"的理想耕层结构(图 9-39)；灭茬打垄土壤硬度随土壤深度的增加呈增加的趋势,0～10cm 增加趋势明显,10cm 以上趋势不明显,不同部分间差异也不明显,硬度为 10～40kg/cm²,土体比较紧实,与其他耕法比较,犁底层有上移的趋势(图 9-40)。

　　从图 9-41 中可以看出,不同耕层土壤硬度随土壤深度增加呈增加的趋势,0～15cm 增加趋势明显,免耕和灭茬打垄土壤硬度明显高于翻耕和留茬深松,在耕层 15cm 出现"拐点",土壤硬度随耕层深度的增加趋于平缓,但耕法间差异较明显,灭茬打垄＞免耕＞翻耕＞留茬深松。耕层 5cm 处灭茬打垄土壤硬度分别比留茬深松和翻耕高 129% 和20.11%,低于免耕(4.06%)；耕层 15cm 处灭茬打垄分别比免耕、翻耕和灭茬打垄高 7.30%、

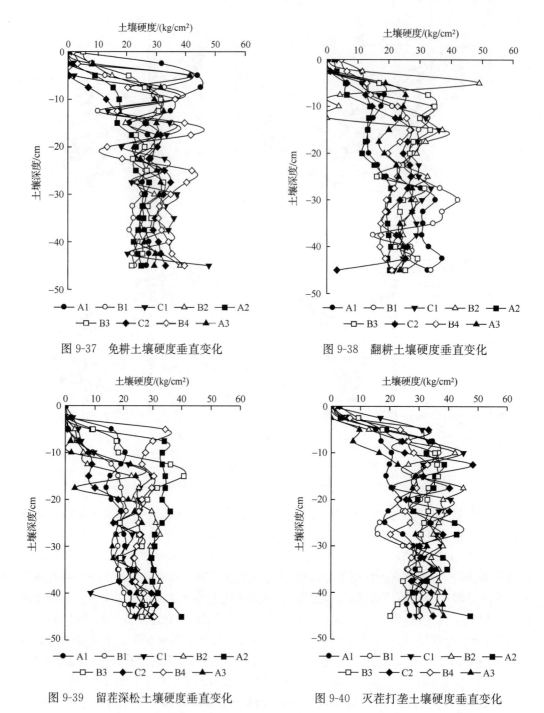

图 9-37　免耕土壤硬度垂直变化　　　　图 9-38　翻耕土壤硬度垂直变化

图 9-39　留茬深松土壤硬度垂直变化　　　图 9-40　灭茬打垄土壤硬度垂直变化

13.48% 和 20.05%；耕层 25cm 处灭茬打垄分别比免耕、翻耕和灭茬打垄高 1.50%、26.08% 和 32.80%，灭茬打垄与留茬深松差异达到显著水平；耕层 35cm 处灭茬打垄分别比免耕、翻耕和灭茬打垄高 16.93%、32.76% 和 37.02%，差异达到显著水平；耕层 45cm 处灭茬打垄分别比免耕、翻耕和灭茬打垄高 4.51%、44.73% 和 19.29%（表 9-17）。

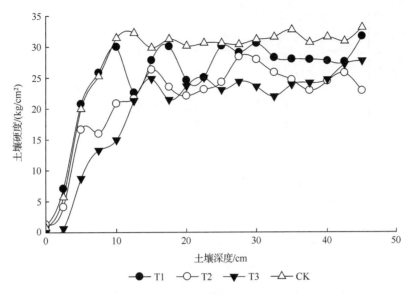

图 9-41　不同耕层土壤硬度垂直变化

T1. 免耕；T2. 翻耕；T3. 留茬深松；CK. 灭茬打垄

表 9-17　不同耕层对土壤硬度的影响　　　　　　（单位：kg/cm²）

处理	土壤深度/cm					
	0	5	15	25	35	45
T1	0.98Aa	20.77Aa	27.82Aa	30.14Aa	27.97ABb	31.66Aa
T2	1.30 Aa	16.63Aa	26.30 Aa	24.26Aab	24.64Bb	22.86Ab
T3	0.00 Aa	8.73 Aa	24.85Aa	23.03Ab	23.87Bb	27.74Aab
CK	0.74Aa	19.97Aa	29.85 Aa	30.59Aa	32.71Aa	33.09Aa

注：T1 为免耕；T2 为翻耕；T3 为留茬深松；CK 为灭茬打垄

对不同耕层土壤硬度随土壤深度变化比较表明（图 9-42），不同耕层 0～45cm 土壤硬度存在差异，0～20cm 各处理波动和差异较大，但随深度增加较明显，20～40cm 土壤硬度随深度增加趋于平缓，变幅不大，相对稳定，差异不太明显，40～50cm 各处理土壤硬度又出现波动，但不是很明显，有增加趋势，根据数据显示的结果可将土壤剖面分为 3 层：波动层（0～20cm）、稳定层（20～40cm）和相对波动层（40～50cm）。留茬苗紧行松比留茬苗松行松高 44.92%，比留茬苗紧行紧低 41.18%，处理间比较：留茬苗紧行紧＞留茬苗紧行松＞留茬苗松行松，垄作苗紧行松比垄作苗松行松硬度提高 19.16%，比垄作苗紧行紧降低 27.09%，处理间比较：垄作苗紧行紧＞垄作苗紧行松＞垄作苗松行松，留茬苗紧行松与垄作苗紧行松 0～45cm 分析差异不显著，土壤硬度状况较接近（表 9-18）。

5. 土壤呼吸

土壤有机碳库约 1500Pg C，是陆地生态系统的最大碳库，约占总量的 67%。土壤呼吸向大气提供 CO_2，是土壤有机碳输出的重要环节，在生物圈和大气圈碳交换中起着关键作用，其作为土壤生物活性、土壤肥力及透气性的指标而受到重视。土壤呼吸是土壤碳输

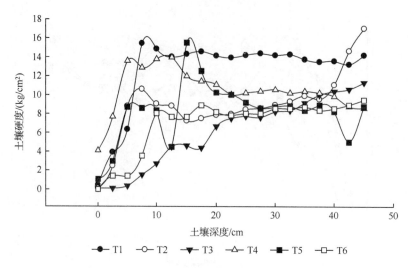

图 9-42　不同耕层构造土壤紧实度随土壤深度变化

T1. 留茬苗紧行紧；T2. 留茬苗紧行松；T3. 留茬苗松行松；T4. 垄作苗紧行紧；T5. 垄作苗紧行松；T6. 垄作苗松行松

表 9-18　不同耕层(0～45cm)对土壤硬度的影响（日期：6 月 29 日）（单位：kg/cm²）

处理	平均值	标准误	显著水平	
			LSD₀.₀₅	LSD₀.₀₁
留茬苗紧行紧	12.48	0.94	a	A
留茬苗紧行松	8.84	0.83	bc	BC
留茬苗松行松	6.10	0.86	d	C
垄作苗紧行紧	10.51	0.53	ab	AB
垄作苗紧行松	8.27	0.73	bcd	BC
垄作苗松行松	6.94	0.67	cd	C

出的主要途径，每年因土壤呼吸而排放 $50\sim75Pg\ C$，土壤呼吸是陆地生态系统碳收支的重要环节。农田生态系统是大气中 CO_2 的一个重要的源。农业耕作措施在碳循环中起着极其重要的作用，有研究表明不同的耕作措施是影响农田土壤呼吸的重要因素之一。吉林省农业科学院耕作课题组结合公主岭院区定位试验田，采用 Li-6400 土壤呼吸测定系统，测试了翻耕、留茬深松和免耕 3 种处理的秋季土壤呼吸值。结果见表 9-19。

表 9-19　不同耕作方式土壤呼吸速率测定结果　（单位：$\mu mol/(m^2\cdot s)$）

处理	平均值	标准差	标准误	变异系数	中位数
翻耕	1.3273	0.1326	0.0593	0.0999	1.3244
留茬深松	0.6877	0.0932	0.0417	0.1356	0.6788
免耕	0.8207	0.1405	0.0628	0.1712	0.7257

土壤呼吸是指土壤释放 CO_2 的过程，严格意义上讲是指未扰动土壤中产生 CO_2 的所有代谢作用，包括 3 个生物学过程(即土壤微生物呼吸、根系呼吸、土壤动物呼吸)和一个

非生物学过程,即含碳矿物质的化学氧化作用等几个生物学和非生物学过程。本次测定的时期选择在 10 月末,玉米收获后。这个时期玉米根系已经衰亡,而且土壤微生物呼吸及动物呼吸也已经变弱。因此测定的数值主要反应非生物学过程的土壤呼吸量,即含碳矿物质的化学氧化量(表 9-20)。

表 9-20 不同耕作方式土壤呼吸速率多重比较结果

耕作方式	平均值	显著水平	
		$LSD_{0.05}$	$LSD_{0.01}$
翻耕	1.340	a	A
免耕	0.782	b	B
留茬深松	0.744	b	B

从数据分析结果来看,翻耕处理的土壤呼吸量显著高于免耕及留茬深松处理。而免耕与留茬深松处理之间在秋季的土壤呼吸量上差异不显著。这也说明了连续翻耕加剧了土壤碳物质的分解,而少耕和免耕有利于有机质的累积。

1)土壤碳呼吸和土壤温度

表 9-21 是 2008 年和 2009 年两年在玉米收获后对长期定位试验土壤呼吸速率的测定结果,2008 年的测定结果均高于 2009 年,从 2008 年的测定结果中可以看出,CK 最高为 $0.9672\mu mol/(m^2 \cdot s)$,T2 最低为 $0.5521\mu mol/(m^2 \cdot s)$,比 CK 降低了 42.92%,表现规律为 CK>T1>T3>T2,处理间存在差异,但方差分析不显著;2009 年测定结果处理间表现的趋势与 2008 年的基本一致,为 CK>T3>T1>T4>T2,也是 CK 表现最高,T2 最低,变幅为 42.52%。说明秸秆还田与灭茬打垄相比,可以通过减少作业次数而有效减少人为对土壤的扰动,减小对土壤微生物环境的破坏,从而降低土壤的呼吸速率,而且秸秆还田中,以 T2 粉碎还田土壤呼吸速率最低,效果表现最好(表 9-21)。

表 9-21 玉米秸秆还田对土壤碳呼吸速率影响(单位: $\mu mol/(m^2 \cdot s)$)

年份	处理	重复			平均值±标准误	显著水平		降低/%
		1	2	3		$LSD_{0.05}$	$LSD_{0.01}$	
2008	CK	1.1055	0.4260	1.3698	0.9672±0.4869	a	A	—
	T1	0.1996	1.3732	0.7776	0.7835±0.5869	a	A	18.99
	T2	0.6218	0.4811	0.5533	0.5521±0.0703	a	A	42.92
	T3	0.5941	1.2652	0.4227	0.7607±0.4453	a	A	21.35
2009	CK	0.3743	0.2200	0.9564	0.5169±0.3884	a	A	—
	T1	0.4814	0.1496	0.3871	0.3394±0.1710	a	A	34.34
	T2	0.2657	0.3347	0.2909	0.2971±0.0349	a	A	42.52
	T3	0.3775	0.5699	0.3562	0.4346±0.1177	a	A	15.92
	T4	0.4595	0.3408	0.2116	0.3373±0.1240	a	A	34.75

注:CK 为灭茬打垄;T1 为全方位深松;T2 为粉碎还田;T3 高茬还田;T4 为条带还田。"—"代表无数据

玉米秸秆循环还田对土壤温度影响的研究结果表明(表 9-22),玉米收获后年际间比

较,2008 年土壤地温明显高于 2009 年,2008 年灭茬打垄地温比 T1、T2 和 T3 分别高 1.77％、21.84％和 20.42％,而且处理间经方差分析达到极显著水平($P \leqslant 0.01$);2009 年各处理差异达到显著水平($P \leqslant 0.05$),而且 CK 最高,粉碎还田地温最低,变幅为 53.79％,处理间表现规律为 CK>T4>T3>T1>T2。从结果可以看出秸秆可以减少蒸发,通过深松蓄水保墒,有效抑制土壤湿度状况的改变,从而减少土壤干湿交替变化,使土壤呼吸量降低。

表 9-22　玉米秸秆还田对土壤温度影响

年份	处理	重复/℃			平均值±标准误	显著水平		减低/%
		1	2	3		LSD$_{0.05}$	LSD$_{0.01}$	
2008	CK	14.15	13.89	14.41	14.15±0.26	a	A	—
	T1	13.45	13.81	14.45	13.90±0.51	a	A	1.77
	T2	11.02	11.05	11.12	11.06±0.05	b	B	21.84
	T3	10.28	10.91	12.60	11.26±1.20	b	B	20.42
2009	CK	9.78	9.50	9.61	9.63±0.14	a	A	—
	T1	4.97	6.23	5.867	5.69±0.65	b	B	40.91
	T2	4.43	4.44	4.47	4.45±0.02	c	C	53.79
	T3	9.36	9.32	8.91	9.20±0.25	a	A	4.47
	T4	9.68	9.52	9.58	9.60±0.08	a	A	0.31

注:CK 为灭茬打垄;T1 为全方位深松;T2 为粉碎还田;T3 高茬还田;T4 为条带还田。"一"代表无数据

2)土壤呼吸与温度的相关性

土壤呼吸与温度的相关分析表明(图 9-43),CK、T1、T2、T3 和 T4 各处理的土壤呼吸速率与地温均呈极显著正相关系($P \leqslant 0.01$),相关系数分别为 0.8744**、0.9615**、0.9817**、0.9916** 和 0.9214**,各处理土壤呼吸速率均随土壤呼吸的增加而增加。通过两年对不同处理下土壤呼吸速率与温度的回归分析,4 个处理土壤呼吸速率与温度相关性均达到极显著水平($P \leqslant 0.01$),这一结果说明土壤呼吸与地温存在密切关系,并且温度是影响土壤呼吸的重要因素之一,与前人研究结果基本一致(牛灵安等,2009;黄懿梅等,2009)。

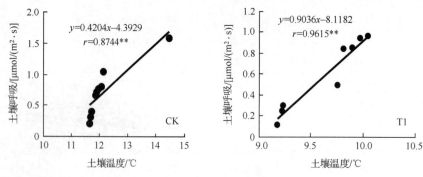

图 9-43　土壤呼吸与土壤温度的相关性分析

CK. 灭茬打垄;T1. 全方位深松;T2. 粉碎还田;T3. 高茬还田;T4. 条带还田

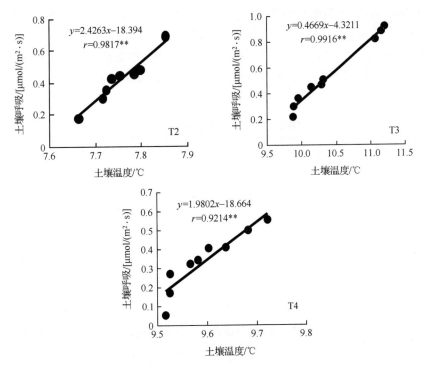

图 9-43(续)　土壤呼吸与土壤温度的相关性分析

6. 株高和叶面积

株高与光能利用有密切的关系。植株过矮,叶片间距小,相互遮光严重。但若植株过高,则在水平方向上的投影较大,也不利于光能利用。不同耕层对玉米株高的影响结果表明(表 9-23),不同耕层影响玉米株高,留茬苗紧行松株高分别比留茬苗紧行紧和留茬苗松行松株高高 29.4cm 和 31.4cm,垄作苗紧行松分别比垄作苗紧行紧和垄作苗松行松高 19cm 和 30.8cm,处理间差异达到显著水平,说明苗紧行松耕层通过改善土壤环境,促进植株生长发育。

表 9-23　不同耕层对植株株高的影响(日期: 6 月 29 日)　　　(单位: cm)

处理	平均值	标准误	显著水平	
			$LSD_{0.05}$	$LSD_{0.01}$
留茬苗紧行紧	56.00	3.36	d	D
留茬苗松行松	54.00	3.03	d	D
留茬苗紧行松	85.40	2.38	b	B
垄作苗紧行紧	80.00	3.08	b	B
垄作苗松行松	68.20	3.15	c	C
垄作苗紧行松	99.00	0.77	a	A

叶面积是植株光合作用同化光合产物的重要器官,叶面积的大小和光合能力的强弱影响同化产物的积累,从而制约产量的高低。对不同耕层间植株叶面积比较研究表明,不

同处理间差异明显,留茬苗紧行松叶面积分别比留茬苗紧行紧和留茬苗松行松叶面积高17.99%和64.90%(表9-24),处理间差异达到显著水平;同比,叶面积指数分别高17.74%和64.97%(表9-25),留茬苗紧行松叶面积和叶面积指数分别比垄作苗紧行松提高4.19%和4.29%,但差异不显著,说明两种耕层均对植株叶面积增加有一定的促进作用。

表 9-24　不同耕层对植株叶面积的影响(日期:7月14日)　　(单位:cm²)

处理	平均值	标准误	显著水平	
			$LSD_{0.05}$	$LSD_{0.01}$
留茬苗紧行紧	4128.71	139.07	b	A
留茬苗松行松	2954.19	214.60	c	B
留茬苗紧行松	4871.45	116.53	a	A
垄作苗紧行紧	4591.84	49.17	ab	A
垄作苗松行松	4150.35	162.16	b	A
垄作苗紧行松	4675.29	437.81	ab	A

表 9-25　不同耕层对植株叶面指数的影响(日期:7月14日)　　(单位:cm²)

处理	平均值	标准误	显著水平	
			$LSD_{0.05}$	$LSD_{0.01}$
留茬苗紧行紧	2.48	0.08	b	A
留茬苗松行松	1.77	0.13	c	B
留茬苗紧行松	2.92	0.07	a	A
垄作苗紧行紧	2.76	0.03	ab	A
垄作苗松行松	2.49	0.10	b	A
垄作苗紧行松	2.80	0.26	ab	A

7. 叶片光合生理特性

1) 光合特性

对宽窄行、免耕、翻耕和常规耕法条件下玉米叶片光合特性的研究结果表明,不同耕法对玉米叶片净光合速率(Pn)的影响差异显著($P \leqslant 0.05$)(图9-44a),与免耕、翻耕和常规耕法相比,宽窄行耕法玉米叶片净光合速率分别提高了30.73%、14.79%和10.71%,这可能是由于宽窄行种植能很好地改善冠层的通风透光条件,从而提高了叶片的光合能力;对于水分利用效率(WUE)(图9-44a)和气孔导度(Gs)(图9-44b)耕法间相比较,宽窄行均高于免耕、翻耕和常规耕法,差异显著($P \leqslant 0.05$),而玉米叶片蒸腾速率(Tr)表现的规律为,宽窄行>常规耕法>免耕>翻耕(图9-44b)。

2) 叶绿素和比叶重

不同耕法条件下玉米叶片叶绿素含量差异显著($P < 0.05$),宽窄行种植条件下明显高于免耕、翻耕和常规耕法,叶绿素含量分别高出18.32%、8.87%和3.88%,而且免耕法叶片中叶绿素含量最低(图9-45a);比叶重(SLW)是衡量叶片质量与厚度的重要指标,

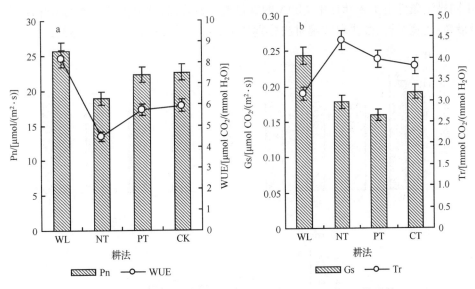

图 9-44 不同耕法条件下玉米叶片 Pn、WUE、Gs 和 Tr 的比较
WL. 宽窄行；NT. 免耕；PT. 翻耕；CT. 常规耕法

图 9-45b 表明,宽窄行栽培条件下玉米叶片的比叶重(SLW)显著高于免耕、翻耕和常规耕法,且达到显著水平,但免耕、翻耕和常规耕法差异不显著。

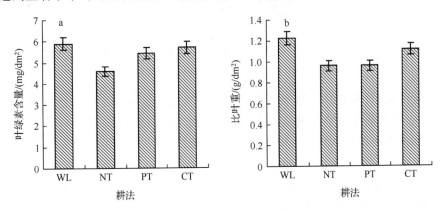

图 9-45 不同耕法条件下玉米叶片叶绿素和比叶重(SLW)的比较
WL. 宽窄行；NT. 免耕；PT. 翻耕；CT. 常规耕法

3) 可溶性糖、可溶性蛋白和丙二醛

对不同耕法种植条件下玉米叶片中可溶性糖、可溶性蛋白和丙二醛(MDA)含量的测定结果表明(图 9-46),宽窄行种植条件下玉米叶片中可溶性糖含量显著高于免耕、翻耕和常规耕法,分别提高了 26.62%、30.12% 和 10.02%,而且翻耕条件下叶片中含量最低为 11.22mg/g,不同耕法间差异显著(图 9-46a);宽窄行种植条件下叶片中可溶蛋白含量与免耕相比差异显著,免耕、翻耕和常规耕法间差异不显著,免耕条件下叶片含量最低为 7.83mg/g(图 9-46b);丙二醛(MDA)是细胞膜脂过氧化作用的产物,它的产生能加剧细胞膜的损伤,图 9-46c 是对不同耕法条件下玉米叶片 MDA 含量的测定结果,方差分析表

明,不同耕法条件下玉米叶片中 MDA 的含量差异显著,而且免耕条件下玉米叶片丙二醛含量最高,比宽窄行、翻耕和常规耕法分别高出 26.30%、19.84%和 20.83%。

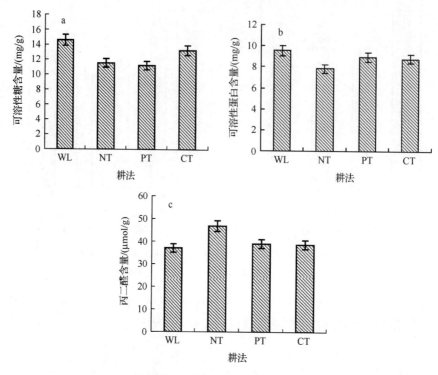

图 9-46 不同耕法条件下玉米叶片可溶性糖、可溶性蛋白和 MDA 含量的比较
WL. 宽窄行;NT. 免耕;PT. 翻耕;CT. 常规耕法

相关分析表明(表 9-26),宽窄行种植条件下玉米产量与叶片的净光合速率、叶绿素含量、可溶性糖含量呈显著正相关($P \leqslant 0.05$),而与丙二醛的含量呈显著负相关($P \leqslant 0.05$);免耕条件下玉米产量与叶片叶绿素含量和比叶重呈显著正相关($P \leqslant 0.05$),而与可溶性蛋白和丙二醛的含量呈负相关,但未达到显著水平;翻耕条件下玉米产量与各项生理指标均未达到显著水平,并且与水分利用效率呈负相关;常规耕法条件下玉米产量与叶片净光合速率、比叶重、可溶性糖和可溶性蛋白含量呈正相关,并且与可溶性蛋白含量达到显著水平($P \leqslant 0.05$),而与水分利用效率、叶绿素含量和丙二醛的含量呈负相关,但不显著。

表 9-26 玉米产量与叶片某些生理指标的相关性分析

处理	净光合速率	水分利用效率	叶绿素	比叶重	可溶性糖	可溶性蛋白	丙二醛
宽窄行	0.90*	−0.89	0.95*	0.53	0.99*	0.97*	−0.93*
免耕	0.89	0.86	0.98*	0.99**	0.17	−0.04	−0.67
翻耕	0.82	−0.67	0.90	0.44	0.30	0.57	−0.64
常规耕法	0.23	−0.77	−0.53	0.03	0.55	0.93*	−0.67

注:* $P < 0.05$,** $P < 0.01$

宽窄行种植条件下玉米的产量显著高于免耕、翻耕和常规耕法,分别提高 15.87%、

16.54%和9.87%，并且免耕、翻耕和常规耕法间玉米产量差异不显著。宽窄行种植条件下玉米冠层的光合特性好于免耕、翻耕和常规耕法，而叶片的净光合速率提高了30.73%、14.79%和10.71%，水分利用效率明显提高。

宽窄行种植改变了玉米株行结构，使玉米叶片的理化性状也发生了变化，叶绿素含量、比叶重、可溶性糖和可溶性蛋白含量都明显高于免耕、翻耕和常规耕法；免耕条件下玉米叶片丙二醛含量最高，比宽窄行、翻耕和常规耕法分别高出26.30%、19.84%和20.83%。可见宽窄行种植明显地改善了冠层结构，提高了玉米的抗逆性，延缓了植株过早衰老，提高了光合效率，从而进一步发挥了玉米的增产潜力。

8. 玉米根系

由表9-27可见，留茬深松通过深松打破犁底层，促进根系生长，同时促进了气生根的生长，气生根条数比灭茬打垄增加16.8条，气生根干重比灭茬打垄提高4.62g，地下根干重增加20.52g，气生根层数增加0.8层，处理间差异达到显著水平。

表9-27 不同耕层构造对玉米气生根的影响（2009年）

处理	重复	根数	气生根干重/g	地下根干重/g	气生根层数
留茬深松	I	20.00	2.29	75.43	2.00
	II	34.00	11.67	35.82	2.00
	III	26.00	9.53	81.40	2.00
	IV	27.00	9.20	79.99	2.00
	V	34.00	7.35	49.78	2.00
	平均值±标准误	28.20±2.65a	8.01±1.58a	64.48±9.17a	2.00±0.00a
灭茬打垄	I	9.00	2.88	47.32	1.00
	II	4.00	0.40	46.71	1.00
	III	22.00	8.11	53.05	2.00
	IV	9.00	2.70	30.32	1.00
	V	13.00	2.88	42.41	1.00
	平均值±标准误	11.40±3.01b	3.39±1.26b	43.96±3.80b	1.20±0.20b

对不同耕层根系生长动态研究表明（图9-47），根系干重随生育期的延伸呈下降趋势，成熟期根系干重仅为吐丝期的55%左右，而且在各个生育时期表现为深松大于未深松，在吐丝期和乳熟期达到显著水平，留茬深松处理分别较不深松处理高19.18%和18.41%。

从图9-48可知，不同处理间的衰减率有所差异，仍是以留茬深松下降幅度较小，从下降比例上成熟期较吐丝期更迅速，两个时期分别较未深松处理减缓24.53%和16.52%。可见深松更有利于根系的发育，具有延缓玉米植株衰老的作用。

9. 干物质积累

干物质生产不仅受光合作用的影响，而且受呼吸作用，有机物质运输、转化、分配、器官发育，激素控制等多种生理过程的影响，是比较广泛复杂的生理学过程，对于改进栽培措施、培育优良品种具有重要意义。本研究采取不同的耕作措施，其对植株干物质积累的

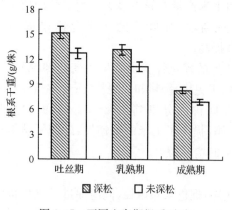

图 9-47 不同生育期根系干重 · · · · · · · · · · · · · · · · · · · 图 9-48 不同生育期根系衰减量

影响见表 9-28,不同耕层影响植株干物质积累,垄作苗紧行松干物质均高于垄作苗紧行紧和垄作苗松行松,每天每平方米干物质量多积累 5.73g 和 5.23g,平作苗紧行松分别比平作苗紧行紧和平作苗松行松平均每天每平方米干物质量多积累 5.84g 和 2.07g,留茬苗紧行松分别比留茬苗紧行紧和留茬苗松行松平均每天每平方米干物质量多积累 0.69g 和 3.96g;垄作苗紧行松、平作苗紧行松和留茬苗紧行松干物质量明显高于传统耕法,平均每天每平方米多积累干物质量 4.45g、3.24g 和 2.55g,群体生长速率均表现同样的规律。

表 9-28 不同耕层对植株干物质积累的影响

处理		干重/(g/株)		净同化率	相对生长率
		7 月 20 日	9 月 9 日	/[g/(m² · d)]	/[g/(g · d)]
垄作	苗紧行紧	45.56	125.56	9.05	0.0065
	苗紧行松	49.89	180.56	14.78	0.0082
	苗松行松	36.11	120.56	9.55	0.0077
平作	苗紧行紧	42.78	111.11	7.73	0.0061
	苗紧行松	46.67	166.67	13.57	0.0082
	苗松行松	39.44	141.11	11.50	0.0082
留茬	苗紧行松	47.78	161.67	12.88	0.0078
	苗紧行紧	45.00	152.78	12.19	0.0078
	苗松行松	41.67	120.56	8.92	0.0068
传统耕法 CK		43.11	134.44	10.33	0.0073

10. 玉米产量

1)长期定位试验对玉米产量的影响

从图 9-49 中可以看出,留茬深松与灭茬打垄产量年份间波动较大,但趋势一致,1998～2000 年呈增加的趋势,2000～2002 年呈下降变化,2002～2006 年产量表现比较平稳,2006 年以后表现先增产后降低再增加的趋势。通过产量对比得出,从 1998 年到现在留茬深松种植模式下玉米产量明显高于对照灭茬打垄,13 年间平均增产 13.3%(表 9-29)。增产原因分析是留茬深松种植技术和对照现行耕法比较,留茬深松种植模式能够打破犁底层,调节土壤理化性状;能够实现宽窄行种植,发挥边行优势作用,适当增加密度提高光能利用率;能够实现秸秆还田,起到培肥土壤的作用。

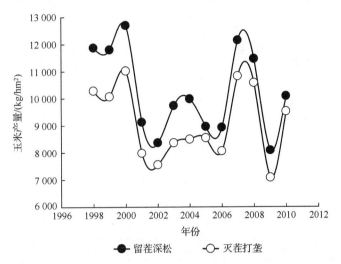

图 9-49　不同构造耕层对玉米产量的影响(1998~2010 年)

表 9-29　玉米产量结果比较

处理	年度	单产/(kg/hm²)	增产幅度/%	经济系数/%
留茬深松	1998	11 869.1	115.5	53.60
	1999	11 796.0	117.2	54.10
	2000	12 693.0	115.2	53.90
	2001	9 122.0	114.4	—
	2002	8 363.4	110.8	53.20
	2003	9 731.1	116.4	—
	2004	9 977.0	117.5	52.10
	2005	8 959.0	104.9	—
	2006	8 928.6	110.9	50.80
	2007	12 139.5	121.7	54.90
	2008	11 458.6	108.4	52.55
	2009	8 079.1	114.2	51.78
	2010	10 078.8	105.9	52.13
	平均	10 245.8	113.3	52.91

处理	年度	单产/(kg/hm²)	增产幅度/%	经济系数/%
现行耕法 （CK）	1998	10 276.3	100	51.10
	1999	10 064.8	100	50.20
	2000	11 018.2	100	51.00
	2001	7 973.8	100	—
	2002	7 548.2	100	51.30
	2003	8 360.1	100	—
	2004	8 489.6	100	51.80
	2005	8 539.2	100	—
	2006	8 053.8	100	48.20
	2007	10 822.5	100	51.00
	2008	10 571.3	100	50.30
	2009	7 074.6	100	50.78
	2010	9 517.1	100	51.43
	平均	9 100.7	100	50.70
宽窄行与 CK 比较		+1 243.1	+13.3	+2.21

注：品种为'四密 25'、'郑单 958'、'良玉 8'等；第 1~3 品种为'四密 25'，第 4 品种为'吉单 260'，第 5~9 年品种为'郑单 958'。"—"表示无数据

2）不同耕层构造对玉米产量的影响

对不同耕层产量结果比较的研究表明，苗紧行松、苗紧行紧和苗松行松产量均比高传统耕法提高 28.37%、11.29% 和 6.92%，处理间差异达到显著水平；苗紧行松、苗紧行紧和苗松行松处理间比较，苗紧行松分别比苗紧行紧和苗松行松玉米产量提高 20.06% 和 4.08%，苗紧行松与苗松行松产量差异达显著水平，与苗紧行紧差异未达显著水平，说明苗紧行松能显著提高产量，对增产有明显效果（表 9-30）。

表 9-30　不同耕层对产量性状的影响

处理	产量/(kg/hm²)			平均值±标准误	显著水平	
	重复Ⅰ	重复Ⅱ	重复Ⅲ		$LSD_{0.05}$	$LSD_{0.01}$
苗紧行松	13 092.68	13 112.79	13 311.72	13 172.40±69.90	a	A
苗紧行紧	12 580.67	11 875.73	9 801.39	11 419.26±834.14	ab	A
苗松行松	12 649.28	9 689.92	10 574.22	10 971.14±877.04	b	A
传统耕法	10 338.16	10 785.16	9 658.70	10 260.67±327.48	b	A

11. 风蚀和水蚀

立茬覆盖＋间隔深松技术体系对于控制土壤流失效果显著。于春播前对留茬深松田块及常规灭茬打垄田块采集扬尘量，进行土壤风蚀量的测定，测定结果表明，留茬深松较常规灭茬打垄土壤风蚀量降低 5.9%~11.0%（表 9-31）。

表 9-31　土壤风蚀测定结果

日期	留茬深松/g	灭茬起垄/g	减低/%
3 月 20 日	14.3	15.2	5.9
4 月 5 日	15.8	17.6	10.2
4 月 20 日	11.2	12.3	8.9
5 月 5 日	9.7	10.9	11.0

6 月上旬至 7 月下旬,在田间布置土壤水蚀量采集装置,进行土壤水蚀量的测定,结果表明,在多雨期间,留茬深松较常规灭茬打垄土壤水蚀量降低 20.2%(表 9-32)。

表 9-32　土壤水蚀测定结果

桶编号	留茬深松/g	灭茬打垄/g	降低/%
Ⅰ	7.8	10.2	23.5
Ⅱ	11.6	13	15.4
Ⅲ	7.1	9.1	21.8
平均	8.83	10.7	20.2

12. 节本增效

玉米留高茬宽幅深松技术模式在追肥期深松的基础上,收后在宽行旋耕一次,达到播种标准;均匀垄留高茬窄幅深松技术模式全生育期仅在追肥期实施一次深松追肥作业,不采取其他整地措施。避免了常规耕作技术的多次整地而导致的土壤失墒严重问题,春季不整地直接播种,利于保墒、保苗。同时降低了田间作业成本,减少了能源消耗,留茬深松技术体系较常规耕作技术节的成本 300 元/hm² 以上(表 9-33)。

表 9-33　田间作业成本比较

种植方式	整地	种子	播种	田间管理	合计	节省费用
宽窄行种植	秋旋耕 80 元/hm²	300 元/hm²	机播 100 元/hm²	除草 150 元/hm² 深松+追肥 100 元/hm²	730 元/hm²	—
现行耕法(CK)	翻+耙 260 元/hm²	300 元/hm²	机播 100 元/hm²	除草 150 元/hm² 中耕 2 次+追肥 200 元/hm²	1010 元/hm²	280 元/hm²
	灭茬+打垄 200 元/hm²	300 元/hm²	畜力机 100 元/hm²	除草 150 元/hm² 中耕 2 次+追肥 200 元/hm²	950 元/hm²	220 元/hm²

(四)吉林省少耕技术评价

东北黑土区开发较晚,长期掠夺式经营,导致农业生态环境恶化,尤其是黑土退化问题成为当前关注的热点问题,传统的粗放型农作模式加速了黑土退化,而保护性耕作在保护水土流失、遏制黑土退化方面具有重要优势。近年来,吉林省开展了许多保护性耕作技术与模式的研究,形成适合该区域的保护性耕作技术模式或体系。本研究选取目前吉林省推广面积较大的 4 种保护性耕作模式(均由吉林省农科院刘武仁研究员及团队发明,并获得国家发明专利)(表 9-34)。

表 9-34　主要农事对照

月份	作物	播种	整地	施肥	灌溉	打药	中耕	收获	秸秆处理
1									
2									
3									
4	玉米	玉米播种	4 种对照:整地						
5	玉米					打药			
6	玉米		CT2:1 次	CT1、CT3、CT4 和 CK 均为 1 次			中耕		
7	玉米								
8	玉米								
9	玉米								
10	玉米			CT1:1 次				玉米收获	CT1、CT2、CT3 和 CT4 留高茬 CK:根茬粉碎
11									
12									

注：CT1 为玉米留茬垄侧种植技术，指在玉米收获后留茬 15cm(留茬高度)，翌年春天在留茬垄的垄侧播种。

CT2 为玉米宽窄行交替休闲种植技术，主要内容是把现行耕法的均匀垄(65cm)种植，改成宽行 90cm，窄行 40cm 种植，宽窄行追肥在 90cm 的宽行结合深松进行追肥。秋收时苗带留高茬 45cm 左右，秋收后用条带旋耕机对宽行进行旋耕，达到播种状态，窄行(苗带)留高茬自然腐烂还田；翌年春天，在旋耕过的宽行播种，形成新的窄行苗带，追肥期在新的宽行中耕深松追肥，即完成了隔年深松苗带轮换，交替休闲的宽窄行耕作。

CT3 为玉米留茬直播种植技术，垄距为 50～80cm，每垄的大小均匀一致，玉米收获后不灭茬，翌年春天在原垄上用茬地播种机进行破茬播种的耕种方法。

CT4 为玉米灭高茬深松整地种植技术，指第一年在均匀垄种植(垄距为 65cm)的玉米收获时留高茬 30cm(留茬高度)，进行秋整地，用通用灭茬机灭掉高茬，同时，起垄镇压达到播种状态。碎茬在土壤中自然腐烂还田；翌年春天不进行整地，直接在第一年整地所成的垄上进行精量播种，追肥期在田间进行中耕(深度 18～25cm)，秋收时仍留高茬 20～30cm，进行秋整地灭掉高茬成垄。

对照均为传统的玉米均匀垄种植方式(具体投入有个别不同)，因此，4 种保护性耕作模式的相应对照分别表示为 CK1、CK2、CK3、CK4

1. 基本原理与评价指标

1)"少动土"原理与评价指标

该原理主要是通过少免耕等技术尽量减少土壤扰动，达到减少土壤侵蚀的效果(高旺盛，2007)。此外，不同区域研究证实，保护性耕作可以有效增加耕层较大粒径非水稳定性大团聚体，维持良好的孔隙状态，改善土壤结构，提高土壤质量。

根据此原理，保护性耕作技术与非保护性耕作技术的区别首先在土壤耕作上必须实现"少动土"的目标。因此，本文初步考虑可以采用"动土指数"(I_s)这一综合指标作为界定保护性耕作的"少动土"特征。"少动土"是为了避免"多动土"对土壤质量的破坏和生产耗能大等不利影响，某项技术必须达到"少动土"(动土指数必须低于传统的耕作方式)的原则,才能纳入保护性耕作技术的范畴。动土指数的内涵是某地区某种农业生产模式(技术)每年的耕作次数及能量投入的总和。能量投入包括机械、畜力、人工等与土壤扰动有关的耗能。具体表达公式如下

$$I_s = \sum_{i}^{n} (E_i)/n \tag{9-1}$$

式中, I_s 为动土指数; E_i 为 i 次耕作单位面积的能量投入($i=1,2,3\cdots$); n 为全年耕作次数。

2)"少裸露"原理与评价指标

在土壤侵蚀、水土流失的各影响因素中,植被是一个十分重要的因子。一切形式的植被覆盖,均可不同程度地抑制水土流失的发生(蒋定生,1997)。有研究表明,保护性耕作的秸秆覆盖和作物留高茬能减少土壤流失,尤其在干旱半干旱地区(王晓燕等,2000),农田覆盖主要是通过秸秆覆盖、绿色覆盖等地表覆盖技术实现地表"少裸露"。农田增加秸秆覆盖不仅能减少土壤流失,而且能增加土壤有机质、土壤速效磷和速效钾等土壤营养元素和土壤水分(曾木祥等,2002;徐国伟等,2005;陈素英等,2004;吴婕等,2006;郑家国等,2006)。

根据此原理,实施保护性耕作的农田全年田间地表覆盖度和秸秆还田量必须高于传统的耕作方式。由于我国区域自然气候条件不尽相同,增加地表覆盖度可以通过地表残茬实现(如西北干旱半干旱地区),也可以通过绿肥、冬季作物等方式实现(如南方冬闲田)。因此,本文设计的覆盖度指标是地表周年覆盖度(YCI$_i$)的概念,不仅包括了作物生长期的覆盖度,而且包括了冬春季节的非作物生产期(休闲期)的地表覆盖,具体的计算公式如下

$$\text{YCI}_i = \frac{\text{GCI} + \text{FCI}}{12} \tag{9-2}$$

式中,生产期覆盖度指数(GCI$_i$):$\text{GCI}_i = \dfrac{\sum \text{CI}_i}{n}$,其中,CI$_i$ 为作物生长期的覆盖度,n 为生长期的月数。休闲期覆盖度指数(FCI$_i$):$\text{FCI}_i = \dfrac{\sum \text{MCI}_i}{12-n}$,MCI$_i$ 为休闲期地表覆盖度。

本文的覆盖度主要由科研人员采取目测法对每个月田间的覆盖物情况估算得出。

3)"少污染"原理与评价指标

少污染原理就是通过合理的作物搭配、耕层改造、水肥调控等配套技术,实现对温室气体、地下水硝酸盐、土壤重金属等对大气环境不利因素的控制。作物生产过程中化肥、农药等化学品的过量投入会造成富营养化、环境酸化和毒性等潜在问题,同时农业生产的物质消耗及其使用过程也会带来温室气体排放等潜在影响(梁龙等,2009),减少农业物质消耗应该是农业可持续性技术的重要评价内容。

本文确定的评价指标主要包括以下几项。

(1)减少农药使用:单位面积农田全年农药投入量减少比例(与对照相比)。

(2)减少化肥使用:单位面积农田全年化肥投入量减少比例(与对照相比)。

(3)减少温室气体排放:单位面积减少温室气体排放的比例(与对照相比)。本文中

所涉及的温室气体主要指农资生产如农药、化肥生产过程中产生的二氧化碳，以及农机工作产生的二氧化碳排放。本文通过调查作物生产中的化肥、农药的使用量及机械耗油量，用生命周期评价的计算公式将农资转换成二氧化碳的排放，由此来核算保护性耕作相对传统耕作的温室气体排放量变量（梁龙等，2009）。

综合上述 3 个指数，采取平均值的方法计算得出保护性耕作模式的"少污染"综合得分，在具体计算时，如果保护性耕作模式与对照相比某个指数的比例为负值（减少了），则得分为"正"，如果增加了，则为"负"。

4）"高保蓄"原理与评价指标

"高保蓄"原理主要通过少免耕、地表覆盖及配套保水技术的综合运用，达到保水、保肥、保土的效果，属于保护性耕作的效应指标。土壤耕层是土壤根系活动的主要区域，对作物的生长发育和产量形成有着直接的联系，因此本文设计了保肥指数、保土指数及蓄墒指数作为评价"高保蓄"的共性技术界定指标。

（1）保肥指数。先分别计算土壤有机质、全氮、速效磷、速效钾含量，采用全国土壤普查中规定的肥料等级计算（全国土壤普查办公室，1992）。

土壤保肥指数 ＝ 0.4 × 有机质指数 ＋ 0.2 × 全氮指数 ＋ 0.2 × 速效磷指数 ＋ 0.2 × 速效钾指数

$$单项指数 ＝ (2 × 丰 \% ＋ 1 × 中 \% ＋ 0 × 缺 \%)/2 \tag{9-3}$$

在此基础上计算保护性耕作模式的保肥指数比对照增加的比例。

（2）保土指数。单位面积农田周年减少的土壤损失量的比例（与对照相比）。

（3）蓄墒指数。作物生长期平均土壤含水量与对照相比增加的百分数。

综合上述 3 个指数，采取平均值的方法计算得出保护性耕作模式的"高保蓄"综合得分。

5）"高效益"原理与评价指标

高效益原理主要是通过保护性耕作核心技术和相关配套技术的综合运用，实现保护性耕作条件下的耕地最大效益产出。根据此原理，本文设计的评价指标主要包括以下几个方面。

（1）直接经济效益增加比例：单位面积农田全年作物产量的经济价值（与对照相比）。

（2）减少成本比例：单位面积农田全年减少化肥、农药、灌溉及油品（机械耗油）投入的花费（与对照相比）。

（3）减少劳力的比例：单位面积农田全年减少劳动时间，可折算成标准工核算（与对照相比）。

综合上述 3 个指数，采取平均值的方法计算得出保护性耕作模式的"高效应"综合得分。

2. 结果分析

1）"少动土"特征分析

吉林玉米种植过程中的动土环节主要包括播种，以及播种前的整地、施肥、中耕施肥或除草、收获后的秋整地。本研究的对照均为均匀垄种植方式，根茬在玉米秋季收获后灭掉(秋整地);留茬垄侧种植技术与留茬直播种植技术秋季不整地春季直播(根茬自然腐烂)属于免耕;宽窄行交替休闲种植技术收获玉米后用旋耕机旋耕整地,不灭茬,属于少耕秸秆还田;灭高茬深松整地种植技术和均匀垄一样秋季灭茬整地。

4 种保护性耕作模式与均匀垄相比,动土程度呈现不同程度的下降,"少动土"特征表现比较明显。但是 4 种模式表现有较大的差别,灭高茬深松整地种植技术的动土指数最高为 510.4,由于减少了中耕环节,灭高茬深松整地种植技术比均匀垄减少了 14.7%;宽窄行交替休闲种植技术秋季虽然需要旋耕整地,但耕作面积下降,耗能降低,动土指数为 475.2,仅低于灭高茬深松整地种植技术,与均匀垄相比减少动土程度为 20.6%;留茬垄侧种植技术与留茬直播种植技术为免耕播种,由于减少了整地环节,动土指数最低,均为 193.6,与其相应的均匀垄相比分别减少了 67.6% 和 65.6%(表 9-35)。

表 9-35 不同耕作模式的动土环节及其耗能情况

模式	播种耗油 /(L/hm²)	中耕施肥 /(L/hm²)	秋整地 /(L/hm²)	共计耗能 /(MJ/hm²)	耕作次数 /次	动土指数 /(MJ/hm²)	降低 /%
CT1	3	2.5	0	193.6	2	193.6	67.6
CK1	3	5	9	598.4	3	598.4	—
CT2	3	2.5	8	475.2	3	475.2	20.6
CK2	3	5	9	598.4	3	598.4	—
CT3	3	2.5	0	193.6	2	193.6	65.6
CK3	3	5	8	563.2	3	563.2	—
CT4	3	2.5	9	510.4	3	510.4	14.7
CK4	3	5	9	598.4	3	598.4	—

注:CT1、CT2、CT3、CT4、CK1、CK2、CK3 和 CK4 含义同表 9-34。"—"表示无数据

2)"少裸露"特征分析

吉林玉米田的覆盖物主要包括了作物生长期的覆盖和休闲期的覆盖,其中作物生长期的覆盖主要是 5 月玉米播种到 10 月玉米收获期间的覆盖,以玉米作物覆盖为主;休闲期的覆盖主要指玉米播种前和玉米收获后的覆盖度,主要以玉米留茬覆盖为主。

根据式(9-2)计算结果显示(表 9-36),由于保护性耕作休闲期的秸秆留茬覆盖,4 种保护性耕作模式年度覆盖度显著高于传统耕作覆盖度($P<0.01$),其中 CT2 最高,为 55.4%,相比对照增加了 23.1%;CT3 为 53.8%,增加了 22.9%;CT1 与灭高茬深松整地种植技术均为 50.4%,分别增加了 17.5% 与 15.2%。4 种保护性耕作措施在玉米生育期的覆盖度与对照相比无显著差异,而休闲期覆盖度的差异则达到极显著水平($P<0.01$)。

3)"少污染"特征分析

少污染指标包含农药污染、化肥污染及温室气体污染。计算结果表明(表 9-37),从化肥、农药的减量化情况来看,由于 4 种保护性耕作的秸秆还田等措施,农田病虫草害都有不同程度的加重,因此 4 种保护性耕作模式(与对照相比)使用的农药与传统耕作的使用类型有所不同,且用量有所增加。4 种保护性耕作措施均比对照多了 20.5% 的农药。

表 9-36　不同耕作模式的覆盖度

覆盖度/%	休闲期平均/%	生育期平均/%	总计/%	与对照相比/%
CT1	21.7	79.2	50.4	17.5
CK1	6.7	79.2	42.9	—
CT2	25.0	85.8	55.4	23.1
CK2	5.0	85.0	45.0	—
CT3	25.0	82.5	53.8	22.9
CK3	5.0	82.5	43.8	—
CT4	18.3	82.5	50.4	15.2
CK4	5.0	82.5	43.8	—

　　注：CT1、CT2、CT3、CT4、CK1、CK2、CK3 和 CK4 含义同表 9-34。"—"表示无数据

　　由于秸秆还田,分解秸秆的土壤微生物 C/N 值不平衡,为了防止微生物与作物氮竞争,4 种保护性耕作模式均比对照多了 13.7% 的化肥。多使用的化肥和农药增加了环境污染的潜在危险。

表 9-37　不同耕作模式的化肥、农药使用及温室气体排放情况

物质	JL-CT1	JL-CK1	JL-CT2	JL-CK2	JL-CT3	JL-CK3	JL-CT4	JL-CK4
农药/(kg/hm²)	3.0	2.5	3.0	2.5	3.0	2.5	3.0	2.5
与对照相比/%	20.5	—	20.5	—	20.5	—	20.5	—
柴油/(L/hm²)	16.5	28.0	24.5	28.0	16.5	27.0	25.5	28.0
与对照相比/%	−41.1	—	−12.5	—	−38.9	—	−8.9	—
化肥								
纯氮/(kg/hm²)	316.0	284.9	316.0	284.9	316.0	284.9	316.0	284.9
与对照相比/%	10.9	—	10.9	—	10.9	—	10.9	—
K_2O/(kg/hm²)	75.0	9.0	75.0	9.0	75.0	9.0	75.0	9.0
与对照相比/%	733.3	—	733.3	—	733.3	—	733.3	—
P_2O_5/(kg/hm²)	102.4	109.9	102.4	109.9	102.4	109.9	102.4	109.9
与对照相比/%	−6.8	—	−6.8	—	−6.8	—	−6.8	—
温室气体/(kg/hm²)	3550.9	3208.1	3576.0	3208.1	3550.8	3205.0	3579.2	3208.1
与对照相比/%	10.7	—	11.5	—	10.8	—	11.6	—

　　注：CT1、CT2、CT3、CT4、CK1、CK2、CK3 和 CK4 含义同表 9-34。"—"表示无数据

　　从柴油、化肥、农药生产及使用过程中的温室气体排放情况来看,4 种保护性耕作模式尽管均减少了柴油的使用,但是化肥农药使用均增加,使得总体的温室气体排放高于对照,4 种模式增加了 10.7%～11.5% 的温室气体排放。其中免耕播种(CT1 和 CT3)的温室气体排放较低,其次为少耕(CT2),排放最高的为玉米灭高茬深松整地种植技术(CT4)。

　　综合以上分析可以看出,目前 4 种保护性耕作模式在"少污染"效应方面并没有发挥

优势,相反增加了潜在环境污染。

4)"高保蓄"特征分析

"高保蓄"是指土壤的保水、保土、保肥特性,本研究的高保蓄指标是指保护性耕作相比于对照增加的土壤含水量和土壤营养物质量(包括土壤有机质、土壤速效磷、速效钾及全氮),以及减少土壤流失量的百分数。其中,土壤各指标均是指周年耕层的平均值或多年平均值。

结果表明(表9-38),4种保护性耕作模式的土壤周年平均含水量显著高于传统耕作($P<0.01$),其中CT3的含水量最高,为25.7g/g,且增幅最多,比对照增加了15.8%;CT4次之,为25.3g/g,比对照增加了14.0%;CT1和CT2分别增加了9.5%和7.7%。

表9-38 不同耕作模式的土壤保蓄状况

指标	CT1	CK1	CT2	CK2	CT3	CK3	CT4	CK4
保水/(g/g)	24.2	22.1	23.9	22.2	25.7	22.2	25.3	22.2
与对照相比/%	9.5	—	7.7	—	15.8	—	14.0	—
保土/[t/(hm²·a)]	0.1	0.5	0.1	0.5	0.1	0.5	0.1	0.5
与对照相比/%	−80	—	−80	—	−80	—	−80	—
保肥指数	40.95	17.70	40.10	29.54	41.22	18.02	41.50	31.02
与对照相比/%	131.4	—	35.7	—	128.8	—	33.9	—
有机质/(g/kg)	27.45	24.60	28.37	24.60	27.45	24.67	28.31	24.50
与对照相比/%	11.6	—	15.3	—	11.3	—	15.6	—
全氮/(mg/kg)	145.75	200.15	149.25	204.15	150.87	201.75	150.87	200.10
与对照相比/%	−27.2	—	−26.9	—	−25.2	—	−24.6	—
速效磷/(mg/kg)	31.78	30.14	32.54	30.24	32.13	31.24	31.87	30.87
与对照相比/%	5.4	—	7.6	—	2.8	—	3.2	—
有效钾/(mg/kg)	170.20	111.78	165.10	115.00	171.24	112.75	172.80	121.78
与对照相比/%	52.3	—	43.6	—	51.9	—	41.9	—

注:CT1、CT2、CT3、CT4、CK1、CK2、CK3和CK4含义同表9-34。"—"表示无数据

由于吉林地区的降水量较少,年降水量不过545mm,1~5月休闲期的降水量为75mm,10~12月休闲期降水量为20mm。春季风力较大,土壤流失方式主要为风蚀,而各种保护性耕作模式休闲期的覆盖度大体一致,因此,在防止土壤流失方面的效果相同,与对照相比,各种保护性耕作模式每公顷土壤损失量均减少了80%。

4种保护性耕作模式的土壤肥力相比于对照均有显著性提高,其中,有机质提高了11.3%~15.6%,土壤速效钾提高了41.9%~52.3%,土壤速效磷提高了2.8%~7.6%。4种保护性耕作模式间土壤肥力差异不大,CT4秸秆翻埋程度最高,微生物分解较为迅速,使得土壤有机质和土壤磷、钾均有所提高,CT4的保肥指数最高,达到41.50;CT3其次为41.22,CT2和CT1分别为40.10和40.95;与对照相比,CT1和CT3的肥力指数提高幅度最大,分别达131.4%和128.8%,CT2和CT4分别增加了35.7%和33.9%。

5)"高效益"特征分析

农业生产过程的成本消耗主要用于购买化肥、农药、种子、农机、农用地膜及雇工等。分析结果显示(表9-39),4种保护性耕作模式虽然农药和化肥的量有所增加但由于农机使用频率下降,成本仍较对照有所降低。其中CT3成本最低,为5370元/hm²,降低的程度也最大,为7.5%;成本耗费最高的是CT2,为5565元/hm²,相对于传统耕作降低了7.0%;CT4的成本耗费次之为5550元/hm²,相对于传统耕作降低了5.4%;CT1的成本耗费为5460元/hm²,降低了6.4%。

表9-39 不同耕作模式的效益状况

指标	CT1	CK1	CT2	CK2	CT3	CK3	CT4	CK4
产量/(kg/hm²)	11 999	10 844	12 134	10 814	12 059	10 649	12 014	10 679
与对照相比/%	10.7	—	12.2	—	13.2	—	12.5	—
成本/(元/hm²)	5460	5835	5565	5985	5370	5805	5550	5865
与对照相比/%	−6.4	—	−7.0	—	−7.5	—	−5.4	—
产值/(元/hm²)	14 474	12 944	14 549	12 974	14 504	12 689	14 504	12 944
与对照相比/%	11.8	—	12.1	—	14.3	—	12.1	—

注:CT1、CT2、CT3、CT4、CK1、CK2、CK3和CK4含义同表9-34。"—"表示无数据

6)综合分析

根据式(9-3)计算结果(表9-40)显示,目前吉林省研究提出的4种保护性耕作模式的综合保护度表现出较大的差异。免耕播种技术降低了动土环节的得分值,并大幅度增加了高保蓄环节的得分值,使得免耕播种的综合保护度较高,其中玉米留茬直播种植技术模式的综合保护度最高,为30.1;其次是玉米留茬垄侧种植技术,为28.6。玉米宽窄行交替休闲种植技术的综合保护性显著低于前两种模式,为16.0;玉米灭高茬深松整地种植技术模式的综合保护度最低,为13.4。

表9-40 保护性耕作模式的综合保护度

综合得分值	JL-CT1	JL-CT2	JL-CT3	JL-CT4
少动土	67.6	20.6	65.6	14.7
少裸露	17.5	23.1	22.9	15.2
少污染	−15.0	−15.2	−15.0	−15.3
高保蓄	63.2	41.1	65.3	42.6
高效益	9.6	10.4	11.7	10.0
综合保护度	28.6	16.0	30.1	13.4

综合来看,这4种模式与传统的生产方式对比,综合保护度都在10分以上,表现出了一定"保护性"效果。但是,从评价结果来看,不同模式的表现存在一定的差异,因此,在技术推广示范的选择上应该优先选择综合保护度相对高的模式,对于综合保护度较低的模式,应该进一步加强技术研究以完善该技术模式(中国耕作制度研究会,1991)。

第三节 免 耕 法

一、免耕的定义

免耕是指播种前不单独进行土壤耕作而直接在茬地上播种,在作物整个生育期不进行土壤管理的耕作方法。用联合作业免耕播种机一次完成切茬、开沟、化学除草、播种、覆土多道工序。广义免耕包括少耕。

二、免耕栽培的优点

(一)节约种植成本

推广免耕栽培,可以有效减少能源消耗,保护环境。一是节能。免耕栽培减少机械作业费用,降低能耗。在当前及今后石油供应日趋紧张的形势下,推广免耕栽培,降低能耗,具有特别重要的意义。二是节水。免耕栽培可以通过作物秸秆覆盖地表,减少水分无效蒸发,提高农田保水蓄水能力,从而达到保墒提墒、节约用水的目的。中国农业大学9年试验测定结果表明,免耕栽培可以减少地表径流量50%～60%,增加土壤蓄水量16%～19%,提高水分利用率12%～16%,免耕栽培是当前抗旱节水的重要措施。三是节肥。免耕可减少水土流失,加之秸秆还田,优化了土壤结构,提高有机质含量,一般可减少化肥投入量10%左右(高旺盛,2007)。

(二)提高粮食综合生产能力

免耕栽培可以保证农作物大面积适时播种和栽植,提高播栽质量,实现早苗早发和壮苗壮株,抗御干旱、低温等灾害,特别是在中低产地区,增产增效十分明显。另外,免耕栽培与秸秆还田相结合,还可以培肥地力,改善土壤理化性状,不断提高耕地质量。试验表明,免耕栽培和秸秆还田可以增加土壤有机质含量0.03%～0.06%(李艳,2008)。

(三)降低劳动强度

随着城镇化工业化进程不断加快,农村大量青壮年劳动力逐步转移到城市从事非农产业,我国很多地区农村已出现劳动力短缺。免耕栽培通过简化农艺流程,实现了生产技术轻型化、高效化。把农民从"面朝黄土背朝天"的传统农业中解脱出来,解决了长期以来劳动强度过大,以及农村劳动力转移带来的劳动力不足的问题,解放了农村劳动力,有利于农村二、三产业的发展和城镇化建设。

三、免耕栽培的发展史

(一)国际上免耕的发展历史

20世纪40年代,美国进行了少耕研究,发现残茬覆盖有保护土壤的作用。除草剂和免耕机的研制成功,为免耕播种提供了可能,并因能源紧张,使免耕技术得以发展。美国

20 世纪 60 年代开始应用于玉米、高粱、大豆和烟草等作物生产。以后逐渐为各国所重视和采用。免耕作为保护性耕作的一种重要内容,在国际上大概经历了 3 个发展阶段(刘巽浩,2008)。

20 世纪 30～50 年代为第 1 阶段,主要针对传统的机械化翻耕措施在水蚀与风蚀方面存在的弊端,对耕作农机具和耕作方法进行改良,提出免耕法。19 世纪初,欧洲工业技术革命促进了农用机械的快速发展,美国开始大规模使用拖拉机翻耕土地,数千万公顷干旱半干旱草原被开垦成为良田,耕翻后多次耙压碎土、裸露休闲,获得了几十年不错的收成。但到了 20 世纪 30 年代,由于持续干旱和大风,裸露疏松的农田难以抵挡大风的袭击,成千上万吨表土被刮走,沙尘遮天蔽日,形成了震惊世界的"黑风暴"。1934 年 5 月一场典型的沙尘暴,从土地植被破坏严重的西部刮起,连续 3d,横扫美国 2/3 的国土,把高达 3.5 亿 t 地表肥沃土壤卷进大西洋。仅这一年美国就毁掉 300 万 hm² 的耕地,冬小麦减产 510 万 t;16 万农民倾家荡产,逃离西部,留下的人生活极其困难,不少人死于由沙尘暴引起的肺炎。对农业造成了很大的打击。1935 年美国成立了土壤保护局,从此开始人力研究改良传统翻耕耕作方法,研制深松铲、凿式犁等不翻土的农机具,免耕技术成为当时的主导技术。

20 世纪 50 年代以后为第 2 阶段,机械化免耕技术与保护性植被覆盖技术同步发展。在免耕技术大面积应用的过程中,许多研究证实了各种类型的机械化保护性耕作对减少土壤侵蚀方面有显著效果,但也有因杂草蔓延或者秸秆造成低温等技术原因使作物减产的报道,使该项技术推广较慢。到 20 世纪 70 年代,又加入了不同作物轮作与作物秸秆还田覆盖,又称保护性种植。

据国外资料介绍,采用作物残茬覆盖免耕法可减轻土壤侵蚀 48%,增加土壤水分储存 40～80mm,增加防风蚀能力 20% 以上,增加地表土壤有机质含量 20%～30%。采用免耕和少耕代替传统耕作时,可分别降低燃油消耗 70% 和 50% 以上,节约劳动力 30% 以上。在干旱条件下,采用保护性耕作措施可以获得较高的作物产量,比传统方法一般增产 20% 以上。

第 3 阶段是 20 世纪 80 年代以来,随着耕作机械改进、除草剂及作物种植结构调整,免耕的应用得以较快发展,范围也不断扩大。目前保护性耕作已成为美国主体耕作模式,2001 年统计全美 1.13 亿 hm² 粮田面积中,保护性耕作和少耕已占 60% 以上,免耕占 20% 以上,90% 的土地已取消铧式犁耕作;澳大利亚也于 20 世纪 70 年代试验成功并进一步推广免耕保护性耕作法;英国的玉米栽培已有一半面积采用几年不翻的免耕法;在加拿大,80 年代已成为一种重要的方法,90 年代被大量使用,到 1997 年加拿大免耕推广面积占可推广面积的 25%,同时,为了保证免耕法的实施,加拿大制定了废除铧式犁的法律;此外,日本、伊朗、菲律宾等也以立法的形式推广免耕法。

近年来,又提出了保护性农业(conservation agriculture)的概念,主要包括直播和最少翻耕两个技术措施,永久性土壤覆盖(绿色覆盖)、作物轮作(特别旱田轮作)和减少干扰,在减少物质和能量投入基础上,保持和增加作物产量,增加农民的经济收入,其范围包括农田、草地等土地类型。联合国粮食及农业组织与欧洲保护性农业联合会于 2001 年 10 月初,在西班牙召开了第 1 届世界保护性农业大会,力图全面推进以免耕、少耕为主的保护性农业的发展(中国耕作制度研究会,1991)。

(二)我国免耕技术研究现状

近年来,我国北方沙尘暴日趋频繁,而且强度和范围不断扩大。沙尘暴形成的主要原因有滥垦、滥牧、滥伐、滥采、滥用水资源 5 个方面,由此引起草原退化、沙化、荒漠化,国土植被覆盖率降低,农田大量翻耕裸露而形成的一种特殊气象现象。据观测,小于 5°的坡耕地年表土流量为 15t/hm²,25°以上坡耕地年表土流失量可达 120~150t/hm²,这也是我国要求 25°以上坡耕退耕还林还草的科学依据之一。据调查,目前我国大部分草场超载放牧,荒漠化地区超载 50%~120%,成为草原退化、荒漠化的重要原因。据中国农机化报报道,内蒙古一些地区,50%的羊在吃草,50%的羊在吃草根。中国科学院寒区旱区环境与工程研究所的最新研究结果表明,我国的沙漠和零星沙地的平均含尘量为 2.56%,沙漠边缘地区平均含尘量为 11.94%,旱作耕地含尘量为 30.37%;沙质草地平均含尘量为 51.86%。沙漠并不是沙尘暴和浮尘大气的主要尘源,而沙质草地、旱作耕地平均含尘量相对较高,对环境的潜在危害较大。另据测定,0.07mm 以下的尘粒可以悬飞千里之外,而如果土壤表层中直径大于 1mm 的风稳定性团粒含量大于这层土壤质量的 50%,则土壤不发生风蚀。全苏谷物科学研究所的科学家研究表明,如果田地被生长的植物(秋季分蘖较好的秋播作物或多年生牧草)所覆盖,即便是在这样的团粒数量较少的情况下,土壤也不会遭到风蚀。当冬、春期间大田上没有什么覆盖物时,土壤就不能抗御风的破坏力,在大片土地上风蚀开始发展。

研究表明,在中低产范围内,肥料对作物产量的作用最大,提高产量的主要限制因子是土壤贫瘠,土壤肥力不够,土壤的持水能力差。当产量提高到一定程度时,水的作用大于肥料,成为第一限制因素。我国目前旱地农业生产中,每毫米水分的生产能力为 0.4~0.6kg,最高的生产能力仅为 0.9kg,生产水平仍然很低。粮食生产的主要限制因素是水和肥。但目前我国西北黄土高原年 400~600mm 降水中,50%~60%的自然降水却无效蒸发浪费,10%~15%的降水流失。自然降水的利用率仅为 30%,水分生产潜力开发值为 45%左右。

保护性耕作技术中的少耕、免耕、秸秆覆盖、土壤深松等技术,正是提高土壤有机质、增加土壤养分、多蓄自然降水、减少自然无效蒸发、提高降水利用率,进而有效减少作物对灌溉需水的最佳途径。20 世纪 70 年代末,娄成后、姜秉权等科学家率先倡导引进免耕技术,并开始对我国北方地区秸秆覆盖免耕技术原理及应用进行了系统的研究。他们从土壤理化性质、土壤水分、土壤养分、土壤微生物及作物生长和水分利用等方面对华北麦玉两熟区两作连续免耕和夏玉米免耕的机制做了深入的研究,积累了大量的科研试验资料和生产经验,同时开发了我国第一代玉米免耕播种机,并针对夏玉米免耕覆盖的水分调控问题对土壤—作物系统进行了细致的研究。多年试验表明,免耕覆盖技术可减少径流60%,减少水蚀 80%,休闲期土壤储水量增加 14%~15%,提高水分利用率 15%~17%,土壤有机质年均提高 0.03%~0.06%,农作物产量提高 15%~17%。另据西北农林科技大学研究,在旱作农区,采用保护性耕作技术可提高粮食产量 15%上,提高自然降水利用率达 20%。

同时,保护性耕作也能够遏止严重水土流失,是发展水土保持型生态农业的一项重要技术措施。据统计,黄河中约 70% 的泥沙来自黄土高原的坡耕地,大量泥沙冲入江河,不仅造成洪灾威胁,而且导致土壤贫瘠退化。陕西、山西等地的实践表明,采用秸秆残茬覆盖、带状间作、垄沟种植、等高耕作等保护性耕作技术能够减少土壤地表径流达 60% 以上。

免耕技术是实现我国旱区农业节本增效、可持续发展的重要技术措施。土壤是作物生长的基础。对土壤进行耕作,根本目的在于改善耕层的土壤结构,调节土壤的固、液、气三比例,协调好土壤中水、肥、气、热的关系,为作物生长发育创造良好的环境和条件,以提高作物的产量及品质。我国长期以来沿用的以铧式犁为主的连年翻耕的传统耕作制度,随着土壤熟化和土地利用时间的延长,使土壤的团粒结构遭破坏,有机质含量下降,保墒抗旱能力减弱,形成的坚硬犁底层又影响土壤的蓄水能力和作物根系的发育,并带来杂草、病虫的伴生性危害,特别是在我国旱作农业区,由于地表裸露,加剧了土壤的风蚀和水土流失。而由于传统耕作机具下地次数多、作业量大而集中,不仅耗能多、成本高,而且常常贻误农时,甚至湿耕强耙,粗播,影响整地质量和出苗保苗。同时,连年同层耕翻或强翻使作物失去适宜的生长环境,影响了农田增产潜力的发挥和经济效益的提高。采用保护性耕作技术,如免耕覆盖施肥播种减少了农业生产环节和农机作业量,提高了化肥的利用率,降低了作业成本。根据河北省应用的情况测算,如果推广保护性耕作 100 万 hm²,仅节约成本就达 5.25 亿元。另外,机械化保护性耕作,节省了机械作业时间,可以抢农时播种,延长作物生长期,提高作物产量和品质(王龙昌等,2004)。

传统的免(少)耕技术在我国耕作史上出现较早。我国免耕栽培开始于 20 世纪 70 年代,该技术具有节本增效、保护环境、减轻劳动强度等优点。尽管同发达国家相比,我国免耕栽培起步较晚,但发展快、创新多、模式多样,成效显著。

1992 年,由中国农业大学、我国山西省和澳大利亚昆士兰大学合作,在山西黄上高原部分地区引入澳大利亚免耕保护性耕作技术,经过连续 10 年的系统试验,在国外保护性耕作技术国产化上进行了成功探索和研究,提出了一年熟地区保护性耕作技术体系,在我国北方的山西、内蒙古、辽宁、河北、北京、陕西、天津、甘肃等地进行了一定范围的保护性耕作技术试验,探讨了上述地区的保护性耕作技术体系,并开发了相应的配套机械。1998 年,中国农业大学联合多家单位在粮食主产区开展了"重点地区农作物秸秆还田模式与关键技术研究",对粮食主产区不同种植制度、不同耕作体系下的秸秆还田模式与技术进行了较为深入系统的研究,对指导保护性耕作秸秆处理具有一定的意义。

四、免耕的作用机制

(一)免耕对土壤风蚀的影响

免耕残茬可抑制地表土壤颗粒的扬起,增加临界风速,直立残茬减小了土壤表面的摩阻速度并拦截了跃移的土壤颗粒,直立残茬比倒伏残茬对风蚀的控制更有效。当玉米残茬 20% 覆盖时,减少土壤损失 57%,50% 覆盖时,减少土壤损失 95%。许多研究表明,作物残茬可以增加地表粗糙度,可以明显降低土壤风蚀,对控制土壤扬尘有利。

（二）免耕对土壤水分及其利用效率的影响

免耕能够提高土壤含水量，增加土壤储水量。研究表明，免耕比翻耕0～150cm层多储水75mm。在美国科罗拉多州免耕，使土壤蓄水量由102mm增加到157mm，由原来蓄水量占降水量的19％提高到33％。在维及尼亚地区研究残茬覆盖免耕的效果，免耕比翻耕土壤储水量平均增加21.3mm。入冬前秸秆覆盖处理，全生育期土壤蓄水量比翻耕多47.3mm。春玉米拔节初期秸秆覆盖，全生育期土壤蓄水量比翻耕多69.3mm；春玉米田冬闲期秸秆覆盖处理，土壤蓄水量比翻耕多45.2mm；夏闲期采用高留茬、深松耕较传统翻耕法多蓄水约76.2mm，蓄水率达55％以上。总之，免耕可以提高对自然降水的纳蓄能力，在休闲期其降水储蓄率比传统耕作高出6.5％～7.4％。

首先，免耕留茬能够减少地表径流、保持土壤结构、土壤孔隙，使毛细管不遭破坏，通透性好，能够使降水稳定入渗。在土壤干燥、降水强度为72mm/h的条件下，免耕比传统翻耕地表产生径流的时间延迟12～6min，稳定入渗率提高1.5～1.6倍。秸秆覆盖率越高，地表产生径流的时间和入渗率达到稳定的时间越晚，稳定入渗率越高。秸秆覆盖率为30％的地表与无覆盖的地表产生径流的时间都为降水开始后10min左右，而覆盖率为70％的地表则在降水20min左右开始产生径流。在所试的秸秆覆盖率范围（0％～70％）内，同等降水条件下，随秸秆覆盖率的增大，累积径流量近似按二次曲线减少。同时，免耕还能够增加土壤导水率，据测定，免耕覆盖处理的土壤饱和导水率为22.92cm/h，翻耕为8.25cm/h；收获后覆盖处理的土壤饱和导水率为21.75cm/h，翻耕为10.29cm/h。另有研究表明，秸秆覆盖后，一方面提高降水的入渗量，抑制土壤水分蒸发，使土壤深层保蓄较多的水分，有利于植物根系利用；另一方面能够抑制杂草的生长，从而减少无效的水分消耗。由此可见，秸秆覆盖免耕提高了土壤饱和导水率，增强了降水入渗能力，从而提高了土壤蓄水能力。

其次，免耕能够有效降低土壤无效蒸发，增加土壤含水量。保护性耕作与传统翻耕相比，减少了对土壤结构的破坏，保持了土壤原始结构，增强了保水能力。作物残茬在大气与土壤之间形成隔离层，减弱土壤空气与大气之间的乱流交换强度，有效地抑制土壤蒸发，起到良好的保墒效果；此外，多数研究表明，作物残茬覆盖后能够降低土壤温度，减小土壤水分蒸发速度。也有研究表明，在秸秆覆盖条件下，能够抑制杂草生长，减少无效消耗，但有的学者提出相反看法。

免耕与翻耕相比水分利用效率提高。研究表明，玉米生长期间，免耕系统比常规耕作系统蒸腾量多65mm，蒸发量少150mm，大大提高了水分利用效率。夏季秸秆覆盖对土壤蒸发的抑制率为63.2％，春玉米田冬闲期覆盖对土壤蒸发的抑制率为47.6％，此外，免耕措施还有调控土壤供水的作用，使作物苗期耗水减少，需水关键期耗水增加，农田水分供需状况趋于协调，从而提高水分利用效率。

（三）免耕对土壤结构、温度和肥力的影响

免耕增加土壤水稳性团聚体，降低土壤容重。玉米免耕种植一年后，0～5cm表层的水稳性团聚体比翻耕的提高0.3％，5～15cm土层的水稳性团聚体比翻耕的高13.6％，免耕土壤的物理条件等同或者优于传统耕作的土壤。在砂壤土上长期免耕或翻耕,只要把作物秸秆还田,都不会引起土壤板结,而免耕条件下,土壤容重更类似于自然植被下的土壤容重。免耕土壤的孔隙分布比较合理,在全生育期内都能保持稳定的土壤孔隙度,且土壤同一孔隙孔径变化小,连续性强,有利于土壤上下层的水流运动和气体交换。但是免耕是否会导致土壤板结,仍是一个有争论的问题。有的研究认为免耕会导致土壤板结,免耕时间越长,土壤板结越重。在高寒半干旱区免耕时发现,免耕土壤的硬度显著增大,特别是 6～15cm 土层尤甚。采用免耕覆盖既能降低劳动强度,又能增加产量,还能很好地保护环境,至少可以持续多年而不用翻耕。在不同耕作方法下的土壤容重皆表现出上层＜中层＜下层的分布模式。常规耕作、少耕、免耕 3 种耕法 0～7cm 土壤容重皆处在适宜的容重范围。7～14cm 土层的容重,不同耕法间达显著差异,少耕、免耕显著高于常规耕,而且在少耕、免耕条件下,这一土层的容重在最初的几年内即达到较高数值,以后没有表现持续增加的趋势;对于 14～21cm 土层的容重,3 种耕作方式无显著差异。因此不能单纯用土壤容重的增加或降低来评价保护性耕作体系土壤结构变化规律,土壤结构的变化应该与免耕年限、不同土壤层次、不同种植方式及不同区域有关系。

秸秆覆盖阻止太阳直接辐射,可以减少土壤热量向大气散失,还可以有效地反射长波辐射,因此,覆盖条件下土壤温度年、日变化趋向缓和,低温时有"增温效应",高温时有"降温效应"。覆盖秸秆比不覆盖秸秆冬季可提高 0～20cm 土壤的温度 0.5～2.5℃,且随土壤深度的增加,覆盖秸秆的土表比不覆盖秸秆的土表高 1.5℃,地下 15cm 处仅相差 0.5℃,20cm 处状况基本与 15cm 处相似。这种双重效应对作物防御倒春寒及干热风十分有利。覆盖物的存在,使免耕土壤春季 2.5cm 深处土壤温度降低 6℃,这不利于温带及寒温带地区春性作物种子发芽和幼苗根系的生长。免耕降低土壤温度,对寒冷气候区种子发芽十分不利,土壤温度低导致幼苗生长慢和活力低,易受病虫的危害。沙壤土免耕早播低产,而晚期播种可以获得高产。秸秆覆盖免耕不仅改善了土壤的水分、结构、孔隙和热状况,而且提高了土壤潜在肥力和供肥水平。免耕 0～5cm 的土壤有机碳是翻耕土壤的 2 倍,有机氮也有相似的增长趋势。免耕土壤中 N、P、K 高于传统翻耕。与传统翻耕相比,免耕表层土壤全 N 增加 14.57％,有机 P 增加 13.86％。秸秆覆盖还田后,能增加土壤 N、P 和 K 含量,并且促进土壤有机质的形成。近年来的一些研究表明,秸秆覆盖除了能直接补充土壤一部分氮素外,还可以促进固氮微生物的固氮作用和豆科作物的共生固氮,从而增加土壤中的 N 含量。在免耕 0～10cm 土层中的有机质、全 N、速效 P 及速效 K 与秸秆覆盖量呈极显著直线回归关系。玉米秸秆还田所增加的土壤代换性 K 的数量,相当于作物生长季节从土壤中吸收的代换性 K 的总量,而且秸秆覆盖还田还可增加土壤微量元素,在玉米连续免耕 9 年后对土壤中 Zn、Mn 的含量及有效性都有提高作用。不同耕作措施对于土壤肥力的影响存在着较大的差异。凡是使用秸秆的处理,0～20cm 土壤有机质含量都在 10.0g/kg 以上。免耕表层(0～5cm)土壤的全 N 明显增加,5～15cm 则迅速下降,在土壤层次中发生明显差异。速效 P 含量,0～15cm 土体中免耕高于传统翻耕,但 0～5cm 显著,5～11cm 差别不大,11～15cm 明显低于传统翻耕。近年有报道指出,免耕速效 P 含量低于传统翻耕,且主要集中在施肥的 5～15cm 深度中。免耕表施 P 肥和常规耕作深施 P 肥,产量不低于甚至高于常规耕作施肥区(刘立晶等,2004)。

（四）免耕对作物生长发育的影响

免耕改变了土壤水、肥、气、热等条件,从而影响作物生长发育,保护性耕作增加了土壤含水量,有利于作物生长发育,特别是在干旱地区这种效果更加明显。免耕所产生的"低温效应"也对作物生长产生了负面的影响(特别是寒冷地区)。研究表明,免耕影响玉米的出苗及苗期生长,生育期延迟,但中后期长势强于翻耕,在正常年份是增产的。秸秆覆盖免耕试验表明,免耕提高了旱农区水分利用效率,免耕处理的玉米千粒重比传统耕作增加了近 10%,产量比传统耕作提高 16%。但在霜冻较早年份往往会造成减产。

许多研究证明,免耕能够提高作物产量,使玉米增产 4.1%。此外,不同土壤类型对作物产量影响不同。免耕碎秆覆盖＋深松、免耕碎秆覆盖＋深松＋耙处理的平均产量分别比传统处理增加 9% 和 11%；在美国俄亥俄州长达 25 年的玉米试验表明,在有机质含量较高、排水良好的土壤上免耕,玉米持续增产,而在肥力水平低、排水不良的土壤上则持续减产。但也有的研究指出,免耕降低产量,这可能与免耕的持续效应有关系。也有人研究发现,实施免耕多年后,土壤压实程度会越来越严重,使残茬覆盖保水作用降低、降低产量,从而制约了免耕保护性耕作法的进一步发展。

（五）免耕的经济效益

在加拿大,免耕比翻耕可降低 15% 的生产成本,主要是减少了 50% 的能耗和 40% 的劳动成本。免耕省工省时省成本,每公顷投资成本比翻耕节省 450 多元,加上提高产量的收入,平均每公顷净收益免耕比翻耕地高出 750 元,经济效益十分明显。免耕不但能够增产、增收、减轻劳动强度,而且机械投资回收期短,低于机械化传统耕作的投资回收期。河北省 50 多个试验点数据分析表明,秸秆直立免耕播种或秸秆粉碎免耕播种两种方式比传统对照投入费用减少 $430.5\sim205.5$ 元/hm^2,增加效益 $571.5\sim361.5$ 元/hm^2。平均节约农机作业费用 300 元/hm^2 左右。同时,应用免耕技术提高了土壤蓄水保墒能力,可减少灌溉 1 次,能节省灌溉费 225 元/hm^2。

（六）免耕可能引起的负面效应

保护性耕作增加了病虫害,尤其是覆盖免耕。在一年一熟制地区进行的免耕整秸秆半覆盖试验中发现,免耕覆盖使玉米螟可安全越冬,免耕覆盖田比常规覆盖田地下害虫(如蝼蛄、地老虎、金针虫等)多,危害率增加,而且有随免耕覆盖年限的增加,危害率也增加的趋势。也有报道,免耕对土壤酶活性有一定的影响。秸秆覆盖造成的低温效应往往导致作物生育期延迟,作物不能按期成熟,造成减产。我国北方地区秸秆覆盖降低了机械化程度,不利于大型机械的使用。免耕限制了农家肥的利用效果,目前未见这方面的研究报道。还有研究表明,秸秆的覆盖量过大,会造成作物根部呼吸减弱,有害气体增加,且有些作物秸秆产生他感化合物,也会对所覆盖的作物产生抑制作用及自毒作用,因此应该合理安排秸秆种类和覆盖作物。此外保护性耕作导致多年生越冬杂草比翻耕处理增加的趋势(王延好和张肇鲲,2004)。

五、吉林省发展免耕存在的主要问题

(一) 传统种植观念对发展免耕栽培的影响

对于免耕栽培技术的应用,农民、技术推广人员和研究人员的观念改变,即开始放弃土壤退化的耕作而采用可持续生产系统的耕作(如免耕)是必要的。免耕栽培要求一整套不同于传统栽培的技术,这就使得多年来已习惯和掌握了传统翻耕技术的农民面临许多困难。

(二) 机械化水平对发展免耕栽培的影响

目前在国际上有各种各样的免耕直播机械,带动了免耕栽培技术的推广,目前我国机械化水平还处于发展中状态。另外,农村土地分散,大型机械耕种困难,也制约了免耕技术的发展。

(三) 现有的种植模式对发展免耕栽培的影响

生产上的农业耕作方式一直讲究精耕细作,发展免耕栽培是对传统农业的一次颠覆。科学研究证明,免耕栽培既不是粗放耕作也不是减产技术。免耕栽培要求一整套不同于传统栽培的技术,这使得多年来已习惯和掌握了传统翻耕技术的农民接受起来较为困难。玉米免耕栽培技术的发展、完善、成熟仅用了 10 余年的时间,这项技术的推广不仅把广大农民从"锄禾日当午"的辛劳中解放出来,而且玉米的产量也有了大幅提高,农民传统的种植观念需要用事实来扭转,推广免耕栽培要搞好示范,转变农民观念。

综上所述,免耕结合留茬、秸秆覆盖、秸秆还田等保护性耕作措施的试验结果表明,这种保护性耕作方法的确能够在防治土壤侵蚀、调节地温、改善土壤团粒结构、提高土壤水分利用效率及肥料利用效率等方面在一定的年限和特定的区域具有一定的积极意义,从而能够综合影响玉米生长发育,最终达到影响玉米产量的效果。但是免耕不是一个完全脱离传统耕种的孤立个体,免耕轮耕年限也是在推广应用过程中要注意的一个问题。免耕的持续效应在其应用之初就是人们关注的问题,国外已有这方面的一些研究报道,但国内在这方面的研究较少。从研究结果看,免耕的持续效应受到气候、土壤、种植制度、栽培管理等综合影响,不同条件组合趋势不一。"耕者"是否一定是"愚蠢",在什么条件下可以免除耕作,什么地区适合采用什么样的保护性耕作措施,这些问题需要更多的长期定位试验才能加以回答。

主要参考文献

边少锋, 何奇镜, 张键. 2002. 东北松辽平原中部黑土地区保护性耕作的探讨. 耕作与栽培, (5): 1~3

陈素英, 张喜英, 裴冬, 等. 2004. 秸秆覆盖对夏玉米田棵间蒸发和土壤温度的影响. 灌溉排水学报, 23(4): 32~36

迟仁立, 左淑珍. 1989. 耕层土壤虚实说之探源与辩析. 中国农史, (1): 65~73

丁昆仑, Hann M J. 1997. 深松耕作对土壤水分物理特性及作物生长的影响. 中国农村水利水电(农田水利与小水电), (11): 13~18

高焕文, 李问盈, 李洪文, 等. 2003. 中国特色保护性耕作技术. 农业工程学报, 19(3): 1~4

高旺盛. 2007. 论保护性耕作技术的基本原理与发展趋势. 中国农业科学, 40(12): 2702~2708

郭庆法, 王庆成, 汪黎明. 2004. 中国玉米栽培学. 上海: 上海科学技术出版社

黄昌勇. 1999. 土壤学. 北京: 中国农业出版社: 98~101

黄懿梅, 安韶山, 刘连杰, 等. 2009. 黄土丘陵区土壤基础呼吸对草地植被恢复的响应及其影响因素. 中国生态农业学报, 17(5): 862~869

何奇镜. 1978. 机械化"深耕轮翻"耕作制的实践意义. 吉林农业科学, (1): 1~3

何奇镜, 边少锋, 刘武仁. 2009. 现代化耕作改制研究文集. 长春: 吉林科学技术出版社: 7~19

何奇镜, 马骞. 1963. 论吉林省黑土地区机械化耕作制度. 中国农报, (4): 4~10

蒋定生. 1997. 黄土高原水土流失治理模式. 北京: 中国水利水电出版社

李艳. 2008. 保护性耕作对土壤耕作层水肥保持能力及玉米产量的影响分析. 农业科技与装备, (2): 22~24

梁龙, 陈源泉, 高旺盛, 等. 2009. 华北平原冬小麦-夏玉米种植系统生命周期环境影响评价. 农业环境科学学报, 28(8): 1773~1776

梁龙, 陈源泉, 高旺盛. 2009. 两种水稻生产方式的生命周期环境影响评价. 农业环境科学学报, 28(9): 1992~1996

刘立晶, 高焕文, 李洪文. 2004. 秸秆覆盖对降水入渗影响的试验研究. 中国农业大学学报, 9(5): 12~15

刘巽浩. 2008. 泛论我国保护性耕作的现状与前景. 农业现代化研究, 29(2): 208~212

牛灵安, 郝晋珉, 张宝忠, 等. 2009. 长期施肥对华北平原农田土壤呼吸及碳平衡的影响. 生态学报, 18(3): 1054~1060

全国土壤普查办公室. 1992. 中国土壤普查技术. 北京: 农业出版社

师江澜, 刘建忠, 吴发启. 2006. 保护性耕作研究进展与评述. 干旱地区农业研究, 24(1): 205~212

佟培生, 李勇, 何奇镜. 1999. 吉林省中部地区玉米少耕法研究报告Ⅱ. 少耕有效年限试验报告. 吉林农业科学, 24(1): 8~11

王龙昌, 马林, 赵惠青, 等. 2004. 国内外旱区农业制度研究进展与趋势. 干旱地区农业研究, 22(2): 188~194

王晓燕, 高焕文, 李洪文, 等. 2000. 保护性耕作对农田地表径流与土壤水蚀影响的试验研究. 农业工程学报, 16(3): 66~69

王延好, 张肇鲲. 2004. 保护性耕作在加拿大的研究及现状. 安徽农学通报, 10(2): 5~6

吴婕, 朱钟麟, 郑家国, 等. 2006. 秸秆覆盖还田对土壤物理化性质及作物产量的影响. 西南农业学报, 19(2): 192~194

徐国伟, 常二华, 蔡建. 2005. 秸秆还田的效应及影响因素. 耕作与栽培, (1): 6~8

杨京平, 陈杰. 1998. 土壤水分过多对春玉米生长发育的影响的模拟模型研究. 浙江农业大学学报, 24(3): 227~232

杨学明, 张晓平, 方华军, 等. 2004. 北美保护性耕作及对中国的意义. 应用生态学报, 15(2): 335~340

曾木祥, 王蓉芳, 彭世琪, 等. 2002. 我国主要农区秸秆还田总结. 土壤通报, 33(5): 336~339

郑家国, 姜心禄, 朱钟麟, 等. 2006. 季节性干旱丘区的麦秸秆还田技术与水分利用效率研究. 灌溉排水学报, 25(1): 30~33

中国耕作制度研究会. 1991. 中国少免耕与覆盖技术研究. 北京: 北京科学技术出版社: 1~123

第十章　主要病虫草害防治技术

玉米在生产过程中受到多种生物和非生物的影响,其中病虫草害的发生与流行是直接影响玉米产量的重要因素之一。据资料记载,世界上危害玉米的病害有 160 余种、害虫 400 余种、杂草 400 余种。在我国,在玉米生产中发生的病害有 30 余种、害虫 250 余种、杂草 250 余种,其中发生频率高、危害严重的病害有 10 余种、虫害有 10 余种、杂草有 30 余种,其他病虫草害属于偶发或虽经常发生但危害较轻的。吉林省玉米发生的主要病害有丝黑穗病、茎腐病、大斑病、小斑病、穗腐病、瘤黑粉病等;害虫主要有玉米螟、黏虫、蚜虫、金针虫、玉米旋心虫等;主要杂草有稗、马唐、野燕麦、牛筋草、千金子、藜、苋、反枝苋、马齿苋、狗尾草、苍耳等。随着农业生产的发展和科学技术的进步,农业生态条件发生了很大变化,随着玉米新品种的推广和新型肥料和施用技术不断应用,作物产量不断提高,随之而来的病虫草害发生呈加重趋势。作物受到病虫草危害后,不仅严重影响产量,而且降低农产品质量,有些病害还会使作物种子产生毒素,危害人畜健康。因此,要注意加强病虫草害的防治工作。据估计,吉林玉米每年因病虫草害所造成的产量损失在常年发生条件下达 10%~20%,发生严重时损失达 30%~50%。近年来,玉米病虫草害的防治主要运用系统工程的理论和生态学原理将各种单项技术进行组装,形成综合防治技术体系。即在不同生态区,以种植抗病抗虫品种和田间天敌保护等自然控制为基础,以农业防治措施、生物防治措施为辅,科学使用化学农药,尽可能多地兼防病虫草害种类,使其危害控制在经济阈值以下。通过对玉米病虫草害防治技术的研究与应用减少了玉米损失,提高了农民种植玉米的经济效益,为保证国家粮食安全发挥了积极作用。

第一节　吉林省玉米病虫草害发生、危害及防治技术发展历程

一、玉米病虫草害发生与危害

1. 玉米病害发生与危害

玉米病害一直是吉林省玉米获得稳产高产的限制因素之一。吉林省发生普遍、危害严重的有玉米茎腐病、玉米黑穗病、玉米弯孢菌叶斑病、玉米灰斑病、玉米穗腐病、玉米黑粉病、玉米纹枯病等;发生不普遍,但在个别地区、有的年份或某些品种上发生严重的病害有玉米锈病、玉米大斑病、玉米小斑病等。近年来玉米茎腐病、玉米苗期病害有逐年加重的趋势,玉米锈病在个别品种发生严重,是值得重视的病害。

玉米茎腐病在吉林省各玉米产区均有发生。一般年份,田间病株率 5% 左右,在条件适宜年份田间病株率达 20% 以上。最严重年份感病品种病株率高达 50%~60%,减产 25% 以上。据估计,1987 年公主岭、榆树、扶余等县市因茎腐病玉米减产 0.75 亿 kg。玉米大斑病在吉林省玉米产区分布较广,危害较严重的叶斑病害,一般年份造成 5% 的减

产,在病害严重发生年份,感病品种的损失高达20%以上。1956年、1957年和1963年吉林省中西部地区玉米大斑病曾一度发生较重。1971~1977年,吉林省玉米大斑病持续几年大发生,严重威胁玉米的稳产高产。1974年玉米大斑病发病面积达260余万公顷,仅长春地区就损失玉米1.6亿kg。随着抗病育种的发展和实施综合防治措施,大斑病一度得到控制,但是2000年以来,随着抗病育种种质资源的缺乏和大斑病生理小种的变异,大斑病又成为吉林省玉米主要病害,一般年份减产20%左右,严重流行年份减产可达50%以上。玉米丝黑穗病在吉林省玉米种植区普遍发生,一般造成5%产量损失,严重年份重病田发病率高达60%~70%,造成严重的产量损失。1995年镇赉县大面积种植感病品种'白单31',一般田块发病率30%以上,严重地块发病率在50%以上,造成了严重的产量损失。玉米穗腐病是吉林省玉米重要病害之一,在玉米灌浆成熟阶段遇到连续阴雨天气,某些品种可以造成50%的果穗发生穗腐病,严重影响产量和质量。20世纪70年代,吉林省种植'吉63'自交系地块果穗发病率轻者20%~30%,重者高达70%~90%,严重影响了当时主推品种'吉单101'的制种和推广。1994~1996年在吉林省中部7个县市的调查结果表明,穗腐病一般发生率为10%左右,感病杂交种发病率达20%~30%。玉米苗期病害在东北地区属常发生性病害。近年来,该病害已由原来的次要病害上升为主要病害。一般年份平均发病率为10%左右,重病田块往往缺苗严重,常达30%~50%,多数形成矮化不育株,部分甚至毁种造成减产。据1993年在公主岭、梨树、榆树等地100余个品种的调查,苗期病害发病率2%~10%,严重地块达70%。1998年、2001年、2002年在吉林省榆树市及公主岭市北部地区均出现此类药害。受害面积累计达几千公顷,受害程度一般为40%~60%,严重者达80%,基本上全部毁种。给生产上带来极大的损失。2005年在双辽县调查,一般地块发病率20%,个别地块可达80%。

玉米病害发生种类常随栽培制度的改变和品种更换而产生变化。据胡吉成(1985)报道,在20世纪70年代中期,在北方春夏玉米区大斑病、小斑病发生严重,发病面积达600多万公顷,减产170万t。在吉林、黑龙江、辽宁、内蒙古等地春玉米区,每年因丝黑穗病危害减产3亿多千克。进入80年代,随着'丹玉13'、'沈单7'等抗病品种的不断推广,玉米大斑病基本得到控制(李红等,2009)。结合推广抗病品种,进行三唑类药剂拌种,使丝黑穗病基本得到控制(常丽,2009)。近年,我省在生产上又推广了'吉单20'、'吉单204'等品种,这些品种高感丝黑穗病,使得丝黑穗病发生日趋严重,一些次要病害上升为主要病害,如玉米茎腐病、弯孢菌叶斑病、灰斑病等,相继成为玉米的主要病害。造成病害种类演变的主要原因有:过去几十年我省推广的品种大多为单抗品种,病菌生理小种发生变化;目前,生产上推广杂交种大多是需高肥、高水品种,偏施氮肥,缺少磷、钾肥和农家肥。生产上提倡高密度种植玉米,造成田间小气候发生变化,致使纹枯病等土传病害和叶斑类病害日益加重;玉米大面积连作、重茬种植和保护性耕作大力推广引起根系微生物区系变化;主栽品种遗传基础狭窄等。在上述诸因素中,抗性单一,抗性遗传基础窄,玉米生长环境恶劣,是导致新病害不断发生的主要原因,如何筛选和创造新的抗性种质资源,是一项迫在眉睫的基础工作。

2. 玉米虫害发生与危害

吉林省玉米害虫经常造成较重危害的有10余种,主要有玉米螟、黏虫、草地螟、桃蛀螟、地下害虫、苗期害虫、蚜虫、东亚飞蝗等。其中地下害虫主要有蝼蛄、蛴螬、金针虫、地老虎和根蛆等地下害虫;苗期害虫主要有玉米旋心虫、玉米枯心夜蛾、黑绒金龟甲、蒙古土象甲、星白雪灯蛾、白雪灯蛾、褐足角胸叶甲等。一般可概括为苗期害虫和生长期害虫。

1) 苗期害虫

玉米播种至苗期主要受蝼蛄、蛴螬、金针虫、地老虎和根蛆等地下害虫危害。吉林省地下害虫发生种类较多,发生普遍,主要危害玉米种子、根、茎和幼苗,引起缺苗断垄,一般造成 5% 左右损失,严重地块可达 10% 以上。玉米旋心虫近年来在吉林省局部地区严重发生,并以山区危害较重,属于局部发生的害虫,个别地块损失可达 20%。玉米枯心夜蛾有时也造成较严重的危害,且多发生在土壤湿度较大地块,其幼虫自茎基部蛀入茎内取食,导致心叶萎蔫枯黄。玉米苗期地上部幼嫩茎叶时常遭受黑绒金龟甲和蒙古土象甲的取食危害。近年来,吉林省中西部地区个别年份在玉米苗期受到星白雪灯蛾和白雪灯蛾等灯蛾类幼虫危害,但一般对玉米生长影响不大。苗期有时受到跳甲类害虫的危害,如褐足角胸叶甲等,造成叶片孔洞,严重时引起叶片萎蔫。

2) 生长期害虫

玉米生长期害虫根据害虫危害特点可概括分为蛀茎、食叶、害穗和吸汁 4 类。蛀茎害虫主要是玉米螟。玉米螟是吉林省玉米产区最重要的害虫,近年来其发生危害有逐年加重的趋势,至今仍是玉米高产稳产的主要障碍。玉米螟是一种具有巨大危害潜力的害虫,该虫一般年份造成玉米减产 10% 左右,严重发生年份达 15% 以上。吉林省局部地区还有桃蛀螟等蛀茎危害。取食叶片害虫主要是黏虫、草地螟,其次是局部地区危害的土蝗、东亚飞蝗、短额负蝗等。夜蛾类也时有发生,如甜菜夜蛾、斜纹夜蛾、梨剑纹夜蛾等。大猿叶虫、双斑萤叶甲等也危害玉米叶片。危害雌穗的害虫除玉米螟外,还有棉铃虫、白星花金龟等,它们也危害玉米花丝和籽粒。玉米铁甲虫原本是我国南方局部性害虫,但近年来在吉林省许多地方有所发现,该虫成虫咬食叶肉,幼虫潜入叶内危害。玉米吸汁害虫主要有蚜虫类、叶螨类、叶蝉类、蓟马类、粉虱类、蜡类等。叶蝉和蚜虫也是许多植物病毒病的传毒媒介昆虫,因此其间接危害有时会比直接危害更重。

3. 玉米草害发生与危害

吉林省玉米田主要农田杂草有稗草、马唐、龙葵、铁苋菜、狗尾草、苍耳、蓼、藜等,在局部地区发生的还有野燕麦、鸭跖草、苘麻、马齿苋、田旋花、刺儿菜、芦苇、看麦娘等。农田杂草除直接使农作物减产外,还降低农产品的品质,增加收获和加工时的困难,耗费能源,降低土地利用价值。杂草还能传播病虫害,有毒杂草还会毒害牲畜,检疫性杂草影响农产品出口。我国的农田草害一直是阻碍农业生产快速发展的一个重要因素。据报道,全国玉米种植面积约 1/2 受到不同程度的危害,严重草害面积 $(200\sim400)\times10^4 hm^2$。若玉米田不除草,将减产 50% 以上(刘长令,2002)。

据 1989~1993 年统计,全省每年因病虫草危害受灾面积约 613 万 hm^2。虽然经过积极防治,挽回了部分粮食损失,但每年仍然要损失粮食 8 亿 kg,折合人民币 8 亿元以上。其中,病虫危害受灾面积 427 万 hm^2,经防治后仍损失粮食 6.4 亿 kg 左右;农田草害发生面积 140 万 hm^2,经防治后仍损失粮食 1 亿 kg 左右。

二、吉林省玉米病虫草害防治技术发展历程

新中国成立前,日伪统治时期吉林省玉米主要病害是玉米丝黑穗病、大斑病。玉米丝黑穗病发病率一般为 10%～20%,吉林省各地玉米田年年都有发生。当时玉米大斑病也有发生,但是发生程度相对较轻,不如玉米丝黑穗病发生普遍,一般不采取任何防治措施。新中国成立后,危害吉林省玉米生产的主要病害是玉米丝黑穗病、大斑病和茎腐病。常年因病害导致玉米减产 7%～10%。20 世纪 50～60 年代,吉林省玉米种植面积不大,玉米连作面积也很小,轮作体系比较合理,主要种植农家品种,玉米病害相对较轻。60 年代,防治丝黑穗病主要靠品种的自然抗性,结合轮作倒茬等农业栽培措施,化学防治采用多菌灵、五氯硝基苯、苯来特等药剂浸种处理,防治效果达 30%～40%。70 年代,采用萎锈灵、拌种灵等内吸性杀菌剂拌种,防治玉米丝黑穗病。80 年代,吉林省玉米丝黑穗病发病率为 6%～8%。主要采用残效期较长的三唑类杀菌剂粉锈宁、羟锈灵处理种子,防治效果达 70%～80%。推广种植多抗品种,结合化学药剂,防治效果显著。在玉米连作地块丝黑穗病发病率平均为 13.5%,而轮作地块丝黑穗病发生率仅为 4.5%。可见采取合理的轮作方式是防治丝黑穗病的有效途径(杨素贞,2009)。玉米大斑病于 1956 年、1957 年和 1963 年在吉林省中西部地区发生严重。1971 年大斑病第一次流行成灾。1974～1977 年又连续几年大发生。1974 年全省发生大斑病,导致全省玉米减产 15%,1984 年大斑病严重发生,减产 20%。新中国成立后至 20 世纪 70 年代中期,生产中,对大斑病几乎不采取什么防治措施。70 年代后期曾经筛选出一些农药如 40%克瘟散、50%敌菌灵、90%代森锰锌等。80 年代中期,由于施肥水平提高,新杂交品种较为抗病,玉米大斑病危害已减弱。玉米丝黑穗病和大斑病的综合防治措施是:种植抗病品种,及时拔除病株,适期晚播,做到保墒播种,促使快出苗以减少病菌侵染机会,采取合理的轮作方式以减轻病害。1979 年吉林省首次发现玉米茎腐病。1982 年,在省内外 6 个地区的大部分县市的 200 余个玉米品种都不同程度发生茎腐病。1985 年调查,主推品种'四单 8 号'平均发病率达 30%,严重地块植株倒伏达 60%,平均减产 10%～13%。茎腐病病原复杂且腐生性强,免疫或高抗的杂交种很少。在生产中主要通过改进栽培措施来控制茎腐病危害。一般是采取多施用钾肥和有机肥料,氮、磷、钾合理配施,合理密植等技术措施控制玉米茎腐病的发生。20 世纪 80 年代以前,主要进行单病和单项防治措施或单病综合防治措施的研究。80 年代后期,胡吉成(1985)提出了涉及三病一虫的综合防治技术体系。90 年代又提出了涉及五病一虫的 3 个综合防治技术体系。吉林省是中国玉米生产大省,进入 21 世纪玉米种植面积已达 280 万 hm²。21 世纪初,全世界共同推行"绿色植保工程",与吉林省植保现状相结合,开展试验示范推广工作,取得丰硕成果。目前,玉米大斑病、丝黑穗病和镰孢菌病的发生流行规律研究与防治;公主岭霉素等生防技术创新与推广;生理、物理、生物、化学等方法处理种子防治种传和土传病害的控制技术等,这些研究工作基本上与国际前沿水平同步。目前,吉林省玉米大斑病、灰斑病、苗期病害和玉米茎腐病成为当前玉米主要病害,应该加快研究步伐,实行耕作、栽培和植保相互结合,加强管理,尽最大努力控制病害的大发生,同时其他玉米病害如玉米丝黑穗病、瘤黑粉病、弯孢叶斑病、炭疽病、青枯病和茎腐病等病害也应加强防范,采取必要措施尽量避免这些次要病害上升为主要病害,为吉

林省"百亿斤粮食工程"做出应有的贡献。

　　新中国成立前,吉林省危害玉米生产的主要虫害有:玉米螟、黏虫、金针虫、蝼蛄等。当时对害虫的防治措施主要是采取人工捕杀、撒六六六粉、用滴滴涕(DDT)拌种等。日伪统治时期黏虫发生频繁,且危害严重;玉米螟年年都有发生,危害也较为严重。采取的防治方法是秋天清理田间,烧掉残留的茎秆,清除田边地头杂草,或用糖醋罐埋在田间诱杀幼虫,喷洒1%可湿性DDT。新中国成立初期全省境内危害玉米的主要害虫有:玉米螟、黏虫、玉米蚜、金针虫、蝼蛄等。防治病虫害手段落后。1952年,当时全省使用的农药只有7个种类。全省用药量也仅为26t。1953年和1955年,全省黏虫大发生,造成减产15%~18%。20世纪50~60年代,主要采用六六六粉拌成毒土、毒谷或拌种的方法防治地下害虫。70年代,开始使用辛硫磷闷种。防治黏虫使用敌敌畏(DDV)、滴滴涕、黏虫散等药物进行毒杀。1949~1969年,玉米螟大发生年(5级)和偏重发生(4级)的年份占80%,全省玉米植株虫害率为30%~70%,玉米螟大发生年产量损失为20%~30%,中等发生年产量损失为10%~13%。50年代,本着"防治结合,土洋并举"的方针,防治玉米螟采取泥抹封垛和茅草覆盖封垛的办法。或用烧荒的办法处理越冬寄主。60~70年代,本着"治早、治小、治了"的方针,采取"一净、二烧、三封垛、四用药"的措施防治玉米螟。秋天刨净捡净玉米根茬和秸秆并尽快烧掉;用黄泥、茅草或白僵菌在玉米螟虫羽化盛期封垛;药剂防治用5%的DDT、0.5%灵丹粉制成的颗粒剂于玉米心叶期毒杀。80年代,玉米螟虫危害猖獗,这阶段的防螟策略是:越冬防治与田间防治相结合,农业防治与生物防治相结合,充分发挥化学农药的作用,治理越冬虫源(清除根茬,白僵菌封垛,DDV熏垛、喷施敌百虫),使用颗粒剂(5%DDT、1.5%辛硫磷、1%对硫磷、地亚农);白僵菌心叶撒施、白僵菌喷粉;释放赤眼蜂防治玉米螟。纵观玉米虫害防治历程可见,50~60年代土方土法与化学防治相结合,采取群防群治,开展药剂拌种防治地下害虫。1953年,开始推广汞制剂(赛力散、西力生)和氯制剂(六六六、DDT有机合成农药)。60年代推广有机磷农药敌百虫、乐果等。70年代,开始研究应用生物防治技术,主要是利用白僵菌、赤眼蜂防治玉米螟技术。80年代,开始采取综合防治措施防治玉米虫害;90年代,开始多种病虫害的综合防治技术体系。21世纪初,全世界共同推行"绿色植保工程",与吉林省植保现状相结合,开展试验示范推广工作,取得丰硕成果。目前,研究工作如黏虫的越冬虫源,迁飞规律和预测预报;白僵菌和赤眼蜂等生防技术创新与推广;玉米螟的世代种群动态及其生物学特性与防治等,基本上与国际前沿水平同步(农作物病虫预测预报手册编写组,1979)。

　　玉米田杂草在新中国成立前和新中国成立初期多采用人工除草,玉米田间的草荒问题一直是影响产量的重要因素。尤其是在"大帮哄"的年代草荒更为严重。吉林省因草荒每年减产玉米5%~10%。20世纪50~60年代,玉米生产田管理粗放,草荒严重,导致玉米减产10%~20%。70年代初期开始使用机械中耕除草,全省机械中耕除草面积达45万~52万hm²。60年代中期开始试验化学除草技术,主要使用2,4-D类除草剂,为我国农田化学除草奠定了基础。70年代玉米田化学除草主要使用西玛津和阿特拉津。化学除草技术于80年代后有了较大发展,化学除草的面积日渐扩大,随着改革开放,引进了多种除草剂,国内也合成并生产了较多的除草剂品种,化学除草技术提高很快,进入了全面发展时期。除草剂使用方法主要采取播后苗前施药。采用的药剂以阿乙合剂为主或阿特拉津和乙草胺现混现用。进入 90 年代,研制出玉米化学除草综合配套技术,明确了吉林省 3 个生态区不同杂草群落类型及危害程度,筛选出了高效安全除草剂组合配方,吉林省的玉米田化学除草进入了一个崭新的阶段。主要采取播后苗前施药和苗后茎叶处理方法。播后苗前施药主要采用阿乙合剂,苗后茎叶处理主要采用烟嘧磺隆混用阿特拉津。2000 年以后又硝磺草酮混用阿特拉津防治玉米田杂草。值得提出的是,这段时间进入我国的玉米田茎叶处理剂如噻吩磺隆、唑酮草酯、烟嘧磺隆、硝磺草酮等对玉米田杂草防除起到了推动作用。噻吩磺隆、唑酮草酯每亩仅需有效成分 1g 就可有效杀除玉米田的马齿苋、反枝苋等阔叶杂草。磺酰脲类除草剂烟嘧磺隆和三酮类除草剂硝磺草酮具有杀草谱广、对作物安全的众多优点,在玉米苗期作为茎叶处理对马唐、稗草、狗尾草、牛筋草、野燕麦等禾本科杂草及蓼、苋、马齿苋、藜等阔叶杂草均有理想防治效果,基本上解决了玉米田杂草的危害问题。

第二节　玉米丝黑穗病

一、玉米丝黑穗病的发生与危害

玉米丝黑穗病遍布世界各玉米产区,俗称"乌米",是我国春播玉米区的重大病害,主要发生在东北、华北的春玉米区,其中以东北春玉米区发生最重,一般田间发病率 2%~8%,重病田发病率高达 60%~70%,造成产量严重损失。20 世纪 80 年代,此病已基本得到控制,但仍是玉米生产的主要病害之一,近年有上升趋势。玉米丝黑穗病病菌还可危害高粱等禾谷类作物。

(一) 症状

苗期症状表现植株矮小、丛生、心叶扭曲呈鞭状,或心叶沿叶脉由下而上产生褪绿黄条斑,基部节间缩短变粗,植株矮化,果穗增多,每个叶腋都长出黑粉,有的分蘖异常增多,此后每个分蘖顶部长出黑穗。苗期症状多变而不稳定,因品种、病菌、环境条件不同而发生变化。

成株期病穗分为两种类型。①黑穗型。受害果穗较短,基部粗顶端尖,不吐花丝;除苞叶外整个果穗变成黑粉包,其内混有丝状寄主维管束组织。②畸形变态型。雄穗花器变形,不形成雄蕊,颖片呈多叶状;雌穗颖片也可过度生长成管状长刺,呈刺猬头状,整个果穗畸形。田间病株多为雌雄穗同时受害。

(二) 病原菌

玉米丝黑穗病病原菌为丝轴团散黑粉菌[*Sporisorium reilianum*(Ku Hn)Landon et Full]。穗内的黑粉是病菌冬孢子(尚竞梅,2009)。成熟的冬孢子在适宜条件下萌发产生担孢子,担孢子又可芽生次生担孢子。担孢子萌发后侵入寄主。具有生理小种分化,初步认定我国有 5 个生理小种,其中 1 号小种为优势小种(王燕等,2009)。

（三）发病规律

玉米丝黑穗病以土壤传播为主，在苗期侵染植株。土壤带菌是最重要的初侵染来源，其次是粪肥，再次是种子（何香竹等，2009）。病菌的厚垣孢子散落在土壤中，混入粪肥里或黏附在种子表面越冬，厚垣孢子在土壤中能存活3年左右。玉米播种后，来自土壤、粪肥和种子上的冬孢子遇到适宜温度、湿度等条件便萌发，产生侵入丝，直接侵入幼芽的分生组织，最终形成黑穗。冬孢子萌发后，在土壤中侵染玉米幼苗的最佳时期是：从种子破口露出白尖，到幼芽生长至1～2cm幼芽出土期间。种子表面带菌虽可传病，但侵染率极低，是远距离传播的侵染源。玉米丝黑穗病发病轻重取决于品种的抗病性和土壤中菌源数量及播种和出苗期环境因素的影响。不同的玉米品种对丝黑穗病的抗病性有明显的差异。高感丝黑穗玉米品种连作时，土壤中玉米丝黑穗菌的含量每年增长5～10倍。东北春玉米区大多数土地玉米连作在3～5年。土壤中积累了可引起丝黑穗病大发生的充足菌量。病菌侵染的最适时期是从种子萌发开始到一叶期，也就是种子萌发到出苗期。此时若遇到低温干旱，则延长了种子萌发到出苗的时间，增加了丝黑穗病菌的侵染概率（张旭丽和李洪，2009）。

二、玉米丝黑穗病防治技术

以抗病品种为基础，化学防治为主，农业保健栽培措施为辅的综合防治技术（王宝芝，2009）。

1. 种植抗病品种

品种间抗病性有明显差异，选用抗病品种是解决该病大发生的根本性措施。目前对丝黑穗病抗病性较好的品种有：'吉单602'、'凤田9号'、'中单322'、'松玉410'和'吉单92'等。另外选用优良种子，保证发芽势强，也可减少发病（张超等，2009）。

2. 减少菌源

结合农事操作在苗期拔除病株；生长后期病穗未开裂散出冬孢子前，及时摘除并携至田外深埋，减少病菌在田间的扩散和在土壤中的存留。

3. 加强农业保健栽培措施

调整播期和提高播种质量，根据地势、土质、墒情、品种生育期和抗病性灵活掌握播种时间，如我国北方早春气温低，宜适时晚播、避开低温、减少病菌的侵染概率。合理轮作，采取玉米与豆类、薯类、瓜菜类作物轮作倒茬，病重地块宜实行3年以上轮作。注意氮、磷、钾肥的配合使用，避免偏施氮肥。施用净肥、减少菌量，禁用病秸秆或"乌米"喂牲畜和作积肥；施用含有病残体的厩肥或堆肥要充分腐熟。另外，结合深翻土壤，将病原孢子压到播种层以下（任丽敏和白绍忠，2009）。

4. 化学防治

使用种衣剂是防治玉米丝黑穗病最直接、经济、有效的措施之一。含有烯唑醇、戊唑醇和三唑醇成分的种衣剂对丝黑穗病的防治有明显效果。但含烯唑醇的药剂在低温条件下，播种深度超过3cm时易产生药害。因此在使用含有烯唑醇成分的种衣剂时，要适时晚播避开低温，同时播种深度不能超过3cm。而戊唑醇和三唑醇药剂不存在安全性问题。

由克百威和戊唑醇复配而成的黑虫双全二元种衣剂、由克百威、福美双和三唑醇复配而成的吉农 4 号三元种衣剂是目前国内市场上防治玉米苗期病害、地下害虫、丝黑穗病和玉米丛生苗的最好药剂之一,其综合防治效果好、安全性高。

第三节　玉　米　螟

一、玉米螟的发生与危害

我国广泛分布的玉米螟优势种是亚洲玉米螟[*Ostrinia furnacalis* (Guenée)],属于鳞翅目(Lepidoptera),螟蛾科(Pyralidae)。在玉米产区,亚洲玉米螟是危害玉米最重要的害虫,该害虫食性杂、分布广、危害重,可取食玉米、高粱、谷子、小麦、水稻、棉花等几十种农作物及野生植物。吉林省是我国玉米的主产区,也是玉米螟危害的重灾区,由于亚洲玉米螟的危害,一般年份玉米受害减产 7%~10%,大发生年可使玉米减产 20% 以上,严重发生地块减产可达 50%。吉林省 300 万 hm² 左右的玉米种植面积,每年仅局部防治所需的防治费用就达近千万元,全省平均每年因此损失玉米累计达 15 亿~20 亿 kg,玉米螟是限制吉林省玉米增产和农民增收的主要因素之一。

(一)生物学特性

玉米螟生长发育的整个周期是:卵 1 龄(初孵幼虫)→2 龄幼虫→3 龄幼虫→4 龄幼虫→5 龄(老熟幼虫)→蛹→成虫。最后一代的老熟幼虫在玉米的秸秆、穗轴或根茬内滞育越冬,在吉林省约 80% 的越冬幼虫集中在村屯附近的玉米秸秆垛中,其他 20% 分散于田间的玉米残茬内越冬。最后一代玉米螟进入滞育后,越冬前虫体脱水以适应冬季的低温,越冬阶段的玉米螟比其生长发育时期的含水量大大降低,体内的脂肪、甘油等物质积累,自由水的比例下降,因而能够安全地度过严冬,越冬幼虫的脱水多少取决于冬季温度的高低,这是玉米螟抵抗冬季低温必要的生理过程,处于滞育休眠阶段的玉米螟幼虫,对外界环境温度的变化反应不敏感。春季随着气温的回升玉米螟越冬幼虫开始复苏,在进入正常的发育代谢活动之前,必须摄取足够的水分,使其体液成为流动状态,才能进入化蛹发育过程。一般来说,玉米螟获得水分和大多数昆虫一样,有 3 种方式,即从食物中获取水分、通过体壁吸水和直接饮水。对于越冬复苏的玉米螟来说,不存在取食补充营养过程,因此从食物中获取水分并不重要;但有一定数量的玉米螟咀嚼潮湿秸秆补充水分;直接饮水是主要的获取水分方式。玉米螟蛹期 7~10d,成虫大多在晚间羽化,寿命一般 8~13d,成虫白天栖息于大豆、水稻、小麦、马铃薯田及田边的杂草中,夜间活动,飞行能力较强,有强烈的趋光性。成虫羽化后当天即可交尾,1~2d 后开始产卵,卵产在生长茂盛的田块较多。每头雌蛾产卵 20 块左右,每块卵粒数为 320~780 粒。卵一般产在玉米植株中上部叶片背面,多在叶片中部的中脉附近。卵期 3~5d,幼虫孵化后群集在卵壳上,头部朝外呈放射状排列,约 1h 后开始分散爬行到寄主植株的幼嫩组织心叶、叶鞘、雄穗、花丝等隐蔽处觅食或吐丝下垂转株取食。

（二）发生规律

关于吉林省亚洲玉米螟的发生规律研究,前人做了大量的工作,认为吉林省东部半山区亚洲玉米螟一年发生一代,西部半干旱区一年发生二代,中部平原区一年发生一代半。但是近年的田间系统调查表明,吉林省中部地区发生的亚洲玉米螟几乎全部为二代,世代数已发生了变化。近年来玉米螟的田间实际落卵情况如图 10-1 所示。

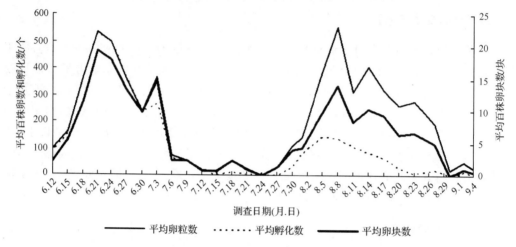

图 10-1　吉林省中部地区玉米螟一代、二代卵田间发生情况(2002～2004 年)

由图 10-1 看出,吉林省中部亚洲玉米螟的田间落卵期明显呈现两个高峰期,即 6 月 10 日～7 月 20 日的一代卵期和 7 月 30 日～8 月 30 日的二代卵期。

近年来玉米螟一、二代幼虫的田间实际化蛹情况如表 10-1 所示。

表 10-1　二代玉米螟田间化蛹情况

世代数	调查时间	活虫总数/头	5 龄幼虫/头	蛹/头	蛹壳/头	化蛹率/%
一代	8 月 1 日	158.0	40.3	71.3	39.7	70.3
	8 月 7 日	132.3	16.3	55.0	59.7	86.7
	8 月 12 日	119.6	13.0	17.3	89.3	89.1
二代	8 月 28 日	46.3	11.3	0	0	0
	9 月 5 日	45.0	21.7	0	0	0
	9 月 12 日	51.0	34.7	0	0	0

注:表中数据为 100 株玉米的剖秆虫数

据调查得知,一代玉米螟幼虫在 7 月 17 日左右始见化蛹,7 月 22 日左右始见蛹壳,进入羽化期,7 月 27 日左右进入化蛹高峰期,8 月 7 日左右进入化蛹始末期和羽化高峰期,8 月 12 日左右进入羽化始末期,化蛹率在 90% 左右。8 月 28 日左右二代玉米螟 5 龄幼虫占 24.0%,9 月 5 日 5 龄幼虫占 48.0%,9 月 12 日 5 龄幼虫占 68.0%,调查到 9 月 12 日为止,未见二代玉米螟幼虫化蛹。由此看出,吉林省中部地区发生的玉米螟已由每年发生一代半转变为每年发生二代。

　　至于吉林省中部地区发生的亚洲玉米螟由每年一代半转变为二代,有以下4个方面的原因供商榷。

　　(1) 西部二化类型玉米螟的扩散,二化性类型的玉米螟迁入中部。亚洲玉米螟化性研究认为,吉林省西部地区为二化性类型玉米螟发生区,中部地区为一、二化性玉米螟混发区。不同化性玉米螟在生态学、分子生物学上存在较大的差异,二化性玉米螟为显性基因控制,可以通过种群间杂交实现遗传基因的扩散。亚洲玉米螟成虫的扩散规律研究认为,虽然未发现亚洲玉米螟有远距离迁飞的现象,但其有较强的飞翔能力,最远飞行距离可达10km,二化性玉米螟可通过不断地扩散向中部迁移。

　　(2) 全球气候变暖,增加了有效积温。据1980~1989年和1990~1999年5~9月的日平均气温统计,近10年的气温明显高于前10年的气温,总共高出61.25℃,亚洲玉米螟的发育起点温度平均为13℃,在吉林省中部地区发生二代玉米螟,一般900℃·d的有效积温即可满足发育,目前的有效积温为1039.63℃·d,因此发生二代玉米螟不存在积温不足问题。

　　(3) 玉米主推品种的生育期延长,玉米螟的营养条件有所改善。由于气候变暖,主推玉米品种的生育期一般都在130d左右,玉米成熟期比以前偏晚,二代玉米螟仍能够在玉米上危害发育,完成第二世代。

　　(4) 特用玉米种植面积的不断扩大,有利于玉米螟取食和发育。目前特用玉米面积不断扩大,如黏玉米,甜玉米等,这些玉米以收获鲜果穗为主,一年多次播种,给二代玉米螟提供了合适的繁衍场所。

(三) 影响发生程度的因子

1. 越冬种群数量

　　高质量的越冬幼虫数量是玉米螟大发生的基础。据吉林、河北的玉米螟预测预报办法,百株越冬虫量在50头以下为轻发生年,50~100头为中等发生年,百株100头以上为重发生年。据资料分析,吉林省公主岭地区6月中旬进入化蛹的百株幼虫数(有效越冬虫数)与7月性诱蛾量呈极显著的正相关($r=0.8224^{**}$),与秋季百秆虫量呈显著相关($r=0.7024^*$)。化蛹前的百秆越冬虫数是影响玉米螟发生程度的主要因素之一。

2. 降水

　　玉米螟越冬幼虫在春季气温回升到发育起点温度以上时开始复苏,复苏后体内酶促反应、激素联系、营养物质的运送、代谢物质的转运等都必须在溶液状态下实现。因此,复苏后的玉米螟必须咬嚼潮湿秸秆或直接饮水才能正常化蛹。目前研究发现,玉米螟直接饮水的实现依赖于自然降水,相对湿度的大小对玉米螟的发生并不重要,但长期的高湿可以增大玉米秸秆中的含水量,越冬幼虫由咬嚼潮湿秸秆而间接接触水。由此可见,春季玉米螟幼虫复苏后到化蛹前的降水对玉米螟的发生影响很大,为发生程度预测的重要因子。

3. 天敌

　　最近报道有记录的天敌种类达136种,在国内亚洲玉米螟天敌也已发现70种以上。影响玉米螟种群数量的主要寄生天敌有螟虫长距茧蜂(*Macrocentrus linearis*)、玉米螟厉寄蝇(*Lydella grisescens*)、线虫、微孢子虫、白僵菌和细菌。据报道,在某些地区螟虫长距茧蜂自然寄生率可达 30%～50%,白僵菌自然寄生率可达 10%～15%,玉米螟厉寄蝇自然寄生率可达 30%～40%,微孢子虫自然发病率可达 30%～50%。玉米螟的主要捕食性天敌有黄缘步甲(*Nebria livida*)、赤胸步甲[*Calathus (Dolichus) halensis*]、日本大蠼螋(*Labidura japonica*)。据研究,步甲类每天可捕食玉米螟幼虫 3.2～4.9 头,蠼螋可以尾随玉米螟从蛀孔钻入隧道中捕食,每天可捕食玉米螟幼虫 2.5 头。由此可见,玉米螟受自然天敌的控制作用相当大,天敌种群数量变动对玉米螟的大发生有较大的影响。

4. 品种抗虫性

玉米主推品种的抗螟性强弱,不仅与其自身的螟害程度密切相关,而且直接影响玉米螟的存活和发生量,在相同的卵量或虫口密度下,感虫品种幼虫成活率高、玉米受害重,抗虫品种幼虫成活率低受害轻。利用玉米对螟虫的抗性是综合防治措施的重要一环,可减少化学防治面积,有利于天敌繁衍。利用玉米本身的抗性治螟是国内外公认的一个带有方向性的治螟途径,广泛种植抗螟品种后,一般可不采取其他化学防治措施。玉米抗螟机制研究认为,玉米植株含有甲、乙、丙 3 种抗虫素,其中抗虫素甲的化学结构为 2,4-二羟基-7-甲氧基-(2H)-1,4-苯并(4H)-酮,即丁布(DIMBOA)。玉米螟植株的丁布含量高低具有遗传特性,可以通过杂交选育等手段培育出抗螟品种,提高对玉米螟的抗性,控制玉米螟的发生。综上所述,在一个地区主推玉米品种的抗性强弱是影响玉米螟发生量的重要因子。

5. 品种的生育期与播期

玉米品种的生育期决定其感虫生育时期出现的早晚。亚洲玉米螟的发生程度与其寄主植物玉米的生育时期关系密切,发生量大小取决于玉米螟发生期与玉米特定的生育时期的吻合与否。亚洲玉米螟的成活率在玉米的不同生育时期有显著差异,在玉米的心叶期之前初孵幼虫的成活率很低,随玉米植株的生长发育玉米螟幼虫的成活率明显增高。据研究,心叶期玉米螟幼虫存活率为 5.64%±0.89%,抽穗期可达 15%左右,玉米进入乳熟期,幼虫的存活率又趋于下降。近年研究结果表明,取食田间和室内玉米心叶的玉米螟幼虫成活率为 19%和 31%,取食花丝的幼虫成活率为 58%和 77%,取食雄穗的幼虫成活率为 25%和 66%,取食不同部位的幼虫发育速度也有很大区别,以雄穗和花丝生长发育最快。低叶龄时接种玉米螟成活率和食叶级别明显低于高叶龄。

玉米的播种期决定着玉米感螟生育时期与玉米螟发生期的吻合程度,对同一品种来说,播种期不同螟虫危害水平不同,因而螟虫的发生量也不同。在选择播种期时,关键是应考虑玉米螟的发生期与玉米的感虫生育时期能否错开,因此不同玉米产区应掌握适合本地区的播种期,以减轻玉米螟的危害,从而降低玉米螟的田间种群数量。玉米螟雌蛾产卵时对播种期早、生长茂盛、叶色浓绿的植株有明显的选择性,在同样发蛾量的情况下,长势好的玉米植株上着卵量往往超过长势弱的玉米。雌蛾产卵时对玉米植株的高度也有选择性,一般在株高不足 35cm 的玉米上产卵较少。

二、玉米螟的防治技术

(一)农业防治

农业防治是对整个农田生态系多因素的协调管理。通过栽培管理手段协调作物、害虫及环境的关系,创造有利于作物生长,不利于害虫发生的农田生态环境,把害虫种群控制在危害水平以下。

1. 压低越冬虫源基数

玉米螟越冬幼虫是来年田间发生的虫源基础。因此,在越冬代幼虫化蛹前,采取各种有效措施将主要越冬寄主的秸秆进行处理,如沤肥或用作饲料、燃料等,可消灭大量越冬虫源,减轻第一代螟虫危害。

2. 因地制宜进行耕作改制

玉米田种植匍匐型绿豆,可明显提高玉米螟卵赤眼蜂的自然寄生率,被害玉米植株明显减少。

3. 种植早播诱集作物

利用玉米螟雌蛾选择生长高大茂密玉米产卵的习性,有计划地适当种植一部分早播玉米或谷子,诱集玉米螟成虫产卵,然后集中防治,可减轻大面积玉米受害程度。

(二) 物理防治

主要是利用害虫对环境条件中各种物理因素的行为和生理反应来杀灭害虫,如灯光诱杀及辐射不育等。

高压汞灯诱杀:吉林省农村多以玉米秸秆为主要燃料,而存放在村屯内的玉米秸秆是玉米螟的主要越冬场所。设置高压汞灯诱杀越冬代成虫能有效地降低田间虫源,灯数可根据防治面积和村屯大小而定,每盏灯的有效防治面积为 $13\sim20hm^2$。使用 200W 的汞灯,要求每隔 150m 安装 1 盏,一般村屯可设单排灯,如村子较大可设双排灯。灯装在捕虫池中央上方,距水面约 15cm。

(三) 生物防治

生物防治是根据生物之间的食物链关系,利用害虫的寄生性、捕食性天敌及病原微生物来防治害虫的途径,即"以虫治虫"、"以菌治虫"。它是综合治理的重要组成部分。目前主要生物防治措施如下。

1. 赤眼蜂

在吉林省,自然界寄生玉米螟卵块的赤眼蜂主要有松毛虫赤眼蜂、玉米螟赤眼蜂、螟黄赤眼蜂 3 个种。自然寄生率因年度而异,为 20%～90%。目前大量人工繁殖推广使用的赤眼蜂是松毛虫赤眼蜂。防治第一代玉米螟放蜂两次,从 6 月中旬开始在放蜂区定点调查玉米螟的化蛹、羽化进度,当化蛹率达 20% 时,向后推 10d 即为田间玉米螟产卵初期,开始第一次放蜂。5d 后再第二次放蜂,使这批蜂寄生盛期前和盛期的玉米螟卵。

2. 白僵菌

白僵菌是一种广谱性寄生真菌,我国发现的白僵菌种类有球孢白僵菌和布氏白僵菌两种。目前我省主要研究、应用和工厂化生产的是球孢白僵菌,简称白僵菌。利用白僵菌防治玉米螟的方法主要有粉剂封垛防治越冬幼虫和田间喷粉防治幼虫。白僵菌封垛是在秋季堆放玉米秸秆或茬垛时分层施用白僵菌土,或在 5 月下旬左右向垛内喷施菌粉防治玉米螟越冬幼虫。田间颗粒剂防治是在玉米心叶期向心叶内撒施白僵菌颗粒剂防治 3 龄前幼虫。

（四）药剂防治

主要有药剂封垛防治越冬玉米螟和田间防治玉米心叶期玉米螟。

1. 封垛

用具有熏蒸作用的药剂（敌敌畏）处理玉米秸秆垛。具体方法是，在玉米螟的羽化期间，按每立方米秸秆垛 10～20mL 的用量，用去皮后的高粱秆或玉米穗轴等吸附力强的物体，蘸上药剂后插入玉米秸秆垛内 40～50cm 深处，熏杀刚羽化的玉米螟成虫。

2. 田间药剂防治

在玉米螟产卵期或孵化盛期，田间喷施农药或撒施颗粒剂防治玉米螟初孵幼虫和 3 龄前幼虫。田间喷施农药可采用适合高秆作物喷药机械进行喷药，160 亿活芽孢/g B. t. 乳剂可湿性粉剂 3750g/hm² 或 10％高效氯氰菊酯 750mL/hm² 或 40％毒死蜱乳油 600mL/hm² 等均具有较好的防治效果。

第四节　玉米草害及防除技术

一、玉米杂草的危害

20 世纪 80 年代中期，全国农田杂草抽样调查发现的杂草有 580 种，受草害农田面积约 4300 万 hm²，平均减产 13.4％。我国玉米种植面积 3 亿亩左右，仅低于水稻、小麦居全国第 3 位。由于玉米大部分生育期处于高温、多雨的季节，杂草生长迅速，常因除草不及时而发生草害或者草荒。我国玉米田草害面积占其播种面积的 33％左右，如果不投入除草措施，每年因草害造成的玉米产量损失将达 25 亿 kg，损失率 10％以上。杂草对玉米田的危害主要表现在以下几个方面。

1. 杂草使农产品产量降低和品质下降

杂草与作物争夺水分、养分、光照和空间，干扰作物生长发育，造成农业减产。杂草干扰作物最主要是竞争作用，杂草和病虫不一样，除一些寄生性杂草外，它们对作物并不是直接的损害，而是由于作物所必需的水分、养分和光线被杂草严重的消耗和阻碍，使作物生长发育受到抑制，对作物生长造成了间接的影响，这就是作物与杂草争夺环境生存因素的竞争作用。

杂草是无孔不入的，从土表到深层，从玉米行内到行间，从农田到渠道、田埂，一切空间都有杂草的踪迹，因而使土壤、水域、产品等受到严重污染。某些杂草有毒或有异味，混入粮食及饲料中会对人畜健康造成危害。如家畜食用了含有一定量毒麦的饲料时能引起中毒死亡。毛莨体内含有毒汁，牲口吃了会中毒，豚草的花粉可引起花粉过敏，使患者会出现哮喘、鼻炎等症状。另外由于杂草种子混杂在作物种子当中，相互引种导致杂草传播。

2. 杂草防除的巨额成本

每年全世界要投入大量的人力、物力和财力用于防除杂草。目前,在世界许多发展中国家,人工除草仍然是杂草防除的主要方式,除草又是农业生产活动中用工最多(占田间劳动量的 1/3~1/2)、最为艰苦的农作劳动之一。我国每年农田除草用工 50 亿~60 亿个劳动日,相当于 1400 万~1600 万人常年从事除草劳动。但是,发达国家和我国较为发达地区,都已普遍使用化学除草剂防除杂草。据 2006 年的统计数据资料,我国化学农药原药产量(折 100%)为 129.6 万 t,其中除草剂产量为 38.7 万 t,约占农药总量的 30%。除草剂市场销售价值大约有 400 亿元。这仅仅是除草剂本身价值,还不包括运输和施用费用及投入的研究和开发费用等。

3. 传播病虫害

许多杂草是作物的寄生物和病虫害的中间寄主。由于杂草的抗逆性强,且许多是越冬性或多年生的,因此病菌及害虫往往在杂草上寄生或过冬,当作物长出后,逐渐迁至作物上危害作物,从而充当作物病虫害的中间寄主。例如,狗尾草、稗草是禾谷类作物黏虫的中间寄主,夏至草和刺儿菜等是蚜虫的越冬寄主,小藜和巨荬菜是地老虎的越冬场所,而且一种杂草常常可以传播多种病虫害。蝗虫和黏虫的大发生和迁飞与杂草种类和分布有密切关系。因此,防治杂草也是防治农作物病虫害的一项重要措施

4. 妨碍农事操作

杂草大量发生还会给机械化作业带来麻烦,既增加油耗,又影响作业质量和进度。具有藤本茎的杂草如荞麦蔓、田旋花、葎草、牵牛花等缠绕在作物茎秆上妨碍机械操作,常常造成收获设备的故障,严重时人们无法进田收获。玉米田内苘麻量大,草害严重时收割机易被青草阻塞而发生故障。另外,收割时若混有较多青草则不易晒干,容易发生霉烂,造成损失。水渠及其两旁长满杂草,使渠道水流减缓,泥沙淤积,影响灌溉。

二、玉米田杂草种群及分布

唐洪元(1983)根据玉米种植区域和玉米田草害调查资料,把吉林省玉米田草害区划分到北方春播玉米田草害区。包括吉林、黑龙江、辽宁、内蒙古中北部及河北、山西、陕西北部地区,属寒温带湿润、半湿润气候,夏季温暖湿润,冬季严寒漫长,≥10℃的积温 1300~3700℃·d,无霜期 100~200d,年平均气温 -4~10℃,玉米生长季节平均气温 20~25℃,年降水量 500~800mm,从西向东递减,其中 60% 集中在 7~9 月。本区是我国第二大玉米种植区,玉米主要种植在旱地。灌溉玉米仅占 1/5,玉米一年一熟,一般和小麦、大豆和高粱轮作。主要农田杂草有马唐、稗草、龙葵、稀莶、铁苋菜、绿狗尾、葎草、苍耳、叉分蓼等,其危害率依次递减。主要杂草群落有玉米-马唐+稗草+反枝苋、玉米-稗草+马唐+反枝苋、玉米-龙葵+稗草+马唐、玉米-铁苋菜+马唐+稗草、玉米-稀莶+马唐+稗草等。另外,问荆、兰萼、香薷、鼬瓣花在局部地区发生,黑龙江和吉林省还有一些早春性杂草如野燕麦、卷茎蓼、本氏蓼、大马蓼、荞麦蔓、鸭跖草、风花菜等,由于出苗较早,其只危害苗期玉米。

吉林省省内不同生态区杂草种类有所不同。有研究报道,吉林东部山区、半山区旱田杂草 30 余种,主要有稗草、狗尾草、马唐等一年生单子叶杂草,灰菜、苋菜、旱蓼、苍耳、鸭

跖草等一年生双子叶杂草，各种蒿草、刺菜、苣荬菜、问荆等多年生杂草。吕跃星等（2003）报道，吉林省中部地区玉米田杂草的种类有禾本科、锦葵科、唇形科、苋科等16个科的35种杂草。发生频率和相对多度均较高的有稗草、苣荬菜、小蓟、山苦菜、水棘针、苘麻和反枝苋等。而铁苋菜、鸭跖草、藜、苍耳、狗尾草、荠菜等在不同环境条件下的分布差异较大。菊科杂草发生普遍，危害严重。沙洪林等（2009）报道，吉林省常见杂草有39种，分属16科，其中禾本科5种，占12.82%；菊科9种，占23.08%。单子叶杂草6种，占15.38%；阔叶杂草32种，占82.05%；其他杂草1种，占2.56%。其中一年生杂草26种，占66.67%；多年生杂草13种，占33.33%。出现频度较高的杂草有稗草、苣荬菜、小蓟、酸模叶蓼、苘麻、水棘针、反枝苋、藜、本氏蓼和铁苋菜。密度较大的杂草有稗草、狗尾草、苣荬菜、芦苇、凹头苋、苘麻、反枝苋、藜、本氏蓼和铁苋菜等。相对多度较高的杂草有稗草、本氏蓼、藜、苣荬菜、小蓟、苘麻、反枝苋、水棘针、狗尾草、铁苋菜等。由于地势、土壤的性质、结构、pH和盐碱程度，以及耕作制度的差异，玉米田杂草发生的种类、群落组成有所差异，分别形成了东部山区、半山区，中部松辽平原区和西部干旱、半干旱平原区各自区域性的不同杂草群落。东部山区、半山区主要有3个杂草群落：玉米-马唐＋龙葵＋苘麻＋铁苋菜＋稗草、玉米-鸭趾草＋藜＋蓼＋苋＋苍耳、玉米-苣荬菜＋田旋花＋狗尾草＋稗草＋蓼＋葎草。中部松辽平原区主要有3个杂草群落：玉米-稗草＋狗尾草＋蓼＋藜＋苋＋苘麻、玉米-蓼＋稗草＋狗尾草＋铁苋菜＋龙葵、玉米-鸭趾草＋小蓟＋苣荬菜＋苣荬菜＋山苦菜＋苋。西部干旱、半干旱平原区主要有3个杂草群落：玉米-苣荬菜＋芦苇＋藜＋蓼＋苋菜＋稗草＋看麦娘、玉米-狗尾草＋马唐＋苣荬菜＋山苦菜＋小蓟＋苋、玉米-苍耳＋蓼＋问荆＋狗尾草＋稗草＋苋。

　　玉米田杂草群落并非永恒和静止不变的，而是处于动的、变化的状态。随着环境条件的改变与人为的因素，既有的农田杂草优势种群可能会逐渐衰退，非既有的劣势种群迅速变化为优势种群。同时，农田中危害的杂草往往又不是以一个种群而绝对存在，经常伴生其他杂草而形成多元种群；多元种群不遵循"均匀平衡、机会均等"的规律，而是有主有次，都对农作物构成不同程度的危害。吉林省玉米田杂草种类繁多，主要有藜、蓼、苋、稗、马唐、牛筋草、狗尾草、苘麻、猪毛菜、田旋花、苦苣菜、马齿苋、刺儿菜等。吉林省玉米田习惯使用除草剂为莠去津、乙草胺及其混用合剂，且多在播后苗前使用，对一年生禾本科杂草防除效果好，但多阔叶杂草防除效果差。田间实践同样表明，在一个地块内长期单一应用同一除草剂，不仅可能会逐渐增加杂草抗药性，而且使农田的杂草群落发生变化。另外，近年随着玉米保护性耕作技术的大力推广，由于保护性耕作技术的精髓以机械化作业为主要手段，采取少耕或免耕方法，以除草剂控制杂草，对化学除草效果提出了更高要求，同时，也会使杂草群落发生变化。

三、玉米杂草综合治理

　　农田杂草综合防除以"预防为主，综合防治"为指导思想，运用生态学观点，从生物与环境关系整体出发，本着安全、经济、高效的原则，在了解杂草生物学和生态学特性基础上，因地制宜地运用现有的农业、生物、物理及化学等防除措施，以及其他有效的生态手段，有机地组合成除草综合体系，将杂草控制在生态经济危害水平下，使作物达到高产优质和保护人、畜健康的目的。

杂草的综合防除从农业生产的总体出发,运用与协调各项措施,并在实施中抓住中心环节,将农田杂草消灭在萌芽期,即作物的生育前期。具体包括农业防除技术、机械除草、生物除草、化学除草、抗除草剂育种等(中国农垦进出口总公司,1992)。

(一)农业防除技术

农业防治是指利用农田耕作、栽培技术和田间管理措施等控制和减少农田土壤中杂草种子基数,抑制杂草的出苗和生长,减轻草害,降低农作物产量和质量损失的杂草防治的策略方法。农业治草是杂草防治中重要的一环。其优点是对作物和环境安全,不会造成任何污染,联合作业时,成本低、易掌握、可操作性强。但是农业治草难以从根本上削弱杂草的侵害,从而确保作物安全生长发育和高产优质。

农业防治措施主要包括精选种子,减少秸秆还田时杂草种子传播,施用腐熟的有机肥,清理田边,地头杂草,轮作治草,覆盖治草,间套作控草等。

1. 精选种子

杂草种子混杂在作物种子中,随着播种进入田间,成为农田杂草的来源之一,也是杂草传播扩散的主要途径之一。例如,野燕麦在 20 世纪 60 年代初期仅限青海、黑龙江等部分地区,后因国内各地区种子调运致使野燕麦传播到全国 10 多个省市的数百万公顷农田,成为农业生产上的一大草害。

2. 减少秸秆还田时杂草种子传播

秸秆还田是指在作物收获过程中,将作物的大量或全部的非收获物遗留或抛弃于田间,以改良土壤理化性状,增加土壤有机质含量的一种农业生产措施。但值得注意的是,秸秆还田也是加重农田草害的因素之一。若大量采用秸秆还田或收获时留高茬,则可把大量杂草种子留在田间,例如,玉米中大量生长的狗尾草、看麦娘、苍耳等杂草繁衍与危害更为突出。因此,在不需要作物秸秆做燃料的地方,应提倡将其切割堆制腐肥,再施入田间,既可肥田,又能减少田间杂草种子基数。

3. 施用腐熟的有机肥

施用有机肥是持续农业的一项基本生产措施。当前生产中施用的有机肥种类多、组成比较复杂,有人畜粪便、饲料残渣、各种杂草、农作物秸秆,以及农副产品加工余料和一些其他垃圾等,它们往往掺杂有大量的杂草种子。因此,为了避免随有机肥的施用而传播杂草,就必须在一定温度、水分、通气条件下,堆置发酵产生 $50\sim70℃$ 持续高温杀死种子。经腐熟的有机肥料,不仅绝大多数杂草种子丧失发芽能力,而且有效肥力也大大提高。

4. 清理田边、地头杂草

田边、路旁、沟渠、荒地等地都是杂草容易"栖息"和生长的地方,是农田杂草的重要来源之一,也是杂草防治过程中易被忽视的"死角"。在新开垦农田,杂草每年以 $20\sim30m$ 的速度由田边、路边或隙地向田中蔓延。为充分利用农田环境资源,减轻杂草入侵农田产生危害,提倡适当种植一些作物,如三叶草等。

5. 合理轮作

轮作是指不同作物间交替或轮番种植的一种种植方式,是克服作物连作障碍,抑制病虫草害,促进作物持续高产和农业可持续发展的一项重要农艺措施。通过轮作能有效地防止或减少伴生性杂草,尤其是寄生性杂草的危害。有研究报道,一年一季玉米连作,狗尾草发生严重,玉米—大豆—小麦轮作时,因小麦秸秆能分泌抑制狗尾草出苗的异株克生物质,比连作玉米狗尾草密度明显降低。轮作还可以使不同杀草谱的除草剂交替使用,在一定程度上减缓了玉米田杂草群落演替和抗性杂草的出现。

6. 覆盖治草

覆盖治草是指在作物田间利用有生命的植物或无生命的物体在一定时间内遮盖一定的地表或空间,阻挡杂草萌发和生长的方法。因此,覆盖治草是简便、易行、高效的除草方法,是杂草综合治理和持续农业的生产方式。

种植覆盖植物或用秸秆覆盖均可在一定程度上控制杂草。美国一年一季单作农田,玉米播种前播种覆盖作物控制裸地杂草,然后用除草剂或机械把覆盖作物杀死,或切成碎段覆盖于土壤表面再播种玉米,可控制玉米苗前杂草。在秋季播种长柔毛野豌豆,作为覆盖作物,翌年5月播种玉米,杂草密度可比上茬土壤裸露时降低78%。李香菊(2002)近年的研究表明,玉米采用免耕种植,在玉米播种后每公顷用上茬小麦残体6000kg覆盖土壤表面,可以使杂草密度降低30%～50%,依据杂草的发生情况结合点片定向喷施苗后除草剂可很好地控制杂草,并使除草剂用量降低。

（二）机械除草

机械防除农田杂草是农业生产的一项重要措施,即使在化学除草已被广泛采用的情况下也需配合机械除草。机械除草成本低、用工少、不污染环境,仍然是我国目前防除杂草重要方法。随着农业机械化技术的发展与生产经验的积累,机械化除草已由单一的中耕除草发展为深耕灭草、播前封闭除草、出苗前后耙地、苗间除草、行间中耕除草等一整套农机与农艺紧密结合的系统灭草措施。

耕翻治草按其耕翻时间划分,有春耕、秋耕几种类型,其治草效果各有不同。早春耕的治草效果差,耕翻后下部草籽翻上来,仍可及时萌发危害。晚春耕能翻压正在生长但未结籽成熟的杂草,如南方春耕翻压绿肥,北方在玉米播前耕作消灭早春杂草等,对减少作物生育期内一年生和多年生杂草均有一定效果。秋耕土壤疏松,通透性好,能接纳较多降水,对促进土壤熟化、提高土壤肥力有利。秋耕能切断多年生杂草的地下根茎、翻埋地上部分,使其在土壤中窒息而死。地下根茎翻上来,经冬季干燥、冷冻、动物取食等而丧失生活力。耕翻深度影响灭草效果,深翻比浅翻效果好。

深松也是一种有效防治杂草的耕作方法。深松可起到3方面作用:①疏松土壤;②消灭已萌发杂草;③破坏多年生杂草地下根茎。因不打乱土层,可使杂草集中萌发,便于提高治草效果。

中耕灭草是作物生长期间重要的除草措施。中耕灭草的原则是:除草除小,连续杀灭,提高工效与防效,不让杂草有恢复生长和积累营养的机会。在玉米的一生中,一般可进行2～3次中耕。第一次强调早、窄、深,一般在玉米4～5叶期进行。第二、第三次中耕则应适当培土以埋压株间杂草。

（三）生物除草

由于生物除草措施具有不污染环境、不产生药害、投资少、经济效益高等优点，日益受到国内外研究者的重视。20世纪20年代，利用昆虫、病原菌、病毒、线虫、植物等对杂草控制的研究逐步兴起。到目前为止，在利用微生物对杂草防除方面，世界上已有Devine和Collego两个注册的生物除草剂，Biomal和Casst也在商品化中。我国从1963年开始利用"鲁保一号"真菌防治大豆菟丝子，防治效果可达85％以上。在利用昆虫天敌进行杂草防除方面，国外在不受人为干扰的牧场、牧区利用象甲类昆虫对柳穿鱼、泽漆等杂草的控制有了一些成功经验。我国在利用生物防除杂草方面起步较晚，虽然在防除豚草、紫茎泽兰实蝇、香附子尖翅小卷蛾等方面有了可喜成就，但某些研究还仅限于初步观察，有待今后系统开发与应用。例如，我国在20世纪80年代对泽兰实蝇（*Procecidochares utilis-stong*）防治紫茎泽兰（*Eupatorium adenophorum*）、空心莲子草象甲（*Aggasicles hygrophila*）防除空心莲子草等进行了研究。但至今为止，由于生物及生物除草剂杀草谱窄、对环境要求严格，因此在玉米上还没有成功先例。利用动物灭草，南方地区已有稻田放鸭习惯。水稻移栽后赶放鸭群入田，可吃掉部分草芽。吉林省近年也推广了该技术，取得了可喜成绩，但在玉米田上不能应用。以植物防除杂草的方法已日益引起科学工作者的重视。例如，向日葵能有效抑制马齿苋、曼陀罗等杂草的生长；高粱能抑制大须芒草、柳枝稷、垂穗草等杂草的生长。有的专家认为，今后生物除草剂在低值土地上对防除特殊杂草将起到比较重要的作用，而在作物田，将作为一项除草辅助措施加以利用。

（四）化学除草

目前，化学除草仍然是杂草防除的主要措施，它以快速、高效、易操作等优势占据除草措施的首位。尤其是夏播玉米生长季节内，由于高温、高湿，杂草生长迅速，加之常出现连阴雨天气，人工及机械防除困难，化学除草就有了更大的优势。实践证明，化学除草是适合现代农业种植体系的除草方法，它是消灭农田杂草、保证作物增产的重要科学手段，已取得了显著的经济效益和社会效益。

吉林玉米田化学除草的发展特点有以下几个方面。①大力开展玉米田除草剂药效试验。针对我省玉米田的草害问题，在开展杂草群落调查基础上，选出了一批高效、安全、经济、适用的除草剂品种。②在筛选除草剂品种的同时，各地因地制宜改进了应用技术，促进了化学除草的推广。根据吉林省不同生态区的气候特点，在东部山区、半山区由于春季降水多，土壤湿润，大力推广播后苗前除草剂；中部松辽平原区根据不同年份春季土壤湿度情况，选择播后苗前除草剂或苗后茎叶处理除草剂；西部干旱、半干旱区由于春季多干旱，大力推广苗后茎叶处理除草剂。近年来，我省大力推广玉米保护性耕作技术，由于田间有秸秆覆盖，播后苗前除草剂效果不佳，应大力推广苗后茎叶处理除草剂。③化学除草的社会效益和经济效益已被公认，各地农民争先使用化学除草技术。④农田化学除草的发展推动了杂草科学的发展，丰富了农田杂草综合防除的理论与实践。

化学除草的应用技术提高很快，进入了全面发展时期。化学除草是综合防除措施的重要环节，同时也需要与其他措施有机联系，形成杂草治理的整体内容。

（五）抗除草剂育种

选育抗除草剂作物品种可以降低除草剂研制的成本、扩大对人畜低毒除草剂的施用范围,对提高除草效果及解决作物田杂草危害都有很大作用。目前已有多个抗不同除草剂的基因被成功地转移到了敏感作物体内。目前,抗草甘膦和草胺膦玉米在北美洲广为种植。草甘膦与草胺膦等除草剂相比对人畜毒害小、对环境友好。接着,抗稀禾啶玉米品种也进入商品化。稀禾啶是用于阔叶作物田的选择性茎叶处理剂,对禾本科杂草有很好的杀除效果,但同时也会伤害禾本科作物。抗稀禾啶玉米品种的选育成功,在很大程度上解决了玉米苗后防除禾本科杂草问题。咪唑啉酮类除草剂是 1983 年开发成功的一类广谱性除草剂,由于其选择性强、杀草谱广、用量低及对环境安全等原因,迅速在农业生产中推广应用,在我国黑龙江和美国中北部大豆栽培中占垄断地位。但在咪唑啉酮类除草剂的大面积使用中,一个重要问题是一些品种在土壤中残留时间过长,从而伤害轮作中的重要敏感后茬作物玉米。为此,美国氰胺公司于 20 世纪 90 年代研究抗咪唑啉酮类除草剂玉米并获得成功,进而扩展到其他作物。2000 年全世界抗除草剂大豆、玉米、棉花 3 种主要作物种植面积达 $4420 \times 10^4 hm^2$。美国是种植抗除草剂作物面积最多的国家,其次是阿根廷与加拿大,亚洲、欧洲、非洲种植面积较少。由于转基因抗除草剂作物的巨大商机与经济效益,预计今后具有广阔的发展前景。

四、玉米杂草化学防除技术

玉米田除草剂的使用方法有两种,即土壤处理和茎叶处理。土壤处理又可分播前土壤处理和播后苗前土壤处理(陈树文和苏少范,2007)。吉林省玉米田一般采用播后苗前土壤处理和茎叶处理两种方法进行。吉林省中部地区和东部地区多采用播后苗前土壤处理,而西部干旱、半干旱地区多采用茎叶处理。吉林省中部和东部地区保护性耕作玉米田和免耕田适合采用苗后茎叶处理。适合玉米田播后苗前土壤处理的除草剂种类主要有:乙草胺、异丙甲草胺、甲草胺、莠去津、氰草津、2,4-D 丁酯、甲基磺草酮、噻吩磺隆、唑嘧磺草胺、敌草快、异噁唑草酮、氯氟吡氧乙酸等。适合茎叶处理除草剂种类主要有:烟嘧磺隆、甲基磺草酮、莠去津、2,4-D 丁酯、唑嘧磺草胺、噻吩磺隆、砜嘧磺隆、溴苯腈、唑酮草酯等。

采用播后苗前土壤处理,防治一年生禾本科杂草和部分阔叶杂草除草剂主要有乙草胺、异丙甲草胺、甲草胺等;防治一年生阔叶杂草和部分禾本科杂草主要有莠去津、氰草津等;防治阔叶杂草的除草剂主要有 2,4-D 丁酯、唑嘧磺草胺、噻吩磺隆、氯氟吡氧乙酸等。采用苗后茎叶处理,对禾本科杂草有特效,对部分阔叶杂草有效的是烟嘧磺隆、砜嘧磺隆;对阔叶杂草有特效,对部分禾本科杂草有效的是甲基磺草酮、莠去津等;对阔叶杂草有效的是 2,4-D 丁酯、唑嘧磺草胺、噻吩磺隆、溴苯腈、唑酮草酯等。要根据玉米地的杂草发生情况选择除草剂的种类和用量。

由于除草剂的不同品种都有各自的作用特点,选择性和杀草范围、吸收传导和杀草原理等都有所差别。实践证明,在一个地方长期使用一种或同一类型的除草剂,杂草抗性逐渐增加,农田杂草群落发生变化,化学除草难度提高。因此,在玉米田除草时,一般采用两种或两种以上不同类型、不同杀草谱的除草剂混用,以扩大杀草范围、降低残留毒性、提高对作物的安全性和防治效果、延缓抗药性等。除草剂的混用原则是:第一,混剂必须有增效或加成作用,并有物理、化学的相容性,不发生沉淀、分层和凝结,对作物不产生抑制和药害;第二,混用单剂的杀草谱要有不同,不同类型的除草剂混用,可增加作用部位,扩大杀草范围,使用时期及使用方法要一致;第三,速效性与缓效性的特点相结合,触杀性和内吸性相结合,残效期长的和残效期短的相结合,作物吸收部位不同的相结合;第四,除草剂混用组合选择和各自用量,要根据田间杂草群落、种类、发生程度、土壤质地、有机质含量、作物生育期等因素确定。除草剂的混用量应为单剂的1/3~1/2混合,才能达到经济、安全、有效的目的,绝不能超过在同一作物上单用量(马奇祥和吴仁海,2010)。在玉米田可以混用的除草剂见表10-2。

表 10-2　适用于玉米田的除草剂混用组合

混用组合	用量/(g/667m^2)	施药时期
38%莠去津+50%乙草胺	100~200+50~100	播后苗前
38%莠去津+72%异丙甲草胺	100~200+50~95	播后苗前
38%莠去津+48%甲草胺	100~200+100~150	播后苗前
38%莠去津+72%2,4-D丁酯	100~200+40~50	播后苗前
38%莠去津+43%氰草津	100~200+200~300	播后苗前
38%莠去津+25%氯氟吡氧乙酸	125~200+50~80	播后到苗期
43%氰草津+50%乙草胺	200~300+50~140	播后苗前
43%氰草津+72%异丙甲草胺	200~300+90~180	播后苗前
43%氰草津+48%甲草胺	200~300+150~250	播后苗前
43%氰草津+25%氯氟吡氧乙酸	200~300+50~80	播后苗前
80%阔草清+50%乙草胺	3.2~4.0+100~200	播后苗前
80%阔草清+72%异丙甲草胺	3.2~4.0+100~133	播后苗前
75%噻吩磺隆+50%乙草胺	2.0~3.0+100~200	播后苗前
22.5%溴苯腈+38%莠去津	100~120+200~250	播后到苗期
22.5%溴苯腈+50%乙草胺	100~120+100~170	播后苗前
40g/L烟嘧磺隆+38%莠去津	40~75+100~120	苗期
40g/L烟嘧磺隆+72%2,4-D丁酯	40~75+20~30	苗期
40g/L烟嘧磺隆+48%硝磺草酮	40~75+10~30	苗期
48%硝磺草酮+38%莠去津	10~30+100~200	苗期
75%噻吩磺隆+38%莠去津	1.0~3.0+100~200	苗期
80%阔草清+38%莠去津	1.5~2.5+100~200	苗期
25%砜嘧磺隆+38%莠去津	6.0~8.0+100~200	苗期
38%莠去津+50%乙草胺+72%2,4-D丁酯	150+100+20	播后苗前
40g/L烟嘧磺隆+38%莠去津+72%2,4-D丁酯	60+150+20	苗期
40g/L烟嘧磺隆+48%硝磺草酮+72%2,4-D丁酯	60+15+20	苗期

五、化学除草带来的问题

　　除草剂的发现是近代农业科学的重大成就之一。化学除草改变了靠人工、畜力和机械除草的状况,以省工、快速、高效在杂草防除中起到了巨大的作用,农民对除草剂的依赖性也越来越大。据统计,美国等发达国家如果离开了除草剂,主要粮食作物的损失占每年粮食总产量的 1/3 以上。而除草剂在世界农药中所占的比例也逐年上升,最近几年,除草剂已占世界农药销售额的 70% 以上。然而,除草剂的大量投入已经带来了诸如土壤环境及水资源污染、当茬及后茬作物药害、抗性杂草的出现、经济效益降低等一系列问题,有的已成为农业持续发展的限制因素。如何在增加作物产量及经济效益的同时,减少除草剂对环境条件的压力,保持农业的持续稳定发展,是杂草防除工作者面临的新课题(李香菊,2002)。

　　除草剂是自然环境中不存在的化学物质,它的长期不合理使用会产生如下问题。

　　1. 环境污染

　　过去很多人认为除草剂是无毒或毒性很小的化学物质,对其与环境污染的关系重视不够。相对来讲,大部分除草剂的毒性低于杀虫剂,但是除草剂不可能只作用于杂草而不影响其周围的环境。近几年来,国内外很多研究资料报道了一些广泛应用的除草剂如氟乐灵、莠去津、2,4-D 丁酯等在周围环境中的残留,以及对人畜致畸、致癌作用的结果。美国对市场销售食品的取样结果表明,在施用 2,4,5-涕、2,4-D 丁酯除草的地区,牛奶及肉类中这些除草剂的残留量高达 10.7mg/kg,属严重超标。我国吉林省农科院使用莠去津后在土壤、地下水、玉米秸秆中均可检测到莠去津的残留。因此除草剂对土壤、水资源及食物的污染应引起人们的重视,做到防患于未然。

　　2. 除草剂药害

　　如前所述,除草剂的漂移及在土壤中的残留会对临近及后茬作物产生不同程度的药害,除草剂的超剂量施用和错误使用则会对当茬作物产生药害。我国耕作制度比较复杂、用药技术水平较低、施药器械落后,随着除草剂的大量应用,每年都有药害发生。在我省,发生较多的是 2,4-D 丁酯、莠去津及磺酰脲类除草剂的药害。2,4-D 丁酯是典型的激素型除草剂,在使用过程中的漂移,会造成邻近 50m 之内或更远处的敏感作物如菠菜、油菜、豆类、棉花等阔叶作物整株畸形、茎叶卷曲、茎基及根部受害变粗、根毛减少,影响营养运输,严重时造成植株死亡;喷施过 2,4-D 丁酯的器械,用于大豆、花生、棉花等阔叶作物喷雾时也会造成作物生长畸形、生育期延迟、影响产量。烟嘧磺隆、砜嘧磺隆等的超量使用,造成玉米植株矮化、生育期延迟。莠去津在土壤中的残效达 6 个月左右,在东北地区玉米田,该药用量每亩超过 200g 时易对后茬大豆造成药害,导致受害大豆根部生长缓慢、叶尖发黄,影响产量。

　　3. 杂草群落演替

　　长期使用单一除草剂是杂草群落演替的主要外部因素。玉米田长期使用莠去津防除了阔叶杂草,使禾本科杂草所占比例上升,使难除杂草铁苋菜、苘麻等的密度增加。由于杂草群落的演替,新的优势杂草对作物的危害甚至超过了老物种,为防除增加了难度。

4. 产生抗（耐）药性杂草

某种或某类除草剂选择压的作用，导致杂草种群的某些个体发生遗传基础的变化，使得这些个体在除草剂田间推荐剂量下，仍能正常生长发育，即这些个体对该除草剂产生了抗药性。产生抗（耐）药性杂草是个世界性难题，由于在同一地方长期使用同一除草剂导致产生抗（耐）药性杂草。到目前为止，世界上有 41 个国家，100 多种杂草对 15 类除草剂产生了抗药性。由于产生抗（耐）药性杂草，作物当家除草剂品种失去控草作用，作物大面积受到杂草侵害，影响产量。

5. 经济效益降低

除草剂的最初使用对代替人工除草、提高杀草速度、降低能源消耗和增加经济效益起到了积极作用。但是除草剂的大量施用造成杂草抗药性增强、抗药谱扩大，同时土壤中分解这些除草剂的微生物链也大量繁殖起来，致使增加除草剂用量才能达到理想除草效果，造成除草成本高，经济效益降低。例如，我国华北地区玉米田，长期使用莠去津及其混合制剂，导致马唐、牛筋草等杂草对该药的耐药性增加，苘麻、铁苋菜等难除杂草在杂草群落中占的比例上升，田间杂草达到 90% 除草所需的药剂用量由 20 世纪 80 年代初期的每亩40g（有效成分）增加到 100g 左右。在我国东北地区，长期使用莠去津致使许多杂草对其产生了抗药性，导致用量不断增加。因此，从作物全年产量及农业生产的可持续性考虑，以扬长避短和作物生产总体最优为目的，对杂草实行综合治理来取代过去那种以根除为宗旨的化学防除，已成为农业生产发展亟待解决的问题。

主要参考文献

常丽. 2009. 玉米丝黑穗病发生原因与有效控制技术措施. 中国农村小康科技,(2)：61

陈树文,苏少范. 2007. 农田杂草识别与防除新技术. 北京：中国农业出版社：207～208

何香竹,柏新娣,范志军. 2009. 盐源县玉米丝黑穗病的发病原因及防治方法. 四川农业科技,(4)：45

胡吉成. 1985. 玉米大小斑病和丝黑穗病防治研究十年. 吉林农业科学,(4)：1～8

李红,晋齐鸣,王云龙,等. 2009. 2001～2004 年国家玉米区试东北早熟春玉米组参试品种对丝黑穗病的抗性评价. 杂粮作物,29(1)：42～44

李香菊. 2002. 玉米及杂粮田杂草化学防除. 北京：化学工业出版社：1～118

刘长令. 2002. 世界农药大全. 除草剂卷. 北京：化学工业出版社：1～320

吕跃星,王权,薛争,等. 2003. 吉林省中部地区玉米田杂草种类及其优势种群调查报告. 玉米科学,11(1)：88～89

马奇祥,吴仁海. 2010. 农田化学除草新技术. 北京：金盾出版社：1～265

《农作物病虫预报预测手册》编写组. 1979. 农作物病虫预测预报手册. 长春：吉林人民出版社

任丽敏,白绍忠. 2009. 玉米丝黑穗病的综合性防治措施. 农村实用科技信息,(1)：30

沙洪林,岳玉兰,杨健,等. 2009. 吉林省玉米田杂草发生与危害现状的研究. 吉林农业科学,34(2)：36～39,58

尚竞梅. 2009. 玉米丝黑穗病和玉米瘤黑粉病的区别. 种子世界,(2)：66～67

唐洪元. 1983. 我国农田杂草的分布. 植物保护,(5)：7～8

王宝芝. 2009. 玉米丝黑穗病发生条件及综合防治技术. 中国农村小康科技,(3)：57

王燕,石秀清,王建军,等. 2009. 玉米自交系抗丝黑穗病鉴定与评价. 山西农业科学,37(7)：17～19,25

杨素贞. 2009. 玉米丝黑穗病和黑粉病的区别及防治措施. 现代农村科技,(6)：25

张超,王东峰,翟乃家. 2009. 鲁中地区玉米抗丝黑穗病鉴定及种质创新研究. 安徽农学通报,15(8)：165～166

张旭丽,李洪. 2009. 同朔地区玉米丝黑穗病的发生与防治. 山西农业科学,37(7)：89

中国农垦进出口公司. 1992. 农田杂草化学防除大全. 上海：上海科学技术文献出版社：3～247

第十一章 不同类型区玉米模式化高产栽培技术

吉林省地处东北平原腹地,吉林省所处的东北平原土壤肥沃,气候条件优越,是我国商品粮调出量和粮食商品率最高的省份之一(马树庆,1996;吉林省土壤肥料总站,1998)。其境内所辖县(市、区)有国家重要商品粮基地县 25 个,粮食生产处于举足轻重的地位。

第一节 玉米高产栽培共性技术

一、耕作与土壤管理

玉米根系发达,适应性强,对土壤种类的要求不严格。但玉米植株高大、根系多、分枝多,要从土壤中汲取大量的水分和养分,故要选择地势较平坦,土层深厚、质地较疏松,通透性好,肥力中等以上,保水、保肥性较好的平地或缓坡地,才能获得较高的产量(孙占祥等,2006)。春玉米播种前应进行深耕,一般应在前茬收获后及时进行秋季深翻或深松,深度应为 23~27cm,通过冬春的冻融交替以熟化土壤,粉碎土坷垃,早春进行耙糖保墒,等待播种。来不及进行秋耕的土地,应在土壤化冻 15cm 左右时进行春耕,随耕随耙,防止跑墒。这样的精细整地可保持土壤上松下实,水分充足,播种前要使土壤松软细碎,平整后再开沟起垄播种(张玉芬等,2002;佟屏亚等,1998;矫树凯,1996;冯巍,1998)。

1. 深耕改土

一是要三年深翻一次或隔年深松一次,增施有机肥料,改良土壤结构。二是玉米与豆科作物轮作或间套种,因豆科作物有固氮作用,能提高土壤肥力,有利于改良土壤结构(王立春等,2007;曹敏建,2007)。

2. 精细整地

为了保证全苗,播种前必须精细整地。春旱严重地块应采用犁耙连续作业,秋翻后直接耙碎耙平,促进土壤熟化,保证土壤水分,播种前再重新犁耙一次,使土壤细碎平整,以待播种;春季雨水多,应在犁耙后起垄(张福锁等,2010)。

3. 秸秆直接还田

秸秆直接还田是采用机械或人工方式将秸秆通过地表覆盖或翻压直接还田(任军等,2007)。目前秸秆还田方式主要有 3 种。一是高留茬还田,收获后留茬高度 30~50cm 不旋耕,高茬自然腐烂还田。翌年春天直接在第一年行间播种,之后喷施玉米除草剂。二是收获后秸秆直接还田,利用秸秆粉碎机连同根茬一次打碎,均匀撒盖地面,其播种条件较好(宫秀杰等,2010)。三是下茬作物苗期覆盖还田。

4. 秸秆过腹还田,堆沤还田

在农牧区,作物秸秆通过牲畜过腹还田不仅使秸秆能转化为动物产品,而且可加速还田有机物的养分释放,避免由于直接还田带来的碎解、腐解困难及土壤架空、土壤失水等问题。作物秸秆堆沤还田,既可加速养分释放与有机质腐殖化,又可经高温杀死虫卵,特别是在旱作农区堆积沤制有机肥是秸秆还田的较好形式。

二、肥料施用

施肥种类:有机肥、化肥中的氮、磷、钾及硫、锌等(张福锁等,2009;任军等,2004)。

施肥数量(每公顷):N 160~240kg、P_2O_5 75~150kg、K_2O 70~130kg、中微肥 30kg。

氮素施用:分次施用氮肥。底肥 40%,吐丝期 40%,灌浆期 20%,各时期均应深施,底肥施用应与种子隔离 5cm 以上,追肥深度为 10~15cm(刘占军等,2011;边秀芝等,2005)。

磷钾施用:磷、钾肥主要作底肥和种肥施用,底肥、种肥比例为 80:20,施肥深度15~20cm。

中微肥:底肥一次性施用(边秀芝等,2006)。

优质有机肥:30~45m^3/hm^2 连年施用。

三、良种及种子处理

(一)品种选择技术

1. 品种选择

玉米产量与玉米品种的生育期、单穗粒重、株高呈极显著正相关,与百粒重和穗位高达到显著相关,与穗长和穗行数无显著相关(闫孝贡等,2007;陈学求等,1999;金明华等,2007)。优良品种是稳产、高产的根本保证。购买玉米种子时,应选择生育期符合当地气候条件、稳产性好,并且抗逆性强的玉米品种,种子要求纯度 98%、发芽势 90%、发芽率 95%、净度 99%。

2. 人工选种

播种之前,对购买的种子要进行挑选,去除破、瘪、霉、病、杂粒等,保证种子的质量。

3. 检测种子发芽率

为更好地保证种子的出苗率,在播种前 15d,需进行种子发芽率的测试。每品种随机选 100 粒,共选 3 组进行试验,要求平均发芽势 90%、发芽率大于 95%。

(二)等离子体处理种子和种子包衣技术

等离子体处理玉米种子可以提高种子的抗逆性能,提高种子的发芽率、发芽势,改变处理后植株的理化效应,提高化肥利用率,提高玉米产量。采用等离子体发生器 1.0A×2 的剂量对种子进行处理效果较好(路明等,2011;方向前等,2004)。采用种子包衣剂包衣种子可以防治病、虫害,提高出苗整齐度。在播种前 2~3d,使用种衣剂包衣,包衣一定要均匀,保证药量和水量,妥善保管农药和拌药后的种子,防止人畜中毒。应用含有杀虫、杀菌功能的玉米种衣剂包衣,1kg 种衣剂可包衣 50kg 种子(马学礼等,2010)。

四、精细播种

（一）适期播种

1. 清除田间杂物

在施底肥前，把田间残留的秸秆、苞叶和塑料薄膜等杂物清理干净，集中到地头，挖坑深埋，否则杂物会影响打垄和播种质量，造成种子萌发、幼苗生长过程中透风跑墒。

2. 施农家肥

在灭茬前，把腐熟的农家肥，均匀撒入原垄沟中，对于大块农肥，需要先把它打碎，才能施入，以防止局部过量农肥烧种烧苗。有机肥施入量为 $30\sim45m^3/hm^2$。

3. 灭茬

玉米根茬实行全部灭茬就地还田，比传统的刨除根茬耕作有明显的培肥增产效果。经过对种植一年后各种作物的根茬中土壤有机质含量的影响分析，得出各种作物中土壤有机质的含量当年都有所增加的结论，在黑钙土和黑土上，玉米根茬使土壤有机质增加 $0.8‰\sim1‰$。玉米根茬还田增强了土壤生物的活性，从而提高了土壤的养分释供能力。施完农家肥后，利用灭茬机进行根茬还田，灭茬深度达到 $15\sim18cm$，碎茬长度要小于 $5cm$，漏茬率不超过 2%。这样可把农家肥均匀搅入土中，提高土壤的通透性，同时还有利于土壤保墒，有利于幼苗的生长发育。

4. 底肥深施

底肥深施可以加深耕层，改善亚耕层土壤肥力水平，提高玉米产量。底肥深施应在灭茬后打垄前进行，用犁把原垄沟蹚深（适宜深度为 $15\sim20cm$）后施底肥，施的底肥要充分混拌均匀，均匀撒入新垄沟中，能防止肥料局部过分集中烧种烧苗（方向前等，2006）。

5. 适时打垄

当土壤温度稳定通过 $5℃$ 时，用手将土抓起，一攥成团，一松就散开时，可以进行三犁川打垄，打垄后应及时镇压垄台，防止失墒。

（二）精准播种

1. 适时播种

当 $5cm$ 处土壤温度稳定在 $8\sim10℃$ 时，开始播种。应平地、岗地分期播种，先播种岗地，后播种平地，这样有利于充分利用土壤水分、土壤温度，促进种子的萌发。

2. 播种方法

可采用机械化播种、手提式施肥播种器或人工刨埯坐水播种。播种时要施种肥，种肥必须距种子 $5cm$ 以上，以防烧种烧苗。每埯（穴）播种 $1\sim2$ 粒，这样能保证每埯 1 株苗。种植密度根据该品种的特性、环境条件，不可过稀或过密。

3. 播种深度

播种深度在 $3\sim4cm$，覆土厚薄均匀，如果播种过深幼苗生长发育受到抑制，过浅土壤容易风干，造成幼苗枯死。

4. 镇压

播种完成后要根据土壤墒情适时镇压,保持土壤墒情,使幼苗很好发育。镇压可使垄台平整,有利于除草剂的喷施。

五、病虫草害防治

1. 种子包衣处理

种子包衣剂能防治苗期病虫危害,为幼苗生长提供保障,应在播前 5d 完成种子包衣处理。应选用多功能的种衣剂,并选用克百威或丁硫克百威成分含量在 7% 以上的种衣剂对种子进行包衣。在拌种子的时候,要把种衣剂拌均匀,荫晾干。

2. 玉米化学除草技术

1) 玉米播后苗前土壤处理

喷施除草剂的时期要根据土壤墒情而定,土壤墒情好,马上喷施除草剂,土壤墒情差,应加大用水量或等降水后喷施。喷施除草剂时,首先掌握该药剂的性能及用量,按其使用方法施用,一定不能过量喷施,否则幼苗生长受到抑制,严重时造成幼苗死亡。土壤有机质含量 1%～2% 的地区用 40% 乙阿合剂悬浮剂或 40% 玉丰悬浮剂,每亩用量 175～200mL;有机质含量 3%～5% 和杂草多的地区每亩用 40% 胶悬剂 200～250mL,沙质土用下限,黏质土用上限,播后 1～3d,加水 30kg 用喷雾器喷洒土表(沙洪林等,2008)。

2) 苗后茎叶喷雾处理

每亩用 40% 玉农乐悬浮剂 50～60mL 与 38% 阿特拉津悬浮剂 80～100mL 混用,兑水 30～50kg,于玉米 3～5 叶期均匀喷雾于杂草茎叶部位。

3. 主要虫害防控

玉米生长期间主要受到黏虫、玉米螟、双斑萤叶甲、蚜虫、红蜘蛛的危害。需要及时预测预报加强防控(李少昆,2010;李少昆等,2009;赵广才,2006)。

1) 黏虫防治技术

在早晨或傍晚用 50% 辛硫磷、4.5% 高效氯氰菊酯等杀虫剂 1500～2000 倍喷雾。

2) 玉米螟防控技术

防治玉米螟,在 6 月初至 7 月上旬,剖开秸秆调查,当玉米螟化蛹率达 20% 时,后推11d 为第一次放赤眼蜂适期,隔 5～7d 再放第二次。每公顷放置 15～30 个点,将蜂卡固定在玉米中部叶片的背面;使用白僵菌防治玉米螟,7 月初为玉米螟卵孵化盛期,每公顷用 7.5kg 的白僵菌菌粉与细砂按 1：15 的比例混合,撒于心叶内,每株玉米投放 1.0～1.5g;使用化学农药防治玉米螟,每公顷用 3% 的呋喃丹颗粒剂 15kg,投放在玉米心叶内,每株投放 0.5g。

3) 双斑萤叶甲防治技术

成虫发生时可用 10% 吡虫啉 1000 倍液、50% 辛硫磷乳油 1500 倍液或 20% 速灭杀丁乳油 2000 倍液喷雾防治成虫。

4) 玉米蚜虫、红蜘蛛防治技术

喷洒 40% 乐果乳油 1000 倍、10% 吡虫啉可湿性粉剂 1000 倍或 50% 抗蚜威 2000 倍液。

4. 防治鼠害

用毒饵投放在田间，即用辛硫磷拌在马铃薯、胡萝卜、玉米等饵料上，投放于田间。

六、田间管理

1. 定苗

5 叶开始定苗，每穴保留 1 株，如果有缺苗的穴，可把其相邻穴保留双株，采用不等距留大苗。留苗要留壮苗、匀苗、无病虫害的苗。

2. 中耕除草

出苗后，及时进行中耕除草，破除土壤板结，活化土层，促进根系生长。中耕要求进行 2~3 次。

3. 查苗补苗，保证全苗

发现缺苗断垄严重的，要催芽补种，或在 3 叶期带土坐水移栽。

4. 合理密植

要提高玉米产量，一方面是提高和稳定单穗粒重，另一方面是增加株数。平展型玉米一般每公顷留苗 4.5 万~5.0 万株，紧凑型玉米品种一般每公顷留苗 6.0 万~6.5 万株。

5. 化控防倒

玉米 8~9 展叶时期，喷施"吨田宝"等化控药剂，以增加秸秆强度，控制植株高度，预防玉米密植栽培引起的倒伏。

6. 人工去雄及人工辅助授粉

在雄穗刚露出顶叶未散粉前，隔行或隔株去雄，减少养分消耗，增强抗倒性，增加光照。为提高结实率，在授粉期可采用人工辅助授粉 1~2 次。

7. 适时收获

待苞叶蓬松，籽粒乳线消失，黑层出现时收获。

第二节　东部湿润区"中熟品种密植高产"技术模式

东部湿润区玉米产量水平为 12 000kg/hm²，其产量构成指标为：紧凑型品种收获密度为(6.0±0.15)万穗/hm²；半紧凑型品种收获密度为(5.4±0.15)万穗/hm²。每公顷(3 000±75)万粒，千粒重(350±20)g(边少锋，2007a；陈传永等，2007)。最大叶面积系数吐丝期为 4.5~5.0，成熟期叶面积系数为 2.0 左右，收获期 4~5 片绿叶。

该区域以中熟品种为主，根据不同气候及不同土壤肥力状况，搭配少量中早熟品种和中晚熟品种(方向前，2008)；选择紧凑、半紧凑型品种，确定合理种植密度；使用播种施肥器播种，达到播深合理，深浅一致，株距相同；确定氮、磷和钾肥的合理施肥量；喷施植物生长调节剂(方向前，2007)；以种衣剂防治苗期病虫害和丝黑穗病(纪明山等，1998)，采用综合防治技术防治玉米螟。

一、主体模式

通过优化品种组合及高效施肥、玉米生育期促控等技术的集成，建立以提温—扩库—增苗—保肥—促早熟为主体框架的湿润冷凉区"中熟品种密植高产"技术模式。该模式以"适墒精播"和群体"综合调控"为核心。

二、技术内容

模式的具体内容为：应用适宜的优良品种，进行种子包衣，按品种喜肥特性和土壤特点施肥，顶浆灭茬、施肥、起垄、镇压连续作业，适时采用播种器进行手工播种，综合防螟、深松追肥、尽量晚收。

东部湿润区由于平川地与坡岗地的肥力相差很大，因此，其栽培模式也有很大区别，平川地以 10 500～12 000kg/hm^2 为主攻目标，而坡岗地以 7500～9000kg/hm^2 为主攻目标，栽培模式有所不同。

（一）平川地

主栽品种以中熟紧凑、半紧凑型品种为主（方向前等，2010），适宜密度为 6.0 万～6.5 万株/hm^2，适宜播种期则为 4 月 25 日～5 月 5 日，种衣剂拌种，播种深度 3～5cm，播后镇压，施肥采用底肥—种肥—追肥相结合的施肥原则，每公顷施氮(N)210kg、磷(P$_2$O$_5$)90kg、钾(K$_2$O)45～75kg、复合微肥 30kg、优质农肥 30t 以上。

（二）坡岗地

主栽品种以中熟平展型品种、半紧凑型品种为主，适宜密度为 4.5 万～5.0 万株/hm^2，适宜播种期为 4 月 25 日～5 月 5 日，种衣剂拌种，播种深度 3～5cm，播后镇压，施肥采用底肥—种肥—追肥相结合的施肥原则，每公顷施氮（N）180kg、磷（P$_2$O$_5$）75kg、钾（K$_2$O）45kg、复合微肥 30kg，优质农肥 30t 以上。

三、技术要点

（一）整地及施肥

1. 整地及机械灭茬

1）清理田块

灭茬前先用耙子把田间残留的秸秆清理干净，并且把腐熟的农家肥、底肥均匀掭入原垄沟。

2）机械灭茬

春季土壤化冻层达 15～18cm 时，进行机械灭茬，灭茬深度＞15cm，碎茬长度要＜5cm（边少锋，2007b）。

2. 施肥

1）施底肥

底肥包括有机肥和化学肥料。施有机肥 30～45m^3/hm^2，在机械灭茬前或整地起垄前一次施入原垄沟中。化肥结合整地机械灭茬或起垄深施于耕层 15～20cm。底肥施化肥纯 N 50～70kg/hm^2、P$_2$O$_5$ 65～75kg/hm^2、K$_2$O 70～80kg/hm^2、ZnSO$_4$ 15kg/hm^2。

2）施种肥

在玉米播种时,种肥施用纯 N 9~18kg/hm²、P₂O₅ 15~22kg/hm²。种肥施入种子侧下方 4~5cm 处。

3）追肥

在玉米拔节期,追施 N 110~150kg/hm²。采用垄沟与垄侧深追方法,追肥深度 10~15cm。

（二）品种选择及种子处理

1. 种子选择

选用经国家和省农作物品种审定委员会审定通过的生育期适宜的品种,选用达到或超过国家种子二级标准的种子。根据当地气候条件确定品种,水肥条件好的地块以选用紧凑型和半紧凑型品种为主。

1）生育期活动积温 2850℃左右品种选择

生育期(5~9 月)≥10℃的活动积温 2850℃左右,降水量 650mm 左右的地区,应以中熟品种为主,搭配中晚熟品种。

2）生育期活动积温 2750℃左右品种选择

生育期(5~9 月)≥10℃的活动积温 2750℃左右,降水量 650mm 左右的地区,应以中熟品种为主,搭配中早熟品种。

3）生育期活动积温 2650℃左右品种选择

生育期(5~9 月)≥10℃的活动积温 2650℃左右,降水量 650mm 左右的地区,应以中早熟品种为主,搭配中熟品种。

2. 种子处理

1）发芽试验

播种前 15d 进行一次发芽试验。

2）精选种子

播种前 6~10d 进行精选种子,去除破、瘪、霉、病粒和杂质。

3）播种前晒种

播种前 3~5d 选无风晴天把种子摊开在干燥向阳处晒 1~2d。

4）播种前等离子体种子处理

为了更好地提高种子的发芽率,可采用等离子体种子处理机处理种子,以 1.0A 剂量处理 2~3 次,处理后 5~12d 播种。

5）种衣剂选择

选择通过国家审定高效、低毒、无公害,符合国家标准 GB 15671—1995 的玉米种衣剂,进行种子包衣。

（三）播种

1. 播种时期

播种期要随春季土壤温度和墒情状况来确定。当土壤 5cm 处地温稳定通过 10℃、土壤耕层含水量在 20% 左右时,即可开犁播种。

1)中熟品种及中晚熟品种播种时期

5～9 月≥10℃的活动积温在 2750℃以上的地区,播种期为 4 月 20～25 日。

2)中早熟品种播种时期

5～9 月≥10℃的活动积温在 2650～2750℃的地区,播种期为 4 月 25～30 日。

3)岗地、平地、洼地播种次序

掌握岗地先播种,平地或低洼地晚播种的原则。

2. 播种方法

1)起垄

坡耕地或山间平地,采用三犁川起垄,起垄后清除垡块,及时用磙镇压垄台。耕地坡度≥15°或者机械灭茬困难的耕地,可采用垄侧施肥起垄,做到随起垄随播种(边少锋,2007c)。

2)便携式播种施肥器播种

使用便携式播种施肥器播种前,进行 30～50 次的播种量及施肥量的测试调整,达到计划用量。操作便携式播种器播种时,用力均匀,做到播种深浅一致,保持播种株距相同,达到覆土均匀(方向前,2007)。同时观察每次排种量及排肥量状况,发生变化及时调整。

3)滚动式播种器播种

使用滚动式播种器播种前,进行 30～50 次的播种量及施肥量的测试调整,达到计划用量。在播种作业时,保持播种器作业平稳,排种口放置垄台中间,行走速度均匀,经常观察各排量的变化,做到发现变化及时调整排量(方向前,2007)。

3. 播种量和播种深度

1)播种量

播种量是根据品种密度和百粒重确定播种量的,多采用双粒播种方式,一般播种量为 25～40kg/hm²。

2)播种深度

播种深度 3～4cm。

4. 种植密度

根据品种特性,紧凑型品种种植密度为 6 万～6.5 万株/hm²,大穗平展型品种种植密度为 5 万株/hm²(方向前等,2009)。土壤肥力与施肥水平高的地块,采用品种种植密度的上限。水肥条件差,采用品种种植密度的下限。

5. 镇压

当土壤含水量低于 18% 时,镇压强度为 600～800g/cm²,土壤含水量在 22%～24% 时,镇压强度为 300～400g/cm²。做到随播种随镇压。

(四)田间管理

1. 化学除草

1)出苗前化学除草

播种后出苗前,进行苗带封闭除草。用 38% 莠去津悬浮剂,药量 1500～37 500mL/hm²,

或者用 38% 莠去津悬浮剂药量 2250mL/hm²＋50% 乙草胺乳油药量 1125mL/hm²，兑水 300～375kg/hm² 进行喷雾。

2）出苗后化学除草

在出苗后进行化学除草，用 4% 烟嘧磺隆，药量 1500mL/hm²，或者用 4% 烟嘧磺隆药量为 750mL/hm²＋38% 莠去津悬浮剂药量 1500mL/hm²，兑水 187.5～225kg/hm² 进行喷雾。

2. 查苗、间苗、定苗

播种 10d 后，每隔 5d 进行一次查种、查芽，对坏种、坏芽进行催芽坐水补种。幼苗 4～5 叶期进行一次性定苗。定苗可留大苗、壮苗，去小苗、弱苗，留均匀苗，或不等距留壮苗。发现有缺苗堆，在其相邻堆保留双株。

3. 去除分蘖

6 月上旬，去除玉米植株的分蘖。

4. 促熟防倒

对于种植密度较大、植株高大繁茂的品种和易遭受风灾的地块，要喷施化控药剂。在玉米 8 片全展叶至 12 片全展叶期进行喷施化控药剂；使用超低量喷雾器喷施化控药剂，喷药时避免重喷、漏喷。

在使用化控药剂时，选用农业部登记的药品，按照说明书的要求进行喷施时期和用药量的操作。

（五）病、虫、害防治

1. 防玉米花白苗病

5 月中旬至下旬（6 叶期前）发现病株，用 0.3% 的硫酸锌溶液喷洒 1～2 次。

2. 防黏虫

6 月中下旬至 7 月上旬，如平均黏虫 1 头/株，用氰戊菊酯类乳油 2000～3000 倍液喷雾防治，把黏虫消灭在 3 龄之前。

3. 防治玉米螟

1）白僵菌封垛

在 5 月上中旬，发现有越冬幼虫爬出洞口活动时，用白僵菌菌粉封垛防治。在玉米秸秆垛（或茬垛）的茬口侧面每隔 1m 左右（或 1m³）用木棍向垛内捣洞深 20cm，将机动喷粉器的喷管插入洞中，加大油门进行喷粉，待对面（或上面）冒出白烟时或当本垛对面有菌粉飞出即可停止喷粉，再喷其他位置，如此反复，直到全垛喷完为止。

2）赤眼蜂防治

7 月上中旬放蜂数量 22.5 万头/hm²，分两次放蜂，间隔 5～7d。第一次放蜂数量 10.5 万头/hm²，第二次放蜂数量 12.0 万头/hm²，将螟虫消灭在孵化之前。

3）白僵菌防治

在 7 月 5～10 日，用 7.5kg/hm² 白僵菌菌粉与 75～120kg 细沙或细土混拌均匀，撒于玉米心叶中，每株用量为 1.0～1.5g。

4）化学防治

在 7 月上中旬，玉米抽雄前 2～3d，幼虫 1～2 龄期，用 BT 乳剂 800～1000 倍液，喷施药液 300～400kg/hm²，喷施于中上部叶片防治玉米螟。

4. 鼠害防治

当农田鼠密度超过 5% 时，选用溴敌隆、敌鼠钠盐等药剂防治。

（六）收获及籽粒脱水

适时晚收。玉米生理成熟后 7～10d 开始收获，一般为 10 月 8 日左右。收获后的玉米要及时扒皮晾晒，装入楼子（小楼子或长楼子）或自由堆放晾晒进行脱水。

四、模式效果

该技术模式在生产上应用取得了以下技术效果。

（一）提高肥料利用率

通过按品种喜肥特性施肥和底肥—种肥—追肥相结合，及深施肥技术配套，提高了施肥精准度，肥料的当年利用率由 35%～38% 提高到 40% 以上（表 11-1）。

表 11-1　提高肥料利用率效果

模式	肥料利用率/%	提高/%
新技术	42.6	21.7
传统技术	35.0	

（二）改善土壤物理性状

目前玉米田的耕层深度为 15～18cm，通过深松使耕层加深到 20～25cm，耕层土壤容重降低，渗透系数提高，耕层土壤物理性状得到明显改善（表 11-2）。

表 11-2　增加耕层深度效果

模式	耕层深度/cm	增加/cm	增加/%
新技术	20～25	5～7	33.3～38.9
传统技术	15～18		

（三）提高光温效率

通过增加保苗技术的应用，实现扩库限源，达到提高光温效率的目的（表 11-3）。

表 11-3　提高光温效果

模式	收获时玉米叶面积系数	增加/%	积温/(℃·d)	增加/%
新技术	4.86	38.7	2800	3.7
传统技术	3.52		2700	

（四）提高玉米产量

应用该技术模式，湿润区玉米单产大幅增加，平均单产增加 13.6%（表 11-4）。

表 11-4　提高玉米产量效果

模式	平均单产/(kg/hm²)	增加/(kg/hm²)	增加/%
新技术	10 213	1 222	13.6
传统技术	8 991		

第三节　中部半湿润区"增密抗倒高产"技术模式

中部半湿润区玉米产量水平为 12 000kg/hm²，其产量构成指标为：紧凑型品种收获密度为(6.0±0.15)万穗/hm²；半紧凑型品种收获密度为(5.4±0.15)万穗/hm²。每公顷(3000±75)万粒，千粒重(350±20)g。最大叶面积系数吐丝期为 4.5～5.0，成熟期叶面积系数为 2.0 左右，收获期 4～5 片绿叶。

该区域以中晚熟品种为主，根据不同气候及不同土壤肥力状况，搭配少量中早熟品种和中熟品种；选择紧凑型、半紧凑型品种，确定合理种植密度；播种时候达到播深合理，深浅一致，株距相同；确定氮、磷和钾肥的合理施肥量；喷施植物生长调节剂；以种衣剂防治苗期病虫害和丝黑穗病，以综合防治技术防治玉米螟（陈喜昌，2006）。

一、主体模式

在宽窄行交互种植耕作制下，通过优化品种组合及高效施肥、机械耕作保墒保苗精量播种、病虫鼠害防治等技术的集成，建立以蓄水—保墒—加密—培肥—抗早衰为主体框架的半湿润区玉米综合高产技术模式。该模式以"抗旱精播"和土壤"深松（耕）"为核心。

二、技术内容

模式的具体内容为：实行宽窄行交替休闲（或均匀垄高留茬行间）种植，选用优良品种，进行种子包衣，按品种喜肥特性和土壤特点施肥，做到窄开沟、深开沟、浅覆土、重镇压、单粒倍穴半精量播种，进行化学除草、生物防螟、深松追肥、适时晚收、高留茬和秋整地。

在该区域，由于中部地区呈南北狭长形，南部的梨树与北部的榆树自然环境条件相差较大，玉米优质高产栽培模式也相差较明显。

（一）中南部

主栽品种以中熟紧凑型、半紧凑型品种为主，适宜密度为 6.0 万～6.5 万株/hm²，适宜播种期为 4 月 25 日～5 月 5 日，种衣剂拌种，播种深度 3～5cm，播后镇压，施肥采用底肥—种肥—追肥相结合的施肥原则，每公顷施氮(N)200～220kg、磷(P₂O₅)90～100kg、钾(K₂O)75～90kg、复合微肥 30kg、优质农肥 30t 以上。

（二）中北部

主栽品种以中熟紧凑型、半紧凑型品种为主，适宜密度为 6.0 万～6.5 万株/hm²，适宜播种期为 4 月 25 日～5 月 5 日，种衣剂拌种，播种深度 3～5cm，播后镇压，施肥采用底肥—种肥—追肥相结合的施肥原则，每公顷施氮（N）180～210kg、磷（P_2O_5）75～90kg、钾（K_2O）90～100kg、复合微肥 30kg、优质农肥 30t 以上。

三、技术要点

（一）整地与施底肥

1. 整地

1）秋整地

秋收后应立即进行灭茬、整地，灭茬深度要达到 15cm 以上，灭茬后立即进行整地，在上冻前起好垄并及时镇压，达到待播状态。

2）春整地

在秋季来不及灭茬、整地的地块，应在春季土壤化冻层达 15～18cm 时尽早进行灭茬、整地，要做到随灭茬、随打垄、随镇压以待播种，还可结合整地进行深施底肥。

2. 施底肥

在整地的同时应完成底肥施用。整地前，每公顷表施优质农肥 25～30m³。化学肥料结合整地深施于耕层 15～20cm。每公顷施化肥纯 N 55～65kg、P_2O_5 55～65kg、K_2O 55～80kg、$ZnSO_4$ 15kg，并根据实际情况确定其他微量元素肥料施用种类与数量（边秀芝等，2008；任军等，2008）。

（二）品种选择及种子处理

1. 种子选择

应根据当地的自然条件，因地制宜地选用经国家和省品种审定委员会审定通过的优质、高产、抗逆性强的优良品种，水肥条件好的地块以紧凑型和半紧凑型品种为主。种子质量应达到玉米种子国家质量标准规定的二级种子标准，参照国家标准 GB 4401.1—2005 执行。

1）南部地区

生育期（5～9 月）≥10℃活动积温 2800℃地区，以中晚熟品种为主，视降水条件不同，搭配晚熟品种或中熟品种。

2）北部地区

生育期（5～9 月）≥10℃活动积温 2600～2800℃地区，以中晚熟品种为主，搭配中熟品种。

2. 种子处理

1）发芽试验

播种前 15d 应进行发芽率试验。

2) 等离子种子处理

为提高种子发芽率,播种期前 5~12d 进行等离子体种子处理,处理剂量为 1.0A,处理 2~3 次,处理后妥善保管,适时播种。

3) 种衣剂种子处理

应选择通过国家审定登记的高效、低毒、无公害玉米种衣剂进行种子包衣,使用含丙硫克百威、高效氯氰菊酯、吡虫啉、福美双、戊唑醇、三唑醇、烯唑醇等成分的多功能种衣剂进行包衣,防治苗期病害及丝黑穗病。参照国家标准 GB 15671—1995 执行。

（三）播种

1. 播种时期

当土壤 5cm 处地温稳定通过 10℃、土壤耕层含水量在 20％左右时可抢墒播种,以确保全苗。

播种期确定以生育期有效积温为主要依据。在此基础上,还应根据不同品种的熟期进一步确定适宜播种期,生育期较长的品种可适当早播,生育期较短的品种可适当晚播。

1) 南部地区

5~9 月≥10℃活动积温在 2800℃以上的地区,最佳播种期为 4 月 25 日~5 月 5 日。

2) 北部地区

5~9 月≥10℃活动积温在 2600~2800℃的地区,最佳播种期为 4 月 20~30 日。

2. 播种方式

采用机械化播种方式播种,并施入种肥,播深 3~4cm,做到播种深浅一致,覆土均匀,土壤较为干旱时,采取深开沟,浅覆土,重镇压,应把种子播到湿土上。

3. 种植密度

根据品种特性,土壤肥力与施肥水平、种植方式等确定种植密度。水肥充足的地块选择紧凑型品种;水肥条件差的地块选择半紧凑型品种。

紧凑型品种每公顷保苗为 6.0 万~6.5 万株,半紧凑型品种每公顷保苗为 5.5 万~6.0 万株。

4. 播种量

应根据品种适宜密度、百粒重及播种方式的不同确定播种量,一般每公顷播种量为 25~40kg。

5. 种肥

播种时应采用侧深施方式,种肥置于种侧下 3~5cm。每公顷纯 N 5~15kg、P_2O_5 10~15kg。做到种肥隔开,防止烧种烧苗。

6. 镇压

应视土壤墒情确定镇压时期与镇压强度。当土壤含水量低于 24％时,应立即镇压。当土壤含水量在 22％~24％时,镇压强度为 300~400g/cm²;当土壤含水量低于 22％时,镇压强度为 400~600g/cm²;当土壤含水量大于 24％时,不宜立即镇压,待土壤含水量下降到 24％后再镇压。

（四）田间管理

1. 封闭除草

播种后应立即进行封闭除草。选用莠去津类胶悬剂及乙草胺乳油(或异丙甲草胺)，在玉米播后苗前土壤较湿润时进行土壤喷雾。干旱年份土壤处理效果差，可使用内吸传导型除草剂按使用说明在杂草 2～4 叶期进行茎叶喷雾。土壤有机质含量高的地块在较干旱时使用高剂量，反之使用低剂量。要做到不重喷，不漏喷，不能使用低容量喷雾器及弥雾机施药。玉米与其他作物间作田，要考虑对后茬作物的安全性。

2. 查苗定苗

播种 10d 后，每隔 5d 应进行一次查种、查芽，对坏种、坏芽的田块应及时催芽坐水补种。幼苗 4～5 叶时一次性定苗。在正常出苗情况下，采用留均匀苗的原则进行定苗，在出苗不良情况下，采用不等距留大苗的原则进行定苗。

3. 深松追肥

在 8～10 展叶期，结合行间深松完成追肥。深松深度 25～30cm，每公顷追纯 N 110～150kg，追肥深度 10～15cm。

4. 促熟防倒

对于种植密度大、易遭风灾及植株高大的地块，应在拔节前及抽雄前选择性地喷施化控产品，防止倒伏。在使用化控产品时，应严格按说明书要求控制喷施时期及用量。

5. 病虫害防治

1）黏虫

6 月下旬至 7 月上旬，调查虫情，如平均每株有一头黏虫，用 4.5％高效氯氟氰菊酯乳液 800 倍液喷雾，把黏虫消灭在 3 龄之前。

2）蚜虫

蚜虫多发生在抽雄干旱时期，如遇蚜虫危害严重，应进行田间灌溉，改善玉米水分条件，提高抗蚜性，如蚜虫发生量较大，应选用 4.5％高效氯氰菊酯乳油 800 倍液或 10％吡虫啉可湿性粉剂 1000 倍液喷雾防治。

3）玉米螟

防治玉米螟方法主要包括白僵菌封垛、赤眼蜂防治、白僵菌田间防治和化学药剂防治等。

（1）白僵菌封垛。在 5 月上、中旬，用白僵菌菌粉封垛。在玉米秸秆垛(或茬垛)的茬口侧面每隔 1m 左右用木棍向垛内捣洞 20cm，将机动喷粉器的喷管插入洞中，加大油门进行喷粉，待对面(或上面)冒出白烟时或当本垛对面有菌粉飞出即可停止喷粉，再喷其他位置，如此反复，直到全垛喷完为止。

（2）赤眼蜂防治。在 5 月中旬至 7 月初，应根据虫情调查情况，在成虫产卵初期释放赤眼蜂，每公顷分两次释放赤眼蜂 22.5 万头，第一次释放 10.5 万头，间隔 5～7d 释放第二次，将玉米螟消灭在孵化之前。

（3）白僵菌田间防治。在 7 月上、中旬，幼虫蛀茎前，每公顷用 7.5kg 白僵菌菌粉与

75～100kg 细沙或细土混拌均匀,撒于玉米心叶中,每株用量为 1.0～1.5g。

（4）化学药剂防治。在 7 月上旬,玉米喇叭口期,调查田间玉米螟幼虫量,如虫量较大,应在蛀茎前,用 3％克百威颗粒或 3％辛硫磷颗粒剂 0.5g 均匀撒于玉米心叶中即可。使用上述药剂时应注意安全操作。

4）叶斑病防治

叶斑病主要为玉米大斑病、玉米灰斑病和玉米弯孢菌叶斑病,在发病初期喷施 30％苯醚甲环唑 2000～2500 倍液或 50％多菌灵可湿性粉剂 300 倍液,每隔 7d 喷一次,共喷 3 次。

6. 补水灌溉

在关键生育时期如出现严重干旱应采用滴灌、小白龙灌溉等节水灌溉方式进行补充灌溉,每次灌溉量约为 300t/hm²。

7. 去分蘖

在玉米生育期,如玉米分蘖较多,要尽快去掉。

（五）收获及籽粒脱水

适时晚收。玉米生理成熟后 7～15d 为最佳收获期,一般为 10 月 10 日左右。收获后玉米要及时扒皮,上楼子或自由堆放晾晒脱水。

四、模式效果

该技术模式在生产上应用取得了以下技术效果。

（一）提高种床土壤含水量和保苗率

通过宽窄行交替种植、深松和窄开沟重镇压播种技术配套等技术示范,可使种床水分含量提高 7.3％左右;使生产上平均保苗率由 85％提高到 95％以上（表 11-5）。

表 11-5　种床水分与保苗率提高效果

模式	种床水分含量/％	提高/％	保苗率/％	提高/％
新技术	28.1	7.3	95	11.8
传统技术	26.2		85	

（二）提高肥料利用率

通过按品种喜肥特性施肥,底肥—种肥—追肥相结合和深施肥技术配套,提高了施肥精准度,肥料当年利用率由 32％～35％提高到 40％以上（表 11-6）。

表 11-6　提高肥料利用率效果

模式	肥料利用率/％	提高/％
新技术	43.6	31.3
传统技术	33.2	

（三）降低生产成本

通过简化玉米栽培技术,减少农机作业次数,减少种子用量和精确施肥,显著降低生产成本。与现行玉米生产技术比较,每公顷田间作业成本由 1000 元降低到 760 元,每公顷节约生产成本 240 元(表 11-7)。

表 11-7　降低生产成本

模式	成本/(元/hm^2)	节省成本/(元/hm^2)
新技术	760	240
传统技术	1000	

（四）实现耕地的可持续利用

通过部分秸秆和根茬还田,加深耕层和留茬防风蚀、水蚀,解决了耕层土壤理化性状恶化,土壤保水、保肥能力差,土壤肥力下降等问题。耕层加深 8~10cm,土壤有机质平均年增加 0.64g/kg,耕层含水量平均增加 6.9%(表 11-8)。

表 11-8　增加耕层深度效果

模式	耕层深度/cm	增加/%	有机质含量/%	增加/%	耕层含水量/%	增加/%
新技术	24.2	64.6	2.660	2.5	24.8	6.9
传统技术	14.7		2.596		23.2	

（五）提高玉米产量

应用该技术模式,半湿润区玉米单产大幅增加,平均单产增加 12.1%(表 11-9)。

表 11-9　提高玉米产量效果

模式	平均单产/(kg/hm^2)	增加/(kg/hm^2)	增加/%
新技术	9242	995	12.1
传统技术	8247		

第四节　西部半干旱区"节水灌溉高产"技术模式

西部半干旱区玉米产量水平为 9000~10 500kg/hm^2,其产量构成指标为:紧凑型品种收获密度为(6.0±0.15)万穗/hm^2;半紧凑型品种收获密度为(5.4±0.15)万穗/hm^2。每公顷(3000±75)万粒,千粒重(350±20)g。最大叶面积系数吐丝期 4.5~5.0,成熟期叶面积系数为 2.0 左右,收获期 4~5 片绿叶。

该区域以中晚熟品种为主,根据不同气候及不同土壤肥力状况,搭配少量晚熟品种;选择紧凑型、半紧凑型品种,确定合理种植密度;使用播种机播种,达到播深合理,深浅一致,株距相同;确定氮、磷和钾肥的合理施肥量;喷施植物生长调节剂;以种衣剂防治苗期病虫害和丝黑穗病,主要以生物防治为主防治玉米螟;生育期若遇干旱需补水灌溉(刘慧涛等,2009)。

一、主体模式

通过优化品种组合及补水灌溉、高效施肥、病虫草鼠害防治等技术的集成,建立以补墒—保苗—节灌—增肥—防病虫为主体框架的半干旱区"节水灌溉高产"技术模式。该模式的核心是"补墒精播"和"节水灌溉"(张忠学和曾赛星,2009)。

二、技术内容

模式的具体内容为:选择适宜的优良品种,按品种喜肥特性和土壤特点施肥,顶浆灭茬、施肥、起垄、镇压连续作业,适时包衣、开沟、补墒、单粒播种,进行节水补灌、化学除草、生物防螟、深松追肥、适时晚收。

主栽品种以晚熟紧凑型或半紧凑型品种为主,适宜密度为 5.0 万~6.5 万株/hm²(高玉山等,2007),适宜播种期为 4 月 25 日~5 月 5 日,种衣剂拌种,采用机械化一条龙坐水种方式进行播种,播种深度 3~5cm,播后镇压,施肥采用底肥—种肥—追肥相结合的施肥原则,每公顷施氮(N)180kg、磷(P_2O_5)75kg、钾(K_2O)90kg、复合微肥 30kg、优质农肥 30t以上。

三、技术要点

(一)整地

1. 灭茬
春季播种前,进行灭茬、整地。
技术要求:灭茬深度 15~18cm,碎茬长度<5cm,漏茬率≤2%。

2. 打垄
灭茬后即可进行打垄,在上年原垄沟处深耕一犁,要求犁尖至垄台深度达到 25~30cm,将化肥施入该沟,再将有机肥 30~45m³/hm² 施入该深耕沟内,破原垄合成新垄,实现垄沟与垄台轮换,合垄后及时镇压,避免失墒,达到待播状态。
打垄时间一般为 4 月中旬至下旬。

(二)品种选择及种子处理

1. 品种选择
选用经国家或省农作物品种审定委员会审定通过的优质、高产、抗逆性强的玉米杂交种,以中晚熟品种为主,在土壤肥力较高、有灌溉条件的地块可选用紧凑型高产品种。
玉米种子质量要达到或超过国家标准,纯度≥96.0%,净度≥99.0%,发芽率≥95%,含水量≤16.0%。购种后及时做发芽率试验。

2. 种子处理
播前 3~5d 将种子精选,确保种子中没有虫霉粒、杂物。将种子摊开在阳光下翻晒

1～2d。

选择通过国家审定登记的含有丁硫克百威、烯唑醇、三唑醇和戊唑醇等成分的高效、低毒、无公害、多功能种衣剂进行种子包衣,种子包衣要严格按照说明书进行。

（三）播种

1. 播种时期

当土壤5cm处地温稳定通过8℃时,即可开犁播种。一般年份最佳播种期为4月25日～5月5日。

2. 播种方式

采用机械化一条龙坐水种的方式进行播种,一般年份,坐水量60～80t/hm²。播深控制在3～4cm,覆土均匀。播种后,土壤墒情适宜时,需进行适度镇压。

3. 种植密度

紧凑型品种6.0万～6.5万株/hm²,半紧凑型品种5.0万～6.0万株/hm²,平展型品种播种密度4.5万～5.0万株/hm²。水肥充足地块适当增加播种密度（刘惠涛等,2008）。

（四）施肥

1. 肥料用量

氮肥(N)总量控制在120～210kg/hm²,磷肥(P_2O_5)总量控制在60～150kg/hm²,钾肥(K_2O)总量控制在70～130kg/hm²,硫酸锌($ZnSO_4 \cdot 7H_2O$)总量控制在8～20kg/hm²（高玉山等,2006,2008）（表11-10）。

表 11-10　推荐施肥量

地力水平	目标产量/(kg/hm²)	N/(kg/hm²)	P_2O_5/(kg/hm²)	K_2O/(kg/hm²)	$ZnSO_4 \cdot 7H_2O$/(kg/hm²)
高	9000～10500	180～210	120～150	110～130	16～20
中	7500～9000	150～180	90～120	90～110	12～16
低	6000～7500	120～150	60～90	70～90	8～12

2. 施肥方法

采用底肥—种肥—追肥相结合的方法。

1）底肥

氮肥的30%～40%、磷肥的90%～95%、全部钾肥及有机肥料作底肥,入土深度≥15cm。

2）种肥

磷肥的5%～10%（可用磷酸一铵）及硫酸锌溶入抗旱水箱中,坐水种时随水施入。

3）追肥

60%～70%的氮肥在玉米7～9叶期进行垄沟追施,入土深度≥10cm。

（五）灌溉

1. 灌溉用水量

玉米生育期内灌溉用水量与降水量总和要达到 400mm 以上，玉米生育期内灌水 2～3 次，每次灌水量达到 300t/hm²，保证玉米播种至拔节期灌溉用水量＋降水量达到 100mm，拔节期至吐丝期灌溉用水量＋降水量达到 140mm，吐丝期至成熟期灌溉用水量＋降水量达到 160mm。灌溉时避开玉米盛花期。

2. 节水灌溉

在水资源短缺的地方，玉米生育期内出现干旱，可采用非充分灌溉节水技术。出苗期至拔节期，采用苗侧开沟注水灌溉技术；拔节期至成熟期，采用隔沟间歇灌溉技术。

（六）田间管理

1. 间苗、定苗、去分蘖

幼苗 4 叶左右定苗。将弱苗、病苗、小苗去掉，留壮苗。5～6 叶期去除分蘖，除分蘖时注意避免损伤主茎。

2. 深松

6 月下旬，雨季来临前进行垄沟深松，深度 25～30cm。

3. 中耕、追肥

在玉米拔节后期，进行垄沟深追肥，入土深度≥10cm，同时中耕起垄。

4. 喷施化控剂

对于高密度栽培、易遭风灾的地块，在玉米可见叶 9～11 片叶时需及时喷施化控防倒制剂，选晴天、无风，下午 3 点后叶面均匀喷施。严格按照产品使用说明书要求喷施。

（七）病虫草害防治

1. 防治黏虫

6 月中旬至 7 月上旬，如平均每株玉米有一头黏虫，用 4.5％高效氯氟氰菊酯乳液 800 倍液喷雾，把黏虫消灭在 3 龄之前。

2. 防治玉米螟

1）白僵菌封垛

在 5 月上、中旬，如发现有越冬玉米螟幼虫爬出秸秆垛活动时，即可用白僵菌菌粉封垛。在玉米秸秆垛的茬口面，每隔 1m 左右用木棍向垛内捣洞 20cm 深，将机动喷粉器的喷管插入洞中进行喷粉，待秸秆垛对面或上面冒出白烟（菌粉飞出）时即可停止喷粉，如此反复，直到全垛封完为止。

2）赤眼蜂防治

在 7 月上旬至中旬，玉米螟卵孵化之前释放赤眼蜂，第一次释放赤眼蜂 10.5 万头/hm²，间隔 5～7d 后再释放第二次（12.0 万头/hm²）。

3）白僵菌田间防治

在 7 月上、中旬,玉米大喇叭口期,将白僵菌菌粉($7.5kg/hm^2$)与细沙($60kg/hm^2$)混拌均匀,撒于玉米心叶中,每株用量为 $1.0\sim1.5g$。

3. 防治双斑萤叶甲

成虫发生时可用 10%吡虫啉 1000 倍液、50%辛硫磷乳油 1500 倍液或 20%速灭杀丁乳油 2000 倍液喷雾防治。

4. 化学除草

1）播种后出苗前

玉米播种后出苗前,在土壤较湿润时进行土壤喷雾。采用乙草胺 675g(a.i.)/hm^2＋莠去津 855g(a.i.)/hm^2＋2,4-D 丁酯 216g(a.i.)/hm^2 复配剂防治。土壤有机质含量高的地块,可适当增加用药量。苗带施药时可酌情减量。

2）出苗后

玉米出苗后 $3\sim5$ 叶期,杂草 $2\sim4$ 叶期,进行茎叶喷雾。禾本科杂草多时,采用烟嘧磺隆 30g(a.i.)/hm^2＋莠去津 600g(a.i.)/hm^2＋2,4-D 丁酯 216g(a.i.)/hm^2 复配剂防治。阔叶杂草多时,采用硝磺草酮 75g(a.i.)/hm^2＋莠去津 600g(a.i.)/hm^2＋2,4-D 丁酯 216g(a.i.)/hm^2 复配剂防治。

（八）收获

1. 收获

适时晚收,玉米生理成熟后 $7\sim10d$ 为最佳收获期,一般为 10 月 5 日左右。

2. 降水

收获后的玉米要及时扒皮晾晒,上楼子进行脱水。籽粒含水量低于 14%时,入仓储存。

四、模式效果

该技术模式在生产上应用取得了以下技术效果。

（一）实现了水资源的高效利用

通过一条龙坐水种技术,在半干旱区每公顷只需要 $70m^3$ 左右的水量,就可实现一次播种拿全苗,达到苗全、苗齐和苗壮的目的,每公顷比大水漫灌传统灌溉技术播种可节约用水 55%。通过深松技术的应用,可以提高土壤蓄水能力,提高自然降水的利用效率（表 11-11）。

表 11-11　一条龙坐水种节水效果

模式	灌溉水量/(m^3/hm^2)	节水/(m^3/hm^2)	节水/%
新技术	67.5	82.5	55.0
传统技术	150.0		

（二）提高肥料利用率

通过按品种喜肥特性施肥,底肥—种肥—追肥相结合和深施肥技术配套,提高了施肥精准度,与习惯施肥技术相比,肥料利用率由 30%~33% 提高到 40% 以上(表 11-12)。

表 11-12　提高肥料利用率效果

模式	肥料利用率/%	提高/%
新技术	42.5	28.7
传统技术	33.0	

（三）改善土壤物理性状

目前玉米田的耕层深度为 15~18cm,通过深松可以使耕层加深到 20~25cm,耕层土壤容重降低,渗透系数提高,耕层土壤物理性状得到明显改善(表 11-13)。

表 11-13　增加耕层深度效果

模式	耕层深度/cm	增加/cm	增加/%
新技术	24.3	8.7	55.8
传统技术	15.6		

（四）提高劳动效率

通过一条龙坐水种技术与机具的应用,明显降低了劳动强度,基本上实现了机械化播种,每天一套机具(需配备 2 个人)可以完成 1hm² 播种任务(表 11-14)。

表 11-14　提高劳动效率

模式	播种用工/(人/hm²)	节省人工/(人/hm²)	提高劳动效率/%
新技术	2	1.5	42.9
传统技术	3.5		

（五）提高玉米产量

应用该技术模式,半干旱区玉米单产大幅度增加,平均单产增加 13.7%(表 11-15)。

表 11-15　提高玉米产量效果

模式	单产/(kg/hm²)	增加/(kg/hm²)	增加/%
新技术	9136	1103	13.7
传统技术	8032		

主要参考文献

边少锋. 2007a. 吉林省湿润冷凉区玉米栽培技术. 杂粮作物,(4):296~297

边少锋. 2007b. 吉林省湿润冷凉区扣半留茬播种玉米技术. 河北农业科学,(5):12~13

边少锋. 2007c. 吉林省湿润冷凉区玉米不同播种方法对生物性状及产量的影响. 吉林农业科学,(6):12~14

边秀芝,郭金瑞,阎孝贡,等. 2008. 吉林中部玉米高产施肥模式研究. 吉林农业科学,33(6):41~43

边秀芝,任军,刘慧涛,等. 2005. 玉米施用氮磷化肥的后效研究. 吉林农业科学,30(4):33~36

边秀芝,任军,刘慧涛,等. 2006. 玉米优化施肥模式的研究. 玉米科学,14(5):134~137

曹敏建. 2007. 玉米标准化生产技术. 北京:金盾出版社:41~52

陈传永,董志强,赵明,等. 2007. 低温冷凉地区超高产春玉米群体生长分析研究. 玉米科学,15(3):75~79

陈喜昌. 2006. 黑龙江省半湿润区玉米高密度超高产综合技术研究初报. 黑龙江农业科学,(4):26~28

陈学求,张健,魏炳武,等. 1999. 吉林省农业生态区与玉米生态育种目标的探讨. 吉林农业大学学报,21(3):19~22

方向前. 2007a. 吉林省东部半山区便携式施肥播种器播种玉米的技术效果分析. 安徽农业科学,(20):6060~6061

方向前. 2007b. 吉林省湿润冷凉区玉米喷施植物生长调节剂对生物性状及产量的影响. 杂粮作物,(6):411~412

方向前. 2008. 吉林省润湿冷凉区玉米吉单198丰产高效栽培技术体系研究. 中国农学通报,(4):199~202

方向前,包军善,赵洪祥,等. 2010. 吉林省湿润冷凉区中晚熟玉米品种筛选试验. 杂粮作物,30(5):348~350

方向前,边少锋,孟祥盟,等. 2006. 离子体处理玉米对化肥利用率的影响. 中国农学通报,22(2):203~205

方向前,边少锋,徐克章,等. 2004. 等离子体处理玉米种子对生物性状及产量影响的研究. 玉米科学,12(4):60~61

方向前,李忠芹,柴寿江. 2009. 吉林省湿润冷凉区应用滚动式施肥播种器播种玉米的关键技术. 现代农业科技,(3):189

冯巍. 1998. 全国玉米高产栽培技术研讨会论文集. 北京:科学出版社:109~288

高玉山,窦金刚,刘慧涛,等. 2007. 吉林省半干旱区玉米超高产品种、密度与产量关系研究. 玉米科学,15(1):120~122

高玉山,窦金刚,刘慧涛,等. 2008. 半干旱区玉米高产栽培经济施氮量研究. 玉米科学,16(6):149~151,155

高玉山,刘慧涛,边秀芝,等. 2006. 吉林省西部淡黑钙土玉米钾肥适宜用量初探. 吉林农业科学,31(2):39~41

宫秀杰,钱春荣,于洋,等. 2010. 玉米全程机械化高产耕作栽培技术模式及产量效益分析. 黑龙江农业科学,(11):21~23

吉林省土壤肥料总站. 1998. 吉林土壤. 北京:中国农业出版社:88~290

纪明山,陈捷,程根武. 1998. 种衣剂防治玉米苗期病害及丝黑穗病药效试验. 中国农业大学学报,3(增刊):122

矫树凯. 1996. 种玉米讲科学. 长春:吉林科学技术出版社:51~58

金明华,苏义臣,苏桂华. 2007. 吉林省玉米超高产品种探讨. 吉林农业科学,32(3):3~7,16

李少昆. 2010. 玉米抗逆减灾栽培. 北京:金盾出版社:15~76

李少昆,赖军臣,明博. 2009. 玉米病虫害诊断. 北京:中国农业科学技术出版社:148~240

刘慧涛,高玉山,窦金刚,等. 2008. 半干旱区玉米密度对产量及商品品质的影响. 玉米科学,16(4):130~134

刘慧涛,高玉山,王永军,等. 2009. 半干旱区玉米高产栽培限制因子的研究. 吉林农业科学,34(6):7~9

刘占军,谢佳贵,张宽,等. 2011. 不同氮肥管理对吉林春玉米生长发育和养分吸收的影响. 植物营养与肥料学报,17(1):38~47

路明,刘文国,金明华,等. 2011. 20年间吉林省玉米品种的产量及其相关性状分析. 玉米科学,19(5):59~63

马树庆. 1996. 吉林省农业气候研究. 北京:气象出版社:5~15

马学礼,曲庆华,刘芳,等. 2010. 离子体种子处理机在玉米上应用效果. 现代化农业,(5):15~16

任军,边秀芝,郭金瑞,等. 2008. 黑土区高产土壤培肥与玉米高产田建设研究. 玉米科学,16(4):147~151,157

任军,边秀芝,刘慧涛,等. 2004. 吉林省不同生态区玉米高产田适宜施肥量初探. 玉米科学,12(3):103~105

任军,刘慧涛,高玉山. 2007. 半干旱区玉米保护性耕作关键技术研究. 耕作与栽培,(3):8~9

沙洪林,林秀峰,杨建,等. 2008. 几种玉米苗后化学除草剂杀草谱及混用试验. 吉林农业科学,33(6):59~62

孙占祥,刘武仁,来永才. 2006. 东北农作制. 北京:中国农业出版社:284~330

佟屏亚,罗振锋,矫树凯. 1998. 现代玉米生产. 北京:中国农业科技出版社:117~141

王立春,边少锋,任军,等. 2007. 提高春玉米主产区玉米单产的技术途径. 玉米科学,15(6):133~134

闫孝贡,武巍,陈颖. 2007. 玉米施用中微量元素肥料效果的研究. 吉林农业科学,32(2):33~35

张福锁,陈新平,陈清.2009.中国主要作物施肥指南.北京:中国农业大学出版社:6~10

张福锁,陈新平,崔振岭,等.2010.主要作物高产高效技术规程.北京:中国农业大学出版社:82~90

张玉芬,贾乃新,刘莹,等.2002.吉林省发展玉米生产的有利条件、限制因子及生态适宜区的划分.农业与技术,22(5):13~15

张忠学,曾赛星.2005.东北半干旱抗旱灌溉区节水农业理论与实践.北京:中国农业出版社:187~231

赵广才.2006.保护性耕作农田病虫害防治.北京:中国农业出版社:17~34

第十二章 玉米超高产栽培技术研究与实践

大量调研结果表明,我国未来玉米消费需求量将呈现刚性增长的趋势。2007年,我国玉米总产量约1.48亿t,据专家预测,我国玉米消费量年增长率将达到3%左右,到2020年,我国对玉米的总需求量将超过2.0亿t以上,这意味着在今后10年内,我国玉米总产量要提高40%以上。

据统计,2007年我国玉米播种面积4.2亿亩,在我国耕地面积逐年减少的大趋势下,依靠增加播种面积实现提高总产量的可能性较小。因此,通过玉米丰产技术的创新研究,大幅度提高玉米单产是实现我国玉米总产量提高的主要途径,而创建大面积超高产田是提高我国玉米总产量的基本保障。

近年来,吉林省相关研究机构在玉米超高产技术研究领域取得了突破性进展,构建了春玉米丰产高效技术体系,实现了技术先进性与实用性的协调发展、高产与高效的协同提高,在我国雨养条件下春玉米丰产高效技术研究领域处于领先水平。

第一节 超高产田概况

一、美国玉米超高产田建设概况

美国在玉米超高产田建设领域处于世界领先水平。从20世纪20年代,通过高产竞赛等形式开展超高产田建设,并取得了显著的成效,至今仍保持着灌溉及非灌溉条件下世界春玉米高产纪录,分别是24 537kg/hm² 和27 754.5kg/hm²。

(一)超高产田建设

美国是世界上最大的玉米生产国,也是玉米科研和生产水平最高的国家。大量研究实践表明,实现玉米超高产的主要途径有以下3个。

(1)选育耐密性和抗逆性俱佳品种。美国高产田所选用品种的种植密度多在10万株/hm²左右,抗倒伏及抗病性均较高。

(2)培育高产土壤。美国高产田经验:秸秆直接还田,有机质含量高6%左右;深松土壤35cm以上和分次施N肥。

(3)构建高产栽培技术体系。美国玉米超高产田建设工作主要通过高产竞赛的方式进行,因耕作与种植制度不同设9个级别。

通过高产竞赛等措施促使美国玉米平均亩产量从1920年的1830kg/hm²提高到2005年的9105kg/hm²。近年来,美国高产竞赛第一名的产量是美国玉米平均产量的3倍,但仍有很大潜力,为提高美国玉米生产发挥了重要作用,高产竞赛对于带动大面积玉米生产技术的发展具有重要意义(刘志全,2004;徐国良,2009;李淑华,2013)。

1920 年,美国最大的玉米生产州——艾奥瓦州在世界上第一次开展了玉米高产竞赛,之后逐渐扩大到美国整个玉米带。到 1965 年变为由美国国家玉米种植者协会(NCGA)举办,称之为全国玉米高产竞赛(NCYC),以后每年各州和全国都举办竞赛。随着 NCYC 的影响不断扩大,参加竞赛人数也不断增加,1996 年最多达到 3679 人。1971 年高产竞赛产量首次超过 15 000kg/hm²。

1985 年,美国伊利诺伊州农民沃尔索(Herman Warsaw)在 0.47hm² 土地上首次获得23 224.5kg/hm² 的春玉米最高纪录,比当年美国玉米平均产量 7410kg/hm² 高 3.13 倍,这一纪录是在非灌溉条件下获得的,并保持了 14 年之久,也是 Herman Warsaw 连续第 5 年获得非灌溉种植类型竞赛的冠军。

1999 年,玉米种植者柴欧德(Francis Chills)创造了 24 730kg/hm² 的产量,超过 Herman Warsaw 14 年前的世界纪录。2002 年,柴欧德创造了 27 754.5kg/hm² 的高产新纪录,这一纪录也是至今为止,非灌溉条件下世界春玉米的最高产量。

2006 年,美国玉米高产竞赛共有 46 个州 3154 名参赛者进行 9 个级别(A 类非灌溉级、AA 类非灌溉级、A 类无垄作非灌溉级、AA 类无垄作非灌溉级、A 类垄作非灌溉级、AA 类垄作非灌溉级、无垄作灌溉级、垄作灌溉级和灌溉级)的角逐,最高产量是 21 798kg/hm²。2006 年美国玉米平均产量是 9358.5kg/hm²。9 个级别前三名均达到了"吨粮"。所有级别前三名地块的平均产量是 17 298kg/hm²,比美国全国平均产量高出了 84.8%,最高产量比全国平均产量高出了 132.9%。可见,美国玉米的生产潜力巨大(刘志全等,2007)。

(二)玉米超高产栽培技术

1. 选择合适品种

美国超高产田建设的实验表明,品种生育后期吸肥能力与秆强是玉米高产的必备特性,在高密度条件下具有良好的结实性是实现超高产的基本保障。多年来,美国超高产田均采用中晚熟的品种。因此,美国玉米种植者特别注意玉米品种的抗倒伏状况。增强品种的耐密性和抗逆性,提高种植密度,是美国玉米超高产田建设的关键措施之一(刘志全等,2004)。

在美国的高产竞赛中,第一名的收获密度都在 9 万株/hm² 左右,柴欧德在 2002 年创造最高纪录的收获密度是 10.9 万株/hm²,单株产量是 0.257kg。单株产量在 0.25kg 左右是创造高产较理想的指标。9 个级别前三名的共 27 块高产田,平均收获密度是 9.2 万株/hm²,最低密度是 6.88 万株/hm²,最高密度是 14.82 万株/hm²。最低密度 6.88 万株/hm²,单株产量达到了 0.2544kg。

在美国,特别强调玉米的播种质量,尤其在高密度种植条件下,玉米个体间竞争激烈,如果整齐度不好,将直接影响产量。

2. 选择高产田块

美国玉米超高产田一般都选择上茬是大豆的田块,这样的田块占 44.44%,上茬是玉米的田块占 14.81%,上茬是苜蓿的高产田块占 11.11%,不选择上茬是小麦的地块。合理轮作有利于提高土壤肥力和玉米高产。近年,美国玉米带上的玉米种植面积占 40%左右,有 30% 的大豆面积和豆科牧草,基本上形成了玉米—玉米—大豆的轮作体系,保证了用养结合。

3. 培肥土壤

所有高产优胜者均将提高土壤肥力作为高产的基础,主要采取多项技术培育深厚的、富有营养的土层,使土壤形成多孔剖面,增加根区含氧量,为深部根系创造一个健康的土壤环境,是实现玉米超高产的主要途径之一(邓文龙,2013)。

美国取得玉米高产的优势不在地上部,而是在地下部,也就是差在土壤条件上。美国强调肥料深施,秸秆还田,深松耕层。秋整地时深松 30cm,把有机肥和秸秆搅拌到土壤中,培肥土壤,高产田块的有机质含量 5% 以上。每年翻压 6～8t/hm² 的玉米秸秆,能基本上保持土壤有机质含量不降低。

1997～2002 年,柴欧德连续 6 年在非灌溉级别里获得第一,并创造了新的世界纪录,他获胜的关键在于营造一个深层土壤,利于根系深扎。他曾用 5 年的时间培肥土壤,深松 35cm 以上,将肥料充分混合到耕层深处。长时间后,土壤的有机质从 3% 提高到 6%。沃尔索认为,营养丰富的深厚耕层还能储存较多的水分,供玉米生长季节使用。1978 年,他的高产田块在生长季节只降水 228.6mm 的条件下达到 10 876.5kg/hm² 的产量,并在 1982 年降水 279mm 的条件下达到 19 270.5kg/hm² 的产量。

4. 合理施肥

参加竞赛的田块大部分都经过了土壤测试分析,根据测试结果进行施肥。所有田块氮、磷、钾的平均施用量是 284.5kg/hm²、57.1kg/hm² 与 78.4kg/hm²,施肥总量并不高。施肥时期方面,在秋季将 P、K 肥和部分 N 肥深施到 40cm 左右,这十分有利于肥料效果的发挥,并可疏松土壤,增加氧气,改善水的渗透,把营养向下输送到土壤剖面。高产群体对养分的需求量较大,根据玉米的生长特性,氮肥采取分次施肥,有利于营养的持续供应。秋季施 N 较少,重施基肥,全生育期多次追肥,有的多达 7 次。

5. 病虫草害防治

参赛者大多选用含有双抗基因即抗虫和抗除草剂的玉米种子,大大方便了除草。超高产田所有种子均实行种子包衣,全部地块都使用除草剂除草,绝大部分地块不使用杀虫剂。在除草剂选择上,阿特拉津占了较大比例。

高水平的病虫害防治及技术保证了美国的玉米超高产田建设。玉米螟是世界性玉米虫害,美国已通过转基因技术培育出抗螟玉米新品种,螟害已基本解决。目前,美国采用多种病菌混合接种选育抗病杂交种,对于大斑病、小斑病、茎腐病和矮化病毒病已基本得到控制。

总结美国玉米高产竞赛的主要技术措施如下。

(1) 根据产量目标选择合适的品种。主要选择耐密、强抗倒、结实性和抗病性好、后期保绿性好的中晚熟品种。

(2) 高密度种植。美国调查了 540 个玉米高产典型,在各项高产因素中,增加密度是经济有效、易于推广的措施,高产竞赛田的密度折合为 8.55 万～10.95 万株/hm²。

(3) 培肥土壤,合理施肥。推广深耕深松(达到 35cm)、秸秆还田和施入大量优质有机肥、氮肥分次施用与浇水配套等技术,改善土壤理化性状,提高土壤肥力水平。

二、我国玉米超高产田建设概况

我国玉米超高产田建设工作始于 20 世纪 80 年代。在最初的 10 年内,山东省登海种业在高产品种选育及超高产田建设方面一枝独秀,并于 1989 年创造了世界夏玉米纪录。"九五"以来,国内众多科研、教学及其他相关部门开展了大量的研究与实践,在玉米超高产机制与实践途径等方面取得了突破性进展,技术体系已趋成熟。进入 21 世纪以来,山东、陕西、吉林、辽宁、内蒙古等地开展了超高产田建设工作,建成了大批超高产田,超高产田面积从 1 亩到 10 亩,再从 100 亩发展到 1000 亩。

（一）攻关研究

近 20 年来,我国许多科研教学单位在玉米超高产机制与栽培技术领域开展了大量的研究工作,取得了一些突破性进展。

1. 提出了"资源高效利用,增源扩库定向栽培技术模式"

采用了"以目标产量定品种,以紧凑型保障密度,以提高整齐度优化群体质量,提高籽粒密度、晚熟收获提高粒重确保超高产"的技术路线。

2. 建立了以"缩株增密"为主体的超高产栽培模式

提出了比较稳妥的产量结构模式:7.95 万～8.4 万穗/hm²,每穗 560～600 粒,千粒重 350g,穗粒重 200g 左右。不同密度水平下的产量及产量结构结果分析表明,增密是增产的共同趋势。随着亩穗数的增加,穗粒数和千粒重都相继下降。玉米产量及各产量构成要素间的相关分析结果表明,产量构成诸要素中,只有亩穗数和产量之间存在着显著的正相关。亩穗数同穗粒数、穗粒重均呈显著负相关,与千粒重虽呈负相关,但没有达到显著性水平,穗粒重主要取决于穗粒数（$r=0.7505$）,而非千粒重（$r=0.2594$）。

3. 高产生理基础研究

山东农业大学（王永军,2008）在夏玉米高产生理基础研究领域开展了大量的研究工作,明确了超高产夏玉米的群体质量与个体功能特征,建立了夏玉米超高产"群体结构与个体功能协同增益"理论模式与技术体系,构建了超高产玉米量化指标体系。开花后叶片保持较高氮素含量,是延缓衰老、维持较高生理活性、实现超高产的重要原因之一。

马兴林等（2008,2009a,2009b）开展了深入的研究工作,明确了不同施氮方式对高密度群体的产量效应及群体源库关系特征、高产玉米群体结构及"源库流"特征。

岳杨等（2011）构建了符合超高产玉米的理想株型和群体模式,采用紧凑型,有利于增加密度,靠群体增产,而且茎叶夹角均从下向上逐渐减小。上部叶夹角小,叶片上冲,群体透光率较好,减少下部荫蔽程度,有利于充分利用光能,是创高产的理想株型。明确了超高产品种具有主要酶活性增高与丙二醛含量降低的特性,确保超高产玉米叶片衰老缓慢,良好的叶片细胞形态确保叶片的光合能力较强,是增产的基本保障。并提出了超高产春玉米的主要生理指标。

此外,众多研究单位在玉米库源关系领域开展了大量的研究工作,明确了群体库容量与源供应能力均是产量的限制因素,但群体库容量始终占主导作用。

4. 初步建立了玉米超高产土壤定向培育技术

明确了超高产玉米田土壤的理化环境特征规律,提出了"加厚活土层厚度与亚耕层培育"为主体的超高产土壤定向培育技术,并探讨了秸秆直接还田对土壤肥力的影响。

5. 提出了玉米超高产养分管理技术

试验结果表明,超高产玉米氮、磷、钾、锌吸收量明显高于普通高产田,主要养分吸收高峰呈明显后移趋势。因此,玉米生长的中后期是营养关键期。在施用大量优质农肥前提下,建立了依据"稳氮、增钾、控磷、补中微"原则的分次追肥制度。超高产施肥应突出以下几个关键问题:增加施肥种类和施肥数量、增加氮肥的施用次数、部分磷钾肥追施。

6. 水分管理技术

吉林省农业科学院在东北春玉米雨养区建立了以"提高自然降水利用效率为主、以节水灌溉为辅"的水分管理模式,主要内容是:半干旱地区耕作保水与节水灌溉(滴灌)相结合;半湿润地区通过深松建立土壤水库;在湿润地区采用起垄散墒调控水分状况。上述技术在超高产田建设过程中发挥了明显作用。

内蒙古农业大学在东北春玉米灌溉区开展了以"节水灌溉"为主体的水分管理技术模式。重点研究了行间覆膜节水高产生理机制,研究内容主要包括:行间覆膜对玉米群体结构、冠层结构、叶片衰老的调节及对根系结构的影响,明确了覆膜下土壤水分时间动态与水平分布,探讨了春玉米耗水特征和提高水分利用效率的技术途径。

7. 群体结构调控技术

国内众多研究机构在玉米超高产群体结构调控技术方面开展了大量的研究工作。主要是通过化学调控剂的应用,控制植株高度和植株株型,并在冠层结构调控技术方面取得了一定的研究进展。吉林省农业科学院开展了等离子体处理种子技术研究,明确了增产机制与有效处理技术,取得了提高发芽势和发芽率,提高抗逆性,增加产量,改善品质的效果。

8. 初步完成了玉米超高产平台建设技术

主要包括玉米超高产栽培技术原理、调控措施及建设技术,具体内容:土壤条件、气候条件、优化品种、超高产群体构建、超高产施肥技术、深耕深松、种子处理和生育期化控技术。

(二)技术要点

在大量研究工作基础上,构建了玉米超高产栽培技术模式(陈国平和赵久然,2005;陈国平等,2008)。

(1)选择生态条件优越的地区。最好选择光照充足、昼夜温差大的地区。

(2)增施有机肥培肥地力(施 75t/hm² 有机肥),深松促根,深松深度 30～35cm。

(3)选择坚秆、矮秆、耐密、抗逆、紧凑、结实性好的品种。

(4)增密是创高产的共同趋势,缩行增密,建构高光效群体,密度达 9 万株/hm² 以上,实收不低于 8.25 万穗,每穗产 200g 左右。

(5)群体调控应遵循"前控壮根,后促保叶"的原则,尽量地扩大光合叶面积,充分利用根冠功能,发挥品种潜力。

(6) 化学调控,缩株壮秆抗倒伏,达到缩小玉米营养体、秆细秆坚、抗倒伏,且不改变玉米穗部性状、建构高产群体。

(7) 精量施肥,高产高效,在肥料运筹上,轻施苗肥、重施穗肥、补追花粒肥。

(8) 及时灌溉,随时满足玉米对水分的需要,做到"地皮见湿不见干",特别要注意底墒、孕穗至开花和灌浆这三水,多数超高产田灌溉 5~9 次。

(9) 防病治虫,保产增收。

(10) 直播晚收,壮籽增产,可以增加粒重,提高产量。

(三) 超高产实践

1. 西北地区

2007 年,陕西省榆林市在 7.45hm² 的高产田上实现了吨粮田,创灌溉条件下百亩连片吨产全国纪录。其中,最高产量达 18 514.5kg/hm²。

2008 年,陕西省榆林市在 83.33hm² 面积上创造了我国春玉米灌溉条件下千亩单产过"吨粮"(15 724.5kg/hm²)和最高单产 19 896kg/hm² 的新纪录。

2008 年,甘肃省武威市凉州区在全膜覆盖条件下,0.08 万 hm² 高产田产量达 14 557.8kg/hm²,创全国万亩连片高产纪录。

栽培要点:地膜覆盖、宽窄行种植;7.5 万~8.55 万株/hm²;施有机肥 75t/hm²、N 450kg/hm²、P₂O₅ 225kg/hm²、K₂O 450kg/hm²,分次施 N 肥;灌溉 9 次。

2009 年,新疆伊犁兵团农四师 71 团在 10 亩连片玉米高产示范田实现平均产量 20 142.75kg/hm² 的全国产量纪录,其中最高的 5 亩产量达 20 401.5kg/hm²,创中国玉米单产纪录。所用品种为'郑单 958'。

2011 年,新疆兵团农 6 师奇台农场二分场在面积 0.33hm² 玉米高产示范田,实现平均单产达 19 980.15kg/hm² 的高产纪录,最高产量达 20 780.85kg/hm²。品种为'良玉 66'。

2. 华北地区

1988 年,李登海利用紧凑型玉米新组合 340×478,超高产田面积 0.069hm²,每公顷实收 77 235 株(穗),产量达 15 133.5kg/hm²,是我国第一个超高产田(灌溉条件下)。

1989 年,山东省莱州夏玉米高产攻关产量 16 444.5kg/hm²(灌溉条件下),收获密度为 75 045 株/hm²,单株产量为 219g;

2005 年,山东省莱州市(登海 3719)0.073hm² 高产田产量达 21 042.9kg/hm²,创我国夏玉米高产纪录,将世界灌溉夏玉米单产纪录提高了 27.96%,单株产量为 213g。

栽培要点:种植密度 7.8 万~9.75 万株/hm²;"稳氮、减磷、增钾、补中微"的原则,N 603kg/hm²、P₂O₅ 774kg/hm²、K₂O 882kg/hm²,分次施 N 肥;浇水 9 次(花后 5 次)。

3. 东北地区

2006 年,辽宁省朝阳市建平县在灌溉和覆地膜条件下,0.33hm² 高产田产量 18 174kg/hm²,品种为'辽单 565'。

2007 年,辽宁省朝阳市建平县在灌溉和覆地膜条件下,0.83hm² 产量达 18 140.1kg/hm²,

品种为'辽单 565'。

2006 年,内蒙古农业大学在灌溉条件下,0.1hm² 高产田创造了 17 383.5kg/hm² 的内蒙古玉米高产纪录,玉米品种为'内单 314'。

2007 年,内蒙古农业大学在灌溉条件下,0.53hm² 高产田产量达 17 581.5kg/hm²,玉米品种为'内单 314'。

栽培要点:缩行增密,行距 40cm,密度达 8.25 万～9 万株/hm²,灌水 2～3 次,缓释磷、钾肥,氮肥分次施用,行间覆膜节水。

三、吉林省春玉米超高产田建设概况

吉林省超高产田建设始于 20 世纪 90 年代中期,到目前为止,主要分起步阶段、过渡阶段和突破阶段 3 个阶段。

（一）起步阶段

"九五"期间,吉林省农业科学院、吉林农业大学、中国农业科学院、中国科学院、中国农业大学及其他相关科研单位,在吉林省玉米主产区开始进行春玉米超高产栽培技术研究,经过几年的研究,取得了一定的研究进展,为吉林省春玉米超高产田建设提供了技术支撑。

1. 攻关研究

在春玉米超高产栽培理论研究领域取得了突破性进展,提出了以"扩库、限源、增效"为主体的玉米超高产栽培核心理论。在"扩库、限源、增效"理论指导下,提出了玉米超高产群体质量调控指标体系,成为玉米超高产技术研究的重要内容。明确了密植是玉米超高产的重要措施,在较高密度和氮素水平下,"库"对产量的限制作用增强,逐渐成为产量的主要限制因素。同时,在玉米超高产施肥原理领域开展了大量研究工作,摸清了吉林省玉米产区土壤养分限制因子,提出了春玉米超高产优化施肥技术模式。研究明确了良好土壤物理结构是高产土壤主要特征之一,明确了培育发达的根系是获得高产的基础。

2. 技术模式

1）基础条件

气候条件是 5～9 月积温＞2780℃（无低温、早霜）,年降水量＞500mm（降水分布合理,无阶段性干旱）。最理想的土壤类型是高肥力黑土或河淤土,pH 6.5～7.5,土壤有机质 2.0%以上。

2）主要技术措施

种植中晚熟（出苗—成熟 135d）、中熟（130d）紧凑型玉米品种,种植密度 6.3 万～7.05 万株/hm²,施氮（N）240～330kg/hm²、磷（P_2O_5）90～105kg/hm²、钾（K_2O）90～105kg/hm²,复合微肥 30kg/hm²、优质农肥 30t/hm² 以上。

3）主要生育指标

产量构成为（3600±450）万粒/hm²,千粒重（380±30）g,大口期叶面积系数 3.8～4.0,吐丝期 5.5～6.0,成熟期 3.0 左右,全生育期总光合势 360 万～375 万 m²·d/hm²。精耕细种,群体整齐度高,小穗、无效株率＜3%。

3. 实践效果

在吉林省玉米主产区最优生产条件下,采用最佳技术措施,创建出小面积单产超过1000kg(含水量18%)的超高产田,初步明确了所需土壤、气候条件及超高产群体的主要生育指标,对主产区现阶段最高产量潜力进行了分析,并提出了研究途径,为今后的超高产研究打下了基础。

1996~2000年,相关科研单位在吉林省中东部地区开展了春玉米超高产田建设工作,中部地区的土壤为黑土地,东部地区的土壤为冲积土,共创建出亩产"吨粮田"(15 085.5~16 443kg/hm²)"闪光点"4块,累计面积0.46hm²(表12-1)。表明现阶段在吉林省玉米主产区良好生产条件下,具有实现产量13 500~15 750kg/hm² 的生产能力。并在梨树县创造了全国春玉米非灌溉条件下16 443kg/hm²(含水量18%)的新纪录。

表 12-1 "九五"期间吉林省玉米超高产田建设情况

地点	年份	土壤类型	品种	面积/hm²	亩穗数/穗	穗粒数/粒	百粒重/g	产量/(kg/hm²)
梨树县	1999	黑土	莱玉 3638	0.126	4133	750	37.98	16 443
农安县	1999	黑土	四密 25	0.167	4953	580	36.50	15 129
榆树市	1997	黑土	掖单 22	0.067	4933	595	35.45	15 090
桦甸市	1997	冲积土	四密 25	0.100	4760	585	36.16	15 085.5

(二)过渡阶段

2000~2003年,由于受20世纪末"卖粮难"的影响,国家各部门粮食生产的工作重点是提高粮食的品质,增加种植业的经济效益。在此种形势下,吉林省相关研究单位对玉米超高产生产技术的研究投入有所减少,将研究工作的重点转移至玉米优质高效生产技术研究与示范,在玉米精量施肥应用技术、玉米生产逆境优化调控技术、提高玉米品质与产量关键技术及雨养农业区自然降水有效利用技术研究领域取得了突破性进展。

同时,相关研究单位在超高产栽培技术领域也开展了一定的研究工作。研究工作主要包括:高产品种筛选、紧凑型品种高产栽培技术、高产土壤培肥技术、不同类型品种因品种施肥技术,筛选出了8个内在品质好、产量潜力高的紧凑型与半紧凑型品种,建立了依据品种营养遗传特性确定适宜施肥量的方法,提出了"稳氮、增钾、加锌、减磷、施硫"的高产施肥原则,明确了吉林省玉米高产土壤与一般土壤在肥力体型与肥力体质两方面的差异,提出了以深施肥与深松技术为主体的高产土壤培肥技术。上述研究工作为超高产春玉米栽培技术集成与超高产田建设奠定了基础。

(三)突破阶段

2004年,随着我国粮食总产量的连年下降,粮食供需矛盾又成为全社会关注的焦点,粮食安全问题引起了全社会的高度重视,超高产研究工作再次成为科研工作的重点,并取得了多项突破性进展。

　　1. 玉米超高产技术研究

　　(1) 开展了玉米超高产环境条件及调控技术研究,完成气候资料分析与光温生产潜力分析。

　　(2) 开展了玉米超高产关键生产技术研究,筛选出'先玉 335'、'郑单 958'等超高产玉米品种,构建了超高产玉米群体的关键调控途径,明确了玉米超高产技术途径与方向。

　　(3) 开展了玉米超高产施肥技术研究,提出了"前促、中稳、后促"的超高产施肥原则,并建立了不同种植密度条件下的施肥技术,最适密度群体的氮素采用"前促、中稳、后促"的施肥原则,密度偏大的群体可采用"前促、中控、后促"的施用方式。超高产玉米氮、磷、钾、锌吸收量明显高于普通高产田,主要养分吸收高峰呈明显后移趋势。因此,玉米生长的中、后期是营养关键期。

　　(4) 开展了玉米超高产生理生化特性研究,明确超高产玉米与普通玉米酶活性差异,揭示了超高产玉米衰老缓慢、干物质积累持续期长的内在原因。

　　(5) 开展了超高产土壤培育技术研究,重点研究了超高产土壤耕层构建技术、亚耕层培肥技术,明确了超高产玉米田的土壤理化环境特征,提出了玉米"轻主重辅"三三耕作制和"一稳、二减、三补"这一环保效益型施肥制度。

　　(6) 开展了超高产春玉米营养特性研究,明确了超高产需肥特性:超高产玉米氮、磷、钾、锌吸收量明显高于普通高产田,主要养分吸收高峰呈明显后移趋势,中、后期是实现春玉米超高产的营养关键期,提倡增加氮肥的施用次数、部分磷钾肥追施。

　　(7) 开展了超高产玉米穗部性状整齐度与产量相关关系研究,研究表明,穗部各性状整齐度与产量均呈正相关,'先玉 335'和'郑单 958'的穗位高整齐度和行粒数整齐度均与产量的关系最为密切。因此,把行粒数整齐度和穗位高整齐度作为选择高产品种和采取适宜栽培措施的一项指标具有一定的可行性。

　　2. 技术模式

　　在大量研究工作基础上,明确了春玉米超高产栽培技术原理及调控措施,将各单项技术研究集成了春玉米超高产技术模式,提出了"六高"模式——通过超高产品种、超高产土壤、超高密度、高整齐度、高群体质量、高产量构成,实现超高产。主要技术措施:土壤条件、气候条件、优化品种、超高产群体构建、超高产施肥技术、深耕深松、种子处理和生育期化控等。具体技术如下。

　　1) 品种优化技术

　　选择坚秆、矮秆、耐密、抗逆、紧凑、结实性好的品种。主要品种包括'先玉 335'、'32D24'、'郑单 958'、'平全 13'、'金海 5 号'、'京单 28'、'吉单 35'、'辽单 565'等。

　　2) 精密播种技术

　　群体整齐度是玉米超高产的重要质量指标,播种质量高低是决定玉米整齐度的关键环节。因此要抓好以下 4 方面措施。

　　(1) 播种前要精选种子。购种后立即进行种子发芽试验,测试发芽率和芽势,发芽率应在 98% 以上。并进行手选。

　　(2) 精细整地。在前茬作物收获后及早旋耕灭茬,打垄、施底肥、镇压,达到播种状态。

（3）保证播种密度,施好种肥。播种密度应选择在所选用品种建议密度基础上再增加 10%,坐水种,均匀播种,播种要实现密度与深度都均匀一致,种侧施肥,种肥隔离 5cm 左右,播种后立即重镇压。

（4）间苗采用等距离均匀留苗,提高整齐度。出苗后立即进行查苗补苗,正式定苗前进行疏苗(3 叶),去掉特殊苗。定苗时(5 叶),再一次去特殊苗,以保持苗的均匀一致。

3）均衡施肥技术

在大量施用优质有机肥(优质农肥 $45\sim75t/hm^2$)的基础上,采用大中微配施、分层(基肥＋种肥)与 NPK 分次(基肥＋种肥＋追肥$_1$＋追肥$_2$)相结合的施肥技术。

在 NPK 施肥量的分配上采用"前促、中控、后促"的施用原则,轻施苗肥、重施穗肥。超高产氮、磷、钾、锌吸收量高于普通高产田,养分吸收高峰明显后移,中、后期是营养关键期。

主要养分施用量:N($270\sim300kg/hm^2$)、P_2O_5($150\sim180kg/hm^2$)、K_2O($150\sim225kg/hm^2$),主要养分比例 N:P_2O_5:$K_2O=1:0.58:0.66$。具体分配比例如下。

氮素:基肥—种肥—拔节肥—穗肥的分配比例是 40%—10%—20%—30%,深施。

磷钾:基肥—种肥—穗肥的分配比例是 70%—15%—15%,深施。

中微肥料:基施复合微肥(S:Mg:Zn:Mn:B=1:0.52:0.16:0.13:0.04)$30\sim45kg/hm^2$。

4）高质量群体构建技术

主要技术包括等离子种子处理技术与化学调控技术。

等离子种子处理技术是利用特殊的等离子机在播种前 $10\sim15d$ 对种子进行处理,可明显提高种子发芽势、出苗整齐度、促进根系发育、增强水肥吸收能力。

化学调控技术的作用是降低株高、增强茎秆强度、防止倒伏。在拔节初期(7～9 真叶期)喷施玉黄金,控制基部节间长度;大喇叭口后期(即玉米抽雄穗前 7～10d 喷施)喷施壮丰灵,控制株高、增加茎秆强度。

5）病虫害防控技术

种衣剂防地下害虫和丝黑穗病,赤眼蜂＋白僵菌防治玉米螟。

6）培肥土壤技术

深松 $25\sim30cm$,打破犁底层,建立土壤水库,改善土壤理化性状。施用优质有机肥和秸秆还田提高土壤有机质。平衡施肥创建良好的养分条件。

7）适时晚收技术

植株茎叶变黄,果穗苞叶枯白,籽粒变硬发亮,乳线消失、黑色层出现时收获产量最高。

3. 超高产技术研究平台构建

在各单项技术研究成果基础上,研究提出了春玉米超高产平台建设技术,并在吉林省不同类型区(桦甸市、公主岭市和乾安县)建立了春玉米超高产技术研究平台,为春玉米超高产栽培技术研究提供了研究条件。

4. 实践效果

2004 年,在梨树县和东辽县开展了超高产田建设工作,超高产田建设面积达

3.87hm²。其中,产量接近 13 500kg/hm² 的地块达 1.14hm²,应用的品种为'郑单 958'、'吉东 4 号'和'吉单 209';在梨树县黑土区有两个试验小区(面积均为 43.2m²)产量超过 13 500kg/hm²,品种为'郑单 958'和'吉单 209',最高产量达 14 253.3kg/hm²(表 12-2)。

表 12-2　吉林省春玉米超高产田建设情况

年度	地点	土壤类型	品种	面积/hm²	产量/(kg/hm²)	穗数/(穗/hm²)	穗粒数/粒	百粒重/g
2004	梨树县	黑土	吉单 209	0.004	13 654.5	66 690	204.7	—
	梨树县	黑土	郑单 958	0.004	14 253.0	67 005	212.7	—
	农安县杨树林乡	黑土	郑单 958	1.333	14 121.0	66 540	588.4	39.42
2005	农安县东排木村	黑土	郑单 958	1.333	13 756.5	69 030	607.4	34.06
	吉林农业大学	黑土	先玉 335	0.067	13 750.5	67 035	568.0	36.66
	吉林农业大学	黑土	先玉 335	0.067	13 659.0	65 115	610.2	37.16

注:"—"为未测定

2005 年,在吉林省东、中、西部地区均开展了超高产田建设工作,并取得了较大成效。虽然,其产量水平未达到 15 000kg/hm²,但在多雨寡照的气候条件下,超过 13 500kg/hm² 的地块有 4 块,均为中部地区的黑土,最高产量是农安,达到 14 121kg/hm²,超过 13 500kg/hm² 的有 4 块地,面积 1.61hm²,并在超高产田建设技术方面取得了实质性突破,为超高产田建设打下了良好的技术基础(表 12-2)。

从 2006 年以来,吉林省相关研究单位的超高产研究与实践工作进入了一个新阶段,在吉林省不同类型区分别开展了春玉米超高产田建设工作,并取得了突破性进展。

2006 年,吉林省东、中、西部地区均实现了玉米产量的突破。在吉林省东部湿润区的桦甸市红石乡红石村,经国家级专家现场实收测产,在冲积土区 0.082hm² 田块上,最高产量达到 17 256.15kg/hm²,创造了春玉米区雨养条件下高产新纪录;在吉林省中部半湿润区的农安县靠山镇东排木村,经省内级专家现场测产,在黑土区 0.1hm² 田块上,最高产量达到 14 924.1kg/hm²,创造了吉林省中部地区雨养条件下玉米高产新纪录;在吉林省西部半干旱区的乾安县赞字乡四父村,经国家级专家现场测产,在黑钙土区的 0.08hm² 田块上,采用春季灌溉与覆膜技术,最高产量达到 15 076.5kg/hm²,创造了吉林省西部地区灌溉条件下玉米高产新纪录(表 12-3)。

表 12-3　吉林省春玉米超高产田建设情况表(2006 年)

地点	土壤类型	品种	面积/hm²	产量/(kg/hm²)	穗数/(穗/hm²)	穗粒数/粒	百粒重/g
桦甸市红石乡	冲积土	先玉 335	0.082	17 256.15	81 330	557.0	38.95
乾安县赞字乡	黑钙土	郑单 958	0.080	15 076.5	90 000	541.0	33.00
公主岭市	黑土	郑单 958	0.100	13 815.0	87 495	504.0	31.00
农安县靠山镇	黑土	先玉 335	0.100	14 924.1	72 525	576.2	39.35
东辽县安恕镇	黑土	先玉 335	0.100	16 372.05	82 545	509.8	39.00

2007 年,在严重干旱条件下,经国家级专家现场实收测产,吉林省桦甸市金沙乡的 0.693hm²(冲积土)连片超高产田达 17 468.25kg/hm²,最高达 17 752.35kg/hm²,首次在雨养条件下建成了 10 亩连片的吨粮田,并再创雨养条件下我国春玉米亩产新纪录。同时,在中部黑土区的农安县和东部地区的东辽县,玉米产量分别超过了 12 750kg/hm²,也达到了较高的水平(表 12-4)。

表 12-4　吉林省春玉米超高产田建设情况表(2007 年)

地点	土壤类型	品种	面积 /hm²	产量 /(kg/hm²)	穗数 /(穗/hm²)	穗粒数 /粒	百粒重 /g
桦甸市金沙乡	冲积土	先玉 335	0.693	17 468.25	80 145	573	38.01
桦甸市金沙乡	冲积土	先玉 335	0.100	17 752.35	79 500	580	38.30
农安县靠山镇	黑土	先玉 335	0.100	12 922.95	78 039	485	35.40
东辽县白泉镇	黑土	先玉 335	0.087	12 909.45	81 541.5	481	34.10

2008 年,吉林省春玉米超高产田建设工作取得了进一步发展。在吉林省东部湿润区桦甸市金沙乡金沙村 6.93hm² 冲积土上,建成了百亩连片吨粮田,平均产量达到 16 344kg/hm²,其中 0.1hm² 最高产量达到 16 956kg/hm²。在吉林省中部半湿润区的榆树市黑林子镇,经省内级专家现场测产,在黑土区 0.1hm² 田块上,最高产量达到 14 943kg/hm²,创造了吉林省中部地区雨养条件下玉米高产新纪录。值得一提的是,吉林省自己培育的品种('平全 13')也达到了吨粮田,0.087hm² 产量达到 15 321kg/hm²。同时,在吉林省中部黑土区的榆树市黑林子镇达到 14 943kg/hm²,在吉林省西部黑钙土区的乾安县赞字乡四父村达到了 14 611.5kg/hm²(表 12-5)。

表 12-5　吉林省春玉米超高产田建设情况表(2008 年)

地点	土壤类型	品种	面积 /hm²	产量 /(kg/hm²)	穗数 /(穗/hm²)	穗粒数 /粒	百粒重 /g
桦甸市金沙乡	冲积土	先玉 335	6.93	16 344	85 500	606.4	33.72
桦甸市金沙乡	冲积土	先玉 335	0.1	16 956	90 585	574.0	33.82
桦甸市金沙乡	冲积土	平全 13	0.087	15 321	90 000	510.1	33.06
榆树市黑林子镇	黑土	先玉 335	0.1	14 943	71 535	643.0	34.47
乾安县赞字乡	黑钙土	郑单 958	0.167	14 611.5	91 050	508.0	33.10

2006~2008 年,在吉林省东部湿润区的桦甸市完成了超高产田由 1 亩放大到 10 亩,再由 10 亩放大到百亩以上,3 年实现了"三次飞跃",从实践上证明了春玉米超高产技术的先进性和实用性。

2012~2013 年,在吉林省西部半干旱区的乾安县赞字乡采用玉米降解地膜覆盖膜下滴灌"水肥一体化"水分与养分联合调控技术为核心的半干旱区玉米膜下滴灌高产高效栽培技术,实现了玉米单产(14%含水量)由小面积 15 629kg/hm²,到大面积 16 281.5kg/hm² 的跨越,不断创新吉林省西部半干旱区玉米超高产的纪录(表 12-6)。

表 12-6　乾安县超高产田建设情况表

时间	土壤类型	品种	面积 /hm²	产量 /(kg/hm²)	收获穗数 /(穗/hm²)	穗粒数 /粒	百粒重 /g
2012 年	黑钙土	利民 33	0.067	15 629.0	84 100	534	34.80
2013 年	黑钙土	农华 101	2.00	16 281.5	85 000	566	33.84

吉林西部半干旱区玉米超高产的稳定再现,从实践上证明了半干旱区玉米超高产栽培技术的可行性。

5. 技术评价

吉林省超高产玉米栽培技术具有先进性与实用性相统一、超高产与高效益相统一的特点,社会经济效益与生态效益明显。

1) 经济效益

本项技术的应用可平均增产 4500～6000kg/hm²,而新技术增加投入 2250～3000 元/hm²,可增加纯收入 7500～9000 元/hm²。

2) 应用前景

本项技术可在吉林省玉米主产区 20%～30%的高产田上直接应用,可增产 30%～40%;而在吉林省玉米主产区 40%～50%的中产田参考应用,增产幅度可达 30%～50%。

第二节　超高产土壤环境条件及调控技术

一、物理环境条件

(一)土壤剖面和土壤容重

田间调查表明,7 个超高产试验田的土壤类型有 3 类,即黑土、冲积土和淡黑钙土在播种前均进行过一次深翻地或土壤深松。因此,土壤剖面构型均为“平面型”剖面构型,耕层厚度一般都在 25cm 以上。而直接相邻的对照田(农民传统生产田)的土壤剖面构型均为“波浪型”,耕层厚度仅为 13～16cm。说明“平面型”剖面构型和深厚的耕层是高产土壤必备条件。

测定表明,高产、超高产田土壤耕层的容重为 1.01～1.26g/cm³,平均值分别为 1.10g/cm³,而未经特殊培育的生产田的容重普遍较高,为 1.20～1.37g/cm³,平均为 1.27g/cm³,说明高产土壤应具备疏松耕层。从秋季土壤含水量来看,冲积土和淡黑钙土的含水量均有高产、超高产田显著高于普通生产田的趋势,说明这两类土壤的水分条件是制约产量的重要因子。而在各黑土试验田中则无此规律性。土壤容重和玉米生长之间的关系十分密切,容重过大,土壤通气差,养分转化和供应慢,玉米根系生长缓慢,吸收功能减弱,高容重土壤不易于植物根系对养分及水分的吸收,从而影响地上部的正常生长发育,致使生物学产量和籽实产量降低。另外,植株根系在不同容重土壤中的生长发育对根冠养分吸收有着重要的影响,有可能成为作物产量的一个限制因子。

　　相关研究表明,耕层厚度、土壤容重与玉米产量之间具有极显著的相关关系(图12-1、图12-2),相关系数分别为 0.765^{**} 和 -0.788^{**}($df=12,r_{0.01}=0.661$)。

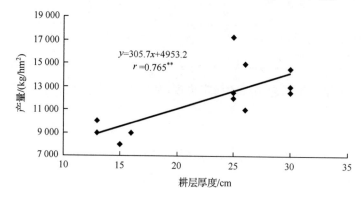

图 12-1　耕层厚度与玉米产量的关系

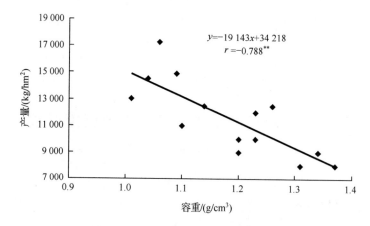

图 12-2　土壤容重与玉米产量的关系

(二)土壤团聚体组成

　　从土壤湿筛测定结果看,土壤各级水稳性团聚体含量在高产、超高产田与对照田土壤上差别明显,主要表现在,高产、超高产田土壤 0.25～0.5mm、0.5～1mm、1～2mm、2～5mm、>5mm 各粒级百分含量均有不同程度的增加,分别增加了 2.23%、3.01%、0.56%、0.78%、0.33%。因此,随着粒径的增加,粒级百分含量的增加速度减慢,也就是说,土壤颗粒向着大粒级方向变化趋势渐弱。总的看来,高产、超高产田土壤>0.25mm 大团聚体的粒级含量显著增加,增加幅度为 23.32%,而<0.25mm 小团聚体的粒级含量明显降低,这说明,在高产、超高产田土壤培育模式下,有利于土壤大团聚体的形成。

　　土壤微团聚体及其适宜的组合是土壤肥力的物质基础,不同粒级的微团聚体在营养元素的保持、供应及转化能力等方面发挥着不同的作用。对比土壤微团聚体分析结果的平均值,发现高产、超高产田土壤与对照田土壤各粒级微团聚体含量的差别较小(图12-3),<0.25mm、0.05～0.25mm 两个粒级百分含量有微弱的增加趋势,分别增加

了 0.68％和 1.66％；由此可见，短期的高产、超高产田土壤培育模式，对土壤微团聚体变化的影响并不明显。

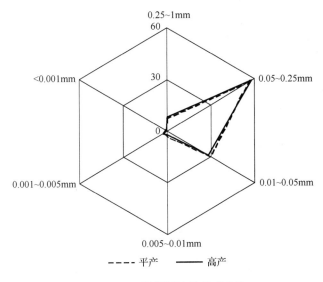

图 12-3　土壤微团聚体组成比较

（三）土壤结构性

土壤结构的稳定性对形成和保持良好的土壤结构极为重要。风干团聚体反映了土壤在自然风干状态下各粒级团聚体的组合方式，直接影响土壤孔隙的变化。常规耕作条件下，＞0.25mm 风干团聚体含量超过 80％（淡黑钙土偏低，＜70％），其原因可能是长期大量施用化肥，土壤板结，不宜于形成良好的团粒结构。而高产、超高产田土壤风干团聚体百分含量降低，平均降低了 8.27％，只有淡黑钙土表现为增加的趋势；＞0.25mm 的水稳性团聚体是影响土壤肥力变化的重要粒级组成，是评价土壤团聚体稳定性高低的重要指标。从测定结果来看，高产、超高产土壤显著高于对照土壤，平均增加了 25.72％。说明高产、超高产栽培有助于促进土壤团聚体向着合理有效的方向发展，有利于土壤结构的改善。

团聚体破坏率是衡量土壤结构破坏程度的重要指标，可以反映土壤团聚体的稳定性。团聚体破坏率越高，说明土壤水稳性越差。研究发现，高产、超高产田土壤均不同程度地降低了土壤结构破坏率，降低幅度为 8.13％～46.98％，并与水稳性团聚体的变化趋势一致。结构破坏率平均为 51.20％，明显低于普通生产田土壤的结构破坏率（平均为 63.94％），说明高产、超高产田土壤培育模式，更有利于土壤团粒结构的形成，且稳定性增加（表 12-7）。刘晓利等（2008）对红壤各种土地利用方式（除林地）的比较研究也发现，土壤团聚体破坏率随土壤肥力的提高而降低。

表 12-7　高产、平产土壤耕层结构状况

编号	采样地点	产量	>0.25mm 团聚体所占比例/%		结构破坏率/%
			干筛	湿筛	
1	桦甸红石镇 冲积土	高产	62.5	46.89	24.98
		对照	85.16	39.79	53.28
2	梨树县四棵树 河淤土	高产	83.3	38.79	53.43
		对照	96.79	33.09	65.81
3	乾安县赞字乡 黑钙土	高产	65.58	16.1	75.45
		对照	60.11	10.93	81.82
4	榆树平安 黑土	高产	92.91	49.44	46.79
		对照	86.46	34.01	60.66
5	公主岭范家屯 黑土	高产	91.71	38.68	57.82
		对照	86.14	30.61	64.46
6	农安县靠山 冲积土	高产	90.57	40.29	55.52
		对照	79.17	31.95	59.64
7	抚余大林子镇 黑土	高产	68.57	38.11	44.42
		对照	83.08	31.68	61.87

注:团聚体破坏率=(>0.25mm 风干团聚体->0.25mm 水稳性团聚体)/>0.25mm 风干团聚体

据研究,土壤团聚体破坏率与玉米产量之间具有极显著的相关关系(图 12-4),相关系数为 -0.695^{**} ($df=12$, $r_{0.01}=0.661$)。

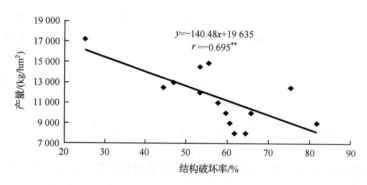

图 12-4　结构破坏率与玉米产量的关系

总之,高产、超高产培育模式下,土壤容重下降,总孔度增加,土壤通气性增强;各粒级水稳性大团聚体数量增加,>0.25mm 水稳性团聚体总量增加显著,水稳性团聚体结构破坏率降低,结构稳定性增强,土壤结构状况趋于合理,有利于改善土壤结构,促进土壤团粒结构的形成。

二、化学环境条件

(一)土壤有机质及碳氮比

有机质是土壤肥力的物质基础,它的存在既可改善土壤的结构性,进而改善物理环境,又可在矿化后释放出营养物质。因此,有机质既是营养条件,又是环境条件。从理论上讲,有机质是一个相对比较稳定的性状,在一定范围内和相同的环境条件下,有机质含量与土壤肥力的高低应呈正相关,即有机质含量高的土壤,其总体肥力也应较高。分析表明,在 7 个试验田中,有机质含量并非是高产田均高于普通田,一些高产田的有机质反而低于普通生产田,其原因可能与高产田氮素施用量较高,促进了土壤有机质矿化有关。同时也说明松辽平原玉米带目前的土壤有机质含量,一般是可以满足玉米高产要求的。

无论是高产玉田还是对照田,土壤有机质含量一般是剖面的耕层中含量最高,向下逐步降低(图 12-5)。但因公主岭市黑林镇高产田下层为泥炭层,土壤随剖面深度的增加而增高;桦甸市为最高产量区,为冲积性土壤,其土壤剖面呈现由上至下急剧减少的变化趋势。

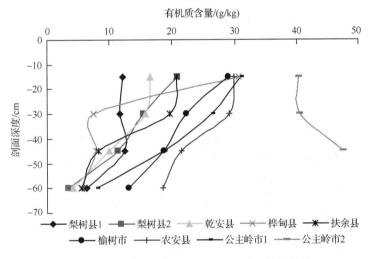

图 12-5 (超)高产田土壤剖面有机质的变化情况
梨树县和公主岭市在两个点取样,下同

土壤碳氮比(C/N)是土壤有机碳与全氮的比值,是影响微生物活性的重要因子,一般来说,我国耕地土壤 C/N 值为 7∶1~13∶1。从测定结果可知,高产(超高产)田、对照田土壤 C/N 值分别为 9.24∶1、9.45∶1,总体处于中等水平,但高产、超高产田土壤有微弱的下降趋势。C/N 值在地区间差异较大,冲积土、淡黑钙土区土壤 C/N 值较低,经过高产培育后,C/N 值呈增加趋势;而黑土区土壤总体 C/N 值较高,经高产培育后表现出下降的趋势,且下降幅度大。说明高产、超高产培育模式能够有效提高 C/N 值偏低土壤的C/N 值,而对于 C/N 值较高的土壤在短期内则表现出一定的抑制作用。

(二)土壤胶散复合体

有机无机复合体是土壤肥力的重要物质基础,是土壤胶体的主要存在形式,它的形成是土壤发生与肥力形成的最重要过程之一。根据丘林的复合体胶散分组法,可将有机无机复合体分为3组。即水分散复合体(G_0)、钠分散复合体(G_1)和钠质研磨分散复合体(G_2)。其中G_0组复合体是在水中可分散的复合体和游离态黏粒,G_1组复合体主要为钙结合的复合体,G_2组复合体主要为铁、铝结合的复合体。研究表明,高产、超高产耕层土壤的胶散复合体总量比普通生产田高出21.96g/kg,其中,G_0和G_1组复合体含量分别高出9.36g/kg和20.20g/kg,而G_2复合体组含量则低5.62g/kg。

(三)土壤阳离子交换量

土壤阳离子交换量(CEC)是衡量土壤保肥性能的重要指标,它的高低主要取决于土壤有机和无机胶体数量和组成。通过提高土壤有机胶体的含量和改善有机胶体组成,进而改善土壤的阳离子交换性能,仍然是当前土壤培肥的最有效措施,其他低成本人为措施尚待开发。总体上看,各供试土壤的CEC为17.25~25.13cmol/kg,均属中高保肥性能土壤,其阳离子交换性能可完全满足作物高产需求。高产、超高产田土壤的CEC明显高于对照田(图12-6),增加幅度为10.74%,这可能与各高产田均实施了不同的定向培育措施有关,也是高产田特征性肥力指标之一。同时也说明松辽平原玉米带土壤阳离子交换量依然普遍较高,高产、超高产田土壤保水保肥性能明显增强。

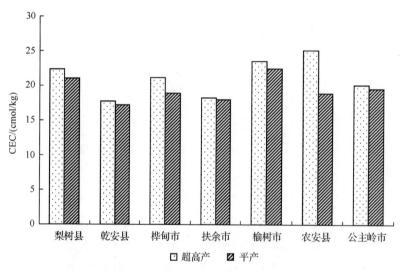

图12-6　超(高)产农田与平产农田土壤CEC比较

(四)土壤pH

土壤的pH直接或间接地影响营养元素的形态,进而影响作物对养分的吸收过程和数量。因此,土壤pH是土壤的重要化学属性。一些研究发现,长期过量施肥可能导致土壤酸化。从分析结果看,不同地区的土壤pH差异很大,如桦甸冲积土已接近强酸性,而乾安淡黑钙土为弱碱性。但同一地域的高产、超高产田和对照田土壤相比,pH大多都没有明显差异,说明短期内的大量施肥不至于引起土壤酸化。

无论是高产田或是对照田,土壤 pH 均呈耕层最低,向下略有上升的趋势(图 12-7),说明耕层土壤受人为耕作施肥的影响,是向着酸化方向发展的,这一点已在黑土酸度变化的研究中得到初步证实。

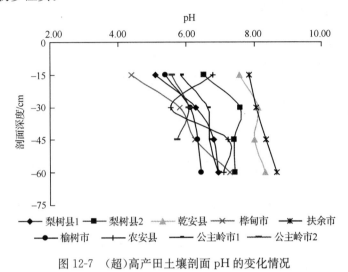

图 12-7 (超)高产田土壤剖面 pH 的变化情况

(五)土壤缓冲性能

酸缓冲曲线能直观地、定量地反映出土壤与不同酸反应后酸度变化的全貌,不仅可以反映土壤的酸缓冲性能,而且可以对土壤的酸化情况进行粗略的预测。无论是高产田还是对照田土壤,缓冲曲线均呈反"S"形,有两个拐点,表现出敏感性不同的区段。冲积土的酸碱缓冲性均表现为对照田土壤大于高产田土壤,桦甸冲积土酸添加量为 50mmol/kg 时缓冲曲线出现了明显拐点,梨树冲积土碱添加量为 125mmol/kg 时缓冲曲线出现了明显拐点;与之相反,淡黑钙土和黑土的酸碱缓冲性均表现为对照田土壤小于高产田土壤,淡黑钙土碱添加量为 100mmol/kg 时缓冲曲线出现了明显拐点,黑土碱添加量为 125mmol/kg 时缓冲曲线出现了明显拐点。

三、养分环境条件

(一)耕层土壤养分环境条件

从平均值的比较来看,高产田、对照田土壤全氮的差异不明显,全磷、碱解氮则分别下降了 7.6%、5.6%,而速效磷、速效钾分别增加了 28.2%、11.7%。赵兰坡等(2006)对松辽平原玉米带大量土壤样品进行分析比较发现,与 20 年前土壤普查数据相比,速效磷含量明显提高,而速效钾含量下降。通过与该研究结果比较,结果发现,高产田土壤碱解氮、速效磷、速效钾分别增加了 3.25%、20.61%、66.69%;对照田土壤则分别增加了 9.38%、-5.96%、49.18%。可见几年来,不论是高产田还是对照田,土壤碱解氮相对稳定,稳中有升;速效钾迅速增加,幅度明显;而速效磷在对照田土壤中表现为略微下降的趋势(表 12-8)。说明近几年的施肥方式已经发生变化,不再以氮、磷肥为主,钾肥的施用量有所增加,而磷肥的施用量有下降的趋势。

表 12-8　土壤养分状况

项目	土壤	有机碳 /(g/kg)	全氮 /(g/kg)	全磷 /(g/kg)	碱解氮 /(mg/kg)	速效磷 /(mg/kg)	速效钾 /(mg/kg)
平均值	高产田	15.59	1.66	1.22	135.67	27.74	210.86
	对照田	15.66	1.64	1.32	143.72	21.63	188.71
标准差	高产田	4.69	0.30	0.33	21.49	11.90	25.73
	对照田	4.84	0.29	0.52	18.58	7.62	16.14
变异系数	高产田	0.30	0.18	0.27	0.16	0.43	0.12
	对照田	0.31	0.18	0.39	0.13	0.35	0.09

注：$n=7, t_{0.05}=2.45; t_{0.01}=3.71$

进一步研究表明,碱解氮的含量变化规律(图 12-8)与有机质相近,即乾安县和公主岭市两个高产试验田土壤的碱解氮含量明显高于普通生产田,而梨树县、桦甸市、榆树县、农安县的土壤均是高产试验田明显低于普通生产田,扶余市土壤的碱解氮含量在高产试验田和对照生产田之间无显著差异。

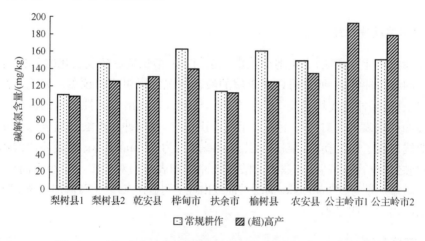

图 12-8　(超)高产田耕层土壤与对照田土壤碱解氮含量的关系

土壤碱解氮含量的高低既与施肥量有关,又与作物的吸收量有关。因此,高产土壤碱解氮含量的降低可能是施氮量不足或是作物吸收量较多所致。

土壤速效磷、速效钾含量也与施肥量和作物的吸收量有关。可多数高产田土壤的速效磷和速效钾的含量都高于普通生产田,只有少数土壤呈相反趋势(图 12-9、图 12-10)。前者是高产田的施磷、施钾量均超过作物吸收量所致,后者是施磷、施钾量小于作物吸收量所致。

氮、磷、钾是作物生长必不可少的大量元素,也是提高玉米产量的重要物质基础。长期以来人们认为松辽平原玉米带土壤钾素营养丰富,施肥体制一直以氮、磷肥的施用为主,钾肥施用较少,氮、磷、钾投入比例失调。从养分分析平均值来看,高产田土壤速效钾、

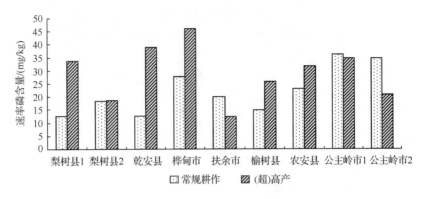

图 12-9　(超)高产田耕层土壤与对照田土壤速效磷含量的关系

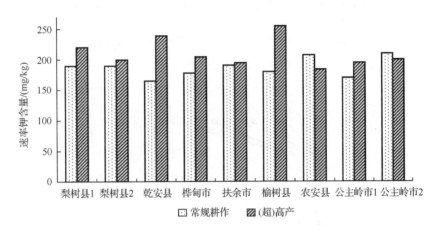

图 12-10　(超)高产田耕层土壤与对照田土壤速效钾含量的关系

速效磷含量高于对照田土壤,与 2002 年相比增加幅度明显,特别是速效钾,这也反映出近几年农民已经认识到钾素营养培肥的重要性,使土壤中的钾得到有效补充。有研究报道指出,我国北方地区不施磷肥时,施钾肥增产不显著;施磷肥后,施钾肥可以显著提高玉米产量(宁运旺等,1999)。对缺磷缺钾土壤的研究发现,土壤水分胁迫时,施磷肥不仅有助于作物对磷的吸收,而且改善了作物的钾营养状况,因而提高了作物的抗旱性,促进作物的生长(陈新平等,1995)。这也说明土壤各种营养物质之间相互影响、相互作用,共同调节着土壤肥力的变化,在农业生产中应注重提倡均衡施肥,以满足作物生长对多种营养元素的需求并提高土壤综合肥力水平。

(二) 剖面土壤养分环境条件

进一步研究表明,无论是高产田或是普通生产田,土壤速效养分变化规律与有机质含量剖面变化相似,一般是剖面的耕层中含量最高,向下减少。

碱解氮含量一般是由上向下逐步降低,而速效磷含量呈急剧减少态势;速效钾变化趋势与氮、磷略有不同,含量最低的往往不在下层,而是在中间层次(图 12-11~图 12-13)。

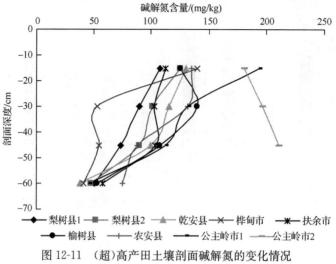

图 12-11 （超）高产田土壤剖面碱解氮的变化情况

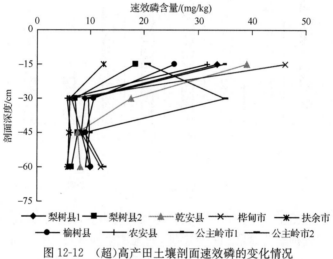

图 12-12 （超)高产田土壤剖面速效磷的变化情况

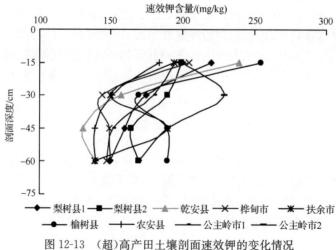

图 12-13 （超)高产田土壤剖面速效钾的变化情况

榆树土壤在犁底层(30cm)处,碱解氮含量最高,有明显的氮素下移现象,可能与长期氮素过量施用有关;速效磷的剖面变化规律与磷素在土壤中移动性小,施入土壤中的磷素主要集中在耕层有关;速效钾变化趋势可能与作物(玉米)根系的层次分布特点有关。

总之,从高产、超高产田土壤的养分特性和化学特性分析,高产培育模式下土壤化学性质的变化主要表现在土壤速效磷、速效钾含量增加,阳离子交换量提高,保肥供肥性能增强。通过成对样本 t 检验结果也发现,高产田土壤与对照田土壤化学性质的差异不显著。但研究中发现,从土壤有机碳、C/N 值的变化规律的表现来看,高产田土壤平均值有微弱的下降趋势。徐阳春等(2002)研究表明,长期的单独施用无机肥,尤其是无机氮肥,虽然促进了根的生长、增加了植物根茬等的残留,但由于土壤的 C/N 值下降、土壤微生物活性提高,加速了土壤原有碳和新鲜的有机碳的分解矿化,土壤中有机碳总量下降。而对田间长期定位试验表明,土壤有机质的 C/N 值在施氮量低时随氮肥用量增加而升高;施肥量高时反而降低,说明少量的氮肥投入会引起土壤有机质矿化的激发效应,促进有机碳降解,释放出较多的 CO_2,以及可供作物吸收利用的矿质态氮(徐阳春等,2000;Raun et al.,1998)。马成泽(1994)认为,施有机肥或与无机肥配合施用,既补充输入了有机碳源,又改善土壤物理性状,不仅土壤有机碳的总量增加,而且活性有机碳部分的含量增加。大量的研究均表明,化肥的大量施用,特别是氮肥的超量施用是造成土壤 C/N 值降低的主要原因,而增施有机肥有利于提高土壤有机碳含量及 C/N 值。但本研究发现,高产培育模式下普遍施入了有机肥,但却没有显著提高土壤有机碳含量及土壤 C/N 值。

四、环境调控技术

(一)松辽平原玉米带生产中存在的问题

自 20 世纪 80 年代初开始,随着农村的农业机械由集体所有向个体农户所有,农机具由以大型农业机械为主向小型农业机械为主的转变,松辽平原玉米带的土壤耕作制度也发生了很大变化,传统的用大马力拖拉机进行连年秋翻作业、以畜力为主要动力实施各种田间作业的耕作制度,逐步被以小四轮拖拉机为主要动力进行灭茬、整地、播种、施肥、耥地等作业的耕作制度所代替。由于小型拖拉机功率小,不能进行秋翻;灭茬时旋耕深度浅,作业幅度窄,仅限于垄台,整地、播种、施肥及耥地等田间作业均很少能触动垄帮底处,加之田间作业次数多,对土壤的压实作用较强,长此下去,耕层和犁底层之间的界面会成为"波浪型"(图 12-14)。由于"波浪型"剖面耕层的有效土壤量少,垄脚和犁底层坚硬,通透性差,保水保肥能力有限;春季易旱,夏季降水过急时,易顺垄沟形成地表径流,造成水土流失;秋季易脱水、脱肥,土壤抗逆性减弱。特别是在作物旺长期,根系难于下扎,常因耕层水分不能满足玉米叶片蒸腾,而影响产量和品质。因此,作者认为"波浪型"剖面构造的形成是松辽平原玉米带土壤肥力退化的重要原因之一,也是限制玉米产量进一步提高的主要的障碍因子。

(二)调控技术

为了打破现行耕作制形成的"波浪型"剖面构造,建立肥力协调、抗逆性强、能够满足

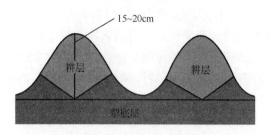

图 12-14　"波浪型"界面构造

高产玉米肥力需求的土壤"体型"和"体质",经过多年的研究与实践,作者创建了玉米"轻主重辅"三三(全)耕作技术(图 12-15)。

图 12-15　"轻主重辅"三三(全)耕作技术原理

　　"轻主重辅"三三(全)耕作技术原理及方法为:在玉米栽培过程中,从灭茬、整地、播种、施肥、中耕及收获等各个环节均以轻型或小型(小于 20 马力)拖拉机为主要动力进行田间作业;以重型或大型(60 马力以上)拖拉机为辅助动力,每隔 3 年用重型拖拉机于秋季深翻(25～30cm)一次;并通过高留茬或结合玉米联合收割机的应用等将 1/3 的玉米秸秆还田。3 年耕翻一次的目的是建立疏松的耕作层次,增加耕层有效土壤的数量,以利接纳大气降水,减少黑土的水土流失,提高有限降水的利用率,促进玉米根系的发育及提高根系对养分的吸收能力,提高化肥的利用率。以轻型或小型拖拉机为主要动力进行田间作业,符合我省农村的农业机械化现有水平,易于普及推广。提出 1/3 秸秆还田的目的是增加有机质的还田量,维持土壤有机质平衡,提高土壤有机质功能。值得提出的是,吉林省现行的以小四轮为主要动力的旱作耕作制度,是与目前全省广大农户中大型拖拉机的保有量少有密切关系的。为了能使黑土肥力退化得到有效遏制,尽快提高玉米产量,应从改革现有农机管理体制入手,建议各乡镇至少应在村级设立一个能够满足全村所有旱田土壤每隔 3 年能进行一次秋翻的农机站,或按需扶持一定数量个体农机专业户,以满足本地耕作制改革的需要。

　　(三)"轻主重辅"三三(全)耕作技术实施效果

　　1. 玉米根茬、秸秆还田与土壤有机质平衡
　　研究表明,在不施有机肥的情况下,按根茬量和根系分泌物的量各占玉米产量的 1/3,

玉米平均产量 9000kg/hm² 计,则根茬和根系分泌物还田量为 6000kg/hm²。两者的腐殖化系数平均按 0.20 计,分解矿化后可形成腐殖质约 1200kg/hm²。

另据测定,玉米带土壤有机质矿化率一般约为 2.5%,如按每公顷耕层土壤 225 万 kg、有机质平均含量为 25.05g/kg 计,则每年耕层土壤有机质的平均矿化量为:25.05g/kg×2 250 000kg/hm²×2.5%=1409.06kg/hm²。实施根茬还田会造成土壤有机质年亏缺:1409.06kg/hm²−1200kg/hm²=209.06kg/hm²。

如实施秸秆全部还田,按玉米产量与生物量为 1∶1 计算,产量仍以 9000kg/hm² 计,则秸秆整株还田,分解矿化后可形成腐殖质约 1800kg/hm²,可使土壤有机质每年盈余:1800kg/hm²−1409.06kg/hm²=390.94kg/hm²,加之根茬还田量,肯定会使土壤有机质维持在较高水平上。

这一计算结果可能会因为腐殖化系数和土壤有机质的矿化率等参数的变化而有一定幅度的变化,但大体上可反映玉米根茬和秸秆还田对土壤有机质盈亏的影响。

2."轻主重辅"三三(全)耕作制对剖面构型及耕层土壤理化性质的改善作用

实践证明,玉米"轻主重辅"三三(全)耕作制的实施,有效地打破了"波浪型"剖面构造,可使耕层厚度平均维持在 25.6cm,秋季耕层土壤含水量平均维持在 23.57%,土壤容重平均维持在 1.13g/cm³;土壤有机质、碱解氮、速效磷和速效钾分别为 23.74g/kg、96.3mg/kg、5.83mg/kg 和 109mg/kg。

与现行农民习惯耕作方式相比,耕层厚度增加 10.40cm,秋季耕层土壤含水量增加 3.42%,耕层土壤容重降低 0.05g/cm³;土壤有机质、碱解氮、速效磷和速效钾增加幅度分别 12.73%、7.84%、30.72% 和 21.11%。产量平均提高 10.3%(表 12-9)。

表 12-9　"轻主重辅"三三(全)耕作制对耕层土壤理化性质的改善状况

比较项目	"波浪型"剖面	"平面型"剖面	增幅/%
耕层厚度/cm	15.20	25.60	68.42
耕层含水量/%	20.15	23.57	26.90
土壤容重/(g/cm³)	1.18	1.13	−3.98
有机质/(g/kg)	21.06	23.74	12.73
碱解氮/(mg/kg)	89.30	96.30	7.84
速效磷/(mg/kg)	4.46	5.83	30.72
速效钾/(mg/kg)	90.00	109.00	21.11

第三节　超高产玉米品种选用技术

一、超高产品种的基本类型

根据玉米超高产的研究与实践,在吉林省农业生态条件下,实现玉米超高产的品种基本类型应是紧凑型。

（一）不同类型品种的产量比较

"九五"期间,在吉林省玉米高产区的多个地点开展玉米超高产品种筛选试验的结果表明,单秆大穗平展型品种难以突破紧凑型品种的高端产量水平。平展型品种的最高产量仅能达到紧凑型品种中等左右的产量水平,而且是出现在适当增加了种植密度的条件之下。

针对吉林省推广的玉米紧凑型和平展型两类品种,在吉林省中部地区进一步进行对比试验,结果显示,紧凑型品种的平均产量高于平展型品种 8.6%,最高达 12.1%,表现出紧凑型品种的增产优势(表 12-10)。

表 12-10　不同类型品种的产量对比

品种类型	平均产量 /(kg/hm²)	紧凑型比平展型 平均增产/%	最高产量 /(kg/hm²)	紧凑型比平展型 增产/%	种植密度 /(万株/hm²)
平展型	10 743.8	0.0	10 798.5	0.0	4.5
紧凑型	11 668.0	8.6	12 105.0	12.1	5.5~6.0

（二）不同类型品种的产量构成分析

分析吉林省中部玉米主产区晚霜年份(2002 年、2004 年)的资料显示,晚熟区主推品种平展型的'新铁 10',平均单穗粒重是 226g。如果按照其适宜的种植密度 4.5 万株/hm²计算,即使收获穗数也是 4.5 万穗/hm²,产量应是 10 170kg/hm² 左右,远远达不到超高产水平。

通常玉米单秆大穗平展型品种的种植密度是 4.5 万株/hm²,若实现 15 000kg/hm²以上的超高产产量水平,平均单穗粒重一般应达到 340g 以上,如果按照目前晚熟品种千粒重一般 340g 左右估算,群体的单穗粒数平均就需要达到 1000 粒。可见,满足这种群体产量构成的单秆大穗平展型品种难度较大,并且从玉米生产的安全性、优质高效等方面考虑,也并非是最佳选择。

应用紧凑型品种,如果收获密度为 6 万株/hm²,一般平均单穗粒重 250g 左右就能达到超高产产量水平。如果收获密度为 7 万株/hm²,平均单穗粒重只要 215g 就能达到超高产产量水平。在玉米超高产实践中,作者也看到了这种类型的超高产品种概率大,证明了可行性。

（三）吉林省农业生态特点

在东北辽宁玉米晚熟高产区,不排除单秆大穗平展型品种实现超高产。但在吉林省,光照比辽宁长、热量比辽宁少,同一个晚熟平展型品种,经"南种北移"从辽宁引种到吉林后,成熟期将会延长,表现更晚熟,植株繁茂度也会增加。而单秆大穗型品种往往伴随着晚熟、植株高大繁茂等特征特性,在吉林省种植这类品种,实际产量、稳定性及成熟度等往往不及辽宁晚熟高产区。因此,根据吉林省农业生态特点进行综合考虑,应用紧凑型品种是实现超高产的最佳途径。

（四）国内外玉米育种和超高产实践

代表全球玉米产业最高水平的美国 100 年来的玉米育种发展史表明，在人类成功地利用杂种优势创造出惊人的产量飞跃之后，玉米杂交种产量的提高与杂种优势的提高并无直接关系。杂交种对高密度适应性的遗传改良是产量增益的关键所在，并伴随着生物和非生物逆境抗性的提高（Duvick，1993）。美国玉米高产竞赛活动早在 1914 年开始一直坚持至今，伊利诺伊州 Herman Warsaw 1985 年创造了之前的最高产量 23 310kg/hm²，他当时种植的品种是'FS854'，收获密度达 8.6 万株/hm²。2002 年 Francis Childs 又创造了产量 27 754.5kg/hm² 的超高产新纪录，收获密度高达近 11 万株/hm²。

我国长期以来也一直致力于玉米高产攻关研究，全国也陆续出现了亩产"吨粮"田块。1989 年李登海培育的大穗紧凑型品种'掖单 13'，首创了我国夏玉米区亩产"吨粮"，达到16 440kg/hm²。1992～1994 年北京市农林科学院的陈国平等在北京市延庆县大榆树乡在 0.23hm² 面积上，创造了灌溉条件下春玉米 19 788kg/hm² 的国产纪录。20 世纪 90 年代以来，东北三省也先后出现了小面积亩产"吨粮"。1999 年在吉林省梨树县在 0.126 亩面积上，大穗紧凑型品种'莱玉 3638'创造了 16 440kg/hm² 的春玉米高产纪录。2007 年在吉林省桦甸市在 0.067hm² 面积上，创雨养条件下我国春玉米最高产纪录，达到17 754kg/hm²。分析辽宁、吉林、黑龙江 3 省吨粮田应用的品种，收获密度都超过了6.1 万株/hm²（陈国平等，2008），为 6.15 万～9.33 万株/hm²。表明了超高产品种具备了耐密植的共同特性（表 12-11）。

表 12-11　东北吨粮田应用的品种产量及收获密度

地点	品种	产量/(kg/hm²)	收获密度/(万株/hm²)
辽宁省	沈单 7 号	15 945	6.15
辽宁省	铁单 8 号	15 495	6.15
辽宁省	掖单 13	16 845	6.52
吉林省梨树县	莱玉 3638	16 440	6.20
吉林省榆树市	掖单 22	15 840	7.40
吉林省农安县	四密 25	15 120	7.43
吉林省桦甸市	四密 25	15 075	7.14
黑龙江省嫩江县	掖单 4 号	15 600	9.33
黑龙江省嫩江县	掖单 15	15 225	8.64

二、超高产品种的关键特征特性

（一）熟期适中

玉米不同熟期代表性品种的对比试验表明，在吉林省中南部气候条件正常年份，中熟、中晚熟和晚熟 3 个熟期玉米超高产品种的产量水平基本相仿。但从籽粒收获含水量来看,中熟和中晚熟品种均低于晚熟品种,平均分别低 23.2%、6.3%;籽粒容重却比晚熟品种高,平均分别高 42g/L、8g/L,根据国家标准 GB 1353—2009 玉米质量指标分别达到玉米 1 级和 2 级标准,而试验中的 4 个晚熟品种只有 1 个达到 1 级、1 个达到 2 级,还有 2 个仅达到 3 级(表 12-12)。

表 12-12　不同熟期品种产量、含水量及籽粒容重对比

熟期	品种	≥10℃积温 /(℃·d)	产量 /(kg/hm²)	平均比晚熟/%	籽粒收获含水量/%	平均比晚熟/%	籽粒容重 /(g/L)	平均比晚熟高/(g/L)
中熟	吉单 209		11 521.5		29.3		727	
	四密 25		11 479.5		28.9		730	
	平均	2600	11 500.5	−0.8	29.1	−23.2	729	42
中晚熟	四密 21	2700	11 089.5	−4.3	35.5	−6.3	695	8
晚熟	农大 3138		11 416.5		36.4		713	
	西单 2 号		11 455.5		35.5		689	
	新铁单 10		12 559.5		38.3		671	
	莱玉 3119		10 942.5		41.5		676	
	平均	2800	11 593.5	0.0	37.9	0.0	687	0

对 148 个中熟、中晚、晚熟品种的相关分析结果显示,籽粒容重与生育日数、籽粒含水量、单穗粒重极显著负相关。要实现玉米生产的高产、优质、高效,安全成熟是基础,要求籽粒要饱满,水分低、容重高。在一熟制玉米产区,由于生育后期气温低,不利于干物质积累和籽粒降水,兼顾高产和优质双重目标,综合考虑,吉林省玉米超高产品种的熟期应以中熟、中晚熟为宜(表 12-13)。

表 12-13　籽粒容重与性状相关值

性状	性状变化范围	籽粒容重与性状相关系数
穗粒重/g	168～327	−0.283**
生育日数/d	122～137	−0.416**
籽粒含水量/%	12.4～19.2	−0.882**

* 0.05 水平上显著,$r_{0.05}=0.159$;** 0.01 水平上显著,$r_{0.01}=0.208$

(二)抗逆境能力强

玉米超高产品种应具备较强的抗生物逆境及非生物逆境的能力,这是实现超高产的前提和基础。在吉林省中部高产区进行测试表明,玉米超高产品种一生中都具有较大的叶面积系数,适宜叶面积系数平均达到 5.15,比对照品种高出 32.1%,成熟期叶面积系数仍能保持在 2.9～3.3,平均比对照品种高 2.1 倍(表 12-14)。

表 12-14　超高产品种与对照品种叶面积系数的对比

品种	适宜叶面积系数		成熟期叶面积系数	
	数值	比对照增幅/%	数值	比对照增幅/%
吉单 209	4.70	20.5	2.9	190.0
四密 25	5.60	43.6	3.3	230.0
四单 19(对照)	3.90	0.0	1.0	0.0
超高产品种平均	5.15	32.1	3.1	210.0

试验结果表明,超高产品种在高密度逆境下具有较强的抵抗能力,健康状态良好,衰老慢,后期能提供充足的"源",增加光合势,能生产更多的光合产物,提高千粒重。同时,超高产品种在高密度条件下,表现抗病、抗倒伏,为创造高产奠定了良好的基础(表 12-15)。

表 12-15　超高产品种抗病性及结实性

品种	丝黑穗病率/%	茎腐病率/%	叶斑病等级(级)	倒伏率/%	倒折率/%
吉单 209	2.0	0.0	3	0.0	0.0
四密 25	0.0	2.1	3	0.0	0.0
四单 19(对照)	1.4	5.6	5	3.4	0.0

（三）株型紧凑或清秀

玉米超高产品种基本类型是紧凑型,具备耐密的特性。而耐密性是一个综合性状,主要包括株型、植株繁茂程度、茎秆质量、根系发达程度、抗倒伏性、结实性、抗病虫性等,适宜的株型结构也是基本特征之一。由于玉米生物产量的 95% 左右来源于群体的光合作用,而群体是由单株个体所构成,只有具备协调良好的个体关系才能改善群体受光态势,增加叶面积系数,提高群体光能利用率,实现群体高产。

玉米群体的冠层结构直接影响着光的分布、吸收与利用。叶向值是表示叶片与茎秆夹角大小及叶片下垂程度的综合指标,可以作为评价株型紧凑与否的综合指标。通过研究测试发现,超高产品种与普通对照品种相比,整株平均叶向值相对较大。进一步将穗位叶及相邻的上、下共 3 片叶划为中部,将整株划分成上、中、下 3 部分来分析,发现各部分叶向值均比对照品种大。而且,株型紧凑、单株繁茂度也小的超高产品种,相对具备更强的耐密性。因此,在选用超高产品种时,可以考虑选择株型紧凑或清秀的品种。

我国吉林省过去育成的紧凑型品种往往植株偏高大繁茂,或株型较紧凑而偏繁茂。如紧凑型品种'吉单 209'和'四密 25',单株叶面积 7800~8000cm²,比同熟期平展型品种'四单 19'仅少 8%~10%。而从美国参加东北试验的品种看,株型清秀,叶片稀疏而窄,叶间距较大,群体通风透光明显优越。根据春玉米区"扩库、限源、增效"的超高产理论,"库"是超高产的主要限制因子,适当减少"源"的增加幅度,提高"源"的效率,促进"库"的发育形成是超高产的关键(关义新等,2000)。而"限源"的外部调控措施因易受干扰而难度较大,通过基因型选择则更为有效(表 12-16)。

表 12-16　超高产品种的单株叶面积及叶向值

品种	适宜密度/(万株/hm²)	单株叶面积/cm²	平均叶向值			
			整株	上部	中部	下部
吉单 209	6.0	7833	35.4	56.9	34.9	14.3
四密 25	7.0	8009	28.1	33.1	24.2	27.1
四单 19(对照)	4.5	8714	21.1	29.1	18.1	16.3

（四）经济系数高

经济系数是干物质积累、分配并最终形成产量的主要指标。经济系数高，是"源、流、库"配置合理的体现。杨海涛等（2007）研究认为，籽粒产量与经济系数呈显著的正相关，与生物产量则为抛物线关系。超高产品种具有较高的经济系数的特性，一般可达 0.50～0.55，比玉米平均值高 19%～31%。

（五）出籽率高

超高产品种一般为中小穗，但籽粒深，轴细，出籽率高。例如，'先玉 335'的出籽率可达 87%以上，比普通品种高 3%～5%，为保证群体超高产奠定了基础。

（六）易抓苗

吉林省玉米高产区，春旱频发，时常发生"倒春寒"，使玉米播种和出苗期间经常处于逆境下。紧凑型品种是依靠高密度下的群体增产，因此，具备种子拱土力强，易抓苗的优良特性，是保证足够大的群体，并实现最终增产的前提条件。

（七）靠群体增产

玉米单位面积籽粒产量是由单位面积上的果穗数、每穗粒数和百粒重 3 个产量构成因素乘积组成。一般超高产品种适宜密度下的产量构成是：个体单穗粒数并不多，群体穗数却明显多，群体库容显著大于平展型对照品种。经统计分析，超高产品种的群体穗粒数与平展型对照品种的差异达到了极显著水平。同时，千粒重也高于平展型品种。超高产品种主要靠群体增产（表 12-17）。

表 12-17　超高产品种产量构成

品种	产量/(kg/hm²)	变异增幅/%	穗数/(万穗/hm²)	变异增幅/%	籽粒数量/(粒/穗)	变异增幅/%	籽粒数量/(万粒/hm²)	变异增幅/%	千粒重/g	变异增幅/%
吉单 209	11 521.5	10.2	5.58	27.7	555	−3.1	3 097 **	23.7	408	15.9
四密 25	11 479.5	9.8	6.67	52.6	561	−2.1	3 798 **	51.7	363	3.1
四单 19(对照)	10 459.5	0.0	4.37	0.0	573	0.0	2 504	0.0	352	0.0

注：单位面积粒数 $LSD_{0.05}=12.0\%$，$LSD_{0.01}=16.4\%$

对两个超高产耐密品种'先玉 335'和'郑单 958',在 3 种密度下进行试验,研究表明,两个品种的最高产量都出现在 6.5 万株/hm² 的密度下,产量水平也比较接近(表 12-18)。

表 12-18　超高产品种在不同密度下的产量表现

品种	产量/(kg/hm²)		
	4.5 万株/hm²	5.5 万株/hm²	6.5 万株/hm²
先玉 335	9 233.2	10 297.8	10 753.7
郑单 958	8 776.9	9 973.1	10 557.7

同为超高产品种,但产量构成的特点却有所不同:①'先玉 335'优势产量性状是百粒重高,比'郑单 958'高 10.1%;②'郑单 958'优势产量性状是单位面积穗数多,比'先玉 335'多 10%,主要是在高密度下几乎无空秆,甚至还有 1.6% 的双穗(表 12-19)。

表 12-19　超高产品种产量构成

品种	穗数 /(穗/hm²)	穗数对比 /%	空秆率 /%	双穗率 /%	穗粒数 /粒	穗粒数对比/%	百粒重 /g	百粒重对比/%
先玉 335	59 700	0.0	5.6	0.0	631	2.9	40.3	10.1
郑单 958	65 670	10.0	0.8	1.6	613	0.0	36.6	0.0

三、超高产品种选用的技术原则

(一)核心技术原则

玉米品种的表现是基因型和环境共同作用的结果。任何一个优良品种并非十全十美,任何一个生态环境也并非完全理想。因此,超高产品种选用的核心技术,就是要根据当地玉米的生长环境、生物和非生物逆境及品种本身的生物学特征特性来进行,使优良品种能够扬长避短,充分利用环境资源,最大限度地发挥品种的优良遗传潜势,避免品种遗传劣势的出现,实现优良品种与当地生态环境、生产水平及农艺措施的最佳配置,达到玉米高产优质高效的目的。其中,玉米生长环境主要包括无霜期、活动积温、日照时数、水分条件和土壤肥力;生物逆境包括病虫害;非生物逆境包括干旱、瘠薄土壤、多湿寡照、低温冷害、风雨倒伏等;品种主要生物学特征特性包括熟期、丰产性、适应性、抗逆性和商品品质等。

(二)在超高产背景下筛选超高产品种

超高产品种具有突出的丰产性,但由于是耐密植品种,加上产量潜力大,需要在优越的外部条件下才能得以表现。因此,玉米超高产品种的选用应在超高产环境条件及栽培条件下进行发掘,应在玉米最优良的高产区,采用最优良的综合配套技术进行应用。

吉林省玉米超高产的主要外部条件有以下几个(尹枝瑞,2000 年)。

(1)土壤肥沃,物理结构好,保水保肥能力强。吉林省高产田最理想的土壤类型是黑土、河淤土、冲积土,土壤质地以砂壤土为佳,有机质 2%～3%,速效氮 120～190mg/kg,速效磷 30～50mg/kg,速效钾 120～160mg/kg。在土壤物理结构好、容重低的中上等肥力上也同样创造了亩产 900kg 以上的超高产田。

（2）良好的光照、热量和水分条件。无阶段性干旱，无低温早霜。

（3）采用最优良的栽培技术。

（三）选用优良紧凑型品种

超高产品种的基本类型是紧凑型。因此，选用紧凑型品种是超高产品种选用的一个基本技术原则。

由于品种的耐密性是综合性状，涉及外部形态及内在生理生化、抗逆性等许多遗传特征特性。而且，不同耐密品种的耐密能力和产量潜力也存在着差异。因此，选用紧凑型品种要采用高密度梯度试验的技术原则，以鉴选出综合性状优良、具有超高产潜力的优良耐密品种，明确其最佳种植密度。

（四）品种抗逆性要强

高产固然重要，但适应性差的品种，对温度、光照、水分、肥料敏感，出现不利环境条件时表现较差，减产、甚至严重减产。因此，要选择经过多环境考验过的广适、稳产品种，即使在气候不利于玉米生长的年头，产量也比较稳定，不是明显的大起大落，降低种植风险。

抗逆性是实现高产稳产的关键性状之一。品种应对当地主要生物和非生物逆境具有良好的抗（耐）性。包括抗病、抗虫性，抗旱、抗寒、抗倒性，耐瘠性等。

（五）高产与优质要兼顾

随着我国市场经济和玉米产业化的快速发展，玉米的商品属性越来越明显。商品玉米市场竞争力强，就要物美价廉。从种植环节考虑，就要实现单位面积产量高、质量好。我国对玉米商品粮等级的划分已与世界接轨，由过去的以纯粮率定等改为按容重定等。玉米米质差，不但售粮价格低，还存在难以储存、难以销售的风险。因此，选用超高产品种，在考虑高产的同时，应注意商品品质，一般至少要达到国家标准 GB 1353—2009 玉米质量标准 2 级以上。

（六）应用区域要对路

超高产玉米品种是玉米科研和生产发展到较高水平的产物。它适宜在高产区应用，并且要配套相应的超高产栽培技术进行种植，才能充分挖掘其品种的增产潜力，达到玉米高产的目的。

第四节　超高产春玉米施肥技术

一、超高产春玉米氮、磷、钾营养规律

超高产是指在适宜的生态区和优化可行的栽培技术条件下，可较稳定地达到15 000kg/hm^2 的超高产水平，或比生产上同生育期主栽品种增产 20％以上（孙政才和赵久然，2005）。超高产与一般高产相比在群体数量、质量上发生了变化，这种变化与养分的

吸收和分配有密切关系。因此,对超高产玉米营养特性方面的研究就显得尤为重要。

（一）超高产春玉米氮素吸收、积累与分配

1. 超高产春玉米氮素的吸收与积累动态

随着生育阶段的推进和干物质积累量的增加,超高产春玉米对氮的吸收积累量逐步增多,但后期氮积累量略微下降。由表 12-20 可见,植株苗期吸氮量少,氮积累量仅为 0.051g/株。拔节期至喇叭口期,吸氮量迅速增加,吸收速率显著加快,阶段吸氮量占总氮量的 39.40%,日均吸氮量为 0.056g/株,是超高产春玉米吸氮的第一个高峰期。抽雄期至灌浆期,植株需氮量剧增,吸收速率达到最大,进而形成吸氮的第二个高峰期,此阶段吸氮量占总氮量的 79.71%,日均吸氮量为 0.058g/株。乳熟期至蜡熟期,阶段吸氮量占总氮量的 13.36%,日均吸氮量为 0.053g/株,氮素积累量达一生最大值 4.396g/株,说明进入生殖生长阶段,植株仍需要吸收大量氮素。因此,此阶段是超高产春玉米第三个吸氮高峰期,同时也是产量形成的关键时期之一。

表 12-20　超高产春玉米氮素吸收进程

生育时期	苗期	拔节期	喇叭口期	抽雄期	灌浆期	乳熟期	蜡熟期	完熟期
播种后天数/d	26	47	68	80	103	114	125	135
积累量/(g/株)	0.051	0.564	1.732	2.131	3.504	3.816	4.396	4.057
阶段吸收量/(g/株)	—	0.513	1.168	0.399	1.373	0.312	0.58	−0.339
日均吸收量/[g/(株·d)]	—	0.024	0.056	0.018	0.058	0.028	0.053	−0.034

注："—"表示未测定

研究结果表明,超高产春玉米对氮素吸收出现 3 次高峰,且后者峰值均大于前者。其中乳熟期至蜡熟期,植株吸氮量仍保持增加趋势,这在以往春玉米吸氮特性中较为少见,说明蜡熟期是超高产春玉米籽粒构成的关键时期之一。此外,蜡熟期后,氮素出现净损失现象,此现象的产生原因有待进一步深入研究。

2. 超高产春玉米氮素的分配与转移

超高产春玉米,氮素在营养生长期主要分配在叶片和茎秆中,占全株总氮量的 82.37%;进入生殖生长期(抽雄期后),氮素的分配中心转向果穗和籽粒,至完熟期籽粒含氮量占全株总氮量的 61.18%,接近 2/3,说明籽粒是容纳氮素最多的器官(表 12-21)。

表 12-21　超高产春玉米氮素在不同器官中的分配与转移

器官	各生育时期积累量/(g/株)								转移量/(g/株)	转移率/%	占籽粒含量/%
	苗期(26)	拔节期(47)	喇叭口期(68)	抽雄期(80)	灌浆期(103)	乳熟期(114)	蜡熟期(125)	完熟期(135)			
叶片	0.051	0.341	0.794	1.175	1.653	1.448	1.357	0.859	0.794	48.03	32.43
叶鞘	—	0.223	0.362	0.379	0.241	0.242	0.227	0.160	0.219	57.69	8.93
茎秆	—	—	0.560	0.595	0.514	0.204	0.354	0.262	0.333	55.97	13.61
果穗	—	—	—	—	0.823	0.328	0.274	0.272	0.551	66.93	22.51
籽粒	—	—	—	—	0.274	1.197	2.254	2.447	—	—	—

注：各生育时期下部括号中所对应的数字为播种后天数,如(26)为播种后第 26 天。"—"表示未测定

超高产春玉米,茎秆和叶鞘中的氮素至抽雄期停止增长,开始向果穗转移;叶片和果穗至灌浆期停止增长,并向籽粒转移。各器官氮素向籽粒转移率大小的趋势是:果穗>叶鞘>茎秆>叶片。氮素转移量占完熟期籽粒总氮量百分率的大小不同,依次是:叶片>穗>茎秆>叶鞘,反映出各器官对籽粒氮素积累量的贡献大小。在完熟期测定单株籽粒含氮量为2.447g,各器官向籽粒转移总氮量1.897g,占籽粒总含氮量的77.52%。结果表明,玉米籽粒中的氮素大部分是由各营养器官转移而来,但仍有22.48%的氮素需要由土壤供应。因此,在籽粒灌浆阶段保证土壤供氮充足,是春玉米获得超高产的重要措施之一,否则,会直接影响玉米籽粒生长发育,进而影响产量的形成。

（二）超高产春玉米磷素吸收、积累与分配

1. 超高产春玉米磷素的吸收与积累动态

超高产春玉米对磷的吸收特点与氮不同,其积累量持续增加,直至完熟期为止。如表12-22所示,超高产春玉米幼苗期吸磷较少,吸磷量仅占总磷量的0.64%。拔节期后,吸磷量迅速增加,吸收速率加快,至喇叭口期,出现第一个吸磷高峰期,阶段吸磷量占总磷量11.15%,日均吸磷量为0.047g/株。喇叭口期至抽雄期吸收速率有所下降,抽雄期至灌浆期,吸收速率又迅速回升,出现第二个吸磷高峰期,阶段吸磷量占总磷量的41.82%,日均吸磷量达玉米一生最大值,为0.162g/株。乳熟期以后,吸磷速率减缓,至籽粒完熟期达到最大积累量,为8.926g/株。结果表明,随着生育时期的推进,超高产春玉米磷素积累量一直呈递增趋势,吸收速率表现出前期慢、中期快、后期慢的特点。因此,春玉米在生殖生长阶段保证充足的磷素营养,是获得超高产的重要手段之一。

表 12-22　超高产春玉米磷(P_2O_5)吸收进程

生育时期	苗期	拔节期	喇叭口期	抽雄期	灌浆期	乳熟期	蜡熟期	完熟期
播种后天数/d	26	47	68	80	103	114	125	135
积累量/(g/株)	0.057	0.591	1.578	2.011	5.744	6.302	7.432	8.926
阶段吸收量/(g/株)	—	0.534	0.987	0.434	3.733	0.557	1.131	1.494
日均吸收量/[g/(株·d)]	—	0.025	0.047	0.02	0.162	0.051	0.103	0.149

注:"—"表示未测定

超高产春玉米对磷素吸收特点也十分显著,两次吸收高峰后,植株并没有减少对磷素的吸收,至完熟期始终保持较高的需求态势。

2. 超高产春玉米磷素的分配与转移

超高产春玉米,磷素在各器官中的分配与氮素的分配相协调,在营养生长期主要分配在叶片和茎秆中,占全株总磷量的92.96%;进入生殖生长期(抽雄期后),磷素的分配中心转向果穗和籽粒,至完熟期籽粒含磷量占全株总磷量的74.24%,说明籽粒是容纳磷素最多的器官(表12-23)。

表 12-23 超高产春玉米磷(P_2O_5)在不同器官中的分配与转移

器官	各生育时期积累量/(g/株)								转移量/(g/株)	转移率/%	占籽粒含量/%
	苗期(26)	拔节期(47)	喇叭口期(68)	抽雄期(80)	灌浆期(103)	乳熟期(114)	蜡熟期(125)	完熟期(135)			
叶片	0.057	0.331	0.701	1.642	2.445	3.190	2.375	1.246	1.944	60.94	29.33
叶鞘	—	0.260	0.121	0.181	0.348	0.165	0.947	0.430	0.517	54.59	7.80
茎秆	—	—	0.188	0.749	0.756	0.732	0.603	0.189	0.567	75.00	7.93
果穗	—	—	—	—	1.861	0.393	0.264	0.434	1.426	76.67	21.53
籽粒					0.342	1.823	3.244	6.627	—	—	—

注：各生育时期下部括号中所对应的数字为播种后天数，如(26)为播种后第 26 天。"—"表示未测定

　　超高产春玉米，磷素向籽粒中转移比氮素开始得晚，但转移量大。叶片中的磷素至乳熟期停止增长，开始向果穗中转移；茎秆和叶鞘中的磷素至灌浆期停止增长，并向籽粒中运输。各器官磷素转移率大小的趋势是：果穗＞茎秆＞叶片＞叶鞘。磷素转移量占完熟期籽粒总磷量百分率大小依次是：叶片＞果穗＞茎秆＞叶鞘。在完熟期测定单株籽粒含磷量为 6.627g，其中从叶片转移量 1.944g，茎秆转移量 0.567g，叶鞘转移量 0.517g，果穗转移量 1.426g，各器官向籽粒转移磷素总量为 4.454g，占籽粒成熟阶段总含磷量的 67.2%。各器官中磷素再分配表明，另有 32.8% 的磷素需要由土壤补给。因此，在籽粒建成过程中保证春玉米获得一定量的磷素营养，对超高产形成具有重要意义。

（三）超高产春玉米钾素吸收、积累与分配

1. 超高产春玉米钾素的吸收与积累动态

　　研究结果表明，超高产春玉米苗期植株吸钾量较少，钾积累量仅为 0.035g/株。拔节期至喇叭口期，吸钾量迅速增加，吸收速率显著加快，阶段吸钾量占总钾量 35.00%，日均吸钾量达玉米一生最大值，为 0.084g/株。至灌浆期，钾素积累量达玉米一生最大值，为 4.651g/株，是超高产春玉米吸钾的第一个高峰期，阶段吸钾量占总钾量 47.16%，日均吸钾量为 0.058g/株。此后吸收量迅速下降，至乳熟期达到低谷，钾素积累量降为 2.296g/株。乳熟期至蜡熟期吸钾量逐步增加，并形成第二个高峰期，阶段吸钾量占总钾量 9.33%，日均吸钾量为 0.043g/株。这种吸收规律充分展现了超高产春玉米钾素吸收特性，其前峰吸收量是后峰吸收量的 1.68 倍（表 12-24）。

表 12-24 超高产春玉米钾(K_2O)吸收进程

生育时期	苗期	拔节期	喇叭口期	抽雄期	灌浆期	乳熟期	蜡熟期	完熟期
播种后天数/d	26	47	68	80	103	114	125	135
积累量/(g/株)	0.035	0.458	2.26	3.312	4.651	2.296	2.769	2.356
阶段吸收量/(g/株)	—	0.432	1.775	1.052	1.34	−2.355	0.473	−0.414
日均吸收量/[g/(株·d)]	—	0.021	0.084	0.048	0.058	−0.214	0.043	−0.041

注："—"表示未测定

超高产春玉米对钾素吸收特点表现为:除在灌浆期形成第一高峰外,至蜡熟期,由于钾素吸收量回升,又形成第二高峰,说明步入生殖生长阶段,植株并未停止对钾素的吸收,这与以往研究有所不同。

2. 超高产春玉米钾素的分配与转移

超高产春玉米,钾素在抽雄期以前分配到叶片和茎秆中最多,占全株含钾量的72.45%;抽雄期后,钾素分配到茎秆中最多,至蜡熟期达植株体内总钾量的39.73%;而籽粒至完熟期含钾量仅占总钾量的19.21%。说明钾素在各器官中转移的最大特点是不像氮、磷那样最终转移到籽粒中(表12-25),而是最终转移到茎秆中。

表 12-25 超高产春玉米钾(K₂O)在不同器官中的分配与转移

器官	各生育时期积累量/(g/株)								转移量 /(g/株)	转移率 /%	占籽粒 含量/%
	苗期 (26)	拔节期 (47)	喇叭口期 (68)	抽雄期 (80)	灌浆期 (103)	乳熟期 (114)	蜡熟期 (125)	完熟期 (135)			
叶片	0.035	0.203	0.892	1.154	1.048	0.805	0.961	0.643	0.511	—	—
叶鞘	—	0.255	0.561	0.911	0.428	0.330	0.283	0.270	0.641	—	—
茎秆	—	—	0.807	1.247	0.580	0.546	1.100	0.700	0.547	—	—
果穗	—	—	—	—	2.196	0.414	0.222	0.291	1.906	—	—
籽粒	—	—	—	—	0.399	0.202	0.203	0.453	—	—	—

注:各生育时期下部括号中所对应的数字为播种后天数,如(26)为播种后第26天。"—"表示未测定

超高产春玉米,叶片、茎秆、叶鞘中钾素至灌浆期后开始向籽粒中转移,但转移的钾素并未全部积累于籽粒。钾素在参与籽粒建成的生理代谢活动后,便向外转移(张智猛和李伯航,1995)。由于钾的损失或淋溶及器官间的相互转移,未计算出各器官中钾素对籽粒的贡献率。

从不同生育时期氮、磷、钾养分吸收量来看,超高产春玉米抽雄期至灌浆期,氮、磷、钾吸收量占总吸收量的26%~43%,是春玉米产量形成的关键时期。因此,抽雄前重追肥对春玉米超高产创建具有重要作用。超高产春玉米乳熟期至蜡熟期仍保持一定的吸肥强度,氮、磷、钾吸收量占总吸收量的9%~14%。因此,春玉米要想获得超高产,必须注意保持生育中后期的养分供给。

超高产春玉米在营养生长阶段,氮、磷主要分配在叶片和茎秆中,并且茎秆氮、磷的积累量要大于叶片;步入生殖生长阶段后,各器官氮、磷开始向籽粒转移,至完熟期籽粒中氮、磷含量达到最大,其中叶片中氮、磷的转移量最多,果穗转移率最高。钾在抽雄期前主要分配在叶片和茎秆中,此后转入茎秆。这与范贻山(1983)、Sayre(1948)关于钾不转入籽粒的结论大体一致,钾在籽粒产量形成过程中仅参与籽粒代谢过程,而且其生理功能完成以后,便转移至茎秆中,在籽粒中储存相对较少。

二、超高产春玉米施肥技术

(一)超高产春玉米氮肥施用技术

1. 氮肥适宜施用量

在磷、钾施用量相同(P_2O_5 150kg/hm²、K_2O 150kg/hm²)的条件下,不同施氮量对产

量的影响不同(表 12-26)，与不施氮相比，随施氮量的增加其增产幅度依次为 25.9%、35.1%、47.3%和 44.8%，其中施 N 360kg/hm^2 增产幅度最高，其产量达 15 718.5kg/hm^2。当施 N 达 480kg/hm^2 时，产量反而下降。施 N 360kg/hm^2 与施 N 480kg/hm^2 差异不显著，与施 N 240kg/hm^2 差异显著，而与不施 N、施 N 120kg/hm^2 差异极显著。施 N 量与春玉米产量的肥料效应函数模型为：$y = -0.0283x^2 + 23.49x + 10\ 750$，达极显著水平($r = 0.9930$)，理论最高产量施 N 量为 415kg/hm^2。

表 12-26　不同施氮量玉米产量及 LSD 测验

N 施用量 /(kg/hm^2)	产量/(kg/hm^2)				显著水平	
	重复Ⅰ	重复Ⅱ	重复Ⅲ	平均值	LSD$_{0.05}$	LSD$_{0.01}$
0	11 466.3	9 717.0	10 831.5	10 671.6	f	D
120	13 903.5	13 534.4	12 856.5	13 431.5	e	C
240	14 548.7	13 954.5	14 732.5	14 411.9	de	BC
360	15 268.6	15 610.5	16 276.5	15 718.5	abc	AB
480	15 760.5	15 714.4	14 898.3	15 457.7	bcd	AB

注：F 值为 19.15**

纵观我省近年来超高产玉米施 N 量多为 300~450kg/hm^2。经研究施 N 360kg/hm^2 可获得最高产量(15 718.5kg/hm^2)。

2. 氮肥施用时期及分配比例

在氮、磷、钾施用量相同(N 360kg/hm^2、P$_2$O$_5$ 150kg/hm^2、K$_2$O 150kg/hm^2)，总施氮量的 60%追施条件下，氮肥不同追施时期和分配比例对产量的影响见表 12-27。与不施氮相比，氮肥不同追施时期及分配比例的增产幅度依次为 56.0%、56.9%、41.8%、44.7%和 47.3%。氮肥分两次追施时，表现出第二次追施期后移产量增加的趋势。氮肥分 3 次追施时，表现出在拔节期追氮量相同(占总施 N 量 18%)的条件下，抽雄期追氮量增加，产量也有增加的趋势；在抽雄期追氮量相同(占总施 N 量 6%)的条件下，表现出产量随拔节期追氮量的增加而增加的趋势。表明在拔节期和抽雄期追施氮肥对产量的影响最大，且在抽雄期增加追氮量可提高产量。

表 12-27　不同追氮时期及分配比例玉米产量及 LSD 测验

追氮方式及占总 N 比例	产量/(kg/hm^2)				显著水平	
	复复Ⅰ	复复Ⅱ	复复Ⅲ	平均值	LSD$_{0.05}$	LSD$_{0.01}$
不施 N	11 466.3	9 717.0	10 831.5	10 671.6	f	D
拔节期(24%)+喇叭口期(36%)	17 971.5	15 300.4	16 671.1	16 647.7	ab	A
拔节期(24%)+抽雄期(36%)	17 097.6	15 829.5	17 311.5	16 746.2	a	A
拔节期(18%)+喇叭口期(36%)+抽雄期(6%)	14 460.0	15 738.4	15 214.5	15 137.6	cd	ABC
拔节期(27%)+喇叭口期(27%)+抽雄期(6%)	14 972.6	16 029.0	15 312.8	15 438.1	bcd	AB
拔节期(18%)＋喇叭口期(24%)＋抽雄期(18%)	15 268.6	15 610.5	16 276.5	15 718.5	abc	AB

注：F 值为 19.15**

氮肥两次追施的平均产量(16 696kg/hm²)高于 3 次追施的平均产量(15 431kg/hm²)，且减少了追肥次数，降低了劳动强度。因此，氮肥两次追施要优于 3 次追施，即总施 N 量为 360kg/hm²，其中总施 N 量的 30％作基肥，10％作种肥，60％作追肥，追肥分两次施用，在拔节期追施总施 N 量的 24％，在抽雄期追施总施 N 量的 36％，可获得最高产量(16 746.2kg/hm²)，为最佳选择。

(二)超高产春玉米磷肥施用技术

1. 磷肥适宜施用量

在氮、钾施用量相同(N 360kg/hm²、K_2O 150kg/hm²)的条件下，不同施磷量对产量的影响见表 12-28。与不施磷相比，随施磷量的增加其增产幅度依次为 10.2％、21.8％、15.6％和 9.2％。其中施 P_2O_5 150kg/hm² 时，产量最高达 15 613.6kg/hm²，而其他施磷量均未达到超高产水平，并表现出当施 P_2O_5 超过 150kg/hm² 时，产量下降的趋势。施磷量与玉米产量的肥料效应函数模型为：$y=-0.0831x^2+29.01x+12\ 729$，达极显著水平($r=0.9620$)，理论最高产量 P_2O_5 施用量为 174kg/hm²。施 P_2O_5 150kg/hm² 与施 P_2O_5 225kg/hm² 对产量的影响差异不显著，而与其他 P_2O_5 施用量差异极显著。

表 12-28　不同施磷量玉米产量及 LSD 测验

P_2O_5 施用量 /(kg/hm²)	产量/(kg/hm²)				显著水平	
	复复 I	复复 II	复复 III	平均值	$LSD_{0.05}$	$LSD_{0.01}$
0	13 732.7	13 081.7	11 645.0	12 819.8	d	C
75	14 265.8	13 655.0	14 446.8	14 122.5	bc	BC
150	16 315.8	14 558.0	15 967.0	15 613.6	a	A
225	14 092.3	14 982.5	15 400.8	14 825.2	ab	AB
300	13 536.0	14 373.1	14 073.1	13 994.1	bc	BC

注：F 值为 3.73**

我省近年来有关超高产玉米 P_2O_5 施用量多为 75～200kg/hm²。经研究，施 P_2O_5 150kg/hm² 可获得超高产(15 613.6kg/hm²)。

2. 磷肥施用时期及分配比例

在氮、磷、钾施用量相同(N 360kg/hm²、P_2O_5 150kg/hm²、K_2O 150kg/hm²)的条件下，磷肥不同施用时期和分配比例对产量的影响见表 12-29。与不施磷相比，磷肥不同施用时期及分配比例的增产幅度依次为 21.8％、6.4％、12.0％、12.7％、12.6％、12.1％、17.1％、14.7％和 14.6％。其中磷作基肥不追施的增产幅度最大(21.8％)，其次为 P_2O_5 总施用量的 60％在抽雄期一次追施(17.1％)，且两者对产量的影响差异不显著。

磷肥重基肥轻追肥(追磷量占总施磷量的 30％)一次追施，表现出随追肥期后移产量略呈增加的趋势。在抽雄期追磷比在拔节期和大喇叭口期追磷分别增产 5.9％和 0.6％，三者的平均产量为 14 150.2kg/hm²。

表 12-29　不同施磷时期及分配比例玉米产量及 LSD 测验

施磷方式及占 P_2O_5 总量比例	产量/(kg/hm²)				显著水平	
	复复Ⅰ	复复Ⅱ	复复Ⅲ	平均值	$LSD_{0.05}$	$LSD_{0.01}$
不施磷	13 732.7	13 081.7	11 645.0	12 819.8	d	C
基肥(100%)	16 315.8	14 558.0	15 967.0	15 613.6	a	A
基肥(70%)+拔节期(30%)	14 420.1	13 191.4	13 312.7	13 641.4	cd	BC
基肥(70%)+喇叭口期(30%)	14 736.9	14 359.4	13 995.6	14 364.0	bc	AB
基肥(70%)+抽雄期(30%)	15 192.0	13 624.8	14 519.0	14 445.3	bc	AB
基肥(40%)+拔节期(60%)	15 081.4	13 681.5	14 560.5	14 441.1	bc	AB
基肥(40%)+喇叭口期(60%)	15 173.6	14 201.6	13 719.8	14 365.0	bc	AB
基肥(40%)+抽雄期(60%)	15 950.8	14 583.1	14 486.3	15 006.7	ab	AB
基肥(40%)+拔节期(30%)+喇叭口期(30%)	15 522.7	14 421.0	14 173.4	14 705.7	ab	AB
基肥(40%)+喇叭口期(30%)+抽雄期(30%)	14 549.8	14 690.8	14 824.0	14 688.2	ab	AB

注：F 值为 3.73**

　　磷肥轻基肥重追肥(追磷量占总施磷量的 60%)一次追施,也表现出磷肥晚追增产幅度大的趋势。在抽雄期追磷比在拔节期和大喇叭口期追磷分别增产 3.9% 和 4.5%,三者平均产量为 14 604.3kg/hm²。且抽雄期重追磷肥(P_2O_5 追施量占总施磷量的 60%)在所有磷肥追施(包括一次追施和二次追施)中产量最高(15 006.7kg/hm²),达到超高产水平。

　　磷肥轻基肥重追肥二次追施(拔节期和喇叭口期追钾或喇叭口期和抽雄期追钾),并未表现出增产优势,且两者产量仅相差 0.12%,其平均产量为 14 697.0kg/hm²。

　　若用平均产量对上述 3 种不同追磷比例进行比较,则在磷肥追施量相同(总施磷量的 60%追施)的条件下,分两次追磷的平均产量仅比一次追施的平均产量高 0.6%,但增加了追肥次数。因此,磷肥两次追施并无优越性。在磷肥一次追施中,随追施量的增加产量也增加,磷肥轻基肥重追肥的平均产量比重基肥轻追肥的平均产量高 3.2%,且两者均呈现出抽雄期追施磷肥产量高的趋势。但各磷肥追施处理的产量均低于磷肥作基肥不追施的产量,即 P_2O_5 施用量为 150kg/hm²,其中基肥占总施用量90%,种肥占总施用量10%,产量最高,达 15 613.6kg/hm²,其结果有待进一步验证。超高产春玉米在抽雄期至灌浆期出现第二个吸磷高峰期(曹国军等,2008)。若在此期前,通过近根部追施速效磷肥,以充分满足其营养需求,对产量的形成可能具有重要意义。

（三）超高产春玉米钾肥施用技术

1. 钾肥适宜施用量

　　不同钾肥施用量对春玉米产量的影响(表 12-30)。在氮、磷施用量(N 360kg/hm²、P_2O_5 150kg/hm²)相同的条件下,不同施钾量均比不施钾增产,其增产幅度依次为 11.7%、14.8%、24.4% 和 17.0%。其中增产幅度最大的为 K_2O 施用量 225kg/hm²,其产量为 15 531.0kg/hm²,达超高产水平。而其他施钾量均未达到超高产水平,并表现出

当 K_2O 施用量达 300kg/hm² 时,产量反而降低的趋势。施 K_2O 225kg/hm² 与施 K_2O 300kg/hm² 对产量的影响差异不显著,与施 K_2O 150kg/hm² 差异显著,而与其他 K_2O 施用量差异极显著。K_2O 施用量与玉米产量的肥料效应函数模型为:$y=-0.0502x^2+22.849x+12\,451$,达极显著水平($r=0.9550$),其理论最高产量施 K_2O 量为 225kg/hm²。

表 12-30 不同施钾量玉米产量及 LSD 测验

K_2O 施用量 (kg/hm²)	产量/(kg/hm²)				显著水平	
	复复 I	复复 II	复复 III	平均值	$LSD_{0.05}$	$LSD_{0.01}$
0	13 440.4	11 297.3	12 724.2	12 487.3	e	D
75	13 479.9	14 098.5	14 263.7	13 947.4	bcd	BC
150	14 502.0	14 095.3	14 416.4	14 337.9	bcd	ABC
225	15 407.0	16 009.1	15 176.9	15 531.0	a	A
300	14 197.0	14 964.6	14 672.7	14 611.4	abc	ABC

注:F 值为 4.37**

近年来我省超高产玉米 K_2O 施用量多为 75～180kg/hm²,施钾量略显偏低。经试验,K_2O 施用量为 225kg/hm² 时可获得超高产(15 531.0kg/hm²),而其施钾量其产量均未超过 15 000kg/hm²。

2. 钾肥施用时期及分配比例

在氮、磷、钾施用量相同(N 360kg/hm²、P_2O_5 150kg/hm²、K_2O 150kg/hm²)的条件下,钾肥不同施用时期和分配比例对产量的影响见表 12-31。钾肥不同施用时期及分配比例均比不施钾增产,其增产幅度依次为 14.8%、10.7%、8.2%、14.3%、14.8%、14.6%、7.8%、19.5% 和 17.1%。其中,钾肥在拔节期(追施 K_2O 占总施用量 30%)和喇叭口期(追施 K_2O 占总施用量 30%)二次追施的增产幅度最大(19.5%),其产量达 14 923.5kg/hm²,近于超高产水平。

表 12-31 不同施钾时期及分配比例玉米产量及 LSD 测验

不同施钾时期及分配比例 (占 K_2O 总施用量%)	产量/(kg/hm²)				显著水平	
	复复 I	复复 II	复复 III	平均值	$LSD_{0.05}$	$LSD_{0.01}$
不施钾	13 440.4	11 297.3	12 724.2	12 487.3	e	D
基肥(100%)	14 502.0	14 095.3	14 416.4	14 337.9	bcd	ABC
基肥(70%)+拔节期(30%)	13 543.2	14 187.1	13 749.5	13 826.6	cd	BCD
基肥(70%)+喇叭口期(30%)	12 644.1	13 534.8	14 359.4	13 512.8	de	BCD
基肥(70%)+抽雄期(30%)	15 238.9	13 598.3	13 968.3	14 268.5	bcd	ABC
基肥(40%)+拔节期(60%)	15 276.5	13 571.7	14 141.8	14 330.0	bcd	ABC
基肥(40%)+喇叭口期(60%)	13 990.0	14 242.3	14 704.9	14 312.4	bcd	ABC
基肥(40%)+抽雄期(60%)	13 047.0	13 707.1	13 638.4	13 464.2	de	CD
基肥(40%)+拔节期(30%)+喇叭口期(30%)	15 087.9	14 794.9	14 887.7	14 923.5	ab	AB
基肥(40%)+喇叭口期(30%)+抽雄期(30%)	15 472.0	14 095.8	14 289.3	14 619.0	abc	ABC

注:F 值为 4.37**

钾肥重基肥轻追肥(追钾量占总施钾量的 30%)一次追施,表现出追施期后移增产幅度大的现象。其中在抽雄期追钾比在拔节期追钾和大喇叭口期追钾分别增产 3.2% 和 5.6%,但三者的产量均低于钾肥作基肥不追施的产量。三者的平均产量仅为 13 869.3kg/hm²。

钾肥轻基肥重追肥(追钾量占总施钾量的 60%)一次追施,呈现早追(拔节期追钾和大喇叭口期追钾)要优于晚追(抽雄期追钾),其中拔节期追钾与大喇叭口期追钾的产量基本一致,比抽雄期追钾增产 6.4%,拔节期追钾和大喇叭口期追钾的产量与钾肥作基肥不追施的产量基本相同。三者的平均产量为 14 035.5kg/hm²,略高于钾肥重基肥轻追肥一次追施的平均产量。

钾肥轻基肥重追肥二次追施(拔节期和喇叭口期追钾或喇叭口期和抽雄期追钾),表现出早追(拔节期和喇叭口期追钾)产量要高于晚追(喇叭口期和抽雄期追钾)的趋势,钾肥早追比晚追增产 2.1%,且两者的产量均高于钾肥作基肥不追施的产量,早追比钾肥作基肥不追施增产 4.1%,晚追比钾肥作基肥不追施增产 2.0%。早追与晚追的平均产量为 14 771.3kg/hm²。早追(拔节期和大喇叭口期追钾)在所有钾肥不同施用时期及分配比例处理中产量最高,达 14 923.5kg/hm²,近于超高产水平。

在砂质土壤上,钾肥肥效快但不持久,应掌握分次、适量的施肥原则,方能显示出钾肥的效果(胡霭堂,2003)。本试验土壤为河淤土,质地较轻,在钾肥追施量相同(追钾量占总施钾量的 60%)条件下,二次追施的平均产量要高于一次追施的平均产量,且钾肥二次早追施(拔节期和大喇叭口期追钾)的产量最高。在总施钾量相同的条件下,钾肥轻基肥重追肥一次追施(追钾量占总施钾量的 60%)的平均产量要高于重基肥轻追肥一次追施(追钾量占总施钾量的 30%)的平均产量,也高于钾肥作基肥不追施的产量,表现出钾肥追施的增产效果。

综合上述所述,在本试验条件下,氮肥施用量(N)为 360kg/hm²,其中总施氮量的 30% 作基肥、10% 作苗期追肥、25% 作拔节期追肥、35% 作抽雄期追肥;磷肥施用量(P_2O_5)为 150kg/hm²,其中总施磷量的 90% 作基肥、10% 作苗期追肥;钾肥施用量(K_2O)为 225kg/hm²,其中总施钾量的 30% 作基肥,10% 作苗期追肥、30% 作拔节期追肥、30% 作喇叭口期追肥,玉米产量可达到 15 000kg/hm² 以上的超高产水平。

第五节　超高产玉米群体结构和调控技术

一、超高产玉米群体结构特征

(一)产量构成因素

吉林省农业科学院土壤培肥课题组 2003～2006 年在吉林省梨树县试验结果的综合分析显示,无论在一般密度下,还是在高密度、超高密度下,由于所处的栽培环境条件不同,均出现了不同产量水平的区块。但不同密度下的最高产量水平存在差异,且这种差异与群体穗数密切相关。在 7.5 万～9.0 万株/hm² 超高密度下,最高产量超过 15 000kg/hm²,实际产量平均为 15 663.47kg/hm²,群体穗数平均为 80 553.9 穗/hm²;在 6.0 万～

7.5 万株/hm² 高密度下，最高产量为 13 500～15 000kg/hm²，实际产量平均为
13 995.98kg/hm²，群体穗数平均为 67 672.8 穗/hm²；在 4.5 万～6.0 万株/hm² 一般密
度下，最高产量为 12 000～13 500kg/hm²，实际产量平均为 12 677.96kg/hm²，群体穗数
平均为 52 392.5 穗/hm²。说明通过高度密植，获得高量的群体穗数是实现超高产的重要
基础(表 12-32)。

表 12-32　不同产量水平玉米群体的产量构成因素

种植密度 /(万株/hm²)	目标产量 /(kg/hm²)	测产小区 /个	收获株数 /(株/hm²)	收获穗数 /(穗/hm²)	穗粒数 /个	百粒重 /g	穗粒重 /(g/穗)	产量 /(kg/hm²)
4.5～6.0	9 000～10 500	3	51 240.5	51 240.5	648.26	30.61	198.43	10 167.77
	10 500～12 000	12	50 832.2	50 832.2	643.58	34.83	224.16	11 394.49
	12 000～13 500	9	52 392.5	52 392.5	661.51	36.58	241.98	12 677.96
6.0～7.5	9 000～10 500	1	62 039.1	62 039.1	554.82	29.80	165.34	10 257.32
	10 500～12 000	8	64 385.4	63 893.1	561.63	31.55	177.19	11 321.49
	12 000～13 500	18	66 508.2	65 881.4	588.78	33.06	194.65	12 823.86
	13 500～15 000	10	67 860.2	67 672.8	617.00	33.52	206.82	13 995.98
7.5～9.0	9 000～10 500	3	85 598.0	81 098.1	378.37	32.79	124.07	10 061.64
	10 500～12 000	5	85 275.8	83 391.2	485.26	27.88	135.29	11 282.04
	12 000～13 500	15	83 521.2	81 498.3	526.66	30.42	160.21	13 056.84
	13 500～15 000	11	84 724.2	82 849.4	549.46	31.01	170.39	14 116.51
	>15 000	5	82 130.0	80 553.9	583.75	33.31	194.45	15 663.47

　　在获得超高产的超高密度下，不同产量水平的群体穗数不相上下，百粒重差异的规律
性也不明显，但穗粒数与产量呈明显的正相关关系。产量超过 15 000kg/hm² 的群体与
最低产量群体相比，前者的穗粒数比后者高 54.28%，而前者的产量比后者高 55.68%。
上述结果表明，在拥有高量群体穗数的同时，仍保持良好的结实性，即具有高量的群体粒
数，超高产群体的总粒数明显高于一般高产群体是超高产群体的重要特征。

　　(二)干物质积累与分配

　　在各种密度下，不同产量群体的生物学产量和收获指数的变化趋势均与群体籽粒产
量的变化表现一致，但通径分析结果显示，生物学产量对籽粒产量提高的贡献大于收获指
数(表 12-33)。如在超高密度下，不同产量群体的生物学产量与籽粒产量的直接通径系
数为 0.691，收获指数的直接通径系数为 0.365。对各密度下最高产量群体的籽粒产量与
生物学产量及收获指数的相关分析表明，生物学产量与籽粒产量呈极显著正相关关系
($n=24$, $r=0.9347$, $P=0.000\ 000\ 000\ 02$)，而收获指数与籽粒产量的相关关系不明显
($n=24$, $r=0.1404$, $P=0.5129$)；其通径分析结果显示，生物学产量对籽粒产量的直接效
应明显大于收获指数的直接效应(前者与产量的直接通径系数为 1.015，后者为 0.363)。

表 12-33 不同产量水平玉米群体的产量构成因素

种植密度 /(万株/hm²)	目标产量 /(kg/hm²)	测产小区 /个	收获株数 /(株/hm²)	收获穗数 /(穗/hm²)	穗粒数 /个	百粒重 /g	穗粒重 /(g/穗)	产量 /(kg/hm²)
4.5~6.0	9 000~10 500	3	51 240.5	51 240.5	648.26	30.61	198.43	10 167.77
	10 500~12 000	12	50 832.2	50 832.2	643.58	34.83	224.16	11 394.49
	12 000~13 500	9	52 392.5	52 392.5	661.51	36.58	241.98	12 677.96
6.0~7.5	9 000~10 500	1	62 039.1	62 039.1	554.82	29.80	165.34	10 257.32
	10 500~12 000	8	64 385.4	63 893.1	561.63	31.55	177.19	11 321.49
	12 000~13 500	18	66 508.2	65 881.4	588.78	33.06	194.65	12 823.86
	13 500~15 000	10	67 860.2	67 672.8	617.00	33.52	206.82	13 995.98
7.5~9.0	9 000~10 500	3	85 598.0	81 098.1	378.37	32.79	124.07	10 061.64
	10 500~12 000	5	85 275.8	83 391.2	485.26	27.88	135.29	11 282.04
	12 000~13 500	15	83 521.2	81 498.3	526.66	30.42	160.21	13 056.84
	13 500~15 000	11	84 724.2	82 849.4	549.46	31.01	170.39	14 116.51
	>15 000	5	82 130.0	80 553.9	583.75	33.31	194.45	15 663.47

　　进一步分析还发现,就各密度下最高产量群体而言,随密度增加,出苗至吐丝期、吐丝期至成熟期的干物质积累量均逐渐增加,与群体产量变化趋势一致(表 12-34)。但两个不同时段的干物质积累量占最终生物学产量比例的变化趋势不同,前一时段为逐渐增加趋势,后一时段为逐渐下降趋势。但相关分析结果显示,两个时段的干物质积累量均与产量呈极显著正相关关系,前一时段干物质积累量与产量的相关系数为 0.7983($n=24, P=0.000\ 003$),后一时段为 0.6413($n=24, P=0.000\ 732$),前一时段的干物质积累量与产量相关的显著性略高于后一时段。超高密度下的不同产量群体相比较,无论是在前一时段,还是在后一时段,群体干物质积累量越高,产量也越高。但与产量逐渐增加的趋势相对应,前一时段干物质积累量占最终生物学产量比例呈逐渐下降的趋势,后一时段则呈逐渐增加的趋势。相关分析表明,两时段干物质积累量均与产量呈极显著正相关关系,前一时段干物质积累量与产量的相关系数为 0.4593($n=39, P=0.003\ 267$),后一时段为 0.8332($n=39, P=0.000\ 000\ 000\ 05$),后一时段的干物质积累量与产量相关的显著性明显高于前一时段。上述结果说明,玉米营养体建成期间高量的干物质积累是超高产形成的基础,而籽粒形成及灌浆期间高量的干物质积累则是超高产形成的关键。

表 12-34 不同产量水平玉米群体干物质积累及收获指数

种植密度 /(万株 /hm²)	产量水平 /(kg/hm²)	测产小区数/个	出苗至吐丝期干物质积累 质量 /(kg/hm²)	出苗至吐丝期干物质积累 占总积累量的比例/%	吐丝至成熟期干物质积累 质量 /(kg/hm²)	吐丝至成熟期干物质积累 占总积累量的比例/%	生物学产量 /(kg/hm²)	收获指数
4.5~6.0	9 000~10 500	3	9 100.98	49.98	9 108.77	50.02	18 209.75	0.558
	10 500~12 000	12	8 831.88	44.48	11 024.01	55.52	19 855.89	0.574
	12 000~13 500	9	8 977.31	41.80	12 500.17	58.20	21 477.48	0.590

种植密度 /（万株 /hm²）	产量水平 /（kg/hm²）	测产 小区 数/个	出苗至吐丝期干物质积累		吐丝至成熟期干物质积累		生物学 产量 /（kg/hm²）	收获 指数
			质量 /（kg/hm²）	占总积累量 的比例/%	质量 /（kg/hm²）	占总积累量 的比例/%		
6.0～7.5	9 000～10 500	1	9 388.58	48.66	9904.12	51.34	19 292.70	0.532
	10 500～12 000	8	10 121.34	48.53	10 736.28	51.47	20 857.62	0.543
	12 000～13 500	18	10 469.52	45.99	12 296.55	54.01	22 766.07	0.563
	13 500～15 000	10	10 574.46	43.88	13 525.35	56.12	24 099.81	0.581
7.5～9.0	9 000～10 500	3	10 309.53	53.08	9 114.56	46.92	19 424.09	0.518
	10 500～12 000	5	10 862.28	52.05	10 008.45	47.95	20 870.73	0.541
	12 000～13 500	15	10 803.56	47.22	12 077.70	52.78	22 881.26	0.571
	13 500～15 000	11	11 531.82	47.91	12 539.24	52.09	24 071.06	0.586
	>15 000	5	12 134.16	45.90	14 303.19	54.10	26 437.35	0.592

超高产群体的生物学产量明显高于一般高产群体,且收获指数仍保持在一定的高水平上;营养体建成期间高量的干物质积累是超高产形成的基础,而籽粒形成及灌浆期间高量的干物质积累则是超高产形成的关键,二者缺一不可。

(三) 源库关系

同一产量水平下,随群体密度增加,最大叶面积指数和群体粒数均增加,而反映源库关系的粒叶比(粒数/最大叶面积和粒重/最大叶面积)则呈逐渐降低的趋势,说明随密度增加,群体源的增加速率大于库的增加速率,在高密度和超高密度下,源的大小不是影响产量的主要因素,而源的工作效率更为重要,特别是灌浆期间,源效率低下,同化物供应不足,导致粒重下降,使产量提高受到影响。但在超高密度下,不同产量群体的粒叶比变化呈现出明显的规律性,粒叶比越高,群体产量越高。说明在通过密植构建超高产群体的过程中,有效增加籽粒库在源库关系中的比例,减缓由于密度增加而引起的粒叶比降低速率,是实现超高产的重要途径。综上认为,超高产群体在具有高叶面积指数(LAI)的同时,还维持了较高的粒叶比,这是超高产群体在源库关系上表现出的重要特征(表 12-35)。

表 12-35　不同产量水平玉米群体的源库特征

种植密度 /（株/hm²）	产量水平 /（kg/hm²）	测产小 区/个	吐丝期 LAI	粒数 /（粒/m²）	粒重 /（g/m²）	粒数/最大叶 面积/（粒/m²）	粒重/最大叶 面积/（g/m²）
4.5～6.0	9 000～10 500	3	4.82	3 321.72	1 016.78	689.15	210.95
	10 500～12 000	12	4.81	3 271.46	1 139.45	680.14	236.89
	12 000～13 500	9	4.86	3 465.82	1 267.80	713.13	260.86

续表

种植密度 /(株/hm²)	产量水平 /(kg/hm²)	测产小 区/个	吐丝期 LAI	粒数 /(粒/m²)	粒重 /(g/m²)	粒数/最大叶 面积/(粒/m²)	粒重/最大叶 面积/(g/m²)
6.0~7.5	9 000~10 500	1	5.54	3 442.05	1 025.73	621.31	185.15
	10 500~12 000	8	5.88	3 588.43	1 132.15	610.28	192.54
	12 000~13 500	18	5.88	3 878.97	1 282.39	659.69	218.09
	13 500~15 000	10	5.98	4 175.41	1 399.60	698.23	234.05
7.5~9.0	9 000~10 500	3	6.39	3 068.51	1 006.16	480.21	157.46
	10 500~12 000	5	6.73	4 046.64	1 128.20	601.28	167.64
	12 000~13 500	15	6.67	4 292.19	1 305.68	643.51	195.75
	13 500~15 000	11	6.89	4 552.24	1 411.65	660.70	204.88
	>15 000	5	6.82	4 702.33	1 566.35	689.49	229.67

超高产群体具有高叶面积指数的同时,维持了较高的粒叶比。即与一般高产群体相比,超高产群体的源库关系是建立在更高水平上的相对平衡关系。

（四）超高产群体质量指标

根据上述多年试验结果,采用'郑单958'等耐密高产品种,在吉林省中部及生态条件相近地区,产量超过15 000kg/hm² 的群体质量指标归纳如下。

群体穗数75 000~85 000穗/hm²,穗粒数550~600粒,群体粒数4500万~4800万粒/hm²,百粒重32~34g;收获指数0.60左右,生物学产量26 000kg/hm² 以上,其中出苗期至吐丝期干物质积累量12 000kg/hm² 以上,吐丝期至成熟期积累的干物质14 000kg/hm² 以上;最大叶面积指数(吐丝期)6.5~7.0,成熟期叶面积指数4.0~5.0。

二、超高产调控技术

分析各地报道的超高产典例,不难发现几乎所有的超高产田均出现在北纬地区,而这些地区的一个共同特点是光照充足,昼夜温差大,便于玉米干物质积累和超高产的形成。换句话说,优越的光温条件是实现玉米超高产的重要前提,超高产田的出现具有明显的地域性。总体上看,吉林省的农业自然资源条件较优越,无论是光、温、水等综合条件较好的中部地区,还是积温略显不足的东部地区,以及水分欠缺的西部地区,都曾出现过单产超过或接近15 000kg/hm² 的实例。除了具备优越的自然资源条件外,合理运用栽培管理综合措施,有目的地构建超高产群体,对实现超高产也至关重要。根据吉林省农业科学院土壤培肥课题组10多年来在吉林省开展的玉米超高产研究与实践,并结合前人的研究成果(陈国平等,2008;刘志全等,2007;马兴林等,2008;颜军和马兴林,2007),对玉米超高产群体构建的关键措施总结如下。

（一）选用高度耐密、抗倒性和抗病性强的优良品种

选用高度耐密、抗倒性和抗病性强的玉米品种是构建超高产群体的首要措施。其代

表性品种为'郑单 958'。此外,在吉林省东部等倒伏条件很少出现的地区,选用高密度下群体光合生产与转化能力非常高,但抗倒伏性欠佳的'先玉 335'、'32D22'等品种较为理想。

(二) 选用高质量的种子

种子质量直接影响超高产群体质量。实践表明,种子质量的作用有时会超过品种本身。对高质量种子的要求是:种子纯度 95% 以上,发芽率 95% 以上,发芽势强,籽粒饱满均匀,无破损粒和病粒。

(三) 改善土壤的理化性状

玉米产量水平越高,对土壤的要求就越高。良好的土壤条件是构建玉米超高产群体的重要基础。多年来,吉林省大田生产中大部分地块很少深翻,耕层只有 15cm 左右,根系不能下扎,土壤理化性状及保水保肥能力差,易发生早衰和倒伏,使超高产的实现受到很大制约。课题组在吉林省梨树县多年研究与实践表明,超高产攻关田连续 3 年深耕或深松 30~40cm,效果非常明显。在经历雨涝大风的灾害年份,玉米植株不倒或倒伏情况较轻。而在遭遇春旱威胁的情况下,深耕深松措施使土壤的水分和养分利用率得到很大程度的提高,解除了玉米生长后期早衰的困扰,使超高产形成得到有效保证。

(四) 适时晚播

在吉林省等春玉米产区,正常熟期内适时晚播,可减少弱苗,提高出苗整齐度,减少病虫害,特别是地下害虫和丝黑穗病等土传病害的侵害。而且,高水平管理情况下,适当晚播,由于"快出(苗)、早发(苗)、速长",晚播的玉米并不一定晚成熟。这是因为东北地区早春温度较低,如播种过早,种子或种芽在土中时间过长,易遭受病虫害的侵害。出苗以后,由于种子自身营养消耗殆尽,即使温度适宜,生长也比较缓慢。而适时晚播的种子,发芽快,苗势壮,生长快,生长量很快就会超过早播的种子。调查表明,4 月 25 日播种的田块在拔节期就已赶上 4 月 10~15 日播种的田块,而抽雄期则比 4 月 10~15 日播种的田块提前 2~3d。研究与生产实践表明,吉林省中部地区玉米最佳播种日期在 4 月 25 日~5 月 1 日。

(五) 提高播种质量

要求在精选种子的基础上,精细整地、精细播种、补墒镇压,做到一播全苗。多年超高产田创建与研究表明,有效克服春旱,提高播种质量,实现一播全苗,争取保苗率 95% 以上,是实现超高产的重要保障因素。

(六) 高度密植

经多年试验表明,采用密植高产品种构建超高产群体的适宜密度为 75 000 株/hm² 左右。在定苗时要多留一成苗,留大苗、壮苗,以提高保株保穗率。收获时群体粒数 4500 万~4800 万粒/hm²,百粒重 32~34g,最大叶面积指数 6.5 左右,有利于实现超高产。

（七）合理施足肥料

根据"因需施肥"的高产施肥原则，确定多元素肥料配方及施用方法，增施有机肥，重施基肥，减少拔节肥，重施穗肥，增施花粒肥。超高产田的施肥量为：每年施入优质有机肥 $45m^3/hm^2$，N $375kg/hm^2$ 左右，P_2O_5 $150\sim180kg/hm^2$，K_2O $150\sim195kg/hm^2$。

（八）巧用化学调控物质

试验表明，在抽雄前 15d 左右，使用玉米生长调节剂如壮丰灵、玉黄金，浓度为通常用量的 $1/3\sim1/2$，可有效地控制超高产田的群体发育，具有较好的增产效果。

（九）综合防治病虫害

病虫既损伤叶源，又损伤籽粒库，使产量受到影响。在选用抗病品种基础上，采用综合措施有效防治病虫害也是保证超高产实现的重要环节。

（十）适时补充灌溉，适时晚收

在遭遇干旱的情况下，实现超高产必须及时补充灌溉。切忌过早收获，以避免由于粒重不足而影响产量。

三、玉米群体整齐度控制技术

一般来说，凡是存在外形差异或数值差异的性状均可用整齐度来表示，如株高、穗长、茎粗、果实大小等。目前，用整齐度来表示的性状，水稻主要有株高、穗长、穗数、穗粒数等；小麦主要有株高、着粒密度、籽粒大小等；大豆主要有株高、主茎节数、主茎荚数等；水果主要有果实大小等；玉米主要有株高、茎粗、穗位高、叶片数、穗长、穗粗、穗行数、行粒数等。近年来，由于紧凑型玉米品种的大面积推广应用，玉米的种植密度有了大幅度的提高，玉米的田间整齐度已成为玉米高产栽培中的一个重要指标。

从理论上讲，样本容量越大，其结果就越真实，即越接近总体值，准确性越高。但在试验操作中，样本容量越大，工作量就越大，在取样过程中对试验对象的损伤也会越严重，产生的试验误差和计算误差就越大，反而影响结果的准确性。因此，适宜的样本容量是整齐度研究的重要内容之一，但至今没有对样本容量研究的专门报道。在已有的研究报道中，对样本容量的确定也没有统一的标准，一般情况下，按其他农艺性状取样的要求来确定整齐度的样本容量。根据已有的报道，玉米整齐度的样本容量一般为 $10\sim15$ 株。

整齐度在作物的农艺性状中是一个新增的性状。在以往的研究中，由于没有对整齐度进行准确的定义，因而产生了多种指标方法，概括起来主要有三大类：变异系数法（CV法）、整齐度系数法（CR 法）、变异系数的倒数法（CV 倒数法）。目前应用最广泛的是变异系数的倒数法，因为其在数值的大小方面更加接近于描述整齐度的大小，它的表达式为

$$\dfrac{\overline{X}}{\sqrt{\dfrac{\sum X^2-\dfrac{(\sum X)^2}{n}}{n-1}}}$$

式中，X 为某一性状的测量值；n 为样本数。

（一）株高整齐度与产量的关系

株高整齐度是作物群体株高分布的整齐程度。一个作物群体中，个体之间整齐与否，将会给群体带来"数"和"量"的差异，并且差异越大，整齐度就越低；差异越小，整齐度就越高。顾慰连等对 12 个玉米单交种群体样本测定结果表明，玉米产量同株高整齐度的相关系数为 0.8729*，株高分布每相差 1cm，穗粒数就要减少 6.45 粒。武恩吉（1986）等的研究结果表明，在相同的密度条件下，各重复的产量分析表明，株高整齐度与产量呈正相关，相关系数皆达到显著或极显著水平。侯爱民（2003）、孙月轩等（1994）研究也认为产量随着株高整齐度的提高而增加，这与顾慰连等（1984）的研究一致，说明玉米产量和株高整齐度关系密切。

黄开键和黄艳花（1997）的研究表明，株高整齐度受品种植株高矮影响较小，与产量存在着极显著的正相关关系。由于玉米株高是一项容易观测的植株性状，株高整齐度与产量关系密切，因此可以用它来作为在玉米高产栽培的主要指标。这就要求在玉米生产中要想方设法来提高株高整齐度，一方面要求育种家在推广自己的优良品种时要注意对玉米亲本的提纯工作，保持其遗传的稳定性和一致性。因为只有玉米亲本的遗传纯度得到保证，才能生产出高纯度的杂交一代种子，才能建立高整齐度的群体。另一方面要求从栽培水平上来提高株高整齐度。

王秋燕和赵守光（2008）对甜玉米株高整齐度的研究表明，甜玉米株高整齐度受品种植株高低影响较小，且与产量呈极显著正相关关系，但穗长对产量的直接作用大于株高整齐度的作用，说明甜玉米的产量随着株高整齐度的提高而增加，而株高整齐度对产量的影响效果仍然要服从穗长对产量的影响作用。

综上，在玉米株高整齐度与产量关系的研究方面，几乎所有的研究都表明玉米株高整齐度与产量呈显著或极显著正相关。

（二）穗部性状整齐度与产量的关系

对玉米来说，穗部性状整齐度是一个重要的农艺性状。黄开键和黄艳花（1997）与王秋燕和赵守光（2008）的研究均表明，玉米株高整齐度主要是通过提高穗部性状的整齐度来实现增加产量的。早在 20 世纪 80 年代，刘百韬（1984）通过研究指出，玉米的果穗长度整齐度与产量呈极显著的正相关关系，相关系数 $r=0.9348$**；侯爱民等（2003）研究提出，玉米各性状整齐度与产量的相关性大小顺序为：穗粗整齐度＞株高整齐度＞穗行数整齐度＞穗上叶片数整齐度＞行粒数整齐度＞全叶树整齐度＞茎粗整齐度＞穗位高整齐度＞穗长整齐度。

边秀芝等（2004）研究认为，穗长与单穗产量呈正相关，在粗略的试验中以穗长整齐度来代表果穗整齐度是可行的。杨国虎和罗湘宁（1999）的研究表明，玉米茎粗整齐度与穗长、穗粗呈极显著正相关，与空秆率呈极显著的负相关。

边少锋等（2008）对两个玉米品种'先玉 335'和'郑单 958'的穗部性状整齐度与产量的关系进行了详细研究，结果表明，穗部各性状整齐度与产量均呈正相关，其中，穗位高整齐度和行粒数整齐度与产量的关系最为密切(表 12-36)。

表 12-36　不同密度下穗部性状整齐度及产量的相关系数

		穗长整齐度	行粒数整齐度	穗行数整齐度	穗粒数整齐度	穗位高整齐度
先玉 335	行粒数整齐度	0.49				
	穗行数整齐度	0.21	0.55			
	穗粒数整齐度	0.48	0.99**	0.60		
	穗位高整齐度	0.15	0.85*	0.18	0.80	
	产量	0.11	0.85*	0.42	0.81	0.94**
郑单 958	行粒数整齐度	0.66				
	穗行数整齐度	0.41	0.65			
	穗粒数整齐度	0.70	0.97**	0.78		
	穗位高整齐度	0.75	0.99**	0.65	0.98**	
	产量	0.20	0.61	0.03	0.42	0.52

*$P<0.05$，**$P<0.01$

在吉林省湿润冷凉区对超高产玉米品种密度与穗部性状整齐度和产量的关系进行了研究(图 12-16、图 12-17)。

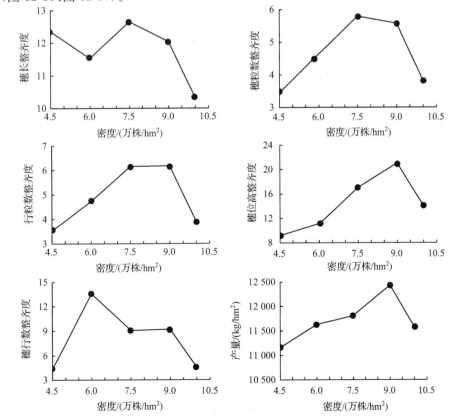

图 12-16　'先玉 335'不同密度下穗部性状整齐度及产量变化

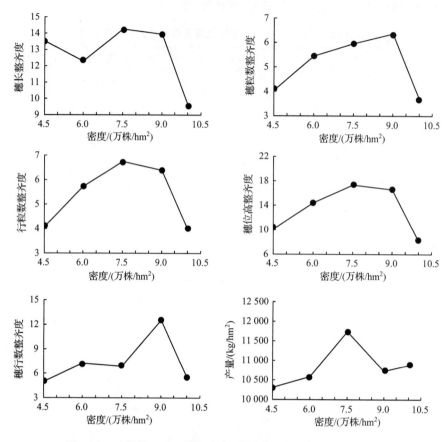

图 12-17　'郑单 958'不同密度下穗部性状整齐度及产量变化

结果表明,除穗长整齐度和穗行数整齐度随密度的变化不太规律外,穗粒数整齐度、行粒数整齐度、穗位高整齐度及产量均随密度的变化呈单峰曲线。其中,'先玉 335'和'郑单 958'的行粒数整齐度、穗粒数整齐度、穗位高整齐度均在 7.5 万株/hm² 和9.0 万株/hm² 两个密度条件下最高;产量方面,'先玉 335'在 9.0 万株/hm² 条件下最高,7.5 万株/hm² 次之;'郑单 958'产量在 7.5 万株/hm² 处最为突出。可见,如选择适宜密度,'先玉 335'以 7.5 万～9 万株/hm² 均适宜,'郑单 958'则以 7.5 万株/hm² 为最佳密度。

(三)株高整齐度与穗部性状整齐度的关系

曹修才等(1996)研究提出,玉米株高整齐度与穗长、行粒数呈极显著的正相关,与秃尖长度呈极显著的负相关。王秋燕和赵守光(2008)认为,株高整齐度与穗长、穗粗、穗行数、行粒数的观测值未达显著相关关系,但与穗长、穗粗、穗行数的整齐度呈极显著正相关,而穗粗、穗行数、行粒数的整齐度与产量呈极显著或显著正相关。株高整齐度主要是通过提高穗部性状整齐度来实现产量的增加,但其对增加穗粗、穗行数、行粒数的作用不大。李雁和王江民(1998)研究提出,不同品种在同一密度条件下,玉米株高整齐度与穗部相关关系的大小顺序为:穗长＞单株产量＞穗粗,其中与穗长、单株产量的相关性达极显著水平,与穗粗的相关性达显著水平。陈玉水和卢川北(2004)采用回归分析方法对 100 组玉米杂交种观测数据进行了研究。结果表明,玉米的穗位高与株高之间存在直线关系,穗位高 y 对株高 x 的回归直线方程为 $y=0.599x+26.2855$,经过统计检验,达到极显著水平。玉米穗位高与株高之间的相关系数 $r=+0.7812$,也达到极显著水平。黄开键和黄艳花(1997)的研究表明,株高整齐度对产量的影响主要是通过提高穗长、穗粗、穗行数、行粒数的整齐度来实现产量的提高,它对增加穗长、穗粗、穗行数、行粒数的作用并不大(表 12-37)。

表 12-37　玉米株高整齐度与穗部性状整齐度的相关分析

	穗长		穗粗		穗行数		行粒数		小区产量
	观察值	整齐度	观察值	整齐度	观察值	整齐度	观察值	整齐度	
株高整齐度	0.3228	0.6089**	0.1168	0.7216**	0.0472	0.4610*	0.3938	0.6101**	0.6987**
小区产量	0.6855**	0.6325*	−0.0073	0.8246**	−0.2690	0.4809*	0.3974	0.5347**	

* $P<0.05$, ** $P<0.01$

翟广谦等(1998)研究提出,在不同密度条件下,玉米株高整齐度与穗部性状的相关关系见表 12-38。行粒数($r=0.9649**$)＞秃尖($r=-0.9589**$)＞穗长($r=0.9452**$)＞穗粒重($r=0.9247**$)＞穗粒数($r=0.9167**$)＞穗行数($r=0.4558$)＞穗粗($r=0.3406$)。

表 12-38　株高整齐度与穗部性状的相关系数

株高整齐度	相关系数	回归系数	回归截距
穗长	0.9452**	0.6331	14.0748
穗粗	0.3406	0.6447	3.6725
穗行数	0.4558	0.0677	13.0093
行粒数	0.9649**	1.0783	31.8932
穗粒数	0.9176**	16.9802	413.9600
单穗重	0.9289**	9.6865	107.9593
穗粒重	0.9274**	8.5101	91.5399
秃尖	−0.9589**	−0.1076	1.3072

* $P<0.05$,　** $P<0.01$

鉴于株高整齐度与穗部性状整齐度的关系,人们在考虑农艺性状整齐度的时候,通常优先考虑的是株高的整齐度;但在玉米生长的中后期,由于各种自然的和人为的因素的影响,测量株高的误差较大。而穗部性状较株高更为稳定,更易于测量,测量穗位性状整齐度更为合理。

(四) 整齐度差的主要原因及措施

玉米株高、穗部性状一直是育种者所关注的重要性状。Hallauer(1990)综述了玉米育种 17 个株高、穗部性状的相对重要性及目测选择效果,尽管玉米自交系株高、穗部性状相对重要性不如籽粒产量,但这两个性状目测选择效果好。边秀芝等(2004)的研究认为,玉米果穗整齐度,不仅指果穗外部形态,穗长的整齐度,还应包括单穗产量的整齐度,这才有实践意义。果穗长度的整齐度往往掩盖了玉米螟、茎腐病、倒伏、授粉状况等对果穗产量的影响,外观虽有那样的穗长,却没有相应的产量,影响果穗产量的整齐度。因此提高果穗整齐度的措施除密度、品种、播期、种子质量外还应包括玉米的防病虫害、防倒伏、提高授粉结实率等综合措施在内。在提高品种制种纯度,并采取适宜的栽培措施的前提下,把行粒数整齐度和穗位高整齐度作为选择高产品种和采取适宜栽培措施的一项指标具有一定的可行性。但在玉米研究中,经常存在整齐度差的问题。人们对当前玉米整齐度差的原因和应该采取的措施做了很多总结。

1. 整齐度差的主要原因

(1)品种种子质量差。高质量的种子是保障出苗率、苗齐、苗全的前提条件。作为参试品种,参试单位应该精挑细选,保证参试品种的质量,但是有些参试单位寄来的种子出现破粒、秕粒、病粒,还有就是种子成熟度不好,将会大大影响种子的出苗率,造成试验田缺苗断垄,另外种子纯度低,致使试验田玉米植株参差不齐。白鸥和黄瑞冬(2007)研究了不同纯度条件下'沈农 87'品种玉米群体的田间性状及产量。结果表明,纯度与群体株高呈极显著正相关,处理间差异显著;随着纯度降低,株高整齐度下降,同一冠层高度透光率增加。产量与纯度为极显著正相关关系,纯度每降低 1%,产量下降 0.6%~0.7%。

(2)播种深度不一致。播种行或行之间播种深浅不一致,造成玉米播种深浅不一,出苗时间不一致,高矮相间,整齐度差。

(3)土壤条件差。土壤干旱,种子发芽或萌动后因缺少水分而造成闷芽或芽干,降低了种子的出苗率。有些地块地势低,长期降水造成积水,幼苗生长缓慢,甚至幼苗沤烂死亡,造成弱苗、缺苗,整齐度差,部分地块肥力不均匀,造成幼苗长势不匀。有的在田间播种时,由于种子与种肥直接接触,种子吸水困难而"烧芽"。

(4)害虫危害幼苗。地老虎、蛴螬等一些田间害虫,使玉米幼苗断根、断茎、断叶,严重的幼苗死亡,轻的幼苗大伤元气,生长缓慢,与正常幼苗拉开了距离,形成了大小苗或缺苗。

(5)移苗或补苗形成弱苗。由于种子发芽低或害虫等原因造成缺苗断垄现象,为严格执行试验方案,需要采取移苗或补种措施,以保证试验密度。但是移苗使幼苗的根系受到损伤,致使幼苗的成活率不高,而且移苗后还有一段缓苗的过程,这就出现了弱苗,田间出现大小苗。

2. 提高田间整齐度措施

(1)精选种子,保证种子质量。在保证播种量的情况下,保证种子的质量,要精挑细选,筛选掉一些霉烂的、破损的、色泽不好的种子,保证种子的光泽度、饱满度、成熟度和大小基本一致。对于遗传性不稳定的材料要进行提纯,对陈种子要先进行发芽试验,需加大播种量的品种在标签上一定要明确说明。

(2)精细整地。播前耙地整地,使土壤达到"齐、平、松、碎、净、墒"。均匀施肥,施足底肥(粪肥要充分腐熟),避免养料流失。定期对土壤进行取样,测定土壤养分含量,注意氮、磷、钾肥的配比,对严重缺乏的养分要进行补充,平衡施肥,使土壤中各营养元素比例适当。

(3) 晒种。在播种前,要对种子暴晒 2～3d,勤翻动,促进种子内酶的活性,使种子播种后萌发快,提高出苗率。

(4) 保证土壤墒情。在播种前,如果天气较干旱,土壤墒情差,准备坐水种。

(5) 提高播种质量。力争使播种沟深浅一致,种子与种肥要隔开。覆土时要平整,不露种子,总之要尽可能减少人为误差。

(6) 加强田间管理。出苗后及时查苗补苗,对移苗或补栽苗要偏施水肥,加强管理,做到移栽苗的转化工作,促其生育进程赶上正常苗。发现低洼积水处要及时开沟排掉。

(7) 防治病虫害。秋季要及时清除田间病残体,以减少表层病原。各生育时期防好病虫害。

(五) 提高整齐度的前景与展望

农艺性状整齐度作为一个新的性状指标已被许多育种、栽培专家与学者所接受,并已广泛应用于试验设计与统计分析中。在欧洲国家,作物品种的整齐度已成为检验新品种质量的一项重要指标,如法国在检验品种时,必须进行 DUS 试验,即整齐度(uniformity)、特异性(distinctness)和稳定性(stability)。但是,整齐度指标的表示方法和计算方法至今没有统一,整齐度的研究也不够广泛和深入。张焕裕认为至少有以下 4 个问题值得进一步研究与探讨。

一是整齐度指标问题。在已有的研究报道中,整齐度指标均是以变异系数为基础来分析的,如变异系数法和变异系数的倒数法,其实质都是对变异系数的分析,这与整齐度的概念存在本质的差异。另外,在数值的表示上也存在明显的缺陷,即数值不直观。整齐度指标有待规范,并在数值的表示上要力求与纯度、净度保持一致。

二是整齐度分级问题。在以往的研究中,由于整齐度指标不统一,表示的数值没有固定的域,给整齐度的分级带来了很大的难度。以往的分级,有的基于目测,有的根据变异系数的大小和实际要求的不同来进行分级,或分为整齐、中等、不齐三级,或分为整齐、较齐、中等、较差、不齐五级等。在今后的整齐度分级研究中,应注意的一点是,要将不影响产量或影响极小的整齐度数值域划归整齐级。因此,整齐度的分级标准有待进一步研究。

三是整齐度排位问题。对于同一作物,不同性状的整齐度对产量的影响的排位,应以通径分析结果为依据,相关分析不能完全反映其实质。另外,要找出对产量或品质影响最大的性状整齐度,并将其作为今后该作物农艺性状观察记载和分析的主要项目,或作为新品种鉴定和审定的主要指标。

四是整齐度样本容量问题。在已有的研究报道中,均未对样本容量进行研究,样本容量过大或过小,都对整齐度的准确性有一定的影响,各作物农艺性状整齐度的合适样本容量有待进一步研究。

总之,农艺性状整齐度研究,还有许多问题值得探讨。随着整齐度研究的深入,它将同种子发芽率、纯度、净度一样,成为作物农艺性状和高产栽培的重要指标。

四、化控技术

玉米的生长发育除了水分和各类营养物质外,还需要对生长发育起特殊作用的微量活性物质——植物激素,这是植物本身合成的激素。人工合成的激素则称为植物生长调节剂。应用植物生长调节剂调节和控制作物的生理功能、生化代谢过程及生长发育进程称为化控技术。

(一)化控技术的形成与发展

1932 年,科学家使用乙烯和乙炔促进凤梨开花,这是人们应用植物生长调节剂的开端。20 世纪 40~50 年代又发现了许多生长素、赤霉素和细胞分裂素等激素。60 年代欧洲各国大面积地应用矮壮素(CCC)防止麦类倒伏,后期出现了脱落酸、乙烯利等激素。70年代中期以来,世界各国都十分重视化控技术的发展,在研究与应用方面都取得了巨大进步。进一步明确了各类激素的生理效应和应用机制,人工合成了许多新的植物生长调节剂。美国科学家预言,植物生长调节剂的成功应用已为农业第二次绿色革命开辟了道路。印度把植物生长调节剂的应用列为提高作物生产力的各项新技术之首。日本已有 30 余种生长调节剂注册在市场上出售。欧美各国有 50 余家大的化学公司研制生长调节剂。1983 年在莫斯科召开了植物生长调节剂国际学术讨论会,对调节剂的功能机制、合成选择、开发应用技术及前景进行了广泛的探讨。

植物生长调节剂的研究和应用在我国虽起步较晚,但发展却迅猛异常。20 世纪 50年代我国就应用了萘乙酸、2,4-D 等调节剂防止棉花落花落蕾。60 年代在小麦上应用矮壮素防止倒伏,控制棉花徒长。70 年代,推广应用乙烯利(CEPA)促进水稻和棉花早成熟获得成功。80 年代,推广 DPC(缩节胺,助壮素)防止棉花徒长和小麦倒伏。多效唑的研究与应用,将我国化控工程技术推向一个较为成熟的阶段。主要表现在有关生长调节剂的理论研究方面取得了可喜进展。揭示了生长调节剂的作用机制,发现了生物合成途径和调控因子,合成生产了一批不同类型的高效植物生长剂调节。近年,我国玉米生产中应用的调节剂主要有:油菜素内酯(BR)、喷施宝、叶面宝、植保素、多效好、爱多收、丰产素、三十烷醇、达尔丰、翠竹牌植物生长调节剂、植物健生素、东农 1 号植物生长素、多效唑(MET)、MS(生长活化剂)、萘乙酸、EM 菌、植物细胞分裂素、健壮素、乙烯利、壮丰灵。

研究表明,施用壮丰灵后玉米株高降低 16.3~20.7cm,穗位高降低 9.9~12.9cm。生育期间叶面积系数略有所降低,但成熟期叶面积系数有所增加,认为具有保绿作用。吐丝后 30d 至成熟的光合势比对照增大 1.63%~3.90%,田间透光率有增加。喷施壮丰灵,1995 年减产 0.54%,1996 年增产 5.8%,研究认为,生长调节剂的应用是有条件的,在易发生倒伏的地块及易倒伏品种上,喷施后可减轻倒伏,有促熟的作用;正常年份对玉米生长发育有干扰作用,没有增产作用。喷施的时期要掌握准,否则无效甚至造成减产。喷施翠竹牌植物生长调节剂使玉米株高降低 69.6cm(24.0%),穗位降低 18.9cm(15.9%),叶面积减少 10.9%。叶面积系数吐丝期降低 0.28,成熟期降低 0.20,减产 10.63%。1996 年 8 月遭受风灾,对照田倒伏 40.8%~46.1%,而喷施生长剂者倒伏 9.6%~22.5%。穗粒数增加 4.85%,千粒重增加 1.5%,增产 5.8%。

王鹏文等(1996)研究了 EM(effective microorganisms)的应用效果。春玉米开花期喷施 EM 致使叶绿素总量增加 26.2%,比叶重增加 4.9%。试验设 9 个小区,有 2 个小区表现减产,减产幅度 5.5%～6.1%;7 个小区增产,增产幅度 2.7%～20.1%,平均增产 5.6%。

宋凤赋等(1993)研究了喷施宝、叶面宝和植保素的作用效果。结果表明,喷施这些生长调节剂,玉米植株生长健壮,空秆率低,秃尖小,倒伏轻,抗病虫能力强。熟期较对照提前 2～3d。抽雄期喷调节剂促进了幼穗分化使穗粒数有所增加;灌浆期喷施则促进了光合作用和新陈代谢,形成较多的干物质并加速了养分转移,增加了千粒重。增产效果喷施宝>叶面宝>植保素,增产幅度分别为 6.2%、6.1% 和 5.9%。

(二)不同生育期喷施化控剂对玉米生物学性状及产量的影响

2005～2007 年,研究了不同时期喷施玉黄金对玉米生物学性状及产量的影响。从表 12-39 可知,对各生物学性状结果进行方差分析,得 $F(吐丝期株高)=11.71^{**}>F_{0.01}(2.14)$,$F(穗位高)=10.67^{**}>F_{0.01}(2.14)$,$F(支持根数)=3.16^{**}>F_{0.01}(2.25)$,各处理对玉米这几项指标的影响均达极显著水平。

表 12-39　不同时期喷施玉黄金对玉米生物学性状的影响

处理	吐丝期株高/cm	穗位高/cm	茎三节长/cm	支持根数/条	茎粗/cm	收获期倒伏率/%
苗期	345.4ABa	136.7ABab	28.9	20.0Aa	2.74	2.5
苗期+拔节期	346.1ABa	134.1ABCb	32.6	19.8ABab	2.80	—
苗期+拔节期+喇叭口期	329.8CDbc	118.3De	27.3	22.2Aab	2.86	—
拔节期	339.6BCb	127.0CDcd	31.6	19.3ABbc	2.79	—
拔节期+喇叭口期	330.0CDb	132.0BCbc	33.3	23.1Aa	2.75	—
喇叭口期	321.8Cc	125.4CDd	30.7	19.9ABab	2.74	—
CK(喷水)	348.0Aa	141.6Aa	34.3	15.7Bc	2.62	14.8

注:茎三节长为吐丝后 30d 地面支持根向上三节的长度。"—"代表未测定

从表 12-40 可知,千粒重指标最高的处理为苗期+拔节期,比 CK(喷水)明显增加千粒重 27.4g。

表 12-40　不同时期喷施玉黄金对玉米产量构成因素的影响

处理	株数/(株/hm²)	穗数/(穗/hm²)	双穗率/%	空秆率/%	穗粒数/粒	千粒重/g
苗期	57 250	61 083	7.28	0.44	619.6	326.7
苗期+拔节期	56 417	55 833	0.00	0.89	630.0	354.7
苗期+拔节期+喇叭口期	56 667	58 583	3.38	0.00	616.6	342.0
拔节期	57 250	59 750	4.37	0.00	607.6	343.3
拔节期+喇叭口期	56 667	56 917	1.03	0.44	627.6	329.0
喇叭口期	56 667	58 833	3.97	0.00	591.9	321.3
CK(喷水)	56 417	59 167	5.17	0.49	645.7	327.3

从多重比较结果可以看出,处理苗期+拔节期+喇叭口期、拔节期、拔节期+喇叭口期、喇叭口期,降低吐丝期株高和穗位高均达到了极显著的水平,其中降低吐丝期株高8.4~26.2cm,降低穗位高9.6~23.3cm。苗期、苗期+拔节期+喇叭口期和拔节期+喇叭口期增加支持根条数达极显著水平,见表12-39。

从表12-41可知,对产量结果进行方差分析得 $F=3.42^* > F_{0.05}(3.22)$,各处理对产量的影响达到了显著水平。通过不同时期的化控试验,明确了在玉米苗期和拔节期喷施玉黄金,用量为300mg/hm²,兑水200kg/hm²,便可以达到抗倒伏、降低穗位高度、增加支持根数量、降低茎三节长度,增产效果显著。

表 12-41　不同时期喷施玉黄金对玉米产量影响的差异显著性

处理	平均产量/(kg/hm²)	差异显著性各处理与对照的平均数差异	增产幅度/%
苗期+拔节期	12 526.9	817.4	6.98
苗期+拔节期+喇叭口期	12 523.1	813.6	6.95
苗期	12 126.2	416.6	3.56
拔节期	12 015.3	305.7	2.61
拔节期+喇叭口期	11 966.0	256.5	2.19
喇叭口期	11 733.3	23.7	0.20
CK(喷水)	11 709.6		

(三) 不同密度喷施化控剂对株高及产量的影响

针对高密度种植开展化控技术研究。试验进行了不同密度、不同化学药剂、不同施用时间及不同剂量的化控研究。

设置试验密度 A 8.5 万株/hm²、B 9.5 万株/hm²、C 10.5 万株/hm²、D 11.5 万株/hm²、F 12.5 万株/hm²。处理 1 为 7 展叶喷施玉黄金 15mL/亩、处理 2 为 8 展叶喷施玉黄金 15mL/亩、处理 3 为 9 展叶喷施玉黄金 30mL/亩、处理 4 为 CK、处理 5 为 10 展叶喷施玉黄金 30mL/亩、处理 6 为 11 展叶喷施壮丰灵 30mL/亩。

由图 12-18 可知,在 8.5 万株/hm² 密度下,7 展叶喷施玉黄金 15mL/亩(A1)、9 展叶喷施玉黄金 30mL/亩(A3)和 11 展叶喷施壮丰灵 30mL/亩(A6),可使喷药后植株株高低于未化控处理,8 月 2 日株高进行比较,11 展叶喷施壮丰灵 30mL/亩时,株高较未化控处理有所降低,其他处理株高均在药剂处理一段时间后出现"补偿性生长";而 8 展叶喷施玉黄金 15mL/亩 (A2)和 10 展叶喷施玉黄金 30mL/亩(A5)则对植株的矮化作用不大,株高较未化控处理无明显降低。可见在 8.5 万株/hm² 密度下,于 11 展叶喷施壮丰灵 30mL/亩降株高的效果较好。

由图 12-19 可知,在 9.5 万株/hm² 密度下,7 展叶喷施玉黄金 15mL/亩(B1)、8 展叶喷施玉黄金 15mL/亩(B2)和 10 展叶喷施玉黄金 30mL/亩(B5)对植株的矮化作用不明显;9 展叶喷施玉黄金 30mL/亩(B3)使植株株高较未化控处理有所降低,11 展叶喷施壮丰灵 30mL/亩(B6)可使株高长势明显趋于减缓。8 月 2 日株高进行比较,各化控处理株高均高于未化控处理(B4),化控降株高效果均不明显。

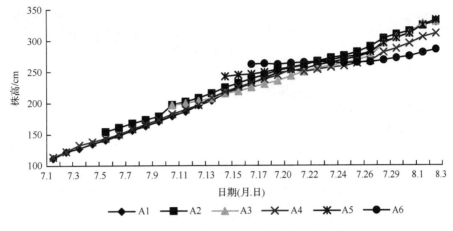

图 12-18　8.5 万株/hm² 各处理株高动态比较

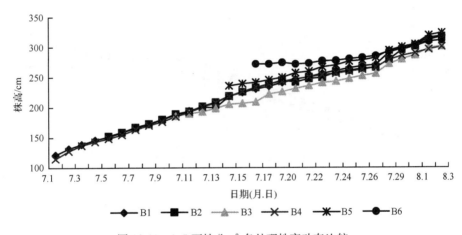

图 12-19　9.5 万株/hm² 各处理株高动态比较

　　由图 12-20 可知,在 10.5 万株/hm² 密度下,7 展叶喷施玉黄金 15mL/亩(C1)、8 展叶喷施玉黄金 15mL/亩(C2)、9 展叶喷施玉黄金 30mL/亩(C3)和 10 展叶喷施玉黄金 30mL/亩(C5)对植株的矮化作用均不明显,11 展叶喷施壮丰灵 30mL/亩(C6)可明显放缓株高的增长趋势。8 月 2 日株高进行比较,各化控处理株高均高于未化控处理(C4),化控降株高效果均不明显。

　　由图 12-21 可知,在 11.5 万株/hm² 密度下,7 展叶喷施玉黄金 15mL/亩(D1)、9 展叶喷施玉黄金 30mL/亩(D3)和 11 展叶喷施壮丰灵 30mL/亩(D6),可使喷药后植株株高低于未化控处理(D4),其中以 11 展叶喷施壮丰灵 30mL/亩处理的株高较未化控处理降低明显;而 8 展叶喷施玉黄金 15mL/亩(D2)和 10 展叶喷施玉黄金 30mL/亩(D5)则对植株的矮化作用不大,株高较未化控处理无明显降低。8 月 2 日株高进行比较,11 展叶喷施壮丰灵 30mL/亩处理株高最低,与未化控处理间差别明显,其他处理间差别不大。可见在 11.5 万株/hm² 密度下,于 11 展叶喷施壮丰灵 30mL/亩降株高效果较好。

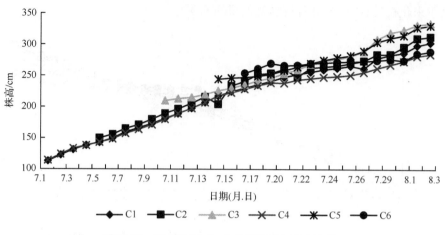

图 12-20　10.5 万株/hm² 各处理株高动态比较

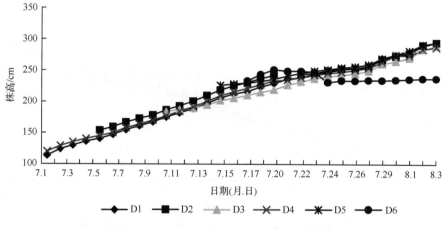

图 12-21　11.5 万株/hm² 各处理株高动态比较

由图 12-22 可知,在 12.5 万株/hm² 密度下,7 展叶喷施玉黄金 15mL/亩（F1）、8 展叶喷施玉黄金 15mL/亩(F2)和 9 展叶喷施玉黄金 30mL/亩(F3),可使喷药后植株株高低于未化控处理(F4),而后出现"补偿性生长",株高高于未化控处理;而 10 展叶喷施玉黄金 30mL/亩(F5)和 11 展叶喷施壮丰灵 30mL/亩(F6)则明显减缓了株高的增长趋势。8 月 2 日株高进行比较,各化控处理株高均高于未化控处理。化控降株高效果均不明显。

通过对不同密度下不同化控处理株高的比较,可以得出,密度 8.5 万株/hm² 和 11.5 万株/hm² 时,7 展叶喷施玉黄金 15mL/亩、9 展叶喷施玉黄金 30mL/亩和 11 展叶喷施壮丰灵 30mL/亩,可使喷药后植株株高低于未化控处理,其中 7 展叶喷施玉黄金 15mL/亩、9 展叶喷施玉黄金 30mL/亩两个处理会在处理后期出现"补偿性生长",而 11 展叶喷施壮丰灵 30mL/亩处理株高较未化控处理降低明显;9.5 万株/hm²、10.5 万株/hm² 和 12.5 万株/hm² 密度时,各化控处理对植株的矮化作用不大,8 月 2 日株高均高于未化控处理,而各处理中又以 11 展叶喷施壮丰灵 30mL/亩处理对植株株高增长趋势的减缓程度最大。因此,高密度种植的化控试验,明确玉米种植密度为 8.5 万～12.5 万株/hm²

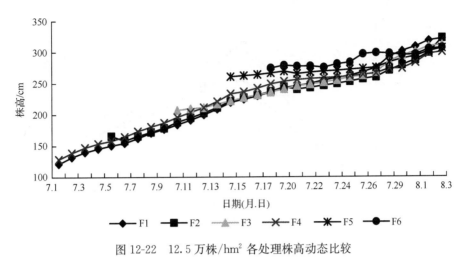

图 12-22 12.5 万株/hm² 各处理株高动态比较

时，于 11 展叶喷施壮丰灵 30mL/亩，降低株高的效果较好。

第六节 超高产玉米生理生化特性

玉米籽粒平均产量的提高除受栽培技术水平和环境因素影响外，产量潜力的增大也是主要原因。玉米的生产是一个群体过程，而非个体的表现。在产量潜力增大的同时，玉米各器官的许多生理参数均会发生变化。因此，了解玉米潜在的生理生化特性及与产量的关系，分析超高产紧凑型玉米品种和普通平展型玉米品种之间生理特性的差异，对进一步探讨玉米高产、超高产的产量形成机制，对未来超高产栽培和育种有重要意义。

一、玉米群体主要生理参数

（一）群体叶面积指数

研究表明，高产玉米品种和普通玉米品种的叶面积指数（LAI）在全生育时期内均呈单峰曲线（图 12-23）。出苗后 45d 开始群体叶面积相对增长速率加快，苗后 75d（抽雄吐丝期）均达到最高值，此后逐渐下降。出苗后 60d（大喇叭口期），叶面积指数开始呈现显著性差异；在群体 LAI 大于 4.0 的叶面积指数中，超高产玉米高值维持时间较长，且到生育后期叶面积指数仍然比两平展型玉米品种高，说明其成熟期保持更多的绿叶，可以积累更多的干物质，进而提高产量。各个品种随生育时期变化趋势方程如下

先玉 335：$y = -0.3695x^2 + 3.6591x - 3.2747$ （$r = 0.9151$）
郑单 958：$y = -0.3755x^2 + 3.7247x - 3.4803$ （$r = 0.9308$）
豫玉 22：$y = -0.3026x^2 + 2.9770x - 2.7809$ （$r = 0.9504$）
农大 518：$y = -0.2935x^2 + 2.9069x - 2.7509$ （$r = 0.9484$）

（二）群体光合势

光合势即叶面积持续时间，是衡量叶片光合面积积累的尺度，是表示群体光合性能的

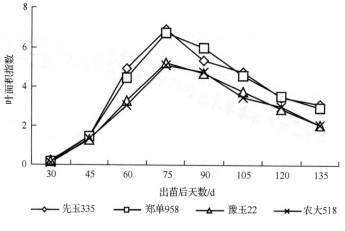

图 12-23　不同玉米品种叶面积指数变化动态

重要参数。从图 12-24 可以看出，从苗后 60d（大喇叭口期）到 120d（蜡熟期），高产潜力玉米品种和普通玉米品种的阶段光合势处在高值持续期，其在苗后 75d（抽雄期）到 90d（灌浆期），阶段光合势达最大。在此阶段，'先玉 335'和'郑单 958'光合势比'豫玉 22'和'农大 518'平均增加 18.8%。

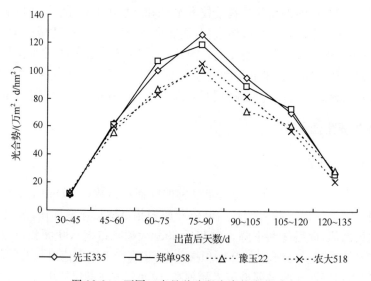

图 12-24　不同玉米品种阶段光合势变化动态

　　光合势高是获得高生物产量和籽粒产量的前提，尤其是开花后光合势反映了玉米群体在开花到成熟期间截获光能的能力大小，对玉米的干物质积累和产量的形成影响更大。研究发现，'先玉 335'吐丝后的光合势占总光合势的 63.9%。这可能是其有较高产量潜力的重要因素之一。各个品种光合势随生育时期变化趋势方程如下

先玉 335：$y=-10.297x^2+84.208x-57.817$　$(r=0.9859^{**})$

郑单 958：$y=-9.4792x^2+78.696x-51.103$　$(r=0.9811^{**})$

豫玉 22：$y=-7.6146x^2+62.565x-42.215$　$(r=0.9867^{**})$

农大 518：$y = -7.6192x^2 + 62.663x - 44.669$　$(r = 0.9845^{**})$

（三）群体净同化率

光合生产率即净同化率，以每平方米叶面积在 1d 内所积累的干物质计算。从表 12-42 可以看出，光合生产率在不同生育阶段有明显的变化，品种间发展趋势基本一致，均呈双峰"M"型曲线，最高点出现在 46～60d（拔节期至大喇叭口期）和 91～105d（灌浆期至乳熟期）。

表 12-42　不同玉米品种光合生产率的变化动态　［单位：g/(m² · d)］

品种	30～45d	46～60d	61～75d	76～90d	91～105d	106～120d	121～135d
先玉 335	6.55	7.01	7.29	4.32	6.90	4.91	2.70
郑单 958	6.67	7.04	7.21	4.75	6.73	4.62	2.31
豫玉 22	6.59	7.93	8.24	5.62	6.28	4.53	2.09
农大 518	6.71	7.87	8.20	4.94	6.19	4.17	2.01

在生育前期，两平展型普通玉米品种的光合生产率高于紧凑型高产玉米品种，而在出苗 91～105d 后呈现相反的趋势。这可能是由于在生育前期还没有形成一定的群体结构，主要发挥的是个体优势，而'先玉 335'和'郑单 958'两个产量潜力较高的品种采用了适当密植的方式，在前期存在着个体之间的营养争夺现象。

（四）总干物质积累量及籽粒灌浆速率

从图 12-25 可以看出，玉米地上部的干物质积累规律动态均遵循 Logistic（型曲线）模式，干物质的积累量随着生育进程的推进不断增加，不同阶段积累速度不同。

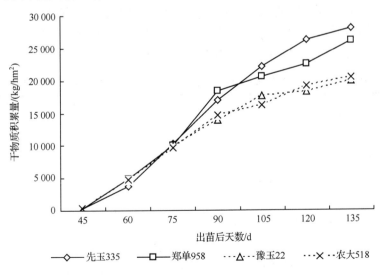

图 12-25　不同玉米品种干物质积累动态

从整个生育进程来看，在生育前期，各品种干物质积累量无显著差异，出苗后 90d，两个紧凑高产玉米品种'先玉 335'和'"郑单 958'干物质迅速增加,显著高于平展型玉米品种'豫玉 22'和'农大 518'。

（五）不同玉米品种产量及与群体生理参数的关系

由表 12-43、表 12-44 可以看出,高产品种和普通品种成熟期产量与吐丝后干物质积累量呈显著正相关,相关系数为 0.9932**,而吐丝前干物质积累量与产量相关系数仅为 0.4532。

表 12-43　不同玉米品种产量及其构成因素

品种	穗数/(穗/hm²)	总粒数/粒	穗粒数/粒	百粒重/g	产量/(kg/hm²)	生物产量/(kg/hm²)	收获指数
先玉 335	74 019	40 821 479	551.5	39.2	13 761.7	28 114.9	0.489 4
郑单 958	74 193	40 286 799	543.0	36.4	12 611.4	26 081.7	0.483 5
豫玉 22	49 018	27 405 964	559.1	39.5	9 319.2	19 987.1	0.466 3
农大 518	48 925	26 978 535	550.2	38.2	8 845.6	20 515.2	0.431 2

表 12-44　玉米吐丝前后干物质积累量与产量的关系

生育时期	回归方程	相关系数
吐丝前期	$y=-2.8109x+2.5030$	0.4532
吐丝后期	$y=0.2982x-8766.3$	0.9932**

** $P<0.01$

可见,无论是紧凑型高产玉米品种还是普通平展型品种,其吐丝后期干物质的积累量是高产形成的重要方面。因此,表 12-45 仅列出吐丝后干物质积累量与光合势（LAD）、NAR 的关系,可以看出'先玉 335'和'郑单 958'吐丝后净同化率对干物质积累量影响较大,而平展型玉米品种的干物质积累量则受光合势和净同化率的双重影响。

表 12-45　吐丝后干物质积累量(y)与光合势 LAD(x_1)和净同化率 NAR(x_2)的关系

品种	回归方程	标准回归系数	偏相关系数
先玉 335	$y=-270.58+0.0043x_1+63.39x_2$	$b_1=0.4596$ $b_2=0.7792$	$r_{1y}=0.3830$ $r_{2y}=0.8427$
郑单 958	$y=-249.62+0.0068x_1+59.76x_2$	$b_1=0.5329$ $b_2=0.8024$	$r_{1y}=0.3242$ $r_{2y}=0.7968$
豫玉 22	$y=-199.06+0.0047x_1+37.26x_2$	$b_1=0.5230$ $b_2=0.6446$	$r_{1y}=0.8592$ $r_{2y}=0.7641$
农大 518	$y=-211.74+0.0058x_1+29.41x_2$	$b_1=0.4988$ $b_2=0.6236$	$r_{1y}=0.7724$ $r_{2y}=0.5489$

对高产和普通玉米群体生理参数和产量的研究发现,叶面积指数大、光合持高值持续期长,干物质积累大,是超高产玉米的典型特征。吕丽华等（2008）指出,紧凑型玉米高产

栽培的最大叶面积指数可达 5～6,在适宜的叶面积指数范围内,延长灌浆期叶片的功能期,尤其是吐丝 30d 以后的绿叶面积时间是高产的根本保证。两个高产紧凑型玉米品种'先玉 335'和'郑单 958'在全生育时期内绿叶面积持续时间较长,光合生产率经过生育前期的转折点后,成熟期仍保持一定的光合速率,净同化率高。吐丝后高的净同化率,可改善光合产量的分配和减少光合产物的消耗,进而提高产量。

玉米叶片作为有机物质生产的主要"源",叶片光合势对玉米整个生长发育和产量形成有重要影响。有报道指出,玉米总光合势与经济产量有显著的正相关,光合势越高,光能利用率越高,群体干物质积累也就越多。两个高产品种的玉米光合势虽然在某段时间内保持很高的值,但总光合势与产量并未呈现显著的正相关。东先旺和刘树堂(1999)指出,阶段光合势及总光合势虽受群体自动调节的影响,但调节能力有限,主要受群体大小的制约,说明高产群体的光合势发展动态和总量要求合理和适度。

尽管各玉米品种的产量不同,但各群体生理参数并非全部呈现显著差异。玉米的生产是一个群体过程,最高产量群体需要群体内各项生理指标协同发展。两高产玉米品种群体叶面积发展动态合理,阶段光合势适宜及后期群体光合速率高,物质生产能力较强。作物产量的形成过程是数量性状和质量性状的综合作用结果。增加作物群体数量、抑制个体功能的生长冗余以实现群体性能最优化是作物超高产潜力挖掘的重要途径。在未来玉米育种和栽培工作方面,可根据以上各项指标建立吉林省春玉米超高产群体光合生理的有关参数,同时重视生育后期各项田间管理措施的配合,延缓叶面积下降速度,提高光合速率,增加干物质生产量,有利于玉米超高产的实现。

二、玉米叶片保护酶活性

超氧化物歧化酶(SOD)是生物体内重要的保护酶之一,它的主要功能是催化超氧物阴离子自由基($\cdot O^{2-}$),发生歧化反应生成 H_2O_2 和 O_2,从而清除 $\cdot O^{2-}$ 对细胞的损害(徐建龙等,2000;李奕松等,2002)。从表 12-46 可以看出,SOD 活性在吐丝期出现一个峰值之后均下降。高产品种的 SOD 活性显著高于普通品种,其中'先玉 335'的 SOD 活性最高,'通吉 100'SOD 活性最低。这说明'先玉 335'叶片清除活性氧的能力和抗衰老的能力较强。组织中高浓度的 H_2O_2 主要靠过氧化氢酶(CAT)清除。普通玉米品种的 CAT 活性显著低于高产品种。CAT 活性在吐丝期达到峰值后均呈现降低的趋势,说明清除活性氧能力减弱,进而造成植株衰老。

表 12-46　不同生育时期玉米 SOD 和 CAT 活性　　[单位:U/(g FW/min)]

品种	SOD 活性				CAT 活性			
	抽雄期	吐丝期	灌浆期	乳熟期	抽雄期	吐丝期	灌浆期	乳熟期
先玉 335	620.0	643.7	626.7	588.7	62.2	69.0	66.0	61.5
郑单 958	519.3	580.3	536.0	521.3	61.1	66.0	59.0	50.7
长城 799	469.7	505.7	459.7	412.7	48.3	48.2	40.7	36.0
通吉 100	450.7	474.7	431.3	402.3	47.0	49.4	38.0	30.6

过氧化物酶(POD)是广泛存在于植物体内的一种酶,其活性是反映器官衰老程度的

重要生理指标(张立新等,2007)。在植物生长发育过程中,其活性不断发生变化,一般在老化组织中活性较高,幼嫩组织中活性较弱。从表 12-47 可以看出,POD 活性表现出"高—低—高"的变化趋势,吐丝期达到高峰,之后逐渐下降,到乳熟期又达最高值。高产品种'先玉 335'的 POD 活性最高,说明在生育后期,'先玉 335'清除活性氧的能力较强,有利于延长叶片功能期。脂质过氧化产物丙二醛(MDA)含量是反映脂质过氧化程度的重要指标(白宝璋等,1996)。MDA 使多种酶和膜系统遭受严重损伤,其含量的大幅度升高标志着植株快速转向衰老(王智威等,2013)。吐丝期后,高产品种的 MDA 含量均比对照品种低,在叶片中积累少,表明其清除活性氧的能力较强,膜脂过氧化程度低,这是超高产品种衰老相对延迟的重要原因。

表 12-47 不同生育时期玉米 POD 和 MDA 含量

品种	POD 活性/[U/(g FW/min)]				MDA 含量/(μmol/g)			
	抽雄期	吐丝期	灌浆期	乳熟期	抽雄期	吐丝期	灌浆期	乳熟期
先玉 335	164.3	190.0	184.0	194.5	16.7	18.8	20.0	21.5
郑单 958	147.9	185.0	172.1	189.1	17.2	21.0	22.5	23.1
长城 799	110.4	145.8	137.7	153.2	19.2	22.2	25.5	27.1
通吉 100	105.0	157.7	142.6	158.0	18.3	26.4	27.9	30.4

开花后是玉米籽粒产量形成的关键时期,有 70% 以上的籽粒灌浆物质来源于此期叶片的光合产物。从抽雄期到乳熟期,超高产玉米品种的 SOD、CAT、POD 活性均高于普通玉米品种,而 MDA 含量则相反,说明超高产玉米品种清除活性氧的能力较强,在生长发育过程中叶片衰老较慢,有利于后期干物质积累,进而有助于提高产量。

三、玉米籽粒灌浆特性及关键酶活性

玉米胚乳质量占籽粒质量的 80% 左右,淀粉是玉米籽粒储藏的主要代谢产物,玉米籽粒中淀粉含量一般占粒质量的 60%~80%,其数量多少直接影响玉米的产量。其灌浆过程首先是胚乳细胞的分裂增殖,然后是淀粉的合成和积累过程,茎、叶等源器官制造的光合产物以蔗糖形式通过韧皮部长距离运输到籽粒,经过一系列酶的催化作用转化为淀粉,探明玉米高产的淀粉积累差异的原因,为探讨玉米胚乳细胞增殖和淀粉积累的酶学机制,进一步为生产上选择合适的高产栽培环境、实现玉米的高产稳产提供科学依据。

(一)玉米籽粒胚乳细胞增殖

在整个灌浆期,玉米籽粒胚乳细胞增殖趋势表现均为"慢—快—慢"的变化趋势,呈"S"形曲线变化(图 12-26)。玉米籽粒授粉后 3~5d 为"缓慢增长期",7~20d 为"快速增长期"。在授粉后 25d,各品种籽粒胚乳细胞数达到最大值,郑单 958>先玉 335>长城 799>农大 364;此后超高产玉米品种'先玉 335'和'郑单 958'籽粒胚乳细胞数保持基本稳定的趋势,而'长城 799'和'农大 364'略有下降。在灌浆前期,品种间胚乳细胞数差异不大,授粉 15~20d,'先玉 335'和'郑单 958'籽粒胚乳细胞分裂加快,胚乳细胞数也明显大于'长城 799'和'农大 364',平均增加 20.22%。到授粉后 35d,各品种籽粒胚乳细胞数

顺序依次为：先玉 335＞郑单 958＞农大 364＞长城 799。

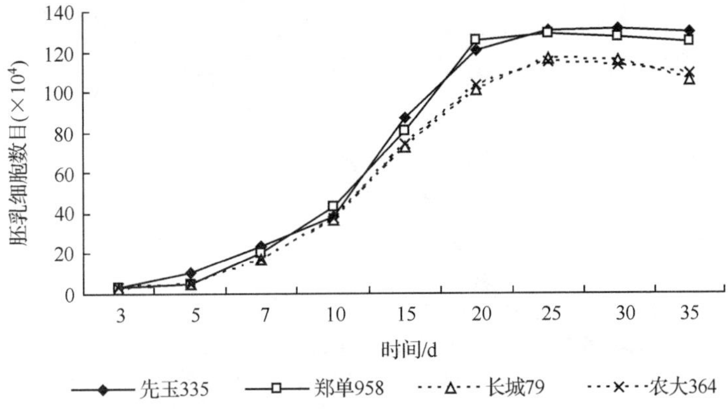

图 12-26　不同品种玉米籽粒胚乳细胞增殖动态

胚乳细胞增殖速率反映了籽粒胚乳细胞分裂的快慢，用 Richard 方程 $W＝A/(1＋Be^{-kt})^{1/N}$ 模拟胚乳细胞增殖动态，决定系数为 0.9938～0.9971。

由表 12-48 可见，玉米籽粒胚乳细胞平均增殖速率 G_{mean} 不同，大小顺序为：郑单 958＞先玉 335＞长城 799＞农大 364；而胚乳细胞最大增殖速率以'先玉 335'最高，'长城 799'最低。

表 12-48　不同品种玉米籽粒胚乳细胞增殖参数

品种	A	T_{max}/d	G_{max}	G_{mean}	W_{maxG}	I	r^2
先玉 335	129.4308	14.5172	9.8433	5.5747	87.4852	0.6759	0.9971
郑单 958	124.9217	13.4098	8.9657	6.0373	80.5413	0.6447	0.9955
长城 799	105.7905	10.9107	7.1267	4.4531	36.7251	0.3472	0.9938
农大 364	109.3449	11.2415	7.4041	4.3887	37.3584	0.3417	0.9954

（二）玉米籽粒干物质积累

玉米籽粒粒重即干物质积累进程，与籽粒胚乳细胞数增殖在时间上不同步。籽粒粒重的增加比胚乳细胞数增殖进程要晚。由图 12-27 可见，授粉后 5～15d，单粒质量增长缓慢，品种间无显著差异。

随着时间的推移，粒重迅速增加，'长城 799'和'农大 364'在授粉后 50d 籽粒粒重基本稳定，此后无显著变化，而'先玉 335'和'郑单 958'在授粉 50d 后仍然稳步提高，在 55d 趋于稳定，4 个品种最终粒重顺序为：先玉 335＞郑单 958＞长城 799＞农大 364。

（三）玉米籽粒淀粉含量

籽粒干重的增加不仅取决于胚乳细胞数的多少，而且取决于胚乳细胞的物质充实即淀粉的积累速度和积累时间。玉米籽粒淀粉含量动态分析表明，玉米籽粒淀粉含量呈现"S"形曲线（图 12-28）。

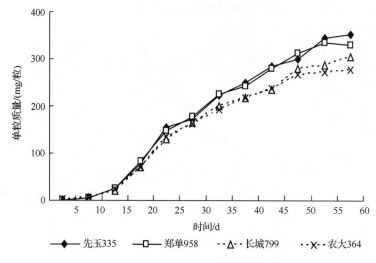

图 12-27　不同品种玉米籽粒单粒质量增长动态

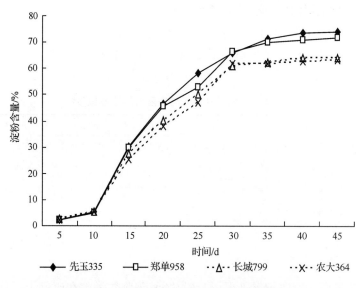

图 12-28　不同品种玉米籽粒淀粉含量的动态

　　灌浆前期(授粉后 5～10d)，淀粉含量增加缓慢，此后迅速增加，同粒重变化趋势基本一致。授粉后 35d 淀粉含量增加变缓，基本保持不变，但由于此期粒重仍在增加，导致淀粉积累量也在增加。在籽粒成熟期总淀粉积累量达到最大值。

(四)玉米籽粒蔗糖转化酶和淀粉磷酸化酶活性

　　玉米籽粒淀粉是由蔗糖在籽粒中经过一系列酶的催化作用转化而来的，蔗糖转化酶和淀粉磷酸化酶在此过程中起到很重要的作用。蔗糖转化酶主要调控籽粒中蔗糖的合成和分解，将进入籽粒的蔗糖降解为尿苷二磷酸葡萄糖(UDPG)以提供葡萄糖供体，为籽粒中淀粉、蛋白质等物质的生物合成提供底物；而淀粉磷酸化酶主要是将葡萄糖供体磷酸化,调控籽粒中淀粉的生物合成。

　　由图 12-29 与图 12-30 可见,授粉后 45d 内,玉米籽粒蔗糖转化酶和淀粉磷酸化酶活性的变化均为单峰曲线,峰值出现时间不同。蔗糖转化酶峰值出现时间在授粉后 20~25d,淀粉磷酸化酶晚 5~10d。授粉后 25d 玉米品种间酶活性呈现显著差异,'先玉 335'和'郑单 958'籽粒酶活性高于'农大 364'和'长城 799'。

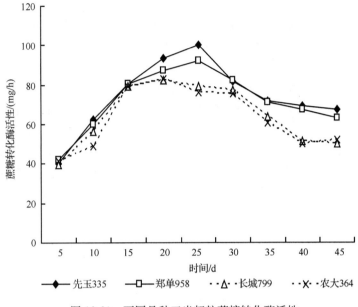

图 12-29　不同品种玉米籽粒蔗糖转化酶活性

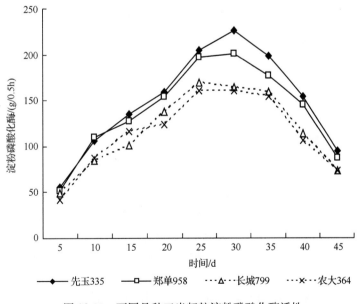

图 12-30　不同品种玉米籽粒淀粉磷酸化酶活性

　　此外,玉米籽粒两种酶活性峰值出现时间也不同,'先玉 335'和'郑单 958'两种酶活性最大值分别出现在授粉后 25d(蔗糖转化酶)和 30d(淀粉磷酸化酶),而'长城 799'和 '农大 364'籽粒酶活性峰值出现在授粉后 20d(蔗糖转化酶)和 25d(淀粉磷酸化酶)。籽 粒蔗糖转化酶和淀粉磷酸化酶的活性差异在一定程度上决定了籽粒中淀粉积累量和物质 合成总量,最终导致产量的不同。

(五)不同品种玉米籽粒淀粉合成关键酶活性变化

腺苷二磷酸葡萄糖(ADPG)是淀粉体中催化淀粉合成第一步的酶,是淀粉生物合成 的重要调节位点和枢纽;UDPG 主要催化 UDPG 与无机焦磷酸反应生成 1-磷酸葡萄糖 和 UTP。

由图 12-31 与图 12-32 可以看出,授粉后玉米籽粒 ADPG 活性随着灌浆时间的推移 和籽粒发育先增加后下降,'先玉 335'峰值出现在授粉后 40d,而其他 3 个品种的峰值均 出现在授粉后 35d。在灌浆前期(授粉后 10~20d),各玉米品种籽粒 ADPG 活性无显著 差异;授粉后 25d 开始,'先玉 335'籽粒 ADPG 活性显著高于其他 3 个品种,说明在籽粒 发育后期,'先玉 335'具有更强的 ADPG 供应能力。与 ADPG 变化趋势类似,'郑单 958'、'长城 799'和'农大 364'籽粒 UDPG 活性较'先玉 335'峰值出现时间早。

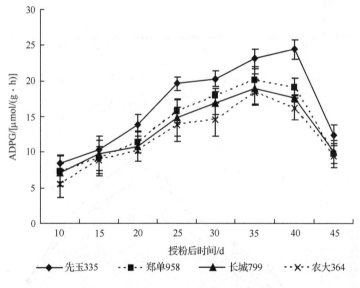

图 12-31　不同品种玉米籽粒 ADPG 酶活性

在淀粉合成过程中,可溶性淀粉合成酶(SSS)主要催化支链淀粉的合成,颗粒状淀粉 合成酶(GBSS)催化直链淀粉的合成。图 12-33 与图 12-34 表明,在整个灌浆期间,玉米 籽粒 SSS 和 GBSS 活性呈单峰曲线,峰值均出现在授粉后 30d。

在灌浆前期(授粉后 10~20d),各品种籽粒 SSS 和 GBSS 活性均无显著差异;授粉后 30d,SSS 活性顺序为:郑单 958>先玉 335>长城 799>农大 364,达到峰值后,'郑单 958' 籽粒 SSS 活性迅速下降;而在灌浆中后期,'先玉 335'籽粒 GBSS 活性显著高于其他 3 个 玉米品种。说明在催化淀粉合成反应中,'先玉 335'有较强的直链淀粉合成能力。

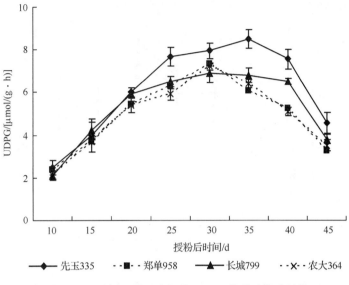

图 12-32　不同品种玉米籽粒 UDPG 焦磷酸化酶活性

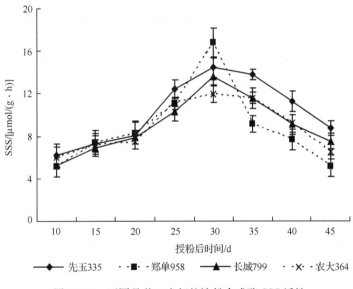

图 12-33　不同品种玉米籽粒淀粉合成酶 SSS 活性

（六）玉米籽粒胚乳细胞增殖与籽粒性状相关分析

由表 12-49 可以看出，籽粒中胚乳细胞数目的多少，即胚乳细胞的充实状态和籽粒粒重、灌浆速率、淀粉含量、淀粉磷酸化酶和蔗糖转化酶活性、ADPG、UDPG、GBSS 均呈显著正相关。

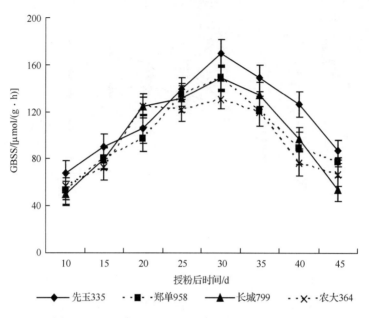

图 12-34　不同品种玉米籽粒淀粉合成酶 GBSS 活性

表 12-49　不同品种玉米籽粒胚乳细胞增殖与籽粒灌浆期生理指标的相关性

品种	粒重	淀粉含量	淀粉磷酸化酶	蔗糖转化酶	ADPG	UDPG	SSS	GBSS
先玉 335	0.9521 **	0.9828 **	0.9259 **	0.8588 **	0.7347 *	0.8891 **	0.6510 *	0.7634 *
郑单 958	0.9127 **	0.9567 **	0.8731 **	0.8255 **	0.6530 *	0.8923 **	0.4695	0.7877 *
长城 799	0.9051 **	0.9641 **	0.9641 **	0.7182 *	0.6858 *	0.9746 **	0.7292 *	0.9555 **
农大 364	0.9730 **	0.9758 **	0.9481 **	0.6574 *	0.7114 *	0.9183 **	0.6902 *	0.9248 **

　　$* P<0.05$，$** P<0.01$

　　玉米实现高产的重要前提是大的库容。而库容主要取决于最大胚乳细胞数。籽粒胚乳细胞数既反映了籽粒库的潜力，又反映了该潜力的实现程度。较多的胚乳细胞数是库大的基本特征，有利于籽粒以较快的速度积累同化产物，同时容纳和积累较多的淀粉粒，增加粒质量进而提高产量。Reddy(1983)认为，硬齿型和马齿型玉米品种间籽粒质量的差异与各自的籽粒胚乳细胞数有关，与细胞大小无关；Pinto(1986)与李绍长等(2000)的研究结果表明，胚乳细胞数是决定籽粒质量的主要原因。张祖建等(1998)提出，提高水稻籽粒充实程度应从促进胚乳细胞分裂和增加单个胚乳细胞灌浆物质两个方面入手。较多的胚乳细胞可以促使籽粒以较快的速度积累同化产物，同时容纳和积累较多的淀粉粒。胚乳细胞形成后，籽粒生长进入有效灌浆期，即籽粒淀粉粒的充实扩大期，完成淀粉的积累和粒重的增加。通过对不同产量潜力玉米籽粒胚乳细胞增殖动态规律的研究发现，紧凑型有高产潜力的玉米品种('先玉 335'和'郑单 958')的最大胚乳细胞数在灌浆中后期均显著高于普通平展型玉米品种('长城 799'和'农大 364')。

　　淀粉是玉米籽粒的主要组成成分，占籽粒干重的 70% 左右，玉米籽粒的灌浆过程主要是淀粉合成和积累的过程。茎、叶等源器官制造的光合产物以蔗糖形式运输到库器官（籽粒），在一系列酶的催化作用下形成淀粉。Douglas 等（1988）提出了玉米籽粒淀粉合成过程中可能包括的中间产物及其有关的酶，认为 ADPG 和 UDPG 均为淀粉合成的直接前体物质。在籽粒发育过程中，'先玉 335'籽粒 ADPG 和 UDPG 活性峰值出现时间均比'郑单 958'、'长城 799'和'农大 364'推迟一周左右，有较长的高值持续期，为淀粉的合成奠定了良好的基础。Singletary 等（1997）研究发现，玉米籽粒胚乳突变体若失去ADPG活性，淀粉含量将大幅度下降，故 ADPG 通常被认为是淀粉合成的限速酶。而籽粒 SSS、GBSS 活性的降低增加了将 ADPG 的葡萄糖基向 2,4-葡萄糖链的非还原性末端的转移，从而增加了淀粉合成的阻力。紧凑型玉米和平展型玉米品种籽粒胚乳细胞数与 ADPG、UDPG 酶活性、SSS 和 GBSS 等酶活性均呈正相关，但在整个灌浆期内，酶活性变化与淀粉积累速率、灌浆速率的变化并不完全同步，说明供试酶活性并非完全是籽粒淀粉合成与积累的限速因子。此外，玉米籽粒蔗糖转化酶和淀粉磷酸化酶活性虽受籽粒淀粉积累的反馈调节，但并不存在对淀粉合成的限速作用。因此，淀粉积累所需底物的供应水平可能是多种酶综合作用的结果。

胚乳细胞形成时的环境因素和栽培条件也会影响胚乳细胞的形成，淀粉的积累，最终影响产量。因此，已具备了高产潜力的玉米品种，其产量潜力的实现也要依靠科学的栽培管理技术，使其高产潜力得到充分发挥。适时播种，在胚乳细胞分裂期处于有利的光照和温度，通过一定的肥水管理保证籽粒灌浆期充足的无机营养，提高灌浆前期胚乳细胞增殖速率和灌浆速率，保证光合产物快速、充分地运送到籽粒中去，使籽粒淀粉积累达到最佳状态，进而达到高产。

主要参考文献

白宝璋,于漱琦,田文勋,等.1996.植物生理学实验教程.北京:中国农业出版社:59~72

白鸥,黄瑞冬.2007.不同纯度玉米群体株高、光分布和产量的比较研究.玉米科学,15(3):59~61,70

边少锋,赵洪祥,孟祥盟,等.2008.超高产玉米品种穗部性状整齐度与产量的关系研究.玉米科学,16(4):119~122

边秀芝,刘武仁,冯艳春,等.2004.提高玉米果穗整齐度初探.玉米科学,12(专刊):73~75

曹国军,刘宁,李刚,等.2008.超高产春玉米氮磷钾的吸收与分配.水土保持学报,22(2):198~201

曹修才,侯廷荣,张桂阁,等.1996.玉米株高整齐度与穗部性状关系的研究.玉米科学,4(2):62~64

陈国平,杨国航,赵明,等.2008.玉米小面积超高产创建及配套栽培技术研究.玉米科学,16(4):1~4

陈国平,赵久然.2007.试论超级玉米的育种、栽培模式//玉米研究文集.北京:中国农业科学技术出版社

陈新平,王敬国,杨志福,等.1995.土壤水分胁迫条件下磷、钾营养的相互关系及其对小麦抗旱性的影响.北京农业大学学报,21(增刊):71~76

陈玉水,卢川北.2004.玉米穗位高与株高的相关研究.广西农业科学,35(2):11

邓文龙.2013.美国玉米高产的主要因素.云南农业,1:77

东先旺,刘树堂.1999.夏玉米超高产群体光合特性的研究.华北农学报,14(2):36~41

范贻山.1983.高产夏玉米需肥规律的研究.山东农业科学,15(3):1~5

谷宏,胡文河,吴春胜,等.2011.不同产量潜力玉米品种群体生理参数研究.玉米科学.19(5):73~77

顾慰连,戴俊英,刘俊明,等.1984.玉米田间整齐度与产量的关系.辽宁农业科学,4:9~12,131

关义新,凌碧莹,李学民.2000.春玉米超高产群体"源库"调控理论研究//全国玉米科学学术报告会论文集.长春:吉林科学技术出版社:897~898

关义新,凌碧莹,林葆,等.2000.高产春玉米群体库及源库流的综合调控.沈阳农业大学学报,31(6):537~540

侯爱民,孟长先,杨先文,等.2003.玉米主要农艺性状的整齐度与产量的相关研究.玉米科学,11(2):62～65

胡霭堂.2003.植物营养学.下册.北京:中国农业大学出版社:14～85

黄开键,黄艳花.1997.玉米株高整齐度对产量及其构成因素的影响.广西农业科学,2:61～63

李绍长,陆嘉惠,孟宝民,等.2000.玉米籽粒胚乳细胞增殖与库容充实的关系.玉米科学,8(4):45～47

李淑华,许明学,张亚辉,等.2013.2012年美国玉米高产竞赛简介.玉米科学,21(3):154～156

李雁,王江民.1998.玉米穗部性状与株高整齐度相关研究.云南农业科技,4:21～22,271

李奕松,黄丕生,黄仲青,等.2002.两系籼型杂交水稻齐穗后光合作用和衰老特性的研究.中国水稻科学.16(2):
141～145

刘百韬.1984.玉米群体的整齐度及其在生产中的意义.农业科技通讯,3:12

刘晓利,何园球,李成亮,等.2008.不同利用方式和肥力红壤中水稳性团聚体分布及物理性质特征.土壤学报,45(3):
459～464

刘志全,李万良,路立平,等.2007.2006年美国玉米高产竞赛的启示.玉米科学,15(6):144～145

刘志全,路立平,沈海波,等.2004.美国玉米高产竞赛简介.玉米科学,12(4):110～113

吕丽华,赵明,赵久然,等.2008.不同施氮量下夏玉米冠层结构及光合特性的变化.中国农业科学,41(9):2624～2632

马成泽.1994.有机质含量对土壤几项物理性质的影响.土壤通报,25(2):65～67

马兴林,边少锋,任军,等.2009a.春玉米超高产群体结构与调控技术.农业科技通讯,1:94～97,98

马兴林,王庆祥,钱成明,等.2008.不同施氮量下玉米超高产群体特征研究.玉米科学,16(4):158～162

马兴林,颜军,王立春,等.2009b.吉林省紧凑型玉米发展概况与前景.农业科技通讯,3:81～86

宁运旺,刘连山,戴贵才.1999.施钾对土壤富钾区棉花玉米产量的影响.江苏农业科学,1:45～46

全国农业技术推广服务中心,中国作物学会栽培专业委员会玉米学组.2007.现代玉米发展论文集.北京:中国农业出
版社

申林,黄智鸿,孙刚,等.2008.超高产玉米与普通玉米叶片生理生化特性变化比较.安徽农业科学,36(20):
8453～8455

宋凤斌,孙忠立,汪立群.1993.不同生长调节剂对玉米生长发育及产量的影响.玉米科学,1(1):32～34

孙月轩,姜先梅,张作本,等.1994.夏玉米增加播量和间苗次数对群体整齐度及产量影响的探讨.玉米科学,2(2):
45～47

孙政才,赵久然.2005.超级玉米良种良法配套技术.北京:中国农业出版社:441～444

王鹏文,黄瑞冬,戴俊英,等.1996.EM对玉米生理特性和产量的作用研究初报.玉米科学,4(1):39～42

王秋燕,赵守光.2008.甜玉米株高整齐度与产量及穗部性状的关系研究.广东农业科学,1:8～10

王永军.2008.超高产夏玉米群体质量与个体生理功能研究.山东农业大学博士学位论文

王智威,牟思维,闫丽丽,等.2013.水分胁迫对春播玉米苗期生长及其生理生化特性的影响.西北植物学报,(33)2:
0343～0351

吴春胜.2008.超高产玉米灌浆速率与干物质积累特性研究.吉林农业大学学报,30(4):382～385

武恩吉,高素霞,李芳贤.1986.玉米株高整齐度与产量的关系.山东农业科学,18(3):8～10

徐国良,代玉仙,任军,等.2009.2008年度美国玉米高产竞赛简介.玉米科学,17(4):151～152

徐建龙,童富炎,胡家恕,等.2000.水稻细菌性条斑病抗性与过氧化物酶同工酶关系的初步研究.农业生物技术学报.
8(1):71～78

徐阳春,沈其荣,雷宝坤,等.2000.水旱轮作下长期免耕和施用有机肥对土壤某些肥力性状的影响.应用生态学报,
11(4):549～551

徐阳春,沈其荣,冉炜.2002.长期免耕与施用有机肥对土壤微生物生物量碳、氮、磷的影响.土壤学报,39(1):89～96

颜军,马兴林.2007.我国玉米进一步增产的潜力及实现途径.农业科技通讯,9:5～7

杨国虎,罗湘宁.1999.小麦/玉米带种吨粮田模式中玉米茎粗整齐度与其经济性状的相关分析.甘肃农业科技,4:
15～16

杨海涛,赵久然,李瑞媛,等.2007.不同施肥模式下保护性耕作春玉米产量及经济效益.中国农学通报.23(8):
176～180

尹枝瑞. 2000. 一熟制春玉米吉林省产区超高产田的理论基础与技术关键. 中国农业科技导报,2(3):33～37

岳杨,吴春胜,谷岩,等. 2011. 紧凑型与平展型玉米叶面积指数及产量构成比较研究. 吉林农业,251(1):35～36

翟广谦,陈永欣,田福海. 1998. 玉米株高整齐度与穗部性状的相关性分析. 山西农业科学,26(3):33～35

张立新. 李生秀. 2007. 氮、钾、甜菜碱对水分胁迫下复玉米叶片膜脂过氧化和保护酶活性的影响. 作物学报. 33(3): 482～490

张智猛,李伯航. 1995. 高产夏玉米氮、磷、钾吸收、积累与分配态势的研究. 河北农业技术师范学院学报,9(2):10～17

张祖建,王志琴,朱庆森,等. 1998. 水稻胚乳增殖动态分析及籽粒生长的关系. 作物学报,24(3):257～264

赵兰坡,王鸿斌,刘会青,等. 2006. 松辽平原玉米带黑土肥力退化机理研究. 土壤学报,43(1):79～84

Douglas C D,Tsung M K,Frederick C F. 1988. Enzymes of sucrose and hexose metabolism indeveloping kernels of two inbreds of maize. Plant Physiology,86:1013～1019

Duvick D N. 1992. Genetic contributions to advances inyield of United States maize. Maydica,37:69～79

Hallawer A R. 1990. Methods used in developing maize breeding. Maize,35(1):1～16

Pinto C. 1986. Influence of endosperm cell number on kernel size and weight in maize (*Zea Mays* L.). Dis-sertation Ab-stracts International B. Sciences and Engineering,46(11):3653B

Raun W R,Johnson G V,Phillips S B,et al. 1998. Effect of long-term N fertilization on soil organic C and total N in continuous wheat under conventional tillage in Oklahoma. Soil and Tillage Research,4(6):323～330

Reddy V M. 1983. Endospermcharacteristics associated with rate of kernel filling and kernel size in corn. Madica,38: 339～355

Sayre H V. 1948. Mineral accumulation in corn. Plant Physiol,23(3):267～281

Singletary G W,Banisadr T,Keeling P L. 1997. Influence of gene dosage on carbohydrate synthesis and enzymatic activ-ities in endosperm of starch-deficient mutants of maize. Plant Physiology,113:293～304

第十三章　紧凑型玉米发展概况及高产形态与生理基础

第一节　紧凑型玉米发展概况

一、美国紧凑型玉米发展概况

应该说,美国是较早从事紧凑型玉米选育和应用的国家(尽管美国没有紧凑型玉米和平展型玉米的明确分类或提法)。早在 20 世纪 30 年代,美国玉米种植密度小于 3 万株/hm²,单产不足 2000kg/hm²。60~70 年代,密度增加到 4.5 万株/hm² 左右,单产相应提高到 4500kg/hm² 左右。目前密度已增加到 7 万株/hm² 左右,单产提高到 9000kg/hm² 以上,而高产田种植密度高达 9 万株/hm² 左右,有的甚至超过 10 万株/hm²,产量高达 15 000kg/hm² 以上。这说明随年代进展,美国玉米单产是由于种植密度的不断增加而显著提高的。Duvick(1992)和 Duvick 等(2004)对美国 20 世纪 30~90 年代玉米品种生产潜力变化考察后认为,美国 70 多年的玉米杂交育种并没有提高品种的单株生产潜力,这期间玉米品种群体产量潜力的提高主要得益于耐密性的提高。柏大鹏等(2000)也认为,美国玉米产量不断提高的历史就是玉米育种发展的历史,而玉米产量的发展和提高取决于玉米种植密度的不断增加。也就是说,通过人工选择,不同时期随着品种耐密性的增强,玉米的种植密度不断增加,从而实现了玉米产量的不断提高。

二、我国紧凑型玉米发展概况

我国紧凑型玉米研究与应用紧随美国之后,是从有意识地选育株型紧凑的玉米杂交种(即通常所说的紧凑型玉米)开始的。在 20 世纪 50 年代,我国玉米主栽品种是农家品种(如著名的'白马牙'、'金皇后'等),由于这类品种存在株型松散、叶片平展,不抗倒伏等缺点,种植密度不足 3 万株/hm²,单产在 1500kg/hm² 以下。60~70 年代开始选育推广玉米杂交种,种植密度增加到 3.75 万株/hm² 左右,单产也提高到 1500kg/hm² 以上。按现在的标准衡量,这一时期选育的杂交种中,虽然不乏紧凑型的优良品种,如 1968 年中国农业科学院作物所选育的'白单 4 号'(塘四平头×埃及 205),具有适应性广、丰产性好、双穗率高的显著特点,曾在河北、河南、山东、山西、陕西、辽宁、江苏、四川、贵州等 21 个省市广为种植。

但是,我国紧凑型玉米的大面积推广应用是在紧凑型自交系'黄早 4'选育成功以后。'黄早 4'是北京市农林科学院作物研究所与中国农业科学院作物科学研究所在 1974 年选育出来的。'黄早 4'育成后不久,以其为亲本组配的一批紧凑型杂交种,表现了明显的丰产性。如 1975 年北京市农林科学院作物所育成的紧凑型杂交种'京早 7 号'(黄早 4×罗系 3),产量曾突破 7500kg/hm²,在当时引起广泛关注(刘有昌,1991)。1976 年烟台市农业科学研究所引入'黄早 4'后,培育出表现非常突出的紧凑型杂交种'烟单 14'。1981

年'烟单14'在龙口市创下了夏玉米单产14 155.5kg/hm² 的高产纪录。'烟单14'的育成与推广使我国玉米首次大面积单产突破 7500kg/hm²（亩产 500kg）大关（王建革等，1995）。

20 世纪 70 年代末，我国紧凑型玉米育种又有了长足进步，全国各地连续培育和推广了多个抗病、抗倒、优质、高产的紧凑型优良杂交种。其中山东省莱州市选育的紧凑型杂交种'掖单 2 号'，一举突破了我国夏玉米单产11 250kg/hm²（亩产 750kg）大关，这是玉米科学发展的重大创新，在我国玉米科技和生产发展史上具有里程碑意义。1982 年莱州市又培育出株型紧凑的自交系'掖8112'，且配合力好、抗倒性强，与'黄早 4'（父本）组配成'掖单 4 号'，该品种由于具有非常强的抗倒性而被誉为"铁秆玉米"，显示出高度的耐密性和丰产性。随后又陆续选育成功了'掖 107'、'掖 478'、'H21'等高配合力优良自交系，并组配出在全国有很大影响的多个紧凑型杂交种，如'掖单 12'、'掖单 13'和'鲁玉 10'等。与此同时，全国各地也相继培育出一批紧凑型良种，如'豫玉 2 号'（郑单 8 号）、'豫玉 3号'（豫单 8 号）、'豫玉 5 号'（新黄单 85-1）、'鲁玉 4 号'等。在品种选育的基础上，紧凑型玉米良种高产栽培技术的示范推广也得到了高度重视，莱州市玉米研究所等单位从 1986年到 1989 年连续进行高产示范，取得了 13 500～15 000kg/hm² 的高产水平，充分展示了紧凑型玉米品种的增产潜力（吴远彬，1999；李登海，2001；李登海等，2001）。

在上述背景下，20 世纪 90 年代期间，农业部积极实施紧凑型玉米推广行动，促进了紧凑型玉米在全国范围内的推广普及，紧凑型玉米种植面积不断扩大。据全国农业技术推广服务中心资料，1997 年仅种植面积超过 6.67 万 hm²（100 万亩）的 20 个紧凑型品种的总面积就达到了 823.1 万 hm²，占全国玉米种植面积的 34.6%。紧凑型玉米的大面积应用，促进了玉米种植密度的明显增加，再加上推广高产配套技术，使我国玉米单产水平上了一个大台阶，平均公顷产量由 80 年代的 3000 多千克提高到了 1998 年的 5265kg（亩产 351kg）。

进入 21 世纪，我国紧凑型玉米的发展达到了一个空前的高度，由河南省农业科学院粮食作物研究所成功选育的紧凑型杂交种'郑单 958'（郑 58×昌七-2），具有高抗倒、抗病，对光温、水分、养分胁迫反应不敏感、适应性广等特别突出的优点，可以说是一个极为理想的高产稳产紧凑型品种。'郑单 958'育成后短短几年间，就在全国范围内受到生产者的普遍青睐，得到迅速推广普及，据全国农业技术推广服务中心统计，2005 年种植面积达 345.1 万 hm²，占全国玉米总种植面积的 13.1%；2006 年种植面积达 390.6 万 hm²，占全国玉米总种植面积的 14.4%。其种植范围之广、面积之大、速度之快出人意料，在中国玉米生产和育种史上从未有过，并对中国玉米育种方向和栽培管理方式产生了深远的影响。在'郑单 958'的引领下，近年来涌现出一批表现优异的紧凑型杂交种，如'京单 28'、'辽单 565'、'鲁单 9002'等。目前，紧凑型品种已成为我国玉米主产区重点选用的品种，据统计，2007 年全国紧凑型品种种植面积占玉米总种植面积的 60%以上，为中国粮食增产做出了重大贡献。

由上可见，紧凑型玉米的出现及其在生产上大面积推广应用，主要是因为解决了通过增加密度来提高产量即玉米耐密性这一核心问题。值得提出的是，上述中表现优良的紧凑型玉米品种除具有"株型紧凑"这一特征外，同时还具有密植条件下抗倒抗病及生理性状优良等特性,惟其如此,这些品种才得以在密植高产栽培中经受住考验并广受欢迎。也就是说,早已为人们普遍接受的"紧凑型玉米"这一概念实际上没有反映出玉米耐密性的全部内涵。

因此,代之以"紧凑型玉米"称谓才更为确切。其实,我国东北地区的一些玉米科技工作者一直在采用"紧凑型玉米"的提法,并始终围绕"耐密性"这一核心目标开展品种选育和栽培管理技术研究。作者认为,对紧凑型玉米和紧凑型玉米做这样的辨识是非常必要的。因为在生产实践中已经发现,有些株型清秀、紧凑的玉米品种并不总是表现为耐密,不能简单地视其为紧凑型玉米。这方面比较有代表性的例子是'先玉335'、'32D22'、'33B75'等杜邦生锋公司近年来在我国东北地区推广的玉米杂交种。这些杂交种在株型上表现出叶片上冲、植株清秀、穗位低、穗上部节间较长等显著优良特征,在优越的栽培管理与环境条件下密植群体的光合生产与转化能力高、产量潜力大。例如,2006年、2007年吉林省农业科学院在桦甸市的玉米超高产攻关田中,'先玉335'在7.5万株/hm²以上的高密度下,单产高达17 256kg/hm²(亩产1150.4kg)和17 754kg/hm²(亩产1183.6kg),连续2年创造雨养条件下我国春玉米高产纪录。但是,这些品种也同时具有不抗倒伏的致命缺点,一旦有倒伏条件出现,即遭受重创,例如,2005年在北京昌平,在玉米抽雄前遭遇大雨兼大风气象条件,'先玉335'在6.75万株/hm²密度下严重倒伏,产量受到极大影响,只有6000kg/hm²左右,而同期播种和同样管理水平下,一些耐密抗倒品种如'郑单958'、'掖单4号',即使在11.25万株/hm²的超高密度下也安然无恙,表现出高度抗倒、丰产稳产的优良特性,类似的情况在山东省德州地区、吉林省中南部地区也时有发生。这充分说明株型紧凑清秀、在适宜条件下群体光合生产与转化能力强仅是耐密性的一个方面,而在密植条件下不倒伏、抗病性强等也是紧凑型玉米必不可少的特性。近年来,随着实践和认识的不断深入,发展紧凑型玉米的技术思路与生产目标已为越来越多的玉米科技人员与广大生产者所接受。2007年4月,在农业部发布的"加快我国玉米生产发展方案"中,提出了"一增四改"的核心措施,其"四改"中的"第一改"就是改种紧凑型高产品种。今后,紧凑型玉米及其高产配套技术的不断发展与完善,将对我国玉米总体生产水平的显著提升起到巨大的推动作用。

三、吉林省紧凑型玉米发展概况

吉林省是处于我国东北春玉米区的玉米大省,在我国玉米生产中占有举足轻重的地位。由于受地理生态条件的影响,吉林省玉米高产的适宜密度低于我国夏玉米产区,历史上一直被认为是适宜发展稀植大穗型玉米的典型地区。尽管如此,早在20世纪70年代末期,紧凑型玉米品种的选育与应用就在吉林省受到了重视,并经过多年努力取得了令人瞩目的成就。1978年原四平地区农业科学研究所育成的紧凑型杂交种'黄莫'(黄早四×Mo17,与'烟单14'为同一组合)、1984年育成的'四单19'(444×Mo17)、1988年育成的'四密21'(4112×丹340)、1989年育成的'四密25'(81162×7922)、1986年吉林省农科院育成的'吉单180'(吉853×Mo17)等都是享誉全国的优良玉米品种。特别是'四单19'以其对环境条件反应迟钝、适宜种植区域广泛的突出优点,在我国一些玉米主产区一直备受推崇。据全国农业技术推广服务中心统计,2005年'四单19'在全国种植面积63.5万hm²,

2006年58.2万hm²,种植面积之大分别在当年全国种植的所有玉米品种中占第4位和第5位,而此时'四单19'已育成20余年,可谓经久不衰。但是,紧凑型品种在吉林省玉米生产中的积极推广和大面积应用是在90年代以后。在此之前吉林省玉米生产上的主栽品种一直是平展型品种,如'丹玉13'、'吉单159'、'吉单131'、'中单2号'等。进入90年代,由于生产条件的改善和玉米生产水平的不断提高,对增加密度提高产量的要求越来越高,而平展型品种的高产密度仅为4万~4.5万株/hm²,密度再提高就会出现空秆、果穗变小、结实性差、倒伏等问题。

为此,吉林省广大科技人员对紧凑型玉米高产栽培理论与技术开展了深入而广泛地试验研究,结果表明,在一些生产水平高和管理水平好的地区种植紧凑型品种是进一步提高产量的有效途径。在此基础上,陆续引进了'掖单6号'、'掖单9号'、'掖单11'、'掖单22'、'掖单19'、'掖单51'、'掖单12'等多个紧凑型品种,其中以'掖单12'、'掖单19'表现较好,'掖单12'在1995~1996年的种植面积达1万hm²以上,'掖单19'在1997年的种植面积达8.2万hm²,其他品种由于存在不抗大斑病、茎腐病和丝黑穗病等问题,推广应用面积不大。可以说,在20世纪90年代期间,吉林省应用的紧凑型品种以引种为主,在农业自然资源条件优越的中南部地区,尤其是在地处玉米带中心的玉米出口生产基地13个县市的种植面积较大。此外,在气候和土壤条件较好的东部地区,紧凑型品种如'四密25'、'四密21'也有较大面积。进入21世纪,吉林省在充分利用本省培育的紧凑型品种的同时,成功引进了'郑单958'等多个优良的紧凑型品种,并进行了大量高产配套技术试验示范工作,使紧凑型玉米的增产潜力为越来越多的生产者所认识,紧凑型玉米的种植面积不断扩大。据全国农业技术推广服务中心统计,到2006年,仅'郑单958'在吉林省的种植面积就达到39.3万hm²,占吉林省玉米种植面积的13.6%。一些玉米生产大县如梨树县,'郑单958'等紧凑型品种的种植面积已达60%以上。多年研究与生产实践表明,紧凑型品种的合理利用是吉林省大部分地区实现玉米高产的重要途径,对今后吉林省玉米生产总体水平的进一步提高具有重要作用。

第二节　吉林省紧凑型玉米发展前景

一、吉林省发展紧凑型玉米的资源条件优越

吉林省处于北半球的中纬地带,欧亚大陆的东部,具有显著的温带大陆性季风气候特点。全省大部分地区年平均气温为2~6℃,全年日照2200~3000h,年活动积温2700~3200℃,年降水量400~900mm。光、热、水资源在时间分布上主要集中在6~9月,具有雨热同季的明显特点。农田土壤中黑土、黑钙土占有较大比例,有机质含量丰富,肥力水平高。

从全省发展紧凑型玉米的农业自然资源条件看,不同类型区各有其特点。中部松辽平原区的条件最好,素有"黄金玉米带"的美称。土壤以黑土、黑钙土为主,有机质含量高,耕地平坦连片,适于机械化作业。该区南部≥10℃活动积温2900~3000℃·d,玉米生育期间降水400~450mm;北部≥10℃活动积温2800~2900℃·d,玉米生育期间降水

500mm 左右。20 世纪 90 年代后期开始种植紧凑型玉米,表现出明显的丰产性和稳产性,平均单产 7500～8250kg/hm²,高产田块单产达到 10 500kg/hm² 以上。西部平原区的资源优势是热量比较丰富,≥10℃活动积温 2900～2950℃·d,但存在降水不足(玉米生育期间自然降水 350～400mm,有的县市不到 350mm)、土壤瘠薄等制约因素,使紧凑型玉米的发展受到影响。但在有灌水条件,耕地质量好的地方(如洮儿河谷地),或通过采用抗旱节水综合措施,发展紧凑型玉米的增产效果十分明显。东部山地丘陵区的资源特点为:海拔 400～1000m;土壤类型为棕壤、灰棕壤和白浆土;降水充沛,年降水量 700～900mm;气候湿润冷凉,≥10℃活动积温 2000～2700℃·d。该区发展紧凑型玉米的有利条件是水分充足,不利因素是积温略显不足。生产实践表明,通过采用争温促早熟技术,种植中熟耐密玉米品种比较适宜,增产潜力大。

综上,吉林省中部地区农业自然资源条件优越,适宜发展紧凑型玉米;而如能采取有效栽培措施,东部地区主要解决好积温不足、西部地区解决好水分欠缺的制约,发展紧凑型玉米也是适宜的。

二、玉米供求的巨大缺口将拉动吉林省紧凑型玉米的发展

无论从全球范围来看,还是从我国的具体国情出发,未来玉米需求将保持强劲增长态势。首先,从全球范围看,近年来,由于发达国家对于玉米燃料乙醇的使用及发展中国家对肉类的巨大需求,玉米消费的增长速度不断加快。据美国农业部报告,2007～2008 年,全球玉米产量达 7.7 亿 t,比上年度增产 9.4%,创历史最高纪录。而全球玉米消费增速继续加快,达到 7.72 亿 t,比上年度增长 7.0%。全球玉米出口量为 9 442 万 t,比上年度增长 1.7%。全球进口量为 9 288 万 t,增长 2.2%。期末库存 1.04 亿 t,减少 2.0%。库存与消费比减少 13.5%,低于安全水平。全球玉米供求紧张的趋势短期内不可能改变,国际玉米价格将不断上涨。

从我国的情况看,我国是玉米生产和消费大国,玉米生产的稳定与发展对保障我国粮食安全和国民经济健康发展具有重要作用。从 2000 年开始,由于政策、种植结构调整及自然条件等多种因素影响,我国玉米产量连续 4 年下降,消费量却持续惯性上升,同期我国又大量出口玉米,玉米库存逐步下降,使得我国玉米的年度缺口都为 800 万～1200 万 t。2005 年以来,我国玉米生产受到国家高度重视,随着一系列有利于玉米生产的政策陆续出台及科研与生产项目的设立,玉米供求矛盾得到很大缓解。但今后随着以玉米为原料的肉、蛋、奶和水产品的消费量激增、工业消费需求大幅提高,对玉米的需求不断增大,供需缺口将逐渐加大。根据国家粮油信息中心数据,中国玉米 2008～2009 年播种面积为 2770 万 hm²,较 2007～2008 年减少 35 万 hm² 左右;产量为 1.54 亿 t,2008 年玉米消费量将达到 1.589 亿 t,国内玉米供需整体上存在着 500 万 t 的缺口。据中国粮油学会报道,由于乙醇和淀粉生产增加,玉米饲料用量增长。到 2010 年,中国玉米消费量将会提高 26%,这已迫使我国当年年进口 400 万 t 玉米。

吉林省是我国玉米生产大省。近年来,全省玉米种植面积稳定在 310 万 hm² 以上,占全国玉米种植面积的 12% 左右,占全省粮食作物面积的 65% 左右,出口量占全国的 50% 以上。玉米单产、人均占有量、商品量、调出量连续多年居全国首位。展望未来,国内

外玉米供求的巨大缺口,将成为吉林省玉米生产的强大拉力。发展紧凑型玉米,进一步挖掘玉米生产潜力,促进总产的大幅度提高是吉林省玉米生产发展的必然之势。

三、吉林省具有发展紧凑型玉米的成功经验

历史上,吉林省一直以种植稀植大穗型玉米品种为主。20世纪90年代中后期,由于生产条件的不断改善和栽培管理水平的明显提高,光能利用逐渐成为平展型玉米产量进一步提高的主要制约因素。为此,吉林省玉米科技人员及时开展了紧凑型玉米品种引选及高产配套技术试验。通过多年研究与生产示范,总结形成了较为成熟的紧凑型玉米高产技术。如在中部地区生产条件好的地块上,应用中熟紧凑型品种'四密25'等,种植密度6.9万~7.2万株/hm²,或应用中晚熟紧凑型品种'四密21'等,种植密度6.3万株/hm²左右,通过合理施肥、防治病虫害等综合配套技术,可以达到12 000kg/hm²以上的高产水平。在西部地区有灌溉条件、土壤肥沃的地块上,应用中熟紧凑型品种,种植密度7.0万株/hm²左右,通过采用补水灌溉,以保证玉米全生育期有500mm左右的水分供应等关键措施,也可以实现12 000kg/hm²以上的高产目标。多年来的生产实践也表明,在吉林省三大玉米类型区,种植紧凑型玉米都表现了明显的增产效果。中部地区种植紧凑型玉米,只要栽培措施得当,高产田块单产一般可达10 500kg/hm²以上,在小面积上还曾出现过"吨粮";西部地区的玉米生产水平较低,多数县市的单产为4500~6000kg/hm²,低的县市不到3000kg/hm²。但有的县市种植紧凑型玉米,单产超过6750kg/hm²,在小面积上出现过13 870.5kg/hm²的高产水平;在东部地区生产管理水平较高的地块上种植紧凑型玉米,单产水平一般达7500kg/hm²以上。1997年在桦甸市,采用以'四密25'为主的中熟紧凑型品种,由于玉米生育期间积温充足,丰富的自然降水得到了充分利用,出现了大面积连片高产田,在面积为7.5hm²的较大地块上,单产达到12 483.0~14 754.0kg/hm²,在0.1hm²的小面积上,单产达到15 085.5kg/hm²,创造了当时该地区的高产纪录。

四、紧凑型品种的育成促进紧凑型玉米在吉林省的发展

'四单19'育成后迄今已经超过20年,目前仍在全国一些地区广泛种植,其种植面积多年来一直在我国主栽的玉米品种中居前列。'郑单958'自20世纪90年代末期育成推广以来,种植面积不断扩大,近年来,在全国种植面积一直超过350万hm²,乃全国种植面积最大的品种。'郑单958'已连续多年成为黄淮夏玉米区的主导品种,在东北及西北春玉米区也是表现非常突出的优良品种。'四单19'和'郑单958'的共同特点是生态适应性突出,具体表现在对逆境生态条件和不良生产管理条件反应迟钝。特别是'郑单958',仅从其对密度变化的反应看,2004年的试验结果表明,在吉林省梨树县高产地块,即使在2.25万株/hm²的极低密度下,通过单株形成双穗的自我调节能力,单产一般可达9000kg/hm²以上,而在11.25万株/hm²的极高密度下,通过密植不倒、无空秆、结实性好的耐密特性,单产一般稳定达到9750kg/hm²以上,表现出既耐密又耐稀的显著特点。具有如此特性的优良品种,几乎在吉林省各类地区,都表现出明显的高产稳产性。在'郑单958'、'四单19'的引领下,我国玉米育种方向发生了很大变化,近年来涌现出一批堪比

'郑单 958'的紧凑型优良品种,如'京单 28'、'辽单 565'、'鲁单 9002'、'浚单 20'等。今后,随着以'郑单 958'为标杆的紧凑型玉米品种的不断育成与推广,适宜吉林省不同类型区生态条件的优良紧凑型品种会越来越多,将有力促进吉林省紧凑型玉米的发展。

五、抗旱节水新成果将为吉林省发展紧凑型玉米注入活力

就吉林省而言,发展紧凑型玉米在区域间存在很大差异,与中部和东部地区相比,西部地区尽管光热资源丰富,但由于干旱缺水的硬性约束,使紧凑型玉米的发展受到很大影响。从全国范围看,旱作雨养是我国玉米生产的重要特点,因此,从集水、保水、用水这一主线入手,对玉米抗旱节水高产技术的研究一直是我国有关科研人员的重点研究领域。经过多年努力,目前已取得了一批实用性强、效果显著的玉米抗旱节水技术新成果。其主要内容可概括为:在蓄水保墒以建立土壤水库、增施肥料以增加土壤水分利用效率、秸秆覆盖以防止水分无效蒸发等传统旱作节水技术基础上,配合现代土壤保水剂施用技术,地膜覆盖保墒技术、集雨蓄水技术、抗旱灌溉技术,形成了新的现代旱作节水集成技术及具有突破性的单项关键技术。通过对现有玉米抗旱节水新成果进行筛选,使之适用于吉林省西部地区玉米生产,将有效缓解水分不足对玉米密植高产的限制,促进吉林省紧凑型玉米的发展。

第三节　紧凑型玉米与平展型玉米的耐密性差异

一、群体产量

研究表明,在 37 500～67 500 株/hm² 的密度内,随种植密度增加,紧凑型品种的群体产量呈逐渐增加的趋势,平展型品种则呈逐渐降低的趋势(表 13-1)。说明本试验中紧凑型品种还没有达到最高产量密度,而平展型品种的适宜密度也没有表现出来。但即便如此,也可以对紧凑型品种和平展型品种对种植密度变化的反应,以及两类品种的形态与生理特性进行分析比较,并得出有意义的研究结论。由表 13-1 可见,两种类型中产量较低的品种相比较,'掖单 4 号'的最高产量(密度 67 500 株/hm²)比'丹玉 13'的最高产量(密度 37 500 株/hm²)高 24.05%;两种类型中产量较高的品种相比较,'郑单 958'的最高产量(密度 67 500 株/hm²)比'沈单 16'的最高产量(密度 37 500 株/hm²)高 16.95%。

表 13-1　紧凑型与平展型玉米的群体产量　　　　　(单位:kg/hm²)

品种类型	品种	种植密度		
		37 500 株/hm²	52 500 株/hm²	67 500 株/hm²
紧凑型	掖单 4 号	8 681.71	9 669.57	10 001.99
	郑单 958	10 064.35	10 722.32	11 509.24
	平均	9 373.03	10 195.95	10 755.62
平展型	丹玉 13	8 062.71	7 362.13	6 769.00
	沈单 16	9 841.38	8 393.99	6 864.74
	平均	8 952.05	7 878.06	6 816.87

注:该表引自马兴林等 2006～2007 年未发表数据

二、空秆率

空秆率反映了群体抗密度压力的能力,是鉴定玉米耐密性的重要指标。由表 13-2 可见,随种植密度增加,紧凑型品种无空秆发生。平展型品种在较低的密度下也无空秆发生,但随密度增加空秆率增加。与 37 500 株/hm² 低密度相比,密度增加到 52 500 株/hm² 时,'丹玉 13'的空秆率为 7.41%,'沈单 16'为 13.07%;密度增加到 67 500 株/hm² 时,'丹玉 13'的空秆率为 10.35%,'沈单 16'为 16.05%。

表 13-2　紧凑型与平展型玉米的空秆率　　　　　（单位：%）

株型	品种	种植密度		
		37 500 株/hm²	52 500 株/hm²	67 500 株/hm²
紧凑型	掖单 4 号	0	0	0
	郑单 958	0	0	0
	平均	0	0	0
平展型	丹玉 13	0	7.41	10.35
	沈单 16	0	13.07	16.05
	平均	0	10.24	13.20

三、单株生产力

单株生产力随种植密度增加而降低,不同品种单株生产力对密度压力的敏感程度可反映其耐密性的强弱。由表 13-3 可见,在 37 500 株/hm² 的较低密度下,不同类型品种的单株生产力存在差异,高低排序为'郑单 958'、'沈单 16'、'掖单 4 号'、'丹玉 13',说明在稀植条件下密植型品种的单株生产力并不比平展型品种低。随种植密度增加,所有品种的单株生产力均呈下降趋势,但紧凑型品种的下降幅度小。例如,'郑单 958'与'沈单 16',密度从 37 500 株/hm² 增加到 52 500 株/hm² 时,单株生产力下降幅度分别为 23.90% 和 29.53%;从 37 500 株/hm² 增加到 67 500 株/hm² 时,下降幅度分别为 36.47% 和 53.69%。'沈单 16'的下降幅度明显高于'郑单 958'。

表 13-3　紧凑型与平展型玉米的穗粒重　　　　　（单位：g/穗）

品种类型	品种	种植密度		
		37 500 株/hm²	52 500 株/hm²	67 500 株/hm²
紧凑型	掖单 4 号	231.51	184.18	148.18
	郑单 958	268.38	204.23	170.51
	平均	249.95	194.21	159.34
平展型	丹玉 13	215.01	151.07	111.89
	沈单 16	262.44	184.93	121.54
	平均	238.72	168.00	116.72

四、穗数

不同类型品种的穗数对种植密度的响应与单株生产力相似。在 37 500 株/hm² 低密度下,品种间穗数有差异,高低排序为:沈单 16>郑单 958>丹玉 13=掖单 4 号。平展型品种的穗数虽表现出比紧凑型品种较多的趋势,但紧凑型品种的穗数并不一定少于平展型品种。随种植密度增加,各类品种的穗数均呈下降趋势,但紧凑型品种的下降幅度小于平展型品种。例如,'郑单 958'与'沈单 16'相比,种植密度由 37 500 株/hm² 增加到 52 500 株/hm² 时,穗数分别下降 19.31％ 和 28.70％;由 37 500 株/hm² 增加到 67 500 株/hm² 时,穗数分别下降 26.75％和 50.35％(表 13-4)。

表 13-4　紧凑型与平展型玉米的穗粒数　　　　　　　　　（单位：粒/穗）

品种类型	品种	种植密度		
		37 500 株/hm²	52 500 株/hm²	67 500 株/hm²
紧凑型	掖单 4 号	590.62	490.74	423.33
	郑单 958	650.70	525.07	476.66
	平均	620.66	507.91	450.00
平展型	丹玉 13	590.62	458.33	345.15
	沈单 16	733.97	523.32	364.38
	平均	662.29	490.83	354.77

注：37 500 株/hm² 密度下,紧凑型品种有一定比例的双穗,故以"穗数"作为指标

五、百粒重

根据试验,无论是密植还是稀植,同等密度下紧凑型品种的百粒重均比平展型品种高,这可能与本研究选用的品种材料有关。随密度增加,各类品种的百粒重均呈下降趋势。从降低幅度看,品种间变化趋势比较复杂。密度从 37 500 株/hm² 增加 52 500 株/hm² 时,4 个品种百粒重降低幅度高低排序为'丹玉 13'(10.09％)、'郑单 958'(6.39％)、'掖单 4 号'(4.28％)、'沈单 16'(3.45％);密度从 37 500 株/hm² 增加到 67 500 株/hm² 时,降低幅度高低排序为'郑单 958'(14.11％)、'丹玉 13'(11.15％)、'掖单 4 号'(10.84％)、'沈单 16'(8.89％)(表 13-5)。其原因可能有二:①品种特性上的差异;②库源平衡关系上的不同,即单位面积上籽粒库容量对应的叶源同化物供应量不同。

表 13-5　紧凑型与平展型玉米的百粒重　　　　　　　　　（单位：g）

品种类型	品种	种植密度		
		37 500 株/hm²	52 500 株/hm²	67 500 株/hm²
紧凑型	掖单 4 号	39.21	37.53	34.96
	郑单 958	41.66	39.00	35.78
	平均	40.43	38.27	35.37
平展型	丹玉 13	36.67	32.97	32.58
	沈单 16	36.57	35.31	33.32
	平均	36.62	34.14	32.95

综合上述,在 37 500～67 500 株/hm² 密度内,随种植密度增加,紧凑型品种单产逐渐提高,而平展型品种的单产则逐渐下降。与平展型品种相比,紧凑型品种在空秆率、单株生产力、穗粒数等性状上的变化受密度增加的影响较小,表现出较强的耐密性。

第四节　紧凑型玉米的形态特点

一、茎叶夹角及叶向值

(一) 茎叶夹角

茎叶夹角是指玉米叶片与茎秆垂直方向所构成的夹角,是决定群体透光和受光状态的重要指标。据刘绍棣等(1990)报道,紧凑型玉米全株叶片平均茎叶夹角为 31.5°,变化幅度为 28.8°～39.4°;平展型玉米茎叶夹角平均为 47.6°,变化幅度为 44.8°～50.3°。穗位以上茎叶夹角,紧凑型品种平均为 22.5°,平展型平均为 37.25°;穗位以下茎叶夹角,紧凑型品种平均为 38.45°,平展型平均为 54.85°(表 13-6)。作者对两种类型玉米的研究结果显示,紧凑型品种与平展型品种相比,位于果穗上部的倒 3 叶、倒 4 叶、倒 5 叶与茎的夹角均表现为前者明显小于后者。紧凑型品种在 3 种密度下 3 叶位叶片与茎夹角的变化幅度为 20.02°～24.18°,平展型品种变化幅度为 25.0°～32.18°(表 13-7)。这与众多研究者得到的结果一致。紧凑型品种果穗上部叶片的茎叶夹角小,意味着叶片投影面积小,高密度下对下部叶片遮光少,群体内光能分布均匀,有利于提高群体光能利用率,提高群体产量。

表 13-6　不同类型玉米品种茎叶夹角和叶向值(刘绍棣等,1990)

品种类型	品种	播种季节	穗位以上叶片		穗位以下叶片	
			茎叶夹角/°	叶向值	茎叶夹角/°	叶向值
紧凑型	鲁玉 10	春播	20.5	47.55	35.5	29.1
		夏播	25.0	45.60	19.8	19.2
	掖单 4 号	春播	18.5	53.76	33.3	31.8
		夏播	18.3	58.23	34.7	32.7
	烟单 14	春播	27.3	42.41	37.6	29.9
		夏播	25.4	44.50	39.8	24.9
平展型	中单 2 号	春播	34.0	32.70	52.4	14.1
		夏播	40.5	21.90	57.3	9.5

表 13-7　紧凑型与平展型玉米不同密度茎叶夹角

品种类型	品种	种植密度/(株/hm²)	茎叶夹角/(°)		
			倒 3	倒 4	倒 5
密植型	披单 4 号	37 500	24.18	22.30	23.44
		52 500	23.56	22.63	23.21
		67 500	21.90	21.06	21.31
		平均	23.21	22.00	22.66
	郑单 958	37 500	23.66	20.99	21.56
		52 500	23.36	20.02	20.09
		67 500	22.63	20.47	21.69
		平均	23.22	20.49	21.11
平展型	丹玉 13	37 500	32.81	30.84	30.10
		52 500	32.40	29.66	28.52
		67 500	31.63	28.94	28.33
		平均	32.28	29.81	28.99
	沈单 16	37 500	27.73	25.89	25.93
		52 500	29.09	26.67	26.42
		67 500	27.68	25.08	25.00
		平均	28.17	25.88	25.79

（二）叶向值

叶向值是表示茎叶夹角大小及叶片在空间弯曲下披程度的综合指标。其计算公式为：叶向值＝叶片与地面夹角×下垂距/叶长。叶向值越大，表明叶片上冲性越强，耐密程度越高。据刘绍棣等（1990）测定，紧凑型玉米全株叶片平均叶向值为 36.8，平展型为 14.53。其共同点是穗位以上的叶向值大于穗位以下。紧凑型玉米穗位以上的叶向值为 48.68，穗位以下叶片为 27.93（表 13-6）。研究认为，从玉米群体透光性角度看，紧凑型玉米穗位以上的叶向值大于 45，全株平均叶向值大于 35 较为理想。

二、叶面积分布及叶片结构

（一）叶面积分布

紧凑型玉米除表现出叶片上冲、茎叶夹角小、叶向值大等有利于群体透光的特性外，在叶面积空间分布上也具有不同于平展型玉米的显著特点。据刘绍棣等（1990）的研究，紧凑型玉米穗位以上叶面积占全株总叶面积的 45.2%，穗位以下占 54.8%；而平展型玉米穗位以上叶面积占全株叶面积的 62.7%，穗位以下占 37.3%。由于紧凑型玉米穗位以上叶面积分布较少，因而对增强群体透光率十分有利。作者对紧凑型和平展型玉米在不同密度下的叶面积分布也进行了研究（表 13-8），主要结果见如下介绍。

表 13-8　紧凑型与平展型玉米不同叶位的叶片面积

品种类型	品种	密度/(株/hm²)	叶片面积/cm²										
			倒1	倒2	倒3	倒4	倒5	倒6	倒7	倒8	倒9	倒10	单株最大
耐密型	掖单4号	37 500	168.72	358.33	505.59	610.82	707.91	818.94	876.58	873.92	818.02	701.86	8 767.63
		52 500	130.34	297.85	437.92	557.34	665.04	748.25	822.94	810.75	756.59	656.35	7 670.68
		67 500	108.28	275.55	397.32	511.59	628.26	730.15	808.55	796.69	733.62	643.19	7 292.23
		平均	135.78	310.58	446.94	559.92	667.07	765.78	836.02	827.12	769.41	667.13	7 910.18
	郑单958	37 500	174.60	355.28	517.21	648.08	738.61	819.09	885.94	940.83	937.32	884.34	9 269.40
		52 500	135.61	291.11	442.65	569.76	677.06	777.90	854.75	890.80	897.77	847.36	7 991.10
		67 500	131.68	280.90	408.48	530.08	649.14	742.94	814.11	868.43	884.70	853.72	7 707.35
		平均	147.30	309.10	456.12	582.64	688.27	779.98	851.60	900.02	906.60	861.81	8 322.62
平展型	丹玉13	37 500	259.56	533.96	688.29	783.28	851.57	907.61	930.45	949.91	902.90	827.53	9 136.97
		52 500	241.78	464.29	605.44	687.06	762.05	821.71	854.03	866.26	847.65	793.27	8 081.82
		67 500	214.96	439.73	559.97	678.42	759.90	816.03	839.02	853.96	837.07	734.07	7 467.19
		平均	238.77	479.33	617.90	716.25	791.18	848.45	874.50	890.04	862.54	784.95	8 228.66
	沈单16	37 500	329.51	537.92	693.28	781.21	881.56	977.39	1 032.32	1 104.73	1 127.73	1 071.56	12 120.02
		52 500	237.23	421.79	548.98	646.71	735.41	840.57	919.36	988.34	1 036.93	1 030.66	10 501.54
		67 500	221.96	385.64	505.71	599.96	718.57	799.04	863.07	942.26	977.29	961.85	9 657.52
		平均	262.90	448.45	582.66	675.96	778.51	872.33	938.25	1 011.78	1 047.32	1 021.36	10 759.70

同一密度下,紧凑型品种各叶位叶片面积均小于平展型品种,而且越是接近植株顶部的叶片这种差异越明显。例如,在 52 500 株/hm² 密度下,'郑单958'倒1、倒2和倒3叶的面积分别为'沈单16'的 57.16%、69.02%、80.63%。从上部叶片占全株最大叶面积的比例看,也表现为紧凑型品种小于平展型品种,例如,在 52 500 株/hm² 下,'郑单958'倒1～倒3叶面积之和占全株最大叶面积的比例为 10.88%,而'沈单16'为 11.50%。

随密度增加,两类品种各叶位叶片的面积均逐渐减小,而且越是靠近植株顶部的叶片减小幅度越大,如'郑单958'从 37 500 株/hm² 到 67 500 株/hm²,倒1～倒10叶减小幅度分别为 24.58%、20.94%、21.02%、18.21%、12.11%、9.30%、8.11%、7.70%、5.61%、3.46%。可以说这是玉米对密度增加的一种适应性反应。

比较两类品种随密度增加叶面积减小幅度的大小可知,在顶部叶片面积减小幅度上,两类品种间无趋势性差异。但中部叶片的差异具有规律性,随密度增加,紧凑型品种中部叶片面积减小的幅度小于平展型品种,如'郑单958'从 37 500 株/hm² 到 52 500 株/hm²,倒6、倒7、倒8叶的面积分别减小 5.03%、3.52%和5.32%,'沈单16'则分别减小 14.00%、10.94%和10.54%;从 37 500 株/hm² 到 67 500 株/hm²,'郑单958'倒6、倒7、倒8叶的面积分别减小 9.30%、8.11%和7.70%,'沈单16'则分别减小 18.25%、16.40%和14.71%。由于中部叶片是籽粒灌浆期的主要功能叶,因此紧凑型玉米中部叶片面积对密度增加的这种反应,对光合作用和产量形成极为有利。

对紧凑型和平展型品种的叶长、叶宽数据(表 13-9、表 13-10)分析发现,其变化规律与叶面积大致相同。但不论紧凑型品种还是平展型品种,随密度增加,各叶位叶片均表现为叶宽的变化比叶长明显。例如，从 37 500 株/hm² 到 52 500 株/hm²，'郑单 958'倒 1、倒 2、倒 3 叶的叶长分别降低 8.73％、6.58％和 3.49％，叶宽则分别降低 15.86％、12.91％和 11.79％。也就是说，同一品种条件下，叶面积随密度增加的变化主要是因为叶宽差异引起的。对表中数据进行通径分析的结果也很好地说明了这一点。这意味着与叶宽相比，叶长是一个相对稳定的性状，主要由品种的遗传特性所决定。这一结果启示我们，紧凑型玉米上部叶片短、与茎秆夹角小、遮光面积小、有利于群体光能利用的株型优势在密植条件下表现得更为突出。

表 13-9　紧凑型和平展型玉米不同叶位的叶片长度

品种类型	品种	种植密度/(株/hm²)	叶片长度/cm									
			倒1	倒2	倒3	倒4	倒5	倒6	倒7	倒8	倒9	倒10
紧凑型	掖单4号	37 500	34.28	54.07	65.75	75.03	82.87	90.27	94.69	95.67	93.30	87.12
		52 500	30.77	49.63	62.81	73.91	83.27	90.51	96.53	97.78	95.59	88.81
		67 500	27.77	48.99	61.08	71.53	82.91	92.09	98.29	99.08	95.48	88.34
		平均	30.94	50.90	63.21	73.49	83.02	90.96	96.50	97.51	94.79	88.09
	郑单958	37 500	33.92	53.53	66.57	77.79	87.14	95.98	102.08	106.89	107.50	104.49
		52 500	30.96	50.01	64.25	75.21	86.13	96.05	104.23	108.14	110.40	106.79
		67 500	29.53	49.15	61.51	72.67	83.79	94.47	103.08	107.81	110.15	108.16
		平均	31.47	50.90	64.11	75.23	85.69	95.50	103.13	107.61	109.35	106.48
平展型	丹玉13	37 500	43.79	64.79	75.15	81.55	87.52	93.95	98.41	102.25	100.26	95.79
		52 500	42.41	61.95	70.87	77.95	84.74	91.63	97.31	101.12	100.95	96.43
		67 500	40.75	63.45	72.03	81.95	89.81	97.03	101.95	103.92	102.93	94.81
		平均	42.32	63.40	72.68	80.49	87.36	94.21	99.22	102.43	101.38	95.67
	沈单16	37 500	54.66	70.05	80.55	87.73	93.61	98.71	103.95	110.19	113.19	112.76
		52 500	46.97	63.53	72.71	81.30	87.59	95.93	103.56	111.20	114.13	115.48
		67 500	46.11	60.23	70.09	78.00	87.96	95.37	103.84	112.05	114.57	116.01
		平均	49.24	64.60	74.45	82.34	89.72	96.67	103.78	111.15	113.96	114.75

表 13-10　紧凑型和平展型玉米不同叶位的叶片宽度

品种类型	品种	种植密度/(株/hm²)	叶片宽度/cm									
			倒1	倒2	倒3	倒4	倒5	倒6	倒7	倒8	倒9	倒10
紧凑型	掖单4号	37 500	6.37	8.75	10.23	10.82	11.37	12.09	12.34	12.18	11.68	10.71
		52 500	5.52	7.87	9.25	10.03	10.63	11.01	11.37	11.05	10.55	9.83
		67 500	5.14	7.43	8.65	9.53	10.09	10.57	10.96	10.71	10.23	9.67
		平均	5.68	8.02	9.37	10.12	10.69	11.22	11.56	11.32	10.82	10.07
	郑单958	37 500	6.81	8.83	10.35	11.10	11.30	11.38	11.57	11.74	11.63	11.28
		52 500	5.73	7.69	9.13	10.07	10.46	10.79	10.93	10.99	10.85	10.59
		67 500	5.73	7.53	8.83	9.70	10.31	10.47	10.53	10.74	10.71	10.53
		平均	6.09	8.02	9.44	10.29	10.69	10.88	11.01	11.16	11.06	10.80

品种类型	品种	种植密度 /(株/hm²)	叶片宽度/cm									
			倒1	倒2	倒3	倒4	倒5	倒6	倒7	倒8	倒9	倒10
平展型	丹玉13	37 500	7.63	10.86	12.18	12.81	13.01	12.89	12.63	12.39	12.01	11.48
		52 500	7.35	9.91	11.37	11.72	11.96	11.93	11.67	11.40	11.16	10.91
		67 500	6.89	9.19	10.33	11.02	11.28	11.21	10.98	10.96	10.83	10.29
		平均	7.29	9.99	11.29	11.85	12.08	12.01	11.76	11.58	11.33	10.89
	沈单16	37 500	8.01	10.23	11.48	11.87	12.56	13.21	13.25	13.37	13.29	12.67
		52 500	6.60	8.78	10.01	10.57	11.17	11.67	11.83	11.84	12.11	11.90
		67 500	6.34	8.50	9.60	10.23	10.87	11.16	11.08	11.21	11.37	11.06
		平均	6.98	9.17	10.36	10.89	11.53	12.01	12.05	12.14	12.26	11.88

(二)叶片结构

紧凑型玉米在叶片结构上也有别于平展型玉米。据陶世蓉等(1995)的研究报道,紧凑型(紧凑型)玉米叶表皮气孔数目多于平展型(平展型),上表皮多17.0%,下表皮多11.5%(表13-11),这种特性有利于气体交换,有利于光合作用;紧凑型玉米叶片的中脉较宽,'掖单4号'与'沈单7号'比较,叶片中脉基部宽度分别为1.14cm和0.9cm,中部宽度分别为0.66cm和0.58cm,而这有利于水分和营养物质的运输;紧凑型玉米比平展型玉米叶片维管束鞘中叶绿体含量较多,有利于增强光合效能。

表 13-11　紧凑型与平展型玉米叶片的气孔数目(陶世蓉等,1995)　(单位:个)

部位	紧凑型玉米		平展型玉米	
	掖单4号	掖单21	丹玉13	沈单7号
叶片上表皮	13.0	13.4	11.4	11.1
叶片下表皮	18.9	19.0	17.8	16.2

三、叶面积指数及发展动态

叶面积指数是指单位土地面积上的叶片面积,是衡量玉米群体结构合理与否的重要指标,对产量形成起重要作用。叶面积指数的发展一般表现为苗期增长缓慢,拔节后植株生长加快,叶面积指数快速增长,至抽雄期前后叶面积增长速度减缓,至吐丝期叶面积指数达到最大值,之后相对稳定,维持一定时间后缓慢下降,至成熟前后下降速度加快。理想的叶面积指数发展动态为前快、中稳、后慢,因为提早封行,减缓后期叶面积衰退速率,有利于群体光能的截获(胡昌浩等,1993;鲍巨松等,1993)。作者的研究结果(表13-12)显示,两类品种的叶面积指数变化主要表现为:在低密度下,两类品种各时期的叶面积指数均较小,前期发展慢,但中期稳定时间长,后期衰退慢;随密度增加,两类品种各时期的叶面积指数均增加,但叶面积指数在中期稳定时间缩短,后期衰退速度加快;在高密度下,与平展型品种相比,紧凑型品种的叶面积指数在中期稳定时间较长,后期衰退较慢。

表 13-12 紧凑型与平展型玉米的叶面积指数动态变化

品种类型	品种	种植密度/(株/hm²)	叶面积指数						
			6 展叶期	12 展叶期	吐丝期	吐丝后 15d	吐丝后 30d	吐丝后 45d	成熟期
紧凑型	掖单 4 号	37 500	0.35	2.63	3.29	3.23	3.12	2.44	1.48
		52 500	0.53	3.22	4.03	3.92	3.77	2.71	1.65
		67 500	0.59	3.97	4.92	4.75	4.55	3.47	1.97
	郑单 958	37 500	0.37	2.72	3.48	3.43	3.33	2.38	1.40
		52 500	0.54	3.40	4.20	4.09	3.96	2.75	1.55
		67 500	0.60	4.31	5.20	5.05	4.87	3.32	1.80
平展型	丹玉 13	37 500	0.38	2.67	3.43	3.31	3.19	2.13	1.15
		52 500	0.55	3.56	4.24	4.02	3.84	2.39	1.23
		67 500	0.62	4.33	5.04	4.69	4.47	2.58	1.33
	沈单 16	37 500	0.40	3.37	4.55	4.38	4.22	2.73	1.18
		52 500	0.59	4.22	5.51	5.25	5.01	2.90	1.31
		67 500	0.65	5.09	6.52	6.13	5.83	3.16	1.43

本研究中,随密度增加叶面积指数增加的同时,紧凑型品种的产量也增加,但平展型品种表现相反的趋势。在两类品种各自的高产密度群体之间,最大叶面积指数存在明显差异,紧凑型品种'郑单 958'和'掖单 4 号'在高产密度下最大叶面积指数分别为 5.20 和 4.92,平展型品种分别为 5.04 和 6.52。多数研究也表明,平展型玉米高产栽培的最大叶面积指数一般为 3.5~4.0,超过 4.0 时,田间植株郁闭,通风透光不良,基部黄叶多,茎秆细弱,空秆增多,粒重降低,产量下降。而紧凑型玉米高产栽培的最大叶面积指数可达 5.0~6.0。叶面积指数的增加表明了光合面积的增加,最大叶面积指数的突破是紧凑型玉米高产的重要生理基础。

第五节 紧凑型玉米生理特点

一、光合势及经济系数

(一)光合势

光合势是指玉米在一定生育阶段光合面积工作的时间,通常用叶面积与其工作日的乘积表示,是反映玉米光合生产能力的重要指标。一般认为在适宜的范围内,光合势越大,生产的干物质越多,产量越高。

作者的研究结果(表 13-13)显示,在低密度下,2 类品种间各生育时段的光合势均存在差异,在出苗至吐丝后 30d 的 5 个时段中,各品种光合势高低排序均为:沈单 16、郑单 958、丹玉 13、掖单 4 号;吐丝后 30d 至成熟期的 2 个时段中,光合势的高低排序略有变化,为:沈单 16、郑单 958、掖单 4 号、丹玉 13;随密度增加,2 类品种各时段的光合势均增加,但在生育后期紧凑型品种的增加幅度大于平展型品种,例如,在吐丝后 30d 至吐丝后45d,'郑单 958'从 37 500 株/hm² 到 52 500 株/hm² 的增加幅度为 17.51%,从 37 500株/hm² 到 67 500 株/hm² 的增加幅度为 43.43%;'沈单 16'则分别为 13.81% 和29.35%。从全生育期总光合势看,在低密度下,品种间差异的排序为:沈单 16、郑单 958、丹玉 13、掖单 4 号,随密度增加各品种的总光合势均表现增加的趋势,且紧凑型品种的增加幅度大于平展型品种。上述结果说明,随生育进展 2 类品种光合势的动态变化趋势表现一致;随密度增加,2 类品种各生育时段及全生育期的光合势均表现增加的趋势,但紧凑型品种在生育后期光合势增加幅度大于平展型品种。

表 13-13　紧凑型与平展型玉米的光合势变化动态

品种 类型	品种	种植密度 /(株/hm²)	光合势/(万 m² · d/hm²)						
			出苗至 6 展叶	6 展叶至 12 展叶	12 展叶 至吐丝	吐丝至 吐丝后 15d	吐丝后 15d 至吐 丝后 30d	吐丝后 30d 至吐 丝后 45d	吐丝 45d 至 成熟
紧凑型	掖单 4 号	37 500	4.55	38.74	35.52	48.90	47.63	41.70	21.56
		52 500	6.89	48.75	47.13	59.63	57.68	48.60	23.98
		67 500	7.97	59.28	57.79	72.53	69.75	60.15	32.64
	郑单 958	37 500	5.00	40.17	40.30	51.83	50.70	42.83	22.68
		52 500	7.29	53.19	49.40	62.18	60.38	50.33	25.80
		67 500	8.10	66.29	66.57	76.88	74.40	61.43	33.28
平展型	丹玉 13	37 500	4.94	39.65	36.60	50.55	48.75	39.90	18.04
		52 500	7.15	53.43	46.80	61.95	58.95	46.73	19.91
		67 500	8.37	64.35	60.91	72.98	68.70	52.88	21.51
	沈单 16	37 500	5.20	49.01	59.40	66.98	64.50	52.13	27.37
		52 500	7.97	64.94	72.98	80.70	76.95	59.33	29.47
		67 500	8.78	77.49	92.88	94.88	89.70	67.43	34.43

比较 2 类品种最高产量密度下的光合势可知,紧凑型品种的光合势明显高于平展型品种,且在生育前期和后期表现更为明显。例如,'郑单 958'在出苗至 12 展叶期间的光合势比'沈单 16'高 37.23%,在吐丝后 30d 至成熟期比'沈单 16'高 19.13%。紧凑型品种全生育期总光合势为 360.16 万~386.94 万 m² · d/hm²,平展型品种为 238.43 万~324.58 万 m² · d/hm²,前者远高于后者。这与紧凑型品种和平展型品种的产量差异一致。

如果以吐丝期为界,将玉米全生育期分为出苗期至吐丝期和吐丝期至成熟期两个阶段,对 2 类品种的光合势进行分析可知,2 类品种均是后一阶段的光合势明显高于前一阶段,紧凑型品种后一阶段光合势占全生育期总光合势的比例为 63.57%~66.97%,前一阶段为 33.03%~36.43%,平展型品种分别为 61.52%~65.95% 和 34.05%~38.48%。随密度增加,2 类品种两时段的光合势均呈增加趋势,但在后一阶段,紧凑型品种的光合势增加幅度大于平展型品种,例如,'郑单 958'从 37 500 株/hm² 到 52 500 株/hm² 的增加幅度为 18.24%,从 37 500 株/hm² 到 67 500 株/hm² 的增加幅度为 46.39%;'沈单

16'则分别为 16.82% 和 35.77%。就同一品种而言,随密度增加,前一阶段光合势占总光合势的比例呈逐渐增大趋势,后一阶段光合势占总光合势的比例呈逐渐减小趋势,但紧凑型品种减小幅度小于平展型品种(表 13-14)。由于后一阶段是籽粒形成和增重的关键时期,可以认为紧凑型品种在此阶段有异于平展型品种的光合势表现是其紧凑型高产的重要基础。

表 13-14　紧凑型与平展型玉米不同生育阶段的光合势

品种类型	品种	种植密度/(株/hm²)	光合势/(万 m²·d/hm²)		
			出苗至吐丝期	吐丝期至成熟期	全生育期
紧凑型	掖单 4 号	37 500	78.81	159.79	238.60
		52 500	102.77	189.88	292.65
		67 500	125.03	235.07	360.10
	郑单 958	37 500	85.47	168.03	253.50
		52 500	109.88	198.68	308.56
		67 500	140.96	245.98	386.94
平展型	丹玉 13	37 500	81.19	157.24	238.43
		52 500	107.38	187.54	294.92
		67 500	133.63	216.06	349.68
	沈单 16	37 500	113.61	210.97	324.58
		52 500	145.88	246.45	392.32
		67 500	179.15	286.43	465.57

(二)经济系数

经济系数又称收获指数,是经济产量(籽粒产量)与生物产量的比值。经济系数是反映干物质积累、分配并最终形成产量的主要指标。一般认为经济系数受品种特性、种植密度和栽培水平的影响。由表 13-15 可见,同一密度下,紧凑型品种的经济系数大于平展型品种;随密度增加,2 类品种的经济系数均下降,但紧凑型品种的下降幅度小于平展型品种。可以认为这也是紧凑型玉米密植时经济产量高的重要原因。

表 13-15　紧凑型与平展型玉米的经济系数

株型	品种	种植密度		
		37 500 株/hm²	52 500 株/hm²	67 500 株/hm²
紧凑型	掖单 4 号	0.511	0.488	0.476
	郑单 958	0.512	0.478	0.466
	平均	0.511	0.483	0.471
平展型	丹玉 13	0.462	0.413	0.359
	沈单 16	0.480	0.426	0.352
	平均	0.471	0.419	0.356

二、净同化率与干物质积累

(一)净同化率

净同化率是指在单位时间内,单位叶面积所形成的干物质质量,是叶片光合作用生产的干物质,扣除呼吸消耗后的净积累量,用 $g/(m^2 \cdot d)$ 来表示。由于单位面积的生物产量是净同化率与光合势的乘积,因此净同化率与产量的关系还要涉及光合势、收获指数等因素,一般认为,在叶面积指数差异较大的群体,叶面积指数对产量的影响远大于净同化率的影响,但在相同的叶面积指数下,净同化率与干物质积累量成正相关(胡昌浩等,1993)。因此,一个高产群体,不仅要有较大的光合势,而且要有较高的净同化率。净同化率往往受品种特性及群体结构的影响。

由表 13-16 可见,就全生育期而言,低密度下,紧凑型品种间、平展型品种间及 2 类型品种间的净同化率均存在差异,但 2 类型品种间差异各有高低,没有规律性。随种植密度增加,2 类品种的净同化率均表现下降趋势,但紧凑型品种的下降幅度小于平展型品种,例如,'郑单 958'密度从 37 500 株/hm² 增加到 52 500 株/hm²,净同化率下降 6.31%,密度从 37 500 株/hm² 增加到 67 500 株/hm²,净同化率下降 17.65%,'沈单 16'的下降幅度则分别为 20.44% 和 33.91%。

表 13-16　紧凑型与平展型玉米的净同化率

品种类型	品种	种植密度/(株/hm²)	净同化率/[g/(m²·d)]		
			出苗期至吐丝期	吐丝期至成熟期	全生育期
紧凑型	掖单 4 号	37 500	7.92	6.74	7.13
		52 500	7.35	6.46	6.77
		67 500	6.49	5.48	5.83
	郑单 958	37 500	8.94	7.16	7.76
		52 500	8.06	6.84	7.27
		67 500	7.10	5.98	6.39
平展型	丹玉 13	37 500	9.45	6.22	7.32
		52 500	8.16	4.83	6.04
		67 500	7.34	4.17	5.38
	沈单 16	37 500	8.00	5.40	6.31
		52 500	6.92	3.90	5.02
		67 500	5.69	3.22	4.17

对 2 类品种最高产量密度下的净同化率进行比较可见,紧凑型品种的净同化率低于平展型品种,其原因是紧凑型品种密植条件下叶面积指数明显高于平展型品种稀植条件下叶面积指数。说明就紧凑型品种本身而言,在适宜范围内,叶面积指数或光合势的提高是其增产的重要原因,但同时也导致净同化率的下降,而采取措施减小其下降的幅度,对紧凑型玉米产量进一步提高是很重要的。

从不同生育阶段看,同一密度下,2类品种的前一阶段(出苗期至吐丝期)的净同化率均高于后一阶段(吐丝期至成熟期);随密度增加,2类品种两阶段的净同化率均下降,但紧凑型品种的下降幅度小于平展型品种,这一趋势尤其在后一阶段表现更为突出,例如,'郑单958'密度从 37 500 株/hm² 增加到 52 500 株/hm²,净同化率下降 4.47%,密度从 37 500 株/hm² 增加到 67 500 株/hm²,净同化率下降 16.48%,'沈单16'的下降幅度则分别为 27.78% 和 40.37%。

(二)干物质积累

玉米单位面积的干物质积累是群体光合势与净同化率共同作用的结果,是籽粒形成的物质基础。一般认为玉米群体干物质积累速率表现为生育前期和后期较低,中期较高。干物质积累过程呈现"S"形曲线。前人对紧凑型与平展型玉米的干物质积累研究多有报道,李玉玲等(1993)研究认为,紧凑型品种'掖单13'在大喇叭口期、吐丝期、灌浆期和成熟期的干物质积累量均高于平展型品种'沈单7号'。陈国平等(1993)认为,在3叶至吐丝期和吐丝后45d至成熟2个时段,紧凑型玉米的干物质积累强度比平展型玉米具有明显优势。作者在 37 500 株/hm²、52 500 株/hm²、67 500 株/hm² 3种密度下对紧凑型和平展型品种的研究结果见表13-17。

表 13-17 紧凑型与平展型玉米的干物质积累

品种类型	品种	种植密度 /(株/hm²)	出苗期至吐丝期		吐丝期至成熟期		生物学产量 /(kg/hm²)
			干物质积累量/(kg/hm²)	占生物学产量/%	干物质积累量/(kg/hm²)	占生物学产量/%	
紧凑型	掖单4号	37 500	6 242.93	36.70	10 767.94	63.30	17 010.87
		52 500	7 551.57	38.11	12 262.90	61.89	19 814.47
		67 500	8 119.46	38.67	12 875.36	61.33	20 994.82
	郑单958	37 500	7 638.50	38.85	12 023.56	61.15	19 662.06
		52 500	8 853.39	39.44	13 593.42	60.56	22 446.81
		67 500	10 003.23	40.49	14 704.05	59.51	24 707.28
平展型	丹玉13	37 500	7 675.77	43.99	9 774.57	56.01	17 450.33
		52 500	8 760.72	49.19	9 049.17	50.81	17 809.90
		67 500	9 804.47	52.14	8 999.56	47.86	18 804.02
	沈单16	37 500	9 089.93	44.40	11 383.61	55.60	20 473.54
		52 500	10 097.66	51.25	9 606.69	48.75	19 704.35
		67 500	10 194.53	52.49	9 227.42	47.51	19 421.95

就全生育期积累的干物质(生物学产量)来看,在低密度下,紧凑型品种间、平展型品种间及2类品种之间的生物学产量均存在差异,没有明显的规律性;随密度增加,平展型品种'沈单16'的生物学产量逐渐降低,紧凑型品种及平展型品种'丹玉13'的生物学产量均逐渐增加,但'丹玉13'的增加幅度小于紧凑型品种。

从吐丝前后2个生育阶段的干物质积累情况看,紧凑型品种前一阶段积累的干物质明显低于后一阶段;平展型品种在低密度下也表现这一趋势,但随密度增加,两阶段的干物质积累量逐渐接近,或表现出前一阶段高于后一阶段的相反结果。

对 2 类品种高产密度下的干物质积累情况进行比较发现,在最终干物质积累量上,紧凑型品种明显高于平展型品种,如'郑单 958'的生物学产量比'沈单 16'高 20.68%;在后一生育阶段干物质积累量占总生物学产量比例上,紧凑型品种也明显高于平展型品种,如'郑单 958'比'沈单 16'高 3.91%。

三、叶绿素含量

叶绿素含量在一定程度上反映了叶片的内在质量特性。前人研究认为,在一定范围内,叶片光合能力随叶绿素含量增加而增强,当叶绿素含量超过某一数值后,光合能力就不再继续增加。但叶绿素含量较高的叶片,在弱光条件下能充分吸光而保证有较强的光合作用(王庆祥,1987)。关于紧凑型和平展型玉米叶绿素含量差异的研究有一些报道。

刘绍棣等(1990)的研究结果显示,紧凑型玉米在籽粒乳熟期和蜡熟期,叶片的叶绿素含量高于平展型(表 13-18),并认为这是紧凑型玉米籽粒灌浆速率高的内在原因。陈国平(1994)的研究结果也显示,紧凑型品种叶片的叶绿素含量大大高于平展型(表 13-19),并认为这为紧凑型品种提高光合速率及增产奠定了基础。

表 13-18　两种株型玉米叶绿素含量(刘绍棣等,1990)　(单位：mg/g 鲜重)

株型	乳熟期			蜡熟期		
	穗位下叶	穗位叶	穗位上叶	穗位下叶	穗位叶	穗位上叶
紧凑型	2.8149	2.8048	2.8839	2.9236	2.5007	2.7396
平展型	2.5337	2.5778	2.7431	2.4514	1.5685	2.3563

表 13-19　紧凑型与平展型玉米品种叶绿素含量比较(陈国平,1994)　(单位：mg/g)

紧凑型品种		平展型品种	
品种	叶绿素含量	品种	叶绿素含量
京早 8 号	3.188	掖单 13	3.658
中单 120	2.713	京早 10	4.116
京黄 133	2.379	掖单 20	3.948
平均	2.759		3.907

李玉玲等(1993)研究报道,在大喇叭口期和抽雄期,紧凑型品种'掖单 13'的叶绿素含量显著高于平展型品种'丹玉 13',且密度水平越高,差异越大(表 13-20),并认为这是紧凑型品种生长快、干物质积累速率高、紧凑型强、籽粒产量高的内在原因之一。

表 13-20　不同株型杂交种叶绿素含量(李玉玲等,1993)　(单位：mg/dm^2)

品种	测定时期	种植密度		
		52 500 株/hm^2	63 750 株/hm^2	75 000 株/hm^2
掖单 13	大喇叭口期	54.924	49.094	43.756
	抽雄期	52.929	46.892	46.005
丹玉 13	大喇叭口期	53.868	45.899	48.899
	抽雄期	48.889	40.854	36.098

四、库源比

库源比是反映源库平衡关系的指标,一定程度上可用粒叶比来表示,粒叶比是指单位土地面积上对应的籽粒数与最大叶面积(即吐丝期叶面积)的比值。由表 13-21 可见,反映源、库性能的重要指标——群体最大叶面积、群体粒数、粒叶比在 2 类品种之间均存在明显不同。低密度下,紧凑型品种的粒叶比明显高于平展型品种。随种植密度增加,2 类品种的粒叶比均降低,但紧凑型品种的降低幅度远小于平展型品种,例如,'郑单 958'与'沈单 16'相比较,密度从 37 500 株/hm² 增加到 52 500 株/hm²,粒叶比分别下降 6.5%和 28.59%;密度从 37 500 株/hm² 增加到 67 500 株/hm²,分别下降 11.88%和 47.97%。当 2 类品种均处于高产密度时,紧凑型品种的粒叶比也明显高于平展型品种,例如,'郑单958'(67 500 株/hm² 密度下)比'沈单 16'(37 500 株/hm² 密度下)高 2.25%。说明从源库关系角度看,紧凑型玉米之所以比平展型玉米高产,主要不在于"源"或"库"单方面性状上的改善,而是在于在相对较高的水平上建立了新的"源""库"平衡关系。

表 13-21　紧凑型与平展型玉米的群体最大叶面积、群体粒数及粒叶比

品种类型	品种	种植密度 /(株/hm²)	群体最大叶面积 /(m²/hm²)	群体粒数 /(万粒/hm²)	粒叶比 /(粒/m²)
紧凑型	掖单 4 号	37 500	32 879	2 214.83	674.92
		52 500	40 271	2 576.40	639.70
		67 500	49 223	2 857.48	581.30
	郑单 958	37 500	34 760	2 440.13	702.88
		52 500	41 953	2 756.64	657.16
		67 500	52 025	3 217.46	619.35
平展型	丹玉 13	37 500	34 264	2 214.83	650.91
		52 500	42 430	2 228.51	527.65
		67 500	50 404	2 087.71	414.31
	沈单 16	37 500	45 450	2 752.40	605.70
		52 500	55 133	2 376.09	432.51
		67 500	65 188	2 058.30	315.16

第六节　发展紧凑型玉米应注意的问题

一、考虑地区特点与栽培条件

由于不同玉米生产类型区的农业自然资源条件和生产管理水平千差万别,因此,发展紧凑型玉米应充分考虑到生产当地的光照、热量、水分、土壤肥力及栽培管理水平。一般认为,在生态条件优越及生产条件好的区域适宜发展紧凑型玉米,而在生产和生态条件差的地区,仍以种植平展型玉米为主。针对吉林省,赵明(1993)研究指出,采用平展型品种

产量达到 $7500 \sim 8250 kg/hm^2$，田间最大叶面积系数接近 4.0，在种植密度 4.5 万株/hm^2 的条件下，推广紧凑型玉米能够取得明显的增产效果。尹枝瑞等(1998)也认为，在土壤肥沃、施肥水平高，生产水平和管理水平高，种植平展型玉米产量可达 $9000 kg/hm^2$ 的地区，可以考虑种植紧凑型玉米。具体而言，在吉林省中部半湿润地区，如公主岭、梨树、伊通、东丰、东辽、辽源、榆树、农安、九台、德惠、长春等县市，光温水资源条件好、土壤肥沃、生产管理及玉米产量水平高，种植紧凑型玉米的产量一般比平展型玉米高 15% 以上，因而适宜发展紧凑型玉米。而吉林省西部半干旱区，如通榆、洮南、镇赉、白城等县市，由于土壤瘠薄，干旱少雨，春旱频率高，无灌溉条件下，玉米产量处于最低极限水平，因此仍应以种植平展型玉米为主。

二、品种选择

选用优良品种是实现玉米高产最经济有效的技术措施之一。生产上经常有因品种选择不当而减产甚至绝产的事情发生，如何选择适合需要的优良品种是玉米生产必须面对的一个重要问题。一般认为，在选择品种时应掌握的主要原则是：生育期适中，在本地区栽培环境下能够正常成熟；生产潜力大、适应性广；抗病、抗倒性强等。对吉林省来说，发展紧凑型玉米，在品种选择上需要注意以下几点。

(一) 选择在本地区生态与生产条件下能够正常成熟的紧凑型品种

品种正常成熟的最低标准是在秋季第一次重霜来临之前，籽粒必须达到生理成熟(美国则是第一次重霜前的 $7 \sim 14d$ 籽粒达到生理成熟)。这就要求必须选择生育期适宜的品种。虽然一般来讲晚熟品种的生产潜力比中早熟品种大，但种植晚熟品种的最大风险就是不能达到生理成熟，籽粒水分含量高，商品品质下降。近年来随着育种水平的提高，中早熟品种的生产潜力已经得到提高，种植管理措施得当，产量水平完全可以达到甚至超过晚熟品种，这一点在目前生产上主推的一些紧凑型品种上已经得到很好的证实。综合吉林省不同玉米产区的温度、水分、土壤肥力和管理水平，中部玉米产区的南部应以中晚熟紧凑型品种为主，中熟紧凑型品种为辅，北部则以中熟紧凑型品种为主，适当搭配中晚熟紧凑型品种；西部地区有灌溉条件的情况下，重点选择中熟紧凑型品种；东部地区也应以中熟紧凑型品种为主，可搭配中早熟紧凑型品种，地膜覆盖栽培条件下，也可选用中晚熟紧凑型品种。

(二) 选择抗病的紧凑型品种

病害是玉米生产中的重要灾害，近年来玉米品种改良更新的主要特点之一就是品种抗病能力的不断提高。不同地区主要病害的种类和发病的轻重程度不同，例如，丝黑穗病是东北春玉米区玉米生产的主要病害，但该病害在黄淮海夏玉米区则危害较轻。在跨区域引进外地优良紧凑型品种时，高抗本地主要玉米病害是最基本的要求。吉林省曾在 20 世纪 90 年代中后期引进在山东省表现优良的紧凑型品种，如'掖单 9 号'、'掖单 11'、'掖单 22'、'掖单 19'等，但这些品种均因严重感染丝黑穗病、黑粉病等病害未能在吉林省成功推广应用。而吉林省近年引进的紧凑型品种'郑单 958'得以大面积推广的一个重要原因,是该品种高抗丝黑穗病等吉林省主要玉米病害。

（三）选择高抗倒伏的品种

倒伏是玉米生产中最为严重的风险之一。倒伏发生情况一般有生育期间的倒伏和生理成熟后的倒伏。生育期间尤其是抽雄前后至灌浆期的倒伏危害较大,严重的可导致绝产。倒伏虽然与环境及栽培措施有密切关系,但品种的遗传差别是玉米发生倒伏的内在原因。而且品种间在抗倒性上差别甚大。例如,2005 年在北京昌平的试验结果显示,在玉米抽雄时遭遇大风兼大雨的条件下,有的品种如'中单 9409',在 2.25 万株/hm² 的极低密度下也发生了轻度倒伏,在 4.5 万株/hm² 的较低密度下倒伏非常严重,几近绝产。而'郑单 958'即使在 11.25 万株/hm² 的超高密度下也没有发生倒伏。如果仅从光合生产能力考虑,密植条件下表现优良的品种,有的虽然抗倒伏性不强,如前文提到的'先玉335'、'32D22'等品种,但其在风灾很少发生的地区(如吉林桦甸)表现出密植高产的突出优点,可以考虑适当发展。而在吉林省中南部地区,大风灾害时有发生,种植该类品种应慎重,若非要种植,则应避免过于密植并注意采用化学调节剂等调控措施。

除上述外,在实际选用品种时,还要注意品种的实用性,大多数农户一直热衷于选用新品种。而近年来,随着紧凑型品种的高产潜力逐渐为人们所认识,许多育种家已把耐密性作为玉米育种的重要目标,全国各地育成的在本地区表现优良的紧凑型品种不断涌现,并极力向全国推广。但是,同其他玉米品种类型一样,紧凑型品种也具有区域性特点,在一个地区表现优良的紧凑型品种,在另一个地区可能由于不抗当地主要病害或对光温条件反应过于敏感、适应性较差等,往往表现不佳。而且,在我国目前的品种管理和种子经营情况下,一些新品种在急于推广时并没有在当地经过多年多点评比试验,能否适应本地区的生态条件还不太清楚,种植风险相对较大。因此,选用品种要从实用出发,不能盲目求新。

三、增加种植密度

种植密度是影响玉米生长发育及产量形成的重要栽培因素。合理密植则是玉米高产栽培中最为重要且易于操作的措施之一。与平展型玉米相比,紧凑型玉米的最大特点就是通过密植提高群体生产力水平来实现高产。当然,紧凑型玉米的种植密度也有一个合理的范围,并不是越密越好。研究表明,在优越栽培条件下,紧凑型玉米的密度应比平展型玉米增加 1.5 万～2.5 万株/hm²,叶面积指数达到 5.0 以上,增产幅度可达 10％～20％(赵化春和韩萍,2001)。就紧凑型玉米本身而言,具体到某一个地区,究竟以多大密度为宜? 这要考虑以下几个问题。①紧凑型玉米品种间在适宜密度上存在差异。有研究表明,在山东等夏玉米产区,同样为紧凑型品种,'掖单 4 号'适宜密度为 7.5 万株/hm²,而'烟单 14'不能超过 6.75 万株/hm²(陈国平,1994)。②不同区域间适宜密度存在差异。日照时数长、昼夜温差大的地区宜密,高温多湿、昼夜温差小的地区宜稀。因为在日照时间长、昼夜温差较大的地区光合作用时间长,呼吸消耗少。③适宜密度与土壤质地有关。土壤透气性好的沙土或沙壤上宜种得密些,低洼地通风差,黏土地透气性差,宜种得稀一些。④适宜密度还与土壤肥力有关。肥地宜密,瘦地宜稀。例如,'掖单 13'在高肥力地块上产量最高的密度是 7.95 万株/hm²,而在中肥力地块上则是 6.9 万株/hm²,而且在同一密度下,高肥力地块上单位面积穗数、穗粒数和百粒重都高于低肥力地块(陈国平,1994)。⑤精细管理条件下宜密,粗放管理条件下宜稀。总之,要因地制宜,根据具体情况来适当增加紧凑型玉米的密度。

尹枝瑞等(1998)在综合分析吉林省中部半湿润区生态生产条件基础上,提出了不同产量目标下不同紧凑型品种的适宜密度,其主要内容为:①产量目标为 15 000kg/hm² 时,种植中熟紧凑型品种的定苗株数为 7.65 万～7.80 万株/hm²,中晚熟紧凑型品种为 7.20 万～7.35 万株/hm²,晚熟半紧凑型品种为 6.90 万～7.05 万株/hm²;②产量目标为 12 000～12 750kg/hm² 时,种植中熟紧凑型品种的定苗株数 6.90 万～7.20 万株/hm²,中晚熟紧凑型品种为 6.15 万～6.45 万株/hm²,晚熟半紧凑型品种为 5.40 万～5.70 万株/hm²;③产量目标为 10 500kg/hm² 时,种植中熟紧凑型品种的定苗株数 5.25 万～5.55 万株/hm²,中晚熟紧凑型品种为 5.10 万～5.40 万株/hm²,晚熟半紧凑型品种为 4.95 万～5.10 万株/hm²。为确保预期密度要抓好两个环节:一是播种关。需要做好发芽试验、药剂拌种、整地细致、造墒适宜、播种均匀,保证一次播种拿全苗,并且要苗全、苗齐、苗壮。二是定苗关。要留苗均匀,拔节后尽早拔除生长差的小株,避免浪费养分。此外,还要及时防治病、虫、草害,防止田间作业损伤幼苗与植株。

四、增加肥水投入量

合理施肥是一项收效快、效益高的玉米增产措施。据报道,合理施肥在玉米增产诸因素中可以起到 30% 左右的作用。玉米从土壤中吸收的养分与产量水平密切相关,产量越高,吸收的养分也越多。据研究,玉米产量为 7500～9000kg/hm² 时,吸氮量为 120～180kg/hm²,吸磷量为 60～90kg/hm²,吸钾量为 150～285kg/hm²;玉米产量为 10 500～13 500kg/hm² 时,吸氮量为 225～270kg/hm²,吸磷量为 75～135kg/hm²,吸钾量为255～450kg/hm²。研究和生产实践也证明,在一定范围内,玉米产量随施肥量增加而提高。据报道,一般肥力条件下,产量水平为 7500kg/hm² 时,需投入氮(N)187.5～225kg/hm²,磷(P_2O_5)75～90kg/hm²,钾(K_2O)165～210kg/hm²;产量水平为 11 250kg/hm² 时,需投入氮(N)300～337.5kg/hm²,磷(P_2O_5)120～150kg/hm²,钾(K_2O)300kg/hm² 左右。紧凑型玉米由于种植密度高、群体大、干物质积累量多,产量水平高,因而所需要的氮、磷、钾等营养元素大于平展型玉米。如果这种要求得不到满足,紧凑型玉米的产量潜力也就不能正常发挥出来。此外,有研究认为,紧凑型玉米需肥量的增多主要表现在氮肥和钾肥上,必须注意增施氮肥和钾肥(赵化春和韩萍,2001)。还有研究认为,在高产目标下,种植紧凑型玉米还需要补施锌、铜等微量元素肥料。

尹枝瑞等(1994)在分析了吉林省不同玉米产区农业自然资源和生产条件基础上,提出了应用紧凑型玉米品种实现不同产量目标的施肥方案,主要内容包括:①产量目标为 15 000kg/hm² 时,施肥量为施优质农家肥 40～45t/hm²,氮(N)255～330kg/hm²、磷(P_2O_5)100～125kg/hm²、钾(K_2O)120～165kg/hm²、硫(S)75～100kg/hm²,多元复合微肥 30～40kg/hm²;②产量目标为 12 000～12 750kg/hm² 时,施肥量为施优质农家肥30～40t/hm²,氮(N)225～285kg/hm²、磷(P_2O_5)90～112.5kg/hm²、钾(K_2O)100～150kg/hm²(硫酸钾 200～300kg/hm²)、多元复合微肥 20～30kg/hm²;③产量目标为

10 500kg/hm² 时,施肥量为施优质农家肥 30t/hm²,氮(N)195～225kg/hm²、磷(P_2O_5)82.5～90kg/hm²、钾(K_2O)60～90kg/hm²(硫酸钾 120～180kg/hm²)、多元复合微肥 20kg/hm²。施肥方式上,要求底肥要全耕层施入,并要均匀,深度达到 30～40cm,种肥要施于种子侧下方 5～7cm 处,追肥深度 10～15cm。除氮肥外,所有肥料均作为底肥一次性施入。氮肥分底肥与追肥两种方式施入,底肥占 30%,剩余的 70%分 3 次追施,原则上采取前期(拔节期)轻、中期(大喇叭口)重、后期(抽雄期)补足的分配方法。3 个时期的追肥量分别为总施氮量的 15%、45%和 10%,可防止由于氮肥施用不当导致的群体过于繁茂和灌浆中后期叶片早衰。

　　对水分条件的要求也是发展紧凑型玉米必须要考虑的问题。因为从理论上分析,紧凑型玉米在适宜密度条件下叶面积指数大于平展型玉米,其田间水分蒸散量应大于平展型玉米。因而紧凑型玉米对水分供应的要求高于平展型玉米。从玉米产量水平与耗水量的关系看,河北农业大学和中国农业科学院农田灌溉研究所的研究结果显示,'掖单 4号'、'掖单 12'在 8343kg/hm²、9617kg/hm²、10 766kg/hm² 和 11 910kg/hm² 的平均单产水平下,平均耗水量依次为 3597m³、3962m³、4245m³ 和 4392m³,表明在一定范围内,玉米耗水量随产量水平的提高而增加。种植紧凑型玉米,满足其高产的水分需要,无疑需要增加水分供应量。关于吉林省发展紧凑型玉米的水分需求,尹枝瑞等(1994)认为,在 12 000～12 750kg/hm² 的产量目标下,吉林省中部半湿润地区种植紧凑型玉米,整个生育期间要保证 500mm 左右的水分供应。并且要保证各生育时期所要求的适宜土壤含水量,即播种期至出苗期的土壤含水量占田间最大持水量的 65%～70%;拔节期至抽雄期为 70%～80%;抽雄至吐丝期为 80%～85%;吐丝期至吐丝后 20d 为 80%,籽粒灌浆中后期为 75%左右。一旦出现干旱,需要及时补水灌溉。

五、提高群体整齐度

　　群体整齐度是指作物群体中个体之间的均匀一致性程度。玉米群体整齐度表现在多个方面,如植株高度是否整齐、生长发育进程是否一致、秸秆粗细是否相同、果穗大小是否均匀等。生产实践表明,玉米群体整齐度与产量密切相关,整齐度越好,产量也越高。近年来,随着紧凑型玉米的发展和种植密度的不断增加,群体整齐度问题日益突出,已经成为影响产量进一步提高的重要因素。

　　群体生长不整齐主要源于因种子差别及环境因素干扰导致的个体间早期发育不一致。据王庆祥(1993)研究,相邻植株的出苗时间如果差异较小,彼此间不致有较大的影响。但如果出苗时间差异过大,先出苗的较大植株会遮蔽住后出苗的矮小植株的光线,会严重地削弱矮小植株。结果导致强者越强,弱者越弱,使群体整齐度降低,产量减少。这一现象的出现归因于个体间对地下部养分、水分资源及地上部空间资源的竞争,群体中出苗早的个体能够先于相邻植株获得较多的地下部环境资源和地上部生长空间,因而其生长速度得以加快,与相邻植株产生差异。由于种植密度是影响群体中个体间竞争的重要因素,密度越大个体间的竞争越激烈。因此,高密度条件下,相邻植株在生长发育上一旦出现差异,就会因株间激烈竞争而使差异急剧扩大,从而导致群体生长不整齐。种植紧凑型玉米,会由于密度的增加不可避免地加剧个体间的竞争,从而对生育期间特别是生育前期个体间生长一致性的要求增加。因此对紧凑型玉米来说，提高幼苗整齐度尤为重要。而提高幼苗整齐度，首先应从种子质量、土壤墒情和播种质量上抓起，切实保证种子纯度高及种子大小一致，地块平整，土壤墒情好，播种深浅一致，覆土均匀，种肥施用均匀等；其次应把好定苗关，留齐、壮、匀苗，保证幼苗整齐一致。还要注意在定苗时比计划收获株数多留预备苗（10%左右），在拔节期（约 6 展叶）、大喇叭口期（约 12 展叶）、抽雄至吐丝期多次拔除弱小株，在授粉后及时拔除不结穗株。另外，保证玉米整个生育期间群体内肥水供应、病虫防治等栽培管理措施的一致性，对提高群体整齐度、保证密植群体高产也是必不可少的。

主要参考文献

柏大鹏，王琳，罗峥峰. 2000. 美国玉米育种的概况及"先锋"在中国的试验进展//冯巍. 全国玉米科学学术报告会论文集. 长春：吉林科学技术出版社：61~63

鲍巨松，薛吉全，杨成书，等. 1993. 不同株型玉米叶面积系数和群体受光态势与产量的关系. 玉米科学，1(3)：50~54

陈国平. 1994. 夏玉米的栽培. 北京：中国农业出版社

陈国平，赵久然，李伯航，等. 1993. 紧凑型玉米生长发育规律的研究. 玉米科学，1(3)：33~38

胡昌浩，董树亭，岳寿松，等. 1993. 高产夏玉米群体光合速率与产量关系的研究. 作物学报，19(1)：63~69

李登海. 2001. 从事紧凑型玉米育种的历史回顾与展望. 莱阳农学院学报，18(1)：1~6

李登海，毛丽华，姜伟娟，等. 2001. 紧凑型杂交玉米高产性能的发现与探索. 莱阳农学院学报，18(4)：259~262

李玉玲，苏祯禄，孙书库，等. 1993. 紧凑型玉米杂交种的形态及群体生理特性的研究. 河南农业大学学报，27(1)：29~33

刘绍棣，程绍义，于翠芳. 1990. 紧凑型玉米株型及生理特性研究. 华北农学报，5(3)：20~27

刘有昌. 1991. 紧凑型玉米研究概况与展望. 农业新技术，(5)：15~19

陶世蓉，初庆刚，东先旺，等. 1995. 不同株型玉米叶片形态结构的研究. 玉米科学，3(2)：51~53

王建革，贾世锋，孔庆富. 1995. 紧凑型玉米育种的回顾与分析. 山东农业科学，(6)：4~6

王庆祥. 1993. 玉米群体内株间差异的研究. 玉米科学，1(2)：18~21

王庆祥，戴俊英，顾慰连. 1987. 高产玉米的干物质积累与分配. 辽宁农业科学，(5)：18~21

吴远彬. 1999. 紧凑型玉米高产理论与技术. 北京：科学技术文献出版社

尹枝瑞，王国琴，王振宝. 1994. 吉林省玉米高产区高产高效栽培技术与生育生理指标研究——第二报：紧凑型玉米增产原因分析与公顷产量 11250kg 高产群体主要生育生理指标. 玉米科学，2(3)：32~40

赵化春，韩萍. 2001. 玉米栽培的适宜密度问题. 玉米科学，9(增刊)：34~38

赵明. 1993. 紧凑型玉米的研究进展. 吉林农业科学，(1)：10~11，49

Duvick，D N. 1992. Genetic contributions to advances in yield of US maize. Maydica，37：69~79

Duvick D N，Smith J S C，Cooper M. 2004. Long-term selection in a commercial hybrid maize breeding program. Plant Breed Rev，24：109~151

第十四章　玉米安全生产技术

联合国粮食及农业组织1974年11月于罗马召开的第一次世界粮食首脑会议上提出"粮食安全"的问题,并定义为"粮食安全是指确保所有的人在任何时候既买得到又买得起他们所需的基本食品",也就是说粮食安全有数量和质量两个方面的含义,一是要生产足够数量的粮食,保证每个人基本所需;二是粮食在质量上要符合食品卫生要求。粮食在品质和质量上的安全控制包括从生产、加工到销售全过程,生产过程是最重要的一个环节。玉米是重要的粮食作物之一,吉林省又是我国玉米生产大省,是国家重要的玉米生产基地,玉米的生产在全省农村经济发展中占有非常重要的地位,而我们生产的玉米是否符合"食品卫生"的标准? 本章从玉米安全生产的产地环境、土壤环境背景及生产技术方面进行讨论。

第一节　产地环境

一、地理位置

吉林省位于北半球中纬度地带、欧亚大陆东岸的中国东北大平原腹地,地理位置在$40°52'N\sim46°18'N$,$121°38'E\sim131°19'E$。南北宽约600km,东西长约750km。南邻我国辽宁省,西接我国内蒙古自治区,北与我国黑龙江省相连,东与俄罗斯接壤,东南部与朝鲜民主主义人民共和国隔江相望。边境线总长1438.7km,其中中朝边境线1206km,中俄边境线232.7km。最东端的我国珲春市最近处距日本海仅15km,距俄罗斯的波谢特湾仅4km。

二、地形地貌

地貌类型种类主要由火山地貌、侵蚀剥蚀地貌、冲洪积地貌和冲积平原地貌构成。大地势呈现明显的东南高、西北低的特征,由东南向西北倾斜。以中部大黑山为界,可分为东部山地和中西部平原两大地貌区。东部山地分为长白山中山低山区和低山丘陵区,中西部平原分为中部台地平原区和西部草甸、湖泊、湿地、沙地区。中部台地平原区面积大,多条河流从南向北纵贯其间,沿河两岸多为平坦肥沃的台地和冲积平原,地势平缓辽阔,是全球范围内著名的三大黑土带之一,农业优势突出,是我国的玉米、大豆、水稻主要产区,也是国家重要的商品粮和畜牧业生产基地。

三、气候特征

属温带大陆性季风气候区,四季分明,雨热同季。春季干燥风大,夏季高温多雨,秋季天高气爽,冬季寒冷漫长。全年平均气温为$5\sim7℃$,最冷为1月,最热为7月。无霜期一般为 100～160d。年平均日照时数为 2259～3016h,平均年降水量 749.3mm,季节和区域差异较大,80%集中在夏季。吉林省气候地域差异明显,从东南向西北由湿润气候过渡到半湿润气候再到半干旱气候,以东部降水量最为丰沛。全省气温、降水、温度、风及气象灾害等都有明显的季节变化和地域差异,在正常年份,光、热、水分条件可以满足作物生长的需要。

四、吉林省农业生态环境

吉林省中部松辽平原一望无际,地势平坦,土质肥沃,农田防护林体系健全,耕地集中连片,以耕地为主的农田生态系统环境承载能力较强;西部松嫩平原沃野千里,光、热、水资源丰富,农业后备土地资源面积大,农业生产条件得天独厚,适于机械化耕作和大规模农业开发。

吉林省中西部地区大规模农业开垦的历史只有 200 年左右,农业生产目前多还停留在传统农业的基础上,农业生态环境优良,有着发展优质农产品生产的优越条件,生产的玉米和大豆尤以品质优良而闻名于世,素有"黄金玉米带"和"大豆之乡"的美称,是国家重要的商品粮生产基地和玉米出口创汇基地。全省粮食人均占有量、粮食商品率、人均交售商品粮、玉米出口量等 4 项指标均居全国之首,全国十大产粮县吉林省有 6 个,是全国唯一人均占有吨粮的省份和 6 个粮食调出省之一,每年生产全国 1/20 的粮食,提供 1/10 的商品粮。

第二节　土壤环境背景

一、评价方法

土壤环境质量优劣是玉米安全生产的基础和保障条件,要从源头上控制玉米的质量安全(魏复盛等,1991),首先就要明确吉林省玉米主产区土壤环境背景状况和土壤环境的背景值。土壤环境背景值受人为活动干扰较少,以地球化学背景值为主(杨学义和杨国治,1983)。作者在此章所论述的土壤环境背景值分析的样点布设上采取了以耕地为主的方法,在充分调查了解土壤开垦年限、施肥及耕作制度等人为活动干扰程度的前提下,选择吉林省中西部玉米主产区主要耕作土壤黑土、黑钙土,以及东部山区、半山区的主要耕作土壤白浆土、暗棕壤为研究对象,公主岭、德惠、榆树玉米生产大市为研究案例中心区,以建于吉林省农业科学院公主岭院区的"国家黑土壤肥力和肥料效益长期定位野外监测站"为研究平台(朱平等,2004),取 0～20cm 耕层土壤分析土壤理化性状(有机质、全量养分、速效养分、pH、机械组成等)和汞、砷、铅、镉、铬、铜及六六六和 DDT 8 项监测指标,样品分析也按国家标准方法测定(中国环境监测总站,1992),并分别采用单项污染指数和综合污染指数进行评价。

首先以吉林省土壤元素背景值作为评价标准,利用单因子评价模式(郦桂芳,1989),对各元素的可能污染程度加以分析,再用农业部颁发的"绿色农产品产地土壤环境质量标准"评价体系进行评价。玉米品质采用国家统一规定的食品卫生评价标准。

1. 单项污染指数

单因子评价模式：

$$P_i = C_i/S_i$$

式中，P_i 为土壤中污染物 i 的单项污染指数；C_i 为土壤中污染物 i 的实测数据；S_i 为污染物 i 的评价标准。$P_i \leqslant 1$ 表示土壤未受污染物 i 污染；$P_i > 1$ 表示土壤受污染；P_i 值越大，污染程度也越重。

2. 综合污染指数

综合污染指数法采用尼梅罗污染指数法计算，其公式为

$$P = \sum P_i$$

P 值越大，表示综合污染程度越重。

二、土壤肥力分级参考指标

农业部发布的农业行业标准"绿色食品产地环境质量标准"对绿色食品产地环境质量标准的范围、引用标准、定义和环境质量要求都有明文规定，其中土壤环境质量标准将土壤按耕作方式不同分为旱田和水田两大类，并且规定了不同土壤肥力分级的参考标准（表 14-1）。对吉林省中西部和东部主要耕作带所采集的土壤进行土壤理化性状分析，结果见表 14-2。吉林省中西部和东部地区土壤均符合上述指标，其中土壤有机质、土壤有效磷、土壤有效钾和土壤阳离子交换量均可达到或超过 Ⅰ 级标准，土壤质地达到 Ⅱ 级标准，土壤全 N 含量均可以达到 Ⅲ 级以上水平。

表 14-1　农业部发布的绿色食品产地土壤肥力分级旱田土壤标准

标准等级	土壤有机质 /(g/kg)	全 N /(g/kg)	有效磷 /(mg/kg)	有效钾 /(mg/kg)	CEC /(cmol/kg)	土壤质地
Ⅰ 级	>15	>1.0	>10	>120	>20	轻壤、中壤
Ⅱ 级	10~15	0.8~1.0	5~10	80~120	15~20	砂壤、重壤
Ⅲ 级	<10	<0.8	<5	<80	<15	砂土、黏土

表 14-2　吉林省中西部和东部主要耕作土壤理化性状分析结果*

土壤类型	有机质 /(g/kg)	全 N /(g/kg)	有效磷 /(mg/kg)	有效钾 /(mg/kg)	CEC /(cmol/kg)	pH	土壤质地
暗棕壤	34.4	1.43	14.3	198.6	27.4	6.2	中壤
白浆土	25.6	1.05	10.1	144.5	22.5	6.0	重壤
黑钙土	20.2	0.82	8.4	130.4	24.3	7.8	中壤
黑土	28.5	1.25	11.2	140.0	33.0	7.4	重壤

　*　表中结果为平均值

三、旱田土壤中各项污染物含量的限值标准

表 14-3 中所列数据为农业部颁布一级旱田土壤环境中各项重金属污染物含量的限

值标准。当重金属进入土壤中后,可能有以下几种形态:①溶解在土壤溶液中;②吸附在土壤有机、无机组分的交换位上;③进入土壤矿物的晶格中;④沉淀。前两种形态对植物是有效的,但所有重金属元素的活性都与土壤酸碱度(pH)有直接关系,因此土壤环境质量标准值考虑了土壤 pH(高拯民,1986)。

表 14-3 旱田土壤污染物含量限值标准 (单位:mg/kg)

污染物 \ pH	<6.5	6.5~7.5	>7.5
镉(Cd)*	0.30	0.30	0.40
汞(Hg)*	0.25	0.30	0.35
砷(As)*	25	20	20
铅(Pb)	50	50	50
铬(Cr)*	120	120	120
铜(Cu)	50	60	60

* 为严控环境指标,其他为一般控制环境指标

四、土壤环境背景状况

1. 铜

20 世纪 70 年代全省土壤元素背景值调查(孟宪玺和李生智,1995),吉林省土壤含铜量(A 层土壤)几何平均值为 15.10mg/kg,95% 范围值为 6.75~33.79mg/kg(表 14-4),低于绿色食品产地环境质量标准中土壤环境质量标准规定的 50~60mg/kg 的指标。2005 年采样分析的结果及单因子评价见表 14-5、表 14-6。4 种耕作土壤的平均全铜含量都明显高于全省土壤元素背景值,以背景值为标准的评价指数 $P_{Cu背}$ 都大于 1,说明人为活动对土壤全铜含量有着明显的影响。以土壤环境质量标准为评价指标 $P_{Cu标}$ 值小于 1,吉林省玉米主产区土壤铜环境质量符合绿色玉米产地环境标准。耕层土壤全铜含量是黑土高于暗棕壤高于白浆土高于黑钙土,造成这些差异的原因主要是不同土壤类型间成土母质的不同,发育于以残积物、坡积物等各种岩石风化母质之上的土壤全铜含量高于发育于黄土母质上的土壤全铜含量。

表 14-4 全省土壤环境背景值 (单位:mg/kg)

重金属		土壤类型			
		暗棕壤	白浆土	黑钙土	黑土
Cu	95%置信区	8.17~31.51	9.20~28.01	7.15~26.08	11.49~29.41
	平均值	16.05	16.06	13.84	18.35
Cr	95%置信区	25.09~89.52	26.56~97.20	16.31~58.39	32.36~86.61
	平均值	47.39	50.81	30.86	52.94
As	95%置信区	0.44~30.05	0.64~38.06	2.58~33.50	4.61~26.60
	平均值	3.64	4.94	9.30	11.08

重金属		土壤类型			
		暗棕壤	白浆土	黑钙土	黑土
Hg	95%置信区	0.013~0.117	0.011~0.090	0.009~0.084	0.014~0.085
	平均值	0.038	0.032	0.027	0.019
Cd	95%置信区	0.048~0.279	0.038~0.298	0.055~0.151	0.024~0.279
	平均值	0.116	0.106	0.091	0.082
Pb	95%置信区	16.70~39.28	16.24~38.03	12.58~32.32	12.09~40.53
	平均值	25.61	24.85	22.20	22.14

表 14-5　吉林省玉米主产区主要土壤重金属含量测定结果(2002 年)　(单位：mg/kg)

实测值		土壤类型			
		暗棕壤	白浆土	黑钙土	黑土
元素	样品数	4	4	4	8
Cu	测值全距	17.63--24.90	16.78~25.12	14.57~23.24	19.20~24.85
	平均值	21.24	20.74	16.53	21.26
Cr	测值全距	42.10~48.36	39.43~56.07	24.00~32.47	37.14~52.47
	平均值	46.13	48.02	30.48	51.04
As	测值全距	1.48~6.54	1.76~8.40	7.03~12.76	8.54~15.81
	平均值	3.28	6.03	11.18	14.70
Hg	测值全距	0.016~0.062	0.016~0.050	0.017~0.042	0.014~0.016
	平均值	0.043	0.044	0.035	0.014
Cd	测值全距	0.078~0.141	0.082~0.113	0.037~0.110	0.079~0.194
	平均值	0.100	0.110	0.100	0.149
Pb	测值全距	22.14~35.33	33.40~38.48	19.76~24.82	20.28~28.54
	平均值	33.46	36.54	20.10	22.76

表 14-6　单因子(P_i)评价结果

土壤名称	Cu		Cr		As		Hg		Cd		Pb	
	环境本底	限值标准	环境本底	限值标准	环境本底	限值标准	环境本底	限值标准	环境本底	限值标准	环境本底	限值标准
暗棕壤	1.3	0.4	0.9	0.4	0.9	0.1	1.1	0.2	0.9	0.3	1.3	0.7
白浆土	1.2	0.4	0.9	0.4	1.2	0.2	1.4	0.2	1.0	0.4	1.5	0.7
黑钙土	1.2	0.3	0.9	0.3	1.2	0.6	1.3	0.1	1.1	0.3	0.9	0.4
黑土	1.6	0.4	0.9	0.4	1.3	0.7	0.7	0.1	1.8	0.4	1.0	0.4

2. 铬

吉林省土壤元素背景值调查(表 14-4),A 层土壤含铬量几何平均值为 42.3mg/kg,

95％范围值为 18.1～98.7mg/kg(孟宪玺和李生智,1995),低于"绿色食品产地土壤环境质量标准"中 120mg/kg 的指标。东部地区土壤平均全铬含量高于中部平原区土壤,公主岭、四平一带的黑钙土耕层土壤全铬含量平均低于 33.4mg/kg,也是全省的低值区。具体土壤之间全铬含量的差异规律是黑土高于白浆土高于暗棕壤高于黑钙土。采样分析结果见表 14-5。不同土壤类型间 0～20cm 耕层土壤全铬含量的变化趋势与 20 世纪 70 年代全省土壤元素背景值调查结果基本相同,30 多年来变化不大,而且耕作土壤与受人类活动干扰较少的自然土壤间土壤全铬含量的差异也不明显。单因子评价结果 $P_{Cr背}$、$P_{Cr标}$ 值皆小于 1,说明吉林省玉米主产区上述 4 种主要耕作土壤未受铬污染。

3. 铅

铅是自然界常见的金属元素之一,也是一种有毒元素。铅在土壤中含量一般达400～500mg/kg 时作物的生长就会受到抑制,在农业部颁布的"绿色食品产地土壤环境质量标准"中规定,土壤中铅的含量限制标准为 50mg/kg。20 世纪 70 年代全省土壤元素背景值调查结果(表 14-4),A 层土壤含铅量几何平均值为 22.16mg/kg,平均含量为 23.7mg/kg,95％范围值为 12.47～39.38mg/kg,东部地区土壤含铅量平均较高,中部平原区土壤含铅量一般低于 30mg/kg;不同土壤之间的差异规律是暗棕壤耕层土壤全铅含量高于白浆土高于黑土高于黑钙土,总体水平低于目前绿色食品产地环境质量标准中土壤环境质量标准规定的 50mg/kg 的指标。2005 年采样分析的结果是白浆土耕地土壤中全铅含量最高,暗棕壤次之,黑钙土、黑土土壤全铅含量明显低于白浆土和暗棕壤,耕作土壤全铅含量要高于土壤背景值,$P_{Pb背}$ 除黑钙土外都大于 1,人类的耕作活动使土壤全铅含量增加;$P_{Pb标}$ 值小于 1,符合绿色玉米产地土壤环境铅的含量限制标准。

4. 砷

砷通常被认为是有害元素,甚至是剧毒元素,但最近研究证明,砷的形态不同,其毒害作用差异是很大的,纯的元素砷是无毒的,引起中毒的一般为砷的氧化物。砷对环境的污染问题已越来越引起人们的关注,目前一些有机砷农药已被禁止使用。全省土壤元素背景值调查,吉林省土壤含砷量(A 层土壤)几何平均值为 5.91mg/kg,平均为 8.38mg/kg,95％范围值为 0.88～41.99mg/kg,低于部颁绿色食品产地土壤环境质量标准 20～25mg/kg 指标,达标率在 90％以上。暗棕壤、白浆土土壤平均全砷含量低于黑钙土、黑土,土壤含砷高值区(＞30mg/kg)主要分布在西部平原北部的非耕作区。2005 年,吉林省中东部玉米主产区耕作土壤采样分析的结果是:耕作土壤全砷以黑土最高,其次为黑钙土、白浆土和暗棕壤,与 20 世纪 70 年代调查的全省土壤环境背景值略有差异,中部玉米产区耕作土壤中全砷含量明显高于 70 年代土壤元素背景值,$P_{As背}$ 除暗棕壤外都大于 1,人类的耕作明显增加了土壤中全砷的含量;但 $P_{As标}$ 值较小,仍然符合绿色玉米产地土壤环境砷的含量限制标准。

5. 汞

汞是一种呈液态的金属元素,并且有很高的蒸气压,因此常以气态的形式迁移。汞是广泛分布在环境中的有毒元素,一般汞的污染主要是工矿业生产和施用含汞的农药所致,汞污染造成的环境问题已经受到人们的广泛关注。吉林省土壤元素背景值调查结果(表 14-4),20 世纪 70 年代全省土壤全汞含量(A 层土壤)几何平均值为 0.035mg/kg,

95％范围值为 0.011～0.110mg/kg，东部地区土壤平均全汞含量高于中部平原区土壤，总体水平低于绿色食品产地土壤环境质量标准 0.250～0.350mg/kg 的指标。2005 年采集中东部地区主要耕作土壤并进行分析，结果表明，在耕作土壤中，全汞的含量以东部地区的白浆土为最高，其次为暗棕壤、黑钙土，黑土为最低，单因子污染评价指数 $P_{Hg背}$ 除黑土外都大于 1，说明人类的耕作增加了土壤汞含量；$P_{Hg标}$ 值皆小于 1，符合绿色玉米产地土壤环境汞的含量限制标准。

6. 镉

镉是有毒的微量元素，自 1968 年日本发生"骨痛病"被确认为是镉中毒所致的公害病之后，镉污染问题已愈来愈引起人们的关注。镉在地壳中的丰度很低，我国土壤表层镉的含量平均为 0.09mg/kg 左右（魏复盛，1990），远远低于世界土壤平均含镉量。吉林省土壤元素背景值调查结果，A 层土壤含镉量几何平均值为 0.109mg/kg，平均为 0.095mg/kg，95％范围值为 0.035～0.256mg/kg，东部地区土壤平均全镉含量高于中部平原区土壤，具体之间的差异规律是暗棕壤高于白浆土高于黑钙土高于黑土，总体水平低于绿色食品产地土壤环境质量标准，但在白山市长白山天池东北部地区土壤中镉的含量很高，平均高于 0.20mg/kg，是我省土壤含镉量的高值区。2005 年，作者对吉林省中、东、西部玉米主产区耕作土壤进行了调查和采样分析。耕作土壤全镉含量以黑土最高，白浆土、黑钙土、暗棕壤较低，耕作土壤与受人类活动干扰较少的自然土壤全镉含量的变化差异较显著，人类活动干扰较为强烈的中部平原区耕作土壤全镉含量明显增加。单因子污染评价结果除暗棕壤 $P_{Cd背}$ 小于 1 外，其余 $P_{Cd背}$ 都大于 1，黑土耕层土壤全镉累积的趋势更为明显，说明人类的耕作增加了土壤环境中镉的含量；4 种土壤 $P_{Hg标}$ 值皆较小，符合绿色玉米产地土壤环境镉的含量限制标准。

五、综合污染指数分析

主要耕作土壤综合污染指数 P 值表明，黑土为 7.4，白浆土为 7.3，黑钙土为 6.7，暗棕壤为 6.4，说明吉林省中东西部玉米主产区耕地土壤 6 种重金属元素含量已明显高于了土壤环境背景（郦桂芳，1989），人类活动已增强了土壤环境的污染可能性。

六、DDT、六六六等污染物的含量

DDT 和六六六不是农业部"绿色食品产地土壤环境质量标准"所规定的检测内容，但中国绿色食品发展中心"绿色食品标准"对土壤质量的执行标准对二者的规定为：DDT、六六六土壤含量限量要求为≤0.1mg/kg。对吉林省中部平原玉米主产区和东部地区主要耕作土壤调查和采样分析的结果显示，无论是中部松辽平原玉米主产区的土壤还是东部山区的耕作土壤都可检测出 DDT 和六六六，其含量范围为：DDT 0.010～0.098mg/kg、六六六 0.011～0.093mg/kg（表 14-7），符合中国绿色食品发展中心"绿色食品标准"产地土壤环境质量规定。

表 14-7　吉林省中东部玉米产区主要耕作土壤 DDT 和六六六本底值

（单位：mg/kg）

土壤名称	测值全距		平均值	
	DDT	六六六	DDT	六六六
暗棕壤	0.010~0.018	0.010~0.011	0.013	0.010
白浆土	0.010~0.014	0.010	0.011	0.010
黑钙土	0.010~0.011	0.010	0.010	0.010
黑土	0.010~0.098	0.010~0.093	0.042	0.057

第三节　土壤环境与玉米质量

一、栽培措施对玉米质量的影响

在吉林省中部玉米主产区的黑土上，作者调查了开垦时间和栽培措施，结果见表 14-8。取不同开垦年限的黑土耕地耕层土壤样品和其地上部分的籽粒样品进行室内化验分析，比较不同开垦年限和栽培措施黑土耕地土壤重金属、农药环境背景值和地上产品质量之间的关系。

表 14-8　不同开垦年限黑土主要栽培措施调查

取土地点	开垦年限	施肥水平（1980 年以后）		主栽作物	病虫草害防治措施
		肥料种类	施肥量/(kg/hm²)		
公主岭省农科院试验地	60 年	尿素、磷酸二铵、硫酸钾、有机肥等	N 150、P_2O_5 75、K_2O 75（连年施用有机肥）	玉米	1980 年后不施农药和除草剂
公主岭市刘房子	100 年	尿素、磷酸二铵、硫酸钾、氯化钾、复合肥	N 200、P_2O_5 80、K_2O 50	玉米	种衣剂、除草剂
长春大屯	150 年	尿素、磷酸二铵、硫酸钾、复合肥	N 200、P_2O_5 80、K_2O 50	玉米	种衣剂、除草剂
公主岭省农科院试验地	60 年	—	1990 年后不施肥	1990 年以来不种植	不耕作

不同开垦年限、不同施肥制度的黑土农田土壤重金属、农药残留量差异较大，铬（Cr）、铅（Pb）、镉（Cd）、六六六、DDT 含量的变化趋势基本相同，即以连年施用有机肥（开垦年限为 60 年）和开垦年限较长（150 年）的黑土土壤中残留量较大，而从 1990 年以来不耕作、不施肥的休闲地黑土土壤中残留的重金属、农药量最低，说明土壤中残留的重金属、农药主要还是来源于施肥。土壤汞含量的变化不大（表 14-9）。

表 14-9　不同开垦年限黑土土壤重金属、农药残留差异　（单位：mg/kg）

取土地点	开垦年限	全汞(Hg)	全铬(Cr)	全镉(Cd)	全铅(Pb)	六六六	DDT
公主岭省农科院试验地	60 年	0.014	52.47	0.194	28.54	0.049	0.032
公主岭市刘房子	100 年	0.011	42.00	0.147	21.26	0.011	0.010
长春大屯	150 年	0.016	49.32	0.169	26.04	0.010	0.042
公主岭省农科院试验地	60 年(休闲)	0.014	37.14	0.079	20.28	0.010	0.010

二、施肥对玉米质量的影响

玉米籽粒中重金属、农药的残留数量与开垦年限和施肥制度、土壤中重金属、农药的残留数量之间并没有明显的相关性，汞、六六六、DDT 在玉米籽粒中没有被检测出，长年施用有机肥的黑土上所生产的玉米籽粒中铬(Cr)、镉(Cd)、铅(Pb)含量略高于不施有机肥的黑土，似乎有将施用有机肥料列入导致土壤重金属污染的嫌疑，尽管它们的含量仍属食品安全限定的范围之内(表 14-9、表 14-10、表 14-11)。

表 14-10　不同开垦年限黑土地上玉米籽粒重金属、农药残留差异　（单位：mg/kg）

取土地点	开垦年限	全汞(Hg)	全铬(Cr)	全镉(Cd)	全铅(Pb)	六六六	DDT
公主岭省农科院试验地	60 年	0	0.017	0.090	0.015	0	0
公主岭市刘房子	100 年	0	0.012	0.045	0.010	0	0
长春大屯	150 年	0	0.014	0.025	0.011	0	0

表 14-11　绿色玉米卫生标准

项目	指标	单位
磷、氰、氯化苦、二硫化碳、对硫磷、甲拌磷、倍硫磷	不得检出	mg/kg
敌敌畏(DDV)	≤0.05	mg/kg
六六六	≤0.05	mg/kg
滴滴涕(DDT)	≤0.05	mg/kg
砷	≤0.40	mg/kg
汞	≤0.01	mg/kg
铅	≤0.20	mg/kg
镉	≤0.10	mg/kg

连年施用有机肥有增加黑土耕层土壤铅含量的趋势，但玉米籽粒中铅含量与土壤中铅的累积趋势并没有很好的相关性。施用有机肥料可能增加土壤重金属离子的累积，但被植物吸收利用的有效性却下降，说明有机肥料(有机质)具有螯合重金属离子、使其有效性下降的功能。

与铅的变化趋势相同，人类活动有使黑土耕层土壤全镉累积的趋势，但玉米籽粒中镉含量也与土壤中镉的累积量之间无明显的相关性。

在玉米籽粒中没有检测出六六六、DDT 和汞 3 种成分，但不同耕作措施和开垦年限对这 3 种成分在土壤中累积的影响却不同,对耕层土壤全汞含量的影响不大,六六六和 DDT 在耕层土壤中累积的趋势相同,以开垦年限较长、施肥水平较高累积也多。说明人类活动对土壤污染的影响较大,应及时控制农业化学物质的过量使用。

(一)有机肥中污染物含量监测

"九五"期间,作者对公主岭国家黑土肥力和肥料效益长期定位监测基地 20 多年积累的不同施肥处理的土壤样品和施用的有机肥料进行了研究和分析,结果表明,吉林省玉米主产区土壤重金属污染主要污染源之一可以认定与城乡有机废弃物(重要的有机肥源)有关,污染物种类主要有 Cu、Zn 和 As。因此作者从 2004 年开始对吉林省中部玉米主产区的传统有机肥(土粪)和集约养鸡场、猪场、牛场的有机废弃物进行了调查,并取样分析了有机质、Cu、Zn、As、Pb、Cd 和 Hg 含量(汞用冷原子吸收法,砷用冷原子荧光法,铅、镉、铜、锌用石墨炉原子吸收法),结果见表 14-12。铜含量以猪粪为最高,为环境(土壤)铜含量的 20~40 倍,鸡粪、牛粪和土粪中铜含量也高于环境(土壤),分别为 6~8 倍、1.5~2 倍和 1.6~2.5 倍;锌、砷和铅含量基本与铜相同,猪粪高于鸡粪高于牛粪,土粪中砷和铅含量较高。可以从对这些养殖场的饲料来源和有机废弃物的利用情况调查分析找到根源。

表 14-12　吉林省中部玉米主产区黑土及有机肥重金属含量调查分析结果

	OM/(g/kg)	Cu/(mg/kg)	Zn/(mg/kg)	As/(mg/kg)	Hg/(mg/kg)	Cd/(mg/kg)	Pb/(mg/kg)
土壤	18.3~27.5	19.20~24.85	64.5~89.0	8.54~15.81	0.014~0.016	0.079~0.194	20.28~28.54
鸡粪	701.5	157.73	212.25	51.2	0.007	0.001	22.85
猪粪	452.3	722.56	256.72	72.3	0.004	0.004	27.54
牛粪	312.2	35.66	204.5	19.4	0.002	0.003	22.30
土粪	125.3	42.30	154.7	49.7	0.003	0.004	24.58

调查结果表明,吉林省中部地区养鸡场和养猪场所用的饲料多以自配饲料为主,通常是在选用一种或几种固定的商品饲料基础上再添加一些辅料及饲料添加剂混制而成;而多数养牛场所用的饲料来源多为养殖场附近的农作物秸秆和玉米及饲料添加剂。这些养殖场的有机废弃物(鸡粪、牛粪和猪粪)大多在当地进行转化处理,经过腐熟后直接施入农田。鸡、牛和猪的饲料添加剂不尽相同,但可以概括为以下几类,如氨基酸、维生素、矿物质微量元素、酶制剂、非蛋白氮等,目前可认为造成鸡、牛和猪排泄物中重金属含量较高的原因是添加剂中的矿物质元素,如添加的磷和钙主要是磷酸氢钙($CaHPO_4 \cdot 2H_2O$)、磷酸二氢钙 $Ca(H_2PO_4)_2 \cdot H_2O$、磷酸三钙$[Ca_3(PO_4)_2]$和碳酸钙($CaCO_3$)等,尽管对这些矿质添加剂有一定的安全标准,但其中仍含有一定量的重金属元素,也就无法排除动物的摄入。此外在饲料添加剂中还直接加入铁、铜($CuSO_4 \cdot 5H_2O$)、锰、锌($ZnSO_4 \cdot 7H_2O$)、钴、碘、镁、硒等微量元素(表 14-13)。铜属于重金属,在一些抑菌剂中含有一定量铜的成分,在饲料中添加铜有促进动物生长的作用。大量报道高铜(250mg/kg)日粮可促进猪的生长,国家无公害生猪饲料标准中对铜的添加量做了规定:30kg 体重以下猪的配合饲料中铜的含量应不高于 250mg/kg;30~60kg 体重猪的配合饲料中铜的含量应不高于

150mg/kg;60kg 体重以上猪的配合饲料中铜的含量应不高于 25mg/kg。锌对于动物来说同样属于生命元素,饲料中添加锌有促进猪生长的作用。因此,从中不难看出动物排泄物中铜、锌等重金属元素超标的直接原因。

表 14-13　猪饲料中铜、锌、硒、镉添加量　　　　　　　　（单位：g）

饲料添加剂	每千克饲料添加活性成分含量	配 100kg 5％预混料
$Cu(CuSO_4 \cdot 5H_2O)$	0.0120	96.18
$Zn(ZnSO_4 \cdot 7H_2O)$	0.1000	897.06
$Se(Na_2SeO_3)$	0.0005	2.24
$Cr(CrCl_3 \cdot 6H_2O)$	0.0005	5.22

（二）重金属 Pb 和 Zn 对玉米品质及环境的影响

作者在吉林省农业科学院公主岭院区的"农业部公主岭黑土生态环境重点野外科学观测试验站"的网室用盆栽方法进行了重金属 Pb 和 Zn 对玉米品质及环境的影响的试验研究。盆栽用土为黑土,供试土壤理化性状见表 14-14。试验用盆为无底盆,每盆面积 0.38m²,盆沿地上高度 0.2m,土壤容重 1.2g/cm³,用锹人工耕翻 20cm 土层,将土壤坷垃全部敲碎、铺平,将配好浓度的重金属溶液及肥料按方案进行喷洒或施用,喷好后用锹混匀。

表 14-14　供试土壤基础理化性状

全 N /(g/kg)	全 P /(g/kg)	全 K /(g/kg)	速效 N /(mg/kg)	速效 P /(mg/kg)	速效 K /(mg/kg)	有机质 /(g/kg)	pH	全 Zn /(mg/kg)	全 Pb /(mg/kg)
1.51	0.43	21.33	105.43	5.81	155.58	30.10	7.29	48.83	31.17

供试验玉米品种为'吉单 209',试验共设 10 个处理,3 次重复,随机排列。①CK(Zn);②常规(ZnSO₄10kg/hm²),每盆施 Zn 0.38g;③常规 5 倍(每盆施 Zn 1.9g);④常规 10 倍(每盆施 Zn 3.8g);⑤常规 20 倍(每盆施 Zn 7.6g);⑥CK(Pb);⑦50mg/kg 土(8.35g 乙酸铅);⑧100mg/kg 土(16.7g 乙酸铅);⑨200mg/kg 土(33.39g 乙酸铅);⑩400mg/kg 土(66.78g 乙酸铅)。

1. 取样与分析方法

每盆种植 3 株玉米,玉米生育期适时进行了补水,每个处理约补水 8000mL,使每个处理试验土壤在整个生育期内基本保持不干状态,确保重金属能在土壤及玉米体内的正常运输扩散。试前取土壤样品,在 9 月 21 日玉米完熟后取 0～20cm 和 21～40cm 土壤,玉米根、茎、玉米籽粒、玉米轴样本分析锌和铅含量。砷用冷原子荧光法,铅用石墨炉原子吸收法。

2. 试验结果

1）影响玉米对锌和铅吸收的因素

影响锌、铅由生长介质向作物转移、积累的主要因素是可供根系直接吸收利用的形态与浓度以及土壤有机质、pH 和根系的阳离子交换容量。铅在玉米体内分布的一般规律是:根＞下叶＞茎＞上叶＞籽粒,且随铅投放浓度增加,植株各部位铅含量呈递增趋势。玉米积累锌的规律为:土壤＞根＞茎叶＞籽粒。

2)铅对玉米生长发育的影响

观察高浓度乙酸铅处理的玉米生长过程,高浓度铅条件下玉米在胚根刚伸出后就出现明显的抑制作用,但对地上部分生长的影响较弱。中、低浓度的 Pb 并不影响玉米胚根与种子根的伸出,但表现为初生根和种子根以更低的速率生长,这可能是由于种皮对铅盐的阻碍所致,细胞的分裂与伸长受到部分抑制,改变了根系的形态,但并未影响侧根的出现与数目。

高铅处理铅在玉米体内的分配特点是玉米根、茎、叶和籽粒中的铅含量有所升高(表 14-15),玉米籽粒铅含量最高为 0.058mg/kg,其余处理均小于 0.04mg/kg,皆未超过玉米籽粒中铅的允许含量 0.2mg/kg(GB 14935—1994)。此外,籽粒铅含量的变化规律是高浓度处理＞低浓度处理,这预示着环境中的铅含量对籽粒铅含量贡献大。铅在土壤中的临界浓度是 200～500mg/kg,在本试验中高铅处理投放量为 400mg/kg,并未超出铅在土壤中的临界浓度 200～500mg/kg,籽粒中铅含量也未超标。

表 14-15 铅在玉米体内的分配特点 （单位：mg/kg）

处理	根	茎	穗下叶	穗上叶	籽粒
CK	2.95	1.15	3.79	1.25	0.012
50	8.53	4.75	7.79	2.77	0.022
100	16.38	7.78	12.22	4.32	0.031
200	54.45	13.75	20.92	7.15	0.038
400	86.63	14.25	32.93	12.34	0.058

3)锌在不同梯度用量下对土壤及玉米各器官中全锌含量的影响

土壤中锌的来源主要有 3 方面:一是锌肥,二是土壤胶体的吸附形成稳定的配合物和螯合物,三是农药、有机肥(通过畜禽粪便)的伴随离子等。从表 14-16 中可以看出,土壤和根系中全 Zn 含量随 Zn 施用量的增加而呈现出增加的趋势,说明施用锌肥不仅增加了土壤中全锌的含量同时也增加了玉米根系中锌元素的含量,二者表现为同步增加。

表 14-16 不同梯度锌浓度对土壤及玉米各器官中全锌含量的影响 （单位：mg/kg）

处理	土壤	根	茎叶	籽粒	轴
CK	41.66	29.00	22.67	21.30	23.33
常规(0.9mg/kg)	55.00	29.33	26.67	24.00	31.37
常规 5 倍(4.5mg/kg)	60.67	30.67	31.00	27.00	26.33
常规 10 倍(9mg/kg)	64.33	32.00	28.60	27.30	23.67
常规 20 倍(18mg/kg)	77.67	38.33	32.00	29.00	28.67

根、茎、籽粒所占总量比例变化较为复杂(图 14-1),随锌用量的增加,玉米地上部籽粒中与地下根系全锌含量增加,而茎中所占总量的比例先有升高后有降低,因为茎是植物运输营养的器官,体内锌水平再分配转移速率较大,因此所受影响也较大,既受根系供应

源的影响,也同时受籽粒接收库的影响。

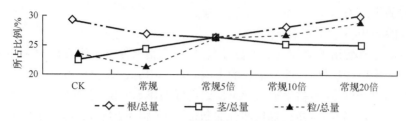

图 14-1　各器官全锌含量所占植株体总量的比例

常规:Zn 用量 0.9mg/kg;常规 5 倍:Zn 用量 4.5mg/kg;常规 10 倍:Zn 用量 9mg/kg;常规 20 倍:Zn 用量 18mg/kg

三、不同施肥处理对土壤环境质量和玉米质量的影响

为明确不同施肥处理对土壤环境及玉米子实中重金属含量的影响,作者分析了国家黑土肥力和肥料效益长期定位监测基地的对照[CK(Mo)]、高量有机肥(M₄)、中量有机肥(M₂)、化肥(NPK)和高量有机肥＋化肥(M4＋NPK)5 个经过 25 年处理的土壤,以及玉米籽粒中 Cu、Zn、As、Pb、Cd 和 Hg 的含量。随着有机肥施用量的增加,土壤中各种重金属含量也随之增加。耕层土壤 Cr 含量 M4 处理较 CK(M₀)处理增加近 1 倍(98.4%),较 M₂ 处理增加 39.4%;Cu 含量分别增加 87.9% 和 29.7%,Zn 含量分别增加 73.8% 和 17.0%;As、Pb、Cd 和 Hg 含量也有增加,但不如 Cr、Cu、Zn 明显。单施化肥与对照(CK)相比,土壤中 7 种重金属元素的变化特征与施用有机肥料处理相反,即 Cr、Cu、Zn 3 种元素增加的幅度小于 As、Pb、Cd 和 Hg。高量有机肥＋化肥(M₄NPK)处理,土壤中 7 种重金属元素皆较 CK 处理明显增加,也明显高于有机肥和化肥单独施用处理。可以判定,土壤中增加的 As、Pb、Cd 和 Hg 主要来源于化肥,而 Cr、Cu、Zn 主要来源于有机肥,这与前面的调查分析结论相同。

分析不同处理玉米籽粒重金属含量(表 14-17),玉米籽粒中的 Cr 含量以单施化肥处理为最高,顺序为 NPK＞M₄NPK＞M₄＞CK(M₀);Cu 含量也以单施化肥处理为最高,施用高量有机肥次之,而有机肥＋化肥处理最低,顺序为 NPK＞M₄＞CK(M₀)＞M₄NPK;Zn 含量以单施有机肥处理为最高,单施化肥处理次之,以有机肥＋化肥处理最低,顺序为 M₄＞NPK＞CK(M₀)＞M₄NPK;玉米籽粒中的 As、Pb 含量较低,不同处理间的变化规律也不明显。

比较不同施肥处理土壤及玉米籽粒中重金属含量变化的规律,可以看出,某些可能是导致土壤环境中重金属含量增加的施肥处理,其地上部分,也就是籽粒中重金属含量并没有增加的趋势,有的甚至降低,说明作物吸收利用的重金属可能与其在土壤中的浓度和形态有关,化肥相对于有机肥来说比较速效,随化肥进入土壤中的重金属也可以更直接地被植物的地上部分吸收利用而造成累积。相反,虽然施用高量有机肥也可能增加环境中的重金属容量,但其形态却发生了改变,降低了土壤中某些重金属的活性,这一点也与前面的研究结果相符。

表 14-17　不同处理土壤及籽粒中重金属含量变化情况　　（单位：mg/kg）

样品	处理	Cr	Cu	Zn	As	Pb	Cd	Hg
土壤	CK（M$_0$）	23.89	18.31	41.44	12.35	19.07	0.06	0.025
	M$_2$	33.99	26.49	61.57	12.64	23.39	0.07	0.027
	M$_4$	47.39	34.40	72.02	13.89	27.09	0.08	0.030
	NPK	31.76	20.61	56.17	18.27	30.11	0.08	0.032
	M$_4$NPK	52.23	36.91	83.97	18.43	30.82	0.09	0.032
玉米籽粒	CK（M$_0$）	0.26	0.67	7.82	0.005	0.17	<0.002	<0.0001
	M$_4$	0.29	1.19	16.46	0.004	0.20	<0.002	<0.0001
	NPK	0.49	1.37	11.99	0.009	0.21	<0.002	<0.0001
	M$_4$NPK	0.34	0.39	7.21	0.007	0.19	<0.002	<0.0001

第四节　玉米安全生产技术规程

一、安全生产的意义

玉米是重要的粮饲兼用作物，在吉林省年种植面积基本稳定在 300 万 hm^2 以上，占全省粮食作物播种面积的 60%，总产量已达到 1900 万 t 左右，占粮食作物总产量的 70% 以上，平均每年可向国内提供 150 亿 kg 以上的商品粮，占全国商品粮总量的 1/5 左右，全国 1 亿多城市人口要依赖吉林这个大粮仓提供的玉米及由此转化的肉、蛋、奶。因此，玉米的卫生安全标准左右着全省农产品的总体质量，也是影响食品安全和市场竞争力。

二、安全生产技术

玉米生产环节多，涉及面广，造成污染的因素多，以玉米安全生产为目标，对玉米生产关键技术进行全面的调查分析，研究改良措施，组装配套形成具有较高技术含量的，符合国家、省无公害生产标准的，切实可行的技术体系，在生产中推广应用尤为重要。

（一）玉米安全生产产地环境条件的选择

玉米安全生产是由许多栽培技术组合起来的一个系统工程，包括生产的环境条件、生产过程的各项技术措施及产品的收获、储运、加工等环节都应符合国家规定的相关标准。明确和确定玉米安全生产产地环境条件是进行玉米安全生产的先决条件。产地环境条件包括 6 个方面：一是产地必须选择生态环境良好、没有或不直接受工业"三废"及农业、城镇生活、医疗及畜牧养殖废弃物污染的农业生产区域；二是产地区域内没有对产地环境构成威胁的污染源；三是产地必须避开公路主干线；四是农田土壤金属背景值高的地区及与水源有关的地方病高发区，不能作为产地；五是产地农田灌溉用水、农田土壤必须符合农业部颁布的《绿色食品 产地环境质量标准》；六是选择地势平坦、排灌方便、土壤结构良好、有机质含量高的地块。

（二）玉米安全生产栽培技术

1. 品种选择

选用优质、高产、抗病、抗倒、适应性广、商品性好的品种，种子质量符合国标二级以上的要求。

2. 适期播种

光、热是玉米生长发育所必需的基本能量，只有满足玉米生长对光、热指标的要求，并使各生育阶段所需自然条件与当地自然资源相吻合，才能正常成熟。一般中部平原区玉米安全播种期在 4 月 25 日～5 月 5 日，东部山区玉米安全播种期在 5 月 1～10 日，西部平原区玉米安全播种期在 4 月 25 日～5 月 10 日。全省玉米最迟播种期不晚于 5 月 10 日。

3. 播种质量

提高玉米播种质量是确保苗全、苗齐、苗匀、苗壮的关键。严格筛选种子，必须选用纯度 98％以上、净度 98％以上、发芽率在 95％以上的高质量的玉米种子，同时要精选，使种子大小均匀。足墒、匀墒播种，土壤墒情要保持土壤相对持水量 70％左右，墒情不足要播前造墒或播后浇蒙头水，人工造墒要做到均匀一致。机播或开沟条播，施足种肥，播深 3～5cm，并做到播深一致。播种时要施足种肥并注意做到种肥隔离，以免烧种，播种要做到深浅一致，覆土压实。

4. 合理密植

确定适宜的种植密度是玉米高产的重要因素，实践证明，玉米产量要达到 12 000kg/hm² 以上，用普通稀植大穗型品种要达到 45 000～55 000 株/hm²，种植紧凑型品种要达到 60 000 株/hm² 以上。玉米产量要达到 13 500～15 000kg/hm² 时使用普通稀植大穗型品种已很难实现，而只能选用紧凑型品种，种植密度要达到 75 000～90 000 株/hm²，实收 70 000～85 000 穗/hm²。

5. 田间管理

（1）及时清苗、定苗。做到 3 叶清苗、5 叶定苗，做到四去四留。即留壮苗、留齐苗、留匀苗、留大苗，去黄白苗、去弱苗、去杂苗、去残苗。

（2）及时中耕，追施苗肥。定苗前后，及时在玉米行间深松，打破犁底层增加耕层厚度，改善土壤理化性状，中耕时开沟追施苗肥。

（3）合理补水。全生育期出现旱情要及时灌溉补水。

6. 施肥技术

施用化肥是农业增产的重要措施，但不合理地使用，会破坏土壤结构，造成土壤板结和生物学性质恶化，影响农作物的产量和质量。玉米安全生产的施肥原则应以保持或增加肥力及土壤微生物活动为目的，以有机肥为主，所用肥料，尤其是残留在土壤中的氮，应不对环境和作物（营养、食味、品质和植物抗性）产生不良后果。

按每生产 100kg 玉米籽粒需氮（N）2.6～3.0kg、磷（P_2O_5）1.0～1.5kg、钾（K_2O）2.0～3.0kg 计算，在目前生产栽培条件下，玉米产量要达到 12 000kg/hm²，需施纯氮（N）200～280kg/hm²、磷（P_2O_5）80～120kg/hm²、钾（K_2O）100～120kg/hm²。肥料施用应掌

握(基肥、种肥、苗期施肥)占总氮量的40%,拔节期及孕穗期追施60%,磷钾肥、微肥、基肥一次追施。

7. 病虫害防治

农药能防治病、虫、草害,如果使用得当,可保证作物的增产,但它是一类危害性很大的污染物,施用不当,会引起环境和农产品污染。喷施于作物体上的农药(粉剂、水剂、乳液等),除部分被植物吸收或逸入大气外,约有一半散落于农田,这一部分农药与直接施用于田间的农药(如拌种消毒剂、地下害虫熏蒸剂和杀虫剂等)构成农田土壤中农药的基本来源。农作物从土壤中吸收农药,在根、茎、叶和籽粒中积累,通过食物、饲料可危害人体和牲畜的健康。此外,农药在杀虫、防病的同时,也使有益于农业的微生物、昆虫、鸟类遭到伤害,破坏了生态系统,使农作物遭受间接损失。

玉米安全生产的病虫害防治要实行以防为主,综合防治,物理防治、生物防治及配合科学合理地使用化学防治达到生产安全、优质高效、无公害的目的,不使用国家明令禁止的高毒、高残留、高生物突变性、高三致(致畸、致癌、致突变)农药及其混配农药。

生物防治:保护和利用好害虫天敌,创造有利于天敌生存的环境条件,选择对天敌杀伤力低的农药,释放天敌如寄生蜂等。对蚜虫、玉米螟等害虫采用苏云金杆菌制剂及白僵菌颗粒剂等进行生物防治。

化学防治:玉米安全生产使用农药的原则是一定要选择低毒低残留农药确保玉米的食用安全性。杀虫剂可选用敌百虫、辛硫磷、吡虫啉、苏云金杆菌、赤霉素、甲草胺(土壤处理,播后芽前施用),严格执行农药的安全使用标准,控制打药次数、用药浓度、注意用药安全间隔期等,严禁使用国家公布的高残、高毒农药,如砷酸钙、褐美甲肿、福美肿、氯化锡、DDT、六六六、克百威、杀虫脒、除草醚等,确保玉米卫生质量。

8. 适时收获

目前吉林省推广的玉米品种比较多,可以掌握的共同特点是活秆成熟时收获。玉米收获适期应以果穗籽粒硬化,中部籽粒着生部位产生色层,籽粒含水率小于33%为宜。玉米储藏、运输、加工所用的场地、设备必须具备绝对安全、卫生、无污染条件。

主要参考文献

高拯民.1986.土壤—植物系统污染生态研究.北京:中国科学技术出版社

郦桂芳.1989.环境质量评价.北京:中国环境科学出版社

孟宪玺,李生智.1995.吉林省土壤元素背景值研究.北京:科学出版社

魏复盛.1990.中国土壤环境背景值.北京:中国科学技术出版社

魏复盛,陈静生,吴燕玉,等.1991.中国土壤环境背景值研究.环境科学,12(4):13~20

杨国义,杨国治.1983.土壤背景值的布点和数值检验.环境科学,4(2):17~22

中国环境监测总站.1992.土壤元素近代分析方法.北京:中国环境科学出版社

朱平,彭畅,高洪军,等.2004.吉林省玉米主区土壤环境背景状况与绿色玉米生产.玉米科学,12(3):96~99